中 国 国 家 标 准 汇 编

2012 年修订-6

中国标准出版社　编

中国标准出版社

北　京

图书在版编目(CIP)数据

中国国家标准汇编:2012年修订.6/中国标准出版社编.—北京:中国标准出版社,2013.9
ISBN 978-7-5066-7238-2

Ⅰ.①中… Ⅱ.①中… Ⅲ.①国家标准-汇编-中国-2012 Ⅳ.①T-652.1

中国版本图书馆CIP数据核字(2013)第186454号

中国标准出版社出版发行
北京市朝阳区和平里西街甲2号(100013)
北京市西城区三里河北街16号(100045)

网址 www.spc.net.cn
总编室:(010)64275323 发行中心:(010)51780235
读者服务部:(010)68523946

中国标准出版社秦皇岛印刷厂印刷
各地新华书店经销

*

开本 880×1230 1/16 印张 37.25 字数 1142 千字
2013年9月第一版 2013年9月第一次印刷

*

定价 220.00 元

出 版 说 明

1.《中国国家标准汇编》是一部大型综合性国家标准全集。自1983年起,按国家标准顺序号以精装本、平装本两种装帧形式陆续分册汇编出版。它在一定程度上反映了我国建国以来标准化事业发展的基本情况和主要成就,是各级标准化管理机构,工矿企事业单位,农林牧副渔系统,科研、设计、教学等部门必不可少的工具书。

2.《中国国家标准汇编》收入我国每年正式发布的全部国家标准,分为"制定"卷和"修订"卷两种编辑版本。

"制定"卷收入上一年度我国发布的、新制定的国家标准,顺延前年度标准编号分成若干分册,封面和书脊上注明"20××年制定"字样及分册号,分册号一直连续。各分册中的标准是按照标准编号顺序连续排列的,如有标准顺序号缺号的,除特殊情况注明外,暂为空号。

"修订"卷收入上一年度我国发布的、被修订的国家标准,视篇幅分设若干分册,但与"制定"卷分册号无关联,仅在封面和书脊上注明"20××年修订-1,-2,-3,……"字样。"修订"卷各分册中的标准,仍按标准编号顺序排列(但不连续);如有遗漏的,均在当年最后一分册中补齐。需提请读者注意的是,个别非顺延前年度标准编号的新制定的国家标准没有收入在"制定"卷中,而是收入在"修订"卷中。

读者配套购买《中国国家标准汇编》"制定"卷和"修订"卷则可收齐由我社出版的上一年度我国制定和修订的全部国家标准。

3. 由于读者需求的变化,自1996年起,《中国国家标准汇编》仅出版精装本。

4. 2012年我国制修订国家标准共2 101项。本分册为"2012年修订-6",收入新制修订的国家标准41项。

中国标准出版社

2013年7月

目　　录

ICS 25.160.20
J 33

中华人民共和国国家标准

GB/T 5117—2012
代替 GB/T 5117—1995

非合金钢及细晶粒钢焊条

Covered electrodes for manual metal arc welding of non-alloy and fine grain steels

(ISO 2560:2009,Welding consumables—Covered electrodes for manual metal arc welding of non-alloy and fine grain steels—Classification,MOD)

2012-11-05 发布 2013-03-01 实施

中华人民共和国国家质量监督检验检疫总局
中国国家标准化管理委员会 发布

前　言

本标准按照 GB/T 1.1—2009 给出的规则起草。

本标准是对 GB/T 5117—1995《碳钢焊条》的修订。与 GB/T 5117—1995 相比，主要修改内容如下：

——标准名称修改为“非合金钢及细晶粒钢焊条”；

——增加了耐候钢焊条的技术要求，与原碳钢焊条一起统列入非合金钢类焊条；

——按本标准抗拉强度范围，增加了 GB/T 5118—1995《低合金钢焊条》中的所有碳钼钢、镍钢、镍钼钢焊条型号，以及锰钼钢焊条型号中的 E5515-D3、E5516-D3、E5518-D3，其他低合金焊条型号中的 E5018W、E5518W 等焊条的技术要求。这些型号按 ISO 2560:2009 重新进行了编制；

——删除了 E4322、E4323、E5018M、E5023 四个焊条型号，其余焊条的型号分类按 ISO 2560:2009 要求；

——型号编制采用国际标准编制方法，将 GB/T 5117—1995 中 E4300 修改为 E4340，E4301 修改为 E4319，E5001 修改为 E5019；

——删除了药皮含水量的技术要求；

——对于抗拉强度代号“43”的焊条型号，其熔敷金属抗拉强度最小值按 ISO 2560:2009 由 420MPa 提高到 430MPa；

——焊条的技术要求按 ISO 2560:2009，对熔敷金属化学成分进行了相应调整，对熔敷金属断后伸长率要求进行了适当的降低。

本标准使用重新起草法修改采用国际标准 ISO 2560:2009《焊接材料　非合金钢和细晶粒钢焊条电弧焊用药皮焊条　分类》(英文版)。

本标准与 ISO 2560:2009 的主要技术性差异及其原因如下：

——删除了规范性引用文件中引用的国际标准，直接引用我国已相应转化的国内相应标准，便于执行；

——将熔敷金属抗拉强度代号“49”修改为“50”。热处理状态代号中，焊态代号由“A”修改为“无标记”，以适用我国技术条件；

——保留了 E4315 和 E4328 两个焊条型号，引入了 GB/T 5118—1995 中 E5003-A1(型号编制为 E5003-1M3)、E5515-C1(型号编制为 E5515-N5)、E5515-C3(型号编制为 E5515-N2)、E5515-D3(型号编制为 E5515-3M3)四个焊条型号，这些型号焊条的技术要求按 ISO 2560:2009 进行了相应调整，以适用我国技术条件；

——增加了 E5015-N1、E5515-N1、E5015-N2、E5015-N3、E5515-N3、E5515-N7、E5515-N13 等 7 个焊条型号，技术要求与其相对应的 EXX16-XX 型焊条技术要求相同，以适应我国的药皮类型使用习惯；

——对于 E4303、E4310、E4311、E4312、E4313、E4315、E4316、E4319、E4320、E4324、E4327、E4328、E4340、E5003 等 14 个焊条型号的熔敷金属化学成分 P 和 S 含量要求为：P≤0.040，S≤0.035，以适用我国技术条件；

——对于 E5012 和 E5013 两个焊条型号的熔敷金属化学成分 P 和 S 含量的要求按其他焊条型号要求，规定为 P≤0.035，S≤0.035，以适用我国技术条件；

——对于 E5016 焊条型号的熔敷金属化学成分 Mn 含量要求，由“Mn≤1.25”修改为“Mn≤1.60”，以适用我国技术条件；

——对于力学性能试件制备，保留了“长度大于 450 mm 的焊条，试板长度不小于 500 mm。”的技术要求，以便于实际操作；

——保留了熔敷金属拉伸试样的去氢处理要求，以满足实际应用需求；

——保留了 GB/T 5117—1995 中焊缝金属的射线探伤要求，以适用我国技术条件；

——保留了 GB/T 5117—1995 中焊条偏心度的技术要求，便于操作。

为便于使用，本标准还做了如下编辑性修改：

——标准结构方面，按型号、技术要求、试验方法、检验规则、包装、标志和质量证明进行编写。

本标准由全国焊接标准化技术委员会(SAC/TC 55)提出并归口。

本标准起草单位：哈尔滨焊接研究所、天津大桥焊材集团有限公司、天津市金桥焊材集团有限公司、建德市新安江电焊条有限公司、四川大西洋焊接材料股份有限公司、武汉铁锚焊接材料股份有限公司、淄博齐鲁焊业有限公司。

本标准起草人：储继君、李春范、高盛平、侯来昌、邵海建、蒋勇、王大梁、宋成、李勇。

本标准代替了 GB/T 5117—1995。

GB/T 5117—1995 的历次版本发布情况为：

——GB/T 5117—1967、GB/T 5117—1976、GB/T 5117—1985。

非合金钢及细晶粒钢焊条

1 范围

本标准规定了非合金钢及细晶粒钢焊条的型号、技术要求、试验方法、检验规则、包装、标志和质量证明。

本标准适用于抗拉强度低于570 MPa的非合金钢及细晶粒钢焊条。

2 规范性引用文件

下列文件对于本文件的应用是必不可少的。凡是注日期的引用文件，仅注日期的版本适用于本文件。凡是不注日期的引用文件，其最新版本（包括所有的修改单）适用于本文件。

GB/T 700 碳素结构钢（GB/T 700—2006，ISO 630:1995，NEQ）

GB/T 1591 低合金高强度结构钢

GB/T 2650 焊接接头冲击试验方法（GB/T 2650—2008，ISO 9016:2001，IDT）

GB/T 2652 焊缝及熔敷金属拉伸试验方法（GB/T 2652—2008，ISO 5178:2001，IDT）

GB/T 3323 金属熔化焊焊接接头射线照相

GB/T 3965 熔敷金属中扩散氢测定方法（GB/T 3965—2012，ISO 3690:2000，MOD）

GB/T 16672 焊缝 工作位置 倾角和转角的定义（GB/T 16672—1996，idt ISO 6947:1990）

GB/T 25774.1 焊接材料的检验 第1部分：钢、镍及镍合金熔敷金属力学性能试样的制备及检验（GB/T 25774.1—2010，ISO 15792-1:2000，MOD）

GB/T 25774.3 焊接材料的检验 第3部分：T型接头角焊缝试样的制备及检验（GB/T 25774.3—2010，ISO 15792-3:2000，IDT）

GB/T 25775 焊接材料供货技术条件 产品类型、尺寸、公差和标志（GB/T 25775—2010，ISO 544:2003，MOD）

GB/T 25777 焊接材料熔敷金属化学分析试样制备方法（GB/T 25777—2010，ISO 6847:2000，IDT）

GB/T 25778 焊接材料采购指南（GB/T 25778—2010，ISO 14344:2002，MOD）

3 型号

3.1 型号划分

焊条型号按熔敷金属力学性能、药皮类型、焊接位置、电流类型、熔敷金属化学成分和焊后状态等进行划分。药皮类型的简要说明参见附录A，不同标准之间的型号对照参见附录B。

3.2 型号编制方法

焊条型号由五部分组成：

a） 第一部分用字母“E”表示焊条；

b） 第二部分为字母“E”后面的紧邻两位数字，表示熔敷金属的最小抗拉强度代号，见表1；

c) 第三部分为字母“E”后面的第三和第四两位数字，表示药皮类型、焊接位置和电流类型，见表 2；

d) 第四部分为熔敷金属的化学成分分类代号，可为“无标记”或短划“－”后的字母、数字或字母和数字的组合，见表 3；

e) 第五部分为熔敷金属的化学成分代号之后的焊后状态代号，其中“无标记”表示焊态，“P”表示热处理状态，“AP”表示焊态和焊后热处理两种状态均可。

除以上强制分类代号外，根据供需双方协商，可在型号后依次附加可选代号：

a) 字母“U”，表示在规定试验温度下，冲击吸收能量可以达到 47J 以上，见 4.5.3；

b) 扩散氢代号“HX”，其中 X 代表 15、10 或 5，分别表示每 100 g 熔敷金属中扩散氢含量的最大值(mL)，见 4.7。

3.3 型号示例

示例 1：

E 55 15-N5 P U H10

- H10——可选附加代号，表示熔敷金属扩散氢含量不大于 10 mL/100 g
- U——可选附加代号，表示在规定温度下，冲击吸收能量 47 J 以上
- P——表示焊后状态代号，此处表示热处理状态
- N5——表示熔敷金属化学成分分类代号
- 15——表示药皮类型为碱性，适用于全位置焊接，采用直流反接
- 55——表示熔敷金属抗拉强度最小值为 550 MPa
- E——表示焊条

示例 2：

E 43 03

- 03——表示药皮类型为钛型，适用于全位置焊接，采用交流或直流正反接
- 43——表示熔敷金属抗拉强度最小值为 430 MPa
- E——表示焊条

表 1 熔敷金属抗拉强度代号

抗拉强度代号	最小抗拉强度值 MPa
43	430
50	490
55	550
57	570

表 2 药皮类型代号

代号	药皮类型	焊接位置[a]	电流类型
03	钛型	全位置[b]	交流和直流正、反接
10	纤维素	全位置	直流反接
11	纤维素	全位置	交流和直流反接
12	金红石	全位置[b]	交流和直流正接

表 2（续）

代号	药皮类型	焊接位置[a]	电流类型
13	金红石	全位置[b]	交流和直流正、反接
14	金红石＋铁粉	全位置[b]	交流和直流正、反接
15	碱性	全位置[b]	直流反接
16	碱性	全位置[b]	交流和直流反接
18	碱性＋铁粉	全位置[b]	交流和直流反接
19	钛铁矿	全位置[b]	交流和直流正、反接
20	氧化铁	PA、PB	交流和直流正接
24	金红石＋铁粉	PA、PB	交流和直流正、反接
27	氧化铁＋铁粉	PA、PB	交流和直流正、反接
28	碱性＋铁粉	PA、PB、PC	交流和直流反接
40	不做规定	由制造商确定	
45	碱性	全位置	直流反接
48	碱性	全位置	交流和直流反接

[a] 焊接位置见 GB/T 16672，其中 PA＝平焊、PB＝平角焊、PC＝横焊、PG＝向下立焊；

[b] 此处“全位置”并不一定包含向下立焊，由制造商确定。

表 3　熔敷金属化学成分分类代号

分类代号	主要化学成分的名义含量(质量分数) %				
	Mn	Ni	Cr	Mo	Cu
无标记、－1、－P1、－P2	1.0	—	—	—	—
－1M3	—	—	—	0.5	—
－3M2	1.5	—	—	0.4	—
－3M3	1.5	—	—	0.5	—
－N1	—	0.5	—	—	—
－N2	—	1.0	—	—	—
－N3	—	1.5	—	—	—
－3N3	1.5	1.5	—	—	—
－N5	—	2.5	—	—	—
－N7	—	3.5	—	—	—
－N13	—	6.5	—	—	—
－N2M3	—	1.0	—	0.5	—
－NC	—	0.5	—	—	0.4
－CC	—	—	0.5	—	0.4
－NCC	—	0.2	0.6	—	0.5
－NCC1	—	0.6	0.6	—	0.5
－NCC2	—	0.3	0.2	—	0.5
－G	其他成分				

4 技术要求

4.1 尺寸

焊条尺寸应符合 GB/T 25775 规定。

4.2 药皮

4.2.1 焊条药皮应均匀、紧密地包覆在焊芯周围，焊条药皮上不应有影响焊接质量的裂纹、气泡、杂质及脱落等缺陷。

4.2.2 焊条引弧端药皮应倒角，焊芯端面应露出。焊条沿圆周的露芯应不大于圆周的 1/2。碱性药皮类型焊条长度方向上露芯长度应不大于焊芯直径的 1/2 或 1.6 mm 两者的较小值。其他药皮类型焊条长度方向上露芯长度应不大于焊芯直径的 2/3 或 2.4 mm 两者的较小值。

4.2.3 焊条偏心度应符合如下规定：

a) 直径不大于 2.5 mm 的焊条，偏心度应不大于 7%；

b) 直径为 3.2 mm 和 4.0 mm 的焊条，偏心度应不大于 5%；

c) 直径不小于 5.0 mm 的焊条，偏心度应不大于 4%。

偏心度计算方法见公式(1)及图 1。

$$P=\frac{T_1-T_2}{(T_1+T_2)/2}\times 100\% \qquad \cdots\cdots(1)$$

式中：

P ——焊条偏心度；

T_1 ——焊条断面药皮最大厚度＋焊芯直径；

T_2 ——焊条同一断面药皮最小厚度＋焊芯直径。

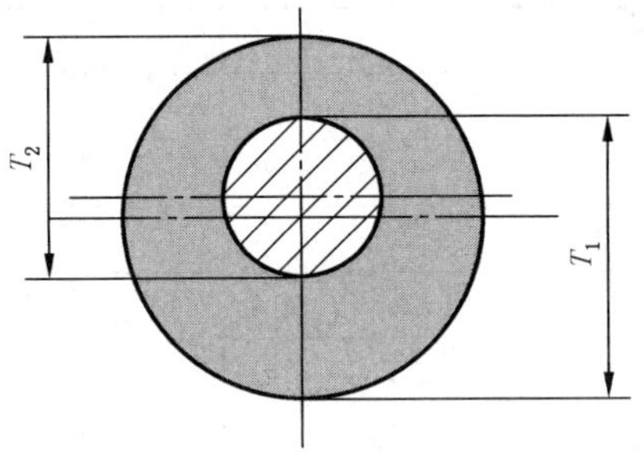

图 1 焊条偏心度测量示意图

4.3 T 型接头角焊缝

4.3.1 角焊缝的试件检查按 GB/T 25774.3 规定。

4.3.2 角焊缝的试验要求应符合表 4 规定。两焊脚长度差及凸度要求应符合表 5 规定。

表 4 角焊缝试验要求

单位为毫米

药皮类型	电流类型	焊条尺寸[a]	焊接位置[b]	试板厚度 t	试板宽度 w	试板长度 l	焊脚尺寸
03	交流和直流反接	5.0	PF、PD	10 或 12	≥75	≥300	≤10.0
		6.0	PB			≥400	≥8.0
10	直流反接	5.0	PF、PD	10 或 12	≥75	≥300	≤8.0
		6.0	PB			≥400	≥6.0
11	交流和直流反接	5.0	PF、PD	10 或 12	≥75	≥300	≤8.0
		6.0	PB			≥400	≥6.0
12	交流和直流正接	5.0	PF、PD	10 或 12	≥75	≥300	≤10.0
		6.0	PB			≥400	≥8.0
13	交流和直流正、反接	5.0	PF、PD	10 或 12	≥75	≥300	≤10.0
		6.0	PB			≥400	≥8.0
14	交流和直流正、反接	4.0	PF、PD	10 或 12	≥75	≥300	≤8.0
		6.0	PB			≥400	≥8.0
15	直流反接	4.0	PF、PD	10 或 12	≥75	≥300	≤8.0
		6.0	PB			≥400	≥8.0
16	交流和直流反接	4.0	PF、PD	10 或 12	≥75	≥300	≤8.0
		6.0	PB			≥400	≥8.0
18	交流和直流反接	4.0	PF、PD	10 或 12	≥75	≥300	≤8.0
		6.0	PB			≥400	≥8.0
19	交流和直流反接	5.0	PF、PD	10 或 12	≥75	≥300	≤10.0
		6.0	PB			≥400	≥8.0
20	交流和直流正接	6.0	PB	10 或 12	≥75	≥400	≥8.0
24	交流和直流正、反接	6.0	PB	10 或 12	≥75	≥400 或 ≥650[c]	≥8.0
27	交流和直流正接	6.0	PB	10 或 12	≥75	≥400 或 ≥650[c]	≥8.0
28	交流和直流反接	6.0	PB	10 或 12	≥75	≥400 或 ≥650[c]	≥8.0
40	供需双方协商			10 或 12	≥75	供需双方协商	
45	直流反接	4.0	PE、PG	10 或 12	≥75	≥300	≤8.0
		4.5	PE、PG				≥6.0
48	交流和直流反接	4.0	PD、PG	10 或 12	≥75	≥300	≤8.0
		5.0	PB、PG			≥300 或 ≥400[d]	≥6.5

[a] 当焊条尺寸小于规定尺寸时，应采用最大尺寸的焊条，并按比例调整要求。除非该焊条尺寸不要求试验；

[b] 焊接位置见 GB/T 16672，其中 PB＝平角焊、PD＝仰角焊、PE＝仰焊、PF＝向上立焊、PG＝向下立焊；

[c] 对于 450 mm 长的焊条，试板长度 l 不小于 400 mm；对于 700 mm 长的焊条，试板长度 l 不小于 650 mm；

[d] 对于 350 mm 长的焊条，试板长度 l 不小于 300 mm；对于 450 mm 或 460 mm 长的焊条，试板长度 l 不小于 400 mm。

表 5 两焊脚长度差及凸度要求

单位为毫米

实测焊脚尺寸	两焊脚长度差	凸 度
≤4.0	≤1.0	≤2.0
4.5	≤1.5	≤2.0
5.0、5.5	≤2.0	≤2.0
6.0、6.5	≤2.5	≤2.0
7.0、7.5、8.0	≤3.0	≤2.5
8.5	≤3.5	≤2.5
≥9.0	≤4.0	≤2.5

4.4 熔敷金属化学成分

焊条的熔敷金属化学成分应符合表 6 规定。

4.5 力学性能

4.5.1 熔敷金属拉伸试验结果应符合表 7 规定。

4.5.2 焊缝金属夏比 V 型缺口冲击试验温度按表 7 要求，测定五个冲击试样的冲击吸收能量。在计算五个冲击吸收能量的平均值时，应去掉一个最大值和一个最小值。余下的三个值中有两个应不小于 27 J，另一个允许小于 27 J，但应不小于 20 J，三个值的平均值应不小于 27 J。

4.5.3 如果焊条型号中附加了可选择的代号“U”，焊缝金属夏比 V 型缺口冲击要求则按表 7 规定的温度，测定三个冲击试样的冲击吸收能量。三个值中仅有一个值允许小于 47 J，但应不小于 32 J，三个值的平均值应不小于 47 J。

4.6 焊缝射线探伤

药皮类型 12 焊条不要求焊缝射线探伤试验，药皮类型 15、16、18、19、20、45 和 48 焊条的焊缝射线探伤应符合 GB/T 3323 中的Ⅰ级规定，其他药皮类型焊条的焊缝射线探伤应符合 GB/T 3323 中的Ⅱ级规定。

4.7 熔敷金属扩散氢含量

熔敷金属扩散氢含量要求可由供需双方协商确定，扩散氢代号如表 8 所示。

表 6 熔敷金属化学成分

焊条型号	化学成分(质量分数) %									
	C	Mn	Si	P	S	Ni	Cr	Mo	V	其他
E4303	0.20	1.20	1.00	0.040	0.035	0.30	0.20	0.30	0.08	—
E4310	0.20	1.20	1.00	0.040	0.035	0.30	0.20	0.30	0.08	—
E4311	0.20	1.20	1.00	0.040	0.035	0.30	0.20	0.30	0.08	—
E4312	0.20	1.20	1.00	0.040	0.035	0.30	0.20	0.30	0.08	—

表 6（续）

焊条型号	化学成分（质量分数） %									
	C	Mn	Si	P	S	Ni	Cr	Mo	V	其他
E4313	0.20	1.20	1.00	0.040	0.035	0.30	0.20	0.30	0.08	—
E4315	0.20	1.20	1.00	0.040	0.035	0.30	0.20	0.30	0.08	—
E4316	0.20	1.20	1.00	0.040	0.035	0.30	0.20	0.30	0.08	—
E4318	0.03	0.60	0.40	0.025	0.015	0.30	0.20	0.30	0.08	—
E4319	0.20	1.20	1.00	0.040	0.035	0.30	0.20	0.30	0.08	—
E4320	0.20	1.20	1.00	0.040	0.035	0.30	0.20	0.30	0.08	—
E4324	0.20	1.20	1.00	0.040	0.035	0.30	0.20	0.30	0.08	—
E4327	0.20	1.20	1.00	0.040	0.035	0.30	0.20	0.30	0.08	—
E4328	0.20	1.20	1.00	0.040	0.035	0.30	0.20	0.30	0.08	—
E4340	—	—	—	0.040	0.035	—	—	—	—	—
E5003	0.15	1.25	0.90	0.040	0.035	0.30	0.20	0.30	0.08	—
E5010	0.20	1.25	0.90	0.035	0.035	0.30	0.20	0.30	0.08	—
E5011	0.20	1.25	0.90	0.035	0.035	0.30	0.20	0.30	0.08	—
E5012	0.20	1.20	1.00	0.035	0.035	0.30	0.20	0.30	0.08	—
E5013	0.20	1.20	1.00	0.035	0.035	0.30	0.20	0.30	0.08	—
E5014	0.15	1.25	0.90	0.035	0.035	0.30	0.20	0.30	0.08	—
E5015	0.15	1.60	0.90	0.035	0.035	0.30	0.20	0.30	0.08	—
E5016	0.15	1.60	0.75	0.035	0.035	0.30	0.20	0.30	0.08	—
E5016-1	0.15	1.60	0.75	0.035	0.035	0.30	0.20	0.30	0.08	—
E5018	0.15	1.60	0.90	0.035	0.035	0.30	0.20	0.30	0.08	—
E5018-1	0.15	1.60	0.90	0.035	0.035	0.30	0.20	0.30	0.08	—
E5019	0.15	1.25	0.90	0.035	0.035	0.30	0.20	0.30	0.08	—
E5024	0.15	1.25	0.90	0.035	0.035	0.30	0.20	0.30	0.08	—
E5024-1	0.15	1.25	0.90	0.035	0.035	0.30	0.20	0.30	0.08	—
E5027	0.15	1.60	0.75	0.035	0.035	0.30	0.20	0.30	0.08	—
E5028	0.15	1.60	0.90	0.035	0.035	0.30	0.20	0.30	0.08	—
E5048	0.15	1.60	0.90	0.035	0.035	0.30	0.20	0.30	0.08	—
E5716	0.12	1.60	0.90	0.03	0.03	1.00	0.30	0.35	—	—
E5728	0.12	1.60	0.90	0.03	0.03	1.00	0.30	0.35	—	—
E5010-P1	0.20	1.20	0.60	0.03	0.03	1.00	0.30	0.50	0.10	—
E5510-P1	0.20	1.20	0.60	0.03	0.03	1.00	0.30	0.50	0.10	—
E5518-P2	0.12	0.90～1.70	0.80	0.03	0.03	1.00	0.20	0.50	0.05	—

表 6（续）

焊条型号	化学成分(质量分数) %								
	C	Mn	Si	P	S	Ni	Cr	Mo	V	其他
E5545-P2	0.12	0.90～1.70	0.80	0.03	0.03	1.00	0.20	0.50	0.05	—
E5003-1M3	0.12	0.60	0.40	0.03	0.03	—	—	0.40～0.65	—	—
E5010-1M3	0.12	0.60	0.40	0.03	0.03	—	—	0.40～0.65	—	—
E5011-1M3	0.12	0.60	0.40	0.03	0.03	—	—	0.40～0.65	—	—
E5015-1M3	0.12	0.90	0.60	0.03	0.03	—	—	0.40～0.65	—	—
E5016-1M3	0.12	0.90	0.60	0.03	0.03	—	—	0.40～0.65	—	—
E5018-1M3	0.12	0.90	0.80	0.03	0.03	—	—	0.40～0.65	—	—
E5019-1M3	0.12	0.90	0.40	0.03	0.03	—	—	0.40～0.65	—	—
E5020-1M3	0.12	0.60	0.40	0.03	0.03	—	—	0.40～0.65	—	—
E5027-1M3	0.12	1.00	0.40	0.03	0.03	—	—	0.40～0.65	—	—
E5518-3M2	0.12	1.00～1.75	0.80	0.03	0.03	0.90	—	0.25～0.45	—	—
E5515-3M3	0.12	1.00～1.80	0.80	0.03	0.03	0.90	—	0.40～0.65	—	—
E5516-3M3	0.12	1.00～1.80	0.80	0.03	0.03	0.90	—	0.40～0.65	—	—
E5518-3M3	0.12	1.00～1.80	0.80	0.03	0.03	0.90	—	0.40～0.65	—	—
E5015-N1	0.12	0.60～1.60	0.90	0.03	0.03	0.30～1.00	—	0.35	0.05	—
E5016-N1	0.12	0.60～1.60	0.90	0.03	0.03	0.30～1.00	—	0.35	0.05	—
E5028-N1	0.12	0.60～1.60	0.90	0.03	0.03	0.30～1.00	—	0.35	0.05	—
E5515-N1	0.12	0.60～1.60	0.90	0.03	0.03	0.30～1.00	—	0.35	0.05	—
E5516-N1	0.12	0.60～1.60	0.90	0.03	0.03	0.30～1.00	—	0.35	0.05	—

表 6（续）

焊条型号	化学成分(质量分数) %									
	C	Mn	Si	P	S	Ni	Cr	Mo	V	其他
E5528-N1	0.12	0.60～1.60	0.90	0.03	0.03	0.30～1.00	—	0.35	0.05	—
E5015-N2	0.08	0.40～1.40	0.50	0.03	0.03	0.80～1.10	0.15	0.35	0.05	—
E5016-N2	0.08	0.40～1.40	0.50	0.03	0.03	0.80～1.10	0.15	0.35	0.05	—
E5018-N2	0.08	0.40～1.40	0.50	0.03	0.03	0.80～1.10	0.15	0.35	0.05	—
E5515-N2	0.12	0.40～1.25	0.80	0.03	0.03	0.80～1.10	0.15	0.35	0.05	—
E5516-N2	0.12	0.40～1.25	0.80	0.03	0.03	0.80～1.10	0.15	0.35	0.05	—
E5518-N2	0.12	0.40～1.25	0.80	0.03	0.03	0.80～1.10	0.15	0.35	0.05	—
E5015-N3	0.10	1.25	0.60	0.03	0.03	1.10～2.00	—	0.35	—	—
E5016-N3	0.10	1.25	0.60	0.03	0.03	1.10～2.00	—	0.35	—	—
E5515-N3	0.10	1.25	0.60	0.03	0.03	1.10～2.00	—	0.35	—	—
E5516-N3	0.10	1.25	0.60	0.03	0.03	1.10～2.00	—	0.35	—	—
E5516-3N3	0.10	1.60	0.60	0.03	0.03	1.10～2.00	—	—	—	—
E5518-N3	0.10	1.25	0.80	0.03	0.03	1.10～2.00	—	—	—	—
E5015-N5	0.05	1.25	0.50	0.03	0.03	2.00～2.75	—	—	—	—
E5016-N5	0.05	1.25	0.50	0.03	0.03	2.00～2.75	—	—	—	—
E5018-N5	0.05	1.25	0.50	0.03	0.03	2.00～2.75	—	—	—	—
E5028-N5	0.10	1.00	0.80	0.025	0.020	2.00～2.75	—	—	—	—
E5515-N5	0.12	1.25	0.60	0.03	0.03	2.00～2.75	—	—	—	—
E5516-N5	0.12	1.25	0.60	0.03	0.03	2.00～2.75	—	—	—	—

表 6（续）

焊条型号	化学成分(质量分数) %								
	C	Mn	Si	P	S	Ni	Cr	Mo	V	其他
E5518-N5	0.12	1.25	0.80	0.03	0.03	2.00～2.75	—	—	—	—
E5015-N7	0.05	1.25	0.50	0.03	0.03	3.00～3.75	—	—	—	—
E5016-N7	0.05	1.25	0.50	0.03	0.03	3.00～3.75	—	—	—	—
E5018-N7	0.05	1.25	0.50	0.03	0.03	3.00～3.75	—	—	—	—
E5515-N7	0.12	1.25	0.80	0.03	0.03	3.00～3.75	—	—	—	—
E5516-N7	0.12	1.25	0.80	0.03	0.03	3.00～3.75	—	—	—	—
E5518-N7	0.12	1.25	0.80	0.03	0.03	3.00～3.75	—	—	—	—
E5515-N13	0.06	1.00	0.60	0.025	0.020	6.00～7.00	—	—	—	—
E5516-N13	0.06	1.00	0.60	0.025	0.020	6.00～7.00	—	—	—	—
E5518-N2M3	0.10	0.80～1.25	0.60	0.02	0.02	0.80～1.10	0.10	0.40～0.65	0.02	Cu:0.10 Al:0.05
E5003-NC	0.12	0.30～1.40	0.90	0.03	0.03	0.25～0.70	0.30	—	—	Cu:0.20～0.60
E5016-NC	0.12	0.30～1.40	0.90	0.03	0.03	0.25～0.70	0.30	—	—	Cu:0.20～0.60
E5028-NC	0.12	0.30～1.40	0.90	0.03	0.03	0.25～0.70	0.30	—	—	Cu:0.20～0.60
E5716-NC	0.12	0.30～1.40	0.90	0.03	0.03	0.25～0.70	0.30	—	—	Cu:0.20～0.60
E5728-NC	0.12	0.30～1.40	0.90	0.03	0.03	0.25～0.70	0.30	—	—	Cu:0.20～0.60
E5003-CC	0.12	0.30～1.40	0.90	0.03	0.03	—	0.30～0.70	—	—	Cu:0.20～0.60
E5016-CC	0.12	0.30～1.40	0.90	0.03	0.03	—	0.30～0.70	—	—	Cu:0.20～0.60
E5028-CC	0.12	0.30～1.40	0.90	0.03	0.03	—	0.30～0.70	—	—	Cu:0.20～0.60
E5716-CC	0.12	0.30～1.40	0.90	0.03	0.03	—	0.30～0.70	—	—	Cu:0.20～0.60

表 6（续）

焊条型号	化学成分(质量分数) %								
	C	Mn	Si	P	S	Ni	Cr	Mo	V	其他
E5728-CC	0.12	0.30～1.40	0.90	0.03	0.03	—	0.30～0.70	—	—	Cu:0.20～0.60
E5003-NCC	0.12	0.30～1.40	0.90	0.03	0.03	0.05～0.45	0.45～0.75	—	—	Cu:0.30～0.70
E5016-NCC	0.12	0.30～1.40	0.90	0.03	0.03	0.05～0.45	0.45～0.75	—	—	Cu:0.30～0.70
E5028-NCC	0.12	0.30～1.40	0.90	0.03	0.03	0.05～0.45	0.45～0.75	—	—	Cu:0.30～0.70
E5716-NCC	0.12	0.30～1.40	0.90	0.03	0.03	0.05～0.45	0.45～0.75	—	—	Cu:0.30～0.70
E5728-NCC	0.12	0.30～1.40	0.90	0.03	0.03	0.05～0.45	0.45～0.75	—	—	Cu:0.30～0.70
E5003-NCC1	0.12	0.50～1.30	0.35～0.80	0.03	0.03	0.40～0.80	0.45～0.70	—	—	Cu:0.30～0.75
E5016-NCC1	0.12	0.50～1.30	0.35～0.80	0.03	0.03	0.40～0.80	0.45～0.70	—	—	Cu:0.30～0.75
E5028-NCC1	0.12	0.50～1.30	0.80	0.03	0.03	0.40～0.80	0.45～0.70	—	—	Cu:0.30～0.75
E5516-NCC1	0.12	0.50～1.30	0.35～0.80	0.03	0.03	0.40～0.80	0.45～0.70	—	—	Cu:0.30～0.75
E5518-NCC1	0.12	0.50～1.30	0.35～0.80	0.03	0.03	0.40～0.80	0.45～0.70	—	—	Cu:0.30～0.75
E5716-NCC1	0.12	0.50～1.30	0.35～0.80	0.03	0.03	0.40～0.80	0.45～0.70	—	—	Cu:0.30～0.75
E5728-NCC1	0.12	0.50～1.30	0.80	0.03	0.03	0.40～0.80	0.45～0.70	—	—	Cu:0.30～0.75
E5016-NCC2	0.12	0.40～0.70	0.40～0.70	0.025	0.025	0.20～0.40	0.15～0.30	—	0.08	Cu:0.30～0.60
E5018-NCC2	0.12	0.40～0.70	0.40～0.70	0.025	0.025	0.20～0.40	0.15～0.30	—	0.08	Cu:0.30～0.60
E50XX-G[a]	—	—	—	—	—	—	—	—	—	—
E55XX-G[a]	—	—	—	—	—	—	—	—	—	—
E57XX-G[a]	—	—	—	—	—	—	—	—	—	—

注：表中单值均为最大值。

[a] 焊条型号中“XX”代表焊条的药皮类型，见表 2。

表 7 力学性能

焊条型号	抗拉强度 R_m MPa	屈服强度[a] R_{eL} MPa	断后伸长率 A %	冲击试验温度 ℃
E4303	≥430	≥330	≥20	0
E4310	≥430	≥330	≥20	−30
E4311	≥430	≥330	≥20	−30
E4312	≥430	≥330	≥16	—
E4313	≥430	≥330	≥16	—
E4315	≥430	≥330	≥20	−30
E4316	≥430	≥330	≥20	−30
E4318	≥430	≥330	≥20	−30
E4319	≥430	≥330	≥20	−20
E4320	≥430	≥330	≥20	—
E4324	≥430	≥330	≥16	—
E4327	≥430	≥330	≥20	−30
E4328	≥430	≥330	≥20	−20
E4340	≥430	≥330	≥20	0
E5003	≥490	≥400	≥20	0
E5010	490～650	≥400	≥20	−30
E5011	490～650	≥400	≥20	−30
E5012	≥490	≥400	≥16	—
E5013	≥490	≥400	≥16	—
E5014	≥490	≥400	≥16	—
E5015	≥490	≥400	≥20	−30
E5016	≥490	≥400	≥20	−30
E5016-1	≥490	≥400	≥20	−45
E5018	≥490	≥400	≥20	−30
E5018-1	≥490	≥400	≥20	−45
E5019	≥490	≥400	≥20	−20
E5024	≥490	≥400	≥16	—
E5024-1	≥490	≥400	≥20	−20
E5027	≥490	≥400	≥20	−30
E5028	≥490	≥400	≥20	−20
E5048	≥490	≥400	≥20	−30
E5716	≥570	≥490	≥16	−30
E5728	≥570	≥490	≥16	−20

表 7（续）

焊条型号	抗拉强度 R_m MPa	屈服强度[a] R_{eL} MPa	断后伸长率 A %	冲击试验温度 ℃
E5010-P1	≥490	≥420	≥20	−30
E5510-P1	≥550	≥460	≥17	−30
E5518-P2	≥550	≥460	≥17	−30
E5545-P2	≥550	≥460	≥17	−30
E5003-1M3	≥490	≥400	≥20	—
E5010-1M3	≥490	≥420	≥20	—
E5011-1M3	≥490	≥400	≥20	—
E5015-1M3	≥490	≥400	≥20	—
E5016-1M3	≥490	≥400	≥20	—
E5018-1M3	≥490	≥400	≥20	—
E5019-1M3	≥490	≥400	≥20	—
E5020-1M3	≥490	≥400	≥20	—
E5027-1M3	≥490	≥400	≥20	—
E5518-3M2	≥550	≥460	≥17	−50
E5515-3M3	≥550	≥460	≥17	−50
E5516-3M3	≥550	≥460	≥17	−50
E5518-3M3	≥550	≥460	≥17	−50
E5015-N1	≥490	≥390	≥20	−40
E5016-N1	≥490	≥390	≥20	−40
E5028-N1	≥490	≥390	≥20	−40
E5515-N1	≥550	≥460	≥17	−40
E5516-N1	≥550	≥460	≥17	−40
E5528-N1	≥550	≥460	≥17	−40
E5015-N2	≥490	≥390	≥20	−40
E5016-N2	≥490	≥390	≥20	−40
E5018-N2	≥490	≥390	≥20	−50
E5515-N2	≥550	470～550	≥20	−40
E5516-N2	≥550	470～550	≥20	−40
E5518-N2	≥550	470～550	≥20	−40
E5015-N3	≥490	≥390	≥20	−40
E5016-N3	≥490	≥390	≥20	−40
E5515-N3	≥550	≥460	≥17	−50
E5516-N3	≥550	≥460	≥17	−50
E5516-3N3	≥550	≥460	≥17	−50

表 7（续）

焊条型号	抗拉强度 R_m MPa	屈服强度[a] R_{eL} MPa	断后伸长率 A %	冲击试验温度 ℃
E5518-N3	≥550	≥460	≥17	−50
E5015-N5	≥490	≥390	≥20	−75
E5016-N5	≥490	≥390	≥20	−75
E5018-N5	≥490	≥390	≥20	−75
E5028-N5	≥490	≥390	≥20	−60
E5515-N5	≥550	≥460	≥17	−60
E5516-N5	≥550	≥460	≥17	−60
E5518-N5	≥550	≥460	≥17	−60
E5015-N7	≥490	≥390	≥20	−100
E5016-N7	≥490	≥390	≥20	−100
E5018-N7	≥490	≥390	≥20	−100
E5515-N7	≥550	≥460	≥17	−75
E5516-N7	≥550	≥460	≥17	−75
E5518-N7	≥550	≥460	≥17	−75
E5515-N13	≥550	≥460	≥17	−100
E5516-N13	≥550	≥460	≥17	−100
E5518-N2M3	≥550	≥460	≥17	−40
E5003-NC	≥490	≥390	≥20	0
E5016-NC	≥490	≥390	≥20	0
E5028-NC	≥490	≥390	≥20	0
E5716-NC	≥570	≥490	≥16	0
E5728-NC	≥570	≥490	≥16	0
E5003-CC	≥490	≥390	≥20	0
E5016-CC	≥490	≥390	≥20	0
E5028-CC	≥490	≥390	≥20	0
E5716-CC	≥570	≥490	≥16	0
E5728-CC	≥570	≥490	≥16	0
E5003-NCC	≥490	≥390	≥20	0
E5016-NCC	≥490	≥390	≥20	0
E5028-NCC	≥490	≥390	≥20	0
E5716-NCC	≥570	≥490	≥16	0
E5728-NCC	≥570	≥490	≥16	0
E5003-NCC1	≥490	≥390	≥20	0
E5016-NCC1	≥490	≥390	≥20	0

表 7（续）

焊条型号	抗拉强度 R_m MPa	屈服强度[a] R_{eL} MPa	断后伸长率 A %	冲击试验温度 ℃
E5028-NCC1	≥490	≥390	≥20	0
E5516-NCC1	≥550	≥460	≥17	−20
E5518-NCC1	≥550	≥460	≥17	−20
E5716-NCC1	≥570	≥490	≥16	0
E5728-NCC1	≥570	≥490	≥16	0
E5016-NCC2	≥490	≥420	≥20	−20
E5018-NCC2	≥490	≥420	≥20	−20
E50XX-G[b]	≥490	≥400	≥20	—
E55XX-G[b]	≥550	≥460	≥17	—
E57X-G[b]	≥570	≥490	≥16	—

[a] 当屈服发生不明显时，应测定规定塑性延伸强度 $R_{p0.2}$；

[b] 焊条型号中“XX”代表焊条的药皮类型，见表 2。

表 8 熔敷金属扩散氢含量

扩散氢代号	扩散氢含量 mL/100 g
H15	≤15
H10	≤10
H5	≤5

5 试验方法

5.1 力学性能试验

5.1.1 试验用母材

力学性能试验用母材采用表 9 规定的试板。若采用其他母材，应采用试验焊条在坡口面和垫板面至少焊接三层隔离层，隔离层的厚度加工后不小于 3 mm。

表 9 试验用母材

熔敷金属化学成分代号	试验用母材
无标记、−1、−P1、−P2	符合 GB/T 700 或 GB/T 1591 中强度级别相当的 Q235 A 级/B 级、Q345 A 级/B 级碳钢或低合金钢钢板。
−G	由供需双方协商。
其他	与熔敷金属成分相当的钢板。

5.1.2 试件制备

5.1.2.1 力学性能试验采用 Φ4.0 mm 的焊条，电流采用制造商推荐的最大电流值的 70%～90%进行焊接，对于交直流两用的焊条，试验时应采用交流。

5.1.2.2 力学性能试件按 GB/T 25774.1 进行制备，采用试件类型 1.3。

5.1.2.3 长度大于 450 mm 的焊条，试板长度不小于 500 mm 。

5.1.2.4 对于碱性药皮类型焊条，试验前应进行 260 ℃～430 ℃烘焙 1 h 以上或按制造商推荐的烘焙规范烘干。其他药皮类型焊条可在供货状态下试验或按制造商推荐的烘焙规范烘干。

5.1.2.5 试板定位焊后，启焊时试板温度应加热到表 10 规定的预热温度，并在焊接过程中保持道间温度，试板温度超过时，应在静态大气中冷却。用表面温度计、测温笔或热电偶测量道间温度。

表 10 预热温度和道间温度

熔敷金属化学成分代号	预热温度和道间温度 ℃
无标记、-1	100～150
其他	90～110

5.1.2.6 试件制备由 7～9 层完成，每层由两道焊道完成，最后两层允许分别由三道焊道完成，同一焊道的焊接方向不允许改变。Φ4.0 mm 以外的其他尺寸焊条，焊层及焊道数按制造商推荐进行。

5.1.2.7 每一焊道除两端的起弧点和熄弧点外，在射线探伤区域内至少有一个起弧点和熄弧点。

5.1.3 焊后热处理

5.1.3.1 试件要求焊后热处理时，应在加工拉伸试样和冲击试样之前进行，热处理条件按表 11 规定。

5.1.3.2 试件放入炉内时，炉温不得高于 300 ℃，以 85 ℃/h～ 275 ℃/h 的速率加热到规定温度。达到保温时间后，以不大于 200 ℃/h 的速率随炉冷却至 300 ℃以下。试件冷却至 300 ℃以下的任意温度时，允许从炉中取出，在静态大气中冷却至室温。

5.1.4 熔敷金属拉伸试验

5.1.4.1 熔敷金属拉伸试样尺寸及取样位置按 GB/T 25774.1 规定。

5.1.4.2 碱性药皮类型焊条的熔敷金属拉伸试样不允许去氢处理，其他药皮类型焊条的熔敷金属拉伸试样允许进行 100 ℃±5 ℃保温 46 h～48 h 或者 250 ℃保温 6 h～8 h 的去氢处理。

5.1.4.3 熔敷金属拉伸试验应按 GB/T 2652 进行。

表 11 热处理条件

熔敷金属化学成分代号	热处理温度 ℃	保温时间 min
-N5、-N7	605±15	60^{+15}_{0}
-N13	600±15	60^{+15}_{0}
其他	620±15	60^{+15}_{0}

5.1.5 焊缝金属V型缺口冲击试验

5.1.5.1 焊缝金属冲击试样尺寸及取样位置按GB/T 25774.1规定。每组冲击试样中至少应有一个试样测量V型缺口的形状尺寸，测量应在至少放大50倍的投影仪或金相显微镜上进行。

5.1.5.2 焊缝金属V型缺口冲击试验应按GB/T 2650进行。

5.2 射线探伤试验

5.2.1 焊缝射线探伤试验应在截取拉伸试样和冲击试样之前的试件上进行，射线探伤前应去掉垫板。

5.2.2 焊缝射线探伤试验按GB/T 3323进行。

5.2.3 在评定焊缝射线探伤底片时，试件两端25 mm应不予考虑。

5.3 熔敷金属化学分析试验

5.3.1 熔敷金属化学分析试样允许在力学性能试件上或拉断后的拉棒上制取，仲裁试验时，按GB/T 25777规定进行。

5.3.2 试样的化学分析可采用任何适宜的化学分析方法，仲裁试验时，按供需双方确认的化学分析方法进行。

5.4 T型接头角焊缝试验

5.4.1 T型接头角焊缝试验的试件制备按GB/T 25774.3进行。

5.4.2 试板采用含碳量不大于0.30%的非合金钢。每种药皮类型焊条要求的电流类型、焊条尺寸、焊接位置及试板尺寸按表4规定进行。

5.5 熔敷金属扩散氢试验

熔敷金属扩散氢含量的测定按GB/T 3965进行，有关扩散氢相关说明参见附录C。

6 检验规则

成品焊条由制造厂质量检验部门按批检验。

6.1 批量划分

每批焊条的批量划分按GB/T 25778规定进行。

6.2 取样方法

每批焊条检验时，按照需要数量至少在三个部位取有代表性的样品。

6.3 验收

每批焊条按GB/T 25778进行验收。

6.4 复验

任何一项检验不合格时，该项检验应加倍复验。对于化学分析，仅复验那些不满足要求的元素。当复验拉伸试验时，抗拉强度、屈服强度及断后伸长率同时作为复验项目。其试样可在原试件上截取，也可在新焊制的试件上截取。加倍复验结果均应符合该项检验的规定。

7 包装、标志和质量证明

7.1 包装

7.1.1 焊条按批号每 1 kg、2 kg、2.5 kg、5 kg 净质量或按相应根数进行包装。包装应封口，保证焊条在正常的贮存条件下不致变质损坏。

7.1.2 若干包焊条应装箱，以保证在正常运输、搬运和贮存过程中不致破损。

7.2 标志和质量证明

焊条的标志和质量证明按 GB/T 25775 规定。

附 录 A
（资料性附录）
焊条药皮类型

A.1 概述

药皮焊条的性能（如焊接特性和焊缝金属的力学性能）主要受药皮影响。药皮中的组成物可以概括为如下 6 类：

a） 造渣剂；
b） 脱氧剂；
c） 造气剂；
d） 稳弧剂；
e） 粘接剂；
f） 合金化元素（如需要）。

此外，加入铁粉可以提高焊条熔敷效率，但对焊接位置有影响。

交直流两用的焊条，可根据制造商按照特定市场需求设定的极性进行选择。

A.2 药皮类型 03

此药皮类型包含二氧化钛和碳酸钙的混合物，所以同时具有金红石焊条和碱性焊条的某些性能。见 A.6 和 A.9。

A.3 药皮类型 10

此药皮类型内含有大量的可燃有机物，尤其是纤维素，由于其强电弧特性特别适用于向下立焊。由于钠影响电弧的稳定性，因而焊条主要适用于直流焊接，通常使用直流反接。

A.4 药皮类型 11

此药皮类型内含有大量的可燃有机物，尤其是纤维素，由于其强电弧特性特别适用于向下立焊。由于钾增强电弧的稳定性，因而适用于交直流两用焊接，直流焊接时使用直流反接。

A.5 药皮类型 12

此药皮类型内含有大量的二氧化钛（金红石）。其柔软电弧特性适合用于在简单装配条件下对大的根部间隙进行焊接。

A.6 药皮类型 13

此药皮类型内含有大量的二氧化钛（金红石）和增强电弧稳定性的钾。与药皮类型 12 相比能在低电流条件下产生稳定电弧，特别适于金属薄板的焊接。

A.7 药皮类型 14

此药皮类型与药皮类型 12 和 13 类似，但是添加了少量铁粉。加入铁粉可以提高电流承载能力和熔敷效率，适于全位置焊接。

A.8 药皮类型 15

此药皮类型碱度较高，含有大量的氧化钙和萤石。由于钠影响电弧的稳定性，只适用于直流反接。此药皮类型的焊条可以得到低氢含量、高冶金性能的焊缝。

A.9 药皮类型 16

此药皮类型碱度较高，含有大量的氧化钙和萤石。由于钾增强电弧的稳定性，适用于交流焊接。此药皮类型的焊条可以得到低氢含量、高冶金性能的焊缝。

A.10 药皮类型 18

此药皮类型除了药皮略厚和含有大量铁粉外，其他与药皮类型 16 类似。与药皮类型 16 相比，药皮类型 18 中的铁粉可以提高电流承载能力和熔敷效率。

A.11 药皮类型 19

此药皮类型包含钛和铁的氧化物，通常在钛铁矿获取。虽然它们不属于碱性药皮类型焊条，但是可以制造出高韧性的焊缝金属。

A.12 药皮类型 20

此药皮类型包含大量的铁氧化物。熔渣流动性好，所以通常只在平焊和横焊中使用。主要用于角焊缝和搭接焊缝。

A.13 药皮类型 24

此药皮类型除了药皮略厚和含有大量铁粉外，其他与药皮类型 14 类似。通常只在平焊和横焊中使用。主要用于角焊缝和搭接焊缝。

A.14 药皮类型 27

此药皮类型除了药皮略厚和含有大量铁粉外，其他与药皮类型 20 类似，增加了药皮类型 20 中的铁氧化物。主要用于高速角焊缝和搭接焊缝的焊接。

A.15 药皮类型 28

此药皮类型除了药皮略厚和含有大量铁粉外，其他与药皮类型 18 类似。通常只在平焊和横焊中使用。能得到低氢含量、高冶金性能的焊缝。

A.16 药皮类型 40

此药皮类型不属于上述任何焊条类型。其制造是为了达到购买商的特定使用要求。焊接位置由供应商和购买商之间协议确定。如要求在圆孔内部焊接（“塞焊”）或者在槽内进行的特殊焊接。由于药皮类型 40 并无具体指定，此药皮类型可按照具体要求有所不同。

A.17 药皮类型 45

除了主要用于向下立焊外，此药皮类型与药皮类型 15 类似。

A.18 药皮类型 48

除了主要用于向下立焊外，此药皮类型与药皮类型 18 类似。

附 录 B
（资料性附录）
焊条型号对照

为便于应用，提供了本标准焊条型号与其他相关标准的焊条型号之间的对应关系，见表 B.1。

表 B.1 焊条型号对照表

本标准	AWS A 5.1M:2004	AWS A5.5M:2006	ISO 2560:2009	GB/T 5117—1995	GB/T 5118—1995
碳钢					
E4303	—	—	E4303	E4303	—
E4310	E4310	—	E4310	E4310	—
E4311	E4311	—	E4311	E4311	—
E4312	E4312	—	E4312	E4312	—
E4313	E4313	—	E4313	E4313	—
E4315	—	—	—	E4315	—
E4316	—	—	E4316	E4316	—
E4318	E4318	—	E4318	—	—
E4319	E4319	—	E4319	E4301	—
E4320	E4320	—	E4320	E4320	—
E4324	—	—	E4324	E4324	—
E4327	E4327	—	E4327	E4327	—
E4328	—	—	—	E4328	—
E4340	—	—	E4340	E4300	—
E5003	—	—	E4903	E5003	—
E5010	—	—	E4910	E5010	—
E5011	—	—	E4911	E5011	—
E5012	—	—	E4912	—	—
E5013	—	—	E4913	—	—
E5014	E4914	—	E4914	E5014	—
E5015	E4915	—	E4915	E5015	—
E5016	E4916	—	E4916	E5016	—
E5016-1	—	—	E4916-1	—	—
E5018	E4918	—	E4918	E5018	—
E5018-1	—	—	E4918-1	—	—
E5019	—	—	E4919	E5001	—
E5024	E4924	—	E4924	E5024	—
E5024-1	—	—	E4924-1	—	—

表 B.1（续）

本标准	AWS A 5.1M:2004	AWS A5.5M:2006	ISO 2560:2009	GB/T 5117—1995	GB/T 5118—1995
			碳钢		
E5027	E4927	—	E4927	E5027	—
E5028	E4928	—	E4928	E5028	—
E5048	E4948	—	E4948	E5048	—
E5716	—	—	E5716	—	—
E5728	—	—	E5728	—	—
			管线钢		
E5010-P1	—	E4910-P1	E4910-P1	—	—
E5510-P1	—	E5510-P1	E5510-P1	—	—
E5518-P2	—	E5518-P2	E5518-P2	—	—
E5545-P2	—	E5545-P2	E5545-P2	—	—
			碳钼钢		
E5003-1M3	—	—	—	—	E5003-A1
E5010-1M3	—	E4910-A1	E4910-1M3	—	E5010-A1
E5011-1M3	—	E4911-A1	E4911-1M3	—	E5011-A1
E5015-1M3	—	E4915-A1	E4915-1M3	—	E5015-A1
E5016-1M3	—	E4916-A1	E4916-1M3	—	E5016-A1
E5018-1M3	—	E4918-A1	E4918-1M3	—	E5018-A1
E5019-1M3	—	—	E4919-1M3	—	—
E5020-1M3	—	E4920-A1	E4920-1M3	—	E5020-A1
E5027-1M3	—	E4927-A1	E4927-1M3	—	E5027-A1
			锰钼钢		
E5518-3M2	—	E5518-D1	E5518-3M2	—	—
E5515-3M3	—	—	—	—	E5515-D3
E5516-3M3	—	E5516-D3	E5516-3M3	—	E5516-D3
E5518-3M3	—	E5518-D3	E5518-3M3	—	E5518-D3
			镍钢		
E5015-N1	—	—	—	—	—
E5016-N1	—	—	E4916-N1	—	—
E5028-N1	—	—	E4928-N1	—	—
E5515-N1	—	—	—	—	—
E5516-N1	—	—	E5516-N1	—	—
E5528-N1	—	—	E5528-N1	—	—
E5015-N2	—	—	—	—	—

表 B.1（续）

本标准	AWS A 5.1M:2004	AWS A5.5M:2006	ISO 2560:2009	GB/T 5117—1995	GB/T 5118—1995
镍钢					
E5016-N2	—	—	E4916-N2	—	—
E5018-N2	—	E4918-C3L	E4918-N2	—	—
E5515-N2	—	—	—	—	E5515-C3
E5516-N2	—	E5516-C3	E5516-N2	—	E5516-C3
E5518-N2	—	E5518-C3	E5518-N2	—	E5518-C3
E5015-N3	—	—	—	—	—
E5016-N3	—	—	E4916-N3	—	—
E5515-N3	—	—	—	—	—
E5516-N3	—	E5516-C4	E5516-N3	—	—
E5516-3N3	—	—	E5516-3N3	—	—
E5518-N3	—	E5518-C4	E5518-N3	—	—
E5015-N5	—	E4915-C1L	E4915-N5	—	E5015-C1L
E5016-N5	—	E4916-C1L	E4916-N5	—	E5016-C1L
E5018-N5	—	E4918-C1L	E4918-N5	—	E5018-C1L
E5028-N5	—	—	E4928-N5	—	—
E5515-N5	—	—	—	—	E5515-C1
E5516-N5	—	E5516-C1	E5516-N5	—	E5516-C1
E5518-N5	—	E5518-C1	E5518-N5	—	E5518-C1
E5015-N7	—	E4915-C2L	E4915-N7	—	E5015-C2L
E5016-N7	—	E4916-C2L	E4916-N7	—	E5016-C2L
E5018-N7	—	E4918-C2L	E4918-N7	—	E5018-C2L
E5515-N7	—	—	—	—	—
E5516-N7	—	E5516-C2	E5516-N7	—	E5516-C2
E5518-N7	—	E5518-C2	E5518-N7	—	E5518-C2
E5515-N13	—	—	—	—	—
E5516-N13	—	—	E5516-N13	—	—
镍钼钢					
E5518-N2M3	—	E5518-NM1	E5518-N2M3	—	E5518-NM
耐候钢					
E5003-NC	—	—	E4903-NC	—	—
E5016-NC	—	—	E4916-NC	—	—
E5028-NC	—	—	E4928-NC	—	—
E5716-NC	—	—	E5716-NC	—	—

表 B.1（续）

本标准	AWS A 5.1M:2004	AWS A5.5M:2006	ISO 2560:2009	GB/T 5117—1995	GB/T 5118—1995
耐候钢					
E5728-NC	—	—	E5728-NC	—	—
E5003-CC	—	—	E4903-CC	—	—
E5016-CC	—	—	E4916-CC	—	—
E5028-CC	—	—	E4928-CC	—	—
E5716-CC	—	—	E5716-CC	—	—
E5728-CC	—	—	E5728-CC	—	—
E5003-NCC	—	—	E4903-NCC	—	—
E5016-NCC	—	—	E4916-NCC	—	—
E5028-NCC	—	—	E4928-NCC	—	—
E5716-NCC	—	—	E5716-NCC	—	—
E5728-NCC	—	—	E5728-NCC	—	—
E5003-NCC1	—	—	E4903-NCC1	—	—
E5016-NCC1	—	—	E4916-NCC1	—	—
E5028-NCC1	—	—	E4928-NCC1	—	—
E5516-NCC1	—	—	E5516-NCC1	—	—
E5518-NCC1	—	E5518-W2	E5518-NCC1	—	E5518-W
E5716-NCC1	—	—	E5716-NCC1	—	—
E5728-NCC1	—	—	E5728-NCC1	—	—
E5016-NCC2	—	—	E4916-NCC2	—	—
E5018-NCC2	—	E4918-W1	E4918-NCC2	—	E5018-W
其他					
E50XX-G	—	—	E49XX-G	—	E50XX-G
E55XX-G	—	—	E55XX-G	—	E55XX-G
E57XX-G	—	—	E57XX-G	—	—

附 录 C
（资料性附录）
扩散氢相关说明

C.1 不同的扩散氢收集和测量的方法都可以用于批量试验，这些方法应按照 GB/T 3965 进行校准，使其具备同样的再现性。扩散氢含量受电流类型的影响。

C.2 焊接接头的裂纹很大程度上受扩散氢的影响，合金含量和强度级别的增加可能导致氢致裂纹，这种裂纹通常在接头冷却后产生，所以又叫做冷裂纹。对于 C-Mn 钢，裂纹最容易产生在热影响区，裂纹一般近似平行于熔合线。合金含量和强度级别的增加会增加氢致裂纹的风险，增加合金含量，裂纹将扩展至焊缝金属，裂纹通常垂直于焊接方向和母材的表面。

C.3 假设外部条件是满意的（焊接区域清洁和干燥），焊缝金属的扩散氢主要来源于材料中氢化物和环境大气条件。碱性焊条药皮中水分是焊缝金属中氢的主要来源，药皮中的水分在电弧中被电离并产生能被焊缝金属吸收的氢原子。在给定的材料和强度条件下，降低焊缝金属的氢含量可以减少冷裂纹的产生。

C.4 假设采取适当的预防措施使得进入焊缝金属的扩散氢保持在一个合理的最低限度，可以通过预热焊接接头到一个适当的温度，并在整个焊接过程中保持在这个温度以上，通常能避免裂纹的产生。实际上扩散氢含量很大程度上取决于应用过程，为了满足要求，应该遵循焊条制造商所推荐的相应操作、贮藏和烘干条件。

ICS 25.160.20
J 33

中华人民共和国国家标准

GB/T 5118—2012
代替 GB/T 5118—1995

热 强 钢 焊 条

Covered electrodes for manual metal arc welding of creep-resisting steels

(ISO 3580:2010,Welding consumables—Covered electrodes for manual metal arc welding of creep-resisting steels—Classification,MOD)

2012-11-05 发布　　2013-03-01 实施

中华人民共和国国家质量监督检验检疫总局
中国国家标准化管理委员会　发布

前言

本标准按照GB/T 1.1—2009给出的规则起草。

本标准是对GB/T 5118—1995《低合金钢焊条》的修订。与GB/T 5118—1995相比，主要修改内容如下：

——本次修订仅保留了原标准中的碳钼钢焊条和铬钼钢焊条，并对型号编制、技术要求等进行了相应的调整。原标准中镍钢、镍钼钢，锰钼钢焊条型号中的E5515-D3、E5516-D3、E5518-D3，其他低合金焊条型号中的E5018W、E5518W等焊条的技术要求转到新修订的GB/T 5117《非合金钢及细晶粒钢焊条》标准中；

——焊条的分类和型号按ISO 3580:2010进行；

——增加了2C1MV、3C1MV、5CM、5CML、5CMV、7CM、7CML、9C1M、9C1ML、9C1MV、9C1MV1等化学成分分类；

——药皮类型中保留了特殊型“00”，按ISO药皮类型修改为“40”；

——对于保留的GB/T 5118—1995中的E5500-B1(型号编制为E5540-CM)、E5503-B1(型号编制为E5503-CM)等10个型号焊条，其熔敷金属的抗拉强度和屈服强度按其他相应型号焊条的要求进行了上调，断后伸长率进行了适当降低，熔敷金属化学成分按其他型号焊条要求，S、P调整为不大于0.030%；

——删除了药皮含水量的技术要求；

——删除了冲击试验要求；

——与ISO 3580:2010相对应型号焊条的技术要求按ISO 3580:2010进行了调整。

本标准使用重新起草法修改采用国际标准ISO 3580:2010《焊接材料　热强钢焊条电弧焊用药皮焊条　分类》(英文版)。

本标准与ISO 3580:2010的主要技术性差异及其原因如下：

——删除了规范性引用文件中引用的国际标准，直接引用我国已相应转化的国内相关标准，以便于执行；

——根据我国实际应用情况，将熔敷金属抗拉强度代号“49”修改为“50”以适用我国技术条件；

——保留了E5500-B1(型号编制为E5540-CM)、E5503-B1(型号编制为E5503-CM)、E5500-B2-V(型号编制为E5540-1CMV)、E5515-B2-V(型号编制为E5515-1CMV)、E5515-B2-VNb(型号编制为E5515-1CMVNb)、E5515-B2-VW(型号编制为E5515-1CMWV)、E5500-B3-VWB(型号编制为E5540-2CMWVB)、E5515-B3-VWB(型号编制为E5515-2CMWVB)、E5515-B3-VNb(型号编制为E5515-2CMVNb)、E6000-B3(型号编制为E6240-2C1M)等10个焊条型号，其技术要求进行了相应的调整，以适用我国技术条件；

——药皮类型中增加了03和40两种类型，以适用我国技术条件；

——化学成分类型中增加了1CMV、1CMVNb、1CMWV、2CMWVB、2CMVNb、5CMV、7CM和7CML八种类型，以适用我国技术条件；

——保留了焊缝金属的射线探伤要求，以适用我国技术条件；

——保留了焊条偏心度的技术指标，以便于操作。

为便于使用，本标准还做了如下编辑性修改：

——标准名称改为“热强钢焊条”；

——标准结构方面，按分类和型号、技术要求、试验方法、检验规则、包装、标志和质量证明进行编写。

本标准由全国焊接标准化技术委员会(SAC/TC 55)提出并归口。

本标准起草单位:哈尔滨焊接研究所、四川大西洋焊接材料股份有限公司、上海电力修造总厂有限公司、天津大桥焊材集团有限公司、建德市新安江电焊条有限公司、天津市金桥焊材集团有限公司。

本标准起草人:储继君、陈默、陈维富、翁苏华、彭愚立、邵海建、侯来昌、马恒胜、方乃文。

本标准代替了 GB/T 5118—1995。

GB/T 5118—1995 的历次版本发布情况为:

——GB/T 5118—1967、GB/T 5118—1976、GB/T 5118—1983。

热强钢焊条

1 范围

本标准规定了热强钢焊条的型号、技术要求、试验方法、检验规则、包装、标志和质量证明。

本标准适用于焊条电弧焊用热强钢焊条。

2 规范性引用文件

下列文件对于本文件的应用是必不可少的。凡是注日期的引用文件，仅注日期的版本适用于本文件。凡是不注日期的引用文件，其最新版本(包括所有的修改单)适用于本文件。

GB/T 2652 焊缝及熔敷金属拉伸试验方法(GB/T 2652—2008,ISO 5178:2001,IDT)

GB/T 3323 金属熔化焊焊接接头射线照相

GB/T 3965 熔敷金属中扩散氢测定方法(GB/T 3965—2012,ISO 3690:2000,MOD)

GB/T 16672 焊缝 工作位置 倾角和转角的定义(GB/T 16672—1996,idt ISO 6947:1990)

GB/T 25774.1 焊接材料的检验 第1部分:钢、镍及镍合金熔敷金属力学性能试样的制备及检验(GB/T 25774.1—2010,ISO 15792-1:2000,MOD)

GB/T 25774.3 焊接材料的检验 第3部分:T型接头角焊缝试样的制备及检验(GB/T 25774.3—2010,ISO 15792-3:2000,IDT)

GB/T 25775 焊接材料供货技术条件 产品类型、尺寸、公差和标志(GB/T 25775—2010,ISO 544:2003,MOD)

GB/T 25777 焊接材料熔敷金属化学分析试样制备方法(GB/T 25777—2010,ISO 6847:2000,IDT)

GB/T 25778 焊接材料采购指南(GB/T 25778—2010,ISO 14344:2002,MOD)

3 型号

3.1 型号划分

焊条型号按熔敷金属力学性能、药皮类型、焊接位置、电流类型、熔敷金属化学成分等进行划分。药皮类型的简要说明参见附录A，不同标准之间的型号对照参见附录B。

3.2 型号编制方法

焊条型号由四部分组成：

a) 第一部分用字母“E”表示焊条；

b) 第二部分为字母“E”后面的紧邻两位数字，表示熔敷金属的最小抗拉强度代号，见表1；

c) 第三部分为字母“E”后面的第三和第四两位数字，表示药皮类型、焊接位置和电流类型，见表2；

d) 第四部分为短划“-”后的字母、数字或字母和数字的组合，表示熔敷金属的化学成分分类代号，见表3。

除以上强制分类代号外，根据供需双方协商，可在型号后附加扩散氢代号“HX”，其中X代表15、10

或 5，分别表示每 100 g 熔敷金属中扩散氢含量的最大值(mL)，见 4.7。

3.3 型号示例

本标准中完整焊条型号示例如下：

E 62 15 -2C1M H10

- H10——可选附加代号，表示熔敷金属扩散氢含量不大于 10 mL/100 g
- -2C1M——表示熔敷金属化学成分分类代号
- 15——表示药皮类型为碱性，适用于全位置焊接，采用直流反接
- 62——表示熔敷金属抗拉强度最小值为 620 MPa
- E——表示焊条

表 1 熔敷金属抗拉强度代号

抗拉强度代号	最小抗拉强度值 MPa
50	490
52	520
55	550
62	620

表 2 药皮类型代号

代号	药皮类型	焊接位置[a]	电流类型
03	钛型	全位置[c]	交流和直流正、反接
10[b]	纤维素	全位置	直流反接
11[b]	纤维素	全位置	交流和直流反接
13	金红石	全位置[c]	交流和直流正、反接
15	碱性	全位置[c]	直流反接
16	碱性	全位置[c]	交流和直流反接
18	碱性＋铁粉	全位置(PG 除外)	交流和直流反接
19[b]	钛铁矿	全位置[c]	交流和直流正、反接
20[b]	氧化铁	PA、PB	交流和直流正接
27[b]	氧化铁＋铁粉	PA、PB	交流和直流正接
40	不做规定	由制造商确定	

[a] 焊接位置见 GB/T 16672，其中 PA＝平焊、PB＝平角焊、PG＝向下立焊；

[b] 仅限于熔敷金属化学成分代号 1M3；

[c] 此处"全位置"并不一定包含向下立焊，由制造商确定。

表 3 熔敷金属化学成分分类代号

分类代号	主要化学成分的名义含量
-1M3	此类焊条中含有 Mo，Mo 是在非合金钢焊条基础上的唯一添加合金元素。数字 1 约等于名义上 Mn 含量两倍的整数，字母“M”表示 Mo，数字 3 表示 Mo 的名义含量，大约 0.5%。
-×C×M×	对于含铬-钼的热强钢，标识“C”前的整数表示 Cr 的名义含量，“M”前的整数表示 Mo 的名义含量。对于 Cr 或者 Mo，如果名义含量少于 1%，则字母前不标记数字。如果在 Cr 和 Mo 之外还加入了 W、V、B、Nb 等合金成分，则按照此顺序，加于铬和钼标记之后。标识末尾的“L”表示含碳量较低。最后一个字母后的数字表示成分有所改变。
-G	其他成分

4 技术要求

4.1 尺寸

焊条尺寸应符合 GB/T 25775 规定。

4.2 药皮

4.2.1 焊条药皮应均匀、紧密地包覆在焊芯周围，焊条药皮上不应有影响焊接质量的裂纹、气泡、杂质及脱落等缺陷。

4.2.2 焊条引弧端药皮应倒角，焊芯端面应露出。焊条沿圆周的露芯应不大于圆周的 1/2。碱性药皮类型的焊条长度方向上露芯长度应不大于焊芯直径的 1/2 或 1.6 mm 两者的较小值。其他药皮类型的焊条长度方向上露芯长度应不大于焊芯直径的 2/3 或 2.4 mm 两者的较小值。

4.2.3 焊条偏心度应符合如下规定：

a) 直径不大于 2.5 mm 的焊条，偏心度应不大于 7%；

b) 直径为 3.2 mm 和 4.0 mm 的焊条，偏心度应不大于 5%；

c) 直径不小于 5.0 mm 的焊条，偏心度应不大于 4%。

偏心度计算方法见公式(1)及图 1。

$$P=\frac{T_1-T_2}{(T_1+T_2)/2}\times 100\% \qquad \cdots\cdots(1)$$

式中：

P——焊条偏心度；

T_1——焊条断面药皮最大厚度+焊芯直径；

T_2——焊条同一断面药皮最小厚度+焊芯直径。

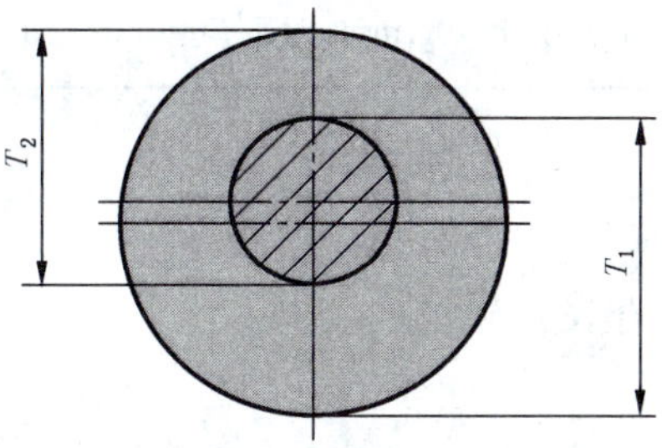

图 1 焊条偏心度测量示意图

4.3 T型接头角焊缝

4.3.1 角焊缝的试件检查按 GB/T 25774.3 规定。

4.3.2 角焊缝的试验要求、焊脚尺寸、两焊脚长度差及凸度应符合表 4 规定。

表 4 角焊缝要求

单位为毫米

药皮类型	电流类型	焊条尺寸[a]	焊接位置[b]	试板厚度 t	试板宽度 w	试板长度[c] l	焊脚尺寸	两焊脚长度差	凸度
03	交流	5.0	PF、PD	10	≥75	≥300	≤10.0	≤2.0	≤1.5
		6.0	PB	12		≥400	≥8.0	≤3.5	≤2.0
10	直流反接	5.0	PF、PD	10	≥75	≥300	≤8.0	≤3.5	≤1.5
		6.0	PB	12		≥400	≥6.5	≤2.5	≤2.0
11	交流	5.0	PF、PD	10	≥75	≥300	≤8.0	≤3.5	≤1.5
		6.0	PB	12		≥400	≥6.5	≤2.5	≤2.0
13	交流	5.0	PF、PD	12	≥75	≥300	≤10.0	≤2.0	≤1.5
		6.0	PB	12		≥400	≥8.0	≤3.5	≤2.0
15	直流反接	4.0	PF、PD	10	≥75	≥300	≤8.0	≤3.5	≤2.0
		6.0	PB	12		≥400	≥8.0	≤3.5	≤2.0
16	交流	4.0	PF、PD	10	≥75	≥300	≤8.0	≤3.5	≤2.0
		6.0	PB	12		≥400	≥8.0	≤3.5	≤2.0
18	交流	4.0	PF、PD	10	≥75	≥300	≤8.0	≤3.5	≤2.0
		6.0	PB	12		≥400	≥8.0	≤3.5	≤2.0
19	交流	5.0	PF、PD	12	≥75	≥300	≤10.0	≤2.0	≤1.5
		6.0	PB	12		≥400	≥8.0	≤3.5	≤2.0
20	交流	6.0	PB	12	≥75	≥400	≥8.0	≤3.5	≤2.0
27	交流	6.0	PB	12	≥75	≥400 或≥650[d]	≥8.0	≤3.5	≤2.0
40	供需双方协商			10～12	≥75	供需双方协商			

[a] 当焊条尺寸小于规定尺寸时，应采用最大尺寸的焊条，并按比例调整要求。除非该焊条尺寸不要求试验；

[b] 焊接位置见 GB/T 16672，其中 PB＝平角焊、PD＝仰角焊、PF＝向上立焊；

[c] 对于 300 mm 长的焊条，试板长度 l 不小于 250 mm；对于 350 mm 长的焊条，试板长度 l 不小于 300 mm；

[d] 对于 450 mm 长的焊条，试板长度 l 不小于 400 mm；对于 700 mm 长的焊条，试板长度 l 不小于 650 mm。

4.4 熔敷金属化学成分

焊条的熔敷金属化学成分应符合表 5 规定。

4.5 熔敷金属力学性能

熔敷金属拉伸试验结果应符合表 6 规定。

4.6 焊缝射线探伤

药皮类型 15、16、18、19 和 20 焊条的焊缝射线探伤应符合 GB/T 3323 中的Ⅰ级规定，其他药皮类型焊条的焊缝射线探伤应符合 GB/T 3323 中的Ⅱ级规定。

4.7 熔敷金属扩散氢含量

熔敷金属扩散氢含量要求可由供需双方协商确定，扩散氢代号如表 7 所示。

表 5 熔敷金属化学成分(质量分数)

%

焊条型号	C	Mn	Si	P	S	Cr	Mo	V	其他[a]
EXXXX-1M3	0.12	1.00	0.80	0.030	0.030	—	0.40～0.65	—	—
EXXXX-CM	0.05～0.12	0.90	0.80	0.030	0.030	0.40～0.65	0.40～0.65	—	—
EXXXX-C1M	0.07～0.15	0.40～0.70	0.30～0.60	0.030	0.030	0.40～0.60	1.00～1.25	0.05	—
EXXXX-1CM	0.05～0.12	0.90	0.80	0.030	0.030	1.00～1.50	0.40～0.65	—	—
EXXXX-1CML	0.05	0.90	1.00	0.030	0.030	1.00～1.50	0.40～0.65	—	—
EXXXX-1CMV	0.05～0.12	0.90	0.60	0.030	0.030	0.80～1.50	0.40～0.65	0.10～0.35	—
EXXXX-1CMVNb	0.05～0.12	0.90	0.60	0.030	0.030	0.80～1.50	0.70～1.00	0.15～0.40	Nb:0.10～0.25
EXXXX-1CMWV	0.05～0.12	0.70～1.10	0.60	0.030	0.030	0.80～1.50	0.70～1.00	0.20～0.35	W:0.25～0.50
EXXXX-2C1M	0.05～0.12	0.90	1.00	0.030	0.030	2.00～2.50	0.90～1.20	—	—
EXXXX-2C1ML	0.05	0.90	1.00	0.030	0.030	2.00～2.50	0.90～1.20	—	—
EXXXX-2CML	0.05	0.90	1.00	0.030	0.030	1.75～2.25	0.40～0.65	—	—
EXXXX-2CMWVB	0.05～0.12	1.00	0.60	0.030	0.030	1.50～2.50	0.30～0.80	0.20～0.60	W:0.20～0.60 B:0.001～0.003
EXXXX-2CMVNb	0.05～0.12	1.00	0.60	0.030	0.030	2.40～3.00	0.70～1.00	0.25～0.50	Nb:0.35～0.65
EXXXX-2C1MV	0.05～0.15	0.40～1.50	0.60	0.030	0.030	2.00～2.60	0.90～1.20	0.20～0.40	Nb:0.010～0.050
EXXXX-3C1MV	0.05～0.15	0.40～1.50	0.60	0.030	0.030	2.60～3.40	0.90～1.20	0.20～0.40	Nb:0.010～0.050
EXXXX-5CM	0.05～0.10	1.00	0.90	0.030	0.030	4.0～6.0	0.45～0.65	—	Ni:0.40

表 5（续） %

焊条型号	C	Mn	Si	P	S	Cr	Mo	V	其他[a]
EXXXX-5CML	0.05	1.00	0.90	0.030	0.030	4.0～6.0	0.45～0.65	—	Ni:0.40
EXXXX-5CMV	0.12	0.5～0.9	0.50	0.030	0.030	4.5～6.0	0.40～0.70	0.10～0.35	Cu:0.5
EXXXX-7CM	0.05～0.10	1.00	0.90	0.030	0.030	6.0～8.0	0.45～0.65	—	Ni:0.40
EXXXX-7CML	0.05	1.00	0.90	0.030	0.030	6.0～8.0	0.45～0.65	—	Ni:0.40
EXXXX-9C1M	0.05～0.10	1.00	0.90	0.030	0.030	8.0～10.5	0.85～1.20	—	Ni:0.40
EXXXX-9C1ML	0.05	1.00	0.90	0.030	0.030	8.0～10.5	0.85～1.20	—	Ni:0.40
EXXXX-9C1MV	0.08～0.13	1.25	0.30	0.01	0.01	8.0～10.5	0.85～1.20	0.15～0.30	Ni:1.0 Mn+Ni≤1.50 Cu:0.25 Al:0.04 Nb:0.02～0.10 N:0.02～0.07
EXXXX-9C1MV1[b]	0.03～0.12	1.00～1.80	0.60	0.025	0.025	8.0～10.5	0.80～1.20	0.15～0.30	Ni:1.0 Cu:0.25 Al:0.04 Nb:0.02～0.10 N:0.02～0.07
EXXXX-G	其他成分								

注：表中单值均为最大值。

[a] 如果有意添加表中未列出的元素，则应进行报告，这些添加元素和在常规化学分析中发现的其他元素的总量不应超过0.50%；

[b] Ni+Mn的化合物能降低AC1点温度，所要求的焊后热处理温度可能接近或超过了焊缝金属的AC1点。

表 6 熔敷金属力学性能

焊条型号[a]	抗拉强度 R_m MPa	屈服强度[b] R_{eL} MPa	断后伸长率 A %	预热和道间温度 ℃	焊后热处理[c]	
					热处理温度 ℃	保温时间[d] min
E50XX-1M3	≥490	≥390	≥22	90～110	605～645	60
E50YY-1M3	≥490	≥390	≥20	90～110	605～645	60
E55XX-CM	≥550	≥460	≥17	160～190	675～705	60
E5540-CM	≥550	≥460	≥14	160～190	675～705	60

表 6（续）

焊条型号[a]	抗拉强度 R_m MPa	屈服强度[b] R_{eL} MPa	断后伸长率 A %	预热和道间温度 ℃	焊后热处理[c]	
					热处理温度 ℃	保温时间[d] min
E5503-CM	≥550	≥460	≥14	160～190	675～705	60
E55XX-C1M	≥550	≥460	≥17	160～190	675～705	60
E55XX-1CM	≥550	≥460	≥17	160～190	675～705	60
E5513-1CM	≥550	≥460	≥14	160～190	675～705	60
E52XX-1CML	≥520	≥390	≥17	160～190	675～705	60
E5540-1CMV	≥550	≥460	≥14	250～300	715～745	120
E5515-1CMV	≥550	≥460	≥15	250～300	715～745	120
E5515-1CMVNb	≥550	≥460	≥15	250～300	715～745	300
E5515-1CMWV	≥550	≥460	≥15	250～300	715～745	300
E62XX-2C1M	≥620	≥530	≥15	160～190	675～705	60
E6240-2C1M	≥620	≥530	≥12	160～190	675～705	60
E6213-2C1M	≥620	≥530	≥12	160～190	675～705	60
E55XX-2C1ML	≥550	≥460	≥15	160～190	675～705	60
E55XX-2CML	≥550	≥460	≥15	160～190	675～705	60
E5540-2CMWVB	≥550	≥460	≥14	250～300	745～775	120
E5515-2CMWVB	≥550	≥460	≥15	320～360	745～775	120
E5515-2CMVNb	≥550	≥460	≥15	250～300	715～745	240
E62XX-2C1MV	≥620	≥530	≥15	160～190	725～755	60
E62XX-3C1MV	≥620	≥530	≥15	160～190	725～755	60
E55XX-5CM	≥550	≥460	≥17	175～230	725～755	60
E55XX-5CML	≥550	≥460	≥17	175～230	725～755	60
E55XX-5CMV	≥550	≥460	≥14	175～230	740～760	240
E55XX-7CM	≥550	≥460	≥17	175～230	725～755	60
E55XX-7CML	≥550	≥460	≥17	175～230	725～755	60
E62XX-9C1M	≥620	≥530	≥15	205～260	725～755	60
E62XX-9C1ML	≥620	≥530	≥15	205～260	725～755	60
E62XX-9C1MV	≥620	≥530	≥15	200～315	745～775	120
E62XX-9C1MV1	≥620	≥530	≥15	205～260	725～755	60
EXXXX-G[e]	供需双方协商确认					

[a] 焊条型号中 XX 代表药皮类型 15、16 或 18，YY 代表药皮类型 10、11、19、20 或 27；

[b] 当屈服发生不明显时，应测定规定塑性延伸强度 $R_{p0.2}$；

[c] 试件放入炉内时，以 85 ℃/h～ 275 ℃/h 的速率加热到规定温度。达到保温时间后，以不大于 200 ℃/h 的速率随炉冷却至 300 ℃以下。试件冷却至 300℃以下的任意温度时，允许从炉中取出，在静态大气中冷却至室温；

[d] 保温时间公差为 0～10 min；

[e] 熔敷金属抗拉强度代号见表 1，药皮类型代号见表 2。

表 7 熔敷金属扩散氢含量

扩散氢代号	扩散氢含量 mL/100 g
H15	≤15
H10	≤10
H5	≤5

5 试验方法

5.1 熔敷金属力学性能试验

5.1.1 试验用母材

力学性能试验用母材应采用与焊条熔敷金属化学成分相当的试板。若采用其他母材，应采用试验焊条在坡口面和垫板面至少焊接三层隔离层，隔离层的厚度加工后不小于 3 mm。

5.1.2 试件制备

5.1.2.1 力学性能试验采用 Φ4.0 mm 的焊条，电流采用制造商推荐的最大电流值的 70%～90% 进行焊接，对于交直流两用的焊条，试验时应采用交流。

5.1.2.2 力学性能试件按 GB/T 25774.1 进行制备，采用试件类型 1.3。

5.1.2.3 长度大于 450 mm 的焊条，试板长度不小于 500 mm。

5.1.2.4 对于碱性药皮类型焊条，试验前应进行 260 ℃～430 ℃烘焙 1 h 以上或按制造商推荐的烘焙规范烘干。其他药皮类型焊条可在供货状态下试验或按制造商推荐的烘焙规范烘干。

5.1.2.5 试板定位焊后，启焊时试板温度应加热到表 6 规定的预热温度，并在焊接过程中保持道间温度，试板温度超过时，应在静态大气中冷却。用表面温度计、测温笔或热电偶测量道间温度。

5.1.2.6 试件制备由 7～9 层完成，每层由二道焊道完成，最后两层允许分别由三道焊道完成，同一焊道的焊接方向不允许改变。Φ4.0 mm 以外的其他尺寸焊条，焊层及焊道数按制造商推荐进行。

5.1.2.7 每一焊道除两端的起弧点和熄弧点外，在射线探伤区域内至少有一个起弧点和熄弧点。

5.1.3 焊后热处理

试件焊后热处理应在加工拉伸试样之前进行，热处理条件按表 6 规定。

5.1.4 熔敷金属拉伸试验

5.1.4.1 熔敷金属拉伸试样尺寸及取样位置按 GB/T 25774.1 规定。

5.1.4.2 熔敷金属拉伸试验应按 GB/T 2652 进行。

5.2 射线探伤试验

5.2.1 焊缝射线探伤试验应在截取拉伸试样之前的试件上进行，射线探伤前应去掉垫板。

5.2.2 焊缝射线探伤试验按 GB/T 3323 进行。

5.2.3 在评定焊缝射线探伤底片时，试件两端 25 mm 应不予考虑。

5.3 熔敷金属化学分析试验

5.3.1 熔敷金属化学分析试样允许在力学性能试件上或拉断后的拉棒上制取，仲裁试验时，按 GB/T 25777 规定进行。

5.3.2 试样的化学分析可采用任何适宜的化学分析方法，仲裁试验时，按供需双方确认的化学分析方法进行。

5.4 T型接头角焊缝试验

5.4.1 T型接头角焊缝试验的试件制备按 GB/T 25774.3 进行。

5.4.2 试板采用含碳量不大于 0.30%的非合金钢。每种药皮类型焊条要求的电流类型、焊条尺寸、焊接位置及试板尺寸按表 4 规定进行。

5.5 熔敷金属扩散氢试验

熔敷金属扩散氢含量的测定按 GB/T 3965 进行，有关扩散氢相关说明参见附录 C。

6 检验规则

成品焊条由制造厂质量检验部门按批检验。

6.1 批量划分

每批焊条的批量划分按 GB/T 25778 规定进行。

6.2 取样方法

每批焊条检验时，按照需要数量至少在三个部位取有代表性的样品。

6.3 验收

每批焊条按 GB/T 25778 进行验收。

6.4 复验

任何一项检验不合格时，该项检验应加倍复验。对于化学分析，仅复验那些不满足要求的元素。当复验拉伸试验时，抗拉强度、屈服强度及断后伸长率同时作为复验项目。其试样可在原试件上截取，也可在新焊制的试件上截取。加倍复验结果均应符合该项检验的规定。

7 包装、标志和质量证明

7.1 包装

7.1.1 焊条按批号每 1 kg、2 kg、2.5 kg、5 kg 净质量或按相应根数进行包装。包装应封口，保证焊条在正常的贮存条件下不致变质损坏。

7.1.2 若干包焊条应装箱，以保证在正常运输、搬运和贮存过程中不致破损。

7.2 标志和质量证明

焊条的标志和质量证明按 GB/T 25775 规定。

附　录　A
（资料性附录）
焊条药皮类型

A.1　概述

药皮焊条的性能（如焊接特性和焊缝金属的力学性能）主要受药皮影响。药皮中的组成物可以概括为如下6类：

a)　造渣剂；

b)　脱氧剂；

c)　造气剂；

d)　稳弧剂；

e)　粘接剂；

f)　合金化元素（如需要）。

此外，加入铁粉可以提高焊条熔敷效率，但对焊接位置有影响。

交直流两用的焊条，可根据制造商按照特定市场需求设定的极性进行选择。

A.2　药皮类型03

此药皮类型包含二氧化钛和碳酸钙的混合物，所以同时具有金红石焊条和碱性焊条的某些性能。

A.3　药皮类型10

此药皮类型内含有大量的可燃有机物，尤其是纤维素，由于其强电弧特性特别适用于向下立焊。由于钠影响电弧的稳定性，因而焊条主要适用于直流焊接，通常使用直流反接。

A.4　药皮类型11

此药皮类型内含有大量的可燃有机物，尤其是纤维素，由于其强电弧特性特别适用于向下立焊。由于钾增强电弧的稳定性，因而适用于交直流两用焊接，直流焊接时使用直流反接。

A.5　药皮类型13

此药皮类型内含有大量的二氧化钛（金红石）和增强电弧稳定性的钾。可以在低电流条件下产生稳定电弧，特别适于金属薄板的焊接。

A.6　药皮类型15

此药皮类型碱度较高，含有大量的氧化钙和萤石。由于钠影响电弧的稳定性，只适用于直流反接。此药皮类型的焊条可以得到低氢含量、高冶金性能的焊缝。

A.7 药皮类型 16

此药皮类型碱度较高，含有大量的氧化钙和萤石。由于钾增强电弧的稳定性，适用于交流焊接。此药皮类型的焊条可以得到低氢含量、高冶金性能的焊缝。

A.8 药皮类型 18

此药皮类型除了药皮略厚和含有大量铁粉外，其他与药皮类型 16 类似。与药皮类型 16 相比，药皮类型 18 中的铁粉可以提高电流承载能力和熔敷效率。

A.9 药皮类型 19

此药皮类型包含钛和铁的氧化物，通常在钛铁矿获取。虽然它们不属于碱性药皮类型焊条，但是可以制造出高韧性的焊缝金属。

A.10 药皮类型 20

此药皮类型包含大量的铁氧化物。熔渣流动性好，所以通常只在平焊和横焊中使用。主要用于角焊缝和搭接焊缝。

A.11 药皮类型 27

此药皮类型除了药皮略厚和含有大量铁粉外，其他与药皮类型 20 类似，增加了药皮类型 20 中的铁氧化物。主要用于高速角焊缝和搭接焊缝的焊接。

A.12 药皮类型 40

此药皮类型属特殊类型，此药皮类型可按照具体要求有所不同。

附 录 B
（资料性附录）
焊条型号对照

为便于应用，提供了本标准焊条型号与其他相关标准的焊条型号之间的对应关系，见表 B.1。

表 B.1 焊条型号对照表

本标准[a]	ISO 3580:2010	AWS A5.5M:2006	GB/T 5118—1995
E50XX-IM3	E49XX-IM3	—	E50XX-A1
E50YY-IM3	E49YY-IM3	—	E50YY-A1
E5515-CM	E5515-CM	—	E5515-B1
E5516-CM	E5516-CM	E5516-B1	E5516-B1
E5518-CM	E5518-CM	E5518-B1	E5518-B1
E5540-CM	—	—	E5500-B1
E5503-CM	—	—	E5503-B1
E5515-1CM	E5515-1CM	—	E5515-B2
E5516-1CM	E5516-1CM	E5516-B2	E5516-B2
E5518-1CM	E5518-1CM	E5518-B2	E5518-B2
E5513-1CM	E5513-1CM	—	—
E5215-1CML	E5215-1CML	E4915-B2L	E5515-B2L
E5216-1CML	E5216-1CML	E4916-B2L	—
E5218-1CML	E5218-1CML	E4918-B2L	E5518-B2L
E5540-1CMV	—	—	E5500-B2-V
E5515-1CMV	—	—	E5515-B2-V
E5515-1CMVNb	—	—	E5515-B2-VNb
E5515-1CMWV	—	—	E5515-B2-VW
E6215-2C1M	E6215-2C1M	E6215-B3	E6015-B3
E6216-2C1M	E6216-2C1M	E6216-B3	E6016-B3
E6218-2C1M	E6218-2C1M	E6218-B3	E6018-B3
E6213-2C1M	E6213-2C1M	—	—
E6240-2C1M	—	—	E6000-B3
E5515-2C1ML	E5515-2C1ML	E5515-B3L	E6015-B3L
E5516-2C1ML	E5516-2C1ML	—	—
E5518-2C1ML	E5518-2C1ML	E5518-B3L	E6018-B3L
E5515-2CML	E5515-2CML	E5515-B4L	E5515-B4L
E5516-2CML	E5516-2CML	—	—
E5518-2CML	E5518-2CML	—	—

表 B.1（续）

本标准[a]	ISO 3580:2010	AWS A5.5M:2006	GB/T 5118—1995
E5540-2CMWVB	—	—	E5500-B3-VWB
E5515-2CMWVB	—	—	E5515-B3-VWB
E5515-2CMVNb	—	—	E5515-B3-VNb
E62XX-2C1MV	E62XX-2C1MV	—	—
E62XX-3C1MV	E62XX-3C1MV	—	—
E5515-C1M	E5515-C1M	—	—
E5516-C1M	E5516-C1M	E5516-B5	E5516-B5
E5518-C1M	E5518-C1M	—	—
E5515-5CM	E5515-5CM	E5515-B6	—
E5516-5CM	E5516-5CM	E5516-B6	—
E5518-5CM	E5518-5CM	E5518-B6	—
E5515-5CML	E5515-5CML	E5515-B6L	—
E5516-5CML	E5516-5CML	E5516-B6L	—
E5518-5CML	E5518-5CML	E5518-B6L	—
E5515-5CMV	—	—	—
E5516-5CMV	—	—	—
E5518-5CMV	—	—	—
E5515-7CM	—	E5515-B7	—
E5516-7CM	—	E5516-B7	—
E5518-7CM	—	E5518-B7	—
E5515-7CML	—	E5515-B7L	—
E5516-7CML	—	E5516-B7L	—
E5518-7CML	—	E5518-B7L	—
E6215-9C1M	E6215-9C1M	E5515-B8	—
E6216-9C1M	E6216-9C1M	E5516-B8	—
E6218-9C1M	E6218-9C1M	E5518-B8	—
E6215-9C1ML	E6215-9C1ML	E5515-B8L	—
E6216-9C1ML	E6216-9C1ML	E5516-B8L	—
E6218-9C1ML	E6218-9C1ML	E5518-B8L	—
E6215-9C1MV	E6215-9C1MV	E6215-B9	—
E6216-9C1MV	E6216-9C1MV	E6216-B9	—
E6218-9C1MV	E6218-9C1MV	E6218-B9	—
E62XX-9C1MV1	E62XX-9C1MV1	—	—

[a] 焊条型号中 XX 代表药皮类型 15、16 或 18，YY 代表药皮类型 10、11、19、20 或 27。

附　录　C
（资料性附录）
扩散氢相关说明

C.1　不同的扩散氢收集和测量的方法都可以用于批量试验，这些方法应按照GB/T 3965进行校准，使其具备同样的再现性。扩散氢含量受电流类型的影响。

C.2　焊接接头的裂纹很大程度上受扩散氢的影响，合金含量和强度级别的增加可能导致氢致裂纹，这种裂纹通常在接头冷却后产生，所以又叫做冷裂纹。

C.3　假设外部条件是满意的（焊接区域清洁和干燥），焊缝金属的扩散氢主要来源于材料中氢化物和环境大气条件。碱性焊条药皮中水分是焊缝金属中氢的主要来源，药皮中的水分在电弧中被电离并产生能被焊缝金属吸收的氢原子。在给定的材料和强度条件下，降低焊缝金属的氢含量可以减少冷裂纹的产生。

C.4　实际上扩散氢含量很大程度上取决于应用过程，为了满足要求，应该遵循焊条制造商所推荐的相应操作、贮藏和烘干条件。

ICS 27.120
F 88

中华人民共和国国家标准

GB/T 5201—2012
代替 GB/T 5201—1994

带电粒子半导体探测器测量方法

Test procedures for semiconductor charged particle detectors

(IEC 60333:1993 Nuclear instrumentation—Semiconductor charged particle detectors—Test procedures,NEQ)

2012-06-29 发布　　　　2012-11-01 实施

中华人民共和国国家质量监督检验检疫总局
中国国家标准化管理委员会　发布

前　言

本标准按照 GB/T 1.1—2009 给出的规则起草。

本标准代替 GB/T 5201—1994《带电粒子半导体探测器测试方法》，本标准与 GB/T 5201—1994（以下简称原标准）相比，主要技术变化如下：

——增加了前言；

——增加了第 2 章“规范性引用文件”，其他章的编号依次后推；

——将原标准“术语、符号”改为第 3 章“术语和定义”，并完全引用 GB/T 4960.6—2008，不再另行编写；

——删除了原标准 2.2“符号”部分，在文中用到符号的地方予以说明；

——增加了 4.1“测试的参考条件或标准试验条件”代替原标准 3.1；

——将原标准 3.3 和 3.4 合并为 4.3；删除了原标准 3.7；

——5.1“电压-电流特性（V-I 特性）”增加了反向 V-I 特性测试；

——将原标准 4.3“噪声测量”前的悬置段改为 5.3.1“测量方法和测量系统”，其他节编号依次后推；

——将原标准 4.3.6“探测器噪声随放大器时间常数的变化”增加新内容后，改为 5.3.7；

——5.4.2“电荷收集时间”增加了对“快”、“慢”探测器的区分标准；

——第 7 章“环境试验”完全引用 GB/T 10263—2006，不再另行编写。

本标准使用重新起草法参考 IEC 60333:1993《核仪器　半导体带电粒子探测器　试验程序》编制，与 IEC 60333:1993 的一致性程度为非等效。

本标准由全国核仪器仪表标准化技术委员会（SAC/TC 30）提出并归口。

本标准起草单位：中核（北京）核仪器厂。

本标准起草人：李志勇、王军。

带电粒子半导体探测器测量方法

1 范围

本标准规定了带电粒子半导体探测器的电特性和核辐射性能的测量方法以及某些特殊环境的试验方法。

本标准适用于带电粒子部分耗尽层的半导体探测器。

全耗尽型半导体探测器的测量可参照本标准执行。

2 规范性引用文件

下列文件对于本文件的应用是必不可少的。凡是注日期的引用文件,仅注日期的版本适用于本文件。凡是不注日期的引用文件,其最新版本(包括所有的修改单)适用于本文件。

GB/T 4960.6—2008 核科学技术术语 第6部分:核仪器仪表

GB/T 10263—2006 核辐射探测器环境条件与试验方法

GB/T 13178—2008 金硅面垒型探测器

3 术语和定义

GB/T 4960.6—2008 界定的术语和定义适用于本文件。

4 一般要求

4.1 测量应在参考条件或标准试验条件(见表1)下进行。

表1 参考条件或标准试验条件

项目	参考条件	标准试验条件
环境温度	20 ℃	18 ℃～22 ℃
相对湿度	65%	50%～75%
大气压强	101.3 kPa	86 kPa～106 kPa
交流供电电压	U_N[a]	(1±1.0%)U_N
交流供电频率	50 Hz[b]	(1±1%)×50 Hz
交流供电波形	正弦波	波形总畸变 < 5%
直流供电电压	额定值	±1%
环境 γ 辐射(空气吸收剂量率)	0.1 μGy/h	<0.25 μGy/h
外磁场干扰	可忽略	小于引起干扰的最低值
外界磁感应	可忽略	小于地磁场引起干扰的2倍
放射性污染	可忽略	可忽略

[a] 单相电源 220 V 或三相电源 380 V。当用电池供电时,其电压的变化为额定值的±1%,不考虑纹波。

[b] 交流供电频率,特殊情况按产品标准规定处理。

4.2 探测器的各种性能测量均应处于完全黑暗的条件下进行。

4.3 测量时，不得超过探测器允许的工作偏压、最大粒子注量率等限定条件；所用仪器的技术指标不应对探测器参数的测量结果有明显的影响。

4.4 测得的性能参数的复现性应在测量的不确定度范围内。

4.5 探测器漏电流在偏置电阻上引起的电压降应小于所加探测器偏压的15%。

4.6 对在低真空下工作的探测器可在0.1 Pa～5 Pa下测量有关性能。对在高真空下工作的探测器应在低于0.000 1 Pa压强下测量有关性能。

5 电特性

5.1 电压-电流特性(V-I特性)

测量反向V-I特性时，应按图1连接好线路。对应每一反向偏压值，分别记录其所对应的反向电流值。同时应记录测量时的环境温度。

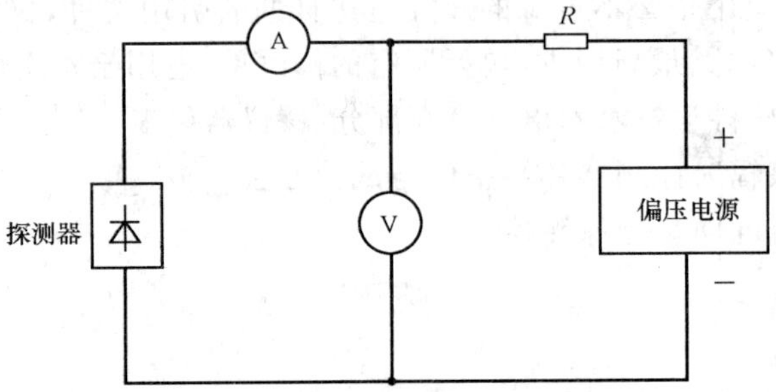

图1 反向电压、电流测量框图

测量正向V-I特性时，应按图2连接好线路。用固定某一正向电流(如5 mA)时的正向电压降表示。

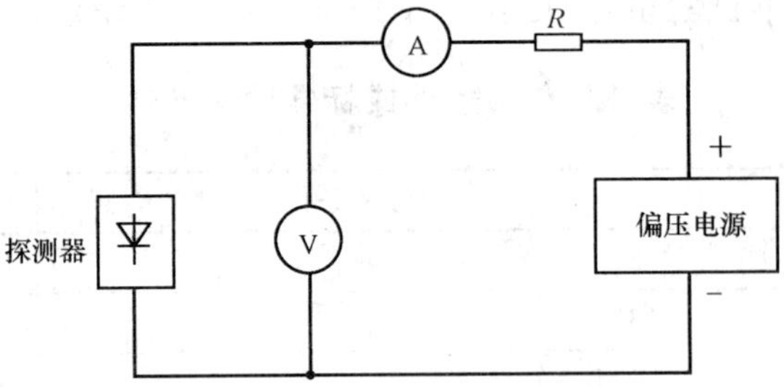

图2 正向电压、电流测量框图

5.2 电容-电压特性

电容-电压特性测量框图见图3。电桥工作频率应在10^3 Hz～10^5 Hz之间。电桥加到探测器上的交流信号的峰-峰值应小于探测器偏压的1/10。隔直流电容C_0(单位为pF)的数值至少应比被测探测器的最大结电容大10倍，耐压应比被测探测器所加最大偏压高1倍。电感L也可用一高阻R代替，选取阻值时应保证电阻上的压降与探测器偏压相比可以忽略，并使电源的输出电容不影响测量结果。

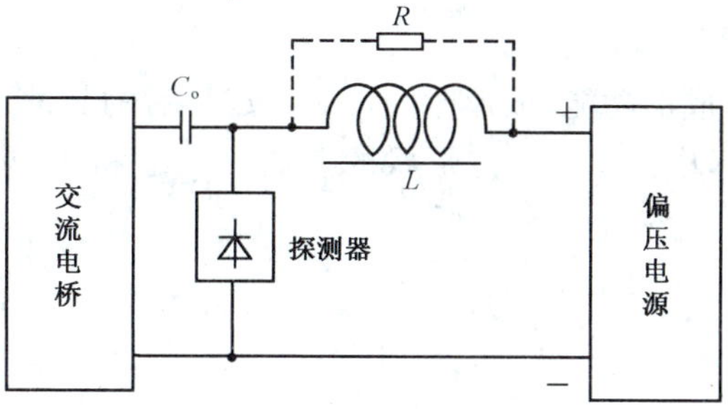

图 3 电容-电压测量图

具体测量步骤如下：

1） 测量某一偏压下未接探测器时系统的电容 C_1；

2） 接好探测器，再测量该偏压下探测器电容与系统的电容之和 C_2，该偏压下探测器的电容 C_D 由式(1)计算：

$$C_D = C_2 - C_1 \quad \cdots\cdots\cdots\cdots (1)$$

式中：

C_D——探测器电容，单位为皮法(pF)。

3） 改变偏压，重复上述测量，得到探测器电容随偏压的变化特性。

5.3 噪声测量

5.3.1 测量方法和测量系统

利用脉冲高度法进行探测器噪声的测量。测量时测量系统按图 4 连接。如果所用的多道脉冲幅度分析器属于数字型，则可直接与电荷灵敏放大器相连，无需使用放大器。

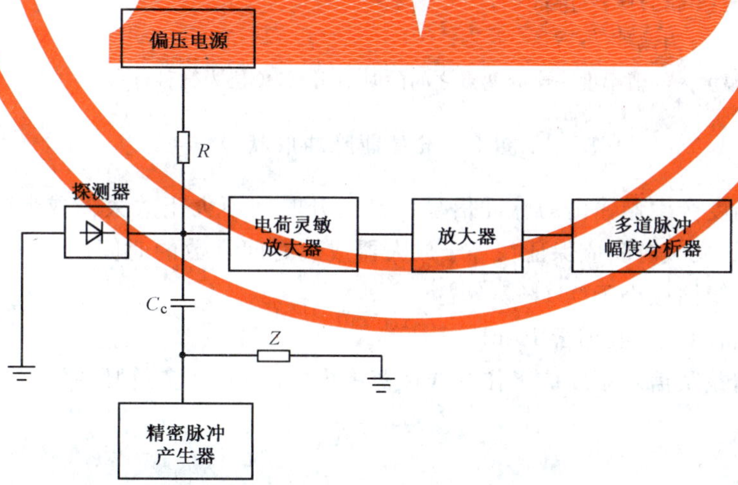

R ——负载电阻，单位为欧姆(Ω)；

C_c ——检验电容，单位为皮法(pF)；

Z ——匹配阻抗，单位为欧姆(Ω)。

图 4 噪声测量框图

5.3.2 测量要求

5.3.2.1 放大器应具有准高斯成形功能,成形时间可调。成形后的脉冲形状如图5所示。它由成形器的性能和时间常数 τ 确定。图5中给出了确定形状的参数 $t_{1/2}$、t_p 和 t_t,应在 $t_{1/2}$ 为1 μs的条件下测量噪声。

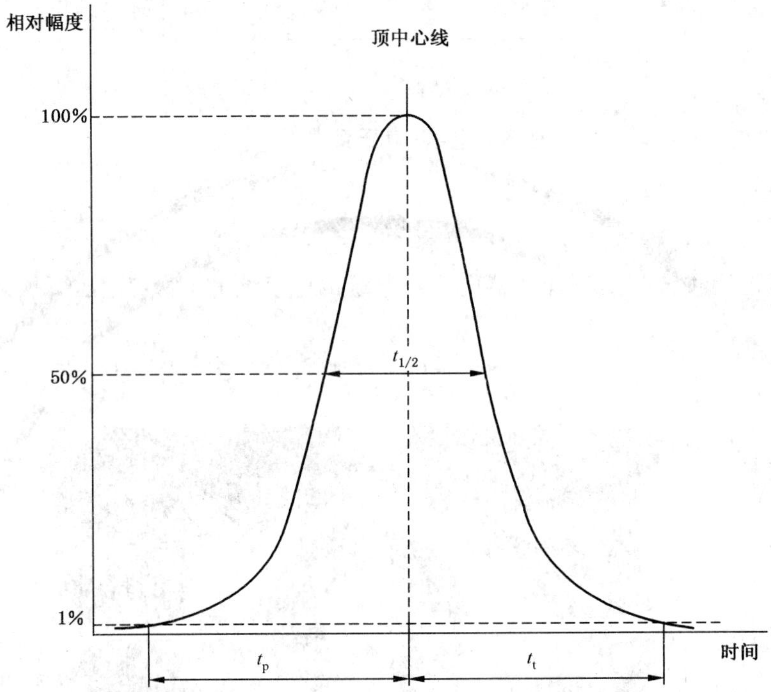

说明:

t_p ——脉冲达峰时间,单位为微秒(μs);

t_t ——脉冲尾时间,单位为微秒(μs);

$t_{1/2}$ ——脉冲波形中幅度为峰值幅度一半处两点之间的时间间隔,单位为微秒(μs)。

图5 准高斯脉冲形状

5.3.2.2 精密脉冲幅度产生器输出的脉冲信号应是上升时间不大于放大器成形时间常数5%的指数衰减信号。脉冲信号的衰减时间应保证在等于放大器成形时间常数的时间间隔内,脉冲幅度下降小于2%。产生器的积分非线性应小于0.1%。

5.3.2.3 检验耦合电容 C_c 一般小于10 pF。

5.3.2.4 测量系统增益及信号幅度应工作在线性范围内,并使其在多道脉冲幅度分析器上测得的谱峰半高宽大于12道。

5.3.3 输入信号校准

探测器加正常工作偏压,用已知能量的带电粒子放射源照射探测器(如果使用α源,需要在真空条件下进行),在多道脉冲幅度分析器上得到一个对应谱。移开放射源,打开精密幅度脉冲产生器,调节产生器的输出,使其在多道幅度分析器上的峰位与放射源的峰位重合。

5.3.4 放大器噪声及其随外接电容变化的测量

测量放大器噪声时,取下探测器,在前置放大器输入端用屏蔽帽封闭,在多道幅度分析器中分别记录对应于产生器信号为 E_1 和 E_2 的谱线。

将产生器信号调为 E_1，当谱的峰位道计数大于 4 000 时，取谱线上计数大于峰值计数一半的各点，谱线峰位道 m_1 用加权平均法由式(2)计算：

$$m_1=\frac{\sum_{i=1}^{n}m_i\times N_i}{\sum_{i=1}^{n}N_i} \quad \cdots\cdots(2)$$

式中：

m_1——能量 E_1 所对应的峰位道数，单位为道(channel)；

m_i——第 i 道的峰位道数，单位为道(channel)；

N_i——第 i 道的计数，单位为个(count)。

用内插法确定以半高宽表示的放大器噪声 Δm_A。

如果应用计算机曲线拟合法，只要保证半高宽(FWHM)偏差在±5%以内(90%置信度)，可使用较低的计数。

将产生器信号改为 E_2，用上述方法确定谱线峰位 m_2。

外接电容为零时放大器噪声 ΔE_A 由式(3)计算：

$$\Delta E_A=\left(\frac{E_2-E_1}{m_2-m_1}\right)\Delta m_A \quad \cdots\cdots(3)$$

式中：

ΔE_A——以半高宽表示的放大器噪声，单位为千电子伏(keV)；

m_1——能量 E_1 所对应的峰位道数，单位为道(channel)；

m_2——能量 E_2 所对应的峰位道数，单位为道(channel)；

Δm_A——以半高宽表示的放大器噪声，单位为道(channel)。

上述测量中所选 E_1 与 E_2 之差应大于谱线 FWHM 值的 3 倍。

在前置放大器的输入端接不同容量的电容，重复上述测量，获取放大器噪声随外接电容的变化曲线，从而可得到前置放大器噪声随电容变化的斜率。

5.3.5 探测器噪声

测量时，探测器加预定偏压，测得能量为 E_1 和 E_2 的产生器信号所对应的谱线，如图 6 所示。同样，在峰位道计数大于 4 000 时记录峰位 m_1、m_2 和半高宽 Δm_T，则探测器与放大器系统总噪声 ΔE_T 由式(4)计算：

$$\Delta E_T=\left(\frac{E_2-E_1}{m_2-m_1}\right)\Delta m_T \quad \cdots\cdots(4)$$

式中：

ΔE_T——以半高宽表示的探测器和放大器的总噪声，单位为千电子伏(keV)；

m_1——能量 E_1 所对应的峰位道数，单位为道(channel)；

m_2——能量 E_2 所对应的峰位道数，单位为道(channel)；

Δm_T——以半高宽表示的探测器和放大器的总噪声，单位为道(channel)。

若脉冲谱线呈高斯或准高斯形状，可用下述方法求得探测器噪声。

首先从 5.2 中测得的电容-电压曲线查得在预定偏压下探测器的电容，再由 5.3.4 中测得的放大器噪声随外接电容变化曲线，查出对应此电容时放大器的噪声。此噪声值代表除探测器以外的电噪声 Δm_E。

探测器噪声可用式(5)、(6)计算：

$$\Delta m_D = \sqrt{\Delta m_T^2 - \Delta m_E^2} \qquad \cdots\cdots(5)$$

$$\Delta E_D = \sqrt{\Delta E_T^2 - \Delta E_E^2} \qquad \cdots\cdots(6)$$

式中：

Δm_D ——以半高宽表示的探测器噪声，单位为道(channel)；

Δm_T ——以半高宽表示的探测器和放大器的总噪声，单位为道(channel)；

Δm_E ——以半高宽表示的除探测器噪声以外的电噪声，单位为道(channel)；

ΔE_D ——以半高宽表示的探测器噪声，单位为千电子伏(keV)；

ΔE_T ——以半高宽表示的探测器和放大器的总噪声，单位为千电子伏(keV)；

ΔE_E ——以半高宽表示的除探测器噪声以外的电噪声，单位为千电子伏(keV)。

为使结果有效，ΔE_T 与 ΔE_E(Δm_T 与 Δm_E)至少应相差 20%。

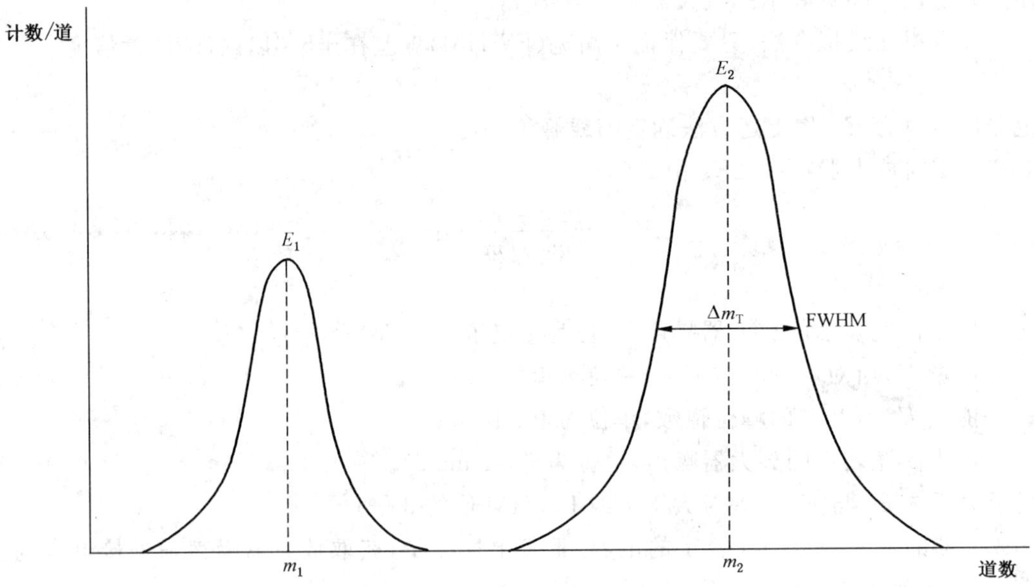

图 6 噪声测量的典型脉冲幅度谱

5.3.6 探测器噪声随偏压的变化

测量时，改变探测器的工作偏压，重复 5.3.5 的测量步骤，可得到不同偏压下探测器的噪声。需要时可绘出 ΔE_D 随偏压变化的曲线。

5.3.7 探测器噪声随放大器时间常数的变化

利用图 4 的测量系统，测量探测器噪声随放大器成形时间的变化。为此要求放大器的成形时间应能在较宽范围内变化。

由于成形时间不同，放大器噪声也不同，并且噪声随外接电容变化情况也不同。因此，改变成形时间时，应从噪声中扣除相应的放大器噪声。

测量时，在预定的探测器工作偏压下，改变放大器的成形时间，重复 5.3.4 和 5.3.5 的测量步骤，可得到预定偏压下，探测器的噪声随放大器成形时间的变化曲线。如需不同偏压下探测器噪声随放大器成形时间的变化，只需改变探测器工作偏压，重复上述步骤即可。

5.4 时间性能

5.4.1 探测器电上升时间

探测器的电上升时间按图7的测量系统进行测量。

快前置放大器输入端接不同容量的电容，输入其幅度小于偏压1/10的阶跃电压。由示波器观察得到快前置放大器上升时间随外接电容的变化曲线。

按图7接好探测器并加预定偏压，然后输入其幅度小于偏压1/10的阶跃电压。由示波器观察得到输出波形上升时间 t_s。

从快前置放大器上升时间随外接电容变化曲线找到对应于探测器电容值时的快前置放大器上升时间 t_r。探测器电上升时间 t_e 由式(7)计算：

$$t_e = \sqrt{t_s^2 - t_r^2} \qquad \cdots\cdots(7)$$

式中：

t_e ——探测器电上升时间，单位为纳秒(ns)；

t_s ——系统总上升时间，单位为纳秒(ns)；

t_r ——前置放大器上升时间，单位为纳秒(ns)。

为使结果有效，t_s 与 t_r 应至少相差20%。

改变偏压，重复上述步骤，从而得到不同偏压下的探测器电上升时间。

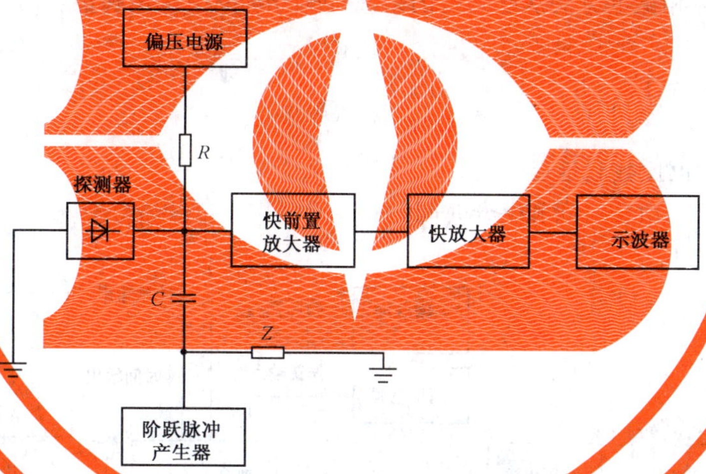

图7 探测器电上升时间测量框图

5.4.2 电荷收集时间

对于 t_o 与 t_s 相差大于20%的探测器可用下面方法测量电荷收集时间。

用短射程单能粒子源照射探测器，用示波器观测到的输出信号上升时间为 t_o。按5.4.1测得上升时间 t_s。则探测器电荷收集时间 t_c 可由式(8)计算：

$$t_c = \sqrt{t_o^2 - t_s^2} \qquad \cdots\cdots(8)$$

式中：

t_c ——探测器电荷收集时间，单位为纳秒(ns)；

t_o ——观测到的探测器电上升时间(电荷收集时间与电子学上升时间之和)，单位为纳秒(ns)；

t_s ——系统总上升时间，单位为纳秒(ns)。

注：t_o 与 t_s 应至少相差20%。若 t_o 与 t_s 相差大于20%，则认为是“慢”探测器；若 t_o 与 t_s 相差小于20%，则认为是“快”探测器。

对于 t_o 与 t_s 相差小于20%探测器，可用快质子脉冲加速器或脉冲光源在探测器中产生大量电子-空穴对。使用取样示波器直接测量这些电子-空穴对形成的电流脉冲，由其宽度度量电荷收集时间。

在给出电荷收集时间时，应注明所用放射源的类型及名称、放大器的上升时间。

5.4.3 时间分辨率

探测器的时间分辨率按图8的测量系统进行测量。

用激光二极管脉冲产生器(LDP)产生的光脉冲做为时幅变换器(TAC)的起始脉冲。被测探测器的输出信号触发TAC的停止信号，在多道脉冲幅度分析器上得到一个时间分布谱。恒比甄别器的恒比数调至20%，延迟置于上升时间(10%～90%)的1.1倍。调节成形时间以获得最佳时间性能。通常，不用积分，而当微分时间常数略大于前置放大器的输出信号上升时间时，可得到最佳性能。系统中有一个启动多道脉冲幅度分析器的成形放大器，用于幅度选择。

应在1 MeV～100 MeV之间选择3个以上能量进行时间分辨率测量，且各能量间的间隔应近似相等。使用已校准的精密脉冲产生器，调节LDP使其输出信号幅度与脉冲产生器所选择的脉冲幅度对应。进行时间测量时，应关掉精密脉冲产生器。

采用这种方法，FWHM至少12道，峰位道计数至少4 000时获取时间分布峰。如采用计算机曲线拟合法，应保证FWHM偏差在±5%以内(90%置信度)。

至少用两个已刻度的延迟时间值来刻度时间轴后才能测量FWHM及十分之一高宽(FWTM)(其单位为ns)。(采用平方相减的方法从已测得的系统时间分辨率中求出探测器自身的时间分辨率)每次测量需注明以下参数：

a) 脉冲光的光谱特性；

b) 探测器偏压；

c) 恒比甄别器的恒比数和延迟时间；

d) 快成形放大器的微分时间和上升时间。

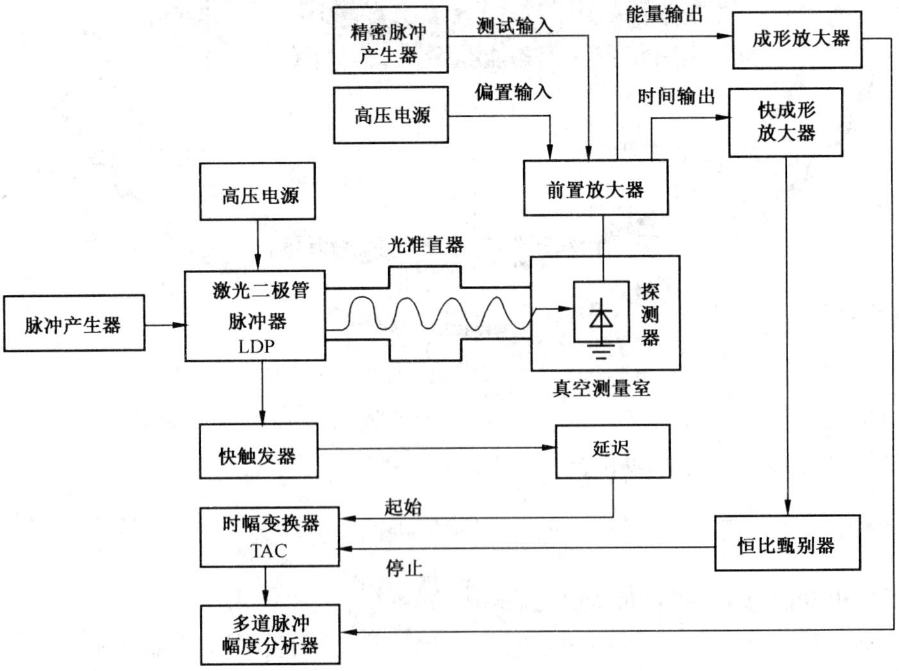

图8 时间分辨测量系统

6 核辐射性能

6.1 能量分辨率

探测器系统的能量分辨率用规定能量的带电粒子产生的谱线半高宽表示。

放大器应具有准高斯成形器。选取 $t_{1/2}$ 为 1 μs 时测量能量分辨率。

探测器能量分辨率按图 9 的测量系统进行测量。

用放射源测量能量分辨率时，应关闭精密脉冲产生器。

测量时应使用标准放射源。对面垒型、表面钝化离子注入平面硅型和锂漂移金硅面垒型半导体探测器，用^{241}Am 源 5.486 MeV 和 5.443 MeV 的 α 峰或^{207}Bi 内转换电子的 0.976 MeV 及 0.48 MeV 对测量系统进行标定。应保证所用 α 源的自吸收等因素对测量结果的影响可以忽略。

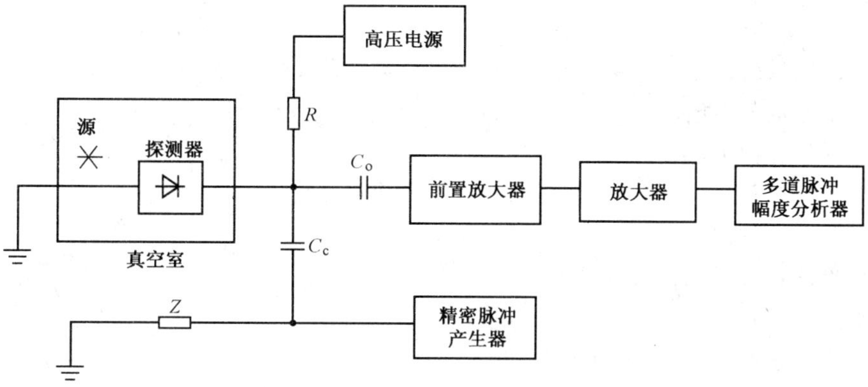

图 9 能量分辨率测量框图

使用 α 源时，放射源和探测器应置于真空室内，源到探测器灵敏面距离应大于被测探测器有效直径的 1.5 倍。

使用内转换电子放射源，可以在大气中进行测量。

使用的电子学设备应能保证所测谱线半高宽大于 12 道。

当谱线中能量为 E_1 的峰位计数大于 4 000 时，按 5.3.4 中内插法和公式(2)计算得出以道数表示的半高宽 Δm_S 及峰位对应道数 m_1。若另一个能量 E_2 的峰位对应道数为 m_2，则以能量表示的谱线半高宽 ΔE_S 由公式(9)计算：

$$\Delta E_S = \frac{E_1 - E_2}{m_1 - m_2} \Delta m_S \quad \cdots\cdots(9)$$

式中：

ΔE_S ——在谱的能量分辨率测量中得到的总半高宽，单位为千电子伏(keV)；

m_1、m_2 ——分别代表能量 E_1、E_2 所对应的峰位道数，单位为道(channel)；

Δm_S ——在谱的能量分辨率测量中得到的总半高宽，单位为道(channel)。

若谱线呈高斯或准高斯形式时，可用下述方法扣除系统噪声贡献。

用与探测器结电容值相等的电容代替探测器，利用 5.3.4 的方法测得除探测器以外的电噪声 ΔE_E。则探测器能量分辨率 ΔE_R 由式(10)计算：

$$\Delta E_R = \sqrt{\Delta E_S^2 - \Delta E_E^2} \quad \cdots\cdots(10)$$

式中：

ΔE_R ——以半高宽表示的探测器能量分辨，单位为千电子伏(keV)；

ΔE_S ——在谱的能量分辨率测量中得到的总半高宽，单位为千电子伏(keV)；

ΔE_E ——以半高宽表示的除探测器噪声以外的电噪声，单位为千电子伏(keV)。

当 ΔE_E 可忽略时，探测器的能量分辨率可直接用 ΔE_S 表示。

除电噪声以外，其他因素对谱线展宽的贡献可由式(11)和(12)计算：

$$\Delta m_0 = \sqrt{\Delta m_S^2 - \Delta m_T^2} \qquad \cdots\cdots (11)$$

$$\Delta E_0 = \sqrt{\Delta E_S^2 - \Delta E_T^2} \qquad \cdots\cdots (12)$$

式中：

Δm_0——以半高宽表示的除电噪声以外，其他因素引起的谱线展宽，单位为道(channel)；

ΔE_0——以半高宽表示的除电噪声以外，其他因素引起的谱线展宽，单位为千电子伏(keV)；

Δm_T——以半高宽表示的探测器和放大器的总噪声，单位为道(channel)；

ΔE_T——以半高宽表示的探测器和放大器的总噪声，单位为千电子伏(keV)；

Δm_S——在谱的能量分辨率测量中得到的总半高宽，单位为道(channel)；

ΔE_S——在谱的能量分辨率测量中得到的总半高宽，单位为千电子伏(keV)。

为使式(10)、(11)、(12)中的结果有效，$\Delta E_S(\Delta m_S)$与ΔE_E、$\Delta E_T(\Delta m_T)$至少应相差20%。

在给出探测器能量分辨时应注明以下几点：

a) 所用放射源的种类、名称和能量；
b) 探测器的工作条件(偏压、环境温度、湿度、真空度等)；
c) 放大器的成形方法及时间 $t_{1/2}$；
d) 探测器的灵敏面积及灵敏层厚度；
e) 探测器偏压电阻；
f) 测量系统的总噪声(含探测器)；
g) 单位时间峰面积；
h) 最大计数率及总计数。

能量分辨率也可采用GB/T 13178—2008中6.2的方法进行测量。

6.2 死层能量损耗

死层能量损耗用图9所示的测量系统进行测量。用单能重带电粒子测量探测器的死层能量损耗。所用重带电粒子在硅中射程应小于探测器灵敏层厚度的80%，在死层中损失的能量不应超过该入射粒子总能量的5%。推荐选用^{241}Am源5.486 MeV的α粒子，其他符合上述要求的粒子也可使用。

粒子进入探测器前应经过准直，使入射角不得大于5°。多孔准直器中心孔应对准探测器灵敏面中心。

粒子沿探测器灵敏面法线入射，测得一个谱，谱线峰位对应能量E_1。变换探测器的位置，使粒子与探测器灵敏面法线成θ角入射，得另一谱线，谱线峰位对应能量E_2。由于粒子在死层中损失能量只占其总能量的很少一部分，故可认为在死层内粒子能量损失率(dE/dX)基本不变。

沿探测器法线方向入射的粒子在死层中的能量损耗δE由式(13)计算：

$$\delta E = (E_1 - E_2)\frac{\cos\theta}{1-\cos\theta} \qquad \cdots\cdots (13)$$

若查出该粒子在探测器材料中的能量射程关系，则就可得到该探测器的死层厚度。

测量时若取$\theta=60°$，则沿探测器法线方向入射粒子在死层中的能量损耗等于$E_1 - E_2$。

在给出死层能量损耗时应注明探测器所加的偏压值，不同偏压条件下的探测器死层能量损耗是有变化的。

6.3 灵敏层厚度

灵敏层厚度用图9所示的测量系统进行测量。测量时使用一组不同能量的单能重带电粒子入射探测器的灵敏面。粒子进入探测器前应准直,并且沿探测器灵敏面法线方向入射。

记录探测器输出信号幅度(峰位道)与粒子能量的关系,得出如图10所示曲线。当入射粒子在硅中的射程小于灵敏层厚度时,输出信号幅度与入射粒子的能量成线性关系,斜率为 φ。当粒子射程超过灵敏层厚度时,输出信号幅度将偏离线性关系,斜率下降。以斜率比 φ 减小10%的点对应的入射粒子在硅中射程表示灵敏层厚度。

给出探测器灵敏层厚度时,应注明探测器的工作偏压。

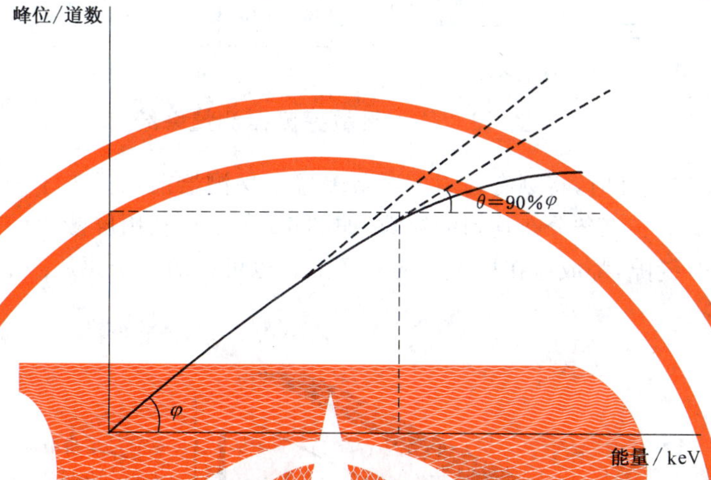

图10 入射粒子能量与信号幅度的关系

6.4 位置灵敏探测器的位置分辨率和线性

图11为位置灵敏探测器的示意图。

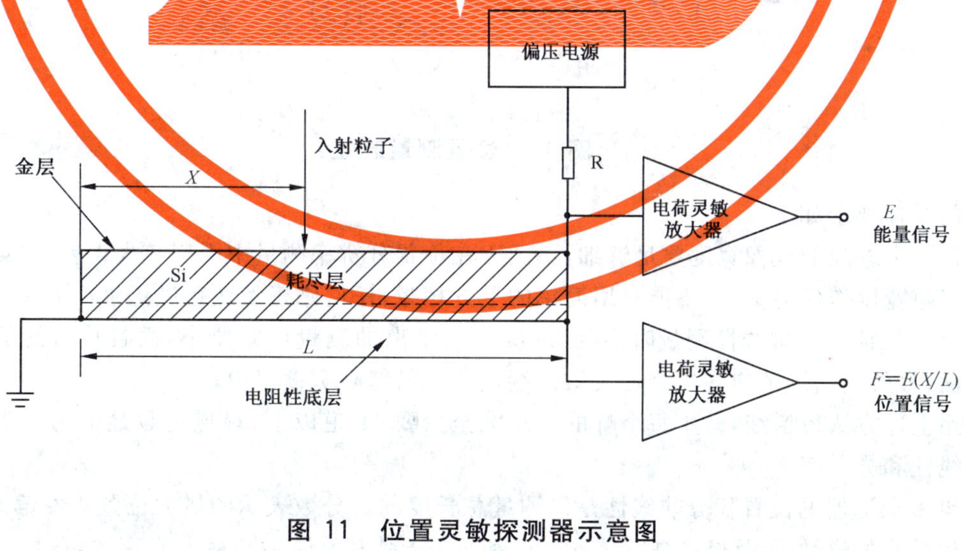

图11 位置灵敏探测器示意图

图12为位置灵敏探测器的测量系统,该系统具有同时测量位置和能量的能力。测量时脉冲成形参数选择最佳值。

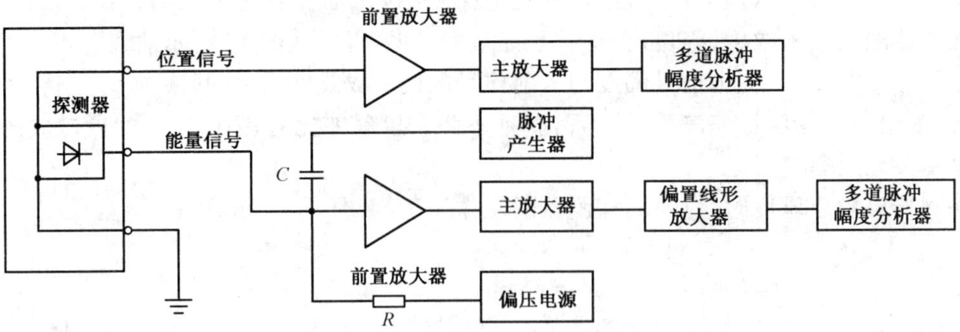

图 12　位置灵敏探测器测量系统

测量位置分辨率和线性时，将刻有缝隙的屏蔽罩置于探测器前面垂直于测量方向。在探测器灵敏区位置，屏蔽罩上至少要有五条分布均匀的缝隙，如图 13 所示。利用屏蔽罩前面的单能电离辐射源测量，源的位置对应每个缝隙，都成像在探测器的表面上。也可以用一个源从一个缝隙移到另一个缝隙进行测量。

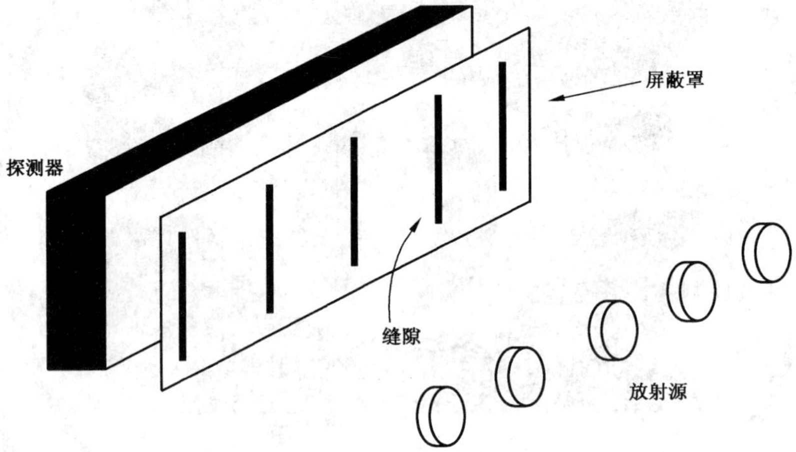

图 13　位置测量装置

测量的具体要求如下：

a)　每一个缝隙的成像宽度要足够细，不至于在位置分辨率测量中引起较大误差。(如果对有限的缝隙宽度作任何修正，不能只用简单的平方相减，任何修正不能超过记录值的 10%)；

b)　为了保证在位置线性测量时准确，缝隙之间距离的测量误差要小，而且尽可能靠近探测器表面；最外侧的缝隙应在探测器灵敏区端边的二倍缝隙宽度以内；

c)　用上述方法得谱线，谱中每个峰的半高宽至少要 12 道以上，峰道记数最低为 4 000，确定位置线性和分辨率。

位置灵敏探测器的位置积分非线性是以测量总长度的百分数表示的最大位置线性偏离。由谱中测得各位置信号峰的道数 m_i 及峰半高宽 Δm_i，m_0 和 m_m 分别表示最小和最大峰道数，各信号峰对应缝隙像位置为 $D_0 \sim D_m$。

使 $D_0=0$，则 D_m 为两个最外边缝隙像的距离。用最小二乘法将 (D_0, m_0)、(D_1, m_1)、(D_2, m_2)，…，(D_i, m_i)，…，(D_m, m_n) 各点拟合成一条直线。令 ΔD_{max} 为 $m=m_i$ 点的值 D_i 与拟合直线上对应值 D 之间的最大偏差，则探测器的积分非线性由式(14)计算，每个缝隙像的位置分辨率由式(15)计算：

$$\mathrm{INL}=\frac{\Delta D_{\max}}{D_m} \qquad \cdots\cdots(14)$$

$$\Delta D_i=\frac{D_m}{m_m-m_0}\Delta m_i \qquad \cdots\cdots(15)$$

INL ——位置灵敏探测器的位置积分非线性，单位为百分数(%)；

$\Delta D_{\max}$ ——D_i 与拟合直线上对应值 D 之间的最大偏差，单位为毫米(mm)；

D_m ——即第 m 个缝隙像与第一个缝隙像间的距离，单位为毫米(mm)；

ΔD_i ——位置分辨率半高宽，以长度表示，单位为毫米(mm)；

Δm_i ——位置灵敏探测器位置信号产生的峰的半高宽，单位为道(channel)；

m_m ——用带有缝隙的罩子测量位置灵敏探测器第 m 个位置峰的峰位道数，单位为道(channel)；

m_0 ——用带有缝隙的罩子测量位置灵敏探测器起始位置峰的峰位道数，单位为道(channel)。

如果用其中一个位置分辨率值表征整个探测器，则此值是用所测量的全部缝隙像半高宽中最大值计算测得的。

记录测量结果时应记录 6.1 中测量能量分辨率时所记录的各种测量参数。

线性测量结果应提供以下参数：

a) 探测器的详细资料(包括探测器厚度、探测器几何条件、有效长度等)；

b) 能量与位置测量中使用的成形时间特性；

c) 入射粒子类型和能量；

d) 工作条件。

7 环境试验

如需进行相应的环境试验，详见 GB/T 10263—2006。

ICS 77.150.30
H 62

中华人民共和国国家标准

GB/T 5231—2012
代替 GB/T 5231—2001

加工铜及铜合金牌号和化学成分

Designation and chemical composition of wrought copper and copper alloys

2012-12-31 发布　　　　2013-10-01 实施

中华人民共和国国家质量监督检验检疫总局
中国国家标准化管理委员会　发布

前　　言

本标准按照 GB/T 1.1—2009 给出的规则起草。

本标准代替 GB/T 5231—2001《加工铜及铜合金化学成分和产品形状》。本标准中部分牌号等同采用了美国铜及铜合金的牌号和化学成分，对原国家标准中部分牌号的化学成分做出新的规定，保留了 GB/T 5231—2001 标准中的 111 个牌号，新增加 102 个牌号，总计包括了 213 个牌号。本标准与 GB/T 5231—2001相比，主要变化如下：

——本标准对无氧铜氧含量做出调整，将原标准中的 TU0 改为 TU00，等同采用美国牌号 C10100；新增加 TU0 牌号，氧含量为 0.001%，原标准中的 TU1、TU2 不变，其氧含量分别为 0.002%、0.003%；新增加无氧铜 TU3，等同采用美国牌号 C10200；

——将原国标中的牌号 QTe0.5、QZr0.2 、QZr0.4 编入纯铜系列，牌号表示方法修改为：TTe0.5、TZr0.2 、TZr0.4；

——将原国标中的牌号 QCd1、QBe0.3-1.5、QBe0.6-2.5 、QBe0.4-1.8、QBe1.7、QBe1.9、QBe1.9-0.1、QBe2、QCr0.5 、QCr0.5-0.2-0.1 、QCr0.6-0.4-0.05 、QCr1、QMg0.8、QFe2.5 编入高铜系列，牌号表示方法修改为：TCd1 、TBe0.3-1.5、TBe0.6-2.5 、TBe0.4-1.8、TBe1.7、TBe1.9、TBe1.9-0.1、TBe2、TCr0.5 、TCr0.5-0.2-0.1 、TCr0.6-0.4-0.05 、TCr1、TMg0.8、TFe2.5；

——将原国标中的牌号 H96 等同美国 ASTM 合金牌号 C21000，铜含量由 95.0%～97.0%调整到 94.0%～96.0%，牌号改为 H95；

——新增纯铜 19 个牌号：TU0、TU3、TU00Ag0.06、TUAg0.03、TUAg0.05、TUAg0.1、TUAg0.2 、TUAg0.3、TUZr0.15、TAg0.1-0.01、TAg0.15、TP3、TP4、TTe0.3、TTe0.5-0.008、TTe0.5-0.02、TS0.4、TZr0.15、TUAl0.12；

——新增高铜合金 15 个牌号：TBe1.9-0.4、TNi2.4-0.6-0.5、TCr0.3-0.3、TCr0.5-0.1、TCr0.7、TCr0.8、TCr1-0.15、TCr1-0.18、TMg0.2、TMg0.4、TMg0.5、TPb1、TFe1.0、TFe0.1、TTi3.0-0.2；

——新增黄铜 35 个牌号：H66、HB90-0.1、HPb62-2-0.1 、HPb61-2-1 、HPb61-2-0.1、HPb 60-3、HPb59-2、HPb58-2 、HPb58-3、HPb57-4、HSn72-1、HSn70-1-0.01、HSn70-1-0.01-0.04、HSn65-0.03、HBi60-2、HBi60-1.3 、HBi60-1.0-0.05、HBi60-0.5-0.01 、HBi60-0.8-0.01 、HBi60-1.1-0.01、HBi59-1、HBi62-1、HMn64-8-5-1.5、HMn62-3-3-1、HMn62-13、HMn59-2-1.5-0.5、HMn57-2-2-0.5、HSb61-0.8-0.5、HSb60-0.9、HSi75-3 、HSi62-0.6、HSi61-0.6、HAl64-5-4-2、HAl61-4-3-1.5、HMg60-1；

——新增青铜 14 个牌号：QSn0.4、QSn0.6、QSn0.9 、QSn0.5-0.025、QSn1-0.5-0.5、QSn1.8、QSn5-0.2、QSn5-0.3、QSn6-0.05 、QSn15-1-1、QCr4.5-2.5-0.6、QAl6、QAl10-4-4-1、QSi0.6-2；

——新增白铜 19 个牌号：B23、BFe7-0.4-0.4、BFe10-1.5-1、BFe10-1.6-1、BFe16-1-1-0.5、BFe30-0.7、BFe30-2-2、BZn18-10 、BZn18-17 、BZn9-29、BZn12-24、BZn12-26 、BZn12-29、BZn18-20、BZn22-16、BZn25-18、BZn40-20、BZn10-41-2 、BZn12-37-1.5；

——新增铜及铜合金代号，表示方法为以 T 为首字母加 5 位数字。等同采用美国合金牌号的合金，仍采用美国牌号的数字编号。

本标准由全国有色金属标准化技术委员会(SAC/TC 243)归口。

本标准负责起草单位：中铝沈阳有色金属加工有限公司、中铝洛阳铜业有限公司、浙江海亮股份有限公司、宁波博威集团有限公司、中国有色金属工业标准计量质量研究所。

本标准参加起草单位：中铝上海铜业有限公司、江苏包罗铜材集团股份有限公司、宁波金田铜业(集团)股份有限公司、绍兴市力博电气有限公司。

本标准主要起草人：王艳杰、陈江桥、赵宝洪、王振有、张波、张彩虹、孟惠娟、赵万花、曹建国、魏连运、蔡洎华、王云松、杨丽娟、邵胜忠、张益、张戍、王永如、洪燮平、徐高磊、姜柏昌、范智刚、刘冬霞、于健闻、包景国。

本标准所代替标准的历次版本发布情况为：

——GB/T 5231—1985、GB/T 5231—2001；

——GB/T 5232—1985、GB/T 5233—1985、GB/T 5234—1985。

加工铜及铜合金牌号和化学成分

1 范围

本标准规定了加工铜及铜合金的牌号和化学成分。

本标准适用于以压力加工方法生产的铜及铜合金加工产品及其所用的铸锭和坯料。

2 化学成分

2.1 加工铜及铜合金的牌号和化学成分应符合表1～表5的规定。

2.2 表1～表5中含量有上下限者为合金元素，含量为单个数值者，铜为最低限量，其他杂质元素为最高限量。

2.3 表2～表5中所列杂质总和为主成分之外的所有杂质元素之和，主要为Ag、As、Bi、Cd、Co、Cr、Fe、Mn、Ni、O、P、Pb、S、Sb、Se、Si、Sn、Te、Zn等元素。

2.4 表1～表5中未列出元素的极限值，可由供需双方协商确定。铜或锌为余量元素时，可取所有已分析元素与100%之间的差值。

2.5 本标准中等同采用美国ASTM标准的铜及铜合金，其代号等同采用美国ASTM牌号。等同采用美国标准的牌号汇总见附录A。

表 1 加工铜化学成分

分类	代号	牌号	化学成分质量分数/%												
			Cu+Ag（最小值）	P	Ag	Bi[a]	Sb[a]	As[a]	Fe	Ni	Pb	Sn	S	Zn	O
无氧铜	C10100	TU00	99.99[b]	0.000 3	0.002 5	0.000 1	0.000 4	0.000 5	0.001 0	0.001 0	0.000 5	0.000 2	0.001 5	0.000 1	0.000 5
			Te≤0.000 2,Se≤0.000 3,Mn≤0.000 05,Cd≤0.000 1												
	T10130	TU0	99.97	0.002	—	0.001	0.002	0.002	0.004	0.002	0.003	0.002	0.004	0.003	0.001
	T10150	TU1	99.97	0.002	—	0.001	0.002	0.002	0.004	0.002	0.003	0.002	0.004	0.003	0.002
	T10180	TU2[c]	99.95	0.002	—	0.001	0.002	0.002	0.004	0.002	0.004	0.002	0.004	0.003	0.003
	C10200	TU3	99.95	—	—	—	—	—	—	—	—	—	—	—	0.001 0
银无氧铜	T10350	TU00Ag0.06	99.99	0.002	0.05～0.08	0.000 3	0.000 5	0.000 4	0.002 5	0.000 6	0.000 6	0.000 7	—	0.000 5	0.000 5
	C10500	TUAg0.03	99.95	—	≥0.034	—	—	—	—	—	—	—	—	—	0.001 0
	T10510	TUAg0.05	99.96	0.002	0.02～0.06	0.001	0.002	0.002	0.004	0.002	0.004	0.002	0.004	0.003	0.003
	T10530	TUAg0.1	99.96	0.002	0.06～0.12	0.001	0.002	0.002	0.004	0.002	0.004	0.002	0.004	0.003	0.003
	T10540	TUAg0.2	99.96	0.002	0.15～0.25	0.001	0.002	0.002	0.004	0.002	0.004	0.002	0.004	0.003	0.003
	T10550	TUAg0.3	99.96	0.002	0.25～0.35	0.001	0.002	0.002	0.004	0.002	0.004	0.002	0.004	0.003	0.003
锆无氧铜	T10600	TUZr0.15	99.97[d]	0.002	Zr:0.11～0.21	0.001	0.002	0.002	0.004	0.002	0.003	0.002	0.004	0.003	0.002
纯铜	T10900	T1	99.95	0.001	—	0.001	0.002	0.002	0.005	0.002	0.003	0.002	0.005	0.005	0.02
	T11050	T2[e,f]	99.90	—	—	0.001	0.002	0.002	0.005	—	0.005	—	0.005	—	—
	T11090	T3	99.70	—	—	0.002	—	—	—	—	0.01	—	—	—	—
银铜	T11200	TAg0.1-0.01	99.9[g]	0.004～0.012	0.08～0.12	—	—	—	—	0.05	—	—	—	—	0.05
	T11210	TAg0.1	99.5[h]	—	0.06～0.12	0.002	0.005	0.01	0.05	0.2	0.01	0.05	0.01	—	0.1
	T11220	TAg0.15	99.5	—	0.10～0.20	0.002	0.005	0.01	0.05	0.2	0.01	0.05	0.01	—	0.1
磷脱氧铜	C12000	TP1	99.90	0.004～0.012	—	—	—	—	—	—	—	—	—	—	—
	C12200	TP2	99.9	0.015～0.040	—	—	—	—	—	—	—	—	—	—	—
	T12210	TP3	99.9	0.01～0.025	—	—	—	—	—	—	—	—	—	—	0.01
	T12400	TP4	99.90	0.040～0.065	—	—	—	—	—	—	—	—	—	—	0.002

表 1（续）

分类	代号	牌号	化学成分质量分数/%													
			Cu+Ag（最小值）	P	Ag	Bi[a]	Sb[a]	As[a]	Fe	Ni	Pb	Sn	S	Zn	O	Cd
碲铜	T14440	TTe0.3	99.9[i]	0.001	Te：0.20～0.35	0.001	0.001 5	0.002	0.008	0.002	0.01	0.001	0.002 5	0.005	—	0.01
	T14450	TTe0.5-0.008	99.8[j]	0.004～0.012	Te：0.4～0.6	0.001	0.003	0.002	0.008	0.005	0.01	0.01	0.003	0.008	—	0.01
	C14500	TTe0.5	99.90[j]	0.004～0.012	Te：0.40～0.7	—	—	—	—	—	—	—	—	—	—	—
	C14510	TTe0.5-0.02	99.85[j]	0.010～0.030	Te：0.30～0.7	—	—	—	—	—	0.05	—	—	—	—	—
硫铜	C14700	TS0.4	99.90[k]	0.002～0.005	—	—	—	—	—	—	—	—	0.20～0.50	—	—	—
锆铜	C15000	TZr0.15[l]	99.80	—	Zr：0.10～0.20	—	—	—	—	—	—	—	—	—	—	—
	T15200	TZr0.2	99.5[d]	—	Zr：0.15～0.30	0.002	0.005	—	0.05	0.2	0.01	0.05	0.01	—	—	—
	T15400	TZr0.4	99.5[d]	—	Zr：0.30～0.50	0.002	0.005	—	0.05	0.2	0.01	0.05	0.01	—	—	—
弥散无氧铜	T15700	TUAl0.12	余量	0.002	Al_2O_3：0.16～0.26	0.001	0.002	0.002	0.004	0.002	0.003	0.002	0.004	0.003	—	—

[a] 砷、铋、锑可不分析，但供方必须保证不大于极限值。

[b] 此值为铜量，铜含量（质量分数）不小于 99.99%时，其值应由差减法求得。

[c] 电工用无氧铜 TU2 氧含量不大于 0.002%。

[d] 此值为 Cu+Ag+Zr。

[e] 经双方协商，可供应 P 不大于 0.001%的导电 T2 铜。

[f] 电力机车接触材料用纯铜线坯：Bi≤0.000 5%、Pb≤0.005 0%、O≤0.035%、P≤0.001%，其他杂质总和≤0.03%。

[g] 此值为 Cu+Ag+P。

[h] 此值为铜量。

[i] 此值为 Cu+Ag+Te。

[j] 此值为 Cu+Ag+Te+P。

[k] 此值为 Cu+Ag+S+P。

[l] 此牌号 Cu+Ag+Zr 不小于 99.9%。

表 2 加工高铜合金[a] 化学成分

分类	代号	牌号	化学成分质量分数/%															
			Cu	Be	Ni	Cr	Si	Fe	Al	Pb	Ti	Zn	Sn	S	P	Mn	Co	杂质总和
镉铜	C16200	TCd1	余量	—	—	—	—	0.02	—	—	—	—	—	—	—	Cd:0.7～1.2	—	0.5
铍铜	C17300	TBe1.9-0.4[b]	余量	1.80～2.00	—	—	0.20	—	0.20	0.20～0.6	—	—	—	—	—	—	—	0.9
	T17490	TBe0.3-1.5	余量	0.25～0.50	—	—	0.20	0.10	0.20	—	—	—	—	—	—	Ag:0.90～1.10	1.40～1.70	0.5
	C17500	TBe0.6-2.5	余量	0.4～0.7	—	—	0.20	0.10	0.20	—	—	—	—	—	—	—	2.4～2.7	1.0
	C17510	TBe0.4-1.8	余量	0.2～0.6	1.4～2.2	—	0.20	0.10	0.20	—	—	—	—	—	—	—	0.3	1.3
	T17700	TBe1.7	余量	1.6～1.85	0.2～0.4	—	0.15	0.15	0.15	0.005	0.10～0.25	—	—	—	—	—	—	0.5
	T17710	TBe1.9	余量	1.85～2.1	0.2～0.4	—	0.15	0.15	0.15	0.005	0.10～0.25	—	—	—	—	—	—	0.5
	T17715	TBe1.9-0.1	余量	1.85～2.1	0.2～0.4	—	0.15	0.15	0.15	0.005	0.10～0.25	—	—	—	—	Mg:0.07～0.13	—	0.5
	T17720	TBe2	余量	1.80～2.1	0.2～0.5	—	0.15	0.15	0.15	0.005	—	—	—	—	—	—	—	0.5
镍铬铜	C18000	TNi2.4-0.6-0.5	余量	—	1.8～3.0[c]	0.10～0.8	0.40～0.8	0.15	—	—	—	—	—	—	—	—	—	0.65
铬铜	C18135	TCr0.3-0.3	余量	—	—	0.20～0.6	—	—	—	—	—	—	—	—	—	Cd:0.20～0.6	—	0.5
	T18140	TCr0.5	余量	—	0.05	0.4～1.1	—	0.1	—	—	—	—	—	—	—	—	—	0.5
	T18142	TCr0.5-0.2-0.1	余量	—	—	0.4～1.0	—	—	0.1～0.25	—	—	—	—	—	—	Mg:0.1～0.25	—	0.5
	T18144	TCr0.5-0.1	余量	—	0.05	0.40～0.70	0.05	0.05	—	0.005	—	0.05～0.25	0.01	0.005	—	Ag:0.08～0.13	—	0.25
	T18146	TCr0.7	余量	—	0.05	0.55～0.85	—	0.1	—	—	—	—	—	—	—	—	—	0.5

表 2（续）

分类	代号	牌号	化学成分质量分数/%																
			Cu	Zr	Cr	Ni	Si	Fe	Al	Pb	Mg	Zn	Sn	S	P	B	Sb	Bi	杂质总和
铬铜	T18148	TCr0.8	余量	—	0.6～0.9	0.05	0.03	0.03	0.005	—	—	—	—	0.005	—	—	—	—	0.2
铬铜	C18150	TCr1-0.15	余量	0.05～0.25	0.50～1.5	—	—	—	—	—	—	—	—	—	—	—	—	—	0.3
铬铜	T18160	TCr1-0.18	余量	0.05～0.30	0.5～1.5	—	0.10	0.10	0.05	0.05	0.05	—	—	—	0.10	0.02	0.01	0.01	0.3[d]
铬铜	T18170	TCr0.6-0.4-0.05	余量	0.3～0.6	0.4～0.8	—	0.05	0.05	—	—	0.04～0.08	—	—	—	0.01	—	—	—	0.5
铬铜	C18200	TCr1	余量	—	0.6～1.2	—	0.10	0.10	—	0.05	—	—	—	—		—	—	—	0.75
镁铜	T18658	TMg0.2	余量	—	—	—	—	—	—	—	0.1～0.3	—	—	—	0.01	—	—	—	0.1
镁铜	C18661	TMg0.4	余量	—	—	—	—	0.10	—	—	0.10～0.7	—	0.20	—	0.001～0.02	—	—	—	0.8
镁铜	T18664	TMg0.5	余量	—	—	—	—	—	—	—	0.4～0.7	—	—	—	0.01	—	—	—	0.1
镁铜	T18667	TMg0.8	余量	—	—	0.006	—	0.005	—	0.005	0.70～0.85	0.005	0.002	0.005	—	—	0.005	0.002	0.3
铅铜	C18700	TPb1	余量	—	—	—	—	—	—	0.8～1.5	—	—	—	—	—	—	—	—	0.5
铁铜	C19200	TFe1.0	98.5	—	—	—	—	0.8～1.2	—	—	—	0.20	—	—	0.01～0.04	—	—	—	0.4
铁铜	C19210	TFe0.1	余量	—	—	—	—	0.05～0.15	—	—	—	—	—	—	0.025～0.04	—	—	—	0.2
铁铜	C19400	TFe2.5	97.0	—	—	—	—	2.1～2.6	—	0.03	—	0.05～0.20	—	—	0.015～0.15	—	—	—	—
钛铜	C19910	TTi3.0-0.2	余量	—	—	—	—	0.17～0.23	—	—	—	—	—	—	—	Ti:2.9～3.4	—	—	0.5

[a] 高铜合金，指铜含量在 96.0%～99.3%之间的合金。

[b] 该牌号 Ni+Co≥0.20%，Ni+Co+Fe≤0.6%。

[c] 此值为 Ni+Co。

[d] 此值为表中所列杂质元素实测值总和。

表 3　加工黄铜化学成分

分类		代号	牌号	化学成分质量分数/%								
				Cu	Fe[a]	Pb	Si	Ni	B	As	Zn	杂质总和
铜锌合金	普通黄铜	C21000	H95	94.0～96.0	0.05	0.05	—	—	—	—	余量	0.3
		C22000	H90	89.0～91.0	0.05	0.05	—	—	—	—	余量	0.3
		C23000	H85	84.0～86.0	0.05	0.05	—	—	—	—	余量	0.3
		C24000	H80[b]	78.5～81.5	0.05	0.05	—	—	—	—	余量	0.3
		T26100	H70[b]	68.5～71.5	0.10	0.03	—	—	—	—	余量	0.3
		T26300	H68	67.0～70.0	0.10	0.03	—	—	—	—	余量	0.3
		C26800	H66	64.0～68.5	0.05	0.09	—	—	—	—	余量	0.45
		C27000	H65	63.0～68.5	0.07	0.09	—	—	—	—	余量	0.45
		T27300	H63	62.0～65.0	0.15	0.08	—	—	—	—	余量	0.5
		T27600	H62	60.5～63.5	0.15	0.08	—	—	—	—	余量	0.5
		T28200	H59	57.0～60.0	0.3	0.5	—	—	—	—	余量	1.0
	硼砷黄铜	T22130	H B 90-0.1	89.0～91.0	0.02	0.02	0.5	—	0.05～0.3	—	余量	0.5[c]
		T23030	H As 85-0.05	84.0～86.0	0.10	0.03	—	—	—	0.02～0.08	余量	0.3
		C26130	H As 70-0.05	68.5～71.5	0.05	0.05	—	—	—	0.02～0.08	余量	0.4
		T26330	H As 68-0.04	67.0～70.0	0.10	0.03	—	—	—	0.03～0.06	余量	0.3

表 3（续）

分类		代号	牌号	化学成分质量分数/%								
				Cu	Fe[a]	Pb	Al	Mn	Sn	As	Zn	杂质总和
铜锌铅合金	铅黄铜	C31400	HPb89-2	87.5～90.5	0.10	1.3～2.5	—	Ni：0.7	—	—	余量	1.2
		C33000	HPb66-0.5	65.0～68.0	0.07	0.25～0.7	—	—	—	—	余量	0.5
		T34700	HPb63-3	62.0～65.0	0.10	2.4～3.0	—	—	—	—	余量	0.75
		T34900	HPb63-0.1	61.5～63.5	0.15	0.05～0.3	—	—	—	—	余量	0.5
		T35100	HPb62-0.8	60.0～63.0	0.2	0.5～1.2	—	—	—	—	余量	0.75
		C35300	HPb62-2	60.0～63.0	0.15	1.5～2.5	—	—	—	—	余量	0.65
		C36000	HPb62-3	60.0～63.0	0.35	2.5～3.7	—	—	—	—	余量	0.85
		T36210	HPb62-2-0.1	61.0～63.0	0.1	1.7～2.8	0.05	0.1	0.1	0.02～0.15	余量	0.55
		T36220	HPb61-2-1	59.0～62.0	—	1.0～2.5	—	—	0.30～1.5	0.02～0.25	余量	0.4
		T36230	HPb61-2-0.1	59.2～62.3	0.2	1.7～2.8	—	—	0.2	0.08～0.15	余量	0.5
		C37100	HPb61-1	58.0～62.0	0.15	0.6～1.2	—	—	—	—	余量	0.55
		C37700	HPb60-2	58.0～61.0	0.30	1.5～2.5	—	—	—	—	余量	0.8
		T37900	HPb60-3	58.0～61.0	0.3	2.5～3.5	—	—	0.3	—	余量	0.8[c]
		T38100	HPb59-1	57.0～60.0	0.5	0.8～1.9	—	—	—	—	余量	1.0
		T38200	HPb59-2	57.0～60.0	0.5	1.5～2.5	—	—	0.5	—	余量	1.0[c]
		T38210	HPb58-2	57.0～59.0	0.5	1.5～2.5	—	—	0.5	—	余量	1.0[c]
		T38300	HPb59-3	57.5～59.5	0.50	2.0～3.0	—	—	—	—	余量	1.2
		T38310	HPb58-3	57.0～59.0	0.5	2.5～3.5	—	—	0.5	—	余量	1.0[c]
		T38400	HPb57-4	56.0～58.0	0.5	3.5～4.5	—	—	0.5	—	余量	1.2[c]

表 3（续）

分类		代号	牌号	化学成分质量分数/%														
				Cu	Te	B	Si	As	Bi	Cd	Sn	P	Ni	Mn	Fe[a]	Pb	Zn	杂质总和
铜锌锡合金、复杂黄铜	锡黄铜	T41900	HSn90-1	88.0～91.0	—	—	—	—	—	—	0.25～0.75	—	—	—	0.10	0.03	余量	0.2
		C44300	HSn72-1	70.0～73.0	—	—	—	0.02～0.06	—	—	0.8～1.2[d]	—	—	—	0.06	0.07	余量	0.4
		T45000	HSn70-1	69.0～71.0	—	—	—	0.03～0.06	—	—	0.8～1.3	—	—	—	0.10	0.05	余量	0.3
		T45010	HSn70-1-0.01	69.0～71.0	—	0.0015～0.02	—	0.03～0.06	—	—	0.8～1.3	—	—	—	0.10	0.05	余量	0.3
		T45020	HSn70-1-0.01-0.04	69.0～71.0	—	0.0015～0.02	—	0.03～0.06	—	—	0.8～1.3	—	0.05～1.00	0.02～2.00	0.10	0.05	余量	0.3
		T46100	HSn65-0.03	63.5～68.0	—	—	—	—	—	—	0.01～0.2	0.01～0.07	—	—	0.05	0.03	余量	0.3
		T46300	HSn62-1	61.0～63.0	—	—	—	—	—	—	0.7～1.1	—	—	—	0.10	0.10	余量	0.3
		T46410	HSn60-1	59.0～61.0	—	—	—	—	—	—	1.0～1.5	—	—	—	0.10	0.30	余量	1.0
	铋黄铜	T49230	HBi60-2	59.0～62.0	—	—	—	—	2.0～3.5	0.01	0.3	—	—	—	0.2	0.1	余量	0.5[c]
		T49240	HBi60-1.3	58.0～62.0	—	—	—	—	0.3～2.3	0.01	0.05～1.2[e]	—	—	—	0.1	0.2	余量	0.3[c]
		C49260	HBi60-1.0-0.05	58.0～63.0	—	—	0.10	—	0.50～1.8	0.001	0.50	0.05～0.15	—	—	0.50	0.09	余量	1.5

表 3（续）

分类		代号	牌号	化学成分质量分数/%														
				Cu	Te	Al	Si	As	Bi	Cd	Sn	P	Ni	Mn	Fe[a]	Pb	Zn	杂质总和
复杂黄铜	铋黄铜	T49310	HBi60-0.5-0.01	58.5～61.5	0.010～0.015	—	—	0.01	0.45～0.65	0.01	—	—	—	—	—	0.1	余量	0.5[c]
		T49320	HBi60-0.8-0.01	58.5～61.5	0.010～0.015	—	—	0.01	0.70～0.95	0.01	—	—	—	—	—	0.1	余量	0.5[c]
		T49330	HBi60-1.1-0.01	58.5～61.5	0.010～0.015	—	—	0.01	1.00～1.25	0.01	—	—	—	—	—	0.1	余量	0.5[c]
		T49360	HBi59-1	58.0～60.0	—	—	—	—	0.8～2.0	0.01	0.2	—	—	—	0.2	0.1	余量	0.5[c]
		C49350	HBi62-1	61.0～63.0	Sb:0.02～0.10	—	0.30	—	0.50～2.5	—	1.5～3.0	0.04～0.15	—	—	—	0.09	余量	0.9
	锰黄铜	T67100	HMn64-8-5-1.5	63.0～66.0	—	4.5～6.0	1.0～2.0	—	—	—	0.5	—	0.5	7.0～8.0	0.5～1.5	0.3～0.8	余量	1.0
		T67200	HMn62-3-3-0.7	60.0～63.0	—	2.4～3.4	0.5～1.5	—	—	—	0.1	—	—	2.7～3.7	0.1	0.05	余量	1.2
		T67300	HMn62-3-3-1	59.0～65.0	—	1.7～3.7	0.5～1.3	Cr:0.07～0.27		—	—	—	0.2～0.6	2.2～3.8	0.6	0.18	余量	0.8
		T67310	HMn62-13[f]	59.0～65.0	—	0.5～2.5[g]	0.05	—	—	—	—	—	0.05～0.5[h]	10～15	0.05	0.03	余量	0.15[c]
		T67320	HMn55-3-1[i]	53.0～58.0	—	—	—	—	—	—	—	—	—	3.0～4.0	0.5～1.5	0.5	余量	1.5

表 3（续）

分类		代号	牌号	化学成分质量分数/%												
				Cu	Fe[a]	Pb	Al	Mn	P	Sb	Ni	Si	Cd	Sn	Zn	杂质总和
复杂黄铜	锰黄铜	T67330	HMn59-2-1.5-0.5	58.0～59.0	0.35～0.65	0.3～0.6	1.4～1.7	1.8～2.2	—	—	—	0.6～0.9	—	—	余量	0.3
复杂黄铜	锰黄铜	T67400	HMn58-2[i]	57.0～60.0	1.0	0.1	—	1.0～2.0	—	—	—	—	—	—	余量	1.2
复杂黄铜	锰黄铜	T67410	HMn57-3-1[i]	55.0～58.5	1.0	0.2	0.5～1.5	2.5～3.5	—	—	—	—	—	—	余量	1.3
复杂黄铜	锰黄铜	T67420	HMn57-2-2-0.5	56.5～58.5	0.3～0.8	0.3～0.8	1.3～2.1	1.5～2.3	—	—	0.5	0.5～0.7	—	0.5	余量	1.0
复杂黄铜	铁黄铜	T67600	HFe59-1-1	57.0～60.0	0.6～1.2	0.20	0.1～0.5	0.5～0.8	—	—	—	—	—	0.3～0.7	余量	0.3
复杂黄铜	铁黄铜	T67610	HFe58-1-1	56.0～58.0	0.7～1.3	0.7～1.3	—	—	—	—	—	—	—	—	余量	0.5
复杂黄铜	锑黄铜	T68200	HSb61-0.8-0.5	59.0～63.0	0.2	0.2	—	—	—	0.4～1.2	0.05～1.2[j]	0.3～1.0	0.01	—	余量	0.5[c]
复杂黄铜	锑黄铜	T68210	HSb60-0.9	58.0～62.0	—	0.2	—	—	—	0.3～1.5	0.05～0.9[k]	—	0.01	—	余量	0.3[c]
复杂黄铜	硅黄铜	T68310	HSi80-3	79.0～81.0	0.6	0.1	—	—	—	—	—	2.5～4.0	—	—	余量	1.5
复杂黄铜	硅黄铜	T68320	HSi75-3	73.0～77.0	0.1	0.1	—	0.1	0.04～0.15	—	0.1	2.7～3.4	0.01	0.2	余量	0.6[c]
复杂黄铜	硅黄铜	C68350	HSi62-0.6	59.0～64.0	0.15	0.09	0.30	—	0.05～0.40	—	0.20	0.3～1.0	—	0.6	余量	2.0
复杂黄铜	硅黄铜	T68360	HSi61-0.6	59.0～63.0	0.15	0.2	—	—	0.03～0.12	—	0.05～1.0[e]	0.4～1.0	0.01	—	余量	0.3
复杂黄铜	铝黄铜	C68700	HAl77-2	76.0～79.0	0.06	0.07	1.8～2.5	As:0.02～0.06	—	—	—	—	—	—	余量	0.6
复杂黄铜	铝黄铜	T68900	HAl67-2.5	66.0～68.0	0.6	0.5	2.0～3.0	—	—	—	—	—	—	—	余量	1.5
复杂黄铜	铝黄铜	T69200	HAl66-6-3-2	64.0～68.0	2.0～4.0	0.5	6.0～7.0	1.5～2.5	—	—	—	—	—	—	余量	1.5
复杂黄铜	铝黄铜	T69210	HAl64-5-4-2	63.0～66.0	1.8～3.0	0.2～1.0	4.0～6.0	3.0～5.0	—	—	—	0.5		0.3	余量	1.3

表 3（续）

分类		代号	牌号	化学成分质量分数/%														
				Cu	Fe[a]	Pb	Al	As	Bi	Mg	Cd	Mn	Ni	Si	Co	Sn	Zn	杂质总和
复杂黄铜	铝黄铜	T69220	HAl61-4-3-1.5	59.0～62.0	0.5～1.3	—	3.5～4.5	—	—	—	—	—	2.5～4.0	0.5～1.5	1.0～2.0	0.2～1.0	余量	1.3
		T69230	HAl61-4-3-1	59.0～62.0	0.3～1.3	—	3.5～4.5	—	—	—	—	—	2.5～4.0	0.5～1.5	0.5～1.0	—	余量	0.7
		T69240	HAl60-1-1	58.0～61.0	0.70～1.50	0.40	0.70～1.50	—	—	—	—	0.1～0.6	—	—	—	—	余量	0.7
		T69250	HAl59-3-2	57.0～60.0	0.50	0.10	2.5～3.5	—	—	—	—	—	2.0～3.0	—	—	—	余量	0.9
	镁黄铜	T69800	HMg60-1	59.0～61.0	0.2	0.1	—	—	0.3～0.8	0.5～2.0	0.01	—	—	—	—	0.3	余量	0.5[c]
	镍黄铜	T69900	HNi65-5	64.0～67.0	0.15	0.03	—	—	—	—	—	—	5.0～6.5	—	—	—	余量	0.3
		T69910	HNi56-3	54.0～58.0	0.15～0.5	0.2	0.3～0.5	—	—	—	—	—	2.0～3.0	—	—	—	余量	0.6

[a] 抗磁用黄铜的铁的质量分数不大于 0.030%。

[b] 特殊用途的 H70、H80 的杂质最大值为：Fe0.07%、Sb0.002%、P0.005%、As0.005%、S0.002%，杂质总和为 0.20%。

[c] 此值为表中所列杂质元素实测值总和。

[d] 此牌号为管材产品时，Sn 含量最小值为 0.9%。

[e] 此值为 Sb+B+Ni+Sn。

[f] 此牌号 P≤0.005%、B≤0.01%、Bi≤0.005%、Sb≤0.005%。

[g] 此值为 Ti+Al。

[h] 此值为 Ni+Co。

[i] 供异型铸造和热锻用的 HMn57-3-1、HMn58-2 的磷的质量分数不大于 0.03%。供特殊使用的 HMn55-3-1 的铝的质量分数不大于 0.1%。

[j] 此值为 Ni+Sn +B 。

[k] 此值为 Ni+Fe+B。

表 4　加工青铜化学成分

分类	代号	牌号	化学成分质量分数/%												
			Cu	Sn	p	Fe	Pb	Al	B	Ti	Mn	Si	Ni	Zn	杂质总和
铜锡、铜锡磷、铜锡铅合金　锡青铜[b]	T50110	QSn0.4	余量	0.15～0.55	0.001	—	—	—	—	—	—	—	O≤ 0.035	—	0.1
	T50120	QSn0.6	余量	0.4～0.8	0.01	0.020	—	—	—	—	—	—	—	—	0.1
	T50130	QSn0.9	余量	0.85～1.05	0.03	0.05	—	—	—	—	—	—	—	—	0.1
	T50300	QSn0.5-0.025	余量	0.25～0.6	0.015～0.035	0.010	—	—	—	—	—	—	—	—	0.1
	T50400	QSn1-0.5-0.5	余量	0.9～1.2	0.09	—	0.01	0.01	S≤0.005	—	0.3～0.6	0.3～0.6	—	—	0.1
	C50500	QSn1.5-0.2	余量	1.0～1.7	0.03～0.35	0.10	0.05	—	—	—	—	—	—	0.30	0.95
	C50700	QSn1.8	余量	1.5～2.0	0.30	0.10	0.05	—	—	—	—	—	—	—	0.95
	T50800	QSn4-3	余量	3.5～4.5	0.03	0.05	0.02	0.002	—	—	—	—	—	2.7～3.3	0.2
	C51000	QSn5-0.2	余量	4.2～5.8	0.03～0.35	0.10	0.05	—	—	—	—	—	—	0.30	0.95
	T 51010	QSn5-0.3	余量	4.5～5.5	0.01～0.40	0.1	0.02	—	—	—	—	—	0.2	0.2	0.75
	C51100	QSn4-0.3	余量	3.5～4.9	0.03～0.35	0.10	0.05	—	—	—	—	—	—	0.30	0.95
	T51500	QSn6-0.05	余量	6.0～7.0	0.05	0.10	—	—	Ag:0.05～0.12	—	—	—	—	0.05	0.2
	T51510	QSn6.5-0.1	余量	6.0～7.0	0.10～0.25	0.05	0.02	0.002	—	—	—	—	—	0.3	0.4
	T51520	QSn6.5-0.4	余量	6.0～7.0	0.26～0.40	0.02	0.02	0.002	—	—	—	—	—	0.3	0.4
	T51530	QSn7-0.2	余量	6.0～8.0	0.10～0.25	0.05	0.02	0.01	—	—	—	—	—	0.3	0.45
	C52100	QSn8-0.3	余量	7.0～9.0	0.03～0.35	0.10	0.05	—	—	—	—	—	—	0.20	0.85
	T52500	QSn15-1-1	余量	12～18	0.5	0.1～1.0	—	—	0.002～1.2	0.002	0.6	—	—	0.5～2.0	1.0[e]
	T53300	QSn4-4-2.5	余量	3.0～5.0	0.03	0.05	1.5～3.5	0.002	—	—	—	—	—	3.0～5.0	0.2
	T53500	QSn4-4-4	余量	3.0～5.0	0.03	0.05	3.5～4.5	0.002						3.0～5.0	0.2

表 4（续）

分类		代号	牌号	化学成分质量分数/%															
				Cu	Al	Fe	Ni	Mn	P	Zn	Sn	Si	Pb	As[a]	Mg	Sb[a]	Bi[a]	S	杂质总和
铜铬、铜锰、铜铝合金	铬青铜	T55600	QCr4.5-2.5-0.6	余量	Cr:3.5～5.5	0.05	0.2～1.0	0.5～2.0	0.005	0.05	—	—	—	Ti:1.5～3.5	—	—	—	—	0.1[e]
	锰青铜	T56100	QMn1.5	余量	0.07	0.1	0.1	1.20～1.80	—	—	0.05	0.1	0.01	Cr≤0.1	—	0.005	0.002	0.01	0.3
		T56200	QMn2	余量	0.07	0.1	—	1.5～2.5	—	—	0.05	0.1	0.01	0.01	—	0.05	0.002	—	0.5
		T56300	QMn5	余量	—	0.35	—	4.5～5.5	0.01	0.4	0.1	0.1	0.03	—	—	0.002	—	—	0.9
	铝青铜	T60700	QAl5	余量	4.0～6.0	0.5	—	0.5	0.01	0.5	0.1	0.1	0.03	—	—	—	—	—	1.6
		C60800	QAl6	余量	5.0～6.5	0.10	—	—	—	—	—	—	0.10	0.02～0.35	—	—	—	—	0.7
		C61000	QAl7	余量	6.0～8.5	0.50	—	—	—	0.20	—	0.10	0.02	—	—	—	—	—	1.3
		T61700	QAl9-2	余量	8.0～10.0	0.5	—	1.5～2.5	0.01	1.0	0.1	0.1	0.03	—	—	—	—	—	1.7
		T61720	QAl9-4	余量	8.0～10.0	2.0～4.0	—	0.5	0.01	1.0	0.1	0.1	0.01	—	—	—	—	—	1.7
		T61740	QAl9-5-1-1	余量	8.0～10.0	0.5～1.5	4.0～6.0	0.5～1.5	0.01	0.3	0.1	0.1	0.01	0.01	—	—	—	—	0.6
		T61760	QAl10-3-1.5[c]	余量	8.5～10.0	2.0～4.0	—	1.0～2.0	0.01	0.5	0.1	0.1	0.03	—	—	—	—	—	0.75
		T61780	QAl10-4-4[d]	余量	9.5～11.0	3.5～5.5	3.5～5.5	0.3	0.01	0.5	0.1	0.1	0.02	—	—	—	—	—	1.0
		T61790	QAl10-4-4-1	余量	8.5～11.0	3.0～5.0	3.0～5.0	0.5～2.0	—	—	—	—	—	—	—	—	—	—	0.8
		T62100	QAl10-5-5	余量	8.0～11.0	4.0～6.0	4.0～6.0	0.5～2.5	—	0.5	0.2	0.25	0.05	—	0.10	—	—	—	1.2
		T62200	QAl11-6-6	余量	10.0～11.5	5.0～6.5	5.0～6.5	0.5	0.1	0.6	0.2	0.2	0.05	—	—	—	—	—	1.5

表 4（续）

分类		代号	牌号	化学成分质量分数/%												
				Cu	Si	Fe	Ni	Zn	Pb	Mn	Sn	p	As[a]	Sb[a]	Al	杂质总和
铜硅合金	硅青铜	C64700	QSi0.6-2	余量	0.40～0.8	0.10	1.6～2.2[f]	0.50	0.09	—	—	—	—	—	—	1.2
		T64720	QSi1-3	余量	0.6～1.1	0.1	2.4～3.4	0.2	0.15	0.1～0.4	0.1	—	—	—	0.02	0.5
		T64730	QSi3-1[b]	余量	2.7～3.5	0.3	0.2	0.5	0.03	1.0～1.5	0.25	—	—	—	—	1.1
		T64740	QSi3.5-3-1.5	余量	3.0～4.0	1.2～1.8	0.2	2.5～3.5	0.03	0.5～0.9	0.25	0.03	0.002	0.002	—	1.1

[a] 砷、锑和铋可不分析，但供方必须保证不大于界限值。
[b] 抗磁用锡青铜铁的质量分数不大于 0.020%，QSi3-1 铁的质量分数不大于 0.030%。
[c] 非耐磨材料用 QAL10-3-1.5，其锌的质量分数可达 1%，但杂质总和应不大于 1.25%。
[d] 经双方协商，焊接或特殊要求的 QAl10-4-4，其锌的质量分数不大于 0.2%。
[e] 此值为表中所列杂质元素实测值总和。
[f] 此值为 Ni+Co。

表 5 加工白铜化学成分

分类		代号	牌号	化学成分质量分数/%													
				Cu	Ni+Co	Al	Fe	Mn	Pb	P	S	C	Mg	Si	Zn	Sn	杂质总和
铜镍合金	普通白铜	T70110	B0.6	余量	0.57~0.63	—	0.005	—	0.005	0.002	0.005	0.002	—	0.002	—	—	0.1
		T70380	B5	余量	4.4~5.0	—	0.20	—	0.01	0.01	0.01	0.03	—	—	—	—	0.5
		T71050	B19[b]	余量	18.0~20.0	—	0.5	0.5	0.005	0.01	0.01	0.05	0.05	0.15	0.3	—	1.8
		C71100	B23	余量	22.0~24.0	—	0.10	0.15	0.05	—	—	—	—	—	0.20	—	1.0
		T71200	B25	余量	24.0~26.0	—	0.5	0.5	0.005	0.01	0.01	0.05	0.05	0.15	0.3	0.03	1.8
		T71400	B30	余量	29.0~33.0	—	0.9	1.2	0.05	0.006	0.01	0.05	—	0.15	—	—	2.3
	铁白铜	C70400	BFe5-1.5-0.5	余量	4.8~6.2	—	1.3~1.7	0.30~0.8	0.05	—	—	—	—	—	1.0	—	1.55
		T70510	BFe7-0.4-0.4	余量	6.0~7.0	—	0.1~0.7	0.1~0.7	0.01	0.01	0.01	0.03	—	0.02	0.05	—	0.7
		T70590	BFe10-1-1	余量	9.0~11.0	—	1.0~1.5	0.5~1.0	0.02	0.006	0.01	0.05	—	0.15	0.3	0.03	0.7
		C70610	BFe10-1.5-1	余量	10.0~11.0	—	1.0~2.0	0.50~1.0	0.01	—	0.05	0.05	—	—	—	—	0.6
		T70620	BFe10-1.6-1	余量	9.0~11.0	—	1.5~1.8	0.5~1.0	0.03	0.02	0.01	0.05	—	—	0.20	—	0.4
		T70900	BFe16-1-1-0.5	余量	15.0~18.0	Ti≤0.03	0.50~1.00	0.2~1.0	0.05		Cr: 0.30~0.70		—	0.03	1.0	—	1.1
		C71500	BFe30-0.7	余量	29.0~33.0	—	0.40~1.0	1.0	0.05	—	—	—	—	—	1.0	—	2.5
		T71510	BFe30-1-1	余量	29.0~32.0	—	0.5~1.0	0.5~1.2	0.02	0.006	0.01	0.05	—	0.15	0.3	0.03	0.7
		T71520	BFe30-2-2	余量	29.0~32.0	—	1.7~2.3	1.5~2.5	0.01	—	0.03	0.06	—	—	—	—	0.6
	锰白铜	T71620	BMn3-12[c]	余量	2.0~3.5	0.2	0.20~0.50	11.5~13.5	0.020	0.005	0.020	0.05	0.03	0.1~0.3	—	—	0.5
		T71660	BMn40-1.5[c]	余量	39.0~41.0	—	0.50	1.0~2.0	0.005	0.005	0.02	0.10	0.05	0.10	—	—	0.9
		T71670	BMn43-0.5[c]	余量	42.0~44.0	—	0.15	0.10~1.0	0.002	0.002	0.01	0.10	0.05	0.10	—	—	0.6
	铝白铜	T72400	BAl6-1.5	余量	5.5~6.5	1.2~1.8	0.50	0.20	0.003	—	—	—	—	—	—	—	1.1
		T72600	BAl13-3	余量	12.0~15.0	2.3~3.0	1.0	0.50	0.003	0.01	—	—	—	—	—	—	1.9

表 5（续）

分类		代号	牌号	化学成分质量分数/%															
				Cu	Ni+Co	Fe	Mn	Pb	Al	Si	P	S	C	Sn	Bi[a]	Ti	Sb[a]	Zn	杂质总和
铜镍锌合金	锌白铜	C73500	BZn18-10	70.5～73.5	16.5～19.5	0.25	0.50	0.09	—	—	—	—	—	—	—	—	—	余量	1.35
		T74600	BZn15-20	62.0～65.0	13.5～16.5	0.5	0.3	0.02	Mg≤ 0.05	0.15	0.005	0.01	0.03	—	0.002	As[a]≤ 0.010	0.002	余量	0.9
		C75200	BZn18-18	63.0～66.5	16.5～19.5	0.25	0.50	0.05	—	—	—	—	—	—	—	—	—	余量	1.3
		T75210	BZn18-17	62.0～66.0	16.5～19.5	0.25	0.50	0.03	—	—	—	—	—	—	—	—	—	余量	0.9
		T76100	BZn9-29	60.0～63.0	7.2～10.4	0.3	0.5	0.03	0.005	0.15	0.005	0.005	0.03	0.08	0.002	0.005	0.002	余量	0.8[d]
		T76200	BZn12-24	63.0～66.0	11.0～13.0	0.3	0.5	0.03	—	—	—	—	—	0.03	—	—	—	余量	0.8[d]
		T76210	BZn12-26	60.0～63.0	10.5～13.0	0.3	0.5	0.03	0.005	0.15	0.005	0.005	0.03	0.08	0.002	0.005	0.002	余量	0.8[d]
		T76220	BZn12-29	57.0～60.0	11.0～13.5	0.3	0.5	0.03	—	—	—	—	—	0.03	—	—	—	余量	0.8[d]
		T76300	BZn18-20	60.0～63.0	16.5～19.5	0.3	0.5	0.03	0.005	0.15	0.005	0.005	0.03	0.08	0.002	0.005	0.002	余量	0.8[d]
		T76400	BZn22-16	60.0～63.0	20.5～23.5	0.3	0.5	0.03	0.005	0.15	0.005	0.005	0.03	0.08	0.002	0.005	0.002	余量	0.8[d]
		T76500	BZn25-18	56.0～59.0	23.5～26.5	0.3	0.5	0.03	0.005	0.15	0.005	0.005	0.03	0.08	0.002	0.005	0.002	余量	0.8[d]
		C77000	BZn18-26	53.5～56.5	16.5～19.5	0.25	0.50	0.05	—	—	—	—	—	—	—	—	—	余量	0.8
		T77500	BZn40-20	38.0～42.0	38.0～41.5	0.3	0.5	0.03	0.005	0.15	0.005	0.005	0.10	0.08	0.002	0.005	0.002	余量	0.8[d]
		T78300	BZn15-21-1.8	60.0～63.0	14.0～16.0	0.3	0.5	1.5～2.0	—	0.15	—	—	—	—	—	—	—	余量	0.9

表 5（续）

分类		代号	牌号	化学成分质量分数/%															
				Cu	Ni+Co	Fe	Mn	Pb	Al	Si	P	S	C	Sn	Bi[a]	Ti	Sb[a]	Zn	杂质总和
铜镍锌合金	锌白铜	T79500	BZn15-24-1.5	58.0～60.0	12.5～15.5	0.25	0.05～0.5	1.4～1.7	—	—	0.02	0.005	—	—	—	—	—	余量	0.75
		C79800	BZn10-41-2	45.5～48.5	9.0～11.0	0.25	1.5～2.5	1.5～2.5	—	—	—	—	—	—	—	—	—	余量	0.75
		C79860	BZn12-37-1.5	42.3～43.7	11.8～12.7	0.20	5.6～6.4	1.3～1.8	—	0.06	0.005	—	—	0.10	—	—	—	余量	0.56

[a] 铋、锑和砷可不分析，但供方必须保证不大于界限值。

[b] 特殊用途的 B19 白铜带，可供应硅的质量分数不大于 0.05%的材料。

[c] 为保证电气性能，对 BMn3-12 合金、作热电偶用的 BMn40-1.5 和 BMn43-0.5 合金，其规定有最大值和最小值的成分，允许略微超出表中的规定。

[d] 此值为表中所列杂质元素实测值总和。

附 录 A
（资料性附录）
等同采用美国标准的牌号

国标数字代号	本标准牌号	国标数字代号	本标准牌号
C10100	TU00	C27000	H65
C10200	TU3	C31400	HPb89-2
C10500	TUAg0.03	C33000	HPb66-0.5
C12000	TP1	C35300	HPb62-2
C12200	TP2	C36000	HPb62-3
C14500	TTe0.5	C37100	HPb61-1
C14510	TTe0.5-0.02	C37700	HPb60-2
C14700	TS0.4	C44300	HSn72-1
C15000	TZr0.15	C49260	HBi60-1.0-0.05
C16200	TCd1	C49350	HBi62-1
C17300	TBe1.9-0.4	C50500	QSn1.5-0.2
C17500	TBe0.6-2.5	C50700	QSn1.8
C17510	TBe0.4-1.8	C51000	QSn5-0.2
C18000	TNi2.4-0.6-0.5	C51100	QSn4-0.3
C18135	TCr0.3-0.3	C52100	QSn8-0.3
C18150	TCr1-0.15	C60800	QAl6
C18200	TCr1	C61000	QAl7
C18661	TMg0.4	C64700	QSi0.6-2
C18700	TPb1	C 68350	HSi62-0.6
C19200	TFe1.0	C68700	HAl77-2
C19210	TFe0.1	C70400	BFe5-1.5-0.5
C19400	TFe2.5	C70610	BFe10-1.5-1
C19910	TTi3.0-0.2	C71100	B23
C21000	H95	C71500	BFe30-0.7
C22000	H90	C73500	BZn18-10
C23000	H85	C75200	BZn18-18
C24000	H80	C77000	BZn18-26
C26130	HAs70-0.05	C79800	BZn10-41-2
C26800	H66	C79860	BZn12-37-1.5

ICS 77.150.10
H 61

中华人民共和国国家标准

GB 5237.6—2012
代替 GB 5237.6—2004

铝合金建筑型材 第6部分：隔热型材

Wrought aluminium alloy extruded profiles for architecture—Part 6: Thermal barrier profiles

2012-05-11 发布　　　　2013-04-01 实施

中华人民共和国国家质量监督检验检疫总局
中国国家标准化管理委员会　发布

前　言

本部分的第 4.5.1.2、第 4.5.2.2 是强制性的，其余条款是推荐性的。

GB 5237《铝合金建筑型材》分为六个部分：

——第 1 部分：基材；

——第 2 部分：阳极氧化型材；

——第 3 部分：电泳涂漆型材；

——第 4 部分：粉末喷涂型材；

——第 5 部分：氟碳漆喷涂型材；

——第 6 部分：隔热型材。

本部分为 GB 5237 的第 6 部分。

本部分按照 GB/T 1.1—2009 给出的规则起草。

本部分代替 GB 5237.6—2004《铝合金建筑型材　第 6 部分：隔热型材》。

本部分与 GB 5237.6—2004 相比，主要技术差异如下：

——试验方法采用 GB/T 28289《铝合金隔热型材复合性能试验方法》；

——高温持久荷载横向拉伸试验后“隔热材料变形量平均值”检测，修改为“隔热型材变形量平均值”检测；

——取消了原浇注式产品 30 次的热循环规定；

——修改了产品复合性能试验的取样方法(见表 3)；

——增加了隔热型材生产和使用方面的提示性说明(见第 9 章)；

——修改了隔热材料的要求(见附录 A)；

——修改了隔热型材性能推断要求(见附录 B)；

——修改了隔热型材槽口设计内容(见附录 C)。

本部分使用重新起草法分别参考 EN 14024:2004(E)《隔热金属型材性能要求和测试试验》、AAMA TIRA8-08《建筑铝合金隔热型材结构性能》编制了穿条型材、浇注型材的有关内容。本部分与 EN 14024:2004(E)、AAMA TIRA8-08 的一致性程度为非等效。

本部分由全国有色金属标准化技术委员会(SAC/TC 243)归口。

本部分负责起草单位：福建省南平铝业有限公司、广东坚美铝型材厂有限公司、中国有色金属工业标准计量质量研究所、国家有色金属质检中心、广东兴发铝业有限公司、福建省闽发铝业股份有限公司。

本部分参加起草单位：广东凤铝铝业有限公司、广州有色金属研究院、泰诺风保泰(苏州)隔热材料有限公司、亚松聚氨酯(上海)有限公司。

本部分主要起草人：何则济、葛立新、林洁、卢继延、何耀祖、吴锡坤、陈敏、刘志铭、詹浩、黄日勇、赵观新、冯东升。

本部分所代替标准的历次版本发布情况为：

——GB 5237.6—2004。

铝合金建筑型材
第6部分:隔热型材

1 范围

GB 5237的本部分规定了隔热铝合金建筑型材的要求、试验方法、检验规则、标志、包装、运输、贮存、质量证明书以及订货单(或合同)内容。

本部分适用于穿条式隔热铝合金建筑型材(以下简称穿条型材)或浇注式隔热铝合金建筑型材(以下简称浇注型材)。

其他行业用的隔热铝合金型材可参照使用本部分。

2 规范性引用文件

下列文件对于本文件的应用是必不可少的。凡是注日期的引用文件,仅注日期的版本适用于本文件。凡是不注日期的引用文件,其最新版本(包括所有的修改单)适用于本文件。

GB/T 3199 铝及铝合金加工产品包装、标志、运输、贮存

GB 5237.1 铝合金建筑型材 第1部分 基材

GB 5237.2 铝合金建筑型材 第2部分 阳极氧化型材

GB 5237.3 铝合金建筑型材 第3部分 电泳涂漆型材

GB 5237.4 铝合金建筑型材 第4部分 粉末喷涂型材

GB 5237.5 铝合金建筑型材 第5部分 氟碳漆喷涂型材

GB/T 6682 分析实验室用水规格和试验方法

GB/T 23615.1 铝合金建筑型材用辅助材料 第1部分:聚酰胺隔热条

GB/T 23615.2—2012 铝合金建筑型材用辅助材料 第2部分:聚氨酯隔热胶材料

GB/T 28289 铝合金隔热型材复合性能试验方法

YS/T 436 铝合金建筑型材图样图册

YS/T 437 铝型材截面几何参数算法及计算机程序要求

3 术语和定义

下列术语和定义适用于本文件。

3.1

隔热材料 thermal barrier

用于连接铝合金型材的低热导率的非金属材料。

3.2

穿条式 insertion methodology

通过开齿、穿条、滚压工序,将条形隔热材料穿入铝合金型材穿条槽口内,并使之被铝合金型材牢固咬合的复合方式。

3.3

浇注式　poured and debridged methodology

把液态隔热材料注入铝合金型材浇注槽内并固化，切除铝合金型材浇注槽内的临时连接桥使之断开金属连接，通过隔热材料将铝合金型材断开的两部分结合在一起的复合方式。

3.4

隔热型材　thermal barrier profiles

以隔热材料连接铝合金型材而制成的具有隔热功能的复合型材。

3.5

特征值　characteristic values

服从对数正态分布，按95%的保证概率、75%置信度确定并计算的性能值。

4　要求

4.1　产品分类

4.1.1　牌号、状态和规格

铝合金型材的牌号、供应状态和规格应符合GB 5237.1的规定。

4.1.2　类别

产品按复合方式分为穿条式[见图1a)]、浇注式[见图1b)]两类。

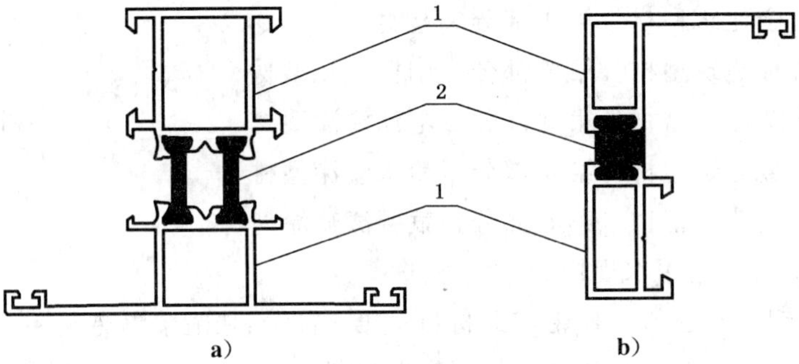

说明：
1——铝合金型材；
2——隔热材料。

图1

4.1.3　截面图样

产品横截面图样应符合YS/T 436的规定，或由供需双方另行商定。

4.1.4　标记

产品标记按产品名称、本部分标准代号、顺序号、隔热型材截面代号、隔热材料代号、铝合金型材的牌号和状态及表面处理方式(用与该表面处理方式相对应的GB 5237.2～5237.5分部分的顺序号表示)、隔热材料高度、产品定尺长度的顺序表示。示例如下：

示例1：

用6063合金制造的、供应状态为T5、表面分别采用电泳涂漆处理和粉末喷涂处理的两根铝合金型材与聚酰胺隔热条PA66GF25(高度14.8 mm)复合制成的穿条型材(截面代号561001、定尺长度6 000 mm)，标记为：

穿条型材 GB 5237.6-561001PA66GF25-6063T5/34-14.8×6 000

示例 2：

用 6063 合金制造的、供应状态为 T5、表面经阳极氧化处理的铝合金型材与聚氨酯隔热胶 PU(由 I 级原胶制成、高度为 9.53 mm)复合制成的浇注型材(截面代号 561001、定尺长度 6 000 mm)，标记为：

浇注型材 GB 5237.6-561001PUI-6063T5/2-9.53×6 000

4.2 铝合金型材

隔热型材用的铝合金型材应符合 GB 5237.1～5237.5 的相应规定。

4.3 隔热材料

穿条型材用的隔热条、浇注型材用的原胶应符合附录 A 的规定。

4.4 产品尺寸偏差

产品尺寸偏差应符合 GB 5237.1 中相应规定，隔热材料按金属实体对待。

4.5 产品复合性能

4.5.1 穿条式产品复合性能

4.5.1.1 产品纵向剪切试验、横向拉伸试验结果应符合表 1 的规定。

4.5.1.2 产品高温持久荷载横向拉伸试验结果应符合表 1 的规定。

4.5.1.3 需方对产品抗扭性能、产品室温、低温、高温弹性系数特性值(C_{1cR}、C_{1cL}、C_{1cH})以及产品的蠕变系数(A_2)有要求时，可供需双方商定，并在订货单(或合同)中注明。

表 1

试验项目	试验结果[a]						
	纵向抗剪特征值/(N/mm)			横向抗拉特征值/(N/mm)			隔热型材变形量平均值/mm
	室温 (23±2)℃	低温 (−20±2)℃	高温 (80±2)℃	室温 (23±2)℃	低温 (−20±2)℃	高温 (80±2)℃	
纵向剪切试验	≥24			—	—	—	—
横向拉伸试验	—			≥24	—	—	—
高温持久荷载横向拉伸试验	—	—	—	—	≥24		≤0.6

[a] 经供需双方商定，可不进行除室温纵向抗剪特征值以外的其他性能试验。对于这些不进行试验的性能，允许根据相似产品进行推断(参见附录 B)，而相似产品的性能试验结果应符合表中规定。

4.5.2 浇注式产品复合性能

4.5.2.1 产品纵向剪切试验、横向拉伸试验结果应符合表 2 的规定。需方对抗扭性能有要求时，可供需双方商定，并在订货单(或合同)中注明。

4.5.2.2 产品热循环试验结果应符合表 2 的规定。

表 2

<table>
<tr><th colspan="2" rowspan="3">试验项目</th><th colspan="7">试验结果[a]</th></tr>
<tr><th colspan="3">纵向抗剪特征值/(N/mm)</th><th colspan="3">横向抗拉特征值/(N/mm)</th><th rowspan="2">隔热材料变形量平均值/mm</th></tr>
<tr><th>室温
(23±2)℃</th><th>低温
(−30±2)℃</th><th>高温
(70±2)℃</th><th>室温
(23±2)℃</th><th>低温
(−30±2)℃</th><th>高温
(70±2)℃</th></tr>
<tr><td colspan="2">纵向剪切试验</td><td colspan="3">≥24</td><td>—</td><td>—</td><td>—</td><td>—</td></tr>
<tr><td colspan="2">横向拉伸试验</td><td colspan="3">—</td><td colspan="2">≥24</td><td>≥12</td><td>—</td></tr>
<tr><td rowspan="2">热循环试验</td><td>60 次热循环[b]</td><td rowspan="2">≥24</td><td rowspan="2">—</td><td rowspan="2">—</td><td rowspan="2">—</td><td rowspan="2">—</td><td rowspan="2">—</td><td rowspan="2">≤0.6</td></tr>
<tr><td>90 次热循环[c]</td></tr>
<tr><td colspan="9">[a] 经供需双方商定,可不进行除室温纵向抗剪特征值以外的其他性能试验。对于这些不进行试验的性能,允许根据相似产品进行推断(参见附录 B),而相似产品的性能试验结果应符合表中规定。
[b] Ⅰ级原胶浇注的隔热型材进行 60 次热循环。
[c] Ⅱ级原胶浇注的隔热型材进行 90 次热循环。</td></tr>
</table>

4.6 产品外观质量

4.6.1 穿条型材复合部位允许涂层有轻微裂纹,但不允许铝基材有裂纹。

4.6.2 浇注型材的隔热材料表面应光滑、色泽均匀,去除金属临时连接桥时,切口应规则、平整。

5 试验方法

5.1 铝合金型材

铝合金型材按 GB 5237.1～5237.5 的相应规定进行检测。

5.2 隔热材料

隔热材料按附录 A 的规定进行检测。

5.3 产品尺寸偏差

产品尺寸偏差按 GB 5237.1～5237.5 规定的方法进行检测。

5.4 产品复合性能

产品复合性能按 GB/T 28289 的规定进行试验。

5.5 产品外观质量

外观质量以目视检查,应用正常视力,在自然散射光条件下检查。

6 检验规则

6.1 检查和验收

6.1.1 隔热型材应由供方进行检验，保证产品质量符合本部分及订货单（或合同）的规定，并填写质量证明书。

6.1.2 需方可对收到的产品按本部分的规定进行检验。检验结果与本部分或订货单（或合同）的规定不符时，可以书面形式向供方提出，由供需双方协商解决。属于外观质量及尺寸偏差的异议，可在收到产品之日起一个月内提出；属于其他性能的异议，可在收到产品之日起三个月内提出。如需仲裁，仲裁取样应在需方，由供需双方共同进行。

6.2 组批

隔热型材应成批提交验收，每批应由同一牌号和状态的铝合金型材与同一种隔热材料通过同一种复合工艺制作成的同一类别、规格和表面处理方式（允许隔热型材中的两部分铝合金型材为不同的表面处理）的隔热型材组成。

6.3 检验项目

每批产品出厂前均应进行铝合金型材（按 GB 5237.1～5237.5 相应检验项目）、产品尺寸偏差、产品室温纵向抗剪特征值以及产品外观质量的检验。供方对产品高温纵向抗剪特征值每年至少检验一次。其他性能一般不检验（但供方每三年至少检验一次），但供方必须保证产品符合本部分的要求。需方要求对这些性能进行检验时，须在订货单（或合同）中注明。

6.4 取样

取样应符合表 3 的规定。

6.5 检验结果的判定

检验结果的判定应符合表 4 的规定。

7 标志、包装、运输、贮存及质量证明书

7.1 标志

在检验合格的产品上，应附有如下内容的标签（或合格证）：

a） 供方名称、商标、地址；

b） 供方检验部门的检印；

c） 型材合金牌号和状态；

d） 隔热材料代号、原胶级别；

e） 产品名称、类别、截面代号和表面处理方式；

f） 生产日期或批号；

g） 本部分编号；

h） 生产许可证编号。

表 3

试验项目		取样规定	要求的章条号	试验方法的章条号
铝合金型材的检测		生产厂在复合前取样，需方可在隔热型材产品上直接取样，取样应符合 GB 5237.1～5237.5 相应规定	4.2	5.1
隔热材料的检测		水中浸泡试验、湿热试验取样，应在穿条型材或浇注型材上切取，可在供方制样，也可在需方取样。试样长 100 mm±2 mm，试样最短允许缩至 18 mm(仲裁时，试样长为 100 mm±2 mm)。其他性能取样方法应符合 GB/T 23615.1 或 GB/T 23615.2—2012 的规定	4.3	5.2
产品尺寸偏差检测		符合 GB 5237.1 中的相应规定	4.4	5.3
产品纵向剪切试验		在每批产品中取 2 根，每根于中部和两端各切取 5 个试样，并做标识(共 30 个)。将试样均分 3 份(每份至少包括 3 个中部试样)，分别用于低温、室温、高温试验。试样长 100 mm±2 mm		
产品横向拉伸试验[a]	穿条型材	在每批产品中取 2 根，每根于中部切取 1 个试样，于两端分别切取 2 个试样(共 10 个)，用于室温试验。试样长 100 mm±2 mm，试样最短允许缩至 18 mm(仲裁时，试样长为 100 mm±2 mm)		
	浇注型材	在每批产品中取 2 根，每根于中部和两端各切取 5 个试样，并做标识(共 30 个)。将试样均分 3 份(每份至少包括 3 个中部试样)，分别用于低温、室温、高温试验。试样长 100 mm±2 mm，试样最短允许缩至 18 mm(仲裁时，试样长为 100 mm±2 mm)		
产品高温持久荷载横向拉伸试验[a]		在每批产品中取 2 根，每根于中部切取 2 个试样，于两端分别切取 4 个试样(共 20 个)，将试样均分 2 份(每份至少包括2 个中部试样)，分别用于低温、高温试验。试样长 100 mm±2 mm，试样最短允许缩至 18 mm(仲裁时，试样长为 100 mm±2 mm)	4.5	5.4
产品抗扭性能检测		在每批产品中取 2 根，每根于中部和两端各切取 5 个试样，并做标识(共 30 个)。将试样均分 3 份(每份至少包括 3 个中部试样)，分别用于低温、室温、高温试验。试样长 100 mm±2 mm		
产品弹性系数特性值(C_{1cR}、C_{1cL}、C_{1cH})的测定		在每批产品中取 2 根，每根于中部和两端各切取 5 个试样，并做标识(共 30 个)。将试样均分 3 份(每份至少包括 3 个中部试样)，分别用于低温、室温、高温试验。试样长 100 mm±2 mm		
产品蠕变系数(A_2)的测定		在每批产品中取 2 根，每根于中部和两端各切取 5 个试样，并做标识(共 30 个)。将试样均分 3 份(每份至少包括 3 个中部试样)，分别用于试验前的室温、高温横向拉伸试验以及高温持久荷载纵向剪切试验后的室温试验，试样长 100 mm±2 mm		
产品热循环试验		在每批产品中取 2 根，每根于中部切取 1 个试样，于两端分别切取 2 个试样，对试样进行标识(共 10 个)，试样长 305 mm±2 mm		
产品外观质量		逐根检查	4.6	5.5

[a] 穿条型材可采用室温纵向剪切试验失效的试样。

表 4

出现不合格的试验项目	检验结果的判定
铝合金型材的检测	按 GB/T 5237.2～5237.5 相应产品的检验结果的判定规定
隔热材料的检测	水中浸泡试验、湿热试验结果有任何一项不合格，判该批隔热材料不合格。 其他隔热材料性能按 GB/T 23615.1 或 GB/T 23615.2—2012 的规定进行判定
产品尺寸偏差检测	尺寸偏差不合格时，判该批不合格，但允许逐根检验，合格者交货
产品纵向剪切试验	特征值不合格时，判该批不合格。但允许从该批产品中另取 4 根型材，每两根型材为一组，每组按表 3 取样进行重复试验。重复试验结果全部合格，则判该批产品合格；若重复试验结果仍有试样不合格时，判该批产品不合格
产品横向拉伸试验	
产品抗扭性能检测	
产品高温持久荷载横向拉伸试验	变形量不合格时，判该批产品不合格； 特征值不合格时，从该批产品中另取双倍数量的型材，均分作两组，每组按表 3 取样进行重复试验。如仍有特征值不合格，判该批产品不合格
产品热循环试验	
产品弹性系数特性值（C_{1cR}、C_{1cL}、C_{1cH}）的测定	供需双方商定
产品蠕变系数（A_2）的测定	
产品外观质量的检测	外观质量不合格时，判该根不合格

7.2 包装、运输、贮存

产品的包装、运输和贮存符合 GB/T 3199 的规定。

7.3 质量证明书

每批产品应附有产品质量证明书，其上注明：

a) 供方名称、地址、电话、传真；

b) 型材牌号和状态；

c) 隔热材料代号、原胶级别；

d) 产品名称、类别、规格和表面处理方式；

e) 生产日期或批号；

f) 重量或产品根数；

g) 各项分析检验结果和供方质检部门的印章；

h) 本部分编号。

8 订货单（或合同）内容

订购本部分所列材料的订货单（或合同）内宜包括下列内容：

a) 产品名称、复合方式、类别、规格和表面处理方式；

b) 牌号和状态；

c) 隔热材料名称或代号、原胶级别；

d) 产品表面涂层种类、等级、光泽、颜色等有关要求；

e) 产品尺寸偏差精度等级；

f) 重量或件数；

g) 对弹性系数特性值、蠕变系数等产品复合性能的要求；

h) 本部分编号；

i) 其他特殊要求。

9 其他

9.1 隔热型材槽口设计参见附录C。浇注型材的浇注槽内宜进行有效打齿。

9.2 穿条和浇注型材的等效惯性矩参照YS/T 437计算。

9.3 隔热型材用于某些结构件时，可能承受重力荷载、风荷载、地震作用、温度作用等各种荷载和作用产生的效应，需方宜根据隔热型材使用环境和设计要求，以最不利的效应组合作为荷载组合，对该荷载组合下的隔热型材，可能承受的弯曲变形量、抗弯强度、纵向抗剪强度、横向抗拉强度等受力指标进行计算或分析，从而选择适宜的隔热型材。

9.4 异型隔热条使用前应根据所受荷载进行可靠性校核。

附　录　A
（规范性附录）
隔热材料

A.1　范围

本附录规定了隔热铝合金建筑型材用隔热材料的要求和试验方法。

本附录适用于隔热铝合金建筑型材用的聚酰胺隔热条或聚氨酯隔热胶材料(简称原胶)。

其他用于制作隔热型材的隔热材料可参照执行本附录。

A.2　要求

A.2.1　水中浸泡试验、湿热试验的结果

隔热条或隔热胶的水中浸泡试验、湿热试验的结果均应符合表 A.1 的规定。

表 A.1

试验项目	复合方式	试验结果
水中浸泡试验	穿条式	低温(−20±2)℃横向抗拉特征值≥24 N/mm、高温(80±2)℃横向抗拉特征值≥24 N/mm,分别与此前相应温度的横向拉伸试验结果相比,横向抗拉特征值降低量不超过30%
	浇注式	低温(−30±2)℃横向抗拉特征值≥24 N/mm、高温(70±2)℃横向抗拉特征值≥12 N/mm,分别与此前相应温度横向拉伸试验结果相比,横向抗拉特征值降低量不超过30%
湿热试验	穿条式 浇注式	室温(23±2)℃横向抗拉特征值≥24 N/mm,与此前的室温横向拉伸试验结果相比,横向抗拉特征值降低量不超过30%

A.2.2　其他

A.2.2.1　穿条型材用的隔热条应符合 GB/T 23615.1 的规定,浇注型材用的原胶应符合 GB/T 23615.2—2012 的规定。

A.2.2.2　为保证浇注型材的高温性能和方便浇注型材受力指标的计算或分析,浇注型材生产厂应要求原胶供应商提供隔热胶样板高温抗拉强度和线膨胀系数的测试报告。

A.2.2.3　浇注型材生产厂选择原胶时,应注意考查原胶是否适用其被浇注的铝合金型材的表面处理方式,未知是否适用时,应按 GB/T 23615.2—2012 第 5.7 条规定的方法进行铝合金型材表面处理的适用性检验,应确保检验中得到的室温纵向抗剪特征值符合表 2 规定。

A.2.2.4　穿条型材预期在低于−20 ℃环境下使用时,应注意考查隔热条的低温性能,低温性能试验结果应符合表 1 中低温(−20 ℃±2 ℃)性能规定。

A.3 试验方法

A.3.1 水中浸泡、湿热试验

A.3.1.1 试样状态调节

下列各项性能试验前，试样需在室温 23 ℃±2 ℃、湿度 50%±10%的试验室内存放 24 h。

A.3.1.2 水中浸泡试验方法

A.3.1.2.1 各取 10 个试样分别在设定的低温、高温(见表 A.1)下稳定后，按 GB/T 28289 的规定进行横向拉伸试验[1)]，分别计算低温、高温横向抗拉特征值。

A.3.1.2.2 取 20 个试样放入 GB/T 6682 规定的三级水(温度为 23 ℃±2 ℃)中浸泡 1 000 h 后取出，进行试样状态调节(A.3.1.1)，从中分取低温、高温横向拉伸试验用试样各 10 个。

A.3.1.2.3 试样在设定的低温、高温(见表 A.1)下稳定后，按 GB/T 28289 的规定进行横向拉伸试验[1)]。分别计算低温、高温横向抗拉特征值，并分别与 A.3.1.3.1 测得相应温度的横向抗拉特征值进行比较。

A.3.1.3 湿热试验方法

A.3.1.3.1 取 10 个试样按 GB/T 28289 的规定进行室温(23 ℃±2 ℃)横向拉伸试验[1)]，计算出室温横向抗拉特征值。

A.3.1.3.2 取 10 个试样，在湿度大于 90%的高温(穿条式产品的隔热材料温度为 85 ℃±2 ℃；浇注式产品的隔热材料温度为 70 ℃±2 ℃)环境中放置 96 h 后取出，按 A.3.1.1 进行试样状态调节。

A.3.1.3.3 按 GB/T 28289 的规定进行横向拉伸试验[1)]。计算室温横向抗拉强度特征值，并与 A.3.1.3.1 测得的室温横向抗拉特征值进行比较。

A.3.2 其他

考查隔热条的低温性能时，应在穿条型材上切取试样，按 GB/T 28289 规定的方法进行低温(预期使用温度)纵向剪切试验和低温(预期使用温度)横向拉伸试验。其他性能按 GB/T 23615.1 或 GB/T 23615.2—2012 进行检测。

---

1) 试样可不通过室温纵向剪切失效，直接做横向拉伸试验。

附 录 B
（资料性附录）
隔热型材性能的推断

隔热型材性能（抗剪特征值、抗拉特征值、弹性系数特性值以及蠕变系数），允许用满足下列要求的相似产品的性能进行推断：

——隔热材料的材质相同、性能相似；

——铝合金型材的牌号、状态、力学性能符合 GB 5237.1 规定，并且表面处理方式相同；

——复合工艺相同；

——产品连接界面处的几何特征相同；

——连接处铝合金型材的壁厚 t_m 及隔热材料厚度 t_b（如图 B.1 所示）相同；

——隔热材料的有效高度（如图 B.1 中的 h、A）应相同。

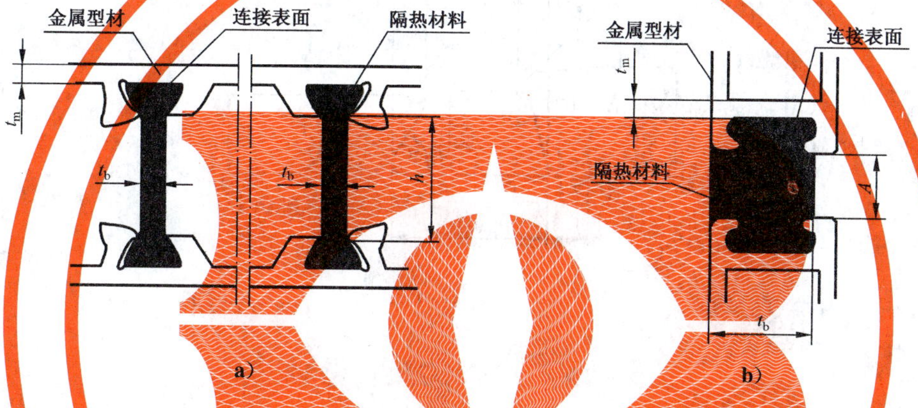

图 B.1

附 录 C
（资料性附录）
隔热型材槽口设计

C.1 穿条型材

穿条型材槽口设计参见图 C.1。

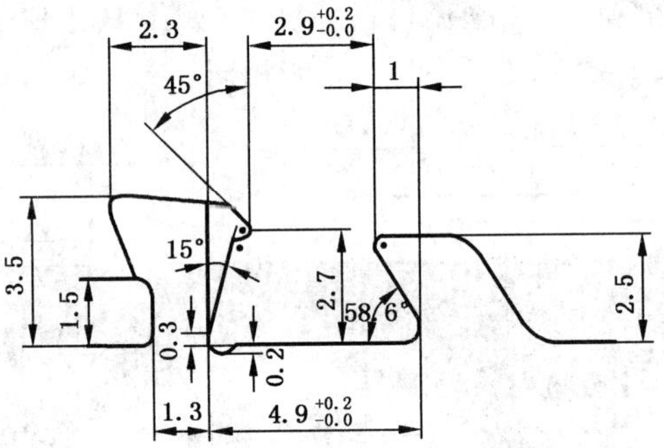

图 C.1

C.2 浇注型材

聚氨酯隔热型材浇注槽口示意图见图 C.2，典型尺寸见表 C.1。

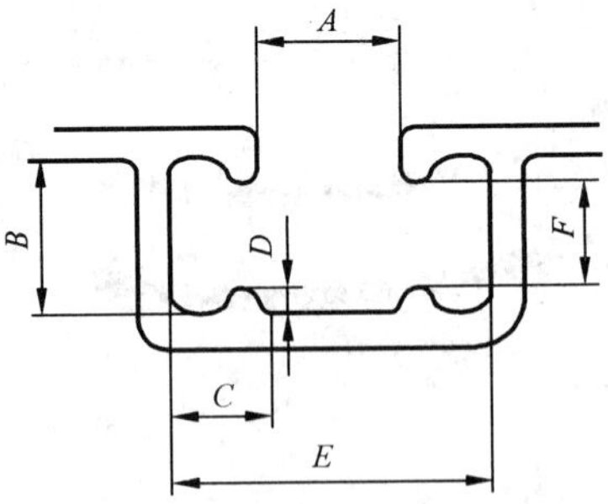

图 C.2

表 C.1

型号	A/mm	B/mm	C/mm	D/mm	E/mm	F/mm	面积/mm^2	体积/mm^3
AA	5.18	6.86	2.79	1.02	10.77	4.83	71.0	71 000.0
BB	6.35	7.14	4.06	1.14	14.48	4.85	100.7	100 700.0
CC	6.35	7.92	4.78	1.27	15.90	5.38	123.3	123 300.0
DD	7.92	8.89	5.49	1.57	18.90	5.74	165.9	165 900.0
EE	9.53	9.53	5.74	1.57	21.01	6.38	199.4	199 400.0

ICS 77.150.40
H 62

中华人民共和国国家标准

GB/T 5247—2012
代替 GB/T 5247—1985

电解镍粉

Electrolytic nickel powder

2012-12-31 发布 2013-10-01 实施

中华人民共和国国家质量监督检验检疫总局
中国国家标准化管理委员会 发布

前　言

本标准按照 GB/T 1.1—2009 给出的规则起草。

本标准代替 GB/T 5247—1985《电解镍粉》。本标准与 GB/T 5247—1985 相比，主要变化如下：

——氢损含量：原标准中 FND-2、FND-3 的氢损由 0.3%、0.35%修订为 0.15%、0.25%；

——松装密度：将电解镍粉 FND-1、FND-2 松装密度分别由 0.85 g/cm^3～1.05 g/cm^3、1.20 g/cm^3～1.40 g/cm^3 降到 0.70 g/cm^3～1.00 g/cm^3、1.00 g/cm^3～1.40 g/cm^3；

——其他杂质含量：原标准 FND-2 中镍钴含量不小于 99.5%，修改为不小于 99.7%，原标准 FND-2 中的钴、镁、锰由 0.1%、0.015%、0.03%修改为 0.05%、0.005%、0.01%，增添了铝、磷的含量分别不大于 0.005%、0.001%，原标准 FND-3 中的镁、锰由 0.015%、0.03%修改为 0.005%、0.01%，增添了铝、磷的含量分别不大于 0.005%、0.001%。

本标准由全国有色金属标准化技术委员会(SAC/TC 243)归口。

本标准负责起草单位：金川集团有限公司、深圳市格林美高新技术股份有限公司。

本标准主要起草人：汪锦瑞、宋谋通、李娟、闫梨、吴亚辉、吕庆成。

电解镍粉

1 范围

本标准规定了电解镍粉(以下简称镍粉)的要求、试验方法、检验规则、包装、标志、运输、贮存、质量证明书和合同(或订货单)内容。

本标准适用于电解法制得的镍粉,或通氢还原退火处理得到的电解-还原镍粉。主要用于粉末冶金机械零件、金刚石工具、硬质合金、磁性材料、电触头和催化剂等行业。

2 规范性引用文件

下列文件对于本文件的应用是必不可少的。凡是注日期的引用文件,仅注日期的版本适用于本文件。凡是不注日期的引用文件,其最新版本(包括所有的修改单)适用于本文件。

GB/T 1479.1 金属粉末 松装密度的测定 第1部分:漏斗法

GB/T 1480 金属粉末 干筛分法测定粒度

GB/T 5158(所有部分) 金属粉末 还原法测定氧含量

GB/T 5314 粉末冶金用粉末 取样方法

GB/T 8647(所有部分) 镍化学分析方法

3 要求

3.1 产品分类

镍粉按照化学成分和物理性能分为FND-1、FND-2和FND-3三个牌号。其中FND-1为电解镍粉,FND-2和FND-3为电解-还原镍粉。

3.2 化学成分

镍粉的化学成分应符合表1的规定。

表1 化学成分

产品牌号			FND-1	FND-2	FND-3
化学成分 质量分数/%	Ni+Co不小于		99.8	99.7	99.5
	其中:Co不大于		0.005	0.05	0.1
	杂质含量不大于	Zn	0.002	0.002	0.002
		Mg	0.002	0.005	0.005
		Pb	0.002	0.002	0.002
		Mn	0.002	0.01	0.01
		Si	0.005	0.01	0.01
		Al	0.003	0.005	0.005
		Bi	0.001	—	—

表 1 （续）

产品牌号			FND-1	FND-2	FND-3
化学成分 质量分数/%	杂质含量不大于	As	0.001	0.001	0.001
		Cd	0.001	0.001	0.001
		Sn	0.001	—	—
		Sb	0.001	—	—
		Ca	0.015	0.03	0.03
		Fe	0.006	0.03	0.03
		S	0.003	0.003	0.003
		C	0.08	0.05	0.05
		Cu	0.05	0.03	0.03
		P	0.001	0.001	0.001
		氢损	—	0.15	0.25
注：镍粉主品位应为100%与表1所列各种杂质实测含量总和之差。					

3.3 物理性能

镍粉的物理性能应符合表2和表3的规定。

表 2 粒度组成

牌号	粒度组成	备注
FND-1	<0.005 mm，≤30%， 0.005 mm～0.015 mm，≥35% >0.015 mm～0.025 mm，不限， >0.025 mm，≤3%	颗粒百分数
FND-2	+0.047 mm(+300 目)，≤3%	质量百分数
FND-3	+0.061 mm(+250 目)，≤3% 其中+0.047 mm(+300 目)，≥85%	

表 3 松装密度

牌号	松装密度/(g/cm^3)
FND-1	0.70～1.00
FND-2	1.00～1.40
FND-3	1.40～1.70

3.4 外观质量

3.4.1 镍粉产品应纯净，不得有粉块及肉眼可见的夹杂物。

3.4.2 镍粉产品为灰黑色粉末状；用金相显微镜放大100倍观察时，应为不规则树枝状。

3.5 其他

如需方对产品有其他特殊要求，由供需双方协商确定并在合同中注明。

4 试验方法

4.1 镍粉中的砷、镉、铅、锌、锑、铋、锡、钴、铜、锰、镁、硅、铝、铁、磷、硫、碳量的测定按GB/T 8647的规定进行。

4.2 镍粉中钙的测定采用原子吸收分光光度法(见附录A)。

4.3 镍粉中氢损的测定按GB/T 5158的规定进行。

4.4 镍粉中粒度组成的测定按GB/T 1480的规定进行。

4.5 镍粉中松装密度的测定按GB/T 1479的规定进行。

4.6 镍粉的外观质量由目视和相应精度的金相显微镜检测。

5 检验规则

5.1 检查与验收

5.1.1 供方质量检测部门负责对产品进行检验，保证产品符合本标准或合同(或订货单)之规定，并填写质量证明书。

5.1.2 需方应对收到的产品进行检验，如检验结果与本标准或合同(或订货单)所载不符，可在收到产品之日起15 d内向供方提出，由供需双方协商解决；如需仲裁，仲裁取样在需方，由供需双方共同进行。

5.2 组批

每批产品应由在同一技术条件下所生产的同一牌号的镍粉经混匀组成，批重不限。

5.3 取样与制样

抽检试样应用内径为ϕ15 mm±2 mm的不锈钢或钛质探针在包装容器内插取5点，按梅花形布点，每点均插到底。所取试样经仔细混匀后，用四分法缩分至试样所需要求。取样数量按表4规定。

表4 取样数量

同批镍粉包装容器数量	同批镍粉应取样的容器数量	同批镍粉包装容器数量	同批镍粉应取样的容器数量
1～5	全部	61～99	9
6～11	5	100～149	10
12～20	6	150～199	11
21～35	7	200～299	12
36～60	8	300～399	13
注：每批镍粉包装容器数量超过399个以后，每增加100个或不到100个包装容器时，取样容器数量应增加1个。			

5.4 检验结果的判定

化学成分和物理性能的分析结果与本标准或合同(或订货单)规定不符时,该批为不合格品。外观质量不符合本标准时,该桶产品为不合格品。

6 包装、标志、运输、贮存和质量证明书

6.1 包装

产品用双层聚乙烯塑料袋包装,内层扎口,外层烫封严实,置于镀锌铁桶内加盖密封,每桶净质量25 kg±0.05 kg。

6.2 标志

产品外包装应印有产品名称、批号、净重、生产日期、供方名称、厂址,并有“防潮”、“轻放”、“向上”字样或标志。

6.3 运输

产品运输时应小心轻放,不得撞击、滚动和倒置,应与其他物品分开堆放。

6.4 贮存

产品应贮存在干燥、通风、没有腐蚀性物品仓库中,不得与酸、碱、油类等化学品贮存在一起,严防受潮、腐蚀。自产品出厂之日起,保质期6个月。

6.5 质量证明书

每批产品应附有质量证明书,其上注明:

a) 供方名称;

b) 产品名称、牌号、批号、批重与产品件数;

c) 分析检测结果及检验部门印记;

d) 本标准编号;

e) 出厂日期。

7 合同(或订货单)内容

合同(或订货单)应包括下列内容:

a) 产品名称;

b) 牌号;

c) 化学成分及物理性能的特殊要求;

d) 数量;

e) 本标准编号;

f) 其他。

附　录　A
（规范性附录）
电解镍粉化学分析方法　钙量的测定　原子吸收分光光度法

A.1　范围

本部分规定了镍粉中钙含量的测定方法。

本部分适用于镍粉中钙含量的测定。测定范围：0.002%～0.05%。

A.2　方法提要

样品经稀硝酸熔解后，在原子吸收光谱仪上，在波长 422.7 nm 处，以空气-乙炔火焰测定。在标准溶液中应含有与被测溶液相同浓度的镍基体。

A.3　试剂

分析用水：均为二级水或相当纯度的水。实验所用器皿均用热的稀硝酸充分洗涤后，用水清洗干净。

A.3.1　高纯金属镍（w_{Ca}＜0.000 5%）。

A.3.2　硝酸（优级纯）。

A.3.3　硝酸（1＋1）。

A.3.4　钙标准贮存溶液：称取 0.140 0 g 氧化钙（高纯，预先经过 800 ℃灼烧至恒重，并在干燥器中冷至室温）置于 250 mL 烧杯中，加入 20 mL 硝酸（3.2），低温溶解后，用水洗涤表皿及杯壁，移入 1 000 mL 容量瓶中，以水定容。此溶液 1 mL 含 0.1 mg 钙。

A.3.5　镍基体溶液：称取 50 g 高纯金属镍（A.3.1）。置于 500 mL 烧杯中，加入 40 mL 硝酸（A.3.3）完全溶解，煮沸驱除氮的氧化物。取下，冷至室温，移入 100 mL 容量瓶中，以水定容。此溶液 1 mL 含 500 mg 镍。

A.4　仪器

原子吸收光谱仪，附钙空心阴极灯。

在仪器最佳工作条件下，凡能达到下列指标者均可使用：

——灵敏度：在与测量试液基本一致的溶液中，钙的特征浓度应不大于 0.05 μg/mL；

——精密度：用最高浓度的标准溶液测量 10 次吸光度，其标准偏差应不超过平均吸光度的 1.5%；用最低浓度的标准溶液（不是“零”标准溶液）测量 10 次吸光度，其标准偏差应不超过最高浓度的标准溶液平均吸光度的 0.5%；

——工作曲线线性：将工作曲线按浓度等分成五段，最高段的吸光度差值与最低段的吸光度差值之比，应不小于 0.80。

原子吸收光谱仪测定钙时的仪器参考工作条件见表 A.1。

表 A.1 仪器工作条件

测定元素	波长/nm	灯电流/mA	单色器通带/nm	空气流量/(L/min)	乙炔气流量/(L/min)
Ca	422.7	10	0.7	6.0	1.5

A.5 分析步骤

A.5.1 试料

称取 1.000 g 试样，精确到 0.000 1 g。

A.5.2 空白实验

随同试料做空白实验。

A.5.3 将试料置于 250 mL 烧杯中，加入约 20 mL 硝酸(A.3.3)，低温加热溶解完全，并加热至小体积，冷却至室温后移入 100 mL 容量瓶中，用水稀释至刻度，摇匀。在原子吸收光谱仪上与工作曲线同样的条件测定吸光度，在工作曲线上查出相应的钙的浓度。

A.5.4 工作曲线的绘制

分别移取 0 mL、1.00 mL、2.00 mL、3.00 mL、4.00 mL、5.00 mL 钙标准溶液(A.3.4)于一组 100 mL 容量瓶中，各加入 5 mL 硝酸(A.3.3)，2 mL 镍基体溶液(A.3.5) 用水稀释至刻度，摇匀。在原子吸收光谱仪上，用空气-乙炔火焰，在波长 422.7 nm 下，以水调零，与相应的系列标准溶液平行测定试液的吸光度，减去空白溶液的吸光度，从工作曲线上查得相应的钙的浓度。以加入标准溶液中钙的质量为横坐标，相应的吸光度为纵坐标，绘制工作曲线。

A.6 分析结果的表述

按式(A.1)计算钙的质量分数 w_{Ca}，数值以%表示：

$$w_{Ca} = \frac{\rho \cdot V \times 10^{-6}}{m} \times 100 \qquad \cdots\cdots (A.1)$$

式中：

ρ ——自工作曲线上查得的钙浓度，单位为微克每毫升(μg/mL)；

V ——试液总体积，单位为毫升(mL)；

m ——试样的质量，单位为克(g)。

A.7 精密度

A.7.1 重复性

在重复性条件下获得的 2 次独立测试结果的测定值，在以下给出的平均值范围内，这 2 个测试结果的绝对差值不超过重复性限(r)，超过重复性限(r)的情况不超过 5%，重复性限(r)按表 A.2 数据采用线性内插法求得。

表 A.2 重复性限 %

钙的质量分数	r
0.005 8	0.001 0
0.042	0.006 0

A.7.2 再现性

在再现性条件下获得的 2 次独立测试结果的测定值,在以下给出的平均值范围内,这两个测试结果的绝对差值不超过再现性限(R),超过再现性限(R)的情况不超过 5%,再现性限(R)按表 A.3 数据采用线性内插法求得。

表 A.3 再现性限 %

钙的质量分数	R
0.005 8	0.001 5
0.042	0.008 0

A.8 试验报告

试验报告应包括以下内容:

——试样;

——使用的标准(包括发布或出版年号);

——分析结果及其表示;

——与基本分析步骤的差异;

——测定中观察到的异常现象;

——试验日期。

ICS 35.020
L 00

中华人民共和国国家标准

GB/T 5271.36—2012/ISO/IEC 2382-36:2008

信息技术 词汇
第36部分:学习、教育和培训

Information technology—Vocabulary—
Part 36:Learning,education and training

(ISO/IEC 2382-36:2008,IDT)

2012-06-29 发布 2012-10-01 实施

中华人民共和国国家质量监督检验检疫总局
中国国家标准化管理委员会 发布

前　言

GB/T 5271《信息技术　词汇》分为以下部分：

——第1部分：基本术语；

——第2部分：算术和逻辑运算；

——第3部分：设备技术；

——第4部分：数据的组织；

——第5部分：数据表示；

——第6部分：数据的准备与处理；

——第7部分：计算机编程；

——第8部分：安全；

——第9部分：数据通信；

——第10部分：操作技术和设施；

……

——第29部分：人工智能　语音识别与合成；

——第31部分：人工智能　机器学习；

——第32部分：电子邮件；

——第34部分：人工智能　神经网络；

——第36部分：学习、教育和培训。

本部分是GB/T 5271的第36部分。

本部分按照GB/T 1.1—2009给出的规则起草。

本部分使用翻译法等同采用国际标准ISO/IEC 2382-36:2008《信息技术　词汇　第36部分：学习、教育和培训》及ISO/IEC 2382-36:2008/Cor.1:2010《信息技术　词汇　第36部分：学习、教育和培训　技术勘误1》。本部分按照一般的术语标准，对英文索引的排序仅做了一些编辑性修改。

与本部分中规范性引用的国际文件有一致性对应关系的我国文件如下：

——GB/T 15237.1—2000《术语工作　词汇　第1部分：理论与应用》(ISO 1087-1:2000,EQV)。

请注意本文件的某些内容可能涉及专利。本文件的发布机构不承担识别这些专利的责任。

本部分由中华人民共和国教育部提出。

本部分由全国信息技术标准化技术委员会(SAC/TC 28)归口。

本部分起草单位：华东师范大学、华中师范大学、中国电子技术标准化研究所、清华大学。

本部分主要起草人：祝智庭、杨宗凯、张屹、余云涛、郑莉、顾小清、吴战杰、何敏、吴永和、谷志远、熊建峰。

信息技术　词汇
第36部分:学习、教育和培训

1　概述

1.1　范围

GB/T 5271的本部分规定了学习、教育和培训领域的相关概念的术语和定义,并确定了这些词条之间的关系。

本部分适用于学习、教育和培训(LET)领域的概念理解和国内外信息交流。

1.2　规范性引用文件

下列文件对于本文件的应用是必不可少的。凡是注日期的引用文件,仅注日期的版本适用于本文件。凡是不注日期的引用文件,其最新版本(包括所有的修改单)适用于本文件。

ISO 1087-1:2000　术语工作　词汇　第1部分:理论与应用(Terminology work—Vocabulary—Part 1:Theory and application)

ISO 1087-2:2000　术语工作　词汇　第2部分:计算机应用(Terminology work—Vocabulary—Part 2:Computer applications)

1.3　遵循的原则和规则

1.3.1　词条的定义

第2章包括许多词条。每个词条由几项必需的元素组成,包括索引号、一个术语或几个同义术语和定义一个概念的短语。另外,一个词条可包括举例、注解或便于理解概念的图解说明。

有时同一个术语可由不同的词条来定义,或一个词条可包括两个或两个以上的概念,描述分别见1.3.5和1.3.8。

本部分使用的其他术语,例如词汇、概念、术语和定义,其意义在ISO 1087-1中有定义。

1.3.2　词条的组成

每个词条包括1.3.1中规定的必需元素,如果需要,可增加一些元素。词条可以包括按以下次序出现的元素:

a)　索引号(对发布本部分的所有语言是共同的);
b)　术语或语言中通常优选的术语。对语言中的概念若没有通常优选术语表示,则用5个点(组成)的符号(.....)表示;在术语中,一行点用来表示每个特定情况下所选的词;
c)　某个国家(根据GB/T 2659规则标识)通常优选的术语;
d)　术语的缩写;
e)　许可用的同义术语;
f)　定义的正文(见1.3.4);
g)　以"例"开头的一个或几个例子;
h)　以"注:"开头的概念应用领域中规定特殊情况的一个或几个注解;
i)　几个词条共用的图片、图示或表格。

1.3.3 词条的分类

GB/T 5271 的每部分分配给一个两位的数字序列号，对于“基本术语”以 01 开始。

词条按组分类，每组分配给一个四位的数字序列号；前两位数字表示 GB/T 5271 的那些部分。

每个词条分配给一个六位数字的索引号；前四位数字表示 GB/T 5271 的那些部分和组。

1.3.4 术语的选择和定义的用语

术语的选择和定义的用语尽可能遵循已建立的用法。当出现矛盾时，寻求大多数同意的方法解决。

1.3.5 多义术语

在一种工作语言中，如果一个给定的术语有几种意义，每种意义则给出一个单独的词条，以便于翻译成其他的语言。

1.3.6 缩略语

如 1.3.2 中指示的，通行使用的缩略语指定给一些术语。这些缩略语不在定义、例子或注解的文本中使用。

1.3.7 圆括号的用法

在一些术语中，以黑体字印刷的一个或几个字词置于圆括号中。这些字词是完整术语的一部分。但是，当在技术上下文中使用缩短的术语不引起误解时，则这些字词可以省略。在 GB/T 5271 的其他定义、例子或注解的正文中，只使用这些术语的完整形式。

在一些词条中，术语后面跟随正常字体的字词并放在圆括号中。这些字词不是术语的一部分，而是指明该术语使用的方向，如它的特殊应用领域或它的语法形式。

1.3.8 方括号的用法

如果几个紧密相关的术语能由文本定义，只是几个字词的差别，这些术语及其定义归为一个词条。为表示不同意思的替换字词，按在术语和定义中相同的次序放在方括号中，即[.....]。为清楚标识被替换的字词，按上述规则放在方括号前面的最后一个字词可放在方括号里面，并且每置换一次则重复一次。

1.3.9 定义中黑体术语的用法和星号的用法

术语在定义、例子或注解中用黑体字印刷时，则表示该术语已在本标准的其他词条中定义过。但是，只有当这些术语首次出现在每一个词条中时，该术语才印成黑体字的形式。

当黑体字印刷的两个术语涉及分隔开的词条并且直接彼此紧随时，则星号用于分隔黑体字的术语（或只由加标点的标记分隔）。

以正常字体印刷的字词或术语，按通行词典中或权威性技术词汇的定义理解。

1.3.10 索引表的编制

每部分的末尾编有按汉语拼音和英文字母排序的索引表。它包括在该部分定义的所有术语。

2 术语和定义

36 学习、教育和培训

36.01 一般术语

36.01.01

学习 **learning**

知识、技能或态度方面的习得。

36.01.02

培训 **training**

为了特殊的应用，通过程序化的**学习活动**发展学习者的技能和认知水平的过程。

36.01.03

基于网络的学习 **Web-based learning**

利用网络技术的**在线学习**。

36.01.04

在线学习 **on-line learning**

通过计算机互联网，在网络虚拟环境下的**学习**。

36.01.05

混合式学习 **blended learning**

数字化学习与面对面学习或离线学习相结合的**学习**。

36.01.06

计算机支持的协作学习 **computer-supported collaborative learning**

CSCL

为提高协作学习效果，在信息通信技术的支持下，涉及资源、任务或支持系统（人或其他）的活动。

36.01.07

基于计算机的学习 **computer-based learning**

使用信息处理系统，并将其作为学习工具的**学习**。

36.01.08

计算机管理学习 **computer managed learning**

借助信息处理系统，进行教学管理工作（诸如注册、进度安排、控制、指导、分析和报告等）的**学习**。

36.02 用户、组织、角色

36.02.01

学习者 **learner**

学习的行为主体。

36.02.02

教师 **teacher**

教学的行为主体。

注：在特殊的环境中（例如协作学习），同一个人可以担任教师和学生双重角色。

36.02.03

培训者 **trainer**

支持、促进或协调**培训**的行为主体。

36.02.04

导师 tutor

帮助**学习者*** **学习**的人或信息技术系统。

36.02.05

开放式大学 open university

提供大学水平远程学习的大学。

36.02.06

教学设计者 instructional designer

运用系统方法和教学理论制定学习内容的人。

36.02.07

内容创作者 content author

创建**学习资源**内容的人。

36.03 系统和工具

36.03.01

学习管理系统 learning management system

LMS

一种软件系统,以提高数字化学习中的管理和技术支持过程为目标。

36.03.02

学习内容管理系统 learning content management system

LCMS

用于创建、存储、集成或传送数字化学习内容的系统。

36.03.03

学习技术系统 learning technology system

LTS

用于传送和管理**学习**的信息技术系统。

36.03.04

分布式学习技术系统 distributed learning technology system

借助互联网和广域网在**学习技术系统**、子系统和其他系统之间通信的学习技术系统。

36.03.05

学习环境 learning environment

支持**学习者*** **学习**的物理或虚拟环境。

36.04 支持性过程

36.04.01

会话 session

计算机终端用户与交互系统通信的时间段,即该用户从登录到注销的学习时段。

[IEEE 电气和电子术语标准词典]

36.04.02

教学设计 instructional design

系统的教学计划,包括材料与方案的需求分析、设计、评价、实施和维护。

36.05 资源和内容

36.05.01

学习资源 **learning resource**

任何可被**学习**、教育和**培训**参考、使用的实体。

36.05.02

学习目标 **learning objective**

培训或**学习**目的的描述，包括对**学习者**的知识、技能和表现的期望。

注：它可能与任意大小的教学单元相关。

36.05.03

学习活动 **learning activity**

具有明确**学习目标**的活动。

36.06 教与学(习)

36.06.01

学习策略 **learning strategy**

学习者' **学习**时经常用到的方法和技术的集合。

注：它包括学习者概览中的某些要素，如某一个学习者喜欢如何接受、处理和运用信息。

36.06.02

教学方法 **instructional method**

为实现目标，使用专门方法确定的教学策略成分。

36.07 学习者信息

注：这部分包含了描述与学习者相关的信息的术语，即在**学习**、教育和**培训**领域，运用信息技术获取、存储、检索等的信息。

36.07.01

学习者信息 **learner information**

与**学习者**相关的且被**学习技术系统**使用的信息记录。

注：学习技术系统、个人(如教师和学生等)和其他实体均可以创建、存储、提取、使用学习者信息。

36.07.02

学习者历史记录 **learner history**

关于**学习者**过去成绩或学习经验的信息记录。

索　引

汉语拼音索引

英文对应词索引

B

C

D

I

L

O

S

T

ICS 31.100
L 39

中华人民共和国国家标准

GB/T 5295—2012
代替 GB/T 5295—1985

光阴极光谱响应特性系列

The spectral response characteristic series of photocathodes

2012-11-05 发布　　2013-02-15 实施

中华人民共和国国家质量监督检验检疫总局
中国国家标准化管理委员会　发布

前　言

本标准按 GB/T 1.1—2009 给出的规则起草。

本标准代替 GB/T 5295—1985《光电阴极光谱响应特性系列》。

本标准与 GB/T 5295—1985 相比主要变化如下：

——名称由原《光电阴极光谱响应特性系列》改为《光阴极光谱响应特性系列》；

——修改了反射式光阴极系列中 R35G、R35U、R50G、R50U、R50Q、T35G、T35Q、T40G 的峰值波长；

——透射式光阴极系列中增加了砷化镓类型(T60G)，修改了 T50G 的辐照灵敏度的数值；

——将曲线图调整为规范性附录 A。

本标准由中华人民共和国工业和信息化部提出。

本标准由全国电真空器件标准化技术委员会(SAC/TC 167)归口。

本标准由南京华东电子集团有限公司负责起草。

本标准主要起草人：全建银、吴其华、钱志萍。

本标准所代替标准的历次发布情况为：

——GB/T 5295—1985。

光阴极光谱响应特性系列

1 范围

本标准规定了光阴极光谱响应特性的命名方法，并给出了光阴极光谱响应特性系列。

本标准适用于光敏管、图像管、摄像管等电子管的光阴极。

2 分类和命名

2.1 命名方法

光阴极光谱响应特性代号用英文字母与阿拉伯数字的组合来表示，分为三部分，排列顺序如下：

第一部分	第二部分	第三部分

2.2 各部分命名规则

2.2.1 第一部分

第一部分为光阴极的型式，用字母表示，对应关系见表1。

表1 光阴极的型式

代　　码	光阴极型式
R	反射式
T	透射式

2.2.2 第二部分

第二部分为光阴极的类型，用两位阿拉伯数字表示，对应关系见表2。

表2 光阴极的类型

代　码	光阴极名称	符　号
10	溴化钾	KBr
15	碘化铯	CsI
20	碲钾	KTe
21	碲铷	RbTe
22	碲铯	CsTe
25	碲铷铯	RbCsTe
30	锑铯	CsSb
31	氧敏锑铯	CsSb(O)

表 2（续）

代 码	光阴极名称	符 号
35	锑钾铯（双碱）	KCsSb
36	氧敏锑钾铯	KCsSb(O)
37	长波延伸双碱	ERBA
40	锑钠钾（高温双碱）	NaKSb
45	锑铷铯	RbCsSb
50	锑钠钾铯（多碱）	NaKCsSb
51	红外延伸多碱（Ⅰ型）	ERMA Ⅰ
52	红外延伸多碱（Ⅱ型）	ERMA Ⅱ
53	红外延伸多碱（Ⅲ型）	ERMA Ⅲ
59	锑钠钾铷铯（四碱）	NaKRbCsSb
60	砷化镓（Ⅰ型）	GaAs Ⅰ
61	砷化镓（Ⅱ型）	GaAs Ⅱ
70	镓铟砷（Ⅰ型）	GaInAs Ⅰ
71	镓铟砷（Ⅱ型）	GaInAs Ⅱ
72	镓铟砷（Ⅲ型）	GaInAs Ⅲ
90	铋银氧铯	BiAgOCs
91	银氧钾	AgOK
92	银氧铷	AgORb
93	银氧铯	AgOCs
94	银氧铷铯	AgORbCs
95	钯银氧铯	PdAgOCs

2.2.3 第三部分

第三部分为光窗材料，用字母表示，对应关系如表 3。

表 3 光窗材料

代 码	光窗材料
G	常规玻璃（硼硅玻璃或钠钙玻璃）
U	透紫玻璃
Q	石英（SiO_2）
S	白宝石或蓝宝石（Al_2O_3）
M	氟化镁（MgF_2）
L	氟化锂（LiF）

2.3 示例

R22Q：表示光电器件具有反射式 CsTe 光阴极和石英光窗。

T50G：表示光电器件具有透射式 NaKCsSb 光阴极和硼硅玻璃光窗。

3 系列

3.1 由光阴极的型式、类型、光窗材料以及特性参数构成了光阴极的光谱响应特性系列。

3.2 反射式光阴极的光谱响应特性系列见表 4。

3.3 透射式光阴极的光谱响应特性系列见表 5。

表 4　反射式光阴极的光谱响应特性系列

序号	光谱响应特性代号	基本特性		典型波长			典型参数[a]			阴极光谱灵敏度 mA/W			室温下热电子发射密度 A/cm²	典型曲线图（见附录 A）
		光阴极类型	光窗材料	截止波长 nm	峰值波长 nm	阈值波长 nm	光照灵敏度[b] μA/lm	辐照灵敏度[c] mA/W	量子效率[c] %	800 nm	850 nm	1 060 nm		
1	R22Q	CsTe	石英	160～190	250±20	340～360	—	20	10	—	—	—	4×10^{-17}	图 A.1
2	R30G	CsSb	常规玻璃	300～320	400±30	650～680	40	43	13	—	—	—	2×10^{-16}	图 A.2
3	R30U	CsSb	透紫玻璃	190～210	390±30	650～680	40	43	14	—	—	—	3×10^{-16}	图 A.3
4	R30Q	CsSb	石英	160～190	380±30	650～680	40	43	14	—	—	—	3×10^{-16}	—
5	R31G	CsSb(O)	常规玻璃	300～320	400±30	660～700	50	—	—	—	—	—	10^{-15}	—
6	R35G	KCsSb	常规玻璃	300～320	460±30	650～680	70	79	24	—	—	—	6×10^{-17}	图 A.4
7	R35U	KCsSb	透紫玻璃	190～210	420±30	650～680	70	78	24	—	—	—	6×10^{-17}	图 A.5
8	R35Q	KCsSb	石英	160～190	390±30	650～680	70	78	25	—	—	—	6×10^{-17}	图 A.6
9	R36Q	KCsSb(O)	常规玻璃	300～320	410±30	660～700	70	—	—	—	—	—	10^{-16}	—
10	R36Q	KCsSb(O)	石英	160～190	400±30	660～700	70	—	—	—	—	—	10^{-16}	—
11	R37G	ERBA	常规玻璃	300～320	420±30	680～700	100	86	25	—	—	—	10^{-16}	图 A.7
12	R50G	NaKCsSb	常规玻璃	300～320	460±30	850～880	80	41	13	1.2	0.25	—	10^{-15}	图 A.8
13	R50U	NaKCsSb	透紫玻璃	190～210	460±30	850～880	80	41	13	1.2	0.25	—	10^{-15}	图 A.9
14	R50Q	NaKCsSb	石英	160～190	460±30	850～880	80	41	13	1.2	0.25	—	10^{-15}	图 A.10
15	R51G	ERMA Ⅰ	常规玻璃	300～320	500±40	850～880	150	—	—	—	—	—	10^{-15}	—
16	R51U	ERMA Ⅰ	透紫玻璃	190～210	500±40	850～880	150	—	—	—	—	—	10^{-15}	—
17	R51Q	ERMA Ⅰ	石英	160～190	500±40	850～880	150	—	—	—	—	—	10^{-15}	—
18	R60G	GaAs Ⅰ	常规玻璃	300～320	400±30	920～960	300	61	19	21.5	14.5	—	4×10^{-16}	—
19	R60U	GaAs Ⅰ	透紫玻璃	190～210	400±30	920～960	300	61	19	21.5	14.5	—	4×10^{-16}	图 A.11

表 4（续）

序号	光谱响应特性代号	基本特性		典型波长			典型参数[a]			阴极光谱灵敏度 mA/W			室温下热电子发射密度 A/cm²	典型曲线图（见附录 A）
		光阴极类型	光窗材料	截止波长 nm	峰值波长 nm	阈值波长 nm	光照灵敏度[b] μA/lm	辐照灵敏度[c] mA/W	量子效率[c] %	800 nm	850 nm	1 060 nm		
20	R61U	GaAs Ⅱ	透紫玻璃	190～210	840±100	900～940	600	65	10	64	65	—	4×10^{-16}	—
21	R70U	GaInAs Ⅰ	透紫玻璃	190～210	400±30	960～1000	250	50	15	18	17	—	—	—
22	R71U	GaInAs Ⅱ	透紫玻璃	190～210	400±30	1 000～1 050	270	65	20	18	17	0.1	—	—
23	R72U	GaInAs Ⅲ	透紫玻璃	190～210	400±30	1 050～1 100	150	40	12	6	4.5	1.8	—	—
24	R91G	AgOK	常规玻璃	300～320	350±20	650～700	0.5	—	—	—	—	—	5×10^{-13}	—
25	R93G	AgOCs	常规玻璃	300～320	800±100	1 150～1 200	25	1.9	0.3	1.9	1.75	0.54	9×10^{-13}	—
26	R93Q	AgOCs	石英	160～190	800±100	1 150～1 200	25	1.9	0.3	1.9	1.75	0.54	9×10^{-13}	—

[a] 不同器件由于结构和工艺的差异，其具体参数由产品标准规定。

[b] 采用色温为 2 856 K 的标准光源。

[c] 指峰值处的值。

表 5　透射式光阴极的光谱响应特性系列

序号	光谱响应特性代号	基本特性		典型波长			典型参数[a]			阴极光谱灵敏度 mA/W			室温下热电子发射密度 A/cm²	典型曲线图（见附录 A）
		光阴极类型	光窗材料	截止波长 nm	峰值波长 nm	阈值波长 nm	光照灵敏度[b] μA/lm	辐照灵敏度[c] mA/W	量子效率[c] %	800 nm	850 nm	1 060 nm		
1	T10M	KBr	氟化镁	110～120	130±10	180～190	—	10	8	—	—	—	—	—
2	T15M	CsI	氟化镁	110～120	130±10	210～220	—	22	15	—	—	—	—	—
3	T21Q	RbTe	石英	160～190	220±20	300～330	—	18	8	—	—	—	4×10^{-17}	—

表 5（续）

序号	光谱响应特性代号	基本特性		典型波长			典型参数[a]			阴极光谱灵敏度 mA/W			室温下热电子发射密度 A/cm²	典型曲线图（见附录 A）
		光阴极类型	光窗材料	截止波长 nm	峰值波长 nm	阈值波长 nm	光照灵敏度[b] μA/lm	辐照灵敏度[c] mA/W	量子效率[c] %	800 nm	850 nm	1 060 nm		
4	T21M	RbTe	氟化镁	110～120	220±20	300～330	—	18	8	—	—	—	4×10^{-17}	—
5	T22Q	CsTe	石英	160～190	250±20	340～360	—	20	10	—	—	—	4×10^{-17}	—
6	T22M	CsTe	氟化镁	110～120	250±20	340～360	—	20	10	—	—	—	4×10^{-17}	—
7	T25U	RbCsTe	透紫玻璃	190～210	230±20	300～330	—	20	—	—	—	—	4×10^{-17}	—
8	T30G	CsSb	常规玻璃	300～320	420±30	650～680	60	51	15	—	—	—	2×10^{-16}	图 A.12
9	T30U	CsSb	透紫玻璃	190～210	420±30	650～680	60	51	15	—	—	—	2×10^{-16}	—
10	T30Q	CsSb	石英	160～190	420±30	650～680	60	51	15	—	—	—	2×10^{-16}	—
11	T31G	CsSb(O)	常规玻璃	300～320	450±30	660～700	60	51	14	—	—	—	3×10^{-16}	—
12	T35G	KCsSb	常规玻璃	300～320	460±30	660～680	70	71	22	—	—	—	6×10^{-17}	图 A.13
13	T35Q	KCsSb	石英	160～190	460±30	660～680	70	71	22	—	—	—	6×10^{-17}	—
14	T36G	KCsSb(O)	常规玻璃	300～320	420±30	660～700	70	71	21	—	—	—	10^{-16}	—
15	T40G	NaKSb	常规玻璃	300～320	460±30	650～680	50	49	14	—	—	—	2×10^{-17}	图 A.14
16	T45G	RbCsSb	常规玻璃	300～320	430±30	680～700	110	95	27	—	—	—	6×10^{-17}	—
17	T50G	NaKCsSb	常规玻璃	300～320	450±30	850～900	180	100	19	2.4	0.56	—	10^{-15}	图 A.15
18	T50Q	NaKCsSb	石英	160～190	450±30	850～900	180	69	19	2.3	0.55	—	10^{-15}	图 A.16
19	T51G	ERMA Ⅰ	常规玻璃	300～320	600±50	880～960	220	49	10	5.2	1.1	—	10^{-15}	图 A.17
20	T52G	ERMA Ⅱ	常规玻璃	300～320	500±40	950～990	250	51	13	12.5	8.1	—	10^{-15}	图 A.18
21	T53G	ERMA Ⅲ	常规玻璃	300～320	680±50	930～1 000	450	56	10	43.7	26.8	—	10^{-15}	图 A.19
22	T59G	NaKRbCsSb	常规玻璃	300～320	600±50	920～960	230	—	—	—	—	—	10^{-15}	—

表 5（续）

序号	光谱响应特性代号	基本特性		典型波长			典型参数[a]			阴极光谱灵敏度 mA/W			室温下热电子发射密度 A/cm²	典型曲线图（见附录 A）
		光阴极类型	光窗材料	截止波长 nm	峰值波长 nm	阈值波长 nm	光照灵敏度[b] μA/lm	辐照灵敏度[c] mA/W	量子效率[c] %	800 nm	850 nm	1 060 nm		
23	T60G	GaAs I	常规玻璃	400～450	820±30	900～950	800	100	40	—	—	—	10^{-13}	图 A.20
24	T90G	BiAgOCs	常规玻璃	300～320	480±30	740～780	45	21	5	—	—	—	6×10^{-14}	图 A.21
25	T92G	AgORb	常规玻璃	300～320	420±30	1 100～1 150	15	—	—	—	—	—	9×10^{-13}	—
26	T93G	AgOCs	常规玻璃	300～320	800±100	1 150～1 200	25	1.9	0.3	1.9	1.75	0.54	9×10^{-13}	图 A.22
27	T93Q	AgOCs	石英	160～190	800±100	1 150～1 200	25	1.9	0.3	1.9	1.75	0.54	9×10^{-13}	—
28	T94G	AgORbCs	常规玻璃	300～320	800±100	1 120～1 160	25	2.2	0.4	2.2	1.95	0.22	10^{-13}	图 A.23
29	T95G	PdAgOCs	常规玻璃	300～320	800±100	1 300～1 400	30	5.0	0.8	5.0	5.0	1.2	—	—

[a] 不同器件由于结构和工艺的差异，其具体参数由产品标准规定。
[b] 采用色温为 2 856 K 的标准光源。
[c] 指峰值处的值。

附　录　A
（规范性附录）
典型曲线图

典型曲线图见图 A.1～图 A.23。

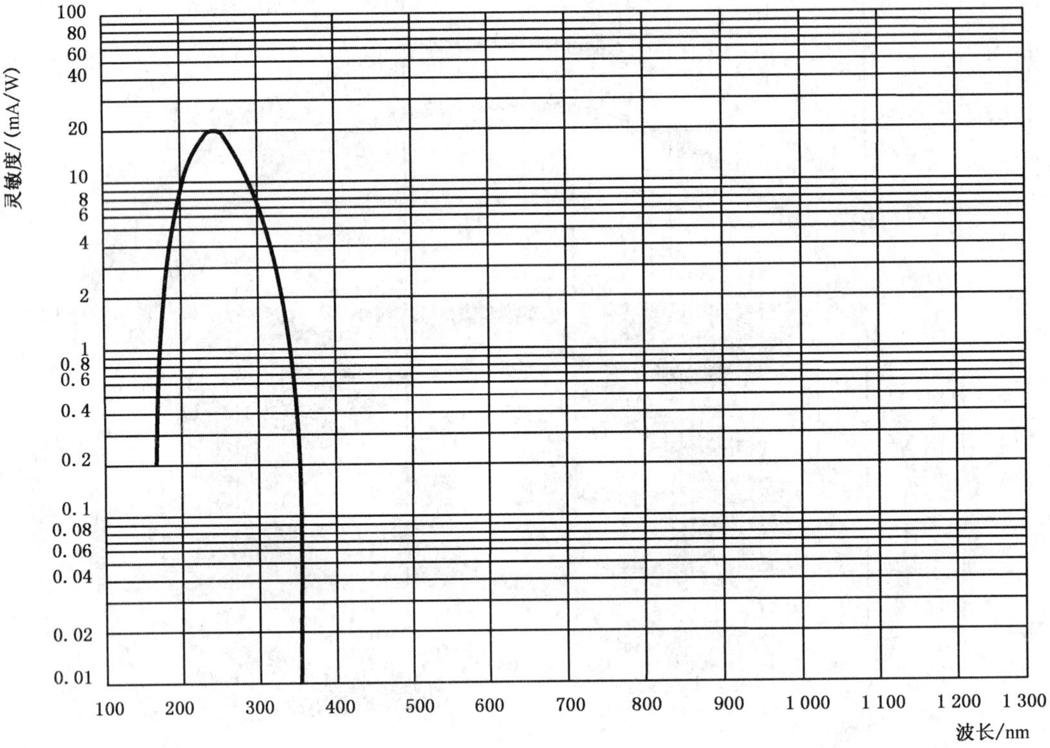

图 A.1　R22Q

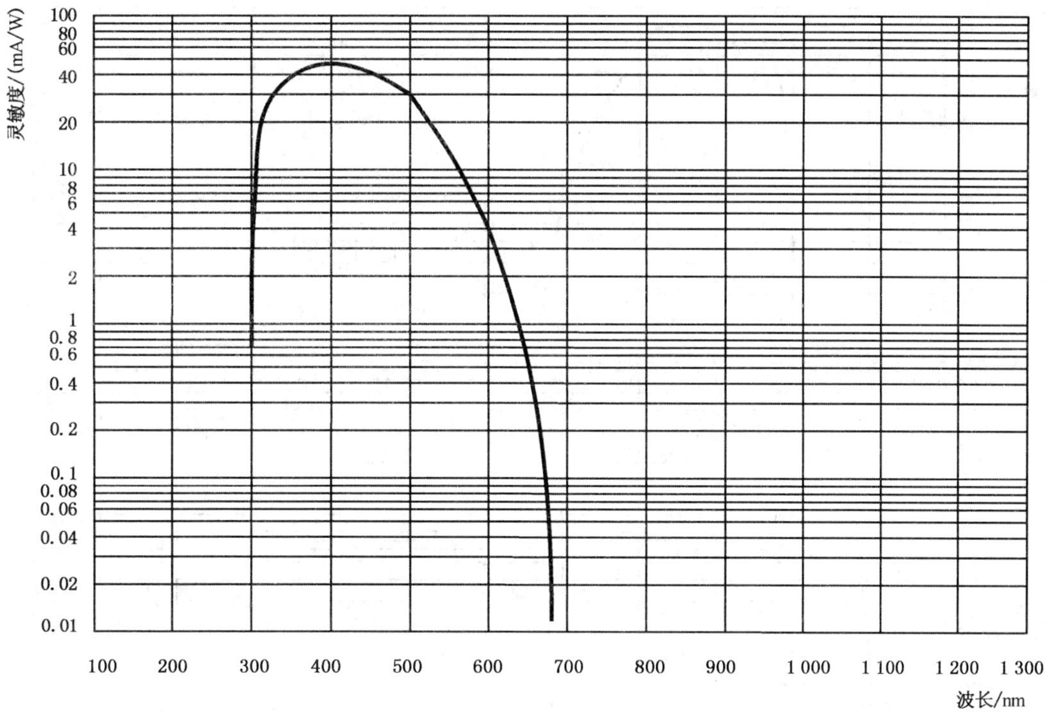

图 A.2　R30G

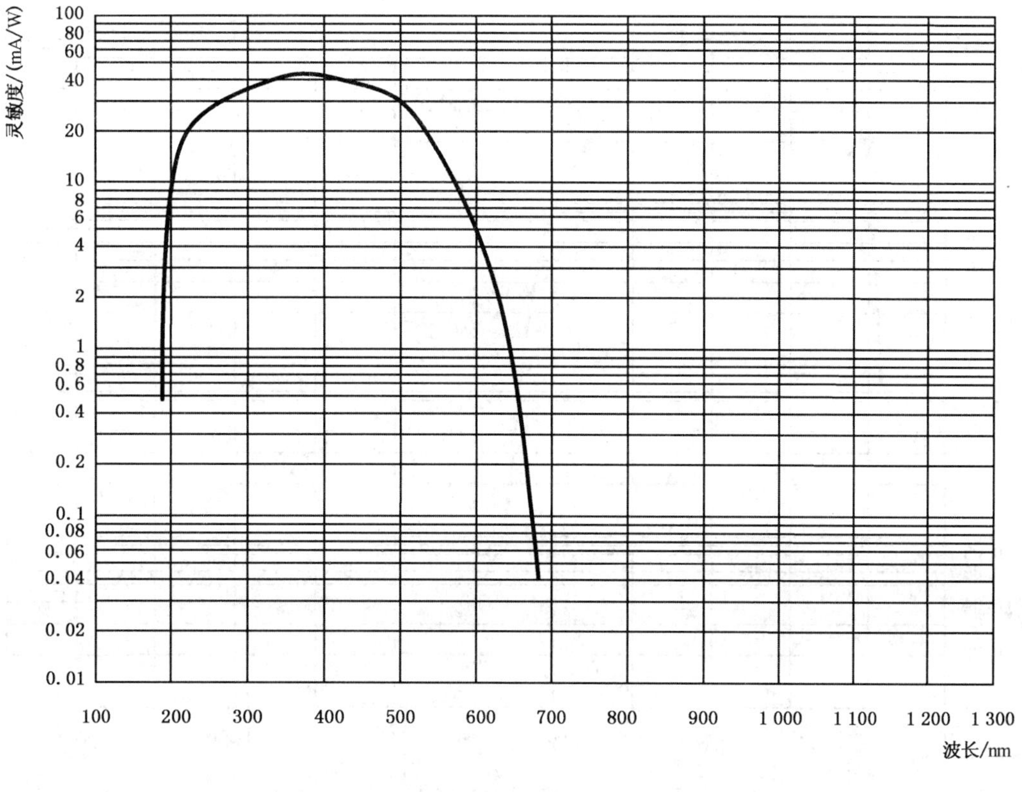

图 A.3　R30U

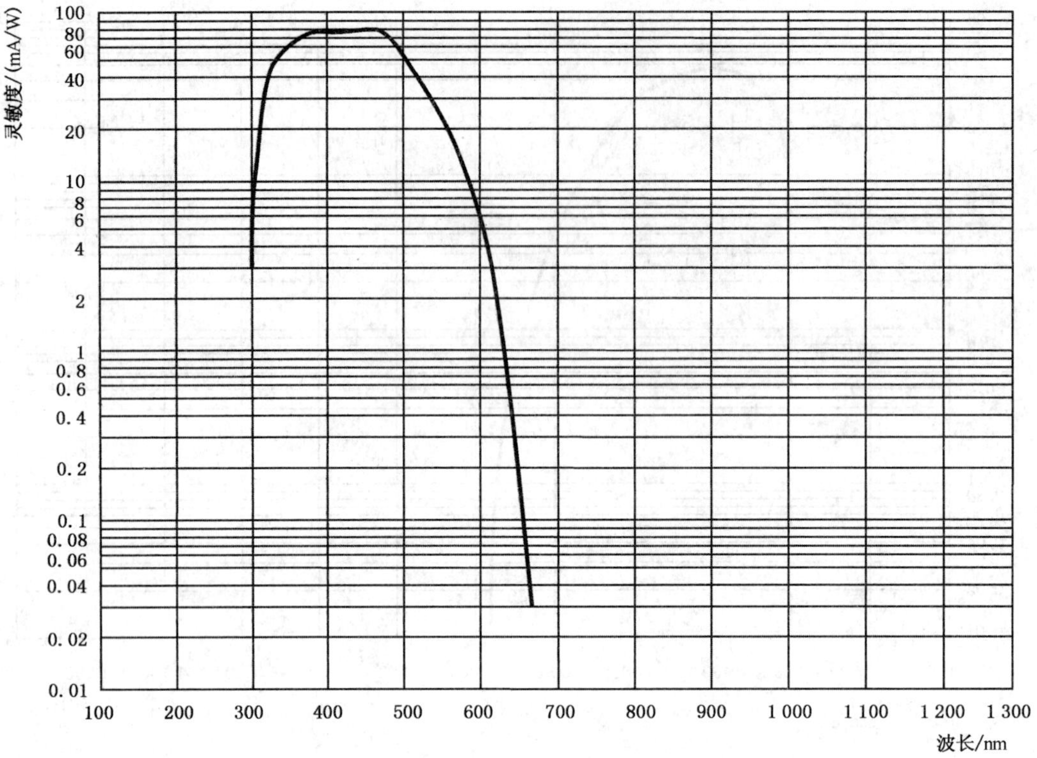

图 A.4　R35G

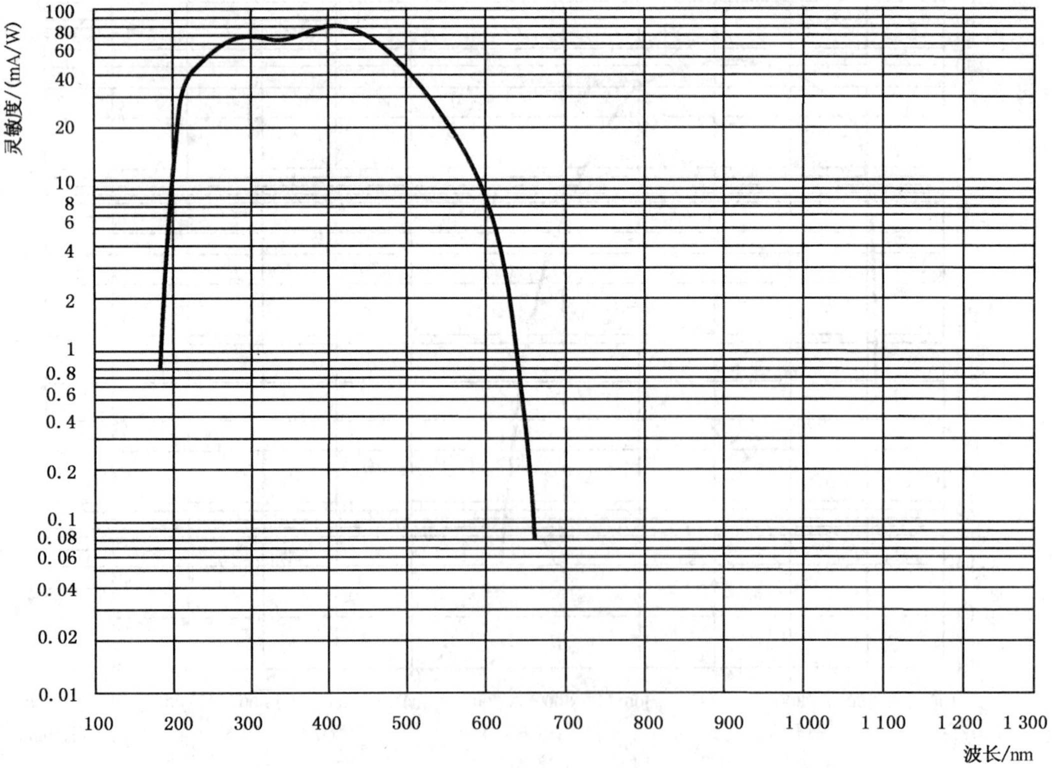

图 A.5　R35U

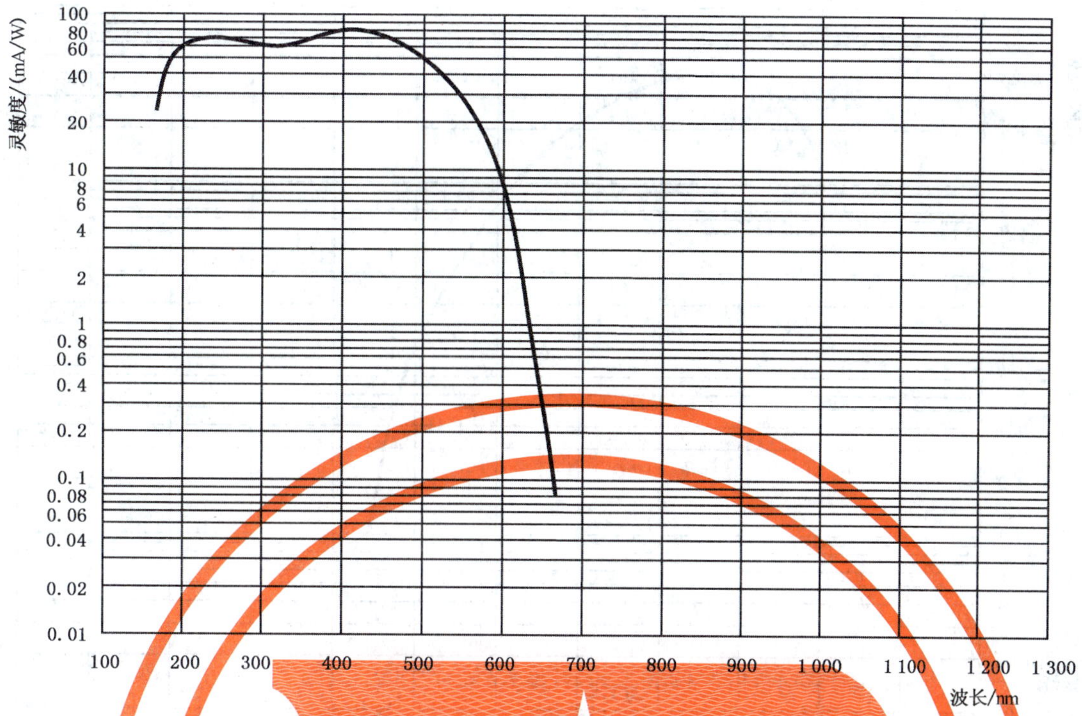

图 A.6　R35Q

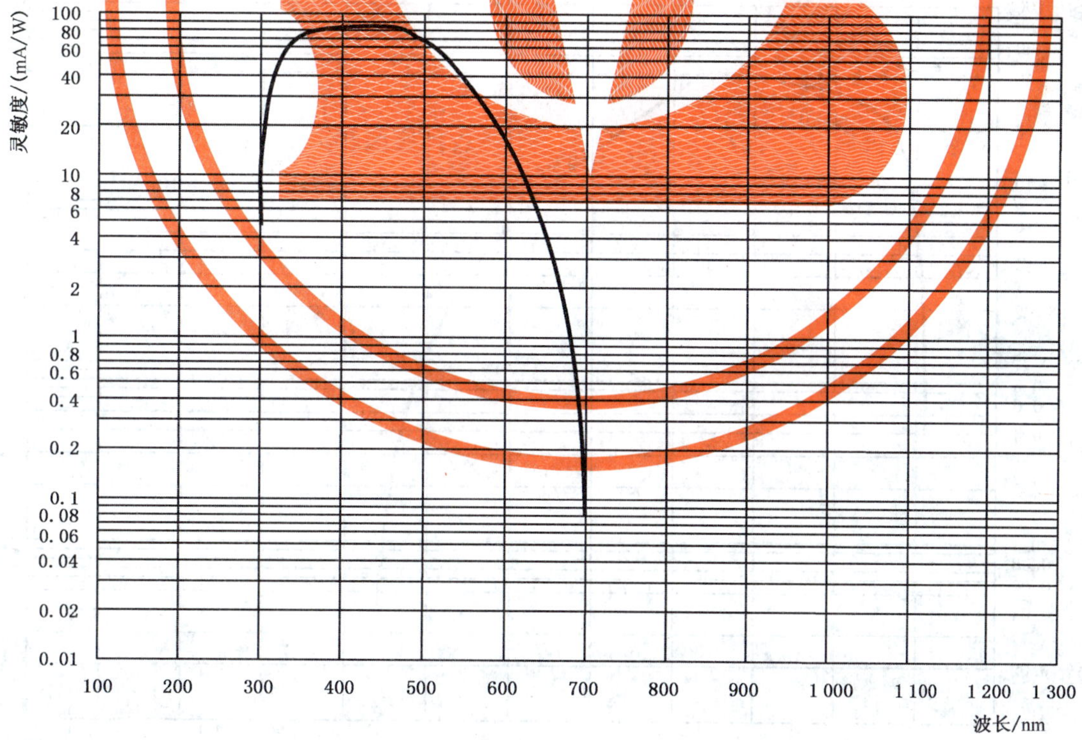

图 A.7　R37G

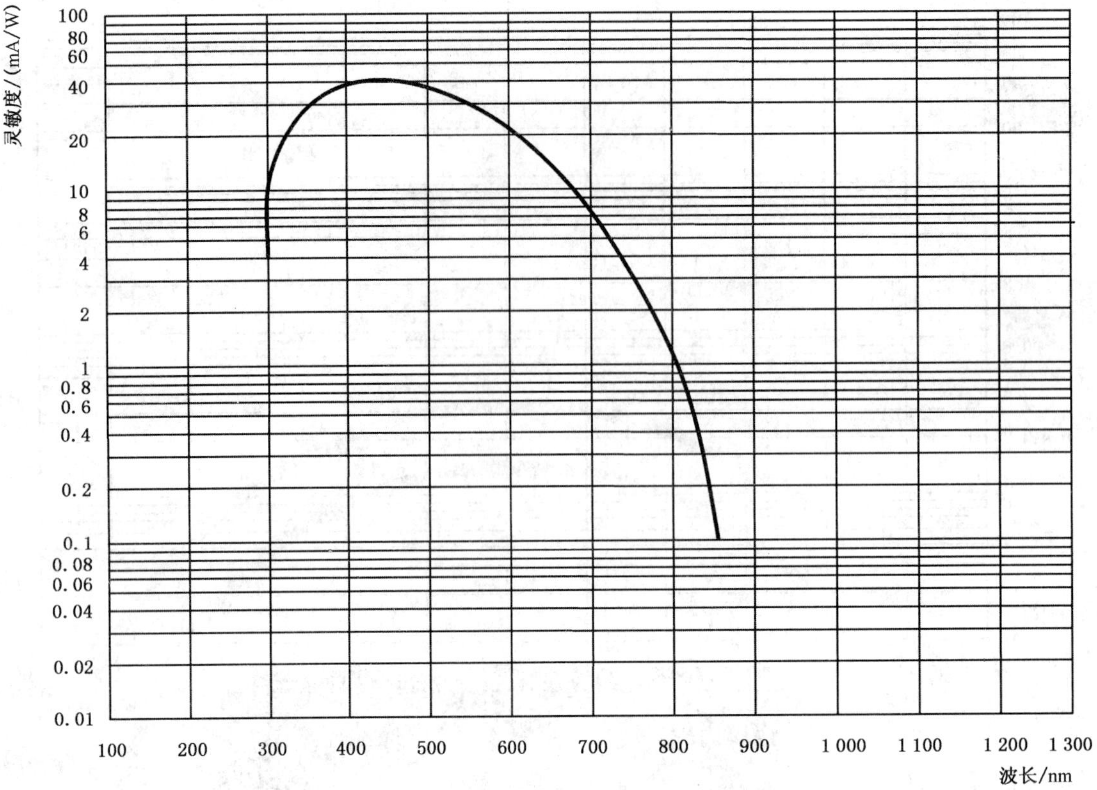

图 A.8 R50G

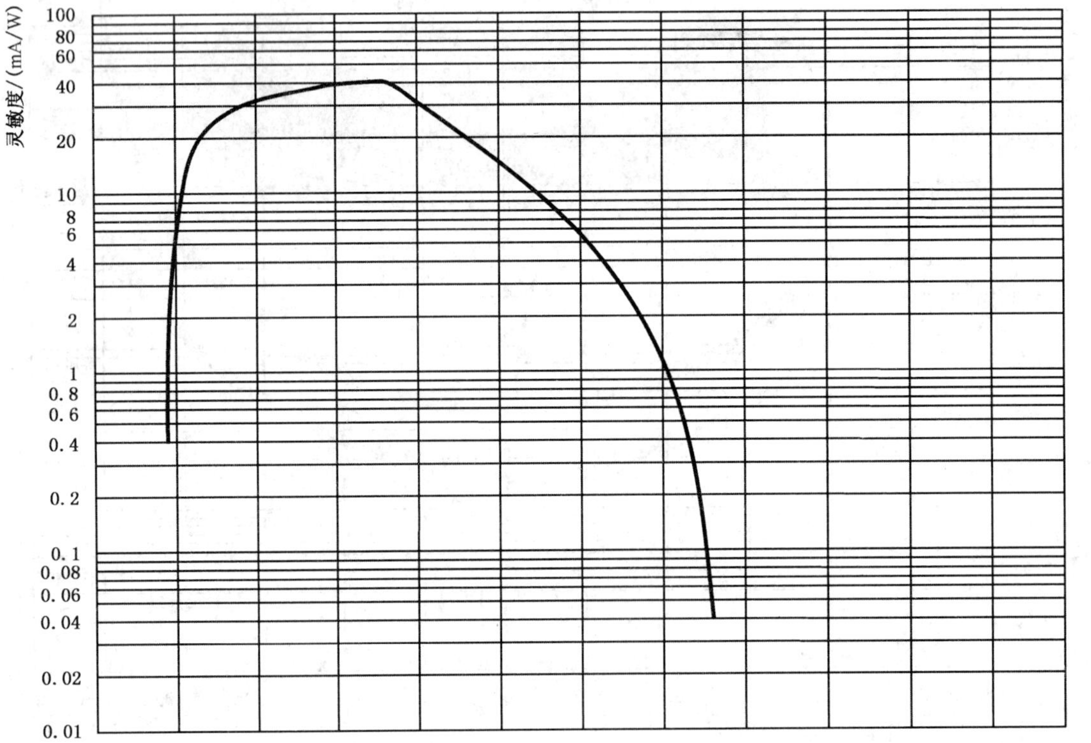

图 A.9 R50U

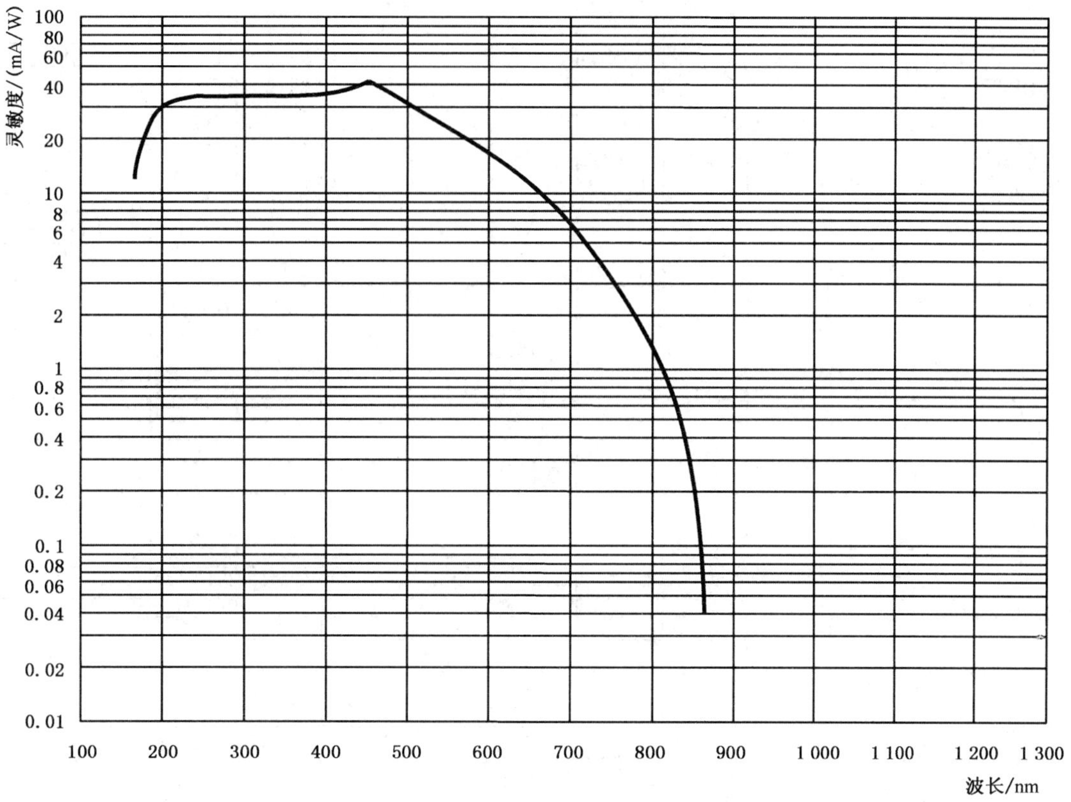

图 A.10 R50Q

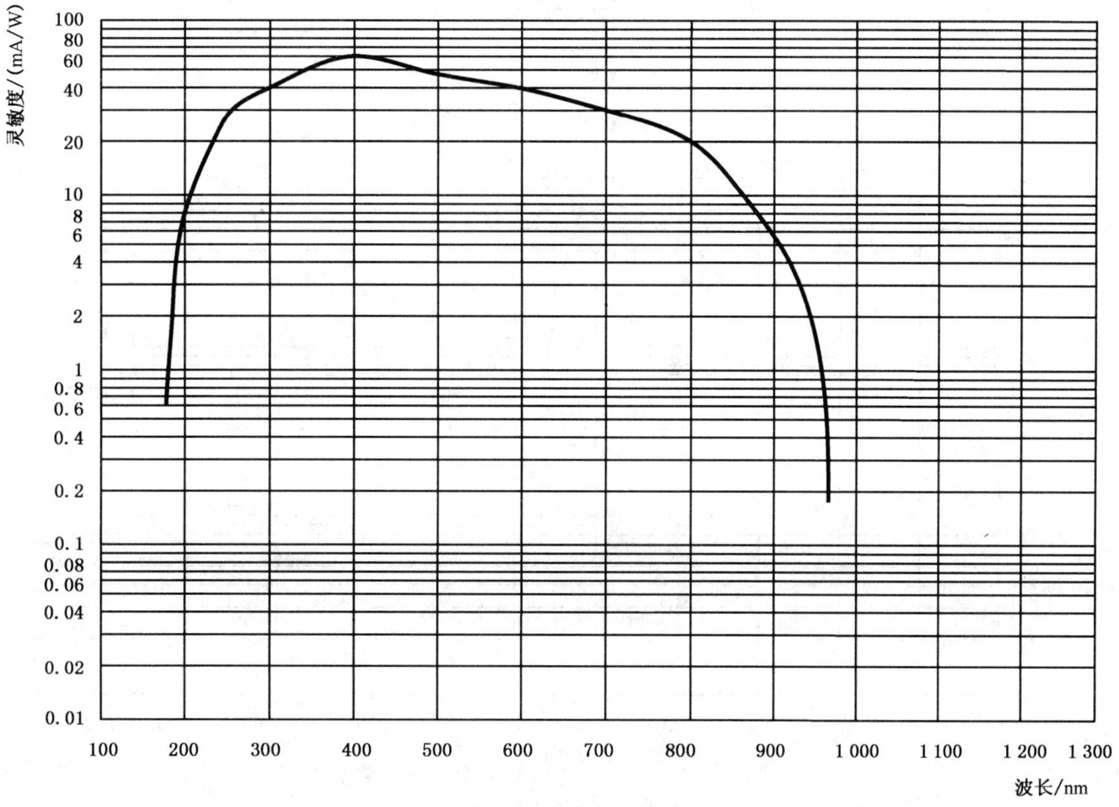

图 A.11 R60U

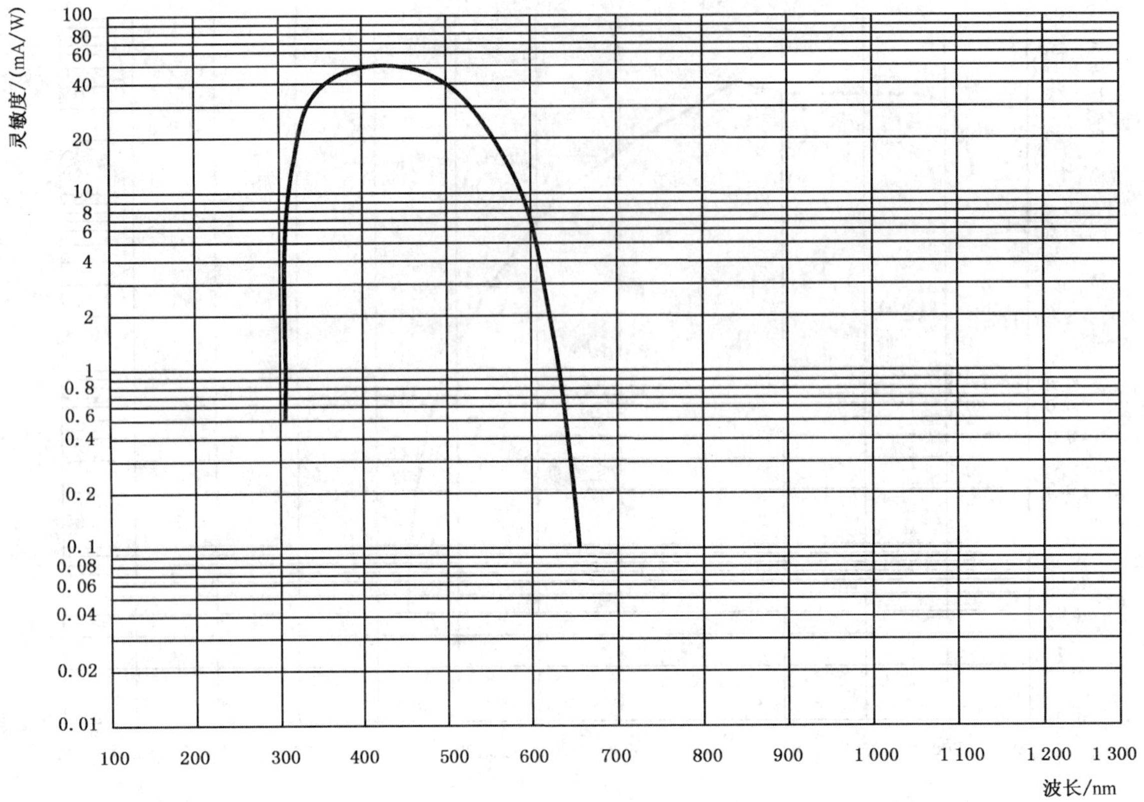

图 A.12　T30G

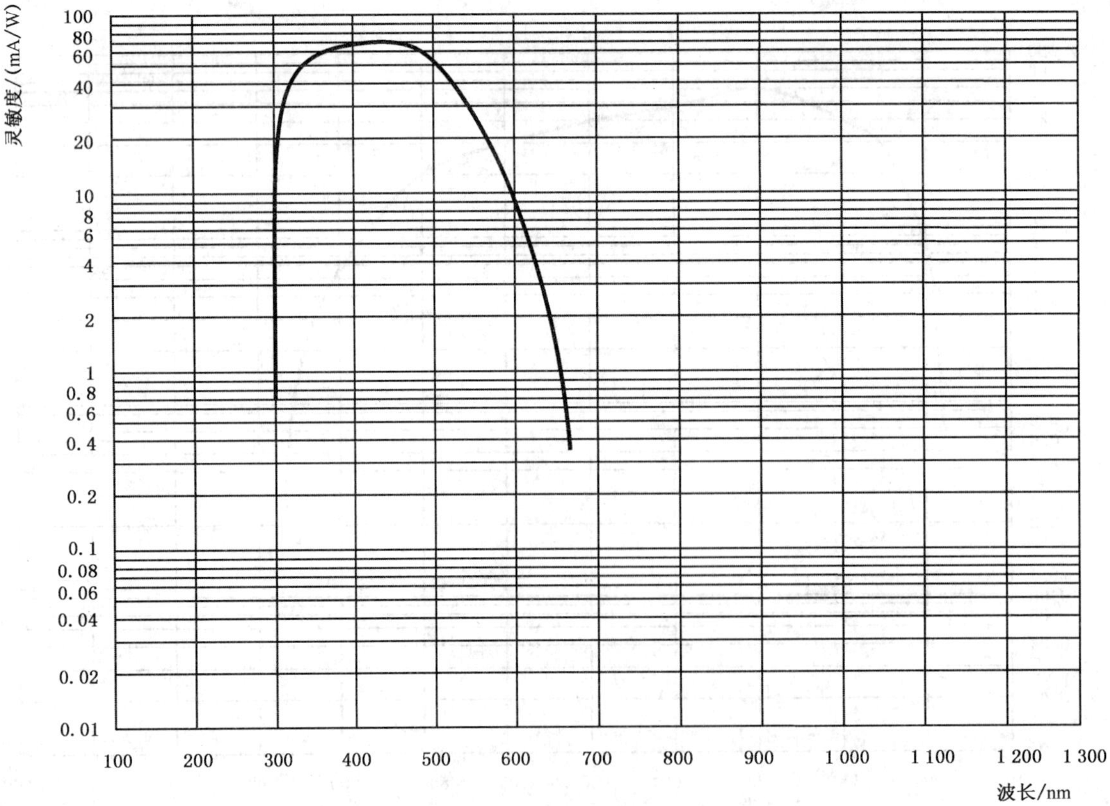

图 A.13　T35G

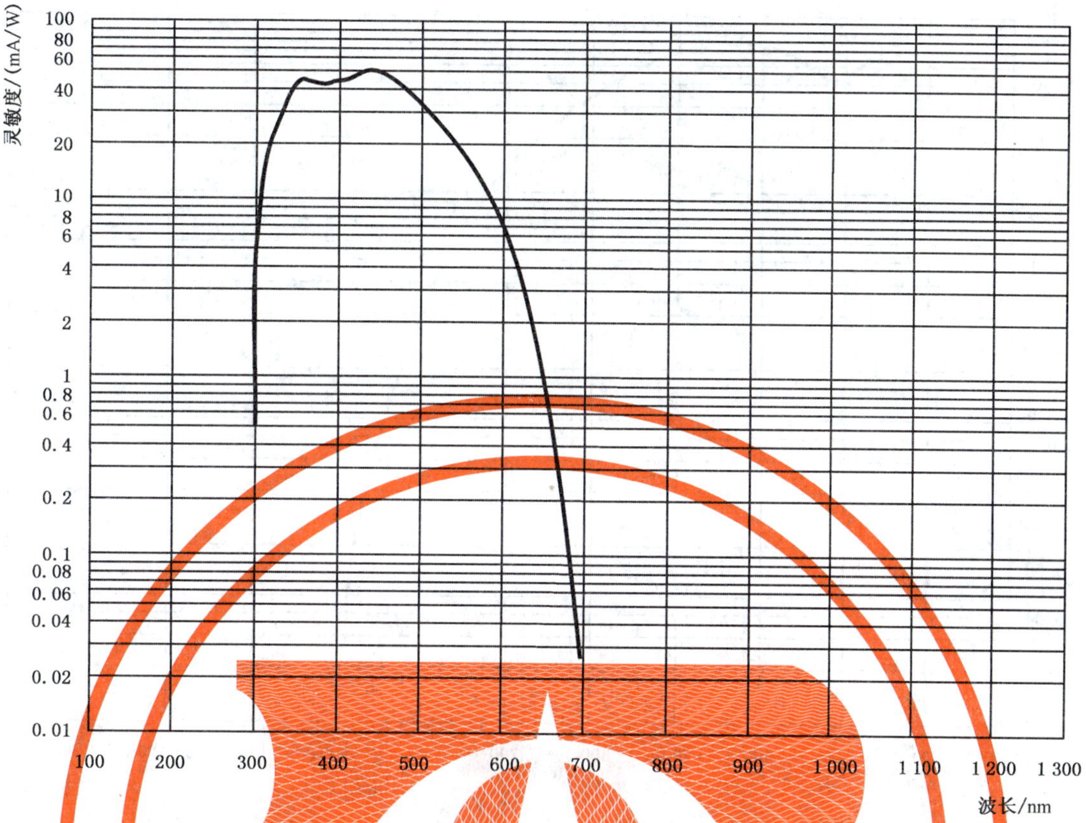

图 A.14 T40G

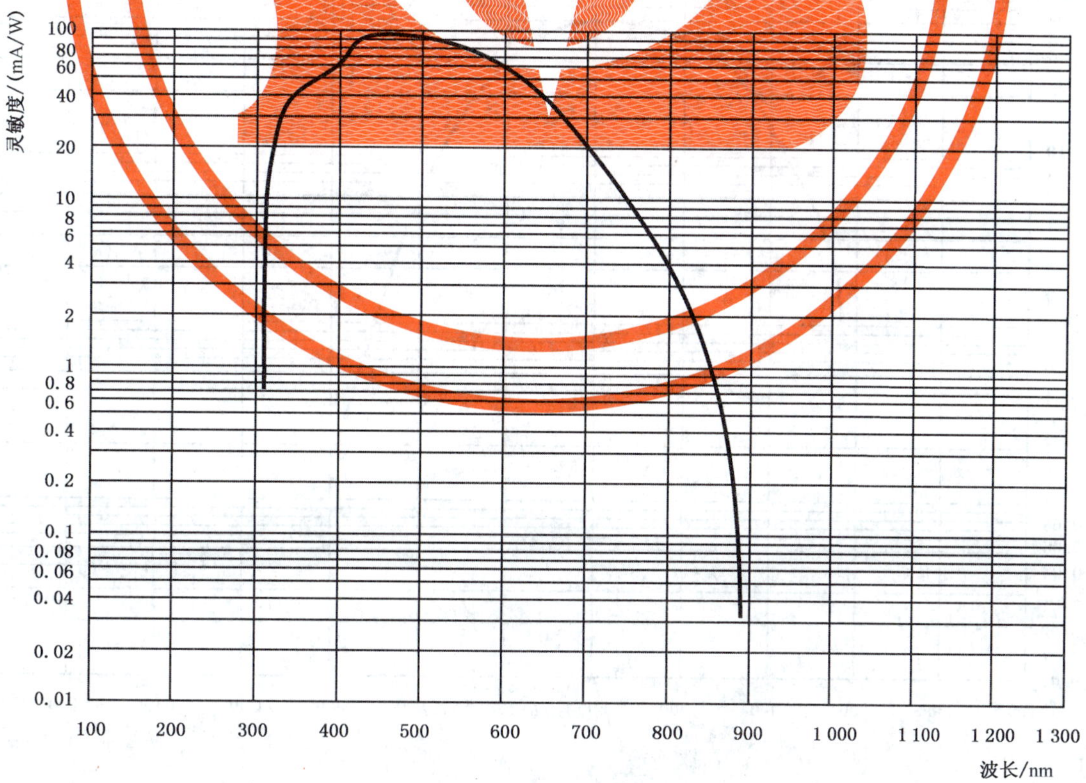

图 A.15 T50G

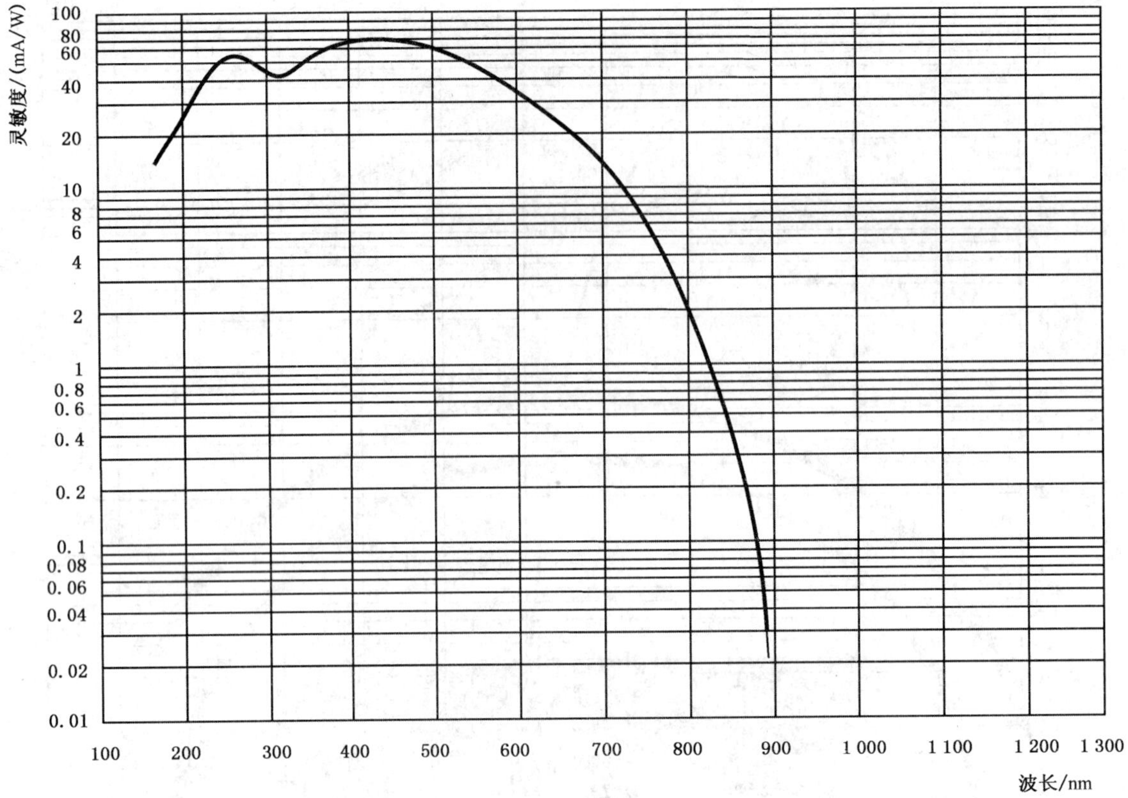

图 A.16　T50Q

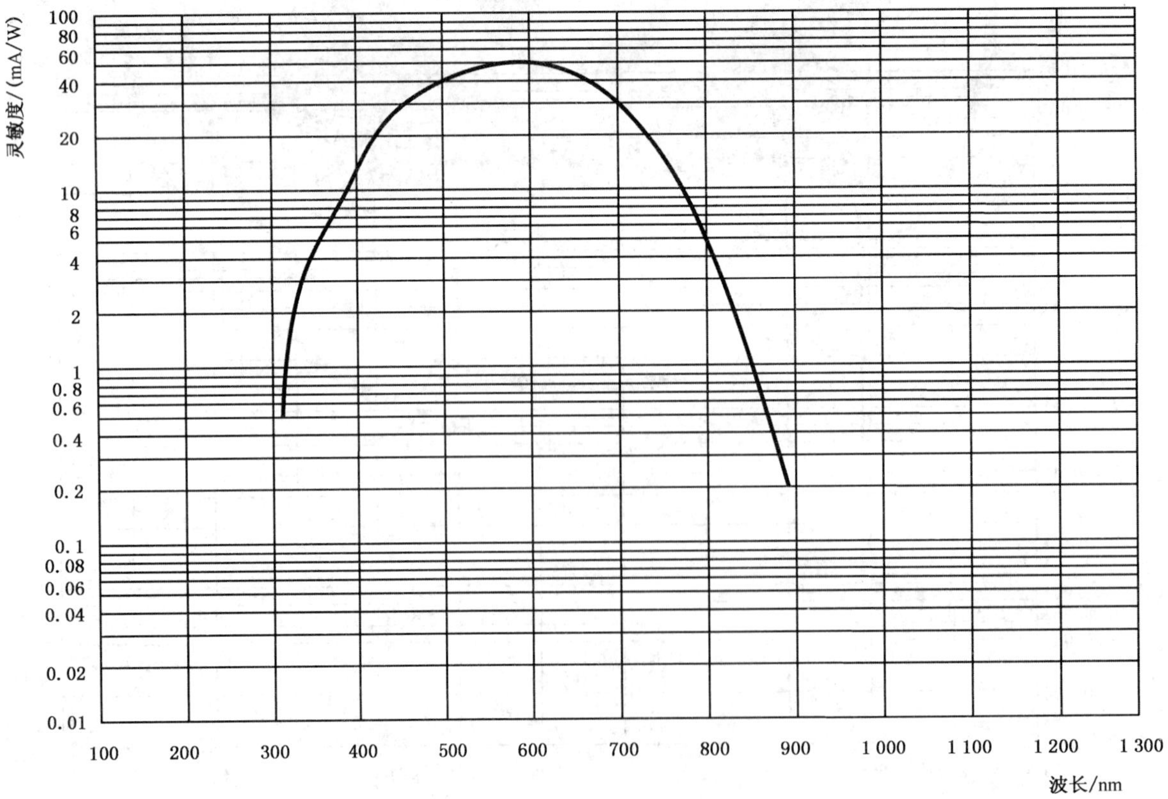

图 A.17　T51G

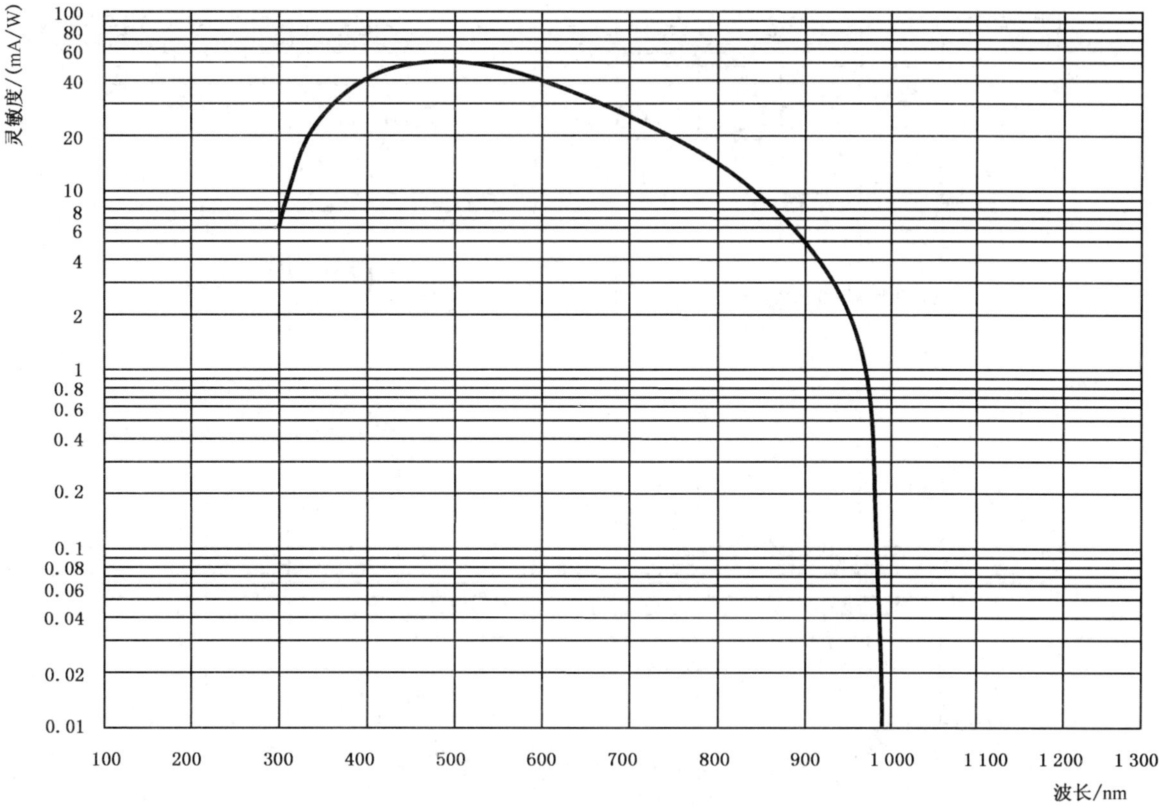

图 A.18　T52G

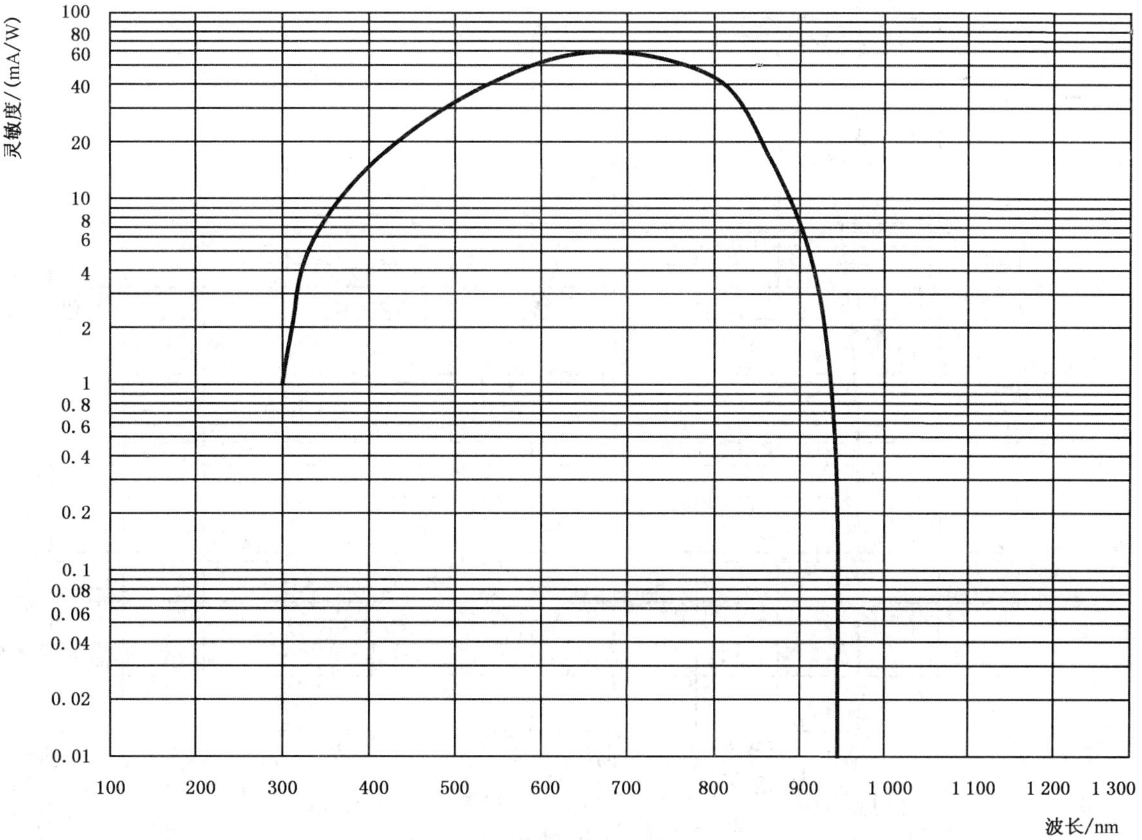

图 A.19　T53G

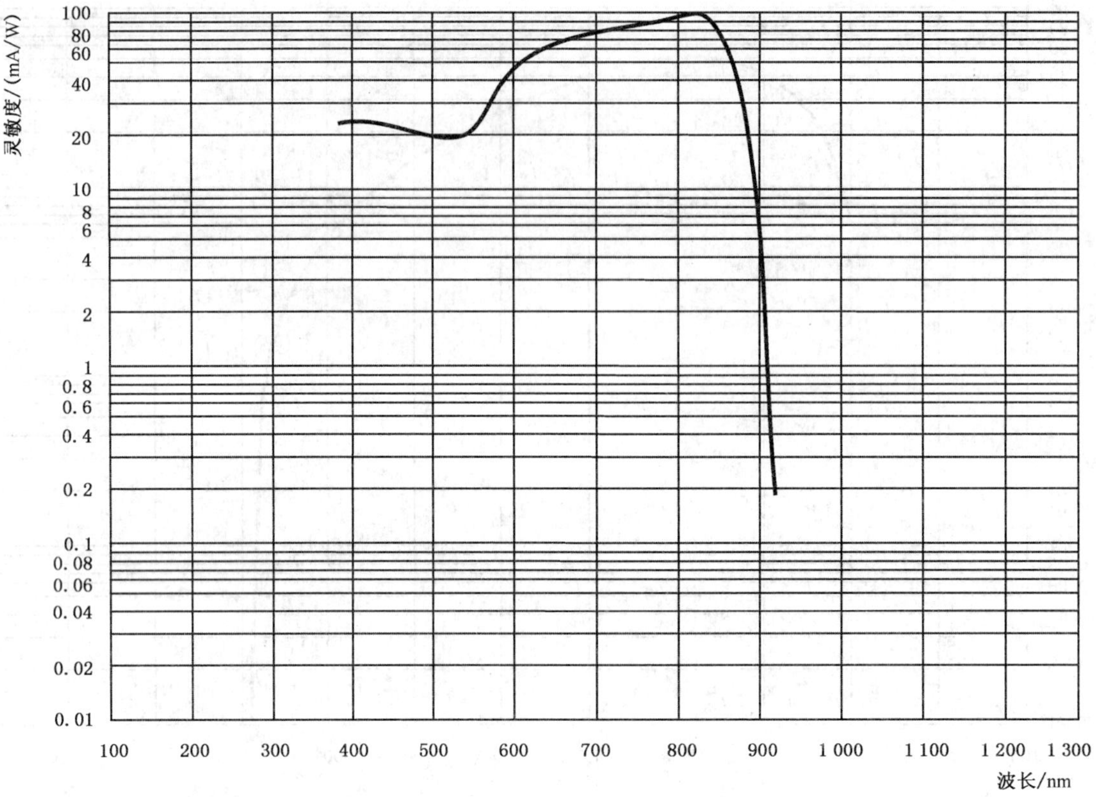

图 A.20 T60G

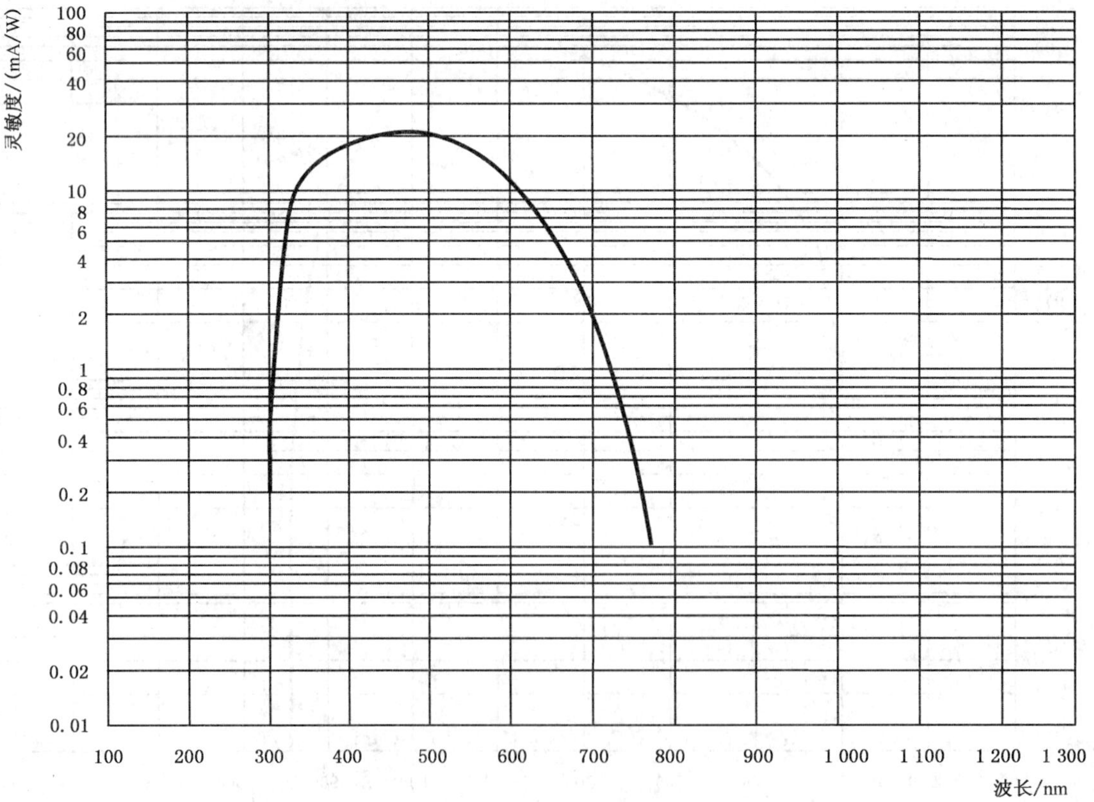

图 A.21 T90G

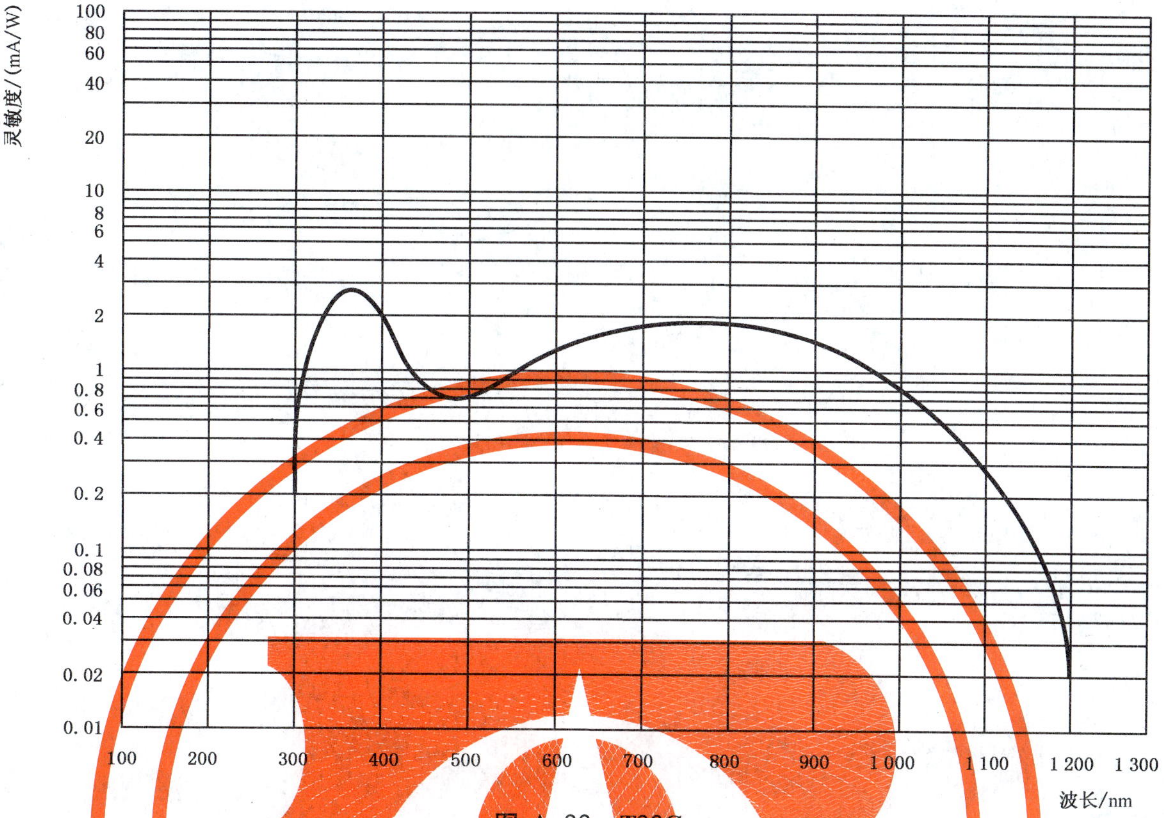

图 A.22 T93G

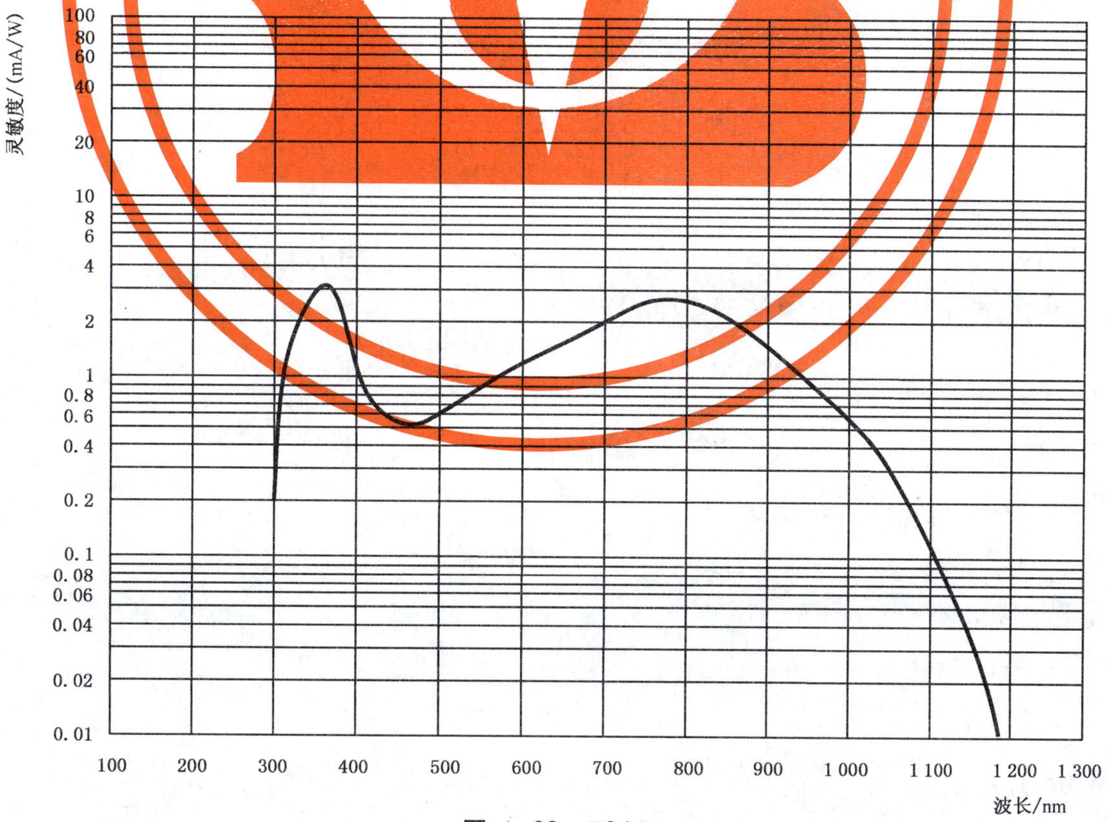

图 A.23 T94G

ICS 03.080.30
A 12

中华人民共和国国家标准

GB 5296.1—2012
代替 GB 5296.1—1997

消费品使用说明　第1部分:总则

**Instructions for use of products of consumer interest—
Part 1:General principles**

(ISO/IEC Guide 37:1995,Instructions for use of products of consumer interest, MOD)

2012-12-31 发布　　2013-05-01 实施

中华人民共和国国家质量监督检验检疫总局
中国国家标准化管理委员会　发布

前　言

本部分中第6.2条、第8.2.1.7条、第8.2.4条、第8.6.2条、第13章和14章为推荐性的，其余为强制性的。

GB 5296《消费品使用说明》目前已出版如下7个部分：

——第1部分：总则；

——第2部分：家用和类似用途电器；

——第3部分：化妆品通用标签；

——第4部分：纺织品和服装使用说明；

——第5部分：玩具使用说明；

——第6部分：家具；

——第7部分：体育器材。

本部分为GB 5296的第1部分。

本部分按照GB/T 1.1—2009给出的规则起草。

本部分代替GB 5296.1—1997，本部分与GB 5296.1—1997相比主要变化如下：

——根据我国强制性标准编写规定要求进行了编排和表述，增加了引言；

——根据GB/T 20000.2—2009要求，给出了采用国际标准一致性程度的标示；

——删除了ISO/IEC前言和引言；

——增加了术语“消费品”(见3.2)；

——对术语“使用说明”的定义进行了修改(见3.3，1997年版的3.2)；

——修改了产品名称的标示规定(见4.2a))；

——增加了标明限期使用日期的补充规定(见4.9)；

——增加了标明生产者名称、地址和所执行的产品标准编号(见4.10)；

——增加了产品或产品销售包装面积过小时使用说明的要求(见4.12)；

——增加了使用说明中文字高度的规定(见8.2.1.1和8.2.1.2)；

——修正了ISO/IEC指南37的文字高度的对应点值(见8.2.1.3和8.2.1.4)；

——“健康”改为“适用性”(见8.2.3)；

——增加了使用颜色的补充规定(见8.3.3)；

——修改了示例(见8.5.3，1997年版的8.5.3)；

——明确了提供中文使用说明，并增加了有关语音的规定(见8.6.1)；

——修改了多语种说明的要求，并增加了中文使用说明的位置规定(见8.6.2)；

——增加了使用规范汉字的要求(见8.6.3)；

——对不同语种引用图示的规定进行了修改、补充(见8.6.4，1997年版的8.6.4)；

——增加了对内容编排的规定(见第13章)；

——对多项条款中的一些词语进行了修改，以便更准确、完善。

本部分使用重新起草法，修改采用了ISO/IEC指南37《消费品使用说明》，以ISO/IEC指南37：1995为主要技术内容，并根据我国实际情况对其部分内容进行了修改。

本部分对ISO/IEC指南37：1995《消费品使用说明》的一些条文顺序进行了调整。附录B给出了本部分与其章条编号的对照表。

本部分与ISO/IEC指南37：1995相比存在技术差异，这些差异涉及的条款已通过在其外侧页边空

白位置的垂直单线(|)进行了标示,并在附录C中给出了技术差异及修改原因。

本部分由全国服务标准化技术委员会提出(SAC/TC 264)并归口。

本部分主要起草单位:中国标准化研究院、中国消费者协会、国家质量监督检验检疫总局国际检验检疫标准与技术法规研究中心、中国电子技术标准化研究院。

本部分主要起草人:冯卫、王征、丁东江、陆锡林、任静、张晓丽、焦阳。

本部分所取代标准的历次版本为:

——GB 5296.1—1985、GB 5296.1—1997。

引　言

“使用说明”是向消费者如实传递正确、安全地使用产品等信息的方法，对保护消费者人身、财产安全和人体健康，避免环境污染，以及防止欺骗和误导，保护消费者利益等方面都具有重要作用。

GB 5296的本部分对制定《消费品使用说明》国家标准的其他部分，对促进我国产品使用说明编制规范化，有着重要的指导和推动作用。

作为GB 5296的总则，本部分不可能提供覆盖每类消费品使用说明的详细要求。因此，本部分规定的原则，是为所有利益相关方提供如何设计和编制各类使用说明的通用要求。

消费品使用说明　第1部分：总则

1　范围

1.1　GB 5296的本部分规定了消费品使用说明(以下简称使用说明)的编制原则和方法。本部分适用于：

——消费品设计者、生产者、技术文件起草者或此类说明的其他编制者；

——制定消费品标准的技术委员会或组织。

1.2　本部分的原则和方法与特定的产品标准中涉及使用说明的具体要求同时使用。

1.3　本部分包括消费品使用说明的评价方法(参见附录A)，作为检查使用说明内容完整性和评价使用说明编写质量的参照方法及依据。

附录A主要供从事评定工作的研究者、专家和消费品评测机构使用。它也有助于本章1.1中提到的本部分的使用对象和管理者。

2　规范性引用文件

下列文件对于本文件的应用是必不可少的。凡是注日期的引用文件，仅注日期的版本适用于本文件。凡是不注日期的引用文件，其最新版本(包括所有的修改单)适用于本文件。

GB/T 2893.1　图形符号　安全色和安全标志　第1部分：工作场所和公共区域中安全标志的设计原则(GB/T 2893.1—2004，ISO 3864-1：2002，MOD)

GB/T 2893.2　图形符号　安全色和安全标志　第2部分：产品安全标签的设计原则(GB/T 2893.2—2008，ISO 3864-2：2004，MOD)

GB 2894　安全标志及其使用导则

GB/T 5465.2　电气设备用图形符号　第2部分：图形符号(GB/T 5465.2—2008，IEC 60417 DB：2007，IDT)

GB/T 7291　图形符号　基于消费者需求的技术指南(GB/T 7291—2008，ISO/IEC Guide 74：2004，MOD)

GB/T 10001.1　公共信息标志图形符号　第1部分：通用符号(GB/T 10001.1—2006，ISO 7001：1990，NEQ)

GB/T 16273.1　设备用图形符号　第1部分：通用符号(GB/T 16273.1—2008，ISO 7000：2004，NEQ)

GB/T 16273.4　设备用图形符号　第4部分：带有箭头的符号

GB/T 16900　图形符号表示规则　总则

GB/T 20002.1　标准中特定内容的起草　第1部分：儿童安全(GB/T 20002.1—2008，ISO/IEC Guide 50：2002，IDT)

ISO 11683 包装　触摸危险标志　要求(Packaging—Tactile warnings of danger—Requirements)

3　术语和定义

下列术语和定义适用于本文件。

3.1

消费者　consumer

为满足生活需要而购买、使用商品或接受服务的社会成员。

3.2

消费品　products of consumer interest

为满足社会成员生活需要而销售的产品。

3.3

使用说明　instruction for use

向使用者传达如何正确、安全使用产品以及与之相关的产品功能、基本性能、特性的信息。它通常以使用说明书、标签、铭牌等形式表达。它可以用文件、词语、标志、符号、图表、图示以及听觉或视觉信息，采取单独或组合的方法表示。它们可以用于产品上[包括：设备操作器(键、钮)上的说明、设备操作中的电子显示说明]、包装上，也可作为随同文件或资料(如，活页资料、手册、录音带、录像带、光盘等)交付。

注：使用说明书通常是比较全面传达产品信息的一种使用说明表现形式，因此，本部分将对使用说明书提出比较详细的要求。

4　总则

4.1　使用说明是交付产品的必备部分。

4.2　使用说明应确保：

a)　产品名称能清楚地识别产品，反映产品的真实属性；

b)　产品牌号、型号或标记能正确地标识产品，并符合国家相关规定；

c)　能标明使用者类型及其能力；

d)　根据需要，界定产品的预期用途；

e)　提供正确、安全使用产品或有关服务需要的一切信息。

4.3　使用说明应根据需要分别或同时包括下列有关信息：

a)　功能和操作；

b)　运输、装配、安装和存放；

c)　清洗、保养、故障判断、修理；

d)　对于产品和废物的销毁(或处理)，可能对安全和环境的影响。

4.4　使用说明应向消费者提供下列与使用有关的重要信息：

——环境(如，洗衣机所用洗涤剂的适当用量，废物的处理或销毁，再利用)；

——能源和其他资源的保护。

4.5　使用说明应能帮助消费者正确使用产品，对可合理预见的产品误使用进行说明，并给予充分警示，有效地帮助消费者避免可能导致危险的误使用。

4.6　使用说明不能用来弥补产品设计上的缺陷。

4.7　使用说明应注明使用产品时所需的特殊防护措施，以保护使用者和在场者(如，儿童需由成年人监护，或使用者需穿戴特殊服装等)。对于特殊群体(如，儿童、老人和残障人)的危险应关注。

4.8　如果一些说明仅针对特殊使用群体(如，从事安装、修理和保养某类产品的专业人员)，这些说明应单独编制和交付，并适当标明。在不影响使用情况下，这些说明不需随产品提供。

4.9　有安全期限要求或具有有效期限的产品，应提供产品的生产日期和安全使用期或保质期(有效日期)；交付消费者的产品包装表面，应同时在显著位置清楚标明生产日期和安全使用期或保质期(有效日期)。

4.10 使用说明应标明生产者名称、地址和所执行的产品标准编号。

4.11 使用说明书及类似资料应标明出版日期或版本。

4.12 产品或产品销售包装的最大表面面积小于 10 cm^2 时，除标明产品名称、生产者名称以及限期使用产品的生产日期、安全使用期和保质期(或有效日期)外，其他内容可在产品的其他使用说明上标明。

4.13 同一产品的技术内容描述，在生产者、制造者印发的使用说明和其他各类资料(如，广告或包装)中应保持一致。

5 标准中有关使用说明的条款

5.1 涉及消费者利益的产品标准应明确规定使用说明包括的内容(如，以最简要的列项形式表述)。使用说明应成为消费品标准的独立一章，该章标题为“使用说明”(如，包括安装和维护)。

5.2 对安全使用、操作、装配、拆卸、清洗或维修，以及对其销毁(处理)或对其废料处理，有专门程序要求的产品，在其产品标准中应明确规定。

5.3 当在产品或包装上提供使用说明时，应在产品标准有关标志、标签等章条中详细说明。

6 位置和方式

6.1 使用说明的位置、提供的方式、形式及包含的内容取决于下列一种或多种因素：

——危险性；

——环境或类似要求；

——产品设计；

——消费者特定情况下对相关信息的需要。

这些因素决定了使用说明可全部或部分地以下列一种或多种方式提供：

——在产品上；

——在包装上；

——随同产品提供的文件或资料中。

注：在产品上提供使用说明，对方便使用者有明显的优势，但是有些产品由于尺寸小或形状原因不适宜，或在使用中视线会被部分地遮挡，所以将一些或全部说明设置于包装上或作为随同资料提供也许是最好的或唯一的解决方法。

6.2 使用说明复杂时，若采用简短说明或提示卡、标贴或标签的形式，在产品上提供一些重要的信息，对使用者很有帮助，应尽可能采用这些方法。

6.3 当安全取决于消费者对产品正确安装、使用、维护、销毁或处理的重视程度，且正确方法又不易引起重视时，产品安全标准至少应规定一个警示标志，以提醒消费者对使用说明有关部分的注意。

7 在销售点提供信息

当使用说明是消费者从众多产品中作出合理购买选择的必需要素时，应在销售点提供使用说明或其有关部分。

注：在销售点为消费者提供做出合理购买决定所需的全部信息，是产品信息体系(参见 GB/T 21737—2008)推荐的方法。这些信息包括本部分中提到的一些情况，如，需要防护服和警告父母限制儿童使用(见 9.5)。

8 编制要求

8.1 总则

8.1.1 使用说明应清楚地指明产品，说明该产品的型号、样式或种类，不应因一种型号与其改进型之间或两种不同的型号之间(不论这种不同有多小)，或同一型号下不同规格之间的混淆而导致消费者手中的使用说明与实际使用的产品不符(见4.11)。

8.1.2 应提供给消费者单一型号产品的使用说明，但两个或多种型号产品的使用说明完全相同时，允许提供包含系列型号产品信息的说明，此时应标明消费者所用型号。

8.1.3 有关可选择的组件或附件的说明应与总的说明和其他组件或附件的说明清楚地分开(如，通过分条文、分标题等)，以免消费者将无关内容混淆在一起。

8.2 易读

8.2.1 产品上使用说明的字体和尺寸，以及印刷资料和计算机处理的信息的字体和尺寸，应清楚和足够大，以保证易读。

8.2.1.1 在满足8.2.2、8.3.1、8.3.3要求条件下，产品上或产品包装上的中文使用说明文字高度不得低于1.8 mm（5.25点，7号字）。在条件允许情况下，应采用较大字。

8.2.1.2 中文使用说明书正文文字高度不得低于3.2 mm(9点，小5号字)。

8.2.1.3 在满足8.2.2、8.3.1、8.3.3要求条件下，产品上或产品包装上的英文字母(铅字面)x的高度(较矮字母的高度)不得低于1.5 mm(4.27点)。

注1：在排版点体系中Pica制对应的尺寸大约是4.27点(Pica：1点≈0.351 mm)。

注2：拉丁字母以外的其他字母，选择的字体和尺寸，应同样清楚易读。

8.2.1.4 英文使用说明书(如，活页文件、资料、手册)的正文，应使用3.2 mm至5.6 mm(9点至16点)高度的字符。

8.2.1.5 使用说明书(活页文件、资料、手册)、产品上的使用说明和消费者需经常查阅的其他简短信息的标题，应根据阅读的距离，使用3.7 mm以上(10.5点，5号字)字体。

8.2.1.6 产品上使用说明的位置以及它们所在表面与使用者垂直角度，应让使用者在使用产品时，易于从所处位置阅读。

8.2.1.7 相关标准可包括有关促进使用说明易读的更多的参数规定，特别是有关字体尺寸与阅读距离参数关系的规定。

8.2.2 亮度对比——从底面反射回的光线的百分比与从印刷体反射回的光线的百分比之间的差异——应尽可能大。

注1：这种对比通常应在70%以上，质量好的黑印刷体在白纸上的亮度对比大约为80%。

注2：要避免因在有些薄纸两面印刷字体产生透印而使亮度对比被减弱，从而削弱易读性。

根据上面的参数，在产品标准中，应指明最小字体的尺寸和它在亮度对比上的最低要求。

8.2.3 使用说明中有关安全的内容，应采用不同的字体或不同尺寸(字号)的文字或其他方法，使内容醒目。若不能确定是安全性还是适用性说明时，应优先作为安全性说明。

8.2.4 将使用说明的文字、数字或符号用凹陷或突出的方法制在金属、玻璃或塑料产品上，具有促进使用说明耐久、减少零散资料等优点，但应与易读的优质印刷品相比较，首选更清晰者(见12.1)。

8.3 颜色

8.3.1 使用颜色应清楚、醒目和易于快速识别，特别是涉及控制器、重要元器件时。

8.3.2 如果使用颜色，应具备功能性、系统性和一致性(见GB/T 2893.1、GB/T 2893.2、GB 2894)。

8.3.3 鉴于一些人辨色能力存在问题。对于用颜色表达特定含义的说明，不能仅使用辨认颜色的办法，还应有文字说明或使用其他方法表达。

8.4 表述原则

8.4.1 为达到最佳效果，使用说明应根据先读懂才会用的原理，按产品使用的顺序和每步程序要求进行合理表述。

注：在需要做出快速反应时(如，当需要使用灭火器时)，使用说明应保证消费者只需最简捷的思维过程，就能读懂、会用。

8.4.2 当安全正确使用产品应遵循复杂的操作程序时，使用说明应能帮助和促进消费者顺利学习和理解程序。实现这一目的非常有效的方法包括提供图示说明、图表和操作程序图(见 8.7、8.9 和 8.10)。

8.4.3 具有几种不同和独立功能的产品的使用说明，应先介绍产品的基本的和通常的功能，然后再介绍其他方面的功能。

8.4.4 产品的使用说明应预测消费者可能会遇到的问题，并为消费者提供解答。(如提出类似问题“哪里？谁？什么？什么时候？怎么样？为什么？”，并给予回答。)

8.5 技术术语的表述和使用

8.5.1 使用说明应尽可能简短，并使消费者易于理解，不可避免的技术术语应有定义或解释，使用说明中前后应使用一致的术语、符号和单位表示相同的信息，并符合国家相关规定。

8.5.2 文件和资料的正文，应遵循 8.4 中的表述原则。言简意赅的标题和注可以帮助使用者找到需要的内容(见 8.11)。

8.5.3 一句话通常应只包含一个内容要求，或很少几个紧密相关的内容要求。为了清楚起见：

——应使用动词主动态，不用被动态；

——要求应果断有力，而不模糊软弱；

——应使用行为动词，不用抽象名词；

——表述应直截了当，而不委婉。

示例如表 1：

表 1 技术术语的表述和使用示例

语言表述原则	应这样表达	不应这样表达
使用主动态	**关闭电源**	确定电源被中断
果断有力	不许动手环	**手环不应该被动**
使用行为动词	**避免事故**	事故的避免
直截了当	**拉回操作杆**	**使用者从机器拉回操作杆**

8.6 语言

8.6.1 我国境内销售的消费品应提供中文使用说明，语音使用说明应采用普通话(包括使用过程中的提示信息)。

注：出口的消费品应提供销售所在地的官方法定文字编写的使用说明。

8.6.2 我国境内销售的消费品，当需要提供一种以上语种的使用说明时，中文说明应置于外文前，中文标题应醒目、突出，各语种说明应明显分开。

8.6.3 中文使用说明应采用规范汉字。

注：销往香港、澳门、台湾地区或国外的消费品，如需方要求，使用说明可使用繁体字。

8.6.4 当其他语种的使用说明翻译为内容相同的中文使用说明时，应对所有内容包括注释进行翻译，对于没有图注的图示，可翻译出图示标题，并对原图示加以引用。

8.6.5 当使用说明由一种语言翻译成其他语言时，应由有权威的语言专家和技术专家完成翻译的全过程，包括审核。

8.7 图示

8.7.1 无论是用照片、线条图，还是采用其他媒体，都应注意其质量和清晰度。

8.7.2 任何时候，图示说明不应与相关的正文分开，图示与正文应互相对应。如果对一个连续操作进行描述，正文和图示应按照同样的顺序。

8.7.3 对图示细小部分应提供标题说明，以分辨和确认控制器、附件等的位置。

8.7.4 一个图示不应包含所需功能外的更多信息。

8.7.5 当需要时，图示和图示的细节部分应于所在说明之处的相关部分重复使用。

8.7.6 8.7～8.10 所包含的图示、表格或操作程序图可以折叠起来装贴在使用说明书(活页资料或手册)中，便于对照查看不同页上的相应正文。

8.8 图形符号

8.8.1 图形符号应容易理解，且具有单独含义。应符合 GB/T 5465.2、GB/T 16900、GB 7291、GB/T 10001.1、GB/T 16273.1 和 GB/T 16273.4 的规定。

8.8.2 使用说明应清楚地指明并解释出现在产品上的符号所代表的产品功能。

8.9 表格

8.9.1 表格更有利于消费者理解，需要时应使用表格。表格和相关的正文应安排在一起(见 8.7.6)。

8.9.2 当消费者需要帮助时，表格或表格的一些部分应于所在说明之处的相关部分重复使用。

8.10 操作程序图

为了安全和正确地使用产品，需采用特定的操作程序，操作程序图可以帮助消费者理解、掌握操作程序。操作程序图应和相应的正文安排在一起(见 8.7.6)。

8.11 目次(索引)

8.11.1 当使用说明超过一页(含折叠形式)以上时，每页都应编号。活页资料、手册等的页数超过四页时，应有一个目次(索引)。

8.11.2 当使用说明较长和复杂时，应按汉语拼音顺序给出一个关键词的索引，目次应包括索引。

8.11.3 对于复杂的设备，应分别提供操作控制器和指示器(如，表盘、计量器或指示灯)的目次。

8.11.4 目次中的标题应与正文中使用的标题相同。

8.12 故障的判断、检查和修理

如果消费者能对产品的一些故障进行判断和修理，而不会对自己或别人或产品造成危害，那么使用说明的活页资料、手册应提供一个具有适当图示、解说的故障检修表及相关维修参数，指出产品可能出现的故障，并明确指出使用者可尝试自己修理，还是需请专业人员修理。

9 安全警示

9.1 对于使用中可能会危害消费者安全的产品，应有安全警示。根据 8.2.1～8.2.4 和 8.3 中的规定，安全警示应使用较大的或不同的印刷字体，用特别的符号或颜色来强调。

9.2　为达到最佳效果，安全警示的格式和编写应考虑以下几点：

——内容和图示要简明扼要；

——安全警示的位置、内容和形式要醒目；

——确保正常使用产品时，能从使用位置看到危险警示；

——解释危害的性质（如果需要，解释危害的原因）；

——对于如何去做给予清楚的指导；

——对于如何避免给予清楚的指导；

——使用清楚的语言、图形符号和图示说明（见 8.6～8.10）；

——切记过于频繁重复警示以及错误的警示会削弱必需警示的效用。

9.3　当提醒消费者时，使用说明的安全警示标题应根据危险级别不同使用下列分级方法和警示用语：

——“危险”，对高度危险要警惕；

——“警告”，对中度危险要警惕；

——“注意”，对轻微危险要关注。

9.4　具有高、中度危险的产品，应将安全警示永久地装制在产品上，以便消费者在产品的寿命周期内清楚地看到它的内容。

9.5　危险警示或使用限制（如，“不适用于 3 岁以下儿童”）对安全极为重要，应明显给出。这样的警示在销售地点应能明显可见（见第 7 章和 GB/T 20002.1 的有关规定）。

10　用语和标志的标准化

为了传达危险警示等重要信息，应在适当位置使用标准化的用语或安全标志或图形符号。这样的用语和标志及其位置要求，应在有关产品标准中规定。

11　视听信号

11.1　视觉信号（如，闪烁的灯）、听觉信号（如，“嘟嘟”的声音）都可以用于提示和警示消费者，根据产品的适用性选择两者之一或组合表示。

11.2　视听信号应符合下列要求：

——清晰；

——及时发送以便使用者采取行动避免伤害或发生故障；

——能清楚地识别并区别于其他信号；

——在使用说明中或在产品上有这些信号的解释；

——消费者使用产品时，从他们的位置能够清楚地接收到产品发出的视听信号。

11.3　设计和安放视听信号时应考虑到容易检查、修理，在使用说明书或产品上的使用说明中应清楚地描述安全警示的装置。如果需要，使用说明应规定这些装置的常规检查。

11.4　如果需要，产品标准应专门规定产品要包括哪些视觉或听觉信号。

12　使用说明的耐久性

12.1　在产品的寿命周期内，产品上的使用说明应始终存在并能够清楚地阅读。

12.2　包装上或产品随同资料中的使用说明（如，活页资料、手册等）应以耐久性的材料制成；在产品的寿命周期内和使用环境中，它们应经得起消费者频繁翻阅。

12.3　除了那些仅用于最初的装配或安装的说明，应在使用说明上标出**“保留备用”**，并且在产品的寿命周期内，根据要求，生产者应提供使用说明的替代复制件。

12.4 因包装不易永久保存，而且在打开时常被损坏，所以不宜在包装上印制永久性说明。如在包装上印制永久性说明，应明确指出“**保留备用**”。如只需保存包装上的说明部分，该部分应易于从包装上拆下。

13 内容编排

使用说明内容的编排，应根据具体消费品的特点和使用要求，参照表 A.1 所列内容加以选择增减并合理排序。

14 编写质量评价

参照附录 A 的相关内容及表 A.2 的要求进行。

附 录 A
（资料性附录）
消费品使用说明的评价

A.1 介绍

本附录的编写是为了更好地应用本部分的文本，以使其内容更好地贯彻实施。

A.2 总则

被评价的使用说明包括产品上的使用说明、产品包装上的使用说明和产品随同文件或资料中的使用说明（如，活页资料、手册、录音、录像带、光盘）（见3.3）。根据4.1，使用说明应是产品必不可少的一部分。

A.3 方法

根据产品的复杂性和有关内容对确保安全、正确使用的重要性，评价时采取以下的形式：

——文案研究；

——产品使用者小组评测。

A.4 文案研究

A.4.1 文案研究评价由适合的、有资格的专家承担，这些专家应与该产品的设计、生产、销售和产品使用说明的编写无任何关系。

A.4.2 文案研究有时需要由独立的第三方检查加以补充；如，销售方面需提供的信息（见第7章），其真实情况应由研究者或独立的评价者调查，而不是依赖生产者的声明。

A.4.3 使用说明应包括的基本内容，根据表A.1符合度表进行定量检查。

A.4.4 编写质量需根据表A.2评价表进行检查。

A.4.5 两个检测表（表A.1、表A.2）都是基本要求，需要根据有关产品的具体标准加以补充或与其保持一致。在没有这样的标准时，应根据可比产品的标准或具有相应功能的标准，以及其他适当方法加以规定。

A.5 小组评测

A.5.1 产品使用者测评小组是检查使用说明对产品消费者适用性的方法，该方法让参加评测的消费者回答他在使用产品时可能遇到的所有问题（包括安全和环境方面的问题）。该方法可证实产品使用说明符合设计、工效和产品功能的程度。

A.5.2 测评小组的成员代表应在产品的消费者和潜在消费者中具有代表性，选择时应考虑如下因素：

a） 年龄；

b） 性别；

c） 健康状况；

d) 身体能力(残障);

e) 左手习惯或右手习惯;

f) 受教育程度、识字状况、专门技能;

g) 以前是否了解类似产品。

在多数情况下,测评小组由5人组成,就可以获得可靠的结果。但如果考虑到所有因素[包括上述从a)~g)],小组的人数还需要增加。

A.5.3 取得结果的通常方法是要求测评小组的每一位成员根据表A.1和表A.2中的要求填写问卷。评测的录像和录音记录可以帮助确定使用说明实用性的真实程度。

A.5.4 每项考查应由一位有资格的专家监督(见A.4.1),这个专家应根据他的观察,特别是根据对每个小组成员遇到的所有问题的分析而独立做出报告。

A.6 评价

A.6.1 无论是专家评价或小组评价,或两种方式都有,对某些特定要求可标明"重要"(|)或"很重要",(||)。

A.6.2 在许多情况下,被评价的个别项目由于产品或系列产品的要求不同,其重要性也不同。这些项目可仅为特殊目的而设置。

A.6.3 为了有一个完整的测评小组的评价,每个成员应根据他的个人经验分别用六种判定(见表A.2上方)给出一个最终评价。

A.4中描述的小组评测的最后评价结果,应由监督专家负责。他应该考虑成员的人数,考虑评测安全和正确使用产品的难度和对问卷的反映,还可包括困难的加重和严重程度(如,人身伤害风险或对产品损坏的抱怨)。为了评价这些结果,他可以规定定量标准或统计标准。对测评小组的评价应包括一份由监督专家撰写的陈述报告。

表A.1 符合度表

本表用于检测使用说明是否包含了应有内容。表中采用下列特定符号,判定使用说明是否满足(符合、包括)检查项目的状况。

a) 满足(符合、包括) (+)

b) 未满足(未符合、未包括)(—)

c) 不适用 (0)

重要性(见A.6.1)	检查项目	符合度(+,—,0)	评注
	1 识别		
	1.1 牌号和种类名称		
(|)	1.2 样式、型式、种类、子类的编号		
	1.3 保质日期或有效日期		
	1.4 查核最新出版日期(如,产品改进后的手册出版日期)		
	1.5 生产者和供应者、销售者或其他信息		
	1.6 生产者和服务机构的地址等		
	1.7 证明书		
	1.8 特定产品标准要求		
	1.9 可选择的组件和附件		
	2 产品规范		
(|)	2.1 功能和适用范围		

表 A.1（续）

重要性（见 A.6.1）	检　查　项　目	符合度（+，-，0）	评注
（Ⅱ）	2.2　安全和正确使用		
（Ⅱ）	2.3　产品设计和说明合理完善（使用说明不能用来弥补设计缺陷）		
	2.4　尺寸-质量-容量		
	2.5　性能数据和测量方法		
（Ⅰ）	2.6　动力、燃油、水和其他消耗品（如，洗涤剂、润滑油）的供应资料		
	2.7　能量消耗及使用的测量方法		
	2.8　产生的噪声、气体、废水等，使用的测量方法		
	2.9　安全处理		
（Ⅰ）	2.10　个人防护信息（如，服装）		
（Ⅰ）	2.11　特殊群体危险信息		
	3　产品使用前的准备		
（Ⅱ）	3.1　安装前的安全预防措施		
	3.2　拆包		
	3.3　安全处理包装		
	3.4　安装和装配（如，特殊工具，保养和修理空间）		
	3.5　在正常使用期间的储藏和保护		
	3.6　预防运输中损坏进行再包装		
（Ⅰ）	3.7　由有资格人员进行操作的有关信息。将此信息与一般消费者所用说明分开。给有资格人员详细的说明（书）		
	3.8　使用说明的位置		
	4　操作说明		
	4.1　基本作用		
（Ⅰ）	——能正确使用产品		
（Ⅱ）	——能保证使用安全		
（Ⅰ）	——对可预见的误使用进行说明		
（Ⅰ）	——与有关产品标准中的基本要求一致		
	4.2　辅助作用（同上 4.1）		
	4.3　可选择的组件和附件		
（Ⅰ）	4.4　个人防护		
	4.5　快速简明介绍		
	——通过提示卡、标贴或标签		
	——通过对手册重点的提示等		
	4.6　废品处理		
	5　视觉和听觉信号		
	6　维修、保养和清洗		
（Ⅰ）	6.1　安全防护措施（如，个人防护、特殊工具）		
	6.2　由消费者进行的维修和清洗		
	6.3　由有资格人员进行的维修和清洗		
	6.4　排除故障（包括方法的图示、图表及维修参数）		
	7　安全和健康		
	7.1　安全警示（告诫）		
（Ⅱ）	——正确的位置：		
	● 产品上；		
	● 在包装上；		

表 A.1(续)

重要性(见 A.6.1)	检 查 项 目	符合度(+,-,0)	评注
	● 在随同文件或资料中。		
	——在销售点的摆放位置是否适当、显著		
	——正确使用术语		
(Ⅰ)	——使用标准化的用语和文字		
(Ⅰ)	——警示的持久性		
(Ⅰ)	——与有关产品标准的要求一致		
(Ⅱ)	7.2 安全信号		
(Ⅱ)	7.3 潜在危险性的信息		
(Ⅰ)	7.4 产品在寿命周期结束后的安全处理		
	7.5 使用产品对环境的影响		
	8 信息的一致性		
	无论是在产品上、包装上或随同资料中,使用说明各部分的术语和信息要保持一致		

表 A.2 评价表

本表用于检测使用说明的编写质量。表中采用下列分值,对使用说明检查项目进行评价。

a) 很好(非常出色) 3

b) 好 2

c) 一般,可接受 1

d) 差 -1

e) 很差 -2

f) 不适用(不需要) 0

重要性(见 A.6.1)	检 查 项 目	评价(3,2,1,-1,-2,0)	评注
	1 容易识读		
	1.1 产品上的信息		
	——字体尺寸[a] 取决于阅读距离[b]		
	——亮度对比[c]		
	——制作在产品上的说明		
	1.2 手册、活页资料		
	——字体尺寸		
	——亮度对比		
	——不同的字体和字体尺寸等的使用		
	——颜色的使用		
	2 信号		
	提供给使用者的信息的数量和清晰度		
	3 正文和术语		
	3.1 正文和词汇的使用		
	——简明(易懂)还是复杂		
	——短小还是冗长		
	——一句话一个要求还是一句话中给出太多的内容		
	——主动态还是被动态		

表 A.2（续）

重要性（见 A.6.1）	检查项目	评价（3,2,1,−1,−2,0）	评注
(Ⅰ)	3.2　使用的术语 ——很好解释还是含糊(费解) ——一致还是不一致 3.3　正文的结构 ——结构合理还是混乱 ——符合表述原则还是结构无条理 ——先讲解基本操作(功能)，后讲解复杂的操作(功能) ——表述基本产品和可选择部件要明确分开 ——标题明确 ——避免多余的内容 3.4　表述原则 ——有利于快速反应(即对紧急情况的说明要简明、易懂) ——采用利于掌握复杂内容的表达方法 ——以问答形式表达(如回答问题：哪里？谁？什么？什么时候？怎么样？为什么？)		
(Ⅰ)	**4　语言** 4.1　语种区分清楚与否 4.2　正文和图示说明之间联系清楚 4.3　图示说明配有清楚和有助于理解的标题 4.4　无语言错误 **5　图示说明** 5.1　总体质量 5.2　具有足够数量的图示，每个图示都是提供明确的特定信息 **6　图形符号** ——符合标准化要求 ——解释清楚 **7　表格** ——位置相邻 ——表达清楚信息丰富 ——在需要的地方重复 **8　操作程序图** ——提供的位置适当 ——清楚 **9　使用颜色** ——功能性 ——清楚 ——一致性 **10　目次(索引表)** ——相应长度篇幅和复杂的正文 ——清楚、一致性和实用 ——有用的关键字(词)表 ——编有页码 **11　解除故障的建议** 明确，实用，对安全给予应有的关注		

表 A.2（续）

重要性 （见 A.6.1）	检 查 项 目	评价 （3,2,1, −1,−2,0）	评注
	12 耐久性 妥当规定在预期（正常）使用期间不会丢失和损坏		
	注：在 A.4.2 中描述的评价检查也可通过计算分值及忽略 0 作总结。当分值为正值时，使用说明便满足了测试。		
	[a] 中英文使用说明的正文字体高度低于 3.2 mm；或产品上、包装上的中文使用说明字体高度低于 1.8 mm，英文字体高度低于 1.5 mm 时，为（−1）或（−2）。 [b] 产品上的说明：如果在不同位置有几个说明，应分别进行评估。 [c] 亮度对比小于 70 % 为（−1）或（−2）。		

附 录 B
(资料性附录)
本部分与 ISO/IEC 指南 37:1995 的章条编号对照

表 B.1 给出了本部分的章条编号(表中简称本部分编号)和 ISO/IEC 指南 37:1995 对应的章条编号(表中简称国际指南编号)。

表 B.1 本部分与 ISO/IEC 指南 37:1995 的章条编号对照

本部分编号	国际指南编号	本部分编号	国际指南编号	本部分编号	国际指南编号
1	1	6.3	5.3	8.5.3	7.5.3
1.1	1.1	7	6	8.6	7.6
1.2	1.2	8	7	8.6.1	7.6.1
1.3	1.3	8.1	7.1	8.6.2	7.6.2
2	2	8.1.1	7.1.1	8.6.3	7.6.3
3	—	8.1.2	7.1.2	8.6.4	7.6.4
3.1	—	8.1.3	7.1.3	8.6.5	7.6.5
3.2	—	8.2	7.2	8.7	7.7
3.3	引言 0.1	8.2.1	7.2.1	8.7.1	7.7.1
4	3	8.2.1.1	—	8.7.2	7.7.2、7.7.3
4.1	3.1	8.2.1.2	—	8.7.3	7.7.4
4.2	3.3	8.2.1.3	7.2.1.1	8.7.4	7.7.5
4.3	3.5	8.2.1.4	7.2.1.2	8.7.5	7.7.6
4.4	3.6	8.2.1.5	7.2.1.3	8.7.6	7.7.7
4.5	3.2、3.4	8.2.1.6	7.2.1.4	8.8	7.8
4.6	3.2	8.2.1.7	7.2.1.5	8.8.1	7.8.1
4.7	3.7	8.2.2	7.2.2	8.8.2	7.8.2
4.8	3.8	8.2.3	7.2.3	8.9	7.9
4.9	3.9	8.2.4	7.2.4	8.9.1	7.9.1
4.10	—	8.3	7.3	8.9.2	7.9.2
4.11	3.10	8.3.1	7.3.1	8.10	7.10
4.12	—	8.3.2	7.3.2	8.11	7.11
4.13	3.11	8.3.3	7.3.3	8.11.1	7.11.1
4.14	—	8.4	7.4	8.11.2	7.11.2
5	4	8.4.1	7.4.1	8.11.3	7.11.3
5.1	4.1	8.4.2	7.4.2	8.11.4	7.11.4
5.2	4.2	8.4.3	7.4.3	8.12	7.12
5.3	4.3	8.4.4	7.4.4	9	8

表 B.1（续）

本部分编号	国际指南编号	本部分编号	国际指南编号	本部分编号	国际指南编号
6	5	8.5	7.5	9.1	8.1
6.1	5.1	8.5.1	7.5.1	9.2	8.2
6.2	5.2	8.5.2	7.5.2	9.3	8.3
9.4	8.4	11.4	10.4	14	—
9.5	8.5	12	11	附录 A	附录 A
10	9	12.1	11.1	附录 B	—
11	10	12.2	11.2	附录 C	—
11.1	10.1	12.3	11.3	参考文献	—
11.2	10.2	12.4	11.4		
11.3	10.3	13	—		

附 录 C
（资料性附录）
本部分与ISO/IEC指南37:1995的技术性差异及其原因

表C.1 给出了本部分与ISO/IEC指南37:1995的技术性差异及其原因。

表C.1 本部分与ISO/IEC指南37:1995的技术性差异及其原因

本部分章条编号	技术性差异	原 因
引言	删除了ISO/IEC指南37:1995的引言	其引言的内容在本部分的术语和定义及范围中已经包含，因此不再重复
2	将引用标准中已有相应国家标准的采用国家标准名称和编号	便于标准应用
3.2	增加了“消费品”的定义	便于标准使用
3.3	修改部分词句，增加了使用说明是向使用者传达“产品功能、基本性能、特性”信息的内容，范围包括了“电子显示说明”。 增加了注	以便定义更准确、完善 便于使用者理解、应用
4.2	a) 增加了“反映产品的真实属性”； b) 增加了“并符合国家相关规定”	促进产品名称测规范性； 提示使用者关注此方面的其他国家有关法规
4.3	增加了“存放”	有利于消费者使用产品
4.5、4.6	对原3.2、3.4两条款中相近的要求合并在一起	便于使用者理解、应用
4.9	增加规定“交付消费者的产品包装表面应同时在显著位置清楚印有生产日期和安全使用期或保质期(有效日期)”	有些使用说明的生产日期印在产品包装的表面而保质期或有效期印在里面的产品上或包装盒里面，有的日期印制十分模糊，使消费者无法看到或辨别
4.10	增加了应标明生产者名称、地址和所执行的产品标准编号	与国家有关的法律法规相一致
4.11	增加了“或版本”	兼顾使用说明书应用版本标识的状况
4.12	增加了产品或产品销售包装面积过小时的说明要求	与国家有关的法律法规相一致
8.1.2	增加了“应标明消费者所用型号”	防止混淆消费者所用型号
8.2.1.1、8.2.1.2	增加了中文高度方面的规定	满足中文使用说明的编制需要
8.2.1.4	字符高度对应的点由8点改为9点	3.2 mm在我国印刷中对应的点数为9点
8.2.1.5	字体高度由4 mm改为3.7 mm	4 mm没有大小完全对应的汉字，5号汉字为3.7 mm
8.3.3	还应有文字说明或使用其他方法表达	便于理解实行标准
8.5.1	增加了“并符合国家相关规定”	提示使用者关注此方面的其他国家有关法规
8.5.3	修改了示例	便于理解标准

表 C.1（续）

本部分章条编号	技术性差异	原 因
8.6.1	明确了在中国销售的产品应有中文使用说明	便于中国消费者使用
8.6.2	增加提供中文使用说明及其位置的规定	国外许多进口产品只有外文说明，或将中文说明放于多种外文之后，不利于我国消费者使用
8.6.3	增加了对中文文字的要求规定	杜绝使用说明的中文字不规范的现象，方便消费者阅读
8.6.4	对不同语种引用图示的规定进行了修改、补充	原规定有时会出问题，当引用的图示没有图注时，改写图题语种引用图示确实方便；但图示有图注时，就可能出现因引用的图注未加翻译而使人看不懂图示。避免引用不当，方便消费者理解
8.12	增加了“相关维修参数”	便于消费者使用产品
9.1	增加了“对于使用中可能会危害消费者安全的产品，应有安全警示”	给出安全警示的应用范围
13	增加了对内容编排的规定	便于标准使用
14	增加了编写质量评价	便于标准使用
附录 A 表 A.2 中脚注[a)]	增加了中文文字高度评价内容	满足中文使用说明的编制要求
附录 B	增加了“本部分与 ISO/IEC 指南 37:1995 的章条编号对照”	符合标准编写要求
附录 C	增加了“本部分与 ISO/IEC 指南 37:1995 的技术性差异及其原因”	标准编写要求
参考文献	增加了参考文献	帮助使用者了解标准修订时参考的一些文件

参 考 文 献

[1] GB 7718—2011 食品安全国家标准 预包装食品标签通则

[2] GB/T 20000.4—2003 标准化工作指南 第4部分：标准中涉及安全的内容（ISO/IEC Guide 51：1999，MOD）

[3] GB/T 21737—2008 为消费者提供产品和服务的购买信息（ISO/IEC Guide 14：2003，IDT）

[4] 中华人民共和国产品质量法，2000年9月1日.

[5] 产品标识标注规定，国家质量监督检验检疫总局，1997年11月7日.

[6] 出版物汉字使用管理规定，新闻出版署、国家语言文字工作委员会，1992年7月7日.

[7] 中华人民共和国国家通用语言文字法，2000年10月31日.

ICS 03.080.30;59.080.01
A 12

中华人民共和国国家标准

GB 5296.4—2012
代替 GB 5296.4—1998

消费品使用说明
第4部分:纺织品和服装

Instructions for use of products of consumer interest—
Part 4:Textiles and apparel

2012-12-31 发布　　2014-05-01 实施

中华人民共和国国家质量监督检验检疫总局
中国国家标准化管理委员会　发布

前　言

GB 5296 的本部分的全部技术内容为强制性。

本标准按照 GB/T 1.1—2009 给出的规则起草。

GB 5296《消费品使用说明》分为如下 7 个部分：

——第 1 部分：总则；

——第 2 部分：家用和类似用途电器；

——第 3 部分：化妆品通用标签；

——第 4 部分：纺织品和服装；

——第 5 部分：玩具；

——第 6 部分：家具；

——第 7 部分：体育器材。

本部分为 GB 5296 的第 4 部分。

本部分代替并废止 GB 5296.4—1998《消费品使用说明　纺织品和服装使用说明》。本部分与 GB 5296.4—1998 相比主要技术内容变化如下：

——增加了不适用的产品范围；

——增加了术语“消费品”；修改了术语“纺织品”和“使用说明”的定义；

——对各类产品的号型和规格的表示进行了细化；

——取消了产品质量等级、检验合格证明和产品使用期限；

——增加了产品安全类别(见 5.7)；

——6.2.1 增加了“其余的内容宜采用耐久性标签以外的形式”的规定；

——增加了团体定制产品的规定(见 6.2.3)；

——取消了原附录 A 和附录 B；

——增加了附录 A“不属于本部分范围的产品”；

——增加了附录 B“使用说明缺陷的判别”。

本部分由全国服务标准化技术委员会提出。

本部分由全国服务标准化技术委员会、全国纺织品标准化技术委员会和全国服装标准化技术委员会归口。

本部分主要起草单位：中国标准化研究院、中国纺织科学研究院、上海市服装研究所、鄂尔多斯羊绒集团有限公司、江苏梦兰集团有限公司、艾莱依集团有限公司。

本部分主要起草人：郑宇英、徐路、许鉴、左佩兰、王世川、田君、陈建华、聂雅渊、何荣军。

本部分所代替标准的历次版本发布情况为：

——GB 5296.4—1987、GB 5296.4—1998。

消费品使用说明
第4部分:纺织品和服装

1 范围

GB 5296 的本部分规定了纺织品和服装使用说明的基本原则、标注内容和标注要求。

本部分适用于在国内销售的纺织品和服装。

附录 A 所列产品不属于本部分的范围。

本部分给出了使用说明缺陷的判别,见附录 B。

2 规范性引用文件

下列文件对于本文件的应用是必不可少的。凡是注日期的引用文件,仅注日期的版本适用于本文件。凡是不注日期的引用文件,其最新版本(包括所有的修改单)适用于本文件。

GB/T 1335(所有部分) 服装号型

GB/T 6411 针织内衣规格尺寸系列

GB/T 8685 纺织品 维护标签规范 符号法

GB 18401 国家纺织产品基本安全技术规范

FZ/T 01053 纺织品 纤维含量的标识

QB/T 2262 皮革工业术语

3 术语和定义

下列术语和定义适用于本文件。

3.1

消费品 products of consumer interest

为满足社会成员生活需要而销售的产品。

[GB 5296.1—2012 定义 3.2]

3.2

使用说明 instruction for use

向使用者传达如何正确、安全使用产品以及与之相关的产品功能、基本性能、特性的信息。它通常以使用说明书、标签、铭牌等形式表达。它可以用文件、词语、标志、符号、图表、图示以及听觉或视觉信息,采取单独或组合的方法表示。它们可以用于产品上[包括:设备操作器(键、钮)上的说明、设备操作中的电子显示说明]、包装上,也可作为随同文件或资料(如,活页资料、手册、录音带、录像带、光盘等)交付。

[GB 5296.1—2012,定义 3.3]

3.3

纺织品 textiles

以天然纤维和化学纤维为主要原料,经纺、织、染等加工工艺或再经缝制、复合等工艺而制成的产品,如纱线、织物及其制成品。

3.4

服装　apparel

穿于人体起保护和装饰作用的制品。

[GB/T 15557—2008,定义 2.2]

3.5

耐久性标签　permanent label

永久附着在产品上,并能在产品的使用过程中保持清晰易读的标签。

4　基本原则

4.1　使用说明是交付产品的组成部分。

4.2　使用说明的所有内容应简明、准确、科学、通俗易懂。

4.3　使用说明应如实介绍产品,不应有夸大虚假的内容。

5　使用说明的内容

5.1　制造者的名称和地址

5.1.1　纺织品和服装应标明承担法律责任的制造者依法登记注册的名称和地址。

5.1.2　进口纺织品和服装应标明该产品的原产地(国家或地区),以及代理商或进口商或销售商在中国大陆依法登记注册的名称和地址。

5.2　产品名称

5.2.1　产品应标明名称,且表明产品的真实属性。

5.2.2　国家标准、行业标准对产品名称有术语及定义的,宜采用国家标准、行业标准规定的名称。

5.2.3　国家标准、行业标准对产品名称没有术语及定义的,应使用不会引起消费者误解或混淆的名称。

5.3　产品号型或规格

5.3.1　纱线应至少标明产品的一种主要规格,例如:线密度、长度或重量等。

5.3.2　织物应至少标明产品的一种主要规格,例如:单位面积质量、密度或幅宽等。

5.3.3　床上用品、围巾、毛巾、窗帘等制品应标明产品的主要规格,例如:长度、宽度、重量等。

5.3.4　服装类产品宜按 GB/T 1335 或 GB/T 6411 表示服装号型的方式标明产品的适穿范围,针织类服装也可标明产品长度或产品围度等。

5.3.5　袜子应标明袜号或适穿范围,连裤袜应标明所适穿的人体身高和臀围的范围。

5.3.6　帽类产品应标明帽口的围度尺寸或尺寸范围。

5.3.7　手套应标明适用的手掌长度和宽度。

5.3.8　其他纺织品应根据产品的特征标明其号型或规格。

5.4　纤维成分及含量

5.4.1　产品应按 FZ/T 01053 的规定标明其纤维的成分及含量。

5.4.2　皮革服装应按 QB/T 2262 标明皮革的种类名称。

5.5　维护方法

产品应按 GB/T 8685 规定的图形符号表述维护方法,可增加对图形符号相对应的说明性文字。当图形符号满足不了需要时，可用文字予以说明。

5.6 执行的产品标准

产品应标明所执行的国家、行业、地方或企业的产品标准编号。

5.7 安全类别

应根据 GB 18401 标明产品的安全类别。

5.8 使用和贮藏注意事项

因使用不当可能造成产品损坏的产品宜标明使用注意事项；有贮藏要求的产品宜说明贮藏方法。

6 使用说明的形式

6.1 一般要求

6.1.1 使用说明有以下几种形式：

a) 直接印刷或织造在产品上；

b) 固定在产品上的耐久性标签；

c) 悬挂在产品上的标签；

d) 悬挂、粘贴或固定在产品包装上的标签；

e) 直接印刷在产品包装上；

f) 随同产品提供的资料等。

6.1.2 使用说明可采用一种或多种形式。当采用多种形式时，应保证其内容的一致性。

6.2 耐久性标签

6.2.1 号型或规格、纤维成分及含量和维护方法三项内容应采用耐久性标签，其余的内容宜采用耐久性标签以外的形式。

6.2.2 如果采用耐久性标签对产品的使用有影响，例如：布匹、绒线、袜子、手套等产品，可不采用耐久性标签。

6.2.3 如果是团体定制且为非个人维护的产品，可不采用耐久性标签。

6.2.4 如果产品被包装、陈列或卷折，消费者不易发现产品耐久性标签上的信息，则还应采取其他形式标注该信息。

7 使用说明的位置

7.1 一般要求

7.1.1 使用说明应附着在产品上或包装上的明显部位或适当部位。

7.1.2 使用说明应按单件产品或销售单元为单位提供。

7.2 耐久性标签

7.2.1 耐久性标签应在产品的使用寿命内永久性地附在产品上，且位置要适宜。

7.2.2 服装的纤维成分及含量和维护方法耐久性标签，上装一般可缝在左摆缝中下部，下装可缝在腰头里子下沿或左边裙侧缝、裤侧缝上。

7.2.3 床上用品、毛巾、围巾等制品的耐久性标签可缝在产品的边角处。

7.2.4 特殊工艺的产品上耐久性标签的安放位置,可根据需要设置。

8 其他要求

8.1 使用说明上的文字应清晰、醒目,图形符号应直观、规范。

8.2 使用说明所用文字应为国家规定的规范汉字。可同时使用相应的汉语拼音、少数民族文字或外文,但汉语拼音和外文的字体大小应不大于相应的汉字。

8.3 耐久性标签应由适宜材料制作,在产品使用寿命期内保持清晰易读。

附 录 A
（规范性附录）
不属于本部分范围的产品

含有纺织纤维的以下制品不属于本部分范围：纺织产品仅作为产品的部分或附件，没有必要标明纤维含量或维护方法的产品，有相关国家标准要求的纺织相关产品，或不属于消费品范围的纺织品。例如：

——一次性使用的制品；
——座椅、沙发、床垫等软垫家具用填充物和包布；
——鞋、鞋垫；
——装饰画、装饰挂布；
——工艺品等小件装饰物；
——伞；
——箱包；
——包装布和包装绳带；
——裤子吊带和吊袜带；
——尿布；
——玩具；
——宠物用品；
——清洁布；
——墙布、屏风等；
——旗帜；
——人造花。

附　录　B
（资料性附录）
使用说明缺陷的判别

产品使用说明不符合本部分第 5 章～第 8 章规定的、每 1 条所列内容中出现不符合要求的即作为 1 个缺陷，有下列情况之一则作为严重缺陷：

——缺少 5.1～5.7 中的任意一项，每缺一项作为 1 个严重缺陷；

——没有耐久性标签(6.2.2 和 6.2.3 规定的除外)；

——耐久性标签上缺少“号型或规格”、“纤维成分及含量”或“维护方法”；

——同件产品上不同形式使用说明的同一项目标注内容不一致。

参 考 文 献

［1］ GB 5296.1 消费品使用说明 总则
［2］ GB/T 15557 服装术语

ICS 19.120
A 28

中华人民共和国国家标准

GB/T 5330.1—2012
代替 GB/T 5330.1—2000

工业用金属丝筛网和金属丝编织网网孔尺寸与金属丝直径组合选择指南 第1部分:通则

Industrial wire screens and woven wire cloth—Guide to the choice of aperture size and wire diameter combinations—Part 1: Generalities

(ISO 4783-1:1989,MOD)

2012-09-03 发布　　2013-03-01 实施

中华人民共和国国家质量监督检验检疫总局
中国国家标准化管理委员会　发布

前　言

GB/T 5330《工业用金属丝筛网和金属丝编织网　网孔尺寸与金属丝直径组合选择指南》分为3个部分：

——第1部分：通则；

——第2部分：工业用金属丝编织方孔筛网；

——第3部分：预弯成型金属丝编织方孔筛网。

本部分为GB/T 5330的第1部分。

本部分按照GB/T 1.1—2009给出的规则起草。

本部分代替GB/T 5330.1—2000《工业用金属筛网和金属丝编织网　网孔尺寸与金属丝直径组合选择指南　通则》。与GB/T 5330.1—2000相比，主要技术内容未作改动。

本部分使用重新起草法修改采用ISO 4783-1：1989《工业用金属丝筛网和金属丝编织网　网孔尺寸与金属丝直径组合选择指南　第1部分：通则》。

本部分与ISO 4783-1：1989存在技术性差异，这些差异涉及的条款已通过在其外侧页边空白位置的垂直单线（|）进行了标示。技术性差异及其原因如下：

——关于规范性引用文件，本部分做了具有技术性差异的调整，以适应我国的技术条件，调整的情况集中反映在第2章"规范性引用文件"中，具体调整如下：

- GB/T 10611　工业用网　标记方法与网孔　尺寸系列（ISO 2194：1991，MOD）；
- GB/T 19628.2　工业用金属丝网和金属丝编织网　网孔尺寸与金属丝直径组合选择指南　金属丝编织网的优先组合选择（ISO 4783-2：1989，MOD）；

——修改了第5章预弯成型和压焊金属丝的变形系数 f 的数值规定，便于操作；

——修改了第6章标题和图的名称；

——删除了第5章条文注及表2。

为便于使用，本部分还做了下列编辑性修改：

——增加了附录A。

本部分由全国颗粒表征与分检及筛网标准化技术委员会（SAC/TC 168）提出并归口。

本部分起草单位：中机生产力促进中心、新乡市巴山精密滤材有限公司、安平县安华五金网类制品有限公司。

本部分主要起草人：余方、刘鹤青、徐兰会。

本部分所代替标准的历次版本发布情况为：

——GB/T 5330.1—2000。

工业用金属丝筛网和金属丝编织网 网孔尺寸与金属丝直径组合 选择指南 第1部分：通则

1 范围

GB/T 5330的本部分规定了工业用金属丝筛网和金属丝编织网的网孔尺寸与金属丝直径的组合。

本部分适用于工业用金属丝筛网和金属丝编织网。

2 规范性引用文件

下列文件对于本文件的应用是必不可少的。凡是注日期的引用文件，仅注日期的版本适用于本文件。凡是不注日期的引用文件，其最新版本(包括所有的修改单)适用于本文件。

GB/T 5330 工业用金属丝编织方孔筛网

GB/T 10611 工业用网 标记方法与网孔尺寸系列(GB/T 10611—2003，ISO 2194：1991，MOD)

GB/T 13307 预弯成型金属丝编织方孔网

GB/T 19628.2 工业用金属丝网和金属丝编织网 网孔尺寸与金属丝直径组合选择指南 金属丝编织网的优先组合选择(GB/T 19628.2—2005，ISO 4783-2：1989，MOD)

JB/T 7860 工业用金属丝

3 标记

工业用金属丝筛网和金属丝编织网应按下列顺序标记(属于列项)：

a) 网孔尺寸 w；

b) 金属丝直径 d；

c) 金属丝材料；

d) 编织型式，见GB/T 5330和GB/T 13307的规定。

4 网孔尺寸与金属丝直径的组合

网孔尺寸按GB/T 10611的规定，表1中给出若干可以匹配的金属丝直径，其数值按JB/T 7860的规定，并注明相对应的金属丝筛网筛分面积百分率的近似值。筛分面积百分率可按式(1)计算：

$$A_0 = 100\left(\frac{w}{w+d}\right)^2 \qquad \cdots\cdots(1)$$

式中：

A_0——筛分面积百分率，%；

w——网孔尺寸，单位为毫米(mm)；

d——金属丝直径，单位为毫米(mm)。

注：对从表1中选取的规格，可以提供附加数据，如单位面积质量、单位长度目数。

表 1　网孔尺寸与金属丝直径的组合

单位为毫米

筛分面积百分率 A_0 %	网孔尺寸 w																
	125				100				80				63				R10
	125		112		100		90		80		71		63		56		R20
	125	118	112	106	100	95	90	85	80	75	71	67	63	60	56	53	R40
	金属丝直径 d																A_0
86	10.0																86
85		10.0															85
84	11.2		10.0	10.0				8.00				6.30		5.60		5.00	84
83	12.5	11.2	11.2		10.0	9.00	9.00		8.00	7.10	7.10		6.30		5.60		83
82		12.5		11.2		10.0		9.00		8.00		7.10		6.30		5.60	82
81	14.0		12.5		11.2		10.0		9.00		8.00		7.10		6.30		81
80		14.0		12.5		11.2		10.0		9.00		8.00		7.10		6.30	80
79	16.0		14.0		12.5		11.2		10.0		9.00		8.00		7.10		79
78		16.0		14.0		12.5		11.2		10.0		9.00		8.00		7.10	78
77			16.0		14.0		12.5		11.2		10.0		9.00		8.00		77
76	18.0					14.0		12.5		11.2		10.0		9.00			76
75		18.0		16.0			14.0		12.5		11.2					8.00	75
74	20.0		18.0		16.0			14.0					10.0		9.00		74
73		20.0		18.0		16.0				12.5		11.2		10.0		9.00	73
72	22.4		20.0		18.0		16.0		14.0		12.5		11.2		10.0		72
71		22.4				18.0		16.0		14.0		12.5		11.2		10.0	71
70											14.0		12.5				70
69	25.0		22.4				18.0		16.0						11.2		69
68		25.0		22.4		20.0		18.0		16.0		14.0		12.5		11.2	68
67			25.0		22.4		20.0		18.0		16.0		14.0		12.5		67
66								20.0						14.0			66
65				25.0		22.4				18.0		16.0				12.5	65
64					25.0		22.4		20.0		18.0		16.0		14.0		64
63								22.4								14.0	63
62										20.0		18.0		16.0			62
61											20.0						61
60													18.0		16.0		60
59																16.0	59

表 1　网孔尺寸与金属丝直径的组合（续）

单位为毫米

筛分面积百分率 A_0 %	网孔尺寸 w																
	50				40				31.5				25				R10
	50		45		40		35.5		31.5		28		25		22.4		R20
	50	47.5	45	42.5	40	37.5	35.5	33.5	31.5	30	28	26.5	25	23.6	22.4	21.2	R40
	金属丝直径 d																A_0
84				4.00				3.15		2.80		2.50				2.00	84
83	5.00	4.50			4.00	3.55	3.55		3.15		2.80		2.50	2.24	2.24		83
82		5.00		4.50		4.00		3.55		3.15		2.80		2.50		2.24	82
81	5.60		5.00		4.50		4.00		3.55		3.15		2.80		2.50		81
80		5.60		5.00		4.50		4.00		3.55		3.15		2.80		2.50	80
79	6.30		5.60		5.00		4.50		4.00		3.55		3.15		2.80		79
78		6.30		5.60		5.00		4.50		4.00		3.55		3.15		2.80	78
77	7.10		6.30		5.60		5.00		4.50		4.00		3.55		3.15		77
76		7.10		6.30		5.60		5.00		4.50				3.55		3.15	76
75			7.10		6.30		5.60					4.00			3.55		75
74	8.00								5.00		4.50		4.00				74
73		8.00		7.10		6.30		5.60		5.00		4.50		4.00		3.55	73
72	9.00		8.00		7.10		6.30		5.60		5.00		4.50		4.00		72
71		9.00		8.00		7.10		6.30		5.60		5.00		4.50		4.00	71
70																	70
69	10.0		9.00		8.00		7.10		6.30		5.60		5.00		4.50		69
68		10.0		9.00		8.00		7.10		6.30		5.60		5.00		4.50	68
67	11.2		10.0		9.00		8.00		7.10		6.30		5.60		5.00		67
66				10.0													66
65		11.2				9.00		8.00		7.10		6.30		5.60		5.00	65
64	12.5		11.2		10.0		9.00		8.00		7.10		6.30		5.60		64
63		12.5		11.2												5.60	63
62						10.0		9.00		8.00		7.10		6.30			62
61	14.0		12.5		11.2		10.0						7.10		6.30		61
60		14.0		12.5					9.00		8.00						60
59						11.2		10.0		9.00		8.00		7.10		6.30	59
58			14.0		12.5		11.2		10.0						7.10		58
57	16.0										9.00		8.00				57
56						12.5		11.2		10.0		9.00		8.00		7.10	56
55							12.5										55
54									11.2		10.0		9.00		8.00		54
53												10.0				8.00	53
52														9.00			52
51													10.0		9.00		51

表 1　网孔尺寸与金属丝直径的组合（续）

单位为毫米

筛分面积百分率 A_0 %	网孔尺寸 w																
	20				16				12.5				10				R10
	20		18		16		14		12.5		11.2		10		9		R20
	20	19	18	17	16	15	14	13.2	12.5	11.8	11.2	10.6	10	9.5	9	8.5	R40
	金属丝直径 d																A_0
84				1.60		1.40						1.00				0.800	84
83	2.00	1.80	1.80		1.60		1.40	1.25	1.25	1.12	1.12		1.00	0.900	0.900		83
82		2.00		1.80		1.60		1.40		1.25		1.12		1.00		0.900	82
81	2.24		2.00		1.80		1.60		1.40		1.25		1.12		1.00		81
80		2.24		2.00		1.80		1.60		1.40		1.25		1.12		1.00	80
79	2.50		2.24		2.00		1.80		1.60		1.40		1.25		1.12		79
78		2.50		2.24		2.00				1.60		1.40		1.25		1.12	78
77	2.80		2.50		2.24		2.00	1.80			1.60		1.40		1.25		77
76		2.80		2.50		2.24			1.80					1.40		1.25	76
75	3.15		2.80		2.50			2.00		1.80		1.60			1.40		75
74		3.15		2.80			2.24		2.00		1.80		1.60			1.40	74
73						2.50		2.24		2.00		1.80		1.60			73
72	3.55		3.15		2.80		2.50		2.24		2.00		1.80		1.60		72
71		3.55		3.15		2.80		2.50		2.24		2.00		1.80		1.60	71
70			3.55		3.15												70
69	4.00						2.80		2.50		2.24		2.00		1.80		69
68		4.00		3.55		3.15		2.80		2.50		2.24		2.00		1.80	68
67	4.50		4.00		3.55		3.15		2.80		2.50		2.24		2.00		67
66				4.00												2.00	66
65		4.50				3.55		3.15		2.80		2.50		2.24			65
64	5.00		4.50		4.00		3.55		3.15		2.80		2.50				64
63		5.00		4.50								2.80		2.50		2.24	63
62						4.00		3.55		3.15							62
61	5.60		5.00		4.50				3.55		3.15		2.80		2.50		61
60		5.60		5.00			4.00							2.80		2.50	60
59						4.50		4.00		3.55		3.15					59
58	6.30		5.60		5.00						3.55		3.15		2.80		58
57				5.60			4.50		4.00							2.80	57
56		6.30				5.00		4.50		4.00		3.55		3.15			56
55			6.30		5.60										3.15		55
54	7.10								4.50		4.00		3.55				54
53		7.10			6.30	5.60						4.00		3.55		3.15	53
52										4.50							52
51	8.00		7.10			6.30	5.60				4.50		4.00		3.55		51
50		8.00		7.10			6.30							4.00		3.55	50

表 1 网孔尺寸与金属丝直径的组合（续）

单位为毫米

筛分面积百分率 A_0 %	网孔尺寸 w																
	20				16				12.5				10				R10
	20		18		16		14		12.5		11.2		10		9		R20
	20	19	18	17	16	15	14	13.2	12.5	11.8	11.2	10.6	10	9.5	9	8.5	R40
	金属丝直径 d																A_0
49								5.60		5.00		4.50					49
48			8.00		7.10		6.30		5.60		5.00		4.50		4.00		48
47																	47
46								6.30		5.60		5.00		4.50		4.00	46
45																	45
44									6.30		5.60		5.00		4.50		44
43														5.00		4.50	43
42																	42
41															5.00		41
40																5.00	40

表 1 网孔尺寸与金属丝直径的组合（续）

单位为毫米

筛分面积百分率 A_0 %	网孔尺寸 w																
	8				6.3				5				4				R10
	8		7.1		6.3		5.6		5		4.5		4		3.55		R20
	8	7.5	7.1	6.7	6.3	6	5.6	5.3	5	4.75	4.5	4.25	4	3.75	3.55	3.35	R40
	金属丝直径 d																A_0
83	0.800	0.710	0.710														83
82		0.800		0.710		0.630		0.560									82
81	0.900		0.800		0.710		0.630		0.560								81
80		0.900		0.800		0.710		0.630		0.560		0.500		0.450			80
79	1.00		0.900		0.800		0.710		0.630		0.560		0.500		0.450		79
78		1.00		0.900		0.800		0.710		0.630		0.560		0.500		0.450	78
77	1.12		1.00		0.900		0.800		0.710		0.630		0.560		0.500		77
76		1.12		1.00		0.900				0.710		0.630		0.560		0.500	76
75	1.25		1.12					0.800			0.710		0.630		0.560		75
74					1.00		0.900		0.800								74
73		1.25		1.12		1.00		0.900		0.800		0.710		0.630		0.560	73
72	1.40		1.25		1.12		1.00		0.900		0.800		0.710		0.630		72
71		1.40		1.25		1.12		1.00		0.900		0.800		0.710		0.630	71
70			1.40		1.25												70
69	1.60						1.12		1.00		0.900		0.800		0.710		69
68		1.60		1.40		1.25		1.12		1.00		0.900		0.800		0.710	68
67	1.80		1.60		1.40		1.25		1.12		1.00		0.900		0.800		67

表 1　网孔尺寸与金属丝直径的组合（续）　　单位为毫米

筛分面积百分率 A_0 %	网孔尺寸 w																
	8				6.3				5				4				R10
	8		7.1		6.3		5.6		5		4.5		4		3.55		R20
	8	7.5	7.1	6.7	6.3	6	5.6	5.3	5	4.75	4.5	4.25	4	3.75	3.55	3.35	R40
	金属丝直径 d																A_0
66						1.40						1.00					66
65		1.80		1.60				1.25		1.12				0.900		0.800	65
64	2.00		1.80		1.60		1.40		1.25		1.12		1.00		0.900		64
63								1.40		1.25		1.12					63
62		2.00		1.80		1.60								1.00		0.900	62
61	2.24		2.00						1.40		1.25		1.12		1.00		61
60					1.80		1.60			1.40		1.25					60
59		2.24		2.00		1.80		1.60						1.12		1.00	59
58	2.50		2.24		2.00						1.40		1.25		1.12		58
57							1.80		1.60			1.40					57
56		2.50		2.24		2.00		1.80		1.60				1.25		1.12	56
55	2.80		2.50										1.40		1.25		55
54					2.24		2.00		1.80		1.60						54
53		2.80		2.50		2.24		2.00		1.80		1.60		1.40		1.25	53
52																	52
51	3.15		2.80		2.50		2.24		2.00		1.80		1.60		1.40		51
50		3.15		2.80		2.50				2.00						1.40	50
49								2.24				1.80		1.60			49
48	3.55		3.15		2.80		2.50		2.24		2.00		1.80		1.60		48
47																	47
46		3.55		3.15		2.80		2.50		2.24		2.00		1.80		1.60	46
45											2.24						45
44	4.00		3.55		3.15		2.80		2.50				2.00		1.80		44
43		4.00		3.55		3.15		2.80		2.50		2.24		2.00			43
42																1.80	42
41	4.5		4.00		3.55		3.15		2.80		2.50		2.24		2.00		41
40										2.80		2.50					40
39				4.00		3.55		3.15						2.24		2.00	39
38	5.00								3.15		2.80		2.50		2.24		38
37					4.00		3.55		3.15								37
36										3.15		2.80		2.50		2.24	36
35											3.15		2.80				35
34															2.50		34
33																2.50	33

表 1 网孔尺寸与金属丝直径的组合（续）

单位为毫米

筛分面积百分率 A_0 %	网孔尺寸 w																
	3.15				2.5				2				1.6				R10
	3.15		2.8		2.5		2.24		2		1.8		1.6		1.4		R20
	3.15	3	2.8	2.65	2.5	2.36	2.24	2.12	2	1.9	1.8	1.7	1.6	1.5	1.4	1.32	R40
	金属丝直径 d																A_0
78		0.400		0.355													78
77	0.450		0.400		0.355												77
76		0.450				0.355		0.315		0.280							76
75				0.400			0.355		0.315		0.280						75
74	0.500		0.450		0.400					0.315		0.280					74
73		0.500		0.450		0.400		0.355						0.250		0.224	73
72	0.560		0.500		0.450		0.400		0.355		0.315		0.280		0.250		72
71		0.560		0.500		0.450		0.400		0.355		0.315		0.280		0.250	71
70											0.355		0.315				70
69	0.630		0.560		0.500		0.450		0.400						0.280		69
68		0.630		0.560		0.500		0.450		0.400		0.355		0.315		0.280	68
67	0.710		0.630		0.560		0.500		0.450		0.400		0.355		0.315		67
66												0.400					66
65		0.710		0.630		0.560		0.500		0.450				0.355		0.315	65
64	0.800		0.710		0.630		0.560		0.500		0.450		0.400		0.355		64
63								0.560		0.500		0.450					63
62		0.800		0.710		0.630								0.400		0.355	62
61					0.710		0.630		0.560		0.500		0.450				61
60	0.900		0.800							0.560		0.500			0.400		60
59		0.900		0.800		0.710		0.630						0.450		0.400	59
58	1.00						0.710		0.630		0.560		0.500				58
57			0.900		0.800							0.560			0.450		57
56		1.00		0.900		0.800		0.710		0.630				0.500		0.450	56
55											0.630		0.560				55
54	1.12		1.00		0.900		0.800		0.710						0.500		54
53		1.12		1.00				0.800		0.710		0.630		0.560		0.500	53
52						0.900											52

表 1 网孔尺寸与金属丝直径的组合(续) 单位为毫米

筛分面积百分率 A_0 %	网孔尺寸 w																
	3.15				2.5				2				1.6				R10
	3.15		2.8		2.5		2.24		2		1.8		1.6		1.4		R20
	3.15	3	2.8	2.65	2.5	2.36	2.24	2.12	2	1.9	1.8	1.7	1.6	1.5	1.4	1.32	R40
	金属丝直径 d																A_0
51	1.25		1.12		1.00		0.900		0.800		0.710		0.630		0.560		51
50		1.25								0.800		0.710		0.630			50
49				1.12		1.00		0.900								0.560	49
48	1.40		1.25		1.12		1.00		0.900		0.800		0.710		0.630		48
47																	47
46		1.40		1.25		1.12		1.00		0.900		0.800		0.710		0.630	46
45																	45
44	1.60		1.40		1.25		1.12		1.00		0.900		0.800		0.710		44
43		1.60		1.40		1.25		1.12		1.00		0.900		0.800			43
42																0.710	42
41					1.40		1.25		1.12		1.00		0.900				41
40	1.80		1.60					1.25		1.12		1.00			0.800		40
39		1.80		1.60		1.40								0.900		0.800	39
38							1.40		1.25		1.12		1.00				38
37	2.00		1.80		1.60										0.900		37
36		2.00				1.60		1.40		1.25		1.12		1.00			36
35				1.80					1.40		1.25		1.12			0.900	35
34	2.24				1.80		1.60								1.00		34
33		2.24		2.00						1.40		1.25		1.12			33
32						1.80		1.60			1.40		1.25			1.00	32
31	2.50		2.24		2.00		1.80		1.60						1.12		31
30												1.40		1.25			30
29						2.00		1.80		1.60						1.12	29
28							2.00		1.80		1.60		1.40		1.25		28
27												1.60		1.40			27
26																1.25	26
25													1.60		1.40		25

表 1 网孔尺寸与金属丝直径的组合（续）

单位为毫米

筛分面积百分率 A_0 %	网孔尺寸 w																
	1.25				1				0.8				0.63				R10
	1.25		1.12		1		0.9		0.8		0.71		0.63		0.56		R20
	1.25	1.18	1.12	1.06	1	0.95	0.9	0.85	0.8	0.75	0.71	0.67	0.63	0.6	0.56	0.53	R40
	金属丝直径 d																A_0
72	0.224																72
71		0.224		0.200													71
70																	70
69	0.250		0.224		0.200												69
68		0.250		0.224		0.200		0.180									68
67	0.280		0.250		0.224		0.200		0.180								67
66				0.250				0.200									66
65		0.280				0.224				0.180		0.160					65
64	0.315		0.280		0.250		0.224		0.200		0.180		0.160				64
63				0.280		0.250		0.224								0.140	63
62		0.315								0.200		0.180		0.160			62
61	0.355		0.315		0.280		0.250		0.224		0.200						61
60						0.280		0.250					0.180		0.160		60
59		0.355		0.315						0.224		0.200		0.180		0.160	59
58			0.355		0.315		0.280		0.250		0.224		0.200				58
57	0.400							0.280							0.180		57
56		0.400		0.355		0.315				0.250		0.224		0.200		0.180	56
55							0.315		0.280		0.250						55
54	0.450		0.400		0.355								0.224		0.200		54
53				0.400		0.355		0.315		0.280		0.250		0.224		0.200	53
52		0.450															52
51	0.500		0.450		0.400		0.355		0.315		0.280		0.250		0.224		51
50						0.400		0.355		0.315		0.280		0.250			50
49		0.500		0.450												0.224	49
48	0.560		0.500		0.450		0.400		0.355		0.315		0.280		0.250		48
47																	47
46		0.560		0.500		0.450		0.400		0.355		0.315		0.280		0.250	46
45							0.450										45
44	0.630		0.560		0.500				0.400		0.355		0.315		0.280		44
43		0.630		0.560		0.500		0.450		0.400		0.355		0.315		0.280	43

表 1　网孔尺寸与金属丝直径的组合（续）

单位为毫米

筛分面积百分率 A_0 %	网孔尺寸 w																
	1.25				1				0.8				0.63				R10
	1.25		1.12		1		0.9		0.8		0.71		0.63		0.56		R20
	1.25	1.18	1.12	1.06	1	0.95	0.9	0.85	0.8	0.75	0.71	0.67	0.63	0.6	0.56	0.53	R40
	金属丝直径 d																A_0
42																	42
41	0.710		0.630		0.560		0.500		0.450		0.400		0.355		0.315		41
40						0.560		0.500									40
39		0.710		0.630						0.450		0.400		0.355		0.315	39
38					0.630		0.560		0.500								38
37	0.800		0.710								0.450		0.400		0.355		37
36		0.800		0.710		0.630		0.560		0.500		0.450		0.400		0.355	36
35							0.630		0.560								35
34	0.900		0.800		0.710						0.500		0.450		0.400		34
33				0.800		0.710		0.630		0.560		0.500		0.450			33
32		0.900															32
31	1.00		0.900		0.800		0.710		0.630		0.560		0.500		0.450		31
30								0.710		0.630		0.560		0.500			30
29		1.00		0.900		0.800										0.450	29
28	1.12		1.00		0.900		0.800		0.710		0.630		0.560		0.500		28
27								0.800				0.630		0.560			27
26		1.12		1.00		0.900				0.710						0.500	26
25	1.25		1.12		1.00		0.900		0.800		0.710		0.630		0.560		25

表 1　网孔尺寸与金属丝直径的组合（续）

单位为毫米

筛分面积百分率 A_0 %	网孔尺寸 w																
	0.5				0.4				0.315								R10
	0.5		0.45		0.4		0.355		0.315		0.28		0.25		0.224		R20
	0.5	0.475	0.45	0.425	0.4	0.375	0.355	0.335	0.315	0.3	0.28	0.265	0.25	0.236	0.224	0.212	R40
	金属丝直径 d																A_0
61	0.140																61
60		0.140		0.125													60
59																	59
58			0.140		0.125												58
57	0.160			0.140													57
56		0.160				0.125		0.112									56

表 1　网孔尺寸与金属丝直径的组合（续）

单位为毫米

筛分面积百分率 A_0 %	网孔尺寸 w																
	0.5				0.4				0.315								R10
	0.5		0.45		0.4		0.355		0.315		0.28		0.25		0.224		R20
	0.5	0.475	0.45	0.425	0.4	0.375	0.355	0.335	0.315	0.3	0.28	0.265	0.25	0.236	0.224	0.212	R40
	金属丝直径 d																A_0
55			0.160		0.140		0.125										55
54	0.180								0.112		0.100		0.090				54
53		0.180		0.160		0.140		0.125		0.112		0.100					53
52																	52
51	0.200		0.180		0.160		0.140		0.125		0.112		0.100		0.090		51
50		0.200						0.140									50
49				0.180		0.160						0.112		0.100		0.090	49
48	0.224		0.200		0.180		0.160		0.140		0.125		0.112		0.100		48
47																	47
46		0.224		0.200		0.180		0.160		0.140		0.125		0.112		0.100	46
45			0.224														45
44	0.250				0.200		0.180		0.160		0.140		0.125		0.112		44
43		0.250		0.224		0.200				0.160		0.140		0.125		0.112	43
42								0.180									42
41	0.280		0.250		0.224		0.200						0.140		0.125		41
40		0.280		0.250					0.180		0.160					0.125	40
39						0.224		0.200		0.180		0.160		0.140			39
38	0.315		0.280		0.250		0.224								0.140		38
37									0.200		0.180		0.160				37
36		0.315		0.280		0.250		0.224		0.200				0.160		0.140	36
35			0.315		0.280				0.224		0.200	0.180					35
34	0.355						0.250						0.180		0.160		34
33		0.355		0.315		0.280		0.250		0.224							33
32												0.200		0.180		0.160	32
31	0.400		0.355		0.315		0.280		0.250		0.224		0.200		0.180		31
30				0.355		0.315		0.280		0.250							30
29		0.400										0.224		0.200		0.180	29
28	0.450		0.400		0.355		0.315		0.280		0.250		0.224		0.200		28
27				0.400				0.315		0.280							27
26		0.450				0.355						0.250		0.224		0.200	26
25	0.500		0.450		0.400		0.355		0.315		0.280		0.250		0.200		25

表 1　网孔尺寸与金属丝直径的组合（续）

单位为毫米

筛分面积百分率 A_0 %	网孔尺寸 w																
	0.2				0.16				0.125				0.1				R10
	0.2		0.18		0.16		0.14		0.125		0.112		0.1		0.09		R20
	0.2	0.19	0.18	0.17	0.16	0.15	0.14	0.132	0.125	0.118	0.112	0.106	0.1	0.095	0.09	0.085	R40
	金属丝直径 d																A_0
53		0.071		0.063		0.056		0.050									53
52																	52
51	0.080		0.071		0.063		0.056		0.050								51
50		0.080		0.071		0.063											50
49								0.056		0.050		0.045					49
48	0.090		0.080		0.071		0.063		0.056		0.050		0.045				48
47																	47
46		0.090		0.080		0.071		0.063		0.056		0.050		0.045		0.040	46
45																	45
44	0.100		0.090		0.080		0.071		0.063		0.056		0.050		0.045		44
43		0.100		0.090		0.080				0.063		0.056		0.050		0.045	43
42								0.071									42
41	0.112		0.100		0.090				0.071		0.063		0.056		0.050		41
40		0.112		0.100			0.080							0.056		0.050	40
39						0.090		0.080		0.071		0.063					39
38	0.125		0.112		0.100						0.071		0.063		0.056		38
37							0.090		0.080								37
36		0.125		0.112		0.100				0.080		0.071		0.063		0.056	36
35	0.140		0.125		0.112			0.090							0.063		35
34							0.100		0.090		0.080		0.071				34
33		0.140		0.125		0.112						0.080		0.071		0.063	33
32			0.140		0.125			0.100		0.090							32
31	0.160						0.112		0.100		0.090		0.080		0.071		31
30				0.140		0.125										0.071	30
29		0.160						0.112		0.100		0.090		0.080			29
28	0.180		0.160		0.140		0.125		0.112		0.100		0.090		0.080		28
27				0.160		0.140										0.080	27
26		0.180						0.125		0.112		0.100		0.090			26
25	0.200		0.180		0.160		0.140		0.125		0.112		0.100		0.090		25

表 1　网孔尺寸与金属丝直径的组合（续）

单位为毫米

筛分面积百分率 A_0 %	网孔尺寸 w																
	0.08				0.063				0.05				0.04				R10
	0.08		0.071		0.063		0.056		0.05		0.045		0.04		0.036		R20
	0.08	0.075	0.071	0.067	0.063	0.06	0.056	0.053	0.05	0.048	0.045	0.042	0.04	0.038	0.036	0.034	R40
	金属丝直径 d																A_0
46		0.036		0.032													46
45																	45
44	0.040		0.036		0.032	0.030											44
43		0.040				0.032		0.028									43
42				0.036			0.030										42
41	0.045		0.040		0.036		0.032	0.030	0.028								41
40										0.028							40
39		0.045		0.040		0.036		0.032	0.030			0.025					39
38	0.050		0.045							0.030	0.028		0.025				38
37					0.040		0.036		0.032								37
36		0.050		0.045		0.040				0.032	0.030	0.028		0.025			36
35	0.056							0.036					0.028		0.025		35
34			0.050		0.045		0.040		0.036		0.032	0.030					34
33		0.056		0.050		0.045				0.036			0.030	0.028		0.025	33
32								0.040				0.032			0.028		32
31	0.063		0.056		0.050		0.045		0.040		0.036		0.032	0.030			31
30		0.063		0.056		0.050				0.040					0.030	0.028	30
29								0.045				0.036		0.032			29
28	0.071		0.063		0.056		0.050		0.045		0.040		0.036		0.032	0.030	28
27				0.063		0.056				0.045						0.032	27
26		0.071						0.050				0.040		0.036			26
25	0.080		0.071		0.063		0.056		0.050		0.045		0.040		0.036		25

表 1 网孔尺寸与金属丝直径的组合（续）

单位为毫米

筛分面积百分率 A_0 %	网孔尺寸 w									
	0.032				0.025				0.020	R10
	0.032		0.028		0.025		0.022		0.020	R20
	0.032	0.03	0.028	0.026	0.025	0.024	0.022	0.021	0.020	R40
	金属丝直径 d									A_0
33		0.022								33
32	0.025									32
31		0.022								31
30		0.025								30
29										29
28	0.028		0.025	0.022	0.022					28
27	0.030	0.028				0.022				27
26				0.025				0.020		26
25	0.032		0.028		0.025		0.022		0.020	25

5 单位面积质量

工业用金属丝筛网或金属丝编织的单位面积质量 ρ_A 按式(2)计算：

$$\rho_A = \frac{d^2 \rho f}{618.1(w+d)} \qquad \cdots\cdots(2)$$

式中：

ρ_A ——单位面积质量，单位为千克每平方米(kg/m^2)；

d ——金属丝网直径，单位为毫米(mm)；

w ——网孔尺寸，单位为毫米(mm)；

ρ ——材料密度，单位为千克每立方米(kg/m^3)；

f ——金属丝网变形系数。

其中材料密度 ρ 的数值见附录 A 中表 A.1。

平纹编织和斜纹编织的金属丝编织网，其变形系数按 GB/T 19628.2 规定，取 $f=1$。

预弯成型和压焊金属丝，其变形系数 f 的数值按 GB/T 13307 的规定。

6 网孔计算

用直接测量法检查金属筛网或金属丝编织网尺寸 d 和 w(见图 1)，其检查方法分为：

——用千分尺测量金属丝直径 d；

——用游标卡尺测量网孔尺寸 w。

若筛孔太小难用卡尺测量网孔尺寸时，可用式(3)计算：

$$w = \frac{l}{n} - d \qquad \cdots\cdots(3)$$

式中：

w ——网孔尺寸，单位为毫米(mm)；

n ——l 长度上的筛孔数量；

l ——连续分布的 n 个筛孔和 n 根金属丝所占的长度，单位为毫米(mm)；

d ——金属丝直径，单位为毫米(mm)。

当网孔尺寸大于或等于 1 mm 时，n 至少取 10；当网孔尺寸小于 1 mm 时，n 至少取 20。对这类筛孔，金属丝直径 d 的值应用至少 5 次测量结果的平均值来确定。

示例：一块金属丝编织网，测量长度 36 mm，包括 10 个孔和 10 根丝，金属丝直径 0.45 mm，网孔尺寸为：

$$w = \frac{36}{10} - 0.45 = 3.15\ \text{mm}$$

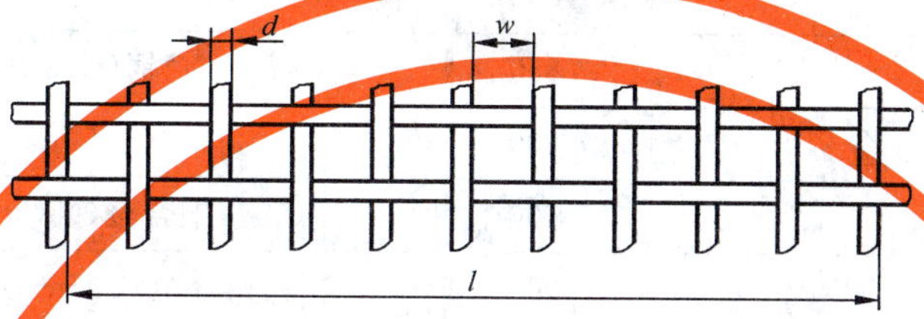

图 1 金属筛网的网孔计算

附 录 A
（资料性附录）
材 料 密 度

A.1 材料密度 ρ 的数值见表 A.1。

表 A.1 材料密度

单位为千克每立方米

材 料	密度 ρ	材 料	密度 ρ
普通钢	7 850	黄铜(CuZn20)	8 650
碳素钢	7 850	黄铜(CuZn10)	8 800
不锈钢(Cr17%～19% Ni8%～10%)	7 900	镍	8 900
铝(AlMg5)	2 700	镍铜合金(NiCu30Fe)	8 830
铜	8 900	铜锡合金(CuSn6)(锡青铜)	8 800
黄铜(CuZn37)	8 450		

注：括号中为 ISO 的牌号。

ICS 55.120
J 73

中华人民共和国国家标准

GB/T 5458—2012
代替 GB/T 5458—1997

液氮生物容器

Liquid nitrogen biological container

2012-12-31 发布

2013-07-01 实施

中华人民共和国国家质量监督检验检疫总局
中国国家标准化管理委员会 发布

前　言

本标准依据GB/T 1.1—2009给出的规则起草。

本标准代替GB/T 5458—1997,与GB/T 5458—1997相比较,主要有下列变化:

——第1章“范围”中增加了不适用范围的规定;

——第3章“定义”改为“术语和定义”,部分术语进行了增减,部分术语的定义进行了修改;

——原第3章“产品型号、规格”改为第4章“分类”;

——原5.2“性能要求”改为5.3“设计”,取消了产品质量分等等规定,增加液氮容器设计的要求;

——原5.3“材料要求”改为5.2“材料”,且部分内容进行了增减;

——表1中取消外径、高度、空重、静态液氮保存期质量分等、提筒外径和数量等要求,增加了26个产品型号,取消了5个产品型号;

——原表2“颈管、塞体和提筒绝热管有关尺寸”改为表3“颈管内径和允许偏差”,且取消塞体、绝热管等要求;

——原表3“产品总漏气速率”改为表2“容器真空夹层漏气速率”;

——原5.4“工艺要求”改为“制造”;

——明确规定了6.3“真空夹层漏气速率”的试验方法;

——取消了原6.5“运输试验”;

——取消了原7.2“不合格的分类”;

——取消了原7.3“不合格质量水平的规定”;

——原7.4“周期检查”改为7.3“型式试验”;

——取消了原7.5“抽样”;

——8.2“包装”中增加了对出口产品的包装要求;

——取消了原8.3.3的要求。

本标准由全国锅炉压力容器标准化技术委员会(SAC/TC 262)提出并归口。

本标准起草单位:成都金凤液氮容器有限公司、上海市气体工业协会、上海交通大学、沈阳新光低温容器有限公司、乐山东亚机电工贸公司、中国特种设备检测研究院、上海华谊装备工程有限公司、国家低温容器质量监督检验中心。

本标准主要起草人:黎宗稷、安念、于彤、鲁雪生、周伟明、陈朝晖、魏勇彪、刘元明、滕俊华、王丽红。

本标准所代替标准的历次版本发布情况为:

——GB 5458—1985、GB/T 5458—1997。

液氮生物容器

1 范围

1.1 本标准规定了铝及铝合金制液氮生物容器(以下简称容器)的术语和定义、分类、技术要求、试验方法、检验规则、标志、包装、储运等要求。

1.2 本标准适用于常压贮存液氮,有效容积为 1 L~175 L,口径为 30 mm~216 mm 的采用高真空多层绝热的容器。

1.3 本标准不适用于下列范围的容器:

——带压贮存液氮;

——贮存液氧及其他低温液体。

2 规范性引用文件

下列文件对于本文件的应用是必不可少的。凡是注日期的引用文件,仅注日期的版本适用于本文件。凡是不注日期的引用文件,其最新版本(包括所有的修改单)适用于本文件。

GB/T 191—2008 包装储运图示标志

GB/T 3190—2008 变形铝及铝合金化学成分

GB/T 3195—2008 铝及铝合金拉制圆线材

GB/T 3198—2010 铝及铝合金箔

GB/T 3880.1—2006 一般工业用铝及铝合金板材、带材 第1部分:一般要求

GB/T 3880.2—2006 一般工业用铝及铝合金板材、带材 第2部分:力学性能

GB/T 4842—2006 氩

GB/T 6388—1986 运输包装收发货标志

GB/T 6543—2008 运输包装用单瓦楞纸箱和双瓦楞纸箱

GB/T 10858—2008 铝及铝合金焊丝

GB/T 13550—1992 5A 分子筛及其试验方法

GB/T 16958—2008 包装用双向拉伸聚酯薄膜

GB/T 18443.2 真空绝热深冷设备性能试验方法 第2部分:真空度测量

GB/T 18443.3 真空绝热深冷设备性能试验方法 第3部分:漏率测量

GB/T 18443.8 真空绝热深冷设备性能试验方法 第8部分:容积测量

JB/T 4734 铝制焊接容器

HG/T 2690—1995 13X 分子筛

SN/T 0273—2002 进出口商品运输包装木箱检验检疫规程

3 术语和定义

下列术语和定义适用于本文件。

3.1

夹层 interspace

容器内胆和外壳之间形成的密闭空间。

3.2

高真空多层绝热　high vacuum multilayer insulation

绝热层空间内设置多层由绝热材料间隔的防热辐射屏，并抽高真空所形成的绝热方式。

3.3

公称容积　nominal volume

容器型号规定的容积。

3.4

有效容积　effective volume

在使用状态下，内胆允许盛液液体的最大体积。

3.5

口径　calibre

颈管的内直径。

3.6

静态液氮保存期　static liquid nitrogen holding time

在标准状态(大气压 101.325 kPa，环境温度 20 ℃)下，容器中充入液氮预冷并达到热平衡后，且液氮充满率达到 100%，静态放置至液氮全部蒸发完的天数。

3.7

真空夹层漏气速率　leakage of vacuum interspace

单位时间内漏入真空夹层的气体量。

3.8

真空设计寿命　vacuum designed life

设计时确定的容器夹层真空的正常使用年限，其值为从容器出厂使用至静态液氮保存期低于出厂指标下限值 40%的时间间隔。

3.9

夹层真空度　interspaced vacuum degree

容器夹层空间内气体的绝对压力。

3.10

空重　empty weight

容器在内胆为室温，带盖塞，不放提筒及其他物品时的质量。

3.11

充满率　filling rate

容器中盛装的液氮体积与内胆几何容积的百分比。

3.12

静态蒸发率　static liquid nitrogen evaporation rate

容器在规定的充满率下，静置达到热平衡后，24 h 内自然蒸发损失的液氮质量和与内胆有效容积下盛装液氮质量的百分比，换算为标准状态(大气压 101.325 kPa，环境温度 20 ℃)下的蒸发率值。

4　分类

4.1　容器分为贮存型、运输型两类。

4.2　容器型号编制应符合下列规定：

YDS-□ □-□

- 容器口径(50 mm 口径不标注)
- 容器类别(B 表示运输型,贮存型不标注)
- 容器公称容积,单位为升(L)
- “液氮生物容器”汉语拼音缩写

示例 1:YDS-30 表示公称容积 30 L,口径 50 mm 的贮存型容器。

示例 2:YDS-50B-125 表示公称容积 50 L,口径 125 mm 的运输型容器。

4.3 容器结构示意图(见图 1)。

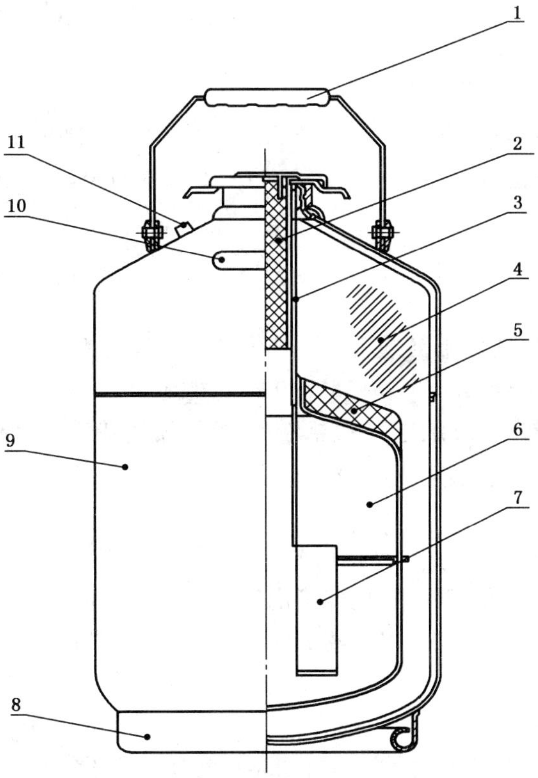

说明:

1 ——提把;

2 ——盖塞;

3 ——颈管;

4 ——绝热层;

5 ——吸附剂;

6 ——内胆;

7 ——提筒;

8 ——支座;

9 ——外壳;

10——标志;

11——真空封口塞。

图 1 容器结构示意图

5 技术要求

5.1 一般要求

5.1.1 与液氮相接触的材料应与液氮相容。
5.1.2 容器用材料、外购件应有质量证明书或合格证。
5.1.3 容器的适用环境温度为－20 ℃～50 ℃。
5.1.4 贮存型容器不应作为运输型容器使用。

5.2 材料

5.2.1 内胆和外壳

5.2.1.1 内胆和外壳采用的铝及铝合金板应符合 GB/T 3880.1—2006 的规定。
5.2.1.2 铝及铝合金板的力学性能应符合 GB/T 3880.2—2006 的规定，化学成分应符合GB/T 3190—2008 的规定。

5.2.2 绝热层

5.2.2.1 绝热层用反射材料应选用铝箔或双面镀铝聚酯薄膜，其铝箔应符合 GB/T 3198—2003 的规定，双面镀铝聚酯薄膜基材应符合 GB/T 16958—1997 的规定。
5.2.2.2 绝热层用玻璃纤维布、纤维纸应采用导热系数小、放气率低的材料，且玻璃纤维的可燃物含量应不大于 0.2%（质量比）。

5.2.3 吸附剂

5.2.3.1 吸附剂应采用在使用状态下吸附性能好的活性炭或分子筛。
5.2.3.2 分子筛应符合 GB/T 13550—1992 或 HG/T 2690—1995 的规定。

5.2.4 焊接材料

5.2.4.1 焊接用铝及铝合金焊丝应符合 GB/T 10858—2008 的规定。
5.2.4.2 当采用与母材牌号相当的铝线材作焊丝时，线材应符合 GB/T 3197—2001 的规定。

5.2.5 其他材料

5.2.5.1 颈管应选用满足使用要求的玻璃纤维增强塑料材料。
5.2.5.2 提筒的筒体、提杆的材料采用奥氏体不锈钢。手把材料可采用奥氏体不锈钢或铝合金。
5.2.5.3 盖塞的塞体材料应采用导热系数小，吸水率低的聚氯乙烯或聚氨酯等硬质泡沫塑料。
5.2.5.4 与液氮相接触的塑料件应采用能承受工作温度的材料。

5.3 设计

5.3.1 容器设计时应考虑内外压、液柱、自重、温差、运输及振动等载荷。
5.3.2 内胆、外壳的强度和稳定性应符合 JB/T 4734 的规定，其外压取 0.1 MPa。
5.3.3 运输型容器的外壳和内胆的连接应稳固，并能承受移动过程中的惯性载荷。
5.3.4 容器的颈管、支撑应进行强度计算，且满足材料的强度要求。
5.3.5 容器应进行绝热性能的计算，且满足设计要求。
5.3.6 真空封口塞应符合下列规定：

a) 采用可重复开启的结构；

b) 通径应满足真空夹层安全泄放量的要求；

c) 泄放压力应不大于 0.07 MPa，其排放能力足以使夹层的压力限制在不超过 0.1 MPa。

5.3.7 运输型容器应在底部或者侧面，设置耐倾倒和震动的支撑结构(见图 2)。

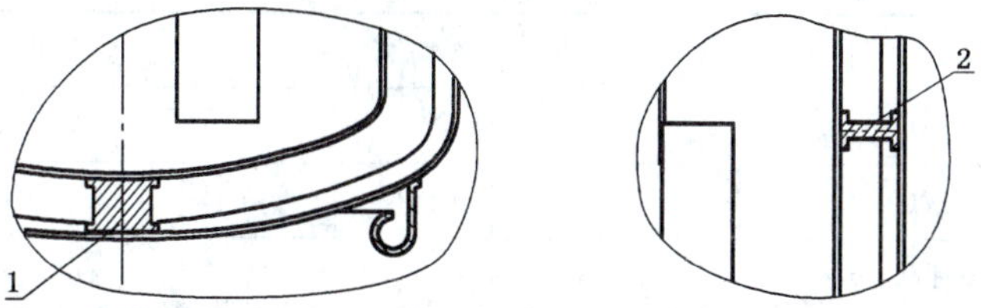

说明：

1——底部支撑；

2——侧面支撑。

图 2 支撑结构示意图

5.3.8 容器有效容积应符合表 1 的规定，其允许偏差应不超过±5%。

5.3.9 容器静态液氮保存期应符合表 1 的规定。

表 1 容器有效容积和静态液氮保存期

型号	有效容积 L	静态液氮保存期/d ≥	型号	有效容积 L	静态液氮保存期/d ≥
YDS-1-30	1.0	14	YDS-30B-80	31.5	106
YDS-2-30	2.0	28	YDS-35	35.5	286
YDS-3	3.15	26	YDS-35-80	35.5	159
YDS-5-200	5.0	2	YDS-35-125	35.5	97
YDS-6	6.0	52	YDS-35-200	35.5	52
YDS-10	10.0	86	YDS-35B	35.5	179
YDS-10-80	10.0	48	YDS-35B-80	35.5	119
YDS-10-125	10.0	23	YDS-35B-125	35.5	86
YDS-13	13.0	109	YDS-47-127	47.0	105
YDS-13-125	13.0	30	YDS-50B	50.0	209
YDS-13-200	13.0	18	YDS-50B-80	50.0	147
YDS-15	16.0	134	YDS-50B-125	50.0	110
YDS-15-125	16.0	42	YDS-50B-200	50.0	68
YDS-20	20.0	168	YDS-65-216	65.0	73
YDS-20B	20.0	101	YDS-100B-80	100.0	173
YDS-30	31.5	254	YDS-100B-125	100.0	220
YDS-30-80	31.5	147	YDS-100B-200	100.0	131
YDS-30-125	31.5	90	YDS-120-216	125.0	127
YDS-30-200	31.5	46	YDS-175-216	175.0	184
YDS-30B	31.5	159	—	—	—

5.3.10 容器真空夹层漏气速率应符合表 2 的规定。

表 2 容器真空夹层漏气速率

公称容积 L	真空夹层漏气速率 Pa·m³/s
1～30	$\leqslant 1.6\times10^{-8}$
＞30～50	$\leqslant 2.5\times10^{-8}$
＞50～100	$\leqslant 4.0\times10^{-8}$
＞100～175	$\leqslant 6.3\times10^{-8}$

5.3.11 颈管内径尺寸和允许偏差应符合表 3 规定。

表 3 颈管内径和允许偏差

单位为毫米

颈管内径	允许偏差
30	$^{+0.33}_{0}$
50	$^{+0.39}_{0}$
80	$^{+0.46}_{0}$
125	$^{+0.63}_{0}$
127	$^{+0.63}_{0}$
200	$^{+0.72}_{0}$
216	$^{+0.72}_{0}$

5.3.12 容器充入液氮并达到热平衡后，夹层真空度应不低于 2.0×10^{-2} Pa。

5.3.13 容器的真空设计寿命应不低于 5 年。

5.4 制造

5.4.1 一般要求

容器的制造应符合本标准规定外，还应符合设计图样的要求。

5.4.2 成形

5.4.2.1 成形后的内胆和外壳的壁厚应符合设计图样的规定。

5.4.2.2 内胆和外壳的表面应无划伤、机械损伤和磕碰撞伤。

5.4.3 焊接

5.4.3.1 焊接人员应经考核合格后方可施焊。

5.4.3.2 内胆、外壳的焊缝应采用气体保护焊。当保护气体采用氩气时，其氩气应符合GB/T 4842—2006的规定，纯度应不低于99.9%。

5.4.3.3 焊接区域内，包括对接接头和角接接头的表面，应无裂纹、咬边、气孔、弧坑和飞溅物，无急剧的形状变化，且应呈圆滑过渡。

5.4.3.4 焊缝的余高、同一焊缝宽度差应符合设计图样的规定。

5.4.4 绝热层缠绕

5.4.4.1 缠绕前，绝热材料和内胆应干燥和清洁。

5.4.4.2 吸附剂使用前应进行活化处理。

5.4.4.3 缠绕场地应保持干燥和清洁。

5.4.4.4 绝热层缠绕时，其反射材料和绝热材料应相间包覆在内胆外表面，并有防松散、脱落的措施。

5.4.5 组装

5.4.5.1 颈管与内胆、外壳的连接应牢固可靠。

5.4.5.2 组装前，绝热层应保持清洁，与真空夹层有关的零部件表面应进行清洗、烘干，且无油污、灰尘。

5.4.5.3 容器不应强力组装。

5.4.5.4 组装时，零部件应保持清洁，且无水、油的污染。

5.4.6 氦质谱检漏

5.4.6.1 内胆经氦质谱检漏合格后方可组装，其漏气速率应符合设计图样的规定。

5.4.6.2 容器组装后的真空夹层的漏气速率应符合表2的规定。

5.4.7 附件

5.4.7.1 提筒的筒体、提杆、绝热管和手把相互之间的连接应牢固可靠。

5.4.7.2 盖塞的盖和塞体的连接应牢固可靠。

5.4.7.3 公称容积50 L及以下的容器，应配装保护套。

5.4.7.4 当用户要求时，可设置有锁紧装置的防护盖、液位监测仪等附件。

5.4.8 清洁度和外观质量

5.4.8.1 容器表面应无损伤，且无油污、灰尘及无水的污染。

5.4.8.2 提筒、盖塞、保护套等附件应清洁。

5.4.8.3 容器内胆内部应清洁，且无异物、异味。

5.4.9 涂敷

容器外壳表面喷涂耐低温的漆，漆层应均匀、光亮，不应有气泡。

6 试验方法

6.1 有效容积

有效容积测量按GB/T 18443.8中的称重测量法进行。

6.2 颈管内径

颈管内径用分度值为不低于 0.01 mm 的内径量表进行测量。

6.3 真空夹层漏气速率

容器真空夹层漏气速率的测量应符合 GB/T 18443.3 的规定。

6.4 夹层真空度

夹层真空度的测量应符合 GB/T 18443.2 的规定。

6.5 静态液氮保存期

6.5.1 静态液氮保存期采用称重法测量。

6.5.2 称重时使用的衡器，最大称量不应大于容器在液氮充满率为 100%时的总质量的 5 倍，精度应优于或等于 1/3 000。

6.5.3 测量时，容器的液氮充满率为 100%，不放提筒，盖上盖塞，静置 48 h。

6.5.4 数据记录时间间隔为 24 h 和 48 h。

6.5.5 静态液氮保存期按式(1)计算。

$$t=\frac{\rho \cdot V}{q_{\mathrm{m}} \cdot \eta} \qquad \cdots\cdots(1)$$

式中：

t ——静态液氮保存期，单位为天(d)；

q_{m}——被测容器的平均日蒸发量，单位为千克每天(kg/d)；

ρ ——标准大气压(101.325 kPa)下饱和液氮的密度，单位为千克每升(kg/L)；

V——被测容器的有效容积，单位为升(L)；

η ——修正系数，按式(2)计算：

$$\eta=\frac{h}{h_{\mathrm{fg}}}\left(0.7\times\frac{293.15-T_{\mathrm{s}}}{T_1-T_2}+0.3\times\frac{293.15^4-T_{\mathrm{s}}^4}{T_1^4-T_2^4}\right) \qquad \cdots\cdots(2)$$

式中：

h ——测试环境压力下饱和液氮的气化潜热，单位为千焦耳每千克(kJ/kg)；

h_{fg}——标准大气压(101.325 kPa)下饱和液氮的气化潜热，单位为千焦耳每千克(kJ/kg)；

T_{s}——标准大气压(101.325 kPa)下饱和液氮的温度，单位为开尔文(K)；

T_1——测试时日平均环境温度，单位为开尔文(K)；

T_2——测试时容器内日平均压力对应的液氮饱和温度，单位为开尔文(K)。

6.5.6 静态液氮保存期与静态蒸发率的对应关系按式(3)计算：

$$t=\frac{1}{\alpha} \qquad \cdots\cdots(3)$$

式中：

t ——静态液氮保存期，单位为天(d)；

α ——静态蒸发率，单位为百分比每天(%/d)

6.6 清洁度和外观质量

6.6.1 清洁度检验采用白色、清洁、干燥，且经脱脂处理的白纸擦拭容器及附件表面进行检验。

6.6.2 外观质量采用目视方法进行检验。

7 检验规则

7.1 检验分类

容器检验分为出厂检验和型式试验。

7.2 出厂检验

7.2.1 逐只检验

容器逐只检验应按表4规定项目进行。

7.2.2 批量检验

7.2.2.1 以不多于200只容器为一批，从每批中抽取不少于3只进行检验。

7.2.2.2 容器批量检验项目按表4的规定。

7.2.2.3 当批量检验有不合格项目，应对不合格项目进行加倍复验。复验应在同批容器中进行，抽取数量不少于6只。当复验项目仍不合格，则该批容器应进行逐只检验。

7.3 型式试验

7.3.1 属于下列情况之一时，应进行型式试验：

a) 容器设计定型时；

b) 改变容器设计参数、结构、主体材料和关键制造工艺，可能影响容器性能时；

c) 其他特殊情况，如相关方要求时。

7.3.2 型式试验的容器应采用随机抽样，其数量应不少于2只。

7.3.3 型式试验的项目应符合表4的规定。

7.3.4 当型式试验有不合格项目时，允许再抽取1只容器对不合格项目进行复验。当复验合格，则型式试验判为合格；当复验不合格，则型式试验判为不合格。

表4 出厂检验和型式试验的项目

检验项目		逐只检验	批量检验	型式试验
外观质量		√	—	√
外形尺寸		√	—	√
焊缝余高		√	—	√
焊缝外观		√	—	√
清洁度		√	—	√
壁厚	内胆	—	√	√
	外壳	—	√	√
有效容积		—	—	√
颈管内径		—	—	√
夹层真空度(使用状态下)		—	—	√
真空夹层漏气速率		—	—	√
静态液氮保存期		—	√	√

8 标志、包装、储运

8.1 标志

容器外表面明显位置应有标志，其内容包括：

a） 制造单位名称；

b） 产品名称和型号；

c） 产品编号；

d） 注册商标。

8.2 包装

8.2.1 容器出厂时，应附合格证、使用说明书和装箱单等文件；合格证上应注明容器的生产日期。

8.2.2 容器在包装箱内不应晃动，包装箱应牢固可靠，且有良好的防震、防潮措施。

8.2.3 包装箱外壁的标志和文字说明应明显清晰，并符合 GB/T 6388—1986 的规定，其内容如下：

a） 发货站及制造单位名称；

b） 收货站及收货单位名称；

c） 容器型号和生产编号；

d） 容器净重、毛重及数量；

e） 包装箱体积（长×宽×高）；

f） 应在包装箱外侧明显处标“易碎物品”、“向上”、“怕雨”等包装储运图示标志，且应符合 GB/T 191—2008的规定。

8.2.4 容器包装用纸箱应符合 GB/T 6543—2008 的规定。

8.2.5 出口容器包装用木箱应符合 SN/T 0273—2002 的规定。

8.3 储运

8.3.1 容器应在原包装情况下，储存在阴凉干燥处。

8.3.2 容器运输过程中，应轻装轻卸，不得侧放和倒置。

ICS 73.080
Q 60

中华人民共和国国家标准

GB/T 5463.1—2012
代替 GB/T 5463.1—1985

非金属矿产品词汇
第1部分：通用词汇

Non metallic mineral products vocabulary—
Part 1: General vocabulary

2012-12-31 发布　　2013-09-01 实施

中华人民共和国国家质量监督检验检疫总局
中国国家标准化管理委员会　发布

前　言

GB/T 5463《非金属矿产品词汇》分成若干部分：

——第1部分：通用词汇

——第2部分：滑石

——第3部分：石膏

——第4部分：高岭土

……

本部分为GB/T 5463的第1部分。

本部分按照GB/T 1.1—2009给出的规则起草。

本部分代替GB/T 5463.1—1985《非金属矿产品通用名词术语》。

本部分与GB/T 5463.1—1985相比，主要作了如下修改：

——标准名称进行了修改；

——删除了“手选精矿、机选精矿、质量、拣块取样法、分层取样法、货车取样法、流动间隔取样法、袋装取样法、小样、大样、水分样品、粒度样品、物性试验样品、化学分析样品、工艺试验样品”等15个术语和定义(见1985版的1.13、1.14、1.27、3.5、3.6、3.7、3.8、3.9、3.10、3.11、3.13、3.14、3.15、3.16、3.17)；

——增加了“矿物组分、化学成分、微细粉、超细粉、振实体(堆)积密度、松散体(堆)积密度、比表面积、吸附水、结晶水、烧失量、吸油量、绝热性”等12个术语和定义(见3.3、3.4、3.11、3.12、3.15、3.16、3.17、3.19、3.20、3.21、3.22、3.27)；

——改写了“非金属矿产、脉石矿物、有害组分、产率、矿物颜色、白度、细度、粒度”等8个术语的定义(见2.3、2.6、2.8、2.17、3.2、3.5、3.9、3.10，1985版的1.3、1.6、1.8、1.19、2.2、2.3、1.22、1.23)；

——增加了“非金属矿物、矿石品位、矿石品级、原矿”等4个术语的英文名词(见2.1、2.9、2.10、2.11，1985版的1.1、1.9、1.10、1.11)。

本部分由中国建筑材料联合会提出。

本部分由全国非金属矿产品及制品标准化技术委员会(SAC/TC 406)归口。

本部分起草单位：淮北金岩高岭土开发有限责任公司、咸阳非金属矿研究设计院有限公司、厦门艾思欧标准砂有限公司。

本部分主要起草人：尚兴春、王建、李珍、耿万义、李苇。

本部分于1985年首次发布，本版为第一次修订。

非金属矿产品词汇
第1部分:通用词汇

1 范围

GB/T 5463 的本部分规定了非金属矿产品通用的术语和定义。

本部分适用于非金属矿地质勘探,非金属矿产品加工、检验、贸易、科研和教学等领域。

2 一般术语和定义

2.1

非金属矿物 nonmetallic mineral

一般不以提炼金属为目的,而直接利用其物理、化学性质的矿物。

2.2

非金属矿石 nonmetallic ore

在当前技术经济条件下可被利用的,从矿体上开采出来的非金属矿物、矿物集合体或聚集体。

2.3

非金属矿产 nonmetallic minerals

除金属矿产、能源矿产和水气矿产外,凡可利用的天然非金属矿物和岩石资源。

2.4

非金属矿产品 non-metallic mineral products

由采矿、选矿及其他加工工艺生产出来的非金属矿物或岩石产品的总称。

2.5

有用矿物 valuable mineral

矿石或矿产品中能被利用的矿物。

2.6

脉石矿物 gangue mineral

矿石或矿产品中,与有用矿物相伴生但目前还不能被利用的矿物。

2.7

有用组分 useful composition

矿石或矿产品中能被利用的有益成分。

2.8

有害组分 harmful composition

矿石或矿产品中,对使用起不良影响的成分。

2.9

矿石品位 ore grade

单位体积或单位质量矿石中,有用矿物或有用组分的含量。

2.10

矿石品级 industrial ore sorting

根据有益、有害组分的含量、物理性能以及不同工业用途的要求,把矿石划分的级别。

2.11

原矿 raw ore

从矿山开采出来尚未进行加工处理的矿石。

2.12

精矿 concentrate ore

原矿经选别后有用矿物被富集的产品。

2.13

尾矿 tailings ore

从原矿中选别出精矿及中间产品后的剩余产物。

2.14

块矿 lump ore

块状的矿石或矿产品。

2.15

粉矿 powder ore

由于矿床成因或在采掘过程中破碎形成的粉末状矿石。

2.16

矿石粉 mineral powder

矿石加工后具有一定细度的粉状矿产品。

2.17

产率 yield

在矿石加工过程中各产物产出的比率。通常用该产物的质量与原矿质量之比的百分数表示。

2.18

回收率 recovery

有用成分在选别中被回收的比率。通常用该产物中某一有用成分的质量与入选原矿中同一有用成分质量之比的百分数表示。

2.19

品种 variety

矿产品按其成分、性能、用途等不同特征所划分的种类。

2.20

规格 specification

同一品种的矿产品按其物理化学性能特征参数划分的类别。

2.21

等级 grade

为满足使用需要，同一品种矿产品按其品质所划分的级别。

2.22

产品检验 product inspection

按相关标准对矿产品品质进行检查和验证的工作。

3 物理化学性能术语和定义

3.1

外观质量 apparent quality

用感官直接观测到的非金属矿产品的外部特性。

3.2

矿物颜色　colour of mineral

矿物对可见光中不同波长发生选择性吸收和反射后在人眼中引起的感觉表现为颜色。

3.3

矿物组分　mineral components

矿石或矿产品中存在的各种矿物的质量分数，总量为100%。

3.4

化学成分　chemical contents

用化学分析方法测得的矿物或矿产品中存在的各种氧化物或单质元素的质量分数，总量为100%。

3.5

白度　whiteness

表征非金属矿产品色的白的程度。

以光谱反射比均为0的绝对黑体白度为0，光谱反射比均为1的理想完全反射漫射体的白度为100。白度值越大，则白的程度越大。

3.6

光泽　luster

矿物或矿物集合体表面对自然光反射的能力。

3.7

硬度　hardness

矿物或矿产品抵抗外来机械力作用（如刻划、压入或研磨等）的能力。

3.8

块度　lumpiness

块矿的大小程度。通常用某一级别块矿的平均直径或最大长度表示。

3.9

细度　fineness

粉矿或矿石粉颗粒群的粗细程度，通常用颗粒分布的特征粒径表示。

3.10

粒度　grain size

矿物或矿石粉颗粒的大小，通常用颗粒的直径表示。

3.11

微细粉　micronized powder

一般指粒度在45 μm以下的非金属矿粉体。

3.12

超细粉　ultrafine powder

一般指粒度在10 μm以下的非金属矿粉体。

3.13

筛余量　weight of screen residue

筛分分析终止时残留在筛网之上的物料质量。通常用筛上物质量与入筛物料质量之比的百分数表示。

3.14

密度　density

单位体积矿石或矿产品的质量。

注： 单位为克每立方厘米（g/cm^3）或千克每立方米（kg/m^3）。

3.15

振实体积密度　tap density

经过一定的机械作用振实后，单位体积矿石或矿产品的质量。

3.16

松散体积密度　apparent density

在松散状态下，单位体积矿石或矿产品的质量。

3.17

比表面积　specific surface area

单位质量的非金属矿产品所有颗粒的表面积的总和。

3.18

水分　moisture

矿石或矿产品中所含的吸附水。

3.19

吸附水　hydroscopic water

不参加晶格，只存在于矿物表面、裂隙或渗入矿物集合体颗粒间的游离水。

3.20

结晶水　crystal water

以 H^+ 和 OH^- 离子的形式存在于矿物结晶格架某一位置上的水。

3.21

烧失量　loss on ignition

非金属矿物在规定温度下灼炽或煅烧后所损失的质量。

3.22

吸油量　oil absorption

非金属矿粉体吸收油酯（亚麻仁油或邻苯二甲酸二丁酯）而粘结成团铲起不散时的最小吸收质量，用每 1 克或 100 克非金属矿粉体所吸收的油酯的毫克数表示。

3.23

耐热性　heat-resistance

非金属矿物受热时仍保持矿物晶格不遭破坏的性能。通常用耐热温度（℃）表示。

3.24

耐酸性　acid-resistance

非金属矿物抵抗各种酸类物质腐蚀的性能。

3.25

耐碱性　alkali-resistance

非金属矿物抵抗各种碱类物质腐蚀的性能。

3.26

绝缘性　insulating properties

非金属矿物具有的不导电的性能。

3.27

绝热性　heat insulating properties

非金属矿物具有的不导热的性能。

4 矿样术语和定义

4.1

批 lot

一次交付的同一产地、同一品种、同一规格的矿产品，即为一批。

4.2

批量 batch

一批矿产品的额定数量。

4.3

矿样 ore sample

用一定的取样方法采取的有代表性的矿石或矿产品。

4.4

矿产品取样 mineral products sampling

按一定的方法和要求从矿产品中采取矿样的工作。

4.5

试样 testing sample

由矿样制备出的供检验或试验用的样品。

4.6

副样 duplicate sample

留作矿石或矿产品质量复验备用的矿样。

索　引

汉语拼音索引

B

C

D

F

G

H

J

K

英文对应词索引

I

L

M

N

O

P

R

S

T

U

V

W

Y

ICS 91.100.10
Q 27

中华人民共和国国家标准

GB/T 5484—2012
代替 GB/T 5484—2000

石膏化学分析方法

Methods for chemical analysis of gypsum

2012-12-31 发布　　2013-08-01 实施

中华人民共和国国家质量监督检验检疫总局
中国国家标准化管理委员会　发布

前 言

本标准按照 GB/T 1.1—2009 给出的规则起草。

本标准代替 GB/T 5484—2000《石膏化学分析方法》,与 GB/T 5484—2000 相比主要变化如下:

——范围由“适应于天然石膏、硬石膏”改为“适应于天然石膏、硬石膏和工业副产石膏”(见第 1 章,2000 年版的第 1 章)。

——增加了收到基和干燥基的定义(见第 3 章)。

——报告中附着水、膏状试样含水量的分析结果以收到基(见 3.1)表示;其他分析结果以干燥基(见 3.2)表示。

——试样的制备分为附着水试样的制备和化学分析试样的制备,附着水试样的制备根据收到基样品的粒度和附着水的多少制备成所需的附着水试样的细度(6 mm 以下、3 mm 以下或 150 μm 以下),化学分析试样的制备由“0.080 mm 方孔筛筛析”改为“全部通过孔径为 150 μm 方孔筛”(见第 7 章,2000 年版的第 6 章)。

——增加了膏状试样含水量的测定——干燥差减法(见第 8 章)。

——测定附着水时,由“称取约 1g 试样”改为按照不同的试样细度(6 mm 以下、3 mm 以下或 150 μm以下)称取不同的试样质量(见第 9 章,2000 年版的第 7 章)。

——三氧化硫的测定分为“天然石膏、硬石膏和不含有亚硫酸钙的工业副产石膏”和“含有亚硫酸钙的工业副产石膏”(见第 11 章,2000 年版的第 10 章)。

——增加了二氧化硫的测定——碘量法(见第 12 章)。

——增加了氯离子的测定——硫氰酸铵容量法(基准法)、磷酸蒸馏-汞盐滴定法(代用法)和(自动)电位滴定法(代用法)(见第 21 章、第 37 章和第 38 章)。

——五氧化二磷的测定由正丁醇—三氯甲烷萃取—磷钼黄分光光度法改为“磷钼蓝分光光度法”(见第 23 章,2000 年版的第 21 章)。

——增加了二氧化碳的测定——碱石棉吸收重量法(基准法)和自动光电滴定法(代用法)(见第 24 章和第 39 章)。

——增加了 pH 值、水溶性五氧化二磷、水溶性氧化镁、水溶性氧化钾和氧化钠、水溶性氯离子、水溶性氟离子的测定(见第 25 章、第 26 章、第 27 章、第 28 章、第 29 章和第 30 章)。

本标准参考 ISO 3052—1974《石膏结晶水含量的测定》、ASTM C471M—01(2006)《石膏和石膏制品化学分析方法》和 JIS R9101—1995《石膏化学分析方法》标准进行修订的。

本标准由中国建筑材料联合会提出。

本标准由全国水泥标准化技术委员会(SAC/TC 184)归口。

本标准负责起草单位:中国建筑材料科学研究总院　中国建筑材料检验认证中心有限公司、北京城建建设工程有限公司。

本标准参加起草单位:云南省建筑材料产品质量监督检验站、福建省水泥产品质量监督检验中心(龙岩)、深圳广田高科新材料有限公司。

本标准主要起草人:王瑞海、闫伟志、崔健、王冠杰、朱晓玲、刘文长、周绍波、周桂林、杨军霞、金霞、方理。

本标准所代替标准的历次版本发布情况为:

——GB/T 5484—1986、GB/T 5484—2000。

石膏化学分析方法

1 范围

本标准规定了天然石膏、硬石膏和工业副产石膏化学分析方法的基准法和代用法。

本标准适用于天然石膏、硬石膏和工业副产石膏。

2 规范性引用文件

下列文件对于本文件的应用是必不可少的。凡是注日期的引用文件，仅注日期的版本适用于本文件。凡是不注日期的引用文件，其最新版本(包括所有的修改单)适用于本文件。

GB/T 176—2008 水泥化学分析方法

GB/T 2007.1 散装矿产品取样、制样通则 手工取样方法

GB/T 6682 分析实验室用水规格和试验方法

3 术语和定义

下列术语和定义适用于本文件。

3.1

收到基 received base

以收到状态时的石膏为基准。

3.2

干燥基 dried base

以除去附着水的石膏为基准，即以石膏试样在 45 ℃±3 ℃干燥至恒量状态时的石膏为基准。

4 试验的基本要求

4.1 试验次数与要求

每一项测定的试验次数规定为两次，用两次试验结果的平均值表示测定结果。

4.2 质量、体积、滴定度和结果的表示

用“克(g)”表示质量，精确至 0.000 1 g。滴定管体积用“毫升(mL)”表示，读数精确至 0.01 mL。滴定度单位用“毫克每毫升(mg/mL)”表示。

标准滴定溶液的浓度、滴定度和体积比经修约后保留有效数字四位。

pH 值分析结果保留小数点后一位。除了 pH 值以外的分析结果以质量分数计，氯离子、水溶性五氧化二磷、水溶性氧化镁、水溶性氧化钾和氧化钠、水溶性氯离子、水溶性氟离子分析结果以%表示至小数点后三位，其他各项分析结果以%表示至小数点后二位。

报告中膏状试样含水量、附着水的分析结果以收到基(见 3.1)表示；其他分析结果以干燥基(见 3.2)表示。

4.3 空白试验

除了另有规定外，使用相同量的试剂，不加入试样，按照相同的测定步骤进行试验，对得到的测定结果进行校正。

4.4 灼烧

将滤纸和沉淀放入预先已灼烧并恒量的坩埚中，为避免产生火焰，在氧化性气氛中缓慢干燥、灰化至无黑色炭颗粒后，放入高温炉(见6.9)中，在规定的温度下灼烧。在干燥器(见6.7)中冷却至室温，称量。

4.5 恒量

除了膏状试样含水量的测定(见第8章)和附着水的测定(见第9章)另有规定外，其他恒量试验时经第一次灼烧或烘干、冷却、称量后，通过连续对每次至少15 min的灼烧或烘干，然后冷却、称量的方法来检查恒定质量，当连续两次称量之差小于0.000 5 g时，即达到恒量。

4.6 检查 Cl^- 离子(硝酸银检验)

按规定洗涤沉淀数次后，用少许水淋洗漏斗的下端，用数毫升水洗涤滤纸和沉淀，将滤液收集在试管中，加几滴硝酸银溶液(见5.24)，观察试管中溶液是否浑浊。如果浑浊，继续洗涤至用硝酸银检验不再浑浊为止。

4.7 检验方法的验证

本标准所列检验方法应依照国家标准样品/标准物质(如GSB 08—1352水泥用石膏成分分析标准样品)或不同检测方法之间进行对比检验，以验证方法的准确性。

5 试剂和材料

5.1 总则

除另有说明外，所用试剂应为分析纯或优级纯试剂。所用水应不低于GB/T 6682中规定的三级水的要求。标准中的无二氧化碳的水是指新煮沸并冷却至室温的水。

本标准所列市售浓液体试剂的密度指20 ℃的密度(ρ)，单位为克每立方厘米(g/cm^3)。

在化学分析中，所用酸或氨水，凡未注浓度者均指市售的浓酸或浓氨水。

用体积比表示试剂稀释程度，例如：盐酸(1+5)表示1份体积的浓盐酸与5份体积的水相混合。

5.2 盐酸(HCl)

1.18 g/cm^3～1.19 g/cm^3，质量分数36%～38%。

5.3 硝酸(HNO_3)

1.39 g/cm^3～1.41 g/cm^3，质量分数65%～68%。

5.4 硫酸(H_2SO_4)

1.84 g/cm^3，质量分数95%～98%。

5.5 冰乙酸(CH_3COOH)

1.05 g/cm^3,质量分数≥99%。

5.6 磷酸(H_3PO_4)

1.68 g/cm^3,质量分数≥85%。

5.7 过氧化氢(H_2O_2)

1.11 g/cm^3,质量分数 30%。

5.8 氨水($NH_3 \cdot H_2O$)

0.90 g/cm^3~0.91 g/cm^3,质量分数 25%~28%。

5.9 三乙醇胺[$N(CH_2CH_2OH)_3$]

1.12 g/cm^3,质量分数≥98%。

5.10 乙醇(C_2H_5OH)

体积分数 95%或无水乙醇。

5.11 乙醇胺 ($HOCH_2CH_2NH_2$)

1.01 g/cm^3,体积分数≥99%。

5.12 盐酸溶液

5.12.1 盐酸(1+1)

将 1 份体积的浓盐酸与 1 份体积的水混合。

5.12.2 盐酸(1+5)

将 1 份体积的浓盐酸与 5 份体积的水混合。

5.12.3 盐酸(1+10)

将 1 份体积的浓盐酸与 10 份体积的水混合。

5.13 硝酸溶液

5.13.1 硝酸(1+1)

将 1 份体积的浓硝酸与 1 份体积的水混合。

5.13.2 硝酸(1+20)

将 1 份体积的浓硝酸与 20 份体积的水混合。

5.14 硫酸溶液

5.14.1 硫酸(1+1)

将 1 份体积的浓硫酸缓慢注入 1 份体积的水中,混匀。

5.14.2 硫酸(1+2)

将1份体积的浓硫酸缓慢注入2份体积的水中,混匀。

5.15 乙酸(1+1)

将1份体积的冰乙酸与1份体积的水混合。

5.16 氨水(1+1)

将1份体积的氨水与1份体积的水混合。

5.17 乙醇(1+4)

将1份体积的乙醇与4份体积的水混合。

5.18 三乙醇胺(1+2)

将1份体积的三乙醇胺与2份体积的水混合。

5.19 氢氧化钠(NaOH)

固体,密封保存。

5.20 氢氧化钾(KOH)

固体,密封保存。

5.21 氢氧化钠溶液(200 g/L)

将20 g氢氧化钠(NaOH)溶于水中,加水稀释至100 mL,贮存于塑料瓶中。

5.22 氢氧化钾溶液(200 g/L)

将20 g氢氧化钾(KOH)溶于水中,加水稀释至100 mL,贮存于塑料瓶中。

5.23 氯化钡溶液(100 g/L)

将10 g氯化钡($BaCl_2 \cdot 2H_2O$)溶于水中,加水稀释至100 mL。

5.24 硝酸银溶液(5 g/L)

将0.5 g硝酸银($AgNO_3$)溶于水中,加入1 mL硝酸,加水稀释至100 mL,贮存于棕色瓶中。

5.25 无水碳酸钠(Na_2CO_3)

将无水碳酸钠用玛瑙研钵研细至粉末状,贮存于密封瓶中。

5.26 钼酸铵溶液(50 g/L)

将5 g钼酸铵[$(NH_4)_6Mo_7O_{24} \cdot 4H_2O$]溶于热水中,冷却后加水稀释至100 mL,贮存于塑料瓶中,必要时过滤后使用。此溶液在一周内使用。

5.27 抗坏血酸溶液(5 g/L)

将0.5 g抗坏血酸(V.C)溶于100 mL水中,必要时过滤后使用。用时现配。

5.28 **抗坏血酸溶液(50 g/L)**

将 5 g 抗坏血酸(V.C)溶于 100 mL 水中,必要时过滤后使用。用时现配。

5.29 **pH 3.0 的缓冲溶液**

将 3.2 g 无水乙酸钠(CH_3COONa)溶于水中,加入 120 mL 冰乙酸(CH_3COOH),加水稀释至 1 L。

5.30 **pH 4.3 的缓冲溶液**

将 42.3 g 无水乙酸钠(CH_3COONa)溶于水中,加入 80 mL 冰乙酸(CH_3COOH),加水稀释至 1 L。

5.31 **pH 10 的缓冲溶液**

将 67.5 g 氯化铵(NH_4Cl)溶于水中,加入 570 mL 氨水($NH_3 \cdot H_2O$),加水稀释至 1 L。

5.32 **酒石酸钾钠溶液(100 g/L)**

将 10 g 酒石酸钾钠($C_4H_4KNaO_6 \cdot 4H_2O$)溶于水中,加水稀释至 100 mL。

5.33 **钼酸铵溶液(15 g/L)**

将 3 g 钼酸铵[$(NH_4)_6Mo_7O_{24} \cdot 4H_2O$]溶于 100 mL 热水中,加入 60 mL 硫酸(1+1),混匀。冷却后加水稀释至 200 mL,贮存于塑料瓶中,必要时过滤后使用。此溶液在一周内使用。

5.34 **氯化钾(KCl)**

颗粒粗大时,应研细后使用。

5.35 **氯化钾溶液(50 g/L)**

将 50 g 氯化钾(KCl)溶于水中,加水稀释至 1 L。

5.36 **氯化钾-乙醇溶液(50 g/L)**

将 5 g 氯化钾(KCl)溶于 50 mL 水后,加入 50 mL 乙醇(见 5.10),混匀。

5.37 **氟化钾溶液(20 g/L)**

将 20 g 氟化钾($KF \cdot 2H_2O$)溶于水中,加水稀释至 1 L,贮存于塑料瓶中。

5.38 **氟化钾溶液(150 g/L)**

将 150 g 氟化钾($KF \cdot 2H_2O$)于塑料杯中,加水溶解后,加水稀释至 1 L,贮存于塑料瓶中。

5.39 **邻菲罗啉溶液(10 g/L,乙酸溶液)**

将 1 g 邻菲罗啉($C_{12}H_8N_2 \cdot 2H_2O$)溶于 100 mL 乙酸(1+1)中,用时现配。

5.40 **乙酸铵溶液(100 g/L)**

将 10 g 乙酸铵(CH_3COONH_4)溶于 100 mL 水中。

5.41 **乙酸铵溶液(250 g/L)**

将 25 g 乙酸铵(CH_3COONH_4)溶于水中,加水稀释至 100 mL。

5.42 氯化锶溶液(锶 50 g/L)

将 152 g 氯化锶($SrCl_2 \cdot 6H_2O$)溶解于水中,加水稀释至 1 L,必要时过滤后使用。

5.43 氢氧化钠溶液(0.1 mol/L)

将 0.4 g 氢氧化钠(NaOH)溶于 100 mL 水中。

5.44 硝酸溶液(0.1 mol/L)

将 0.7 mL 硝酸,加水稀释至 100 mL。

5.45 pH 6.0 的总离子强度配位缓冲溶液

将 294.1 g 柠檬酸钠($C_6H_5Na_3O_7 \cdot 2H_2O$)溶于水中,用盐酸(1+1)和氢氧化钠溶液(见 5.21)调节溶液的 pH 值至 6.0,加水稀释至 1 L。

5.46 苯二甲酸氢钾 pH 标准缓冲溶液(pH 4.00,25 ℃)

称取 2.552 g 已于 105 ℃～110 ℃烘过 2 h 的苯二甲酸氢钾($C_8H_5KO_4$,基准试剂),精确至 0.000 1 g,置于 200 mL 烧杯中,加入约 100 mL 无二氧化碳的水,加热并搅拌使其溶解,冷却至室温后,移入 250 mL 容量瓶中,用无二氧化碳的水洗净烧杯并稀释至标线,摇匀。不同温度下的磷酸盐 pH 标准缓冲溶液的 pH 值见表 1。

表 1 标准缓冲溶液的 pH 值

温度/℃	苯二甲酸氢钾 pH 标准缓冲溶液	磷酸盐 pH 标准缓冲溶液的 pH 值	硼酸盐 pH 标准缓冲溶液的 pH 值
10	4.00	6.92	9.33
15	4.00	6.90	9.28
20	4.00	6.88	9.23
25	4.00	6.86	9.18
30	4.01	6.85	9.14
35	4.02	6.84	9.10
40	4.03	6.84	9.07
45	4.04	6.83	9.04

5.47 磷酸盐 pH 标准缓冲溶液(pH 6.86,25 ℃)

称取 2.238 g 磷酸氢二钠($Na_2HPO_4 \cdot 12H_2O$)与 0.851 g 磷酸二氢钾(KH_2PO_4),精确至 0.000 1 g,置于 200 mL 烧杯中,加入约 100 mL 无二氧化碳的水,加热并搅拌使其溶解,冷却至室温后,移入 250 mL 容量瓶中,用无二氧化碳的水洗净烧杯并稀释至标线,摇匀。不同温度下的磷酸盐 pH 标准缓冲溶液的 pH 值见表 1。

5.48 硼酸盐 pH 标准缓冲溶液(pH 9.18,25 ℃)

称取 0.953 g 四硼酸钠($Na_2B_4O_7 \cdot 10H_2O$),精确至 0.000 1 g,置于 200 mL 烧杯中,加入约 100 mL无二氧化碳的水,加热并搅拌使其溶解,冷却至室温后,移入 250 mL 容量瓶中,用无二氧化碳的水洗净烧杯并稀释至标线,摇匀。不同温度下的硼酸盐 pH 标准缓冲溶液的 pH 值见表 1。

5.49 吸收溶液

在1 000 mL试剂瓶中，加入10 mL水、50 mL乙醇胺（见5.11）、500 mL无水乙醇（见5.10）及7.5 mL百里香酚酞指示剂溶液（见5.76），摇匀。

取60 mL～70 mL上述溶液置于200 mL烧杯中，用氢氧化钾-乙醇标准滴定溶液（见5.64）滴定至浅蓝色（颜色勿过浅）。然后打开滴定池盖，向滴定池内加入约50 mL该溶液，若蓝色变浅再用氢氧化钾-乙醇标准滴定溶液（见5.64）滴定至浅蓝色。

5.50 二氧化硅（SiO_2）标准溶液

5.50.1 二氧化硅标准溶液的配制

称取0.100 0 g已于1 000 ℃～1 100 ℃灼烧过30 min的二氧化硅（SiO_2，光谱纯），精确至0.000 1 g，置于铂坩埚中，加入2 g无水碳酸钠（见5.25），搅拌均匀，在950 ℃～1 000 ℃高温下熔融15 min。冷却后，将熔融物浸出于盛有约100 mL沸水的塑料烧杯中，待全部溶解，冷却至室温后，移入1 000 mL容量瓶中，用水稀释至标线，摇匀，贮存于塑料瓶中。此标准溶液每毫升含0.1 mg二氧化硅。

5.50.2 工作曲线的绘制

吸取每毫升含0.1 mg二氧化硅的标准溶液0 mL；1.00 mL；2.00 mL；3.00 mL；4.00 mL分别放入100 mL容量瓶中，加水稀释至约40 mL，依次加入5 mL盐酸（1+10），8 mL乙醇（见5.10），6 mL钼酸铵溶液（见5.26），摇匀。放置30 min后，加入20 mL盐酸（1+1），5 mL抗坏血酸溶液（见5.27），用水稀释至标线，摇匀。放置60 min后，用分光光度计（见6.13），10 mm比色皿，以水作参比，于波长660 nm处测定溶液的吸光度。用测得的吸光度作为相对应的二氧化硅含量的函数，绘制工作曲线。

5.51 三氧化二铁（Fe_2O_3）标准溶液

5.51.1 三氧化二铁标准溶液的配制

称取0.100 0 g已于950 ℃灼烧过60 min的三氧化二铁（Fe_2O_3，光谱纯），精确至0.000 1 g，置于300 mL烧杯中，依次加入50 mL水、30 mL盐酸（1+1）、2 mL硝酸，低温加热至微沸，待溶解完全后，冷却至室温后，移入1 000 mL容量瓶中，用水稀释至标线，摇匀。此标准溶液每毫升含0.1 mg三氧化二铁。

5.51.2 工作曲线的绘制

吸取每毫升含0.1 mg三氧化二铁标准溶液0 mL；1.00 mL；2.00 mL；3.00 mL；4.00 mL；5.00 mL；6.00 mL分别放入100 mL容量瓶中，加水稀释至约50 mL，加入5 mL抗坏血酸溶液（见5.27），放置5 min后，加入5 mL邻菲罗啉溶液（见5.39）、10 mL乙酸铵溶液（见5.40），用水稀释至标线，摇匀。放置30 min后，用分光光度计（见6.13），10 mm比色皿，以水作参比，于波长510 nm处测定溶液的吸光度。用测得的吸光度作为相对应的三氧化二铁含量的函数，绘制工作曲线。

5.52 五氧化二磷（P_2O_5）标准溶液

5.52.1 五氧化二磷标准溶液的配制

称取0.191 7 g已于105 ℃～110 ℃烘过2 h的磷酸二氢钾（KH_2PO_4，基准试剂），精确至0.000 1 g，置于300 mL烧杯中，加水溶解后，移入1 000 mL容量瓶中，用水稀释至标线，摇匀。此标准溶液每毫升含0.1 mg五氧化二磷。

吸取50.00 mL上述标准溶液放入500 mL容量瓶中，用水稀释至标线，摇匀。此标准溶液每毫升含0.01 mg五氧化二磷。

5.52.2 工作曲线的绘制

吸取每毫升含0.01 mg五氧化二磷的标准溶液0 mL；2.00 mL；4.00 mL；6.00 mL；8.00 mL；10.00 mL；15.00 mL；20.00 mL；25.00 mL分别放入200 mL烧杯中，加水稀释至50 mL，加入10 mL钼酸铵溶液(见5.33)和2 mL抗坏血酸溶液(见5.28)，加热煮沸并微沸(1.5±0.5)min，冷却至室温后，移入100 mL容量瓶中，用盐酸(1+10)洗涤烧杯并用盐酸(1+10)稀释至标线，摇匀。用分光光度计(见6.13)，10 mm比色皿，以水作参比，于波长730 nm处测定溶液的吸光度。用测得的吸光度作为相对应的五氧化二磷含量的函数，绘制工作曲线。

5.53 氧化镁(MgO)标准溶液

5.53.1 氧化镁标准溶液的配制

称取1.000 0 g已于950 ℃±25 ℃灼烧过1 h的氧化镁(MgO，基准试剂或光谱纯)，精确至0.000 1 g，置于250 mL烧杯中，加入50 mL水，再缓缓加入20 mL盐酸(1+1)，低温加热至完全溶解，冷却至室温后，移入1 000 mL容量瓶中，用水稀释至标线，摇匀。此标准溶液每毫升含1 mg氧化镁。

吸取25.00 mL上述标准溶液放入500 mL容量瓶中，用水稀释至标线，摇匀。此标准溶液每毫升含0.05 mg氧化镁。

5.53.2 工作曲线的绘制

吸取每毫升含0.05 mg氧化镁的标准溶液0 mL；2.00 mL；4.00 mL；6.00 mL；8.00 mL；10.00 mL；12.00 mL分别放入500 mL容量瓶中，加入30 mL盐酸和10 mL氯化锶溶液(见5.42)，用水稀释至标线，摇匀。此系列标准溶液分别每毫升含0.000 2 mg；0.000 4 mg；0.000 6 mg；0.000 8 mg；0.001 0 mg；0.001 2 mg氧化镁。将原子吸收光谱仪(见6.15)调节至最佳工作状态，在空气-乙炔火焰中，用镁元素空心阴极灯，于波长285.2 nm处，以水校零测定溶液的吸光度。用测得的吸光度作为相对应的氧化镁浓度的函数，绘制工作曲线。

5.54 氧化钾(K_2O)、氧化钠(Na_2O)标准溶液

5.54.1 氧化钾、氧化钠标准溶液的配制

称取1.582 9 g已于105 ℃～110 ℃烘过2 h的氯化钾(KCl，基准试剂或光谱纯)及1.885 9 g已于105 ℃～110 ℃烘过2 h的氯化钠(NaCl，基准试剂或光谱纯)，精确至0.000 1 g，置于烧杯中，加水溶解后，移入1 000 mL容量瓶中，用水稀释至标线，摇匀，贮存于塑料瓶中。此标准溶液每毫升含1 mg氧化钾及1 mg氧化钠。

5.54.2 工作曲线的绘制

吸取每毫升含1 mg氧化钾及1 mg氧化钠的标准溶液0 mL；2.50 mL；5.00 mL；10.00 mL；15.00 mL；20.00 mL分别放入500 mL容量瓶中，用水稀释至标线，摇匀，贮存于塑料瓶中。此系列标准溶液分别每毫升含0.005 mg；0.010 mg；0.020 mg；0.030 mg；0.040 mg氧化钾和氧化钠。将火焰光度计(见6.14)调节至最佳工作状态，按仪器使用规程进行测定。用测得的检流计读数作为相对应的氧化钾和氧化钠浓度的函数，绘制工作曲线。

5.55 氟离子(F^-)标准溶液

5.55.1 氟离子标准溶液的配制

称取0.276 3 g已于105 ℃～110 ℃烘过2 h的氟化钠(NaF,优级纯),精确至0.000 1 g,置于塑料烧杯中,加水溶解后,移入500 mL容量瓶中,用水稀释至标线,摇匀,贮存于塑料瓶中。此标准溶液每毫升含0.25 mg氟离子。

吸取每毫升含0.25 mg氟离子的标准溶液2.00 mL;10.00 mL;20.00 mL;40.00 mL;60.00 mL分别放入500 mL容量瓶中,用水稀释至标线,摇匀,贮存于塑料瓶中。此系列标准溶液分别每毫升含0.001 mg;0.005 mg;0.010 mg;0.020 mg;0.030 mg氟离子。

5.55.2 工作曲线的绘制

吸取每毫升含0.001 mg;0.005 mg;0.010 mg;0.020 mg;0.030 mg氟离子标准溶液各10.00 mL,分别放入50 mL干的烧杯中,分别准确加入10.00 mL pH6.0的总离子强度配位缓冲液(见5.45),放入一根磁力搅拌棒。把烧杯放在磁力搅拌器(见6.12)上,用离子计或酸度计(见6.18)测量溶液的平衡电位,在溶液中插入氟离子选择电极和饱和氯化钾甘汞电极,搅拌2 min,待数值稳定后读取电位值。用单对数坐标纸,以对数坐标为氟离子的浓度,常数坐标为电位值,绘制工作曲线。

5.56 碳酸钙标准溶液[$c(CaCO_3)=0.024$ mol/L]

称取0.6 g(m_1)已于105 ℃～110 ℃烘过2 h的碳酸钙($CaCO_3$,基准试剂),精确至0.000 1 g,置于400 mL烧杯中,加入约100 mL水,盖上表面皿,沿杯口慢慢加入5 mL～10 mL盐酸(1+1),搅拌至碳酸钙全部溶解,加热煮沸并微沸1 min～2 min。冷却至室温后,移入250 mL容量瓶中,用水稀释至标线,摇匀。

5.57 EDTA标准滴定溶液[$c(\text{EDTA})=0.015$ mol/L]

5.57.1 EDTA标准滴定溶液的配制

称取5.6 g EDTA(乙二胺四乙酸二钠,$C_{10}H_{14}N_2O_8Na_2 \cdot 2H_2O$)置于烧杯中,加入约200 mL水,加热溶解,过滤,加水稀释至1 L,摇匀。

5.57.2 EDTA标准滴定溶液浓度的标定

吸取25.00 mL碳酸钙标准溶液(见5.56)放入300 mL烧杯中,加水稀释至约200 mL水,加入少许的CMP混合指示剂(见5.66),在搅拌下加入氢氧化钾溶液(见5.22)至出现绿色荧光后再过量2 mL～3 mL,用EDTA标准滴定溶液滴定至绿色荧光消失并呈现红色(V_1)。

EDTA标准滴定溶液的浓度按式(1)计算:

$$c(\text{EDTA})=\frac{m_1\times 1\ 000}{(V_1-V_{01})\times 10\times 100.09}=\frac{m_1}{(V_1-V_{01})\times 1.000\ 9} \qquad \cdots\cdots(1)$$

式中:

$c(\text{EDTA})$——EDTA标准滴定溶液的浓度,单位为摩尔每升(mol/L);

m_1——按5.56配制碳酸钙标准溶液的碳酸钙的质量,单位为克(g);

V_1——滴定时消耗EDTA标准滴定溶液的体积,单位为毫升(mL);

V_{01}——空白试验滴定时消耗EDTA标准滴定溶液的体积,单位为毫升(mL);

100.09——$CaCO_3$的摩尔质量,单位为克每摩尔(g/mol);

10——全部碳酸钙标准溶液与所分取溶液的体积比。

5.57.3 EDTA 标准滴定溶液对各氧化物的滴定度的计算

EDTA 标准滴定溶液对三氧化二铁、三氧化二铝、氧化钙、氧化镁的滴定度分别按式(2)、式(3)、式(4)、式(5)计算：

$$T_{Fe_2O_3} = c(\mathrm{EDTA}) \times 79.84 \qquad \cdots\cdots(2)$$

$$T_{Al_2O_3} = c(\mathrm{EDTA}) \times 50.98 \qquad \cdots\cdots(3)$$

$$T_{CaO} = c(\mathrm{EDTA}) \times 56.08 \qquad \cdots\cdots(4)$$

$$T_{MgO} = c(\mathrm{EDTA}) \times 40.31 \qquad \cdots\cdots(5)$$

式中：

$T_{Fe_2O_3}$ ——EDTA 标准滴定溶液对三氧化二铁的滴定度，单位为毫克每毫升(mg/mL)；

$T_{Al_2O_3}$ ——EDTA 标准滴定溶液对三氧化二铝的滴定度，单位为毫克每毫升(mg/mL)；

T_{CaO} ——EDTA 标准滴定溶液对氧化钙的滴定度，单位为毫克每毫升(mg/mL)；

T_{MgO} ——EDTA 标准滴定溶液对氧化镁的滴定度，单位为毫克每毫升(mg/mL)；

c(EDTA)——EDTA 标准滴定溶液的浓度，单位为摩尔每升(mol/L)；

79.84 ——(1/2Fe_2O_3)的摩尔质量，单位为克每摩尔(g/mol)；

50.98 ——(1/2Al_2O_3)的摩尔质量，单位为克每摩尔(g/mol)；

56.08 ——CaO 的摩尔质量，单位为克每摩尔(g/mol)；

40.31 ——MgO 的摩尔质量，单位为克每摩尔(g/mol)。

5.58 硫酸铜标准滴定溶液[$c(CuSO_4)$ = 0.015 mol/L]

5.58.1 硫酸铜标准滴定溶液的配制

称取 3.7 g 硫酸铜($CuSO_4 \cdot 5H_2O$)溶于约 200 mL 水，加入 4～5 滴硫酸(1+1)，加水稀释至 1 L，摇匀。

5.58.2 EDTA 标准滴定溶液与硫酸铜标准滴定溶液体积比的标定

从滴定管中缓慢放出 10.00 mL～15.00 mL EDTA 标准滴定溶液(见 5.57)(V_2)于 300 mL 烧杯中，加水稀释至约 150 mL，加入 15 mL pH4.3 的缓冲溶液(见 5.30)，加热至沸，取下稍冷，加入 4～5 滴 PAN 指示剂溶液(见 5.70)，用硫酸铜标准滴定溶液滴定至亮紫色(V_3)。

EDTA 标准滴定溶液与硫酸铜标准滴定溶液的体积比按式(6)计算：

$$K_1 = \frac{V_2}{V_3} \qquad \cdots\cdots(6)$$

式中：

K_1——EDTA 标准滴定溶液与硫酸铜标准滴定溶液的体积比；

V_2——加入 EDTA 标准滴定溶液的体积，单位为毫升(mL)；

V_3——滴定时消耗硫酸铜标准滴定溶液的体积，单位为毫升(mL)。

5.59 氢氧化钠标准滴定溶液[c(NaOH) = 0.15 mol/L]

5.59.1 氢氧化钠标准滴定溶液的配制

称取 30 g 氢氧化钠(NaOH)溶于水后，加水稀释至 5L，充分摇匀，贮存于塑料瓶或带胶塞(装有钠石灰干燥管)的硬质玻璃瓶内。

5.59.2 氢氧化钠标准滴定溶液浓度的标定

称取 0.8 g(m_2)已于 105 ℃～110 ℃烘过 2 h 的苯二甲酸氢钾($C_8H_5KO_4$，基准试剂)，精确至

0.000 1 g，置于 300 mL 烧杯中，加入约 200 mL 预先新煮沸过并冷却后用氢氧化钠溶液中和至酚酞呈微红色的冷水，搅拌使其溶解，加入 6～7 滴酚酞指示剂溶液（见 5.68），用氢氧化钠标准滴定溶液滴定至微红色（V_4）。

氢氧化钠标准滴定溶液的浓度按式(7)计算：

$$c(\mathrm{NaOH})=\frac{m_2\times 1\ 000}{V_4\times 204.2} \qquad \cdots\cdots(7)$$

式中：

$c(\mathrm{NaOH})$——氢氧化钠标准滴定溶液的浓度，单位为摩尔每升（mol/L）；

m_2 ——苯二甲酸氢钾的质量，单位为克(g)；

V_4 ——滴定时消耗氢氧化钠标准滴定溶液的体积，单位为毫升(mL)；

204.2 ——苯二甲酸氢钾的摩尔质量，单位为克每摩尔(g/mol)。

5.59.3 氢氧化钠标准滴定溶液对二氧化硅的滴定度的计算

氢氧化钠标准滴定溶液对二氧化硅的滴定度按式(8)计算：

$$T_{\mathrm{SiO_2}}=c(\mathrm{NaOH})\times 15.02 \qquad \cdots\cdots(8)$$

式中：

$T_{\mathrm{SiO_2}}$ ——氢氧化钠标准滴定溶液对二氧化硅的滴定度，单位为毫克每毫升(mg/mL)；

$c(\mathrm{NaOH})$ ——氢氧化钠标准滴定溶液的浓度，单位为摩尔每升（mol/L）；

15.02 ——($1/4SiO_2$)的摩尔质量，单位为克每摩尔(g/mol)。

5.60 硫代硫酸钠标准滴定溶液[$c(Na_2S_2O_3)=0.1$ mol/L]

5.60.1 硫代硫酸钠标准滴定溶液的配制

称取 25 g 硫代硫酸钠($Na_2S_2O_3\cdot 5H_2O$)及 0.2 g 无水碳酸钠(Na_2CO_3)溶于约 200 mL 无二氧化碳的水中，再用无二氧化碳的水稀释至 1 000 mL，摇匀，贮存于棕色瓶中。

由于硫代硫酸钠标准溶液不稳定，建议在每批试验之前，要重新标定。

5.60.2 硫代硫酸钠标准滴定溶液浓度的标定

称取 0.10 g～0.12 g(m_3)已于 120 ℃烘过 2 h 的碘酸钾(KIO_3，优级纯)，精确至 0.000 1 g，置于 250 mL 锥形瓶中，加入 2 g 碘化钾(KI)和 50 mL 水，摇动溶解后，加入 20 mL 盐酸(1+1)，用硫代硫酸钠标准滴定溶液滴定至浅黄色后，加入约 2 mL 淀粉溶液（见 5.74），再继续滴定至蓝色消失(V_5)。

硫代硫酸钠标准滴定溶液的浓度按式(9)计算：

$$c(\mathrm{Na_2S_2O_3})=\frac{m_3\times 1\ 000}{(V_5-V_{05})\times 35.67} \qquad \cdots\cdots(9)$$

式中：

$c(\mathrm{Na_2S_2O_3})$——硫代硫酸钠标准滴定溶液的浓度，单位为摩尔每升（mol/L）；

m_3 ——碘酸钾的质量，单位为克(g)；

V_5 ——滴定时消耗硫代硫酸钠标准滴定溶液的体积，单位为毫升(mL)；

V_{05} ——空白试验滴定时消耗硫代硫酸钠标准滴定溶液的体积，单位为毫升(mL)；

35.67 ——($1/6KIO_3$)的摩尔质量，单位为克每摩尔(g/mol)。

5.61 碘标准滴定溶液[$c(1/2I_2)=0.1$ mol/L]

5.61.1 碘标准滴定溶液的配制

称取 40 g 碘化钾(KI)溶于 200 mL 水中，再加入 13 g 碘(I_2)，搅拌完全溶解后，加入 1 mL 盐酸

(1+1)，搅匀后用快速滤纸过滤，并用水稀释至1 000 mL，摇匀，贮存于棕色瓶中。

5.61.2 碘标准滴定溶液与硫代硫酸钠标准滴定溶液体积比的标定

移取20.00 mL碘标准滴定溶液于250 mL锥形瓶中，加入50 mL水，用硫代硫酸钠标准滴定溶液(见5.60)滴定至浅黄色后，加入约2 mL淀粉溶液(见5.74)，再继续滴定至蓝色消失(V_6)。

碘标准滴定溶液与硫代硫酸钠标准滴定溶液的体积比按式(10)计算：

$$K_2=\frac{20.00}{V_6} \quad \cdots\cdots(10)$$

式中：

K_2 ——碘标准滴定溶液与硫代硫酸钠标准滴定溶液的体积比；

V_6 ——滴定时消耗硫代硫酸钠标准滴定溶液的体积，单位为毫升(mL)；

20.00 ——加入碘标准滴定溶液的体积，单位为毫升(mL)。

5.61.3 碘标准滴定溶液对二氧化硫的滴定度的计算

碘标准滴定溶液对二氧化硫的滴定度按式(11)计算：

$$T_{SO_2}=\frac{c(Na_2S_2O_3)\times V_6\times 32.03}{20.00} \quad \cdots\cdots(11)$$

式中：

T_{SO_2} ——碘标准滴定溶液对二氧化硫的滴定度，单位为毫克每毫升(mg/mL)；

$c(Na_2S_2O_3)$ ——硫代硫酸钠标准滴定溶液的浓度，单位为摩尔每升(mol/L)；

V_6 ——标定体积比K_2时消耗硫代硫酸钠标准滴定溶液的体积，单位为毫升(mL)；

20.00 ——标定体积比K_2时加入碘标准滴定溶液的体积，单位为毫升(mL)；

32.03 ——($1/2SO_2$)的摩尔质量，单位为克每摩尔(g/mol)。

5.62 氯离子标准溶液[$c(NaCl)=0.05$ mol/L]

称取2.922 2 g已于105 ℃～110 ℃烘过2 h的氯化钠(NaCl，基准试剂或光谱纯)，精确至0.000 1 g，置于200 mL烧杯中，加水溶解后，移入1 000 mL容量瓶中，用水稀释至标线，摇匀。

5.63 硝酸银标准滴定溶液[$c(AgNO_3)=0.05$ mol/L]

5.63.1 硝酸银标准滴定溶液的配制

称取4.25 g硝酸银($AgNO_3$)，加水溶解后，移入500 mL容量瓶中，用水稀释至标线，摇匀，贮存于棕色瓶中，避光保存。

5.63.2 硝酸银标准滴定溶液浓度的标定

5.63.2.1 用于硝酸银滴定法的浓度的标定

吸取25.00 mL氯离子标准溶液(见5.62)放入250 mL锥形瓶中，加入10滴铬酸钾溶液(见5.75)，用硝酸银标准滴定溶液滴定至浅桔黄色(V_7)。

硝酸银标准滴定溶液浓度按式(12)计算：

$$c(AgNO_3)=\frac{0.05\times 25.00}{V_7-V_{07}}=\frac{1.25}{V_7-V_{07}} \quad \cdots\cdots(12)$$

式中：

$c(AgNO_3)$——硝酸银标准滴定溶液的浓度，单位为摩尔每升(mol/L)；

V_7 ——滴定时消耗硝酸银标准滴定溶液的体积，单位为毫升(mL)；

V_{07} ——滴定空白时消耗硝酸银标准滴定溶液的体积，单位为毫升(mL)；
0.05 ——氯化钠标准溶液的浓度，单位为摩尔每升(mol/L)；
25.00 ——加入氯化钠标准溶液的体积，单位为毫升(mL)。

5.63.2.2 用于(自动)电位滴定法的浓度的标定

吸取 5.00 mL 氯离子标准溶液(见 5.62)放入 200 mL 烧杯中，加入 5 mL 硝酸(1+1)，用水稀释至 150 mL，放入一根磁力搅拌棒。把烧杯放在磁力搅拌器(见 6.12)上，用氯离子电位滴定装置(见 6.16)测量溶液的电位，在溶液中插入氯离子选择电极和饱和氯化钾甘汞电极，开始搅拌。用硝酸银标准滴定溶液逐渐滴定，化学计量点前后，每次滴加 0.10 mL 硝酸银标准滴定溶液，记录滴定管读数和对应的毫伏计读数。计量点前，毫伏计读数变化越来越大；过计量点后，每滴加一次溶液，变化又将减小。继续滴定至毫伏计读数变化不大时为止。用二次微商法计算或氯离子电位滴定装置(见 6.16)计算出消耗的硝酸银标准滴定溶液的体积(V_8)。

二次微商法的计算参见附录 A。计算各次加入标准滴定溶液之间毫伏读数差，并把该数值填入附录表格的第 3 列中。再进一步计算第 3 列相邻数值之差，并把结果填入第 4 列中。滴定的计量点位于第 3 列中最大△mV 间隔之内。精确的计量点由第 4 列中的数据，用内插法求得硝酸银标准滴定溶液的体积(V_8)。

硝酸银标准滴定溶液的浓度按式(13)计算：

$$c(AgNO_3)=\frac{0.05\times5.00}{V_8}=\frac{0.25}{V_8} \qquad \cdots\cdots(13)$$

式中：

$c(AgNO_3)$——硝酸银标准滴定溶液的浓度，单位为摩尔每升(mol/L)；
V_8 ——滴定时消耗硝酸银标准滴定溶液的体积，单位为毫升(mL)；
0.05 ——氯化钠标准溶液的浓度，单位为摩尔每升(mol/L)；
5.00 ——加入氯化钠标准溶液的体积，单位为毫升(mL)。

5.63.3 硝酸银标准滴定溶液对氯离子的滴定度的计算

硝酸银标准滴定溶液对氯离子的滴定度按式(14)计算：

$$T_{Cl^-}=c(AgNO_3)\times35.45 \qquad \cdots\cdots(14)$$

式中：

T_{Cl^-} ——硝酸银标准滴定溶液对氯离子的滴定度，单位为毫克每毫升(mg/mL)；
$c(AgNO_3)$——硝酸银标准滴定溶液的浓度，单位为摩尔每升(mol/L)；
35.45 ——Cl 的摩尔质量，单位为克每摩尔(g/mol)。

5.64 氢氧化钾-乙醇标准滴定溶液〔$c(KOH)=0.1$ mol/L〕

5.64.1 氢氧化钾-乙醇标准滴定溶液的配制

称取 6.3 g 氢氧化钾(KOH)溶于 20 mL 水中，加入 100 mL 乙醇胺(见 5.11)、在不断搅拌下缓慢加入 1 000 mL 无水乙醇(见 5.10)，然后加入 15 mL 百里香酚酞指示剂溶液(见 5.76)，摇匀，贮存于塑料瓶中。

5.64.2 氢氧化钾-乙醇标准滴定溶液浓度的标定

标定前，将一个空的反应瓶连接到图 1 所示的仪器装置(见 6.20)上。启动抽气泵，控制气体流速约为 100 mL/min～150 mL/min，通气 20 min 以上，以除去系统中的二氧化碳，并用氢氧化钾-乙醇标准滴定溶液自动跟踪滴定(不计体积)。

称取 0.15 g(m_4)已于 105 ℃～110 ℃烘过 2 h 的碳酸钙($CaCO_3$,基准试剂),精确至 0.000 1 g,置于干燥的 100 mL 反应瓶中,将反应瓶连接到图 1 所示的仪器装置(见 6.20)上。启动抽气泵,调节气流量为 100 mL/min～150 mL/min,加入 15 mL 磷酸到分液漏斗 6 中,小心旋开分液漏斗活塞,使磷酸滴入反应瓶 5 中,并留少许磷酸在漏斗中起液封作用,关闭活塞。调节电压使电炉丝呈暗红色,慢慢低温加热使反应瓶中的液体至沸,并加热微沸 5 min,关闭电炉,并继续通气 15 min。加热和通气过程中,滴定池中的溶液蓝色开始褪色,用氢氧化钾-乙醇标准滴定溶液自动跟踪滴定至起始颜色为止(V_9)。

氢氧化钾-乙醇标准滴定溶液的浓度按式(15)计算:

$$c(KOH)=\frac{m_4\times 1\,000}{(V_9-V_{09})\times 100.09} \qquad\cdots\cdots(15)$$

式中:

$c(KOH)$——氢氧化钾-乙醇标准滴定溶液的浓度,单位为摩尔每升(mol/L);

V_9 ——滴定时消耗氢氧化钾-乙醇标准滴定溶液的体积,单位为毫升(mL);

V_{09} ——空白试验消耗氢氧化钾-乙醇标准滴定溶液的体积,单位为毫升(mL);

m_4 ——称取碳酸钙的质量,单位为克(g);

100.09 ——$CaCO_3$ 的摩尔质量,单位为克每摩尔(g/mol)。

5.64.3 氢氧化钾-乙醇标准滴定溶液对二氧化碳的滴定度的计算

氢氧化钾-乙醇标准滴定溶液对二氧化碳的滴定度按式(16)计算:

$$T_{CO_2}=c(KOH)\times 44.01 \qquad\cdots\cdots(16)$$

式中:

T_{CO_2} ——氢氧化钾-乙醇标准滴定溶液对二氧化碳的滴定度,单位为毫克每毫升(mg/mL);

$c(KOH)$——氢氧化钾-乙醇标准滴定溶液的浓度,单位为摩尔每升(mol/L);

44.01 ——CO_2 的摩尔质量,单位为克每摩尔(g/mol)。

5.65 EDTA-铜溶液

按 EDTA 标准滴定溶液(见 5.57)与硫酸铜标准滴定溶液的体积比(见 5.58.2),准确配制成等物质的量浓度的混合溶液。

5.66 钙黄绿素-甲基百里香酚蓝-酚酞混合指示剂(简称 CMP 混合指示剂)

将 1.000 g 钙黄绿素、1.000 g 甲基百里香酚蓝、0.200 g 酚酞与 50 g 已在 105 ℃～110 ℃烘干过的硝酸钾(KNO_3),混合研细,保存在磨口瓶中。

5.67 酸性铬蓝 K-萘酚绿 B 混合指示剂(简称 KB 混合指示剂)

将 1.000 g 酸性铬蓝 K、2.500 g 萘酚绿 B 与 50 g 已在 105 ℃～110 ℃烘干过的硝酸钾(KNO_3),混合研细,保存在磨口瓶中。

滴定终点颜色不正确时,可调节酸性铬蓝 K 与萘酚绿 B 的配制比例,并通过国家标准样品/标准物质进行对比确认。

5.68 酚酞指示剂溶液(10 g/L)

将 1 g 酚酞溶于 100 mL 乙醇(见 5.10)中。

5.69 磺基水杨酸钠指示剂溶液(10 g/L)

将 10 g 磺基水杨酸钠($C_7H_5O_6SNa\cdot 2H_2O$)溶于水中,加水稀释至 100 mL。

5.70 1-(2-吡啶偶氮)-2萘酚指示剂溶液(简称PAN指示剂溶液)(2 g/L)

将0.2 g 1-(2-吡啶偶氮)-2萘酚溶于100 mL乙醇(见5.10)中。

5.71 甲基红指示剂溶液(2 g/L)

将0.2 g甲基红溶于100 mL乙醇(见5.10)中。

5.72 溴酚蓝指示剂溶液(2 g/L)

将0.2 g溴酚蓝溶于100 mL乙醇(1+4)中。

5.73 对硝基酚指示剂溶液(2 g/L)

将0.2 g对硝基酚溶于100 mL水中。

5.74 淀粉溶液(10 g/L)

将1 g可溶性淀粉置于烧杯中,加水调成糊状后,在搅拌下加入100 mL沸水,煮沸约1 min,冷却后使用。

5.75 铬酸钾溶液(50 g/L)

将5 g铬酸钾(K_2CrO_4)溶于少量水中,滴加硝酸银标准滴定溶液(见5.63)至有红色沉淀生成,静置12 h后,过滤后加水稀释至100 mL。

5.76 百里香酚酞指示剂溶液(2 g/L)

将0.2 g百里香酚酞溶于100 mL乙醇(见5.10)中。

5.77 硫酸铜溶液(200 g/L)

将20 g硫酸铜($CuSO_4 \cdot 5H_2O$)溶于100 mL水中。

5.78 硫酸铜($CuSO_4 \cdot 5H_2O$)饱和溶液

5.79 硫化氢吸收剂

将称量过的、粒度在1 mm～2.5 mm的干燥浮石放在一个平盘内,然后用一定体积的硫酸铜饱和溶液(见5.78)浸泡,硫酸铜溶液的质量约为浮石质量的一半。把混合物放在150 ℃的干燥箱(见6.8)内,在玻璃棒经常搅拌下,蒸发混合物至干,烘干5 h以上,将固体混合物冷却后,贮存于密封瓶内。

5.80 碱石棉

粒度1 mm～2 mm(10目～20目),化学纯,密封保存。

5.81 钠石灰

粒度2 mm～5 mm,医药用或化学纯,密封保存。

5.82 变色硅胶

在105 ℃～110 ℃烘干至蓝色。

5.83 滤纸浆

将定量滤纸撕成小块，放入烧杯中，加水浸没，加热煮沸并微沸 10 min 以上，冷却后放入广口瓶中备用。

6 仪器与设备

6.1 天平

精确至 0.000 1 g。

6.2 天平

精确至 0.1 g。

6.3 瓷坩埚

带盖，容量 18 mL～25 mL。

6.4 铂坩埚

带盖，容量 25 mL～30 mL。

6.5 银坩埚

带盖，容量 30 mL。

6.6 镍坩埚

带盖，容量 50 mL。

6.7 干燥器

内装变色硅胶。

6.8 干燥箱

可控制 45 ℃±3 ℃、230 ℃±5 ℃、105 ℃～110 ℃、120 ℃、150 ℃温度。

6.9 高温炉

隔焰加热炉，在炉膛外围进行电阻加热。应使用温度控制器，准确控制炉温，并定期进行计量。可控制 650 ℃～700 ℃、800 ℃、850 ℃、950 ℃～1 000 ℃温度。

6.10 滤纸

快速、中速、慢速三种型号的定量滤纸。

6.11 玻璃量器

滴定管、容量瓶、移液管。

6.12 磁力搅拌器

具有调速和加热功能，带有包着惰性材料的搅拌棒，例如聚四氟乙烯材料。

6.13 分光光度计

可在波长 400 nm～800 nm 范围内测定溶液的吸光度，带有 10 mm、20 mm 比色皿。

6.14 火焰光度计

可稳定地测定钾在波长 768 nm 处和钠在波长 589 nm 处的谱线强度。

6.15 原子吸收光谱仪

带有镁元素空心阴极灯。

6.16 氯离子电位滴定装置

精度为 2 mV，可连接氯离子选择电极和饱和氯化钾甘汞电极。

6.17 酸度计

测量 pH 值范围 0～14，精度至 0.01，需通过至少两个不同的标准溶液校准的通用酸度计。

6.18 离子计或酸度计

精确至 1 mV，可连接氯离子选择电极和饱和氯化钾甘汞电极。

6.19 恒温水浴

可恒温 25.0 ℃±3.0 ℃。

6.20 二氧化碳测定装置（自动光电滴定法）

仪器装置示意图如图 1 所示。安装一个适宜的抽气泵和一个玻璃转子流量计，以保证气体通过装置均匀流动。

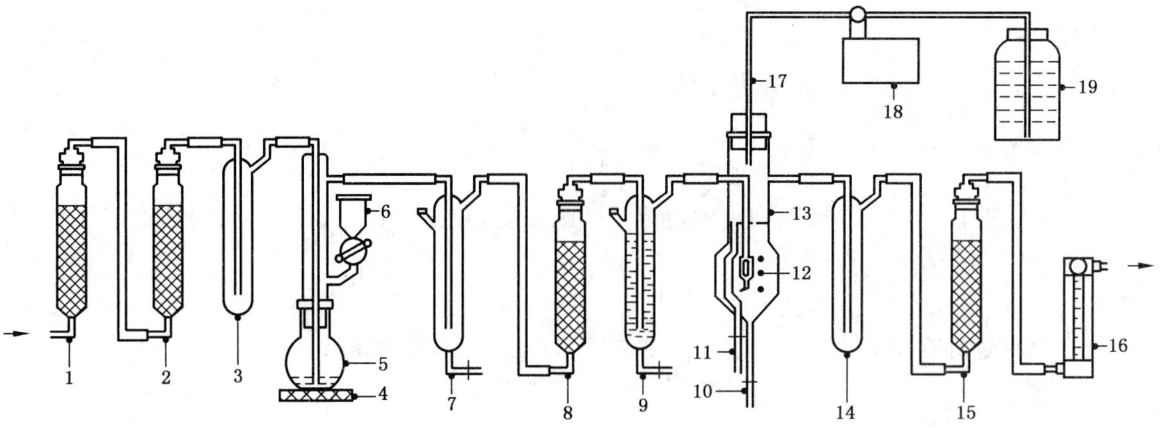

1、2　——洗气瓶，内装钠石灰(见 5.81)或碱石棉(见 5.80)；
3、7、14 ——空瓶；
4　——电炉；
5　——反应瓶：100 mL；
6　——带分液漏斗的冷凝管；
8　——洗气瓶，内装硫化氢吸收剂(见 5.79)；
9　——洗气瓶，内装硫酸铜溶液(200 g/L)；
10　——废液管；
11　——排液管；
12　——光敏元件；
13　——滴定池；
15　——洗气瓶，内装变色硅胶(见 5.82)；
16　——气体流量计；
17　——滴定管；
18　——自动滴定、数据处理、液晶显示器；
19　——试剂瓶，内装氢氧化钾-乙醇标准滴定溶液(见 5.64)。

图 1　自动光电滴定法-二氧化碳测定装置示意图

进入装置的气体先通过含钠石灰(见 5.81)或碱石棉(见 5.80)的洗气瓶 1 和 2，气体中的二氧化碳被除去。反应瓶 5 上部与带分液漏斗的冷凝管 6 相连接。

气体通过洗气瓶 8 和 9，洗气瓶 8 内装硫化氢吸收剂(见 5.79)，洗气瓶 9 内装硫酸铜溶液(见 5.77)，气体中的硫化氢被除去，最后二氧化碳气体进入滴定池 13。

7　试样的制备

7.1　一般试样的制备程序

7.1.1　附着水试样的制备

试样应具有代表性和均匀性，按 GB/T 2007.1 方法取样。样品不少于 100 g(如果样品的粒度在 3 mm 以下，可以不少于 50 g)。根据收到基样品的粒度和附着水多少制备成 9.2 所需的附着水试样的细度(6 mm 以下、3 mm 以下或 150 μm 以下)，将试样混匀后，用防止水分蒸发的容器盛装，密封保存，用于附着水的测定。

7.1.2 化学分析试样的制备

将测定附着水后的试样或在 45 ℃±3 ℃烘干至恒量后的试样缩分至约 50 g。把试样研磨至全部通过孔径为 150 μm 方孔筛，使用机械研磨时应注意研磨过程中试样温度不超过 55 ℃，制样前清洗干净设备，避免污染试样。然后充分混匀，装入试样瓶中，密封保存，用于除附着水以外的化学分析。

如果试样不潮湿，可以直接研磨至全部通过孔径为 150 μm 方孔筛，混匀后密封保存。此试样可直接用于化学分析，同时进行附着水的测定。测定附着水后的试料可直接用于结晶水的测定。将除了附着水以外的分析结果换算成干燥基结果。

将测定的收到基结果 X_r 换算成干燥基结果 X 按式(17)计算：

$$X=\frac{100}{100-w_{附着水}}\times X_r \qquad \cdots\cdots(17)$$

式中：

X ——干燥基结果的质量分数，%；

X_r ——收到基结果的质量分数，%；

$w_{附着水}$ ——附着水的质量分数，%。

7.2 木纤维石膏或石膏混凝土试样

用研钵或捣锤人工敲碎试样，用 150 μm 方孔筛筛分干燥基(3.2)试样，弃去筛上的筛余物，重新称量剩余试样的质量并计算剩余试样的质量分数。过筛后的试样，充分混匀后作为 7.1.2 的化学分析试样。

7.3 石膏板试样

切割并打碎干燥基(3.2)试样成小块，用研钵或捣锤人工敲碎试样，试样与纸片分开。人工从石膏板中分离纸片等填充料，小心地收集剩余的粉料。待所有的纸片等填充料从试样中分离开了，重新称量剩余试样的质量并计算剩余试样的质量分数，分离后的试样按 7.1.2 制备化学分析试样。

7.4 膏状试样

样品不少于 200 g，将试样混匀后，用防止水分蒸发的容器盛装，密封保存，用于膏状试样含水量的测定。按 7.1.2 制备化学分析试样。

8 膏状试样含水量的测定——干燥差减法

8.1 方法提要

试样在 45 ℃±3 ℃下烘干所失去的水分。

8.2 分析步骤

从 7.4 中称取约 50 g 试样(m_5)，精确至 0.1 g，平铺于已烘干至恒量的适宜的容器内，将装有试样的容器在 45 ℃±3 ℃的干燥箱(见 6.8)中烘干至恒量(m_6)，连续两次称量之差小于 0.1 g。

8.3 结果的计算与表示

膏状试样含水量的质量分数 $w_{含水量}$ 按式(18)计算：

$$w_{含水量} = \frac{m_5 - m_6}{m_5} \times 100 \qquad \cdots\cdots(18)$$

式中：

$w_{含水量}$——膏状试样含水量的质量分数，%；

m_6 ——烘干后试料的质量，单位为克(g)；

m_5 ——试料的质量，单位为克(g)。

9 附着水的测定——干燥差减法

9.1 方法提要

试样在 45 ℃±3 ℃下烘干所失去的附着水分。

9.2 分析步骤

按表 2 规定的称取试样的质量，从 7.1.1 中称取试样(m_7)，平铺于已烘干至恒量的适宜的容器内，将装有试样的容器在 45 ℃±3 ℃的干燥箱(见 6.8)中烘干 2 h 以上，取出放入干燥器(见 6.7)中(如果使用称量瓶，将磨口塞紧密盖好)，冷却至室温，马上称量。在同样温度下再烘干 30 min 以上，如此反复烘干，直至恒量(m_8)。

如果称取约 1 g 150 μm 以下的试样，需采用 40 mm×25 mm 的称量瓶。

必要时保留测定附着水后的试样于密封容器内或置于干燥器内，可用于化学分析试样的制备。

表 2 称取试样的质量

试样细度	称取试样的质量/g	天平分度值/g	连续两次称量之差/g
6 mm 以下	50	不大于 0.01	小于 0.1
3 mm 以下	10	不大于 0.001	小于 0.01
150 μm 以下	1	不大于 0.000 1	小于 0.000 5

9.3 结果的计算与表示

附着水的质量分数 $w_{附着水}$ 按式(19)计算：

$$w_{附着水} = \frac{m_7 - m_8}{m_7} \times 100 \qquad \cdots\cdots(19)$$

式中：

$w_{附着水}$——附着水的质量分数，%；

m_8 ——烘干后试料的质量，单位为克(g)；

m_7 ——试料的质量，单位为克(g)。

10 结晶水的测定——干燥差减法

10.1 方法提要

试样在 230 ℃±5 ℃下烘干所失去的化合水分。

试样中的有些物质会造成结晶水的结果偏高，如有机物和氢氧化物与石膏的结晶水有相同的分解温度范围。

10.2 分析步骤

从7.1.2中称取约1 g试样(m_9),精确至0.000 1 g,平铺于已烘干至恒量的带磨口塞的称量瓶中,将磨口塞斜置于称量瓶上,将装有试样的称量瓶在230 ℃±5 ℃的干燥箱(见6.8)中烘干1 h以上,取出称量瓶置于干燥器(见6.7)中,将磨口塞紧密盖好,冷却至室温,称量。如此反复烘干,直至恒量(m_{10})。

10.3 结果的计算与表示

结晶水的质量分数$w_{结晶水}$按式(20)计算:

$$w_{结晶水}=\frac{m_9-m_{10}}{m_9}\times 100 \qquad \cdots\cdots(20)$$

式中:

$w_{结晶水}$——结晶水的质量分数,%;

m_{10} ——烘干后试料的质量,单位为克(g);

m_9 ——试料的质量,单位为克(g)。

11 三氧化硫的测定——硫酸钡重量法

11.1 方法提要

对于天然石膏、硬石膏和不含有亚硫酸钙的工业副产石膏,试样用盐酸分解,过滤后在酸性溶液中,用氯化钡溶液沉淀硫酸盐,经过灼烧后,以硫酸钡形式称量。测定结果以三氧化硫计。

对于含有亚硫酸钙的工业副产石膏,试样用过氧化氢氧化后,在酸性溶液中测定三氧化硫和二氧化硫合量,再减去测得的二氧化硫的量。

11.2 分析步骤

11.2.1 天然石膏、硬石膏和不含有亚硫酸钙的工业副产石膏

11.2.1.1 试样的分解

从7.1.2中称取约0.2 g试样(m_{11}),精确至0.000 1 g,置于200 mL烧杯中,加入40 mL水,搅拌使试样分散,在搅拌下加入10 mL盐酸(1+1),用平头玻璃棒压碎块状物。将溶液加热煮沸并微沸5 min。用中速滤纸过滤,用热水洗涤10~12次,滤液及洗液收集于400 mL烧杯中,加水稀释至约250 mL。

11.2.1.2 硫酸钡的沉淀、灼烧和称量

玻璃棒底部压一小片定量滤纸,盖上表面皿,加热煮沸,在微沸下从杯口缓慢逐滴加入15 mL热的氯化钡溶液(见5.23),继续微沸数分钟至沉淀良好的形成,然后在常温下静置12 h~24 h或温热处静置至少4 h(仲裁分析须在常温下静置12 h~24 h),溶液体积应保持在约200 mL。用慢速定量滤纸过滤,以温水洗涤,用胶头擦棒和一小片定量滤纸擦洗烧杯及玻璃棒,洗涤至检验无氯离子为止(见4.6)。

将沉淀及滤纸一并移入已灼烧恒量的瓷坩埚中,灰化完全后,放入800 ℃~950 ℃的高温炉(见6.9)内灼烧30 min,取出坩埚,取出坩埚置于干燥器(见6.7)中冷却至室温,称量。反复灼烧,直至恒量(m_{12})。

11.2.2 含有亚硫酸钙的工业副产石膏

从7.1.2中称取约0.2 g试样(m_{13}),精确至0.000 1 g,置于200 mL烧杯中,加入30 mL水,搅拌

使试样分散，加入 5 mL 过氧化氢(见 5.7)和 15 mL pH 4.3 的缓冲溶液(见 5.30)，加热煮沸并微沸 5 min～10 min，取下稍冷，在搅拌下加入 10 mL 盐酸(1+1)，将溶液加热煮沸并微沸 5 min。用中速滤纸过滤，用热水洗涤 10～12 次，滤液及洗液收集于 400 mL 烧杯中，加水稀释至约 250 mL。

以下分析步骤按 11.2.1.2 进行(m_{14})。

11.3 结果的计算与表示

11.3.1 天然石膏、硬石膏和不含有亚硫酸钙的工业副产石膏

试样中三氧化硫的质量分数 w_{SO_3} 按式(21)计算：

$$w_{SO_3}=\frac{(m_{12}-m_{012})\times 0.343}{m_{11}}\times 100 \quad\cdots\cdots(21)$$

式中：

w_{SO_3} ——三氧化硫的质量分数，%；

m_{12} ——灼烧后沉淀的质量，单位为克(g)；

m_{012} ——空白试验灼烧后沉淀的质量，单位为克(g)；

m_{11} ——试料的质量，单位为克(g)；

0.343——硫酸钡对三氧化硫的换算系数。

11.3.2 含有亚硫酸钙的工业副产石膏

试样中三氧化硫的质量分数 w_{SO_3} 按式(22)计算：

$$w_{SO_3}=\frac{(m_{14}-m_{014})\times 0.343}{m_{13}}\times 100-1.25\times w_{SO_2} \quad\cdots\cdots(22)$$

式中：

w_{SO_3} ——三氧化硫的质量分数，%；

m_{14} ——灼烧后沉淀的质量，单位为克(g)；

m_{014} ——空白试验灼烧后沉淀的质量，单位为克(g)；

m_{13} ——试料的质量，单位为克(g)；

w_{SO_2} ——按 12.2 测得的二氧化硫的质量分数，%；

1.25 ——二氧化硫对三氧化硫的换算系数。

12 二氧化硫的测定——碘量法

12.1 方法提要

往试样中加入过量的碘标准滴定溶液把亚硫酸钙氧化，酸化后，用硫代硫酸钠标准滴定溶液返滴定过量的碘。

试样中含有硫化物等低价态的元素时，将对测定结果造成误差。

12.2 分析步骤

从 7.1.2 中称取约 1 g 试样(m_{15})，精确至 0.000 1 g，置于 250 mL 干燥的带磨口塞的锥形瓶中，加入 50 mL 水，摇动使试样分散，移入 20.00 mL 碘标准滴定溶液(见 5.61)后摇匀，加入 20 mL 盐酸(1+1)，放入一根磁力搅拌棒，盖上瓶塞，把锥形瓶放在磁力搅拌器(见 6.12)上，搅拌 10 min，于暗处放置 5 min。用水冲洗瓶塞和瓶壁，用硫代硫酸钠标准滴定溶液(见 5.60)滴定至浅黄色后，加入约 2 mL 淀粉溶液(见 5.74)，再继续滴定至蓝色消失(V_{10})。

12.3 结果的计算与表示

二氧化硫和半水亚硫酸钙的质量分数 w_{SO_2} 和 $w_{CaSO_3 \cdot 1/2H_2O}$ 按式(23)或式(24)计算：

$$w_{SO_2}=\frac{T_{SO_2}\times(20.00-K_2\times V_{10})}{m_{15}\times 1\ 000}\times 100=\frac{T_{SO_2}\times(20.00-K_2\times V_{10})\times 0.1}{m_{15}} \quad\cdots\cdots(23)$$

$$w_{CaSO_3 \cdot 1/2H_2O}=w_{SO_2}\times 2.016 \quad\cdots\cdots(24)$$

式中：

w_{SO_2} ——二氧化硫的质量分数，%；

$w_{CaSO_3 \cdot 1/2H_2O}$ ——半水亚硫酸钙的质量分数，%；

T_{SO_2} ——碘标准滴定溶液对二氧化硫的滴定度，单位为毫克每毫升(mg/mL)；

V_{10} ——滴定时消耗硫代硫酸钠标准滴定溶液的体积，单位为毫升(mL)；

K_2 ——碘标准滴定溶液与硫代硫酸钠标准滴定溶液的体积比；

m_{15} ——试料的质量，单位为克(g)；

20.00 ——加入碘标准滴定溶液的体积，单位为毫升(mL)；

2.016 ——二氧化硫对半水亚硫酸钙的换算系数。

13 二氧化硅的测定——氟硅酸钾容量法

13.1 方法提要

在有过量的氟、钾离子存在的强酸性溶液中，使硅酸形成氟硅酸钾(K_2SiF_6)沉淀。经过滤、洗涤及中和残余酸后，加入沸水使氟硅酸钾沉淀水解生成等物质的量的氢氟酸。然后以酚酞为指示剂，用氢氧化钠标准滴定溶液进行滴定。

13.2 分析步骤

从7.1.2中称取约0.3 g试样(m_{16})，精确至0.000 1 g，置于镍坩埚或银坩埚中，加4 g～5 g氢氧化钾(见5.20)，盖上坩埚盖(留有缝隙)，放在电炉上加热熔融20 min～30 min，期间摇动1～2次。取下冷却，用温水将熔块提取到300 mL塑料杯中，用硝酸(1+20)及温水洗净坩埚和盖(此时溶液的体积控制在50 mL左右)，然后加入20 mL硝酸，冷却至30 ℃以下。加入10 mL氟化钾溶液(见5.38)，加入氯化钾(见5.34)，仔细搅拌至氯化钾充分饱和，并有少量氯化钾(约2 g)析出，在30 ℃以下放置15 min～20 min，期间搅拌1～2次。用中速滤纸过滤，先过滤溶液，固体氯化钾和沉淀留在杯底，溶液滤完后用氯化钾溶液(见5.35)洗涤塑料杯及沉淀3次，洗涤过程中使固体氯化钾溶解，洗涤液总量不超过25 mL。将滤纸连同沉淀取下，置于原塑料杯中，沿杯壁加入10 mL 30 ℃以下的氯化钾-乙醇溶液(见5.36)及1 mL酚酞指示剂溶液(见5.68)，将滤纸展开，用氢氧化钠标准滴定溶液(见5.59)中和未洗尽的酸，仔细搅动、挤压滤纸并随之擦洗杯壁直至溶液呈红色(过滤、洗涤、中和残余酸的操作应迅速，以防止氟硅酸钾沉淀的水解)。向杯中加入约200 mL沸水(煮沸后用氢氧化钠溶液中和至酚酞呈微红色的沸水)，用氢氧化钠标准滴定溶液(见5.59)滴定至微红色(V_{11})。

13.3 结果的计算与表示

二氧化硅的质量百分数 w_{SiO_2} 按式(25)计算：

$$w_{sio_2}=\frac{T_{SiO_2}\times(V_{11}-V_{011})}{m_{16}\times 1\ 000}\times 100=\frac{T_{SiO_2}\times(V_{11}-V_{011})\times 0.1}{m_{16}} \quad\cdots\cdots(25)$$

式中：

w_{SiO_2}——二氧化硅的质量分数，%；

T_{SiO_2} ——氢氧化钠标准滴定溶液对二氧化硅的滴定度，单位为毫克每毫升(mg/mL)；
V_{11} ——滴定时消耗氢氧化钠标准滴定溶液的体积，单位为毫升(mL)；
V_{011} ——空白试验消耗氢氧化钠标准滴定溶液的体积，单位为毫升(mL)；
m_{16} ——试料的质量，单位为克(g)。

14　二氧化硅的测定——硅钼蓝分光光度法

14.1　方法提要

在酸性(0.05 mol/L～0.2 mol/L)介质中，硅酸根离子与钼酸铵形成硅钼杂多酸黄色配合物，提高溶液酸度(约 1.2 mol/L)，加入抗坏血酸溶液，将其还原成硅钼蓝，于波长 660 nm 处测定溶液的吸光度。

此方法适用于二氧化硅的质量分数在 6%以下的试样。

14.2　分析步骤

从 7.1.2 中称取约 0.5 g 试样(m_{17})，精确至 0.000 1 g，置于银坩埚中，加入 6 g～7 g 氢氧化钠(见 5.19)，盖上坩埚盖(留有缝隙)，放入高温炉(见 6.9)中，从低温升起，在 650 ℃～700 ℃的高温下熔融 20 min，期间取出摇动 1 次。取出冷却，将坩埚放入已盛有约 100 mL 沸水的 300 mL 烧杯中，盖上表面皿，在电炉上适当加热，待熔块完全浸出后，取出坩埚，用水冲洗坩埚和盖。在搅拌下一次加入 25 mL～30 mL 盐酸，再加入 1 mL 硝酸，用热盐酸(1+5)洗净坩埚和盖。将溶液加热煮沸，冷却至室温后，移入 250 mL 容量瓶中，用水稀释至标线，摇匀。此溶液 A 供测定二氧化硅(见 14.2)、三氧化二铁(见 15.2 或 33.2)、三氧化二铝(见 16.2、34.2 或 35.2)、氧化钙(见 17.2)、氧化镁(见 18.2)、二氧化钛(见 19.2)。

从溶液 A 中吸取 5.00 mL 溶液(溶液的分取量视试样中二氧化硅含量而定)，放入 100 mL 容量瓶中，加水稀释至 40 mL，依次加入 2 mL～3 mL 盐酸(1+10)、8 mL 乙醇(见 5.10)、6 mL 钼酸铵溶液(见 5.26)，摇匀。放置 30 min 后，加入 20 mL 盐酸(1+1)、5 mL 抗坏血酸溶液(见 5.27)，用水稀释至标线，摇匀。放置 60 min 后，用分光光度计(见 6.13)，10 mm 比色皿，以水作参比，于波长 660 nm 处测定溶液的吸光度。在工作曲线(见 5.50.2)上查出二氧化硅的含量(m_{18})。

14.3　结果的计算与表示

二氧化硅的质量百分数 w_{SiO_2} 按式(26)计算：

$$w_{SiO_2}=\frac{m_{18}\times 50}{m_{17}\times 1\,000}\times 100=\frac{m_{18}\times 5}{m_{17}} \quad \cdots\cdots (26)$$

式中：
w_{SiO_2} ——二氧化硅的质量分数，%；
m_{18} ——扣除空白试验值后 100 mL 测定溶液中二氧化硅的含量，单位为毫克(mg)；
m_{17} ——试料的质量，单位为克(g)；
50 ——全部试样溶液与所分取试样溶液的体积比。

15　三氧化二铁的测定——邻菲罗啉分光光度法(基准法)

15.1　方法提要

在酸性溶液中，加入抗坏血酸溶液，使三价铁离子还原为二价铁离子，与邻菲罗啉生成红色配合物，于波长 510 nm 处测定溶液的吸光度。

15.2 分析步骤

从14.2溶液A中吸取10.00 mL溶液放入100 mL容量瓶中(试样溶液的分取量视三氧化二铁的含量而定),加水稀释至约40 mL。加入5 mL抗坏血酸溶液(见5.27),放置5 min,然后再加入5 mL邻菲罗啉溶液(见5.39)、10 mL乙酸铵溶液(见5.40),用水稀释至标线,摇匀。放置30 min后,用分光光度计(见6.13)、10 mm比色皿,以水作参比,于波长510 nm处测定溶液的吸光度。在工作曲线(见5.51.2)上查出三氧化二铁的含量(m_{19})。

当吸取溶液大于10.00 mL时,应按以下步骤调节溶液的酸度。加入1～2滴对硝基酚指示剂溶液(见5.73),滴加氨水(1+1)至溶液呈黄色,再滴加盐酸(1+1)至无色,并过量1～2滴盐酸(1+1)。

15.3 结果的计算与表示

三氧化二铁的质量分数 $w_{Fe_2O_3}$ 按式(27)计算:

$$w_{Fe_2O_3} = \frac{m_{19} \times 25}{m_{17} \times 1\,000} \times 100 = \frac{m_{19} \times 2.5}{m_{17}} \qquad (27)$$

式中:

$w_{Fe_2O_3}$——三氧化二铁的质量分数,%;

m_{19} ——扣除空白试验值后100 mL测定溶液中三氧化二铁的含量,单位为毫克(mg);

m_{17} ——14.2中试料的质量,单位为克(g);

25 ——全部试样溶液与所分取试样溶液的体积比。

16 三氧化二铝的测定——EDTA直接滴定铁铝含量(基准法)

16.1 方法提要

将分取的试样溶液调节pH值至3.0,用铵盐抑制金属离子的水解,在煮沸下以EDTA-铜和PAN为指示剂,用EDTA标准滴定溶液滴定铁、铝合量,扣除三氧化二铁的含量。

16.2 分析步骤

从14.2溶液A中吸取50.00 mL溶液放入300 mL烧杯中,加水稀释至约150 mL,加入25 mL乙酸铵溶液(见5.41),加入1～2滴溴酚蓝指示剂溶液(见5.72),滴加乙酸铵溶液(见5.41)至溶液出现蓝紫色,再滴加盐酸(1+1)至黄色。加入15 mL pH3.0的缓冲溶液(见5.29),加热至微沸并保持1 min,加入10滴EDTA-铜溶液(见5.65)及2～3滴PAN指示剂溶液(见5.70),用EDTA标准滴定溶液(见5.57)滴定至红色消失。继续煮沸,滴定,直至溶液经煮沸后红色不再出现呈稳定的亮黄色为止(V_{12})。

16.3 结果的计算与表示

三氧化二铝的质量分数 $w_{Al_2O_3}$ 按式(28)计算:

$$\begin{aligned} w_{Al_2O_3} &= \frac{T_{Al_2O_3} \times (V_{12} - V_{012}) \times 5}{m_{17} \times 1\,000} \times 100 - 0.64 \times w_{Fe_2O_3} \\ &= \frac{T_{Al_2O_3} \times (V_{12} - V_{012}) \times 0.5}{m_{17}} - 0.64 \times w_{Fe_2O_3} \end{aligned} \qquad (28)$$

式中:

$w_{Al_2O_3}$——三氧化二铝的质量分数,%;

$T_{Al_2O_3}$——EDTA 标准滴定溶液对三氧化二铝的滴定度，单位为毫克每毫升(mg/mL)；
V_{12} ——滴定时消耗 EDTA 标准滴定溶液的体积，单位为毫升(mL)；
V_{012} ——空白试验滴定时消耗 EDTA 标准滴定溶液的体积，单位为毫升(mL)；
m_{17} ——14.2 中试料的质量，单位为(克)g；
$w_{Fe_2O_3}$——测得的三氧化二铁的质量分数，%；
0.64 ——三氧化二铁对三氧化二铝的换算系数；
5 ——全部试样溶液与所分取试样溶液的体积比。

17 氧化钙的测定——EDTA 滴定法

17.1 方法提要

在酸性溶液中加入适量的氟化钾，以抑制硅酸的干扰。在 pH 13 以上的强碱性溶液中，以三乙醇胺为掩蔽剂，用钙黄绿素-甲基百里香酚蓝-酚酞混合指示剂，用 EDTA 标准滴定溶液滴定。

17.2 分析步骤

从 14.2 溶液 A 中吸取 25.00 mL 溶液放入 400 mL 烧杯中，加入 2 mL 氟化钾溶液(见 5.37)(氟化钾溶液的加入量视试样中二氧化硅含量而定)，搅拌并放置 2 min 以上。然后加水稀释至约 200 mL。加入 5 mL 三乙醇胺溶液(1+2)及少许的 CMP 混合指示剂(见 5.66)，在搅拌下加入氢氧化钾溶液(见 5.22)至出现绿色荧光后再过量 5 mL～8 mL，用 EDTA 标准滴定溶液(见 5.57)滴定至绿色荧光完全消失并呈现红色(V_{13})。

17.3 结果的计算与表示

氧化钙的质量分数 w_{CaO} 按式(29)计算：

$$w_{CaO}=\frac{T_{CaO}\times(V_{13}-V_{013})\times 10}{m_{17}\times 1\,000}\times 100=\frac{T_{CaO}\times(V_{13}-V_{013})}{m_{17}} \qquad (29)$$

式中：
w_{CaO}——氧化钙的质量分数，%；
T_{CaO}——EDTA 标准滴定溶液对氧化钙的滴定度，单位为毫克每毫升(mg/mL)；
V_{13} ——滴定时消耗 EDTA 标准滴定溶液的体积，单位为毫升(mL)；
V_{013}——空白试验消耗 EDTA 标准滴定溶液的体积，单位为毫升(mL)；
m_{17} ——14.2 中试料的质量，单位为(克)g；
10 ——全部试样溶液与所分取试样溶液的体积比。

18 氧化镁的测定——EDTA 滴定差减法(基准法)

18.1 方法提要

在 pH 10 的溶液中，以酒石酸钾钠、三乙醇胺为掩蔽剂，用酸性铬蓝 K-萘酚绿 B 混合指示剂，用 EDTA 标准滴定溶液滴定。

18.2 分析步骤

从 14.2 溶液 A 中吸取 25.00 mL 溶液于 400 mL 烧杯中，加水稀释至约 200 mL，依次加入 1 mL 酒石酸钾钠(见 5.32)和 5 mL 三乙醇胺(1+2)，搅拌，加入 25 mL pH 10 缓冲溶液(见 5.31)及少许的酸性铬蓝 K-萘酚绿 B 混合指示剂(见 5.67),用 EDTA 标准滴定溶液(见 5.57)滴定,近终点时应缓慢滴定至纯蓝色(V_{14})。

18.3 结果的计算与表示

氧化镁的质量百分数 w_{MgO} 按式(30)计算:

$$w_{MgO}=\frac{T_{MgO}\times[(V_{14}-V_{014})-(V_{13}-V_{013})]\times 10}{m_{17}\times 1\ 000}\times 100$$

$$=\frac{T_{MgO}\times[(V_{14}-V_{014})-(V_{13}-V_{013})]}{m_{17}} \quad\cdots\cdots(30)$$

式中:

w_{MgO}——氧化镁的质量分数,%;

T_{MgO}——EDTA 标准滴定溶液对氧化镁的滴定度,单位为毫克每毫升(mg/mL);

V_{14}——滴定钙、镁总量时消耗 EDTA 标准滴定溶液的体积,单位为毫升(mL);

V_{014}——滴定钙、镁总量时空白试验消耗 EDTA 标准滴定溶液的体积,单位为毫升(mL);

V_{13}——按 17.2 测定氧化钙时消耗 EDTA 标准滴定溶液的体积,单位为毫升(mL);

V_{013}——按 17.2 测定氧化钙时空白试验消耗 EDTA 标准滴定溶液的体积,单位为毫升(mL);

m_{17}——14.2 中试料的质量,单位为克(g);

10——全部试样溶液与所分取试样溶液的体积比。

19 二氧化钛的测定——二安替比林甲烷分光光度法

从 14.2 溶液 A 中吸取 25.00 mL 溶液,分析步骤按 GB/T 176—2008 第 16 章进行。

20 氧化钾和氧化钠的测定——火焰光度法

分析步骤按 GB/T 176—2008 第 17 章进行。

21 氯离子的测定——硫氰酸铵容量法(基准法)

分析步骤按 GB/T 176—2008 第 18 章进行。

22 氟离子的测定——离子选择电极法

分析步骤按 GB/T 176—2008 第 37 章进行。

23 五氧化二磷的测定——磷钼蓝分光光度法

分析步骤按 GB/T 176—2008 第 21 章进行。

24 二氧化碳的测定——碱石棉吸收重量法(基准法)

分析步骤按 GB/T 176—2008 第 22 章进行。

25 pH 值的测定——离子选择电极法

25.1 方法提要

试样用水分散，溶液温度控制在 25.0 ℃±3.0 ℃，干过滤后用离子选择电极测定溶液的 pH 值。

25.2 分析步骤

称取 10.00 g 试样（m_{20}），精确至 0.01 g，置于 250 mL 的干燥锥形瓶中，加入 200.00 mL 无二氧化碳的水及一根磁力搅拌棒，盖上瓶塞，放在磁力搅拌器（见 6.12）上，控制溶液温度 25.0 ℃±3.0 ℃，搅拌 30 min 后，静置沉降 5 min，用干燥的快速滤纸过滤（不要洗涤），滤液收集于干燥的玻璃容器中，密封保存。此溶液 B 供测定 pH 值（见 25.2）、水溶性五氧化二磷（见 26.2）、水溶性氧化镁（见 27.2）、水溶性氧化钾和氧化钠（见 28.2）、水溶性氯离子（见 29.2）、水溶性氟离子（见 30.2）。

按照仪器的使用规程，分别用磷酸盐 pH 标准缓冲溶液（见 5.47）和硼酸盐 pH 标准缓冲溶液（见 5.48）或苯二甲酸氢钾 pH 标准缓冲溶液（见 5.46）校准酸度计（见 6.17）。如果测定的 pH 值>7 时，用磷酸盐 pH 标准缓冲溶液（见 5.47）和硼酸盐 pH 标准缓冲溶液（见 5.48）校准；如果测定的 pH 值≤7 时，用磷酸盐 pH 标准缓冲溶液（见 5.47）和苯二甲酸氢钾 pH 标准缓冲溶液（见 5.46）校准。

将适量的溶液 B 置于 50 mL 干燥的烧杯中，控制溶液温度 25.0 ℃±3.0 ℃，可以使用恒温水浴（见 6.19）控制溶液的温度。用校准好的酸度计（见 6.17）测定 pH。将电极插入溶液中，搅拌 1 min，待数值稳定后读取 pH 值。

26 水溶性五氧化二磷的测定——磷钼蓝分光光度法

26.1 方法提要

试样用水分散，在酸性（约 1 mol/L）介质中，磷与钼酸铵和抗坏血酸生成蓝色配合物，于波长 730 nm 处测定溶液的吸光度。

26.2 分析步骤

从 25.2 溶液 B 中吸取 50.00 mL 溶液放入 200 mL 烧杯中（试样溶液的分取量视五氧化二磷的含量而定，如果分取试样溶液不足 50.00 mL，需加水稀释至 50 mL），加入 10 mL 钼酸铵溶液（见 5.33）和 2 mL 抗坏血酸（见 5.28），加热微沸（1.5±0.5）min，冷却至室温后，移入 100 mL 容量瓶中，用盐酸（1+10）洗涤烧杯并用盐酸（1+10）稀释至标线，摇匀。用分光光度计（见 6.13），10 mm 比色皿，以水作参比，于波长 730 nm 处测定溶液的吸光度。在工作曲线（见 5.52.2）上查出五氧化二磷的含量（m_{21}）。

26.3 结果的计算与表示

水溶性五氧化二磷的质量分数 $w_{水溶性P_2O_5}$ 按式（31）计算：

$$w_{水溶性P_2O_5}=\frac{m_{21}\times 4}{10.00\times 1\,000}\times 100=m_{21}\times 0.04 \qquad \cdots\cdots(31)$$

式中：

$w_{水溶性P_2O_5}$——水溶性五氧化二磷的质量分数，%；

m_{21}——扣除空白试验值后 100 mL 测定溶液中五氧化二磷的含量，单位为毫克（mg）；

10.00——25.2 中试料的质量，单位为克（g）；

4——全部试样溶液与所分取试样溶液的体积比。

27 水溶性氧化镁的测定——原子吸收光谱法

27.1 方法提要

试样用水分散，用锶盐消除硅、铝、钛等对镁的干扰，在空气-乙炔火焰中，于波长 285.2 nm 处测定溶液的吸光度。

27.2 分析步骤

从 24.2 溶液 B 中吸取 10.00 mL 溶液放入 100 mL 容量瓶中(试样溶液的分取量视氧化镁的含量而定)，加入 12 mL 盐酸(1+1)及 2 mL 氯化锶溶液(见 5.42)，使测定溶液中盐酸的体积分数为 6%，锶的浓度为 1 mg/mL。用水稀释至标线，摇匀。用原子吸收光谱仪(见 6.15)，在空气-乙炔火焰中，用镁空心阴极灯，于波长 285.2 nm 处，在与 5.53.2 相同的仪器条件下测定溶液的吸光度。在工作曲线(见 5.53.2)上查出氧化镁的浓度(c_1)。

27.3 结果的计算与表示

水溶性氧化镁的质量分数 $w_{水溶性MgO}$ 按式(32)计算：

$$w_{水溶性MgO}=\frac{c_1\times 100\times 20}{10.00\times 1\,000}\times 100=c_1\times 20 \quad\cdots\cdots(32)$$

式中：

$w_{水溶性MgO}$——水溶性氧化镁的质量分数，%；

c_1——扣除空白试验值后 100 mL 测定溶液中氧化镁的浓度，单位为毫克每毫升(mg/mL)；

100——测定溶液的体积，单位为毫升(mL)；

10.00——25.2 中试料的质量，单位为克(g)；

20——全部试样溶液与所分取试样溶液的体积比。

28 水溶性氧化钾和氧化钠的测定——火焰光度法

28.1 方法提要

试样用水分散，钾、钠用火焰光度计进行测定。

28.1.1 分析步骤

从 25.2 溶液 B 中吸取 50.00 mL 溶液放入 100 mL 容量瓶中(试样溶液的分取量视钾、钠的含量而定)，加入 1 滴甲基红指示剂溶液(5.71)，用氨水(1+1)中和至溶液呈黄色，再用盐酸(1+1)中和至微红色，用水稀释至标线，摇匀。在火焰光度计(见 6.14)上，按仪器使用规程，在与 5.54.2 相同的仪器条件下进行测定。在工作曲线(见 5.54.2)上分别查出氧化钾和氧化钠的浓度(c_2)和(c_3)。

28.1.2 结果的计算与表示

水溶性氧化钾和水溶性氧化钠的质量分数 $w_{水溶性K_2O}$ 和 $w_{水溶性Na_2O}$ 分别按式(33)和式(34)计算：

$$w_{水溶性K_2O}=\frac{c_2\times 100\times 4}{10.00\times 1\,000}\times 100=c_2\times 4 \quad\cdots\cdots(33)$$

$$w_{水溶性Na_2O}=\frac{c_3\times 100\times 4}{10.00\times 1\,000}\times 100=c_3\times 4 \quad\cdots\cdots(34)$$

式中：

$w_{水溶性K_2O}$——水溶性氧化钾的质量分数，%；

$w_{水溶性Na_2O}$——水溶性氧化钠的质量分数，%；
c_2——扣除空白试验值后 100 mL 测定溶液中氧化钾的浓度，单位为毫克每毫升(mg/mL)；
c_3——扣除空白试验值后 100 mL 测定溶液中氧化钠的浓度，单位为毫克每毫升(mg/mL)；
100——测定溶液的体积，单位为毫升(mL)；
10.00——25.2 中试料的质量，单位为克(g)；
4——全部试样溶液与所分取试样溶液的体积比。

29 水溶性氯离子的测定——硝酸银滴定法

29.1 方法提要

试样用水分散，以铬酸钾为指示剂，用硝酸银标准滴定溶液滴定。

29.2 分析步骤

从 25.2 溶液 B 中吸取 50 mL 溶液放入 250 mL 锥形瓶中，加入 1 滴酚酞指示剂溶液(见 5.68)，用氢氧化钠(见 5.43)调节至溶液呈红色，然后用硝酸(见 5.44)调节至红色刚好退去，加入 10 滴铬酸钾溶液(见 5.75)，用硝酸银标准滴定溶液(见 5.63)滴定至浅桔黄色(V_{15})。

29.3 结果的计算与表示

水溶性氯离子的质量分数 $w_{水溶性Cl^-}$ 按式(35)计算：

$$w_{水溶性Cl^-}=\frac{T_{Cl^-}\times(V_{15}-V_{015})\times 4}{10.00\times 1\,000}\times 100=T_{Cl^-}\times(V_{15}-V_{015})\times 0.04 \qquad (35)$$

式中：

$w_{水溶性Cl^-}$——水溶性氯离子的质量分数，%；
T_{Cl^-}——硝酸银标准滴定溶液对氯离子的滴定度，单位为毫克每毫升(mg/mL)；
V_{15}——滴定时消耗硝酸银标准滴定溶液的体积，单位为毫升(mL)；
V_{015}——滴定空白时消耗硝酸银标准滴定溶液的体积，单位为毫升(mL)；
10.00——25.2 中试料的质量，单位为克(g)；
4——全部试样溶液与所分取试样溶液的体积比。

30 水溶性氟离子的测定——离子选择电极法

30.1 方法提要

试样用水分散，在 pH 6.0 的总离子强度配位缓冲溶液的存在下，以氟离子选择电极作指示电极，饱和氯化钾甘汞电极作参比电极，用离子计或酸度计测量含氟离子溶液的电极电位。

30.2 分析步骤

从 25.2 溶液 B 中吸取 50.00 mL 溶液放入 100 mL 容量瓶中(试样溶液的分取量视氟离子的含量而定)，加入 2～3 滴溴酚蓝指示剂溶液(5.72)，用盐酸(1+1)和氢氧化钠溶液(5.21)调节溶液酸度，使溶液颜色刚由蓝色变为黄色(应防止氢氧化铝沉淀生成)，用水稀释至标线，摇匀。

吸取 10.00 mL 上述溶液放入 50 mL 干烧杯中，准确加入 10.00 mL pH 6.0 的总离子强度配位缓冲溶液(见 5.45)，放入一根磁力搅拌棒。把烧杯放在磁力搅拌器(见 6.12)上，用离子计或酸度计(见 6.18)测量溶液的平衡电位，在溶液中插入氟离子选择电极和饱和氯化钾甘汞电极，搅拌 2 min，待数值稳定后读取电位值。在工作曲线(见 5.55.2)上查出氟离子的浓度(c_4)。

30.3 结果的计算与表示

水溶性氟离子的质量分数 $w_{水溶性F^-}$ 按式(36)计算:

$$w_{水溶性F^-} = \frac{c_4 \times 100 \times 4}{10.00 \times 1\,000} \times 100 = c_4 \times 4 \quad \cdots\cdots(36)$$

式中:

$w_{水溶性F^-}$——水溶性氟离子的质量分数,%;

c_4 ——测定溶液中氟离子的浓度,单位为毫克每毫升(mg/mL);

100 ——测定溶液的体积,单位为毫升(mL);

10.00 ——25.2 中试料的质量,单位为克(g);

4 ——全部试样溶液与所分取试样溶液的体积比。

31 酸不溶物的测定——盐酸处理法

31.1 方法提要

试样以盐酸溶液处理,经过滤后,残渣经灼烧,称量。

31.2 分析步骤

称取约 0.5 g 试样(m_{22}),精确至 0.000 1 g,置于 250 mL 烧杯中,用水润湿后盖上表面皿,从杯口慢慢加入 40 mL 盐酸(1+5),待反应停止后,用水冲洗表面皿及杯壁并用水稀释至 75 mL,加热煮沸 3 min~4 min。用慢速滤纸过滤,以热水洗涤,用胶头擦棒和一小片定量滤纸擦洗烧杯及玻璃棒,洗涤至检验无氯离子为止(见 4.6)。

将沉淀及滤纸一并移入已灼烧恒量的瓷坩埚中,灰化完全后,放在 950 ℃~1 000 ℃的高温炉(见 6.9)内灼烧 30 min 或达到恒量,取出坩埚,置于干燥器(见 6.7)中冷却至室温(m_{23})。

31.3 结果的计算与表示

酸不溶物的质量分数 w_{IR} 按式(37)计算:

$$w_{IR} = \frac{m_{23} - m_{023}}{m_{22}} \times 100 \quad \cdots\cdots(37)$$

式中:

w_{IR}——酸不溶物的质量分数,%;

m_{23}——灼烧后不溶物的质量,单位为克(g);

m_{023}——空白试验灼烧后不溶物的质量,单位为克(g);

m_{22}——试料的质量,单位为克(g)。

32 烧失量的测定——灼烧差减法(代用法)

32.1 方法提要

试样在 850 ℃的高温炉中灼烧,驱除二氧化碳和水分,灼烧所失去的质量即为烧失量。

32.2 分析步骤

称取约 1 g 试样(m_{24}),精确至 0.000 1 g,置于已灼烧恒量的瓷坩埚中,将盖斜置于坩埚上,放在高温炉(见 6.9)内,从低温开始逐渐升高温度,在 850 ℃下灼烧 1 h 或达到恒量,取出坩埚置于干燥器(见 6.7)中,冷却至室温,称量(m_{25})。

32.3 结果的计算与表示

烧失量的质量分数 w_{LOI} 按式(38)计算:

$$w_{LOI}=\frac{m_{24}-m_{25}}{m_{24}}\times 100 \qquad \cdots\cdots(38)$$

式中:

w_{LOI}——烧失量的质量分数,%;

m_{25} ——灼烧后试料的质量,单位为克(g);

m_{24} ——试料的质量,单位为克(g)。

33 三氧化二铁的测定——EDTA 直接滴定法(代用法)

33.1 方法提要

在 pH 1.8~2.0、温度为 60 ℃~70 ℃的溶液中,以磺基水杨酸钠为指示剂,用 EDTA 标准滴定溶液滴定。

33.2 分析步骤

从 14.2 溶液 A 中吸取 50.00 mL 溶液放入 300 mL 烧杯中,加水稀释至约 100 mL,用氨水(1+1)和盐酸(1+1)调节溶液的 pH 值在 1.8~2.0 之间(用精密 pH 试纸检验或酸度计)。将溶液加热至 70 ℃,加入 10 滴磺基水杨酸钠指示剂溶液(见 5.69),用 EDTA 标准滴定溶液(见 5.57)缓慢地滴定至至无色或亮黄色(终点时溶液温度应不低于 60 ℃,终点前溶液降至近 60 ℃时,须再加热至 65 ℃~70 ℃)(V_{16})。保留此溶液供测定三氧化二铝(见 34.2 或 35.2)用。

33.3 结果的计算与表示

三氧化二铁的质量分数 $w_{Fe_2O_3}$ 按式(39)计算:

$$w_{Fe_2O_3}=\frac{T_{Fe_2O_3}\times(V_{16}-V_{016})\times 5}{m_{17}\times 1\,000}\times 100=\frac{T_{Fe_2O_3}\times(V_{16}-V_{016})\times 0.5}{m_{17}} \qquad \cdots\cdots(39)$$

式中:

$w_{Fe_2O_3}$——三氧化二铁质量分数,%;

$T_{Fe_2O_3}$——EDTA 标准滴定溶液对三氧化二铁的滴定度,单位为毫克每毫升(mg/mL);

V_{16} ——滴定时消耗 EDTA 标准滴定溶液的体积,单位为毫升(mL);

V_{016} ——空白试验消耗 EDTA 标准滴定溶液的体积,单位为毫升(mL);

m_{17} ——14.2 中试料的质量,单位为克(g);

5 ——全部试样溶液与所分取试样溶液的体积比。

34 三氧化二铝的测定——直接滴定法(代用法)

34.1 方法提要

于滴定铁后的溶液中,调节 pH 值至 3.0,在煮沸下以 EDTA-铜和 PAN 为指示剂,用 EDTA 标准滴定溶液滴定。

34.2 分析步骤

将 33.2 中测完铁的溶液加水稀释至约 200 mL，加入 1～2 滴溴酚蓝指示剂溶液（见 5.72），滴加氨水（1+1）至溶液出现蓝紫色，再滴加盐酸（1+1）至黄色。加入 15 mL pH3.0 的缓冲溶液（见 5.29），加热煮沸并保持微沸 1 min，加入 10 滴 EDTA-铜溶液（见 5.65）及 2～3 滴 PAN 指示剂溶液（见 5.70），用 EDTA 标准滴定溶液（见 5.57）滴定至红色消失。继续煮沸，滴定，直至溶液经煮沸后红色不再出现呈稳定的亮黄色为止（V_{17}）。

34.3 结果表示

三氧化二铝的质量分数 $w_{Al_2O_3}$ 按式（40）计算：

$$w_{Al_2O_3}=\frac{T_{Al_2O_3}\times(V_{17}-V_{017})\times 5}{m_{17}\times 1\ 000}\times 100=\frac{T_{Al_2O_3}\times(V_{17}-V_{017})\times 0.5}{m_{17}} \quad \cdots\cdots(40)$$

式中：

$w_{Al_2O_3}$——三氧化二铝的质量分数，%；

$T_{Al_2O_3}$——EDTA 标准滴定溶液对三氧化二铝的滴定度，单位为毫克每毫升（mg/mL）；

V_{17}——滴定时消耗 EDTA 标准滴定溶液的体积，单位为毫升（mL）；

V_{017}——空白试验消耗 EDTA 标准滴定溶液的体积，单位为毫升（mL）；

m_{17}——14.2 中试料的质量，单位为克（g）；

5——全部试样溶液与所分取试样溶液的体积比。

35 三氧化二铝的测定——硫酸铜返滴定法（代用法）

35.1 方法提要

在滴定铁后的溶液中，加入对铝、钛过量的 EDTA 标准滴定溶液，控制溶液 pH 3.8～4.0，以 PAN 为指示剂，用硫酸铜标准滴定溶液返滴定过量的 EDTA。

本法只适用于一氧化锰含量在 0.5%以下的试样。

35.2 分析步骤

往 33.2 中测完铁的溶液中加入 EDTA 标准滴定溶液（见 5.57）至过量 10.00 mL～15.00 mL（对铝、钛合量而言）（V_{18}），加水稀释至 150 mL～200 mL。将溶液加热至 70 ℃～80 ℃后，在搅拌下用氨水（1+1）调节溶液的 pH 值在 3.0～3.5 之间（用精密 pH 试纸检验），加入 15 mL pH4.3 的缓冲溶液（见 5.30），加热煮沸并保持微沸 1 min～2 min，取下稍冷，加入 4～5 滴 PAN 指示剂溶液（见 5.70），用硫酸铜标准滴定溶液（见 5.58）滴定至亮紫色（V_{19}）。

35.3 结果的计算与表示

三氧化二铝的质量分数 $w_{Al_2O_3}$ 按式（41）计算：

$$w_{Al_2O_3}=\frac{T_{Al_2O_3}\times(V_{18}-K_1\times V_{19})\times 5}{m_{17}\times 1\ 000}\times 100-0.64w_{TiO_2}$$
$$=\frac{T_{Al_2O_3}\times(V_{18}-K_1\times V_{19})\times 0.5}{m_{17}}-0.64w_{TiO_2} \quad \cdots\cdots(41)$$

式中：

$w_{Al_2O_3}$——三氧化二铝的质量分数，%；

$T_{Al_2O_3}$ ——EDTA 标准滴定溶液对三氧化二铝的滴定度，单位为毫克每毫升(mg/mL)；
V_{18} ——加入 EDTA 标准滴定溶液的体积，单位为毫升(mL)；
V_{19} ——滴定时消耗硫酸铜标准滴定溶液的体积，单位为毫升(mL)；
K_1 ——EDTA 标准滴定溶液与硫酸铜标准滴定溶液的体积比；
m_{17} ——14.2 中试料的质量，单位为克(g)；
w_{TiO_2} ——测得的二氧化钛的质量分数，%；
0.64 ——二氧化钛对三氧化二铝的换算系数；
5 ——全部试样溶液与所分取试样溶液的体积比。

36 氧化镁的测定——原子吸收光谱法(代用法)

分析步骤按 GB/T 176—2008 第 15 章进行。

37 氯离子的测定——磷酸蒸馏-汞盐滴定法(代用法)

分析步骤按 GB/T 176—2008 第 35 章进行。

38 氯离子的测定——(自动)电位滴定法(代用法)

38.1 方法提要

用电位滴定法，以氯电极作为指示电极，饱和氯化钾甘汞电极作为参比电极，以硝酸银为滴定剂，在滴定过程中，氯离子和银离子的浓度发生变化，指示电极的电位随着变化。在化学计量点前后，指示电极的电位急剧变化，用二次微商法计算或氯离子电位滴定装置自动计算出化学计量点。

38.2 分析步骤

称取约 5 g 试样(m_{26})，精确至 0.000 1 g，置于 200 mL 烧杯中，加入 50 mL 水，搅拌使试样分散，在搅拌下加入 10 mL 硝酸(1+1)，用玻璃棒搅碎试样块，盖上表面皿，加热煮沸并微沸 1 min～2 min。加入少许滤纸浆(见 5.83)，用快速滤纸过滤，滤液收集于 200 mL 烧杯中，用热水洗涤烧杯、玻璃棒和滤纸，直至滤液和洗液总体积达到约 150 mL，溶液冷却至 25 ℃以下。

吸取 5.00 mL 氯离子标准溶液(见 5.62)放入溶液中。把烧杯放在磁力搅拌器(见 6.12)上，放入一根磁力搅拌棒。用氯离子电位滴定装置(见 6.16)测量溶液的电位，在溶液中插入氯离子选择电极和饱和氯化钾甘汞电极，开始搅拌。用硝酸银标准滴定溶液(见 5.63)逐渐滴定，化学计量点前后，每次滴加 0.10 mL 硝酸银标准滴定溶液(见 5.63)，记录滴定管读数和对应的毫伏计读数。计量点前，毫伏计读数变化越来越大；过计量点后，每滴加一次溶液，变化又将减小。继续滴定至毫伏计读数变化不大时为止。用二次微商法计算或氯离子电位滴定装置(见 6.16)计算出消耗的硝酸银标准滴定溶液(见 5.63)的体积(V_{20})。

二次微商法的计算参见附录 A。计算各次加入标准滴定溶液之间毫伏读数差，并把该数值填入附录表格的第 3 列中。再进一步计算第 3 列相邻数值之差，并把结果填入第 4 列中。滴定的计量点位于第 3 列中最大△mV 间隔之内。精确的计量点由第 4 列中的数据，用内插法求得硝酸银标准滴定溶液的体积(V_{20})。

不加入试样，硝酸(1+1)的加入量改为 5 mL，按上述步骤进行空白试验，记录空白滴定所用硝酸银标准滴定溶液(见 5.63)的体积(V_{020})。

38.3 结果的计算与表示

氯离子的质量分数 w_{Cl^-} 按式(42)计算：

$$w_{Cl^-} = \frac{T_{Cl^-} \times (V_{20} - V_{020})}{m_{26} \times 1\ 000} \times 100 = \frac{T_{Cl^-} \times (V_{20} - V_{020}) \times 0.1}{m_{26}} \quad \cdots\cdots\cdots\cdots(42)$$

式中：

w_{Cl^-} ——氯离子的质量分数，%；

T_{Cl^-} ——硝酸银标准滴定溶液对氯离子的滴定度，单位为毫克每毫升(mg/mL)；

V_{20} ——滴定时消耗硝酸银标准滴定溶液的体积，单位为毫升(mL)；

V_{020} ——滴定空白时消耗硝酸银标准滴定溶液的体积，单位为毫升(mL)；

m_{26} ——试料的质量，单位为克(g)。

39 二氧化碳的测定——自动光电滴定法(代用法)

39.1 方法提要

用磷酸分解试样，碳酸盐分解释放出的二氧化碳先由不含二氧化碳的气流带入硫酸铜洗气瓶，除去硫化氢，然后被乙醇-乙醇胺溶液吸收，以百里香酚酞为指示剂，用氢氧化钾-乙醇标准滴定溶液自动跟踪滴定。

39.2 分析步骤

每次测定前，将一个空的反应瓶连接到图1所示的仪器装置(见6.20)上。启动抽气泵，控制气体流速约为100 mL/min～150 mL/min，通气20 min以上，以除去系统中的二氧化碳。并用氢氧化钾-乙醇标准滴定溶液(见5.64)自动跟踪滴定(不计体积)。

称取约1 g试样(m_{27})，精确至0.000 1 g，置于干燥的100 mL反应瓶中，将反应瓶连接到图1所示的仪器装置(见6.20)上。启动抽气泵，调节气流量为100 mL/min～150 mL/min，加入15 mL磷酸到分液漏斗6中，小心旋开分液漏斗活塞，使磷酸滴入反应瓶5中，并留少许磷酸在漏斗中起液封作用，关闭活塞。调节电压使电炉丝呈暗红色，慢慢低温加热使反应瓶中的液体至沸，并加热微沸5 min，关闭电炉，并继续通气15 min。加热和通气过程中，滴定池中的溶液蓝色开始褪色，用氢氧化钾-乙醇标准滴定溶液(见5.64)自动跟踪滴定至起始颜色为止(V_{21})。

39.3 结果的计算与表示

二氧化碳的含量 w_{CO_2} 按式(43)计算：

$$w_{CO_2} = \frac{T_{CO_2} \times (V_{21} - V_{021})}{m_{27} \times 1\ 000} \times 100 = \frac{T_{CO_2} \times (V_{21} - V_{021}) \times 0.1}{m_{27}} \quad \cdots\cdots\cdots\cdots(43)$$

式中：

w_{CO_2} ——水泥中二氧化碳的质量分数，%；

T_{CO_2} ——氢氧化钾-乙醇标准滴定溶液对二氧化碳的滴定度，单位为毫克每毫升(mg/mL)；

V_{21} ——滴定时消耗氢氧化钾-乙醇标准滴定溶液的体积，单位为毫升(mL)；

V_{021} ——空白试验消耗氢氧化钾-乙醇标准滴定溶液的体积，单位为毫升(mL)；

m_{27} ——试料的质量，单位为克(g)。

40 重复性限和再现性限

本标准所列重复性限和再现性限为绝对偏差，以质量分数(%)表示。

在重复性条件下，采用本标准所列方法分析同一试样时，两次分析结果之差应在所列的重复性限（见表3）内。如超出重复性限，应在短时间内进行第三次测定，测定结果与前两次或任一次分析结果之差值符合重复性限的规定时，则取其平均值，否则，应查找原因，重新按上述规定进行分析。

在再现性条件下，采用本标准所列方法对同一试样各自进行分析时，所得分析结果的平均值之差应在所列的再现性限（见表3）内。

化学分析方法测定结果的重复性限和再现性限见表3。

表3 化学分析方法测定结果的重复性限和再现性限

成分	测定方法	含量范围	重复性限	再现性限
膏状试样含水量/%	干燥差减法	≤3 >3	0.20 0.40	—
附着水/%	干燥差减法	≤3 >3	0.20 0.40	—
结晶水/%	干燥差减法		0.15	0.20
三氧化硫/%	硫酸钡重量法		0.25	0.40
二氧化硫/%	碘量法		0.15	0.20
二氧化硅/%	氟硅酸钾容量法		0.20	0.25
二氧化硅/%	硅钼蓝分光光度法		0.20	0.25
三氧化二铁（基准法）/%	邻菲罗啉分光光度法	≤1 >1	0.05 0.10	0.10 0.15
三氧化二铝（基准法）/%	EDTA直接滴定铁铝合量		0.15	0.20
氧化钙/%	EDTA滴定法		0.25	0.40
氧化镁（基准法）/%	EDTA滴定差减法	≤2 >2	0.15 0.20	0.25 0.30
二氧化钛/%	二安替比林甲烷分光光度法		0.05	0.10
氧化钾/%	火焰光度法		0.05	0.10
氧化钠/%	火焰光度法		0.05	0.10
氯离子（基准法）/%	硫氰酸铵容量法	≤0.10 >0.10	0.003 0.010	0.005 0.015
氟离子/%	离子选择电极法		0.05	0.10
五氧化二磷/%	磷钼蓝分光光度法	≤1 >1	0.05 0.10	0.10 0.20
二氧化碳（基准法）/%	碱石棉吸收重量法		0.20	0.30
pH值，pH	离子选择电极法		0.3	0.5
水溶性五氧化二磷/%	磷钼蓝分光光度法	≤0.10 >0.10	0.010 0.020	0.020 0.030
水溶性氧化镁/%	原子吸收光谱法		0.010	0.020

表 3（续）

成　分	测定方法	含量范围	重复性限	再现性限
水溶性氧化钾/%	火焰光度法	≤0.10 >0.10	0.010 0.020	0.020 0.030
水溶性氧化钠/%	火焰光度法	≤0.10 >0.10	0.010 0.020	0.020 0.030
水溶性氯离子/%	硝酸银滴定法	≤0.10 >0.10	0.010 0.020	0.020 0.030
水溶性氟离子/%	离子选择电极法		0.005	0.010
酸不溶物/%	盐酸处理法		0.15	0.20
烧失量(代用法)/%	灼烧差减法		0.20	0.25
三氧化二铁(代用法)/%	EDTA 直接滴定法		0.15	0.20
三氧化二铝(代用法)/%	直接滴定法		0.20	0.25
三氧化二铝(代用法)/%	硫酸铜返滴定法		0.20	0.25
氧化镁(代用法)/%	原子吸收光谱法		0.15	0.25
氯离子(代用法)/%	磷酸蒸馏-汞盐滴定法	≤0.10 >0.10	0.003 0.010	0.005 0.015
氯离子(代用法)/%	(自动)电位滴定法	≤0.10 >0.10	0.005 0.010	0.010 0.015
二氧化碳(代用法)/%	自动光电滴定法		0.30	0.40

附 录 A
(资料性附录)
电位滴定法测定氯离子时计量点的计算实例

第一列 $AgNO_3$/mL	第二列 电位/mV	第三列 △/mV[A]	第四列 $△^2$/mV[B]
4.70	230		
		7	
4.80	237		4
		11	
4.90	248		6
		17	
5.00	265		15
		32	
5.10	297		−19
		13	
5.20	310		−4
		9	
5.30	319		−3
		6	
5.40	325		−1
		5	
5.50	330		

A 是第二列读数之差,B 是第三列数据之差“二次微分”。

计量点是在最大的△mV 之间(见第 3 列),即在 5.00 mL 和 5.10 mL 之间。由$△^2$mV 数值(见第 4 列)按下式计算在 0.1 间隔内的准确计量点:

$$V=5.00+\frac{15}{15-(-19)}\times 0.1=5.04\ \text{mL}$$

ICS 71.100.40
G 72

中华人民共和国国家标准

GB/T 5561—2012
代替 GB/T 5561—1994

表面活性剂 用旋转式粘度计测定粘度和流动性质的方法

Surface active agents—Determination of viscosity and flow properties using a rotational viscometer

(ISO 6388:1989,Surface active agents—Determination of flow properties using a rotational viscometer,NEQ)

2012-12-31 发布　　2013-08-01 实施

中华人民共和国国家质量监督检验检疫总局
中国国家标准化管理委员会　发布

前　言

本标准按照 GB/T 1.1—2009 给出的规则起草。

本标准代替 GB/T 5561—1994《表面活性剂　用旋转式粘度计测定粘度和流动性质的方法》，与 GB/T 5561—1994 相比，主要变化如下：

——增加了前言；

——删除了旋转式粘度计的型号及其测定器具、范围及误差（见 6.1，1994 版的 5.1）。

本标准使用重新起草法参考 ISO 6388：1989《表面活性剂　用旋转粘度计测定流动性》编制，与 ISO 6388：1989 的一致性程度为非等效。

本标准由中国石油和化学工业联合会提出。

本标准由全国化学标准化技术委员会（特种）界面活性剂分技术委员会（SAC/TC 63/SC 8）归口。

本标准起草单位：浙江皇马科技股份有限公司、浙江山川轻纺科技有限公司。

本标准主要起草人：唐福伟、韩耀君、张晨辉、金晔、肖健岚。

本标准所代替标准的历次版本发布情况为：

——GB/T 5561—1985、GB/T 5561—1994。

表面活性剂　用旋转式粘度计测定粘度和流动性质的方法

1　范围

本标准规定了一种采用带有同轴圆筒测量系统的旋转式粘度计来测量非固体表面活性剂的流动性质的方法。

本标准适用于单一的或混合的表面活性剂，也适用于主要含表面活性剂的产品。

2　术语和定义

下列术语和定义适用于本文件。

2.1

粘度　viscosity

在两个平行平面间受剪切的流体，其中一个平面在其自身的平面上相对于另一个平面用直线匀速运动时产生的阻力称为粘度。流体的粘度可用牛顿方程式(1)来表示：

$$\eta = \frac{\tau}{D} \quad \cdots\cdots(1)$$

式中：

η ——粘度(动态)；

τ ——剪切应力；

D ——剪切速率。

当流体的粘度与测量时的剪切速率无关时，则认为该流体为牛顿型流体。

非牛顿型流体的表观粘度值是剪切速率的函数，它取决于仪器中样品的热滞后和流变滞后。

粘度的单位是牛顿秒每平方米($N \cdot s/m^2$)或帕斯卡秒($Pa \cdot s$)。

2.2

流变现象　rheological phenomena

流变现象是由限定的剪切应力来描述的。

注：流体的流动规律参见附录 A。

2.2.1

剪切稀化　shear thinning

在等温可逆条件下，表观粘度无滞后地随剪切速率的增加而减少。

2.2.2

膨胀性　dilatancy

在等温可逆条件下，表观粘度无滞后地随剪切速率的增加而增大。

2.2.3

随时间变化的粘度　time-dependent viscosity

在等温可逆条件下，当剪切速率大小恒定时，表观粘度随时间而变化。

2.2.3.1

触变性　thixotropy

在等温可逆条件下，由于剪切作用使粘度或稠度从静止(开始剪切的瞬间)减少至最终值(取决于剪切速率的大小)。

当中断剪切时,静止粘度或稠度于一定时间内恢复。这个时间称为“触变恢复时间”。

2.2.3.2

震凝现象　rheopexy

在比较高的剪切速率中断后,用小的剪切速率使触变恢复时间缩短的现象。

2.2.3.3

反触变性　anti-thixotropy

在等温可逆条件下,由于剪切作用使粘度或稠度从静止(开始剪切的瞬间)增大至最终值(取决于剪切速率的大小)。

当中断剪切时,静止粘度或稠度于一定时间内恢复。这个时间称为“触变恢复时间”。

2.2.3.4

流变滞后　rheological hysteresis

在等温可逆条件下,如果剪切速率随时间从零线性增加至最大值(上面的曲线),然后以同样方式减小(下面的曲线),剪切速率曲线图呈一滞后回路,可用来检测和表征触变性或反触变性。

2.2.4

可塑性　plasticity

当可塑体受到一个小于“屈服张力”,临界值 τ_0 张力的作用时,表现为一种弹性体。在此极限值以上会发生流动。当 $\tau \geqslant \tau_0$ 时,函数 $D=f(\tau)$(D 为剪切速率)表示为直线时,该物质可称遵循宾厄姆(Bingham)模型。

3　原理

粘度是表示流体内部相对运动时产生的阻力,采用带有同轴圆筒测量系统的旋转式粘度计测定流体性质时,转筒在流体中旋转受到阻力产生反作用,并给出一个读数,此数值与转筒所受运动阻力成正比,刻度读数乘上转筒因子就表示流体粘度的量值。用不同的剪切速率重复测定,作“剪切速率-粘度”(剪切应力-粘度)曲线,或“剪切应力-剪切速率”曲线表述流体性质。

4　试剂和材料

参照物质:已知粘度的牛顿型液体。

5　仪器

5.1　旋转式粘度计

带有同轴圆筒测量系统的旋转式粘度计。

5.2　恒温器

温控精度为±0.5 ℃。

5.3　温度计

分刻度为0.1 ℃。

6 测定步骤

6.1 测定

小心地从均匀的实验室样品中取一份试样，保证完全没有空气泡。

将试样置于恒温的测量容器内，调节至测定所选的温度，将同轴测量圆筒放入测量容器内，开启仪器，待指针稳定后，读出指示数值。

对同一样品进行几次测量，并用不同的剪切速率重复测定。

6.2 校准

用参照物质按 6.1 所述方法，测量这些物质的粘度。以 D 作为 τ 的函数曲线必须通过原点。

7 结果的表述

7.1 曲线法

以 $\eta=f(D)$、$\eta=f(\tau)$ 或 $D=f(\tau)$ 的曲线或图表形式表示。

其中 D 为剪切速率，τ 为剪切应力，η 为表观粘度。

7.1.1 剪切应力

7.1.1.1 同轴圆筒间隙内的径向分布剪切应力 τ_r 用式(2)表示：

$$\tau_r=\frac{T}{2\pi l}\cdot\frac{1}{r^2} \qquad \cdots\cdots(2)$$

式中：

T ——施加的力偶矩，单位为牛米(N·m)；

l ——同轴圆筒间隙，单位为米(m)；

r ——半径，单位为米(m)。

7.1.1.2 内圆筒壁和外圆筒壁的剪切应力 τ_i 和 τ_e 分别由式(3)和式(4)给出：

$$\tau_i=\frac{2T}{\pi l}\cdot\frac{1}{d_i^2} \qquad \cdots\cdots(3)$$

$$\tau_e=\frac{2T}{\pi l}\cdot\frac{1}{d_e^2} \qquad \cdots\cdots(4)$$

式中：

T 和 l 的含义同式(2)；

d_i ——内圆筒直径，单位为米(m)；

d_e ——外圆筒直径，单位为米(m)。

7.1.2 剪切速率

7.1.2.1 牛顿型产品的情况

在测量牛顿型产品时，可用圆面积筒旋转频率乘一个系数计算剪切速率，该系数由仪器制造商提供，理论上剪切速率由式(5)和式(6)给出：

$$D_i=\frac{4\pi n}{60}\cdot\frac{d_e^2}{d_e^2-d_i^2} \qquad \cdots\cdots(5)$$

$$D_e=\frac{4\pi n}{60}\cdot\frac{d_i^2}{d_e^2-d_i^2} \qquad \cdots\cdots(6)$$

式中：

D_i 和 D_e ——分别是内圆筒和外圆筒的剪切速率，单位为每秒旋转的次数(s^{-1})；

n ——旋转频率，单位为每分钟旋转次数(r/min)；

d_i 和 d_e 的含义同式(3)和式(4)。

7.1.2.2 非牛顿型产品的情况

在测量非牛顿型产品时，用圆筒旋转频率乘牛顿型物体的系数所得的值相当于“表观剪切速率”(用 D_a 表示)，不能表示为剪切速率。

7.1.3 表观粘度

τ_i/D_a 或 τ_e/D_a 的比率相当于表观粘度。

7.2 在特定的剪切速率/剪切应力条件下粘度用式(7)表示：

$$\eta = F \cdot A \qquad (7)$$

式中：

η ——粘度，单位为毫帕斯卡秒(厘泊，mPa・s)；

F ——转筒因子；

A ——刻度读数。

8 测试精度

测试误差应小于±3%(牛顿体)。

9 试验报告

试验报告应包括下列几方面：

a) 完全鉴别样品所需的所有资料。

b) 使用方法的参考。

c) 所得的结果及其表示方式。

d) 试验条件：

   1) 样品的均匀性数据；

   2) 试样以及样品制备说明；

   3) 试验温度；

   4) 测量体系，所用的测量单元的细节，圆筒的直径的比率以及圆筒间隙的长度；

   5) 剪切程序、设置的旋转频率，在每种设置下测量的时间、总的剪切时间。

e) 任何本标准中未规定的或任选的操作细节，以及任何会影响结果的情况。

附 录 A
（资料性附录）
流体典型流动规律示意图

见图A.1和图A.2。

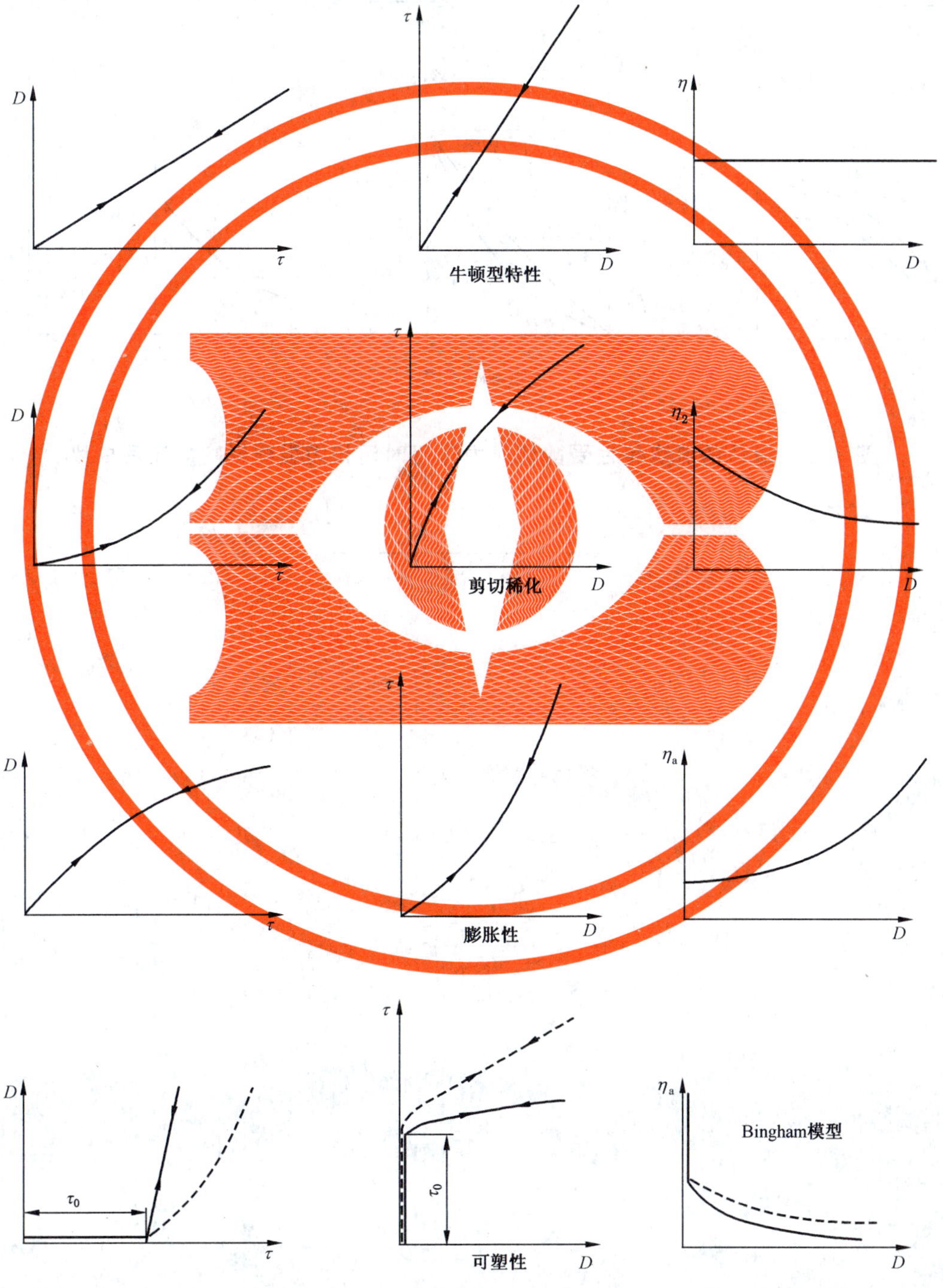

图A.1 在恒定的剪切应力[$D=f(\tau)$]或恒定的剪切速率[$\tau=f(D)$]下流体典型流动规律

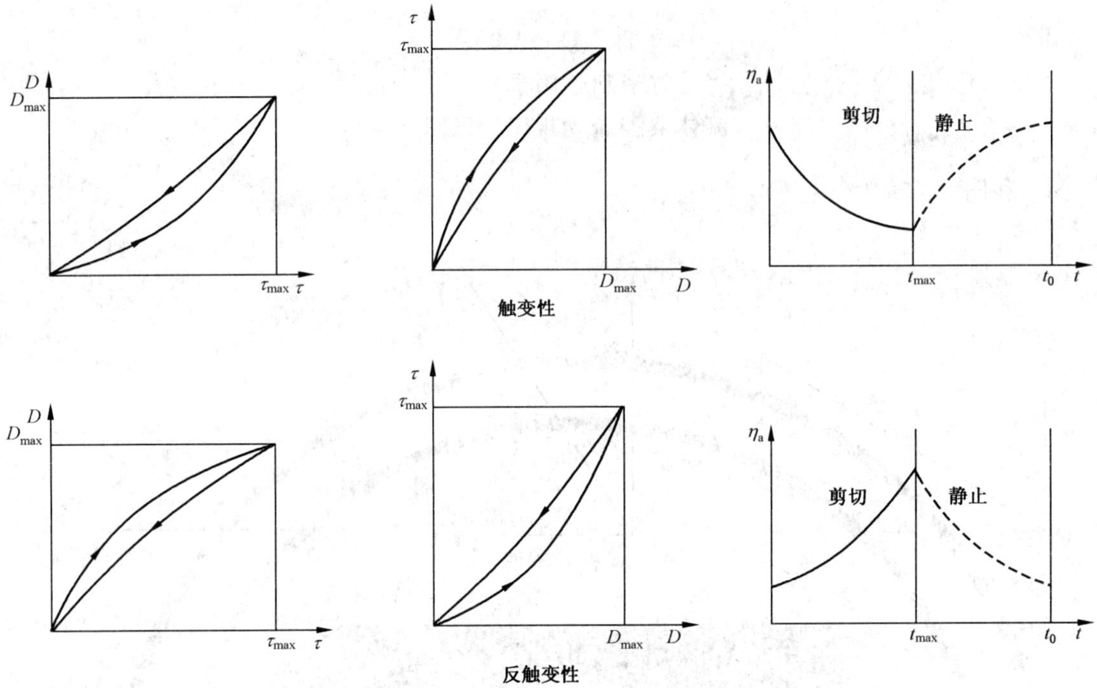

图 A.2　流体的流变特性受剪切应力作用时间长短强烈影响的滞后曲线

ICS 91.100.10
Q 11

中华人民共和国国家标准

GB/T 5762—2012
代替 GB/T 5762—2000

建材用石灰石、生石灰和熟石灰化学分析方法

Methods for chemical analysis of limestone, quicklime and hydrated lime for building materials industry

2012-12-31 发布 2013-08-01 实施

中华人民共和国国家质量监督检验检疫总局
中国国家标准化管理委员会 发布

前 言

本标准按照 GB/T 1.1—2009 给出的规则起草。

本标准代替 GB/T 5762—2000《建材用石灰石化学分析方法》，与 GB/T 5762—2000 相比主要变化如下：

——试样的制备由“全部通过孔径为 0.08 mm 方孔筛”改为“全部通过孔径为 150 μm 方孔筛”(见第 7 章，2000 年版的第 6 章)。

——氧化镁的测定(基准法)，增加了氢氧化钠熔融-原子吸收光谱法；取消了硼酸锂熔融-原子吸收光谱法(见第 13 章，2000 年版 12.2)。

——增加了全硫的测定——硫酸钡重量法(基准法)和库仑滴定法(代用法)(见第 16 章和第 33 章)。

——增加了氯离子的测定——硫氰酸铵容量法(基准法)、磷酸蒸馏-汞盐滴定法(代用法)和(自动)电位滴定法(代用法)(见第 17 章、第 34 章和第 35 章)。

——增加了一氧化锰的测定——高碘酸钾氧化分光光度法(基准法)和原子吸收光谱法(代用法)(见第 18 章和第 36 章)。

——五氧化二磷的测定由正丁醇-三氯甲烷萃取-磷钼黄分光光度法改为“磷钼蓝分光光度法”(见第 19 章，2000 年版的第 20 章)。

——增加了二氧化碳的测定——碱石棉吸收重量法(基准法)和自动光电滴定法(代用法)(见第 20 章和第 37 章)。

——增加了生石灰 A(CaO+MgO)含量的测定——盐酸滴定法(见第 21 章)。

——增加了有效钙的测定——蔗糖钙-盐酸滴定法(见第 22 章)。

——增加了石灰石碳酸钙滴定值的测定——盐酸返滴定法(见第 23 章)。

——游离二氧化硅的测定由附录 A 改为正文中(见第 24 章，2000 年版的附录 A)。

——增加了三氧化二铁的测定——原子吸收光谱法(代用法)(见第 27 章)。

——增加了氧化钾和氧化钠的测定——原子吸收光谱法(代用法)(见第 32 章)。

本标准参考 ASTM C25-06《石灰石、生石灰和熟石灰化学分析方法》、BS 6463-102—2001《生石灰、熟石灰和天然碳酸钙化学分析方法》、JIS M8850—1994《石灰石化学分析方法》和 JIS R9011—2006《石灰化学分析方法》标准进行修订的。

本标准由中国建筑材料联合会提出。

本标准由全国水泥标准化技术委员会(SAC/TC 184)归口。

本标准负责起草单位：中国建筑材料科学研究总院、中国建筑材料检验认证中心有限公司。

本标准参加起草单位：云南省建筑材料产品质量监督检验站、福建省水泥产品质量监督检验中心(龙岩)、龙口市泛林水泥有限公司、深圳广田高科新材料有限公司、北京新奥混凝土集团有限公司。

本标准主要起草人：王瑞海、王冠杰、闫伟志、朱晓玲、崔健、刘文长、周绍波、周桂林、金霞、张培良、张渔波、李少强、尚百雨。

本标准所代替标准的历次版本发布情况为：

——GB/T 5762—1986、GB/T 5762—2000。

建材用石灰石、生石灰和熟石灰化学分析方法

1 范围

本标准规定了石灰石、生石灰和熟石灰化学分析方法的基准法和代用法。

本标准适用于建材用石灰石、生石灰和熟石灰。

2 规范性引用文件

下列文件对于本文件的应用是必不可少的。凡是注日期的引用文件，仅注日期的版本适用于本文件。凡是不注日期的引用文件，其最新版本(包括所有的修改单)适用于本文件。

GB/T 176—2008 水泥化学分析方法

GB/T 2007.1 散装矿产品取样、制样通则 手工取样方法

GB/T 6682 分析实验室用水规格和试验方法

3 术语和定义

下列术语和定义适用于本文件。

3.1

有效钙 efficacious calcium

在确定的测定条件下，主要是游离氧化钙、氢氧化钙的合量，不包括碳酸钙、硅酸钙及其他钙盐。通常生石灰以有效氧化钙表示，熟石灰以有效氢氧化钙表示。

3.2

石灰石碳酸钙滴定值 limestone calcium carbonate titration value

主要是石灰石中碳酸钙、碳酸镁的合量，以碳酸钙的质量分数表示。

4 试验的基本要求

4.1 试验次数与要求

每一项测定的试验次数规定为两次，用两次试验结果的平均值表示测定结果。

4.2 质量、体积、滴定度和结果的表示

用“克(g)”表示质量，精确至 0.000 1 g。滴定管体积用“毫升(mL)”表示，读数精确至 0.01 mL。滴定度单位用“毫克每毫升(mg/mL)”表示。

标准滴定溶液的浓度、滴定度和体积比经修约后保留有效数字四位。

除另有说明外，各项分析结果均以质量分数计，氯离子分析结果以%表示至小数点后三位，其他各项分析结果以%表示至小数点后二位。

4.3 空白试验

使用相同量的试剂，不加入试样，按照相同的测定步骤进行试验，对得到的测定结果进行校正。

4.4 灼烧

将滤纸和沉淀放入预先已灼烧并恒量的坩埚中，为避免产生火焰，在氧化性气氛中缓慢干燥、灰化至无黑色炭颗粒后，放入高温炉(见6.8)中，在规定的温度下灼烧。在干燥器(见6.6)中冷却至室温，称量。

4.5 恒量

经第一次灼烧、冷却、称量后，通过连续对每次至少15 min的灼烧，然后冷却、称量的方法来检查恒定质量，当连续两次称量之差小于0.000 5 g时，即达到恒量。

4.6 检查 Cl^- 离子(硝酸银检验)

按规定洗涤沉淀数次后，用少许水淋洗漏斗的下端，用数毫升水洗涤滤纸和沉淀，将滤液收集在试管中，加几滴硝酸银溶液(见5.23)，观察试管中溶液是否浑浊。如果浑浊，继续洗涤至用硝酸银检验不再浑浊为止。

4.7 检验方法的验证

本标准所列检验方法应依照国家标准样品/标准物质(如GSB 08-1345水泥用石灰石成分分析标准样品)或不同检测方法之间进行对比检验，以验证方法的准确性。

5 试剂和材料

5.1 总则

除另有说明外，所用试剂应为分析纯或优级纯试剂。所用水应不低于GB/T 6682中规定的三级水的要求。标准中的无二氧化碳的水是指新煮沸并冷却至室温的水。

本标准所列市售浓液体试剂的密度指20 ℃的密度(ρ)，单位为克每立方厘米(g/cm^3)。

在化学分析中，所用酸或氨水，凡未注浓度者均指市售的浓酸或浓氨水。

用体积比表示试剂稀释程度，例如：盐酸(1+5)表示1份体积的浓盐酸与5份体积的水相混合。

5.2 盐酸(HCl)

1.18 g/cm^3～1.19 g/cm^3，质量分数36%～38%。

5.3 硝酸(HNO_3)

1.39 g/cm^3～1.41 g/cm^3，质量分数65%～68%。

5.4 硫酸(H_2SO_4)

1.84 g/cm^3，质量分数95%～98%。

5.5 冰乙酸(CH_3COOH)

1.05 g/cm^3，质量分数99.8%。

5.6 磷酸(H_3PO_4)

1.68 g/cm^3,质量分数 85%。

5.7 氟硼酸(HBF_4)

1.84 g/cm^3,质量分数≥40%。

5.8 氨水($NH_3 \cdot H_2O$)

0.90 g/cm^3～0.91 g/cm^3,质量分数 25%～28%。

5.9 三乙醇胺[$N(CH_2CH_2OH)_3$]

1.12 g/cm^3,质量分数≥98%。

5.10 乙醇(C_2H_5OH)

体积分数≥95%或无水乙醇。

5.11 乙醇胺($HOCH_2CH_2NH_2$)

1.01 g/cm^3,体积分数≥99%。

5.12 盐酸溶液

5.12.1 盐酸(1+1)

将 1 份体积的浓盐酸与 1 份体积的水混合。

5.12.2 盐酸(1+5)

将 1 份体积的浓盐酸与 5 份体积的水混合。

5.13 硝酸溶液

5.13.1 硝酸(1+1)

将 1 份体积的浓硝酸与 1 份体积的水混合。

5.13.2 硝酸(1+20)

将 1 份体积的浓硝酸与 20 份体积的水混合。

5.14 硫酸(1+1)

将 1 份体积的浓硫酸缓慢注入 1 份体积的水中,混匀。

5.15 乙酸(1+1)

将 1 份体积的冰乙酸与 1 份体积的水混合。

5.16 氨水(1+1)

将 1 份体积的氨水与 1 份体积的水混合。

5.17 乙醇(1+4)

将1份体积的乙醇与4份体积的水混合。

5.18 三乙醇胺(1+2)

将1份体积的三乙醇胺与2份体积的水混合。

5.19 氢氧化钠(NaOH)

固体,密封保存。

5.20 氢氧化钾(KOH)

固体,密封保存。

5.21 氢氧化钾溶液(200 g/L)

将200 g氢氧化钾(KOH)溶于水中,加水稀释至1 L,贮存于塑料瓶中。

5.22 氯化钡溶液(100 g/L)

将100 g氯化钡($BaCl_2 \cdot 2H_2O$)溶于水中,加水稀释至1 L,必要时过滤后使用。

5.23 硝酸银溶液(5 g/L)

将0.5 g硝酸银($AgNO_3$)溶于水中,加入1 mL硝酸,加水稀释至100 mL,贮存于棕色瓶中。

5.24 抗坏血酸溶液(5 g/L)

将0.5 g抗坏血酸(V.C)溶于100 mL水中,必要时过滤后使用。用时现配。

5.25 pH3.0的缓冲溶液

将3.2 g无水乙酸钠(CH_3COONa)溶于水中,加入120 mL冰乙酸,加水稀释至1 L。

5.26 pH4.3的缓冲溶液

将42.3 g无水乙酸钠(CH_3COONa)溶于水中,加入80 mL冰乙酸,加水稀释至1 L。

5.27 pH10的缓冲溶液

将67.5 g氯化铵(NH_4Cl)溶于水中,加入570 mL氨水,加水稀释至1 L。

5.28 酒石酸钾钠溶液(100 g/L)

将10 g酒石酸钾钠($C_4H_4KNaO_6 \cdot 4H_2O$)溶于水中,加水稀释至100 mL。

5.29 氯化钾(KCl)

颗粒粗大时,研细后使用。

5.30 氯化钾溶液(50 g/L)

将50 g氯化钾(KCl)溶于水中,加水稀释至1 L。

5.31　氯化钾-乙醇溶液(50 g/L)

将 5 g 氯化钾(KCl)溶于 50 mL 水后，加入 50 mL 乙醇(见 5.10)，混匀。

5.32　氟化钾溶液(150 g/L)

将 150 g 氟化钾($KF \cdot 2H_2O$)置于塑料杯中，加水溶解后，加水稀释至 1 L，贮存于塑料瓶中。

5.33　氟化钾溶液(20 g/L)

将 20 g 氟化钾($KF \cdot 2H_2O$)溶于水中，加水稀释至 1 L，贮存于塑料瓶中。

5.34　邻菲罗啉溶液(10 g/L 乙酸溶液)

将 1 g 邻菲罗啉($C_{12}H_8N_2 \cdot 2H_2O$)溶于 100 mL 乙酸(1+1)中，用时现配。

5.35　乙酸铵溶液(100 g/L)

将 10 g 乙酸铵(CH_3COONH_4)溶于 100 mL 水中。

5.36　乙酸铵溶液(250 g/L)

将 25 g 乙酸铵(CH_3COONH_4)溶于 100 mL 水中。

5.37　五氧化二钒(V_2O_5)

固体，细粉。

5.38　电解液

将 6 g 碘化钾(KI)和 6 g 溴化钾(KBr)溶于 300 mL 水中，加入 10 mL 冰乙酸。

5.39　吸收溶液

在 1 000 mL 试剂瓶中，加入 10 mL 水、50 mL 乙醇胺(见 5.11)、500 mL 无水乙醇(见 5.10)及 7.5 mL 百里香酚酞指示剂溶液(见 5.63)，摇匀。

取 60 mL～70 mL 上述溶液置于 200 mL 烧杯中，用氢氧化钾-乙醇标准滴定溶液(见 5.53)滴定至浅蓝色(颜色勿过浅)。然后打开滴定池盖，向滴定池内加入约 50 mL 该溶液，若蓝色变浅再用氢氧化钾-乙醇标准滴定溶液(见 5.53)滴定至浅蓝色。

5.40　氢氧化钠溶液[c(NaOH)=0.1 mol/L]

将 0.4 g 氢氧化钠(NaOH)溶于 100 mL 水中。

5.41　蔗糖溶液(300 g/L)

将 300 g 蔗糖溶于无二氧化碳的水中，用无二氧化碳的水稀释至 1 000 mL，加入 1 mL 酚酞指示剂溶液(见 5.57)，用氢氧化钠(见 5.40)中和至微红色，密封保存。

5.42　硝酸铵溶液(2 g/L)

将 2 g 硝酸铵溶于 1 000 mL 水中，加 2 滴甲基红指示剂溶液(见 5.60)，滴加氨水(1+1)至溶液呈黄色。

5.43 三氧化二铁(Fe_2O_3)标准溶液

5.43.1 三氧化二铁标准溶液的配制

称取 0.100 0 g 已于 950 ℃灼烧过 60 min 的三氧化二铁(Fe_2O_3,光谱纯),精确至 0.000 1 g,置于 300 mL 烧杯中,依次加入 50 mL 水、30 mL 盐酸(1+1)、2 mL 硝酸,低温加热微沸,待溶解完全,冷却至室温后,移入 1 000 mL 容量瓶中,用水稀释至标线,摇匀。此标准溶液每毫升含 0.1 mg 三氧化二铁。

5.43.2 工作曲线的绘制

吸取每毫升含 0.1 mg 三氧化二铁标准溶液 0 mL;1.00 mL;2.00 mL;3.00 mL;4.00 mL;5.00 mL;6.00 mL 分别放入 100 mL 容量瓶中,加水稀释至约 50 mL,加入 5 mL 抗坏血酸溶液(见 5.24),放置 5 min 后,加入 5 mL 邻菲罗啉溶液(见 5.34)、10 mL 乙酸铵溶液(见 5.35),用水稀释至标线,摇匀。放置 30 min 后,用分光光度计(见 6.12),10 mm 比色皿,以水作参比,于波长 510 nm 处测定溶液的吸光度。用测得的吸光度作为相对应的三氧化二铁含量的函数,绘制工作曲线。

5.44 碳酸钙标准溶液[$c(CaCO_3)$=0.024 mol/L]

称取 0.6 g(m_1)已于 105 ℃~110 ℃烘过 2 h 的碳酸钙($CaCO_3$,基准试剂),精确至 0.000 1 g,置于 400 mL 烧杯中,加入约 100 mL 水,盖上表面皿,沿杯口慢慢加入 5 mL~10 mL 盐酸(1+1),搅拌至碳酸钙全部溶解,加热煮沸并微沸 1 min~2 min。冷却至室温后,移入 250 mL 容量瓶中,用水稀释至标线,摇匀。

5.45 EDTA 标准滴定溶液[c(EDTA)=0.015 mol/L]

5.45.1 EDTA 标准滴定溶液的配制

称取 5.6 g EDTA(乙二胺四乙酸二钠,$C_{10}H_{14}N_2O_8Na_2 \cdot 2H_2O$)置于烧杯中,加入约 200 mL 水,加热溶解,过滤,加水稀释至 1 L,摇匀。

5.45.2 EDTA 标准滴定溶液浓度的标定

吸取 25.00 mL 碳酸钙标准溶液(见 5.44)放入 300 mL 烧杯中,加水稀释至约 200 mL 水,加入少许的 CMP 混合指示剂(见 5.55),在搅拌下加入氢氧化钾溶液(见 5.21)至出现绿色荧光后再过量 2 mL~3 mL,用 EDTA 标准滴定溶液滴定至绿色荧光消失并呈现红色(V_1)。

EDTA 标准滴定溶液的浓度按式(1)计算:

$$c(\text{EDTA}) = \frac{m_1 \times 1\,000}{(V_1 - V_{01}) \times 10 \times 100.09} = \frac{m_1}{(V_1 - V_{01}) \times 1.000\,9} \qquad \cdots\cdots\cdots\cdots(1)$$

式中:

c(EDTA)——EDTA 标准滴定溶液的浓度,单位为摩尔每升(mol/L);

m_1 ——按 5.44 配制碳酸钙标准溶液的碳酸钙的质量,单位为克(g);

V_1 ——滴定时消耗 EDTA 标准滴定溶液的体积,单位为毫升(mL);

V_{01} ——空白试验滴定时消耗 EDTA 标准滴定溶液的体积,单位为毫升(mL);

100.09 ——$CaCO_3$的摩尔质量,单位为克每摩尔(g/mol);

10 ——全部碳酸钙标准溶液与所分取溶液的体积比。

5.45.3 **EDTA 标准滴定溶液对各氧化物的滴定度的计算**

EDTA 标准滴定溶液对三氧化二铁、三氧化二铝、氧化钙、氧化镁的滴定度分别按式(2)、式(3)、式(4)、式(5)计算：

$$T_{Fe_2O_3}=c(EDTA)\times 79.84 \quad\cdots\cdots(2)$$

$$T_{Al_2O_3}=c(EDTA)\times 50.98 \quad\cdots\cdots(3)$$

$$T_{CaO}=c(EDTA)\times 56.08 \quad\cdots\cdots(4)$$

$$T_{MgO}=c(EDTA)\times 40.31 \quad\cdots\cdots(5)$$

式中：

$T_{Fe_2O_3}$ ——EDTA 标准滴定溶液对三氧化二铁的滴定度，单位为毫克每毫升(mg/mL)；

$T_{Al_2O_3}$ ——EDTA 标准滴定溶液对三氧化二铝的滴定度，单位为毫克每毫升(mg/mL)；

T_{CaO} ——EDTA 标准滴定溶液对氧化钙的滴定度，单位为毫克每毫升(mg/mL)；

T_{MgO} ——EDTA 标准滴定溶液对氧化镁的滴定度，单位为毫克每毫升(mg/mL)；

c(EDTA) ——EDTA 标准滴定溶液的浓度，单位为摩尔每升(mol/L)；

79.84 ——($1/2Fe_2O_3$)的摩尔质量，单位为克每摩尔(g/mol)；

50.98 ——($1/2Al_2O_3$)的摩尔质量，单位为克每摩尔(g/mol)；

56.08 ——CaO 的摩尔质量，单位为克每摩尔(g/mol)；

40.31 ——MgO 的摩尔质量，单位为克每摩尔(g/mol)。

5.46 **硫酸铜标准滴定溶液[$c(CuSO_4)=0.015$ mol/L]**

5.46.1 **硫酸铜标准滴定溶液的配制**

称取 3.7 g 硫酸铜($CuSO_4\cdot 5H_2O$)溶于约 200 mL 水，加入 4～5 滴硫酸(1+1)，加水稀释至 1 L，摇匀。

5.46.2 **EDTA 标准滴定溶液与硫酸铜标准滴定溶液体积比的标定**

从滴定管中缓慢放出 10.00 mL～15.00 mL EDTA 标准滴定溶液(见 5.45)(V_2)于 300 mL 烧杯中，加水稀释至约 150 mL，加入 15 mL pH4.3 的缓冲溶液(见 5.26)，加热至沸，取下稍冷，加入 4～5 滴 PAN 指示剂溶液(见 5.59)，用硫酸铜标准滴定溶液滴定至亮紫色(V_3)。

EDTA 标准滴定溶液与硫酸铜标准滴定溶液的体积比按式(6)计算：

$$K_1=\frac{V_2}{V_3} \quad\cdots\cdots(6)$$

式中：

K_1——EDTA 标准滴定溶液与硫酸铜标准滴定溶液的体积比；

V_2——加入 EDTA 标准滴定溶液的体积，单位为毫升(mL)；

V_3——滴定时消耗硫酸铜标准滴定溶液的体积，单位为毫升(mL)。

5.47 **氢氧化钠标准滴定溶液[$c(NaOH)=0.15$ mol/L]**

5.47.1 **氢氧化钠标准滴定溶液的配制**

称取 30 g 氢氧化钠(NaOH)溶于水后，加水稀释至 5 L，充分摇匀，贮存于塑料瓶或带胶塞(装有钠石灰干燥管)的硬质玻璃瓶内。

5.47.2 **氢氧化钠标准滴定溶液浓度的标定**

称取 0.8 g(m_2)已于 105 ℃～110 ℃烘过 2 h 的苯二甲酸氢钾($C_8H_5KO_4$，基准试剂)，精确至

0.000 1 g，置于 300 mL 烧杯中，加入约 200 mL 预先新煮沸过并冷却后用氢氧化钠溶液中和至酚酞呈微红色的冷水，搅拌使其溶解，加入 6～7 滴酚酞指示剂溶液（见 5.57），用氢氧化钠标准滴定溶液滴定至微红色（V_4）。

氢氧化钠标准滴定溶液的浓度按式(7)计算：

$$c(NaOH)=\frac{m_2\times 1\,000}{V_4\times 204.2} \qquad \cdots\cdots(7)$$

式中：

$c(NaOH)$——氢氧化钠标准滴定溶液的浓度，单位为摩尔每升（mol/L）；

m_2 ——苯二甲酸氢钾的质量，单位为克（g）；

V_4 ——滴定时消耗氢氧化钠标准滴定溶液的体积，单位为毫升（mL）；

204.2 ——苯二甲酸氢钾的摩尔质量，单位为克每摩尔（g/mol）。

5.47.3 氢氧化钠标准滴定溶液对二氧化硅的滴定度的计算

氢氧化钠标准滴定溶液对二氧化硅的滴定度按式(8)计算：

$$T_{SiO_2}=c(NaOH)\times 15.02 \qquad \cdots\cdots(8)$$

式中：

T_{SiO_2} ——氢氧化钠标准滴定溶液对二氧化硅的滴定度，单位为毫克每毫升（mg/mL）；

$c(NaOH)$——氢氧化钠标准滴定溶液的浓度，单位为摩尔每升（mol/L）；

15.02 ——（$1/4SiO_2$）的摩尔质量，单位为克每摩尔（g/mol）。

5.48 氢氧化钠标准滴定溶液[$c(NaOH)=0.25$ mol/L]

5.48.1 氢氧化钠标准滴定溶液的配制

称取 10 g 氢氧化钠（NaOH）溶于水后，加水稀释至 1 L，充分摇匀，贮存于塑料瓶或带胶塞（装有钠石灰干燥管）的硬质玻璃瓶内。

5.48.2 氢氧化钠标准滴定溶液浓度的标定

称取 1 g（m_3）已于 105 ℃～110 ℃烘过 2 h 的苯二甲酸氢钾（$C_8H_5KO_4$，基准试剂），精确至 0.000 1 g，置于 300 mL 烧杯中，加入约 200 mL 预先新煮沸过并冷却后用氢氧化钠溶液中和至酚酞呈微红色的冷水，搅拌使其溶解，加入 6～7 滴酚酞指示剂溶液（见 5.57），用氢氧化钠标准滴定溶液滴定至微红色（V_5）。

氢氧化钠标准滴定溶液的浓度按式(9)计算：

$$c(NaOH)=\frac{m_3\times 1\,000}{V_5\times 204.2} \qquad \cdots\cdots(9)$$

式中：

$c(NaOH)$——氢氧化钠标准滴定溶液的浓度，单位为摩尔每升（mol/L）；

m_3 ——苯二甲酸氢钾的质量，单位为克（g）；

V_5 ——滴定时消耗氢氧化钠标准滴定溶液的体积，单位为毫升（mL）；

204.2 ——苯二甲酸氢钾的摩尔质量，单位为克每摩尔（g/mol）。

5.49 盐酸标准滴定溶液[$c(HCl)=0.5$ mol/L]

5.49.1 盐酸标准滴定溶液的配制

将 42 mL 盐酸（HCl），加水稀释至 1 000 mL。

5.49.2 盐酸标准滴定溶液浓度的标定

从滴定管中缓慢放出 10.00 mL 盐酸标准滴定溶液于 300 mL 烧杯中(V_6)，加入约 150 mL 无二氧化碳的水和 6～7 滴酚酞指示剂溶液(见 5.57)，用已知浓度的氢氧化钠标准滴定溶液(见 5.48)滴定至微红色(V_7)。

盐酸标准滴定溶液的浓度按式(10)计算：

$$c(\mathrm{HCl})=\frac{c(\mathrm{NaOH})\times V_7}{V_6} \qquad \cdots\cdots(10)$$

式中：

$c(\mathrm{HCl})$ ——盐酸标准滴定溶液的浓度，单位为摩尔每升(mol/L)；

$c(\mathrm{NaOH})$ ——已知氢氧化钠标准滴定溶液的浓度，单位为克每摩尔(g/mol)；

V_7 ——滴定时消耗氢氧化钠标准滴定溶液的体积，单位为毫升(mL)；

V_6 ——加入盐酸标准滴定溶液的体积，单位为毫升(mL)。

5.50 盐酸标准滴定溶液[$c(\mathrm{HCl})=1$ mol/L]

5.50.1 盐酸标准滴定溶液的配制

将 83 mL 盐酸(HCl)，加水稀释至 1 000 mL。

5.50.2 盐酸标准滴定溶液浓度的标定

称取 0.8 g(m_4)已于 130 ℃烘过 2 h 的碳酸钠(Na_2CO_3，基准试剂)，精确至 0.000 1 g，置于 250 mL 干燥的锥形瓶中，加入 100 mL 水使其溶解，加入 2～3 滴甲基红指示剂溶液(见 5.60)，然后用盐酸标准滴定溶液缓慢滴定至红色，将溶液加热煮沸并微沸 2 min，盖上瓶塞或表面皿，冷却到室温，并继续滴定，直至出现稳定的红色(V_8)。

盐酸标准滴定溶液的浓度按式(11)计算：

$$c(\mathrm{HCl})=\frac{m_4\times 1\,000}{V_8\times 53.0} \qquad \cdots\cdots(11)$$

式中：

$c(\mathrm{HCl})$——盐酸标准滴定溶液的浓度，单位为摩尔每升(mol/L)；

m_4 ——称取碳酸钠的质量，单位为克(g)；

V_8 ——滴定时消耗盐酸标准滴定溶液的体积，单位为毫升(mL)；

53.0 ——($1/2Na_2CO_3$)的摩尔质量，单位为克每摩尔(g/mol)。

5.50.3 盐酸标准滴定溶液对氧化钙和氢氧化钙的滴定度的计算

盐酸标准溶液对氧化钙和氢氧化钙的滴定度分别按式(12)和式(13)计算：

$$T_{\mathrm{CaO}}=c(\mathrm{HCl})\times 28.04 \qquad \cdots\cdots(12)$$

$$T_{\mathrm{Ca(OH)_2}}=c(\mathrm{HCl})\times 37.05 \qquad \cdots\cdots(13)$$

式中：

T_{CaO} ——盐酸标准滴定溶液对氧化钙的滴定度，单位为毫克每毫升(mg/mL)；

$T_{\mathrm{Ca(OH)_2}}$——盐酸标准滴定溶液对氢氧化钙的滴定度，单位为毫克每毫升(mg/mL)；

$c(\mathrm{HCl})$——盐酸标准滴定溶液的浓度，单位为摩尔每升(mol/L)；

28.04 ——(1/2CaO)的摩尔质量，单位为克每摩尔(g/mol)；

37.05 ——[$1/2Ca(OH)_2$]的摩尔质量，单位为克每摩尔(g/mol)。

5.51　氯离子标准溶液[$c(NaCl)=0.05\ mol/L$]

称取 2.922 2 g 已于 105 ℃～110 ℃烘过 2 h 的氯化钠（NaCl，基准试剂或光谱纯），精确至 0.000 1 g，置于 200 mL 烧杯中，加水溶解后，移入 1 000 mL 容量瓶中，用水稀释至标线，摇匀。

5.52　硝酸银标准滴定溶液[$c(AgNO_3)=0.05\ mol/L$]

5.52.1　硝酸银标准滴定溶液的配制

称取 4.25 g 硝酸银（$AgNO_3$），加水溶解后，移入 500 mL 容量瓶中，用水稀释至标线，摇匀，贮存于棕色瓶中，避光保存。

5.52.2　硝酸银标准滴定溶液浓度的标定

吸取 5.00 mL 氯离子标准溶液（见 5.51）放入 200 mL 烧杯中，加入 5 mL 硝酸（1+1），用水稀释至 150 mL，放入一根磁力搅拌棒。把烧杯放在磁力搅拌器（见 6.11）上，用氯离子电位滴定装置（见 6.13）测量溶液的电位，在溶液中插入氯离子选择电极和饱和氯化钾甘汞电极，开始搅拌。用硝酸银标准滴定溶液逐渐滴定，化学计量点前后，每次滴加 0.10 mL 硝酸银标准滴定溶液，记录滴定管读数和对应的毫伏计读数。计量点前，毫伏计读数变化越来越大；过计量点后，每滴加一次溶液，变化又将减小。继续滴定至毫伏计读数变化不大时为止。用二次微商法计算或氯离子电位滴定装置（见 6.13）计算出消耗的硝酸银标准滴定溶液的体积（V_9）。

二次微商法的计算参见附录 A。计算各次加入标准滴定溶液之间毫伏读数差，并把该数值填入附录表格的第 3 列中。再进一步计算第 3 列相邻数值之差，并把结果填入第 4 列中。滴定的计量点位于第 3 列中最大 ΔmV 间隔之内。精确的计量点由第 4 列中的数据，用内插法求得硝酸银标准滴定溶液的体积（V_9）。

硝酸银标准滴定溶液浓度按式（14）计算：

$$c(AgNO_3)=\frac{0.05\times 5.00}{V_9}=\frac{0.25}{V_9} \qquad \cdots\cdots(14)$$

式中：

$c(AgNO_3)$——硝酸银标准滴定溶液的浓度，单位为摩尔每升（mol/L）；

V_9——滴定时消耗硝酸银标准滴定溶液的体积，单位为毫升（mL）；

0.05——氯化钠标准溶液的浓度，单位为摩尔每升（mol/L）；

5.00——加入氯化钠标准溶液的体积，单位为毫升（mL）。

5.52.3　硝酸银标准滴定溶液对氯离子的滴定度的计算

硝酸银标准滴定溶液对氯离子的滴定度按式（15）计算：

$$T_{Cl^-}=c(AgNO_3)\times 35.45 \qquad \cdots\cdots(15)$$

式中：

T_{Cl^-}——硝酸银标准滴定溶液对氯离子的滴定度，单位为毫克每毫升（mg/mL）；

$c(AgNO_3)$——硝酸银标准滴定溶液的浓度，单位为摩尔每升（mol/L）；

35.45——Cl 的摩尔质量，单位为克每摩尔（g/mol）。

5.53　氢氧化钾-乙醇标准滴定溶液[$c(KOH)=0.1\ mol/L$]

5.53.1　氢氧化钾-乙醇标准滴定溶液的配制

称取 6.3 g 氢氧化钾（KOH）溶于 20 mL 水中，加入 100 mL 乙醇胺（见 5.11）、在不断搅拌下缓慢加入 1 000 mL 无水乙醇(见 5.10),然后加入 15 mL 百里香酚酞指示剂溶液(见 5.63),摇匀,贮存于塑料瓶中。

5.53.2 氢氧化钾-乙醇标准滴定溶液浓度的标定

标定前,将一个空的反应瓶连接到图 1 所示的仪器装置(见 6.17)上。启动抽气泵,控制气体流速约为 100 mL/min～150 mL/min,通气 20 min 以上,以除去系统中的二氧化碳,并用氢氧化钾-乙醇标准滴定溶液自动跟踪滴定(不计体积)。

称取 0.15 g(m_5)已于 105 ℃～110 ℃烘过 2 h 的碳酸钙($CaCO_3$,基准试剂),精确至 0.000 1 g,置于干燥的 100 mL 反应瓶中,将反应瓶连接到图 1 所示的仪器装置(见 6.17)上。启动抽气泵,调节气流量为 100 mL/min～150 mL/min,加入 15 mL 磷酸到分液漏斗 6 中,小心旋开分液漏斗活塞,使磷酸滴入反应瓶 5 中,并留少许磷酸在漏斗中起液封作用,关闭活塞。调节电压使电炉丝呈暗红色,慢慢低温加热使反应瓶中的液体至沸,并加热微沸 5 min,关闭电炉,并继续通气 15 min。加热和通气过程中,滴定池中的溶液蓝色开始褪色,用氢氧化钾-乙醇标准滴定溶液自动跟踪滴定至起始颜色为止(V_{10})。

氢氧化钾-乙醇标准滴定溶液的浓度按式(16)计算:

$$c(KOH)=\frac{m_5\times 1\,000}{(V_{10}-V_{010})\times 100.09}=\frac{m_5}{(V_{10}-V_{010})\times 0.100\,09} \quad \cdots\cdots(16)$$

式中:

$c(KOH)$——氢氧化钾-乙醇标准滴定溶液的浓度,单位为摩尔每升(mol/L);

V_{10}——滴定时消耗氢氧化钾-乙醇标准滴定溶液的体积,单位为毫升(mL);

V_{010}——空白试验消耗氢氧化钾-乙醇标准滴定溶液的体积,单位为毫升(mL);

m_5——称取碳酸钙的质量,单位为克(g);

100.09——$CaCO_3$ 的摩尔质量,单位为克每摩尔(g/mol)。

5.53.3 氢氧化钾-乙醇标准滴定溶液对二氧化碳的滴定度的计算

氢氧化钾-乙醇标准滴定溶液对二氧化碳的滴定度按式(17)计算:

$$T_{CO_2}=c(KOH)\times 44.01 \quad \cdots\cdots(17)$$

式中:

T_{CO_2}——氢氧化钾-乙醇标准滴定溶液对二氧化碳的滴定度,单位为毫克每毫升(mg/mL);

$c(KOH)$——氢氧化钾-乙醇标准滴定溶液的浓度,单位为摩尔每升(mol/L);

44.01——CO_2 的摩尔质量,单位为克每摩尔(g/mol)。

5.54 EDTA-铜溶液

按 EDTA 标准滴定溶液(见 5.45)与硫酸铜标准滴定溶液的体积比(见 5.46.2),准确配制成等物质量浓度的混合溶液。

5.55 钙黄绿素-甲基百里香酚蓝-酚酞混合指示剂(简称 CMP 混合指示剂)

将 1.000 g 钙黄绿素、1.000 g 甲基百里香酚蓝、0.200 g 酚酞与 50 g 已在 105 ℃～110 ℃烘干过的硝酸钾(KNO_3)混合研细,保存在磨口瓶中。

5.56 酸性铬蓝 K-萘酚绿 B 混合指示剂(简称 KB 混合指示剂)

将 1.000 g 酸性铬蓝 K、2.500 g 萘酚绿 B 与 50 g 已在 105 ℃～110 ℃烘干过的硝酸钾(KNO_3)混合研细,保存在磨口瓶中。

滴定终点颜色不正确时,可调节酸性铬蓝 K 与萘酚绿 B 的配制比例,并通过国家标准样品/标准物质进行对比确认。

5.57　酚酞指示剂溶液(10 g/L)

将 1 g 酚酞溶于 100 mL 乙醇(见 5.10)中。

5.58　磺基水杨酸钠指示剂溶液(10 g/L)

将 10 g 磺基水杨酸钠($C_7H_5O_6SNa \cdot 2H_2O$)溶于水中,加水稀释至 100 mL。

5.59　1-(2-吡啶偶氮)-2 萘酚指示剂溶液(简称 PAN 指示剂溶液)(2 g/L)

将 0.2 g 1-(2-吡啶偶氮)-2 萘酚溶于 100 mL 乙醇(见 5.10)中。

5.60　甲基红指示剂溶液(2 g/L)

将 0.2 g 甲基红溶于 100 mL 乙醇(见 5.10)中。

5.61　溴酚蓝指示剂溶液(2 g/L)

将 0.2 g 溴酚蓝溶于 100 mL 乙醇(1+4)中。

5.62　对硝基酚指示剂溶液(2 g/L)

将 0.2 g 对硝基酚溶于 100 mL 水中。

5.63　百里香酚酞指示剂溶液(2 g/L)

将 0.2 g 百里香酚酞溶于 100 mL 乙醇(见 5.10)中。

5.64　硫酸铜溶液(200 g/L)

将 20 g 硫酸铜($CuSO_4 \cdot 5H_2O$)溶于 100 mL 水中。

5.65　硫酸铜饱和溶液

将硫酸铜($CuSO_4 \cdot 5H_2O$)溶于水中,搅拌至饱和。

5.66　硫化氢吸收剂

将称量过的、粒度在 1 mm～2.5 mm 的干燥浮石放在一个平盘内,然后用一定体积的硫酸铜饱和溶液(见 5.65)浸泡,硫酸铜溶液的质量约为浮石质量的一半。把混合物放在 150 ℃的干燥箱(见 6.7)内,在玻璃棒经常搅拌下,蒸发混合物至干,烘干 5 h 以上,将固体混合物冷却后,贮存于密封瓶内。

5.67　碱石棉

粒度 1 mm～2 mm(10 目～20 目),化学纯,密封保存。

5.68　钠石灰

粒度 2 mm～5 mm,医药用或化学纯,密封保存。

5.69　变色硅胶

在 105 ℃～110 ℃烘干至蓝色。

5.70 滤纸浆

将定量滤纸撕成小块，放入烧杯中，加水浸没，加热煮沸并微沸 10 min 以上，冷却后放入广口瓶中备用。

6 仪器与设备

6.1 天平

精确至 0.000 1 g。

6.2 瓷坩埚

带盖，容量 18 mL～25 mL。

6.3 铂坩埚

带盖，容量 25 mL～30 mL。

6.4 银坩埚

带盖，容量 30 mL。

6.5 镍坩埚

带盖，容量 50 mL。

6.6 干燥器

内装变色硅胶。

6.7 干燥箱

可控制 105 ℃～110 ℃、150 ℃温度。

6.8 高温炉

隔焰加热炉，在炉膛外围进行电阻加热。应使用温度控制器，准确控制炉温，并定期进行计量。可控制 650 ℃～700 ℃、800 ℃、950 ℃～1 000 ℃温度。

6.9 滤纸

快速、中速、慢速三种型号的定量滤纸。

6.10 玻璃容量器皿

滴定管、容量瓶、移液管。

6.11 磁力搅拌器

具有调速和加热功能，带有包着惰性材料的搅拌棒，例如聚四氟乙烯材料。

6.12 分光光度计

可在波长 400 nm～800 nm 范围内测定溶液的吸光度，带有 10 mm、20 mm 比色皿。

6.13 氯离子电位滴定装置

精度为 2 mV，可连接氯离子选择电极和饱和氯化钾甘汞电极。

6.14 酸度计

测量 pH 值范围 0～14，精度 pH 为 0.02，需通过至少两个不同的标准溶液校准的通用酸度计。

6.15 库仑积分测硫仪

由管式高温炉、电解池、磁力搅拌器和库仑积分器组成。

6.16 瓷舟

长 70 mm～80 mm，可耐温 1 200 ℃。

6.17 二氧化碳测定装置(自动光电滴定法)

仪器装置示意图如图 1 所示。安装一个适宜的抽气泵和一个玻璃转子流量计，以保证气体通过装置均匀流动。

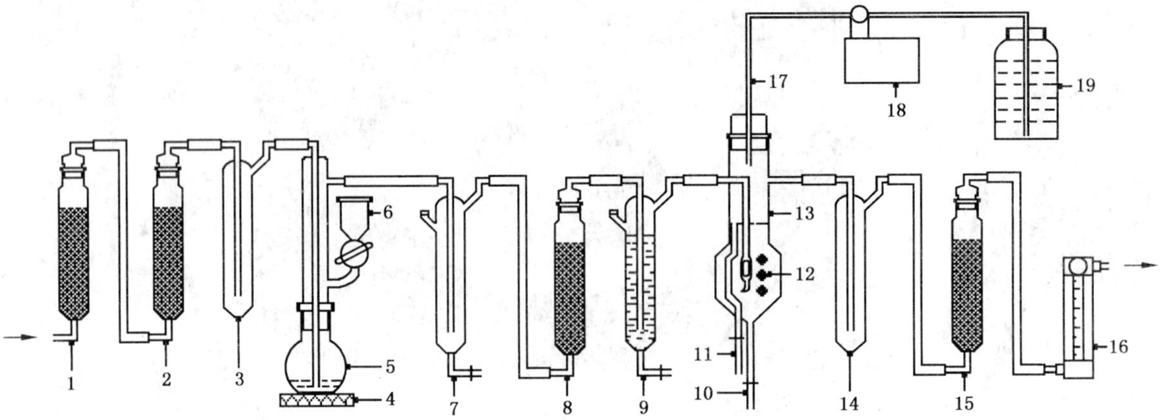

说明：

1、2 ——洗气瓶，内装钠石灰(见 5.68)或碱石棉(见 5.67)；
3、7、14——空瓶；
4 ——电炉；
5 ——反应瓶：100 mL；
6 ——带分液漏斗的冷凝管；
8 ——洗气瓶，内装硫化氢吸收剂(见 5.66)；
9 ——洗气瓶，内装硫酸铜溶液(200 g/L)；
10 ——废液管；
11——排液管；
12——光敏元件；
13——滴定池；
15——洗气瓶，内装变色硅胶(见 5.69)；
16——气体流量计；
17——滴定管；
18——自动滴定、数据处理、液晶显示器；
19——试剂瓶，内装氢氧化钾-乙醇标准滴定溶液(见 5.53)。

图 1 自动光电滴定法-二氧化碳测定装置示意图

进入装置的气体先通过含钠石灰(见 5.68)或碱石棉(见 5.67)的洗气瓶 1 和 2，气体中的二氧化碳被除去。反应瓶 5 上部与带分液漏斗的冷凝管 6 相连接。

气体通过洗气瓶 8 和 9，洗气瓶 8 内装硫化氢吸收剂(见 5.66)，洗气瓶 9 内装硫酸铜溶液(见 5.64)，气体中的硫化氢被除去，最后二氧化碳气体进入滴定池 13。

6.18 恒温水浴

可恒温 50 ℃±5 ℃。

7 试样的制备

试样应具有代表性和均匀性，按 GB/T 2007.1 方法取样。采用四分法或缩分器将试样缩分至约 100 g，石灰石、生石灰、粉状熟石灰经 150 μm 方孔筛筛析，将筛余物经过研磨后使其全部通过孔径为 150 μm 方孔筛，充分混匀，装入试样瓶中，密封保存。

石灰石试样分析前在 105 ℃～110 ℃干燥箱(见 6.7)中干燥 2 h，盖好试样瓶盖子，放入干燥器(见 6.6)中冷却至室温，供测定用。

制备生石灰、熟石灰试样时，应尽可能快速地进行试样制备的全过程，密封保存试样，以防止吸潮。分析生石灰、熟石灰试样前，不用进行试样的干燥。

8 烧失量的测定——灼烧差减法

8.1 方法提要

试样在 950 ℃～1 000 ℃的高温炉中灼烧，驱除二氧化碳和水分，灼烧所失去的质量即为烧失量。

8.2 分析步骤

称取约 1 g 试样(m_6)，精确至 0.000 1 g，置于已灼烧恒量的瓷坩埚中，将盖斜置于坩埚上，放在高温炉(见 6.8)内，从低温开始逐渐升高温度，在 950 ℃～1 000 ℃下灼烧 1 h 或达到恒量，取出坩埚置于干燥器(见 6.6)中，冷却至室温，称量(m_7)。

8.3 结果的计算与表示

烧失量的质量分数 w_{LOI}按式(18)计算：

$$w_{LOI}=\frac{m_6-m_7}{m_6}\times 100 \qquad \cdots\cdots(18)$$

式中：

w_{LOI}——烧失量的质量分数，%；

m_7 ——灼烧后试料的质量，单位为克(g)；

m_6 ——试料的质量，单位为克(g)。

9 二氧化硅的测定——氯化铵重量法(基准法)

称取约 0.6 g 试样(m_8)，分析步骤按 GB/T 176—2008 第 11 章进行。所得溶液 A 供测定三氧化二铁(见 10.2 或 26.2)、三氧化二铝(见 11.2、28.2 或 29.2)、氧化钙(见 12)、氧化镁(见 31.2)、二氧化钛(见 14)。

10 三氧化二铁的测定——邻菲罗啉分光光度法(基准法)

10.1 方法提要

在酸性溶液中，加入抗坏血酸溶液，使三价铁离子还原为二价铁离子，与邻菲罗啉生成红色配合物，于波长 510 nm 处测定溶液的吸光度。

10.2 分析步骤

称取约 0.6 g 试样(m_9),精确至 0.000 1 g,置于银坩埚中,加入 6 g～7 g 氢氧化钠(见 5.19),盖上坩埚盖(留有缝隙),放入高温炉(见 6.8)中,从低温升起,在 650 ℃～700 ℃的高温下熔融 20 min,期间取出摇动 1 次。取出冷却,将坩埚放入已盛有约 100 mL 沸水的 300 mL 烧杯中,盖上表面皿,在电炉上适当加热,待熔块完全浸出后,取出坩埚,用水冲洗坩埚和盖。在搅拌下一次加入 25 mL～30 mL 盐酸,再加入 1 mL 硝酸,用热盐酸(1+5)洗净坩埚和盖。将溶液加热煮沸,冷却至室温后,移入 250 mL 容量瓶中,用水稀释至标线,摇匀。此溶液 B 供测定三氧化二铁(见 10.2 或 26.2)、三氧化二铝(见 11.2、28.2 或 29.2)、氧化钙(见 30.2)、氧化镁(见 31.2)和二氧化钛(见 14)用。

从第 9 章溶液 A 或 10.2 溶液 B 中吸取 10.00 mL 溶液放入 100 mL 容量瓶中(试样溶液的分取量视三氧化二铁的含量而定),加水稀释至约 40 mL。加入 5 mL 抗坏血酸溶液(见 5.24),放置 5 min,然后再加入 5 mL 邻菲罗啉溶液(见 5.34)、10 mL 乙酸铵溶液(见 5.35),用水稀释至标线,摇匀。放置 30 min 后,用分光光度计(见 6.12)、10 mm 比色皿,以水作参比,于波长 510 nm 处测定溶液的吸光度。在工作曲线(见 5.43.2)上查出三氧化二铁的含量(m_{11})。

当吸取溶液大于 10.00 mL 时,应按以下步骤调节溶液的酸度。加入 1～2 滴对硝基酚指示剂溶液(见 5.62),滴加氨水(1+1)至溶液呈黄色,再滴加盐酸(1+1)至无色,并过量 1～2 滴盐酸(1+1)。

10.3 结果的计算与表示

三氧化二铁的质量分数 $w_{Fe_2O_3}$ 按式(19)计算:

$$w_{Fe_2O_3}=\frac{m_{11}\times 25}{m_{10}\times 1\,000}\times 100=\frac{m_{11}\times 2.5}{m_{10}} \qquad (19)$$

式中:

$w_{Fe_2O_3}$——三氧化二铁的质量分数,%;

m_{11} ——扣除空白试验值后 100 mL 测定溶液中三氧化二铁的含量,单位为毫克(mg);

m_{10} ——第 9 章(m_8)或 10.2(m_9)中试料的质量,单位为克(g);

25 ——全部试样溶液与所分取试样溶液的体积比。

11 三氧化二铝的测定——EDTA 直接滴定铁铝合量(基准法)

11.1 方法提要

将分取的试样溶液调节 pH 值至 3.0,用铵盐抑制金属离子的水解,在煮沸下以 EDTA-铜和 PAN 为指示剂,用 EDTA 标准滴定溶液滴定铁、铝合量,扣除三氧化二铁的含量。

11.2 分析步骤

从第 9 章溶液 A 或 10.2 溶液 B 中吸取 50.00 mL 溶液放入 300 mL 烧杯中,加水稀释至约 150 mL,加入 25 mL 乙酸铵溶液(见 5.36),加入 1～2 滴溴酚蓝指示剂溶液(见 5.61),滴加乙酸铵溶液(见 5.36)至溶液出现蓝紫色,再滴加盐酸(1+1)至黄色。加入 15 mL pH3.0 的缓冲溶液(见 5.25),加热至微沸并保持 1 min,加入 10 滴 EDTA-铜溶液(见 5.54)及 2～3 滴 PAN 指示剂溶液(见 5.59),用 EDTA 标准滴定溶液(见 5.45)滴定至红色消失。继续煮沸,滴定,直至溶液经煮沸后红色不再出现呈稳定的亮黄色为止(V_{11})。

11.3 结果的计算与表示

三氧化二铝的质量分数 $w_{Al_2O_3}$ 按式(20)计算：

$$w_{Al_2O_3} = \frac{T_{Al_2O_3} \times (V_{11} - V_{011}) \times 5}{m_{10} \times 1\ 000} \times 100 - 0.64 \times w_{Fe_2O_3}$$
$$= \frac{T_{Al_2O_3} \times (V_{11} - V_{011}) \times 0.5}{m_{10}} - 0.64 \times w_{Fe_2O_3} \quad \cdots\cdots\cdots\cdots (20)$$

式中：

$w_{Al_2O_3}$——三氧化二铝的质量分数，%；

$T_{Al_2O_3}$——EDTA标准滴定溶液对三氧化二铝的滴定度，单位为毫克每毫升(mg/mL)；

V_{11}——滴定时消耗EDTA标准滴定溶液的体积，单位为毫升(mL)；

V_{011}——空白试验滴定时消耗EDTA标准滴定溶液的体积，单位为毫升(mL)；

m_{10}——第9章(m_8)或10.2(m_9)中试料的质量，单位为克(g)；

$w_{Fe_2O_3}$——测得的三氧化二铁的质量分数，%；

0.64——三氧化二铁对三氧化二铝的换算系数；

5——全部试样溶液与所分取试样溶液的体积比。

12 氧化钙的测定——EDTA滴定法(基准法)

从第9章溶液A中吸取25.00 mL溶液，分析步骤按GB/T 176—2008第14章进行。

13 氧化镁的测定——原子吸收光谱法(基准法)

分析步骤按GB/T 176—2008第15章进行。

14 二氧化钛的测定——二安替比林甲烷分光光度法

从第9章溶液A或10.2溶液B中吸取25.00 mL溶液，分析步骤按GB/T 176—2008第16章进行。

15 氧化钾和氧化钠的测定——火焰光度法(基准法)

分析步骤按GB/T 176—2008第17章进行。

16 全硫的测定——硫酸钡重量法(基准法)

16.1 方法提要

在酸性溶液中，用氯化钡溶液沉淀硫酸盐，经过灼烧后，以硫酸钡形式称量。测定结果以三氧化硫计。

16.2 分析步骤

称取约0.5 g试样(m_{12})，精确至0.000 1 g，置于镍坩埚中，加入6 g～7 g氢氧化钾(见5.20)，盖上坩埚盖(留有缝隙),放在电炉上加热熔融 20 min～30 min,期间摇动 1～2 次。取下冷却,放入盛有 100 mL 热水的 300 mL 烧杯中,待熔体全部浸出后,用热水洗净坩埚和盖,加入 10 mL～15 mL 盐酸溶解,加入 2～3 滴甲基红溶液(见 5.60)测定时显酸性,加热至沸。加入少许滤纸浆(见 5.70),用氨水(1+1)调至溶液呈黄色并过量 1～2 滴(产生氢氧化物沉淀),用中速滤纸过滤,用热水洗涤 5～6 次,滤液及洗液收集于 400 mL 烧杯中。加入 5 mL 盐酸(1+1),加水稀释至约 250 mL,玻璃棒底部压一小片定量滤纸,盖上表面皿,加热煮沸,在微沸下从杯口缓慢逐滴加入 10 mL 热的氯化钡溶液(见 5.22),继续微沸数分钟至沉淀良好的形成,然后在常温下静置 12 h～24 h 或温热处静置至少 4 h,此时溶液体积应保持在约 200 mL。用慢速定量滤纸过滤,以温水洗涤,用胶头擦棒和一小片定量滤纸擦洗烧杯及玻璃棒,洗涤至检验无氯离子为止(见 4.6)。

将沉淀及滤纸一并移入已灼烧恒量的瓷坩埚中,灰化完全后,放入 800 ℃～950 ℃的高温炉(见 6.8)内灼烧 30 min,取出坩埚置于干燥器(见 6.6)中冷却至室温,称量。反复灼烧,直至恒量(m_{13})。

16.3 结果的计算与表示

试样中三氧化硫的质量分数 w_{SO_3} 按式(21)计算:

$$w_{SO_3}=\frac{(m_{13}-m_{013})\times 0.343}{m_{12}}\times 100 \qquad (21)$$

式中:

w_{SO_3} ——三氧化硫的质量分数,%;

m_{13} ——灼烧后沉淀的质量,单位为克(g);

m_{013} ——空白试验灼烧后沉淀的质量,单位为克(g);

m_{12} ——试料的质量,单位为克(g);

0.343——硫酸钡对三氧化硫的换算系数。

17 氯离子的测定——硫氰酸铵容量法(基准法)

分析步骤按 GB/T 176—2008 第 18 章进行。

18 一氧化锰的测定——高碘酸钾氧化分光光度法(基准法)

分析步骤按 GB/T 176—2008 第 20 章进行。

19 五氧化二磷的测定——磷钼蓝分光光度法

分析步骤按 GB/T 176—2008 第 21 章进行。

20 二氧化碳的测定——碱石棉吸收重量法(基准法)

称取约 0.3 g 试样,精确至 0.000 1 g,其他分析步骤按 GB/T 176—2008 第 22 章进行。并用碳酸钙($CaCO_3$,基准试剂)进行校正。

校正方法:称取约 0.3 g 已于 105 ℃～110 ℃烘过 2 h 的碳酸钙($CaCO_3$,基准试剂),精确至 0.000 1 g,按 GB/T 176—2008 第 22 章测定二氧化碳的质量分数。校准系数等于碳酸钙中二氧化碳的质量分数(43.97%)与碳酸钙中二氧化碳的实测值之比。测定结果乘以该校正系数。

21 生石灰 A(CaO+MgO)含量的测定——盐酸滴定法

21.1 方法提要

本方法基于将 CaO 与 MgO 水化成氢氧化物,用盐酸标准溶液滴定。

21.2 分析步骤

称取约 0.5 g 试样(m_{14}),准确至 0.000 1 g;置于 500 mL 的干锥形瓶中,加入 200 mL 无二氧化碳的水,摇动锥形瓶使试样分散,盖上表面皿,加热煮沸并微沸 5 min,冷却后用蒸馏水冲洗表面皿,加入 6～7 滴酚酞指示剂溶液(见 5.57),然后用盐酸标准滴定溶液(见 5.50)缓慢滴定,并不断摇动锥形瓶,直到溶液粉红色消失,加入最后一滴盐酸标准溶液后,5 min 内不再出现粉红色为止(V_{12})。

21.3 结果计算

以 CaO 表示 A(CaO+MgO)质量分数按式(22)计算:

$$A(CaO+MgO)=\frac{T_{CaO}\times V_{12}}{m_{14}\times 1\ 000}\times 100=\frac{T_{CaO}\times V_{12}\times 0.1}{m_{14}} \quad\cdots\cdots(22)$$

式中:

A(CaO+MgO)——(CaO+MgO)的质量分数,%;

T_{CaO} ——盐酸标准滴定溶液对氧化钙的滴定度,单位为毫克每毫升(mg/mL);

V_{12} ——滴定时消耗盐酸标准滴定溶液的体积,单位为毫升(mL);

m_{14} ——试料质量,单位为克(g)。

22 有效钙的测定——蔗糖钙-盐酸滴定法

22.1 方法提要

用水将试样消化并分散,通过与蔗糖反应,石灰被溶解并形成蔗糖钙,然后以酚酞为指示剂,用盐酸标准滴定溶液滴定蔗糖钙。

22.2 分析步骤

22.2.1 用于生石灰的分析步骤

22.2.1.1 试样的分散

称取约 1 g 试样(m_{15}),精确至 0.000 1 g,置于 250 mL 的干锥形瓶中,快速加入 20 mL 无二氧化碳的水,迅速盖上瓶塞,摇动锥形瓶使试样分散,打开瓶塞,加入 25 mL 沸水,摇动,迅速地加热煮沸 1 min,取下锥形瓶,较松地盖上瓶塞,放在冷水浴中冷却至室温。

22.2.1.2 蔗糖钙的生成和滴定

加入 50 mL 蔗糖溶液(见 5.41),盖上瓶塞,摇动,静置 15 min,在此期间每 5 min 摇动一次,取下瓶塞,用不含二氧化碳的水冲洗瓶塞和瓶壁。加入 6～7 滴酚酞指示剂溶液(见 5.57),用盐酸标准滴定溶液(见 5.50)滴定,近终点时以约每秒钟加入 1 滴的滴定速度,并不断摇动锥形瓶,直到溶液粉红色消失,加入最后一滴盐酸标准溶液后,30 s 内不再出现粉红色为止(V_{13})。

22.2.2 用于熟石灰的分析步骤

称取约 1 g 试样(m_{16}),精确至 0.000 1 g,置于 250 mL 的干锥形瓶中,迅速加入 50 mL 无二氧化碳的水,摇动锥形瓶使试样分散。

以下分析步骤按 22.2.1.2 进行(V_{14})。

22.3 结果的计算与表示

有效氧化钙或有效氢氧化钙的质量分数 $w_{有效CaO}$ 和 $w_{有效Ca(OH)_2}$ 按式(23)或式(24)计算:

$$w_{有效CaO}=\frac{T_{CaO}\times V_{13}}{m_{17}\times 1\,000}\times 100=\frac{T_{CaO}\times V_{13}\times 0.1}{m_{17}} \quad\cdots\cdots(23)$$

$$w_{有效Ca(OH)_2}=\frac{T_{Ca(OH)_2}\times V_{13}}{m_{17}\times 1\,000}\times 100=\frac{T_{Ca(OH)_2}\times V_{13}\times 0.1}{m_{17}} \quad\cdots\cdots(24)$$

式中:

$w_{有效CaO}$ ——有效氧化钙的质量分数,%;

$w_{有效Ca(OH)_2}$——有效氢氧化钙的质量分数,%;

T_{CaO} ——盐酸标准滴定溶液对氧化钙的滴定度,单位为毫克每毫升(mg/mL);

$T_{Ca(OH)_2}$ ——盐酸标准滴定溶液对氢氧化钙的滴定度,单位为毫克每毫升(mg/mL);

V_{13} ——按 22.2.1 或 22.2.2 滴定时消耗盐酸标准滴定溶液的体积,单位为毫升(mL);

m_{17} ——22.2.1(m_{15})或 22.2.2(m_{16})试料的质量,单位为克(g)。

23 石灰石碳酸钙滴定值的测定——盐酸返滴定法

23.1 方法提要

试样用已知量的盐酸加热分解,过量的酸用氢氧化钠返滴定,测定结果以碳酸钙计。

23.2 分析步骤

称取约 0.5 g 试样(m_{18}),精确至 0.000 1 g,置于 250 mL 锥形瓶中,用少量水冲洗瓶壁使试料润湿,从滴定管中缓慢加入 25.00 mL 盐酸标准溶液(见 5.49)(V_{16}),摇动锥形瓶,盖上表面皿,加热煮沸并微沸 2 min,冷却后用水冲洗表面皿和瓶壁,加入 6~7 滴酚酞指示剂溶液(见 5.57),用氢氧化钠标准滴定溶液(见 5.48)滴定至微红色(V_{17})。

23.3 结果的计算与表示

碳酸钙滴定值的质量分数 w_{CaCO_3} 按式(25)计算:

$$\begin{aligned}w_{CaCO_3}&=\frac{50.045\times[c(HCl)\times V_{16}-c(NaOH)\times V_{17}]}{m_{18}\times 1\,000}\times 100\\&=\frac{5.004\,5\times[c(HCl)\times V_{16}-c(NaOH)\times V_{17}]}{m_{18}}\end{aligned} \quad\cdots\cdots(25)$$

式中:

w_{CaCO_3} ——碳酸钙滴定值的质量分数,%;

$c(HCl)$ ——盐酸标准滴定溶液的浓度,单位为摩尔每升(mol/L);

$c(NaOH)$ ——氢氧化钠标准滴定溶液的浓度,单位为摩尔每升(mol/L);

V_{16} ——加入盐酸标准滴定溶液的体积,单位为毫升(mL);

V_{17} ——滴定时消耗氢氧化钠标准滴定溶液的体积,单位为毫升(mL);

m_{18} ——试料的质量,单位为克(g);

50.045 ——(1/2$CaCO_3$)的摩尔质量,单位为克每摩尔(g/mol)。

24 游离二氧化硅的测定——磷酸分解-氟硅酸钾容量法

24.1 方法提要

热的浓磷酸几乎能溶解所有硅酸盐矿物,但对石英(游离二氧化硅)的溶解度很小,利用此特性进行分离,然后以氢氧化钾熔融,用氟硅酸钾容量法进行测定。

24.2 分析步骤

称取约0.5 g试样(m_{19}),精确至0.000 1 g,置于200 mL~300 mL干燥的高型烧杯中,沿杯壁加入30 mL磷酸,摇动烧杯使试样完全分散,并用玻璃棒压碎块状物,反着盖上表面皿或无颈漏斗,然后在电炉上加热煮沸并微沸10 min。取下冷却至50 ℃~60 ℃,用水冲洗表面皿或无颈漏斗,再加入50 mL 70 ℃~80 ℃的热水,充分搅拌后加入10 mL氟硼酸,在50 ℃±5 ℃的恒温水浴(见6.18)中保温30 min(期间搅拌2次)。加入少许滤纸浆(见5.70),以慢速滤纸过滤,用胶头擦棒和一小片定量滤纸擦洗烧杯及玻璃棒,用热的硝酸铵溶液(见5.42)洗涤10~12次。

将沉淀连同滤纸一并移入镍坩埚或银坩埚中,将盖斜置于坩埚上,在电炉上干燥、灰化完全后,加入4 g~5 g氢氧化钾(见5.20),以下分析步骤按25.2进行(V_{18})。

24.3 结果的计算与表示

游离二氧化硅的质量分数wf_{SiO_2}按式(26)计算:

$$wf_{SiO_2}=\frac{T_{SiO_2}\times(V_{18}-V_{018})}{m_{19}\times1\,000}\times100=\frac{T_{SiO_2}\times(V_{18}-V_{018})\times0.1}{m_{19}} \quad\cdots\cdots(26)$$

式中:

wf_{SiO_2}——游离二氧化硅的质量分数,%;

T_{SiO_2} ——氢氧化钠标准滴定溶液对二氧化硅的滴定度,单位为毫克每毫升(mg/mL);

V_{18} ——滴定时消耗氢氧化钠标准滴定溶液的体积,单位为毫升(mL);

V_{018} ——空白试验消耗氢氧化钠标准滴定溶液的体积,单位为毫升(mL);

m_{19} ——试料的质量,单位为克(g)。

25 二氧化硅的测定——氟硅酸钾容量法(代用法)

25.1 方法提要

在有过量的氟、钾离子存在的强酸性溶液中,使硅酸形成氟硅酸钾(K_2SiF_6)沉淀。经过滤、洗涤及中和残余酸后,加入沸水使氟硅酸钾沉淀水解生成等物质的量的氢氟酸。然后以酚酞为指示剂,用氢氧化钠标准滴定溶液进行滴定。

25.2 分析步骤

称取约0.3 g试样(m_{20}),精确至0.000 1 g,置于镍坩埚或银坩埚中,加入4 g~5 g氢氧化钾(见5.20),盖上坩埚盖(留有缝隙),放在电炉上加热熔融20 min~30 min,期间摇动1~2次。取下冷却,用温水将熔块提取到300 mL塑料杯中,用硝酸(1+20)及温水洗净坩埚和盖(此时溶液的体积控制在50 mL左右),然后加入20 mL硝酸,冷却至30 ℃以下。加入10 mL氟化钾溶液(见5.32),加入氯化钾(见5.29),仔细搅拌至氯化钾充分饱和,并有少量氯化钾(约2 g)析出,在30 ℃以下放置15 min～20 min,期间搅拌1～2次。用中速滤纸过滤,先过滤溶液,固体氯化钾和沉淀留在杯底,溶液滤完后用氯化钾溶液(见5.30)洗涤塑料杯及沉淀3次,洗涤过程中使固体氯化钾溶解,洗涤液总量不超过25 mL。将滤纸连同沉淀取下,置于原塑料杯中,沿杯壁加入10 mL 30 ℃以下的氯化钾-乙醇溶液(见5.31)及1 mL酚酞指示剂溶液(见5.57),将滤纸展开,用氢氧化钠标准滴定溶液(见5.47)中和未洗尽的酸,仔细搅动、挤压滤纸并随之擦洗杯壁直至溶液呈红色(过滤、洗涤、中和残余酸的操作应迅速,以防止氟硅酸钾沉淀的水解)。向杯中加入约200 mL沸水(煮沸后用氢氧化钠溶液中和至酚酞呈微红色的沸水),用氢氧化钠标准滴定溶液(见5.47)滴定至微红色(V_{19})。

25.3 结果的计算与表示

二氧化硅的质量分数 w_{SiO_2} 按式(27)计算:

$$w_{SiO_2}=\frac{T_{SiO_2}\times(V_{19}-V_{019})}{m_{20}\times 1\ 000}\times 100=\frac{T_{SiO_2}\times(V_{19}-V_{019})\times 0.1}{m_{20}} \quad\cdots\cdots(27)$$

式中:

w_{SiO_2}——二氧化硅的质量分数,%;

T_{SiO_2}——氢氧化钠标准滴定溶液对二氧化硅的滴定度,单位为毫克每毫升(mg/mL);

V_{19}——滴定时消耗氢氧化钠标准滴定溶液的体积,单位为毫升(mL);

V_{019}——空白试验消耗氢氧化钠标准滴定溶液的体积,单位为毫升(mL);

m_{20}——试料的质量,单位为克(g)。

26 三氧化二铁的测定——EDTA直接滴定法(代用法)

26.1 方法提要

在pH1.8～2.0、温度为60 ℃～70 ℃的溶液中,以磺基水杨酸钠为指示剂,用EDTA标准滴定溶液滴定。

26.2 分析步骤

从第9章溶液A或10.2溶液B中吸取50.00 mL溶液放入300 mL烧杯中,加水稀释至约100 mL,用氨水(1+1)和盐酸(1+1)调节溶液的pH值到1.8～2.0之间(用精密pH试纸检验或酸度计)。将溶液加热至70 ℃,加入10滴磺基水杨酸钠指示剂溶液(见5.58),用EDTA标准滴定溶液(见5.45)缓慢地滴定至无色或亮黄色(终点时溶液温度应不低于60 ℃,终点前溶液降至近60 ℃时,须再加热至65 ℃～70 ℃)(V_{20})。保留此溶液供测定三氧化二铝(见28.2或29.2)用。

26.3 结果的计算与表示

三氧化二铁的质量分数 $w_{Fe_2O_3}$ 按式(28)计算:

$$w_{Fe_2O_3}=\frac{T_{Fe_2O_3}\times(V_{20}-V_{020})\times 5}{m_{10}\times 1\ 000}\times 100=\frac{T_{Fe_2O_3}\times(V_{20}-V_{020})\times 0.5}{m_{10}} \quad\cdots\cdots(28)$$

式中:

$w_{Fe_2O_3}$——三氧化二铁质量分数,%;

$T_{Fe_2O_3}$——EDTA标准滴定溶液对三氧化二铁的滴定度,单位为毫克每毫升(mg/mL);

V_{20}——滴定时消耗EDTA标准滴定溶液的体积,单位为毫升(mL);

V_{020}——空白试验消耗EDTA标准滴定溶液的体积,单位为毫升(mL);

m_{10} ——第 9 章(m_8)或 10.2(m_9)中试料的质量,单位为克(g);

5 ——全部试样溶液与所分取试样溶液的体积比。

27 三氧化二铁的测定——原子吸收光谱法(代用法)

分析步骤按 GB/T 176—2008 第 25 章进行。

28 三氧化二铝的测定——直接滴定法(代用法)

28.1 方法提要

于滴定铁后的溶液中,调节 pH 值至 3.0,在煮沸下以 EDTA-铜和 PAN 为指示剂,用 EDTA 标准滴定溶液滴定。

28.2 分析步骤

将 26.2 中测完铁的溶液加水稀释至约 200 mL,加入 1～2 滴溴酚蓝指示剂溶液(见 5.61),滴加氨水(1+1)至溶液出现蓝紫色,再滴加盐酸(1+1)至黄色。加入 15 mL pH3.0 的缓冲溶液(见 5.25),加热煮沸并保持微沸 1 min,加入 10 滴 EDTA-铜溶液(见 5.54)及 2～3 滴 PAN 指示剂溶液(见 5.59),用 EDTA 标准滴定溶液(见 5.45)滴定至红色消失。继续煮沸,滴定,直至溶液经煮沸后红色不再出现呈稳定的亮黄色为止(V_{21})。

28.3 结果表示

三氧化二铝的质量分数 $w_{Al_2O_3}$ 按式(29)计算:

$$w_{Al_2O_3}=\frac{T_{Al_2O_3}\times(V_{21}-V_{021})\times 5}{m_{10}\times 1\ 000}\times 100=\frac{T_{Al_2O_3}\times(V_{21}-V_{021})\times 0.5}{m_{10}} \qquad \cdots\cdots(29)$$

式中:

$w_{Al_2O_3}$——三氧化二铝的质量分数,%;

$T_{Al_2O_3}$——EDTA 标准滴定溶液对三氧化二铝的滴定度,单位为毫克每毫升(mg/mL);

V_{21} ——滴定时消耗 EDTA 标准滴定溶液的体积,单位为毫升(mL);

V_{021} ——空白试验消耗 EDTA 标准滴定溶液的体积,单位为毫升(mL);

m_{10} ——第 9 章(m_8)或 10.2(m_9)中试料的质量,单位为克(g);

5 ——全部试样溶液与所分取试样溶液的体积比。

29 三氧化二铝的测定——硫酸铜返滴定法(代用法)

29.1 方法提要

在滴定铁后的溶液中,加入对铝、钛过量的 EDTA 标准滴定溶液,控制溶液 pH3.8～4.0,以 PAN 为指示剂,用硫酸铜标准滴定溶液返滴定过量的 EDTA。

本法只适用于一氧化锰含量在 0.5%以下的试样。

29.2 分析步骤

往 26.2 中测完铁的溶液中加入 EDTA 标准滴定溶液(见 5.45)至过量 10.00 mL～15.00 mL(对铝、钛合量而言)(V_{22}),加水稀释至 150 mL～200 mL。将溶液加热至 70 ℃～80 ℃后,在搅拌下用氨水

(1+1)调节溶液的 pH 值在 3.0～3.5 之间(用精密 pH 试纸检验),加入 15 mL pH4.3 的缓冲溶液(见 5.26),加热煮沸并保持微沸 1 min～2 min,取下稍冷,加入 4～5 滴 PAN 指示剂溶液(见 5.59),用硫酸铜标准滴定溶液(见 5.46)滴定至亮紫色(V_{23})。

29.3 结果的计算与表示

三氧化二铝的质量分数 $w_{Al_2O_3}$ 按式(30)计算:

$$w_{Al_2O_3}=\frac{T_{Al_2O_3}\times(V_{22}-K_1\times V_{23})\times 5}{m_{10}\times 1\,000}\times 100-0.64w_{TiO_2}=\frac{T_{Al_2O_3}\times(V_{22}-K_1\times V_{23})\times 0.5}{m_{10}}-0.64w_{TiO_2} \quad\cdots\cdots(30)$$

式中:

$w_{Al_2O_3}$——三氧化二铝的质量分数,%;

$T_{Al_2O_3}$——EDTA 标准滴定溶液对三氧化二铝的滴定度,单位为毫克每毫升(mg/mL);

V_{22} ——加入 EDTA 标准滴定溶液的体积,单位为毫升(mL);

V_{23} ——滴定时消耗硫酸铜标准滴定溶液的体积,单位为毫升(mL);

K_1 ——EDTA 标准滴定溶液与硫酸铜标准滴定溶液的体积比;

m_{10} ——第 9 章(m_8)或 10.2(m_9)中试料的质量,单位为克(g);

w_{TiO_2}——测得的二氧化钛的质量分数,%;

0.64 ——二氧化钛对三氧化二铝的换算系数;

5 ——全部试样溶液与所分取试样溶液的体积比。

30 氧化钙的测定——氢氧化钠熔样-EDTA 滴定法(代用法)

30.1 方法提要

在酸性溶液中加入适量的氟化钾,以抑制硅酸的干扰。然后在 pH13 以上的强碱性溶液中,以三乙醇胺为掩蔽剂,用钙黄绿素-甲基百里香酚蓝-酚酞混合指示剂,用 EDTA 标准滴定溶液滴定。

30.2 分析步骤

从 10.2 溶液 B 中吸取 25.00 mL 溶液放入 300 mL 烧杯中,加入 2 mL 氟化钾溶液(见 5.33)(氟化钾溶液的加入量视试样中二氧化硅含量而定),搅匀并放置 2 min 以上。然后加水稀释至约 200 mL。加入 5 mL 三乙醇胺溶液(1+2)及少许的 CMP 混合指示剂(见 5.55),在搅拌下加入氢氧化钾溶液(见 5.21)至出现绿色荧光后再过量 5 mL～8 mL,用 EDTA 标准滴定溶液(见 5.45)滴定至绿色荧光完全消失并呈现红色(V_{24})。

30.3 结果的计算与表示

氧化钙的质量分数 w_{CaO} 按式(31)计算:

$$w_{CaO}=\frac{T_{CaO}\times(V_{24}-V_{024})\times 10}{m_9\times 1\,000}\times 100=\frac{T_{CaO}\times(V_{24}-V_{024})}{m_9} \quad\cdots\cdots(31)$$

式中:

w_{CaO}——氧化钙的质量分数,%;

T_{CaO}——EDTA 标准滴定溶液对氧化钙的滴定度,单位为毫克每毫升(mg/mL);

V_{24} ——滴定时消耗 EDTA 标准滴定溶液的体积,单位为毫升(mL);

V_{024}——空白试验消耗 EDTA 标准滴定溶液的体积,单位为毫升(mL);

m_9 ——10.2 中试料的质量，单位为克(g)；
10 ——全部试样溶液与所分取试样溶液的体积比。

31 氧化镁的测定——EDTA 滴定差减法(代用法)

31.1 方法提要

在 pH10 的溶液中，以酒石酸钾钠、三乙醇胺为掩蔽剂，用酸性铬蓝 K-萘酚绿 B 混合指示剂，用 EDTA 标准滴定溶液滴定。

31.2 分析步骤

从第 9 章溶液 A 或 10.2 溶液 B 中吸取 25.00 mL 溶液放入 300 mL 烧杯中，加水稀释至约 200 mL，加入 1 mL 酒石酸钾钠溶液(见 5.28)，搅拌，然后加入 5 mL 三乙醇胺(1+2)，搅拌。加入 25 mL pH10 缓冲溶液(见 5.27)及少许的酸性铬蓝 K-萘酚绿 B 混合指示剂(见 5.56)，用 EDTA 标准滴定溶液(见 5.45)滴定，近终点时应缓慢滴定至纯蓝色(V_{26})。

31.3 结果的计算与表示

氧化镁的质量分数 w_{MgO} 按式(32)计算：

$$w_{MgO}=\frac{T_{MgO}\times[(V_{26}-V_{026})-(V_{25}-V_{025})]\times 10}{m_{10}\times 1\,000}\times 100$$
$$=\frac{T_{MgO}\times[(V_{26}-V_{026})-(V_{25}-V_{025})]}{m_{10}} \qquad (32)$$

式中：
w_{MgO}——氧化镁的质量分数，%；
T_{MgO}——EDTA 标准滴定溶液对氧化镁的滴定度，单位为毫克每毫升(mg/mL)；
V_{26} ——滴定钙、镁总量时消耗 EDTA 标准滴定溶液的体积，单位为毫升(mL)；
V_{026} ——滴定钙、镁总量时空白试验消耗 EDTA 标准滴定溶液的体积，单位为毫升(mL)；
V_{25} ——按 12 或 30.2 测定氧化钙时消耗 EDTA 标准滴定溶液的体积，单位为毫升(mL)；
V_{025} ——按 12 或 30.2 测定氧化钙时空白试验消耗 EDTA 标准滴定溶液的体积，单位为毫升(mL)；
m_{10} ——第 9 章(m_8)或 10.2(m_9)中试料的质量，单位为克(g)；
10 ——全部试样溶液与所分取试样溶液的体积比。

32 氧化钾和氧化钠的测定——原子吸收光谱法(代用法)

分析步骤按 GB/T 176—2008 第 34 章进行。

33 全硫的测定——库仑滴定法(代用法)

33.1 方法提要

在催化剂的作用下，试样于空气流中燃烧分解，试样中硫生成二氧化硫并被碘化钾溶液吸收，以电解碘化钾溶液所产生的碘进行滴定。

33.2 分析步骤

使用 6.15 库仑积分测硫仪，将管式高温炉升温并控制在 1 150 ℃。

开动供气泵和抽气泵并将抽气流量调节到约 1 000 mL/min。在抽气下，将约 300 mL 电解液（见 5.38）加入电解池内，开动电磁搅拌器。

调节电位平衡：在瓷舟中放入少量含一定硫的试样，并盖一薄层五氧化二矾（见 5.37），将舟置于一石英托盘上，送进炉内，库仑滴定随即开始。如果试验结束后库仑积分器的显示值为零，应再次测定直至显示值不为零为止。

称取约（0.05±0.01）g 试样（m_{21}），精确至 0.000 1 g，铺于瓷舟中，在试料上复盖一薄层五氧化二矾（见 5.37），将瓷舟置于石英托盘上，送进炉内，库仑滴定随即开始，试验结束后，库仑积分器显示出硫的毫克数（m_{22}）。并用有证标准样品/标准物质进行校正。

33.3 结果的计算与表示

三氧化硫的质量分数 w_{SO_3} 按式（33）计算：

$$w_{SO_3} = \frac{(m_{22} - m_{022}) \times 2.50}{m_{21} \times 1\,000} \times 100 = \frac{(m_{22} - m_{022}) \times 0.25}{m_{21}} \quad \cdots\cdots\cdots\cdots (33)$$

式中：

w_{SO_3}——三氧化硫的质量分数，%；

m_{22}——库仑积分器上显示的硫的质量，单位为毫克（mg）；

m_{022}——空白试验库仑积分器上显示的硫的质量，单位为毫克（mg）；

m_{21}——试料的质量，单位为克（g）；

2.50——硫对三氧化硫的换算系数。

34 氯离子的测定——磷酸蒸馏-汞盐滴定法（代用法）

分析步骤按 GB/T 176—2008 第 35 章进行。

35 氯离子的测定——（自动）电位滴定法（代用法）

35.1 方法提要

用电位滴定法，以氯电极作为指示电极，饱和氯化钾甘汞电极作为参比电极，以硝酸银为滴定剂，在滴定过程中，氯离子和银离子的浓度发生变化，指示电极的电位随着变化。在化学计量点前后，指示电极的电位急剧变化，用二次微商法计算或氯离子电位滴定装置自动计算出化学计量点。

35.2 分析步骤

称取约 5 g 试样（m_{23}），精确至 0.000 1 g，置于 200 mL 烧杯中，加入 50 mL 水，搅拌使试样分散，在搅拌下加入一定量的硝酸（1+1）（石灰石加入 20 mL、生石灰加入 30 mL、熟石灰加入 25 mL），用玻璃棒搅碎试样块，盖上表面皿，加热煮沸并微沸 1 min～2 min。加入少许滤纸浆（见 5.70），用快速滤纸过滤，滤液收集于 200 mL 烧杯中，用热水洗涤烧杯、玻璃棒和滤纸，直至滤液和洗液总体积达到约 150 mL，溶液冷却至 25 ℃以下。

吸取 5.00 mL 氯离子标准溶液（见 5.51）放入溶液中。把烧杯放在磁力搅拌器（见 6.11）上，放入一根磁力搅拌棒。用氯离子电位滴定装置（见 6.13）测量溶液的电位，在溶液中插入氯离子选择电极和饱和氯化钾甘汞电极，开始搅拌。用硝酸银标准滴定溶液（见 5.52）逐渐滴定，化学计量点前后，每次滴加 0.10 mL 硝酸银标准滴定溶液（见 5.52），记录滴定管读数和对应的毫伏计读数。计量点前，毫伏计读数变化越来越大；过计量点后，每滴加一次溶液，变化又将减小。继续滴定至毫伏计读数变化不大时为止。用二次微商法计算或氯离子电位滴定装置（见 6.13）计算出消耗的硝酸银标准滴定溶液（见

5.52)的体积(V_{27})。

二次微商法的计算参见附录A。计算各次加入标准滴定溶液之间毫伏读数差,并把该数值填入附录表格的第3列中。再进一步计算第3列相邻数值之差,并把结果填入第4列中。滴定的计量点位于第3列中最大 ΔmV 间隔之内。精确的计量点由第4列中的数据,用内插法求得硝酸银标准滴定溶液的体积(V_{27})。

按上述步骤进行空白试验,不加入试样,硝酸(1+1)的加入量改为5 mL,记录空白滴定所用硝酸银标准滴定溶液(见5.52)的体积(V_{027})。

35.3 结果的计算与表示

氯离子的质量分数 w_{Cl^-} 按式(34)计算:

$$w_{Cl^-}=\frac{T_{Cl^-}\times(V_{27}-V_{027})}{m_{23}\times 1\,000}\times 100=\frac{T_{Cl^-}\times(V_{27}-V_{027})\times 0.1}{m_{23}} \quad\cdots\cdots\cdots\cdots\cdots(34)$$

式中:

w_{Cl^-}——氯离子的质量分数,%;

T_{Cl^-}——硝酸银标准滴定溶液对氯离子的滴定度,单位为毫克每毫升(mg/mL);

V_{27}——滴定时消耗硝酸银标准滴定溶液的体积,单位为毫升(mL);

V_{027}——滴定空白时消耗硝酸银标准滴定溶液的体积,单位为毫升(mL);

m_{23}——试料的质量,单位为克(g)。

36 一氧化锰的测定——原子吸收光谱法(代用法)

分析步骤按GB/T 176—2008第36章进行。

37 二氧化碳的测定——自动光电滴定法(代用法)

37.1 方法提要

用磷酸分解试样,碳酸盐分解释放出的二氧化碳先由不含二氧化碳的气流带入硫酸铜洗气瓶,除去硫化氢,然后被乙醇-乙醇胺溶液吸收,以百里香酚酞为指示剂,用氢氧化钾-乙醇标准滴定溶液自动跟踪滴定。

37.2 分析步骤

每次测定前,将一个空的反应瓶连接到图1所示的仪器装置(见6.17)上。启动抽气泵,控制气体流速约为100 mL/min~150 mL/min,通气20 min以上,以除去系统中的二氧化碳。并用氢氧化钾-乙醇标准滴定溶液(见5.53)自动跟踪滴定(不计体积)。

称取约0.15 g试样(m_{24}),精确至0.000 1 g,置于干燥的100 mL反应瓶中,将反应瓶连接到图1所示的仪器装置(见6.17)上。启动抽气泵,调节气流量为100 mL/min~150 mL/min,加入15 mL磷酸到分液漏斗6中,小心旋开分液漏斗活塞,使磷酸滴入反应瓶5中,并留少许磷酸在漏斗中起液封作用,关闭活塞。调节电压使电炉丝呈暗红色,慢慢低温加热使反应瓶中的液体至沸,并加热微沸5 min,关闭电炉,并继续通气15 min。加热和通气过程中,滴定池中的溶液蓝色开始褪色,用氢氧化钾-乙醇标准滴定溶液(见5.53)自动跟踪滴定至起始颜色为止(V_{28})。

37.3 结果的计算与表示

二氧化碳的含量 w_{CO_2} 按式(35)计算:

$$w_{CO_2}=\frac{T_{CO_2}\times(V_{28}-V_{028})}{m_{24}\times 1\,000}\times 100=\frac{T_{CO_2}\times(V_{28}-V_{028})\times 0.1}{m_{24}} \quad \cdots\cdots(35)$$

式中：

w_{CO_2}——水泥中二氧化碳的质量分数，%；

T_{CO_2}——氢氧化钾-乙醇标准滴定溶液对二氧化碳的滴定度，单位为毫克每毫升(mg/mL)；

V_{28} ——滴定时消耗氢氧化钾-乙醇标准滴定溶液的体积，单位为毫升(mL)；

V_{028} ——空白试验消耗氢氧化钾-乙醇标准滴定溶液的体积，单位为毫升(mL)；

m_{24} ——试料的质量，单位为克(g)。

38 重复性限和再现性限

本标准所列重复性限和再现性限为绝对偏差，以质量分数(%)表示。

在重复性条件下，采用本标准所列方法分析同一试样时，两次分析结果之差应在所列的重复性限(见表1)内。如超出重复性限，应在短时间内进行第三次测定，测定结果与前两次或任一次分析结果之差值符合重复性限的规定时，则取其平均值，否则，应查找原因，重新按上述规定进行分析。

在再现性条件下，采用本标准所列方法对同一试样各自进行分析时，所得分析结果的平均值之差应在所列的再现性限(见表1)内。

化学分析方法测定结果的重复性限和再现性限见表1。

表1 化学分析方法测定结果的重复性限和再现性限 单位为质量分数(%)

成 分	测定方法	含量范围	重复性限	再现性限
烧失量	灼烧差减法		0.25	0.40
二氧化硅(基准法)	氯化铵重量法		0.15	0.20
三氧化二铁(基准法)	邻菲罗啉分光光度法	≤1 >1	0.05 0.10	0.10 0.15
三氧化二铝(基准法)	EDTA直接滴定铁铝合量		0.15	0.20
氧化钙(基准法)	EDTA滴定法		0.25	0.40
氧化镁(基准法)	原子吸收光谱法		0.15	0.25
二氧化钛	二安替比林甲烷分光光度法		0.05	0.10
氧化钾(基准法)	火焰光度法		0.05	0.10
氧化钠(基准法)	火焰光度法		0.05	0.10
全硫(基准法)	硫酸钡重量法		0.05	0.10
氯离子(基准法)	硫氰酸铵容量法	≤0.10 >0.10	0.003 0.010	0.005 0.015
一氧化锰(基准法)	高碘酸钾氧化分光光度法		0.05	0.10
五氧化二磷	磷钼蓝分光光度法		0.05	0.10
二氧化碳(基准法)	碱石棉吸收重量法		0.30	0.50
生石灰 A(CaO+MgO)	盐酸滴定法		0.40	0.60
有效钙的测定	蔗糖钙-盐酸滴定法		0.30	0.50
石灰石碳酸钙滴定值	盐酸返滴定法		0.30	0.50

表 1（续）

单位为质量分数(%)

成　　分	测定方法	含量范围	重复性限	再现性限
游离二氧化硅	磷酸分解-氟硅酸钾容量法		0.20	0.30
二氧化硅(代用法)	氟硅酸钾容量法		0.20	0.25
三氧化二铁(代用法)	EDTA 直接滴定法		0.15	0.20
三氧化二铁(代用法)	原子吸收光谱法		0.10	0.15
三氧化二铝(代用法)	直接滴定法		0.20	0.25
三氧化二铝(代用法)	硫酸铜返滴定法		0.20	0.25
氧化钙(代用法)	氢氧化钠熔样-EDTA 滴定法		0.25	0.40
氧化镁(代用法)	EDTA 滴定差减法	≤2 >2	0.15 0.20	0.25 0.30
氧化钾(代用法)	原子吸收光谱法		0.05	0.10
氧化钠(代用法)	原子吸收光谱法		0.05	0.10
全硫的测定(代用法)	库仑滴定法		0.05	0.10
氯离子(代用法)	磷酸蒸馏-汞盐滴定法	≤0.10 >0.10	0.003 0.010	0.005 0.015
氯离子(代用法)	(自动)电位滴定法	≤0.10 >0.10	0.005 0.010	0.010 0.015
一氧化锰(代用法)	原子吸收光谱法		0.05	0.10
二氧化碳(代用法)	自动光电滴定法		0.40	0.60

附 录 A
（资料性附录）
电位滴定法测定氯离子时计量点的计算实例

第一列 $AgNO_3$/mL	第二列 电位/mV	第三列 Δ/mV[A]	第四列 $Δ^2$/mV[B]
4.70	230		
		7	
4.80	237		4
		11	
4.90	248		6
		17	
5.00	265		15
		32	
5.10	297		−19
		13	
5.20	310		−4
		9	
5.30	319		−3
		6	
5.40	325		−1
		5	
5.50	330		

A 是第二列读数之差，B 是第三列数据之差“二次微分”。

计量点是在最大的 ΔmV 之间（见第 3 列），即在 5.00 mL 和 5.10 mL 之间。由 $Δ^2$mV 数值（见第 4 列）按下式计算在 0.1 间隔内的准确计量点：

$$V = 5.00 + \frac{15}{15-(-19)} \times 0.1 = 5.04\ \text{mL}$$

ICS 21.100.20
J 11

中华人民共和国国家标准

GB/T 5800.1—2012/ISO 1224-1:2007
部分代替 GB/T 5800—2003

滚动轴承　仪器用精密轴承
第1部分:公制系列轴承的外形尺寸、公差和特性

Rolling bearings—Instrument precision bearings—Part 1:Boundary dimensions,tolerances and characteristics of metric series bearings

(ISO 1224-1:2007,IDT)

2012-09-03 发布　　2013-03-01 实施

中华人民共和国国家质量监督检验检疫总局
中国国家标准化管理委员会　发布

前　言

GB/T 5800《滚动轴承　仪器用精密轴承》分为两个部分：

——第1部分：公制系列轴承的外形尺寸、公差和特性；

——第2部分：英制系列轴承的外形尺寸、公差和特性。

本部分为GB/T 5800的第1部分。

本部分按照GB/T 1.1—2009给出的规则起草。

本部分代替GB/T 5800—2003《滚动轴承　仪器用精密轴承》公制系列部分的内容，与GB/T 5800—2003相比，除编辑性修改外主要技术变化如下：

——删除了英制系列轴承的有关内容(见2003年版的表3、表4、表9和表10，表5～表8和表11的部分内容)；

——修改了部分术语及定义(见3.1，2003年版的3.1)；

——修改了部分符号(见第4章，2003年版的表1)；

——增加了角接触球轴承的结构示意图[见图1b)]；

——修改了内圈端面对内孔的垂直度(S_d)的计算公式(见表2和表4，2003年版的表5和表7)。

本部分使用翻译法等同采用ISO 1224-1:2007《滚动轴承　仪器用精密轴承　第1部分：公制系列轴承的外形尺寸、公差和特性》。

与本部分中规范性引用的国际文件有一致性对应关系的我国文件如下：

——GB/T 273.3—1999　滚动轴承　向心轴承　外形尺寸总方案(eqv ISO 15:1998)

——GB/T 274—2000　滚动轴承　倒角尺寸最大值(idt ISO 582:1995)

——GB/T 4199—2003　滚动轴承　公差　定义(ISO 1132-1:2000,MOD)

——GB/T 7811—2007　滚动轴承　参数符号(ISO 15241:2001,IDT)

本部分由中国机械工业联合会提出。

本部分由全国滚动轴承标准化技术委员会(SAC/TC 98)归口。

本部分起草单位：洛阳轴承研究所有限公司、中山市盈科轴承制造有限公司。

本部分主要起草人：宋玉聪、王冰、陈庆熙、陈太平。

本部分代替了GB/T 5800—2003的公制部分。

GB/T 5800的历次版本发布情况为：

——GB 5800—1986,GB/T 5800—2003。

滚动轴承　仪器用精密轴承
第1部分：公制系列轴承的外形尺寸、公差和特性

1　范围

GB/T 5800的本部分规定了公制系列仪器用精密轴承的类型、外形尺寸、公差和游隙、用于选配的分组、力矩定义和测试条件以及轴承屈服比极限等特性。

2　规范性引用文件

下列文件对于本文件的应用是必不可少的。凡是注日期的引用文件，仅注日期的版本适用于本文件。凡是不注日期的引用文件，其最新版本(包括所有的修改单)适用于本文件。

GB/T 6930—2002　滚动轴承　词汇(ISO 5593:1997)

ISO 15　滚动轴承　向心轴承　外形尺寸总方案(Rolling bearings—Radial bearings—Boundary dimensions, general plan)

ISO 582　滚动轴承　倒角尺寸　最大值(Rolling bearings—Chamfer dimensions—Maximum values)

ISO 1132-1　滚动轴承　公差　第1部分：术语和定义(Rolling bearings—Tolerances—Part 1: Terms and definitions)

ISO 15241　滚动轴承　参数符号(Rolling bearings—Symbols for quantities)

3　术语和定义

GB/T 6930和ISO 1132-1界定的以及下列术语和定义适用于本文件。

3.1

内圈内孔对端面的垂直度　perpendicularity of inner ring bore with respect to the face

〈基本圆柱面〉在与内圈基准端面的切平面平行的径向，距内圈两端面1.2倍的最大轴向单一倒角尺寸处，内孔同一素线上各点相对位置的总变动量。

3.2

成套轴承外圈凸缘背面轴向跳动　axial runout of outer ring flange back face of assembled bearing

〈沟型向心球轴承〉在距外圈轴线的径向距离等于凸缘背面平均直径的一半处，外圈凸缘背面在外圈不同的角位置相对内圈一固定点间的最大与最小轴向距离之差。

注：为测量有效，内、外圈滚道应与所有球接触。

3.3

力矩性质　torque quality

系指仪器球轴承的平均力矩和最大力矩。

注：在低速(接近零)或有弧度限制的运转中常用最大力矩表示。当处于一定转速时可用平均力矩评判。

3.4

最大力矩 maximum torque

任何测试周期内记录的力矩最大值。

3.5

平均力矩 average torque

测试周期内所取得力矩读数的算术平均值。

3.6

测试载荷 test load

已规定的轴向载荷,该载荷应与轴承旋转轴线重合。

4 符号

ISO 15241 给出的以及下列符号适用于本文件。

除另有说明外,图 1 中所示符号(公差除外)和表 1～表 6 中所示数值均表示公称尺寸。

B:内圈宽度

C:外圈宽度

C_1:外圈凸缘宽度

D:轴承外径

D_1:外圈凸缘外径

d:内径

K_{ea}:成套轴承外圈径向跳动

K_{ia}:成套轴承内圈径向跳动

r:倒角尺寸(r_1 除外)

$r_{s\,min}$:r 的最小单一倒角尺寸

$r_{s\,max}$:r 的最大单一倒角尺寸

r_1:角接触球轴承内圈和外圈前端面的倒角尺寸

$r_{1s\,min}$:r_1 的最小单一倒角尺寸

S_D:外圈外表面对端面的垂直度[1]

S_d:内圈端面对内孔的垂直度[1]

S_{dr}:内圈内孔对端面的垂直度[1]

S_{ea}:成套轴承外圈轴向跳动[1]

S_{ea1}:成套轴承外圈凸缘背面轴向跳动[1]

S_{ia}:成套轴承内圈轴向跳动[1]

V_{Bs}:内圈宽度变动量

V_{Cs}:外圈宽度变动量

V_{C1s}:外圈凸缘宽度变动量

V_{Dmp}:平均外径变动量

V_{Dsp}:单一平面外径变动量

V_{dmp}:平均内径变动量

V_{dsp}:单一平面内径变动量

Δ_{Bs}:内圈单一宽度偏差

Δ_{Cs}:外圈单一宽度偏差

---

1) 角接触球轴承的背面即为基准面。

Δ_{C1s}：外圈单一凸缘宽度偏差
Δ_{Dmp}：单一平面平均外径偏差
Δ_{Ds}：单一外径偏差
Δ_{D1s}：外圈凸缘单一外径偏差
Δ_{dmp}：单一平面平均内径偏差
Δ_{ds}：单一内径偏差

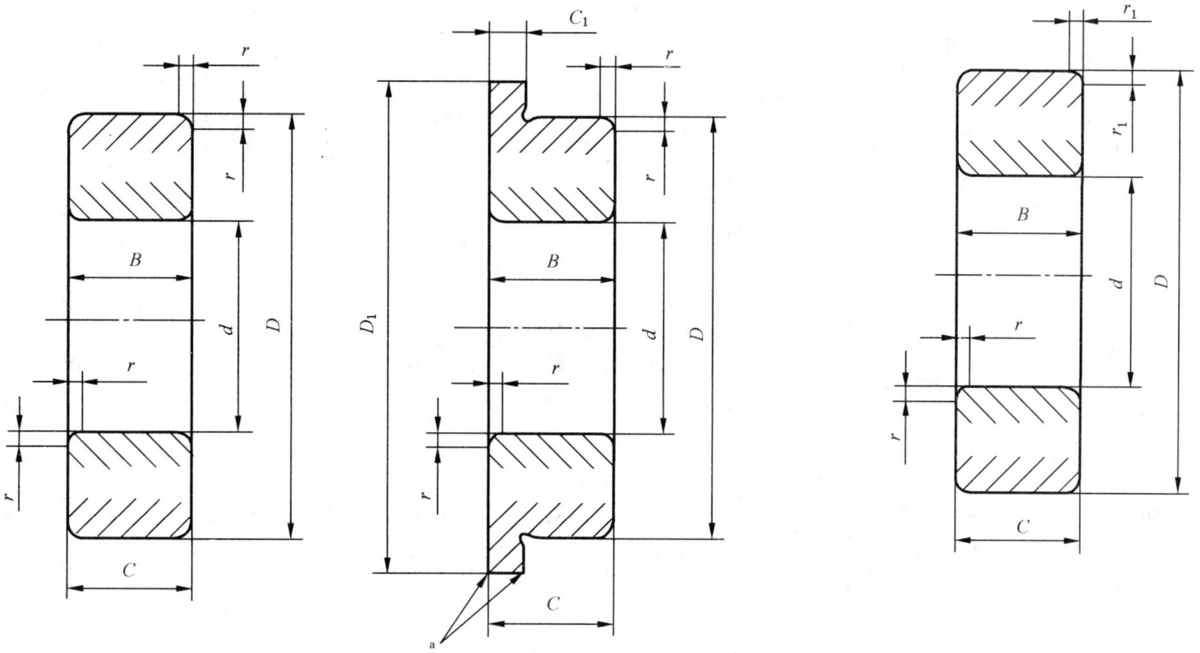

a） 深沟球轴承

b） 角接触球轴承

[a] 去锐角。

图 1 仪器用精密轴承

5 特性

仪器用精密轴承应按第 8 章规定的特殊公差制造才能保证其良好的性能。此外，轴承应满足下列一项或一项以上的特定要求，特别是注意避免异物侵入：

a） 在启动或转动中具有低或均匀以及两者均具备的力矩(该要求不适于带密封的轴承)；

b） 转动平稳或限制振动；

c） 轴承屈服比极限。

由于仪器使用中有许多特定要求，所以这些特定要求只有通过制造者与用户充分协商后方可确定。

6 轴承类型

深沟球轴承能满足大多数仪器的要求，该类轴承可以是开式或闭式、外圈有或无凸缘。但在特殊情况下，也可选用不可分离型或内圈可分离的角接触球轴承。

7 外形尺寸

公制系列仪器用精密轴承的外形尺寸见表 1。

表 1 公制系列轴承

单位为毫米

d	D	B 和 C	$r_{s\ min}$[a]	$r_{1s\ min}$[a]	凸缘轴承		适用的轴承类型	尺寸系列[b]
					D_1	C_1		
0.6	2	0.8	0.05	0.05	—	—	开式	17
1	2.5	1	0.05	0.05	—	—	开式	17
1	3	1	0.05	0.05	3.8	0.3	开式	18
1	3	1.5	0.05	0.05	3.8	0.45	闭式	38
1	4	1.6	0.1	0.05	5	0.5	开式	19
1	4	2.3	0.1	0.05	5	0.6	闭式	39
1.5	3	1	0.05	0.05	—	—	开式	17
1.5	4	1.2	0.05	0.05	5	0.4	开式	18
1.5	4	2	0.05	0.05	5	0.6	闭式	38
1.5	5	2	0.15	0.08	6.5	0.6	开式	19
1.5	5	2.6	0.15	0.08	6.5	0.8	闭式	39
2	4	1.2	0.05	0.05	—	—	开式	17
2	5	1.5	0.08	0.05	6.1	0.5	开式	18
2	5	2.3	0.08	0.05	6.1	0.6	闭式	38
2	6	2.3	0.15	0.08	7.5	0.6	开式,闭式	19
2	6	3	0.15	0.08	7.5	0.8	闭式	39
2.5	5	1.5	0.08	0.05	—	—	开式	17
2.5	6	1.8	0.08	0.05	7.1	0.5	开式	18
2.5	6	2.6	0.08	0.05	7.1	0.8	闭式	38
2.5	7	2.5	0.15	0.08	8.5	0.7	开式,闭式	19
2.5	7	3.5	0.15	0.08	8.5	0.9	闭式	39
3	6	2	0.08	0.05	—	—	开式	17
3	7	2	0.1	0.05	8.1	0.5	开式	18
3	7	3	0.1	0.05	8.1	0.8	闭式	38
3	8	3	0.15	0.08	9.5	0.7	开式,闭式	19
3	8	4	0.15	0.08	9.5	0.9	闭式	39
3	10	4	0.15	0.08	11.5	1	开式,闭式	02
4	7	2	0.08	0.05	—	—	开式	17
4	9	2.5	0.1	0.05	10.3	0.6	开式	18
4	9	4	0.1	0.05	10.3	1	闭式	38
4	11	4	0.15	0.08	12.5	1	开式,闭式	19
4	13	5	0.2	0.1	15	1	开式,闭式	02
4	16	5	0.3	0.15	—	—	开式,闭式	03
5	8	2	0.08	0.05	—	—	开式	17
5	11	3	0.15	0.08	12.5	0.8	开式	18

表 1（续）

单位为毫米

d	D	B 和 C	$r_{s\,min}$[a]	$r_{1s\,min}$[a]	凸缘轴承		适用的轴承类型	尺寸系列[b]
					D_1	C_1		
5	11	5	0.15	0.08	12.5	1	闭式	38
5	13	4	0.2	0.1	15	1	开式,闭式	19
5	16	5	0.3	0.15	18	1	开式,闭式	02
5	19	6	0.3	0.15	22	1.5	开式,闭式	03
6	10	2.5	0.1	0.05	—	—	开式	17
6	13	3.5	0.15	0.08	15	1	开式	18
6	13	5	0.15	0.08	15	1.1	闭式	28
6	15	5	0.2	0.1	17	1.2	开式,闭式	19
6	19	6	0.3	0.15	22	1.5	开式,闭式	02
7	11	2.5	0.1	0.05	—	—	开式	17
7	14	3.5	0.15	0.08	16	1	开式	18
7	14	5	0.15	0.08	16	1.1	闭式	28
7	17	5	0.3	0.15	19	1.2	开式,闭式	19
7	19	6	0.3	0.15	22	1.5	开式,闭式	10
7	22	7	0.3	0.15	—	—	开式,闭式	02
8	12	2.5	0.1	0.05	—	—	开式	17
8	16	4	0.2	0.1	18	1	开式	18
8	16	6	0.2	0.1	18	1.3	闭式	38
8	19	6	0.3	0.15	22	1.5	开式,闭式	19
8	22	7	0.3	0.15	—	—	开式,闭式	10
8	24	8	0.3	0.15	—	—	开式	02
9	14	3	0.1	0.05	—	—	开式	17
9	17	4	0.2	0.1	19	1	开式	18
9	17	6	0.2	0.1	19	1.3	闭式	38
9	20	6	0.3	0.15	—	—	开式,闭式	19
9	24	7	0.3	0.15	—	—	开式,闭式	10
9	26	8	0.3	0.15	—	—	开式,闭式	02
10	15	3	0.1	0.05	—	—	开式	17
10	19	5	0.3	0.15	21	1	开式	18
10	19	7	0.3	0.15	21	1.5	闭式	38
10	22	6	0.3	0.15	—	—	开式,闭式	19
10	26	8	0.3	0.15	—	—	开式,闭式	10
10	30	9	0.6	0.3	—	—	开式,闭式	02

[a] 最大倒角尺寸规定在 ISO 582 中。

[b] 无凸缘轴承所引用的尺寸系列规定在 ISO 15 中。

8 公差

8.1 5A 级公差

见表 2 和表 3。

表 2 内圈

单位为微米

d/mm		Δ_{dmp}		Δ_{ds}		V_{dsp}	V_{dmp}	Δ_{Bs}[b]		V_{Bs}	K_{ia}	S_{dr}[c]	S_{ia}
>	≤	上极限偏差	下极限偏差	上极限偏差	下极限偏差	max	max	上极限偏差	下极限偏差	max	max	max	max
0.6[a]	10	0	−5	0	−5	3	3	0	−25	5	3.5	7	7

[a] 包括该尺寸。

[b] 配对或组配安装的轴承内圈的总宽度公差为 0 μm～−200 μm 乘以安装的轴承数。

[c] 内圈基准端面对内孔垂直度(S_d)为：

$$S_d = S_{dr} \times d_1/2(B - 2.4r_{s\ max})$$

S_{dr} 按表 2 的规定，d_1 为内圈端面平均直径。

表 3 外圈

单位为微米

D mm		Δ_{Dmp}		Δ_{Ds}				V_{Dsp} 和 V_{Dmp}		Δ_{Cs}[b]		V_{Cs}	K_{ea}	S_D	S_{ea}	S_{ea1}	Δ_{C1s}		V_{C1s}	Δ_{D1s}	
				开式		闭式		开式	闭式												
>	≤	上极限偏差	下极限偏差	上极限偏差	下极限偏差	上极限偏差	下极限偏差	max	max	上极限偏差	下极限偏差	max	max	max	max	max	上极限偏差	下极限偏差	max	上极限偏差	下极限偏差
2[a]	18	0	−5	0	−5	+1	−6	3	5	0	−25	5	5	8	8	10	0	−50	5	0	−25
18	30	0	−6	0	−6	+1	−7	3	5	0	−25	5	6	8	8	10	0	−50	5	0	−25

[a] 包括该尺寸。

[b] 配对或组配安装的轴承外圈的总宽度公差为 0 μm～−200 μm 乘以安装的轴承数。

8.2 4A 级公差

见表 4 和表 5。

表 4 内圈

单位为微米

d/mm		Δ_{dmp}		Δ_{ds}		V_{dsp}	V_{dmp}	Δ_{Bs} [b]		V_{Bs}	K_{ia}	S_{dr} [c]	S_{ia}
>	≤	上极限偏差	下极限偏差	上极限偏差	下极限偏差	max	max	上极限偏差	下极限偏差	max	max	max	max
0.6[a]	10	0	−5	0	−5	2.5	2.5	0	−25	2.5	2.5	3	3

[a] 包括该尺寸。

[b] 配对或组配安装的轴承内圈的总宽度公差为 0 μm～−200 μm 乘以安装的轴承数。

[c] 内圈基准端面对内孔垂直度(S_d)为：

$$S_d = S_{dr} \times d_1/2(B - 2.4r_{s\ max})$$

S_{dr}按表 4 的规定，d_1 为内圈端面平均直径。

表 5 外圈

单位为微米

D mm		Δ_{Dmp}		Δ_{Ds}				V_{Dsp}和V_{Dmp}		Δ_{Cs} [b]		V_{Cs}	K_{ea}	S_D	S_{ea}	S_{ea1}	Δ_{C1s}		V_{C1s}	Δ_{D1s}	
				开式		闭式		开式	闭式												
>	≤	上极限偏差	下极限偏差	上极限偏差	下极限偏差	上极限偏差	下极限偏差	max	max	上极限偏差	下极限偏差	max	max	max	max	max	上极限偏差	下极限偏差	max	上极限偏差	下极限偏差
2[a]	18	0	−5	0	−5	+1	−6	2.5	5	0	−25	2.5	3.5	4	5	8	0	−50	2.5	0	−25
18	30	0	−5	0	−5	+1	−6	2.5	5	0	−25	2.5	4	4	5	8	0	−50	2.5	0	−25

[a] 包括该尺寸。

[b] 配对或组配安装的轴承外圈的总宽度公差为 0 μm～−200 μm 乘以安装的轴承数。

9 径向游隙

径向接触沟型球轴承的径向游隙见表 6。

表 6 径向接触沟型球轴承的径向游隙

单位为微米

d/mm		2 组		N 组		3 组	
>	≤	min	max	min	max	min	max
0.6[a]	10	0	6	4	11	10	20

[a] 包括该尺寸。

10 内径和外径的分组

当轴和外壳要求选配时，仪器用精密轴承可按下述规定分为特定的尺寸组：

a) 确定尺寸的方法

——外径:实测的最大直径;

——内径:实测的最小直径。

b) 除非经协商确定外,每一基本尺寸分为两个相同范围的组。

c) 鉴于难于确定制造厂和用户间计量的关系,分组仅作为选配时的参考,而不应作为边缘情况下绝对尺寸的分段。

d) 除非与制造厂有特殊的协议,否则制造厂提供的将是随机的和非确定的尺寸组。

11 力矩测试条件

11.1 通则

球轴承力矩可规定为“旋转力矩”和“启动力矩”,其定义分别规定在GB/T 6930—2002的06.01.02和06.01.01。

力矩的标准单位为微牛米(μN·m),它的多倍次单位亦可使用。

除另有规定外,轴承的轴线应处于铅垂位置。

11.2 测试条件

11.2.1 环境条件

测试应在可控制清洁度的环境中和无振动的底座上进行,温度保持在20 ℃～25 ℃,相对湿度应保持在55%以下。

11.2.2 轴承测试预备条件

测试前轴承应退磁,并在经适当过滤的清洁矿物溶剂中清洗。轴承应采用规定数量和品质的润滑剂进行润滑,并缓慢旋转,使润滑剂均匀分布。

11.2.3 测试载荷

轴向载荷(见3.6)规定如下:

a) 轴承外径≤8 mm:0.75 N。

b) 轴承外径>8 mm:按协议,取1.5 N或4 N。

11.2.4 测试范围

测试应确保无装填槽球轴承在正反两个旋转方向上和两个加载方向上均在规定的力矩极限内进行;对于角接触球轴承和其他只能承受单一方向轴向载荷的轴承,仅在承受载荷的法线方向上规定。

11.2.4.1 旋转力矩

测试时,旋转的轴承套圈的旋转角度不应小于720°。

11.2.4.2 启动力矩

测试应规定最少启动次数,每次启动应规定行程的最小弧度。

11.2.4.3 重复测试的规定

按规定测试未能通过的轴承应退磁、清洗、润滑,再测试。第二次测试还未能通过的轴承应退磁、清洗、润滑，再次进行测试。所有未能通过第三次测试的轴承视为不合格。

11.3 在不同类型测试设备上测试结果的相互关系

由于没有两个轴承的平均力矩值(见 3.5)和最大力矩值(见 3.4)是完全相同的，而且，由于不同类型的测试设备力矩峰值的范围和放大程度不同，不同类型的测试设备之间所测量结果的关系是难以确定的。因此，除非由制造厂和用户协商在不同测试设备上的测试结果的相互关系已经确定并达成共识，否则力矩值的规定应以具体类型和设计的测试设备为基础。

12 轴承屈服比极限

为控制旋转件相对其支承件的精确位置，应规定轴承的屈服比极限。轴承屈服比极限取决于对轴承接触角和(或)预载荷的特定控制。

接触角由轴承径向游隙的大小、内部设计和施加的轴向预载荷确定，并在很大程度上决定了轴向和径向屈服比的大小。规定了接触角公差，常用的径向游隙标准就不再适用。

形成轴向预载荷的方法是，由轴承外部调节系统加载或采用施加了轴向预载荷的组配轴承，给一个轴承施加轴向载荷，压向另一个轴承。使用组配轴承时，当相应的套圈组合在一起，就会在该对轴承内形成所需要的轴向载荷。在这种情况下，组配轴承的宽度公差可能会超出单个套圈宽度的正常公差。

由于应用领域有许多特殊要求，而且由于对轴向预载荷和接触角的控制会影响使用寿命和限制力矩，因此，只有在供需双方协商一致后，才能确定其技术要求。

ICS 21.100.20
J 11

中华人民共和国国家标准

GB/T 5800.2—2012/ISO 1224-2:2007
部分代替 GB/T 5800—2003

滚动轴承　仪器用精密轴承
第2部分:英制系列轴承的外形尺寸、公差和特性

**Rolling bearings—Instrument precision bearings—
Part 2:Boundary dimensions,tolerances and characteristics of inch series bearings**

(ISO 1224-2:2007,IDT)

2012-09-03 发布　　　　2013-03-01 实施

中华人民共和国国家质量监督检验检疫总局
中国国家标准化管理委员会　发布

前　言

GB/T 5800《滚动轴承　仪器用精密轴承》分为两个部分：

——第1部分：公制系列轴承的外形尺寸、公差和特性；

——第2部分：英制系列轴承的外形尺寸、公差和特性。

本部分为GB/T 5800的第2部分。

本部分按照GB/T 1.1—2009给出的规则起草。

本部分代替GB/T 5800—2003《滚动轴承　仪器用精密轴承》英制系列部分的内容，与GB/T 5800—2003相比，除编辑性修改外主要技术变化如下：

——删除了公制系列轴承的有关内容(见2003年版的表2)；

——修改了部分术语及定义(见3.1,2003年版的3.1)；

——修改了部分符号(见第4章，2003年版的表1)；

——增加了角接触球轴承的结构示意图[见图1b)]；

——修改了内圈端面对内孔的垂直度(S_d)的计算公式(见表2和表4,2003年版的表5和表7)；

——将用英寸表示的尺寸和公差移至附录(见附录A,2003年版的表4和表10、表5～表8和表11的部分内容)。

本部分使用翻译法等同采用ISO 1224-2:2007《滚动轴承　仪器用精密轴承　第2部分：英制系列轴承的外形尺寸、公差和特性》。

与本部分中规范性引用的国际文件有一致性对应关系的我国文件如下：

——GB/T 4199—2003　滚动轴承　公差　定义(ISO 1132-1:2000,MOD)

——GB/T 7811—2007　滚动轴承　参数符号(ISO 15241:2001,IDT)

本部分做了下列编辑性修改：

——删除了第2章清单中所列但未曾被规范性引用的文件ISO 582和ISO 15。

本部分由中国机械工业联合会提出。

本部分由全国滚动轴承标准化技术委员会(SAC/TC 98)归口。

本部分起草单位：洛阳轴承研究所有限公司、中山市盈科轴承制造有限公司。

本部分主要起草人：宋玉聪、陈庆熙、庞建林、赵荣多。

本部分代替了GB/T 5800—2003的英制部分。

GB/T 5800的历次版本发布情况为：

——GB 5800—1986,GB/T 5800—2003。

滚动轴承 仪器用精密轴承 第2部分:英制系列轴承的外形尺寸、公差和特性

1 范围

GB/T 5800的本部分规定了英制系列仪器用精密轴承的类型、外形尺寸、公差和游隙、用于选配的分组、力矩定义和测试条件以及轴承屈服比极限等特性。

2 规范性引用文件

下列文件对于本文件的应用是必不可少的。凡是注日期的引用文件,仅注日期的版本适用于本文件。凡是不注日期的引用文件,其最新版本(包括所有的修改单)适用于本文件。

GB/T 6930—2002 滚动轴承 词汇(ISO 5593:1997,IDT)

ISO 1132-1 滚动轴承 公差 第1部分:术语和定义(Rolling bearings—Tolerances—Part 1:Terms and definitions)

ISO 15241 滚动轴承 参数符号(Rolling bearings—Symbols for quantities)

3 术语和定义

GB/T 6930和ISO 1132-1界定的以及下列术语和定义适用于本文件。

3.1

内圈内孔对端面的垂直度 perpendicularity of inner ring bore with respect to the face

〈基本圆柱面〉在与内圈基准端面的切平面平行的径向,距内圈两端面1.2倍的最大轴向单一倒角尺寸处,内孔同一素线上各点相对位置的总变动量。

3.2

成套轴承外圈凸缘背面轴向跳动 axial runout of outer ring flange back face of assembled bearing

〈沟型向心球轴承〉在距外圈轴线的径向距离等于凸缘背面平均直径的一半处,外圈凸缘背面在外圈不同的角位置相对内圈一固定点间的最大与最小轴向距离之差。

注:为测量有效,内、外圈滚道应与所有球接触。

3.3

力矩性质 torque quality

系指仪器球轴承的平均力矩和最大力矩。

注:在低速(接近零)或有弧度限制的运转中常用最大力矩表示。当处于一定转速时可用平均力矩评判。

3.4

最大力矩 maximum torque

任何测试周期内记录的力矩最大值。

3.5

平均力矩 average torque

测试周期内所取得力矩读数的算术平均值。

3.6

测试载荷　test load

已规定的轴向载荷,该载荷应与轴承旋转轴线重合。

4　符号

ISO 15241 给出的以及下列符号适用于本文件。

除另有说明外,图 1 中所示符号(公差除外)和表 1～表 6 中所示数值均表示公称尺寸。

B:内圈宽度

C:外圈宽度

C_1:外圈凸缘宽度

D:轴承外径

D_1:外圈凸缘外径

d:内径

K_{ea}:成套轴承外圈径向跳动

K_{ia}:成套轴承内圈径向跳动

r:倒角尺寸(r_1 除外)

$r_{s\ min}$:r 的最小单一倒角尺寸

$r_{s\ max}$:r 的最大单一倒角尺寸

r_1:角接触球轴承内圈和外圈前端面的倒角尺寸

$r_{1s\ min}$:r_1 的最小单一倒角尺寸

S_D:外圈外表面对端面的垂直度[1)]

S_d:内圈端面对内孔的垂直度[1)]

S_{dr}:内圈内孔对端面的垂直度[1)]

S_{ea}:成套轴承外圈轴向跳动[1)]

S_{ea1}:成套轴承外圈凸缘背面轴向跳动[1)]

S_{ia}:成套轴承内圈轴向跳动[1)]

V_{Bs}:内圈宽度变动量

V_{Cs}:外圈宽度变动量

V_{C1s}:外圈凸缘宽度变动量

V_{Dmp}:平均外径变动量

V_{Dsp}:单一平面外径变动量

V_{dmp}:平均内径变动量

V_{dsp}:单一平面内径变动量

Δ_{Bs}:内圈单一宽度偏差

Δ_{Cs}:外圈单一宽度偏差

Δ_{C1s}:外圈凸缘单一宽度偏差

Δ_{Dmp}:单一平面平均外径偏差

Δ_{D_s}:单一外径偏差

Δ_{D1s}:外圈凸缘单一外径偏差

1)　角接触球轴承的背面即为基准面。

Δ_{dmp}:单一平面平均内径偏差

Δ_{ds}:单一内径偏差

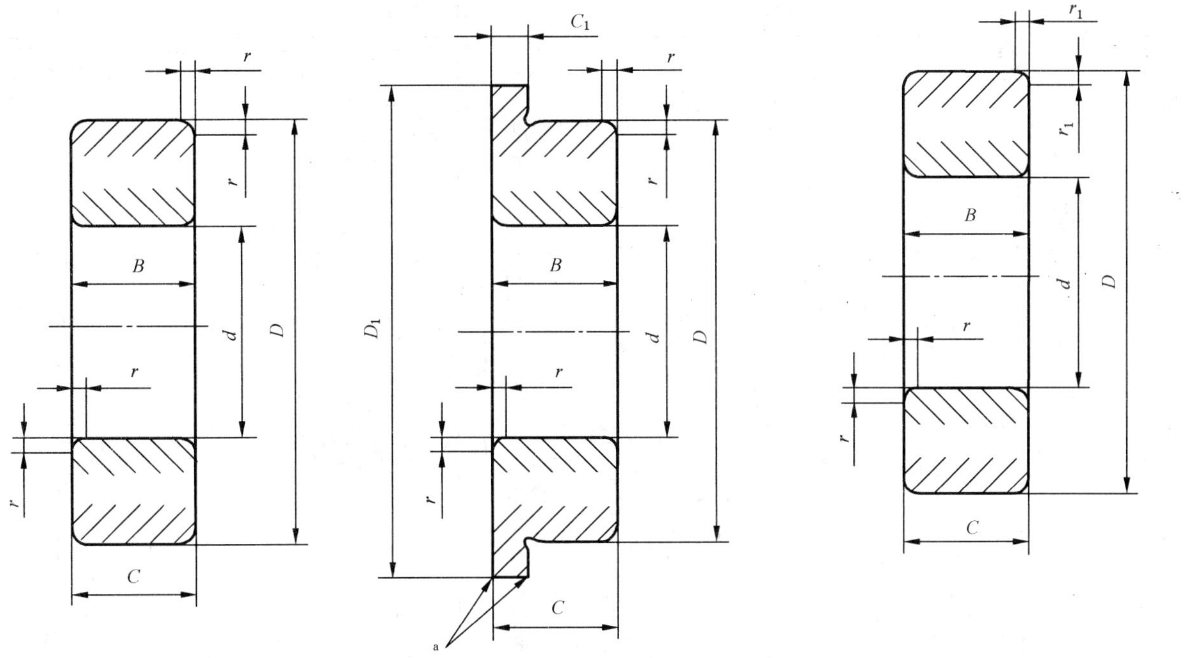

a） 深沟球轴承　　　　b） 角接触球轴承

[a] 去锐角。

图 1 仪器用精密轴承

5 特性

仪器用精密轴承应按第 8 章规定的特殊公差制造才能保证其良好的性能。此外,轴承应满足下列一项或一项以上的特定要求,特别是注意避免异物侵入:

a） 在启动或转动中具有低或均匀以及两者均具备的力矩(该要求不适于带密封的轴承);

b） 转动平稳或限制振动;

c） 轴承屈服比极限。

由于仪器使用中有许多特定要求,所以这些特定要求只有通过制造者与用户充分协商后方可确定。

6 轴承类型

深沟球轴承能满足大多数仪器的要求,该类轴承可以是开式或闭式、外圈有或无凸缘。但在特殊情况下,也可选用不可分离型或内圈可分离的角接触球轴承。

7 外形尺寸

英制系列仪器用精密轴承的外形尺寸见表 1。

表 1 英制系列轴承

单位为毫米

d	D	B 和 C	$r_{s\ min}$[a]	$r_{1s\ min}$[a]	凸缘轴承		适用的轴承类型
					D_1	C_1	
0.635	2.54	0.792	0.08	0.08	—	—	开式
1.016	3.175	1.191	0.08	0.08	—	—	开式
1.191	3.967	1.588	0.08	0.08	5.16	0.33	开式
1.191	3.967	2.38	0.08	0.08	5.16	0.79	闭式
1.397	4.762	1.984	0.08	0.08	5.94	0.58	开式
1.397	4.762	2.779	0.08	0.08	5.94	0.79	闭式
1.984	6.35	2.38	0.08	0.08	7.52	0.58	开式
1.984	6.35	3.571	0.08	0.08	7.52	0.79	闭式
2.38	4.762	1.588	0.08	0.08	5.94	0.46	开式
2.38	4.762	2.38	0.08	0.08	5.94	0.79	闭式
2.38	7.938	2.779	0.13	0.08	9.12	0.58	开式
2.38	7.938	3.571	0.13	0.08	9.12	0.79	闭式
3.175	6.35	2.38	0.08	0.08	7.52	0.58	开式
3.175	6.35	2.779	0.08	0.08	7.52	0.79	闭式
3.175	7.938	2.779	0.08	0.08	9.12	0.58	开式
3.175	7.938	3.571	0.08	0.08	9.12	0.79	闭式
3.175	9.525	2.779	0.13	0.08	10.72	0.58	开式
3.175	9.525	3.571	0.13	0.08	10.72	0.79	闭式
3.175	9.525	3.967	0.3	0.15	11.18	0.76	开式,闭式
3.175	12.7	4.366	0.3	0.15	—	—	开式,闭式
3.967	7.938	2.779	0.08	0.08	9.12	0.58	开式
3.967	7.938	3.175	0.08	0.08	9.12	0.91	闭式
4.762	7.938	2.779	0.08	0.08	9.12	0.58	开式
4.762	7.938	3.175	0.08	0.08	9.12	0.91	闭式
4.762	9.525	3.175	0.08	0.08	10.72	0.58	开式
4.762	9.525	3.175	0.08	0.08	10.72	0.79	闭式
4.762	12.7	3.967	0.3	0.15	—	—	开式
4.762	12.7	4.978	0.3	0.15	14.35	1.07	开式[b],闭式
5.555	7.938	2.779	0.08	0.08	—	—	开式
6.35	9.525	3.175	0.08	0.08	10.72	0.58	开式
6.35	9.525	3.175	0.08	0.08	10.72	0.91	闭式
6.35	12.7	3.175	0.13	0.08	13.89	0.58	开式
6.35	12.7	4.762	0.13	0.08	13.89	1.14	闭式
6.35	15.875	4.978	0.3	0.15	17.53	1.07	开式,闭式
6.35	19.05	5.558	0.41	0.2	—	—	开式
6.35	19.05	7.142	0.41	0.2	—	—	闭式
7.938	12.7	3.967	0.13	0.08	13.89	0.79	开式,闭式
9.525	15.875	3.967	0.25	0.13	17.53	1.07	开式
9.525	15.875	4.978	0.25	0.13	17.53	1.07	闭式
9.525	22.225	5.558	0.41	0.2	—	—	开式
9.525	22.225	7.142	0.41	0.2	24.61	1.57	开式[b],闭式

[a] 最大倒角尺寸见表 6。

[b] 仅适于带凸缘的开式轴承。

8 公差

8.1 5A 级公差

见表 2 和表 3。

表 2 内圈

单位为微米

d/mm		Δ_{dmp}		Δ_{ds}		V_{dsp}	V_{dmp}	Δ_{Bs} [b]		V_{Bs}	K_{ia}	S_{dr} [c]	S_{ia}
>	≤	上极限偏差	下极限偏差	上极限偏差	下极限偏差	max	max	上极限偏差	下极限偏差	max	max	max	max
0.6[a]	10	0	−5	0	−5	3	3	0	−25	5	3.5	7	7

[a] 包括该尺寸。

[b] 配对或组配安装的轴承内圈的总宽度公差为 0 μm～−200 μm 乘以安装的轴承数。

[c] 内圈基准端面对内孔垂直度(S_d)为:

$$S_d = S_{dr} \times d_1/2(B-2.4r_{s\,max})$$

S_{dr} 按表 2 的规定，d_1 为内圈端面平均直径。

表 3 外圈

单位为微米

D mm		Δ_{Dmp}		Δ_{Ds}				V_{Dsp} 和 V_{Dmp}		Δ_{Cs} [b]		V_{Cs}	K_{ea}	S_D	S_{ea}	S_{ea1}	Δ_{C1s}		V_{C1s}	Δ_{D1s}	
				开式		闭式		开式	闭式												
>	≤	上极限偏差	下极限偏差	上极限偏差	下极限偏差	上极限偏差	下极限偏差	max	max	上极限偏差	下极限偏差	max	max	max	max	max	上极限偏差	下极限偏差	max	上极限偏差	下极限偏差
2[a]	18	0	−5	0	−5	+1	−6	3	5	0	−25	5	5	8	8	10	0	−50	5	0	−25
18	30	0	−6	0	−6	+1	−7	3	5	0	−25	5	6	8	8	10	0	−50	5	0	−25

[a] 包括该尺寸。

[b] 配对或组配安装的轴承外圈的总宽度公差为 0 μm～−200 μm 乘以安装的轴承数。

8.2 4A 级公差

见表 4 和表 5。

表 4 内圈

单位为微米

d/mm		Δ_{dmp}		Δ_{ds}		V_{dsp}	V_{dmp}	Δ_{Bs}[b]		V_{Bs}	K_{ia}	S_{dr}[c]	S_{ia}
>	≤	上极限偏差	下极限偏差	上极限偏差	下极限偏差	max	max	上极限偏差	下极限偏差	max	max	max	max
0.6[a]	10	0	−5	0	−5	2.5	2.5	0	−25	2.5	2.5	3	3

[a] 包括该尺寸。

[b] 配对或组配安装的轴承内圈的总宽度公差为 0 μm～−200 μm 乘以安装的轴承数。

[c] 内圈基准端面对内孔垂直度(S_d)为：

$$S_d = S_{dr} \times d_1/2(B - 2.4r_{s\,max})$$

S_{dr}按表 4 的规定，d_1 为内圈端面平均直径。

表 5 外圈

单位为微米

D mm		Δ_{Dmp}		Δ_{Ds} 开式		Δ_{Ds} 闭式		V_{Dsp}和V_{Dmp} 开式	V_{Dsp}和V_{Dmp} 闭式	Δ_{Cs}[b]		V_{Cs}	K_{ea}	S_D	S_{ea}	S_{ea1}	Δ_{C1s}		V_{C1s}	Δ_{D1s}	
>	≤	上极限偏差	下极限偏差	上极限偏差	下极限偏差	上极限偏差	下极限偏差	max	max	上极限偏差	下极限偏差	max	max	max	max	max	上极限偏差	下极限偏差	max	上极限偏差	下极限偏差
2[a]	18	0	−5	0	−5	+1	−6	2.5	5	0	−25	2.5	3.5	4	5	8	0	−50	2.5	0	−25
18	30	0	−5	0	−5	+1	−6	2.5	5	0	−25	2.5	4	4	5	8	0	−50	2.5	0	−25

[a] 包括该尺寸。

[b] 配对或组配安装的轴承外圈的总宽度公差为 0 μm～−200 μm 乘以安装的轴承数。

8.3 倒角尺寸极限

表 1 中的最小倒角尺寸所对应的最大倒角尺寸按表 6 的规定。

表 6 最大倒角尺寸

单位为毫米

d	D	B 和 C	$r_{s\,max}$ 径向	$r_{s\,max}$ 轴向	$r_{1s\,max}$ 径向	$r_{1s\,max}$ 轴向
0.635	2.54	0.792	0.18	0.18	0.18	0.18
1.016	3.175	1.191	0.18	0.18	0.18	0.18
1.191	3.967	1.588	0.23	0.23	0.18	0.18
1.191	3.967	2.38	0.23	0.3	0.23	0.3
1.397	4.762	1.984	0.23	0.23	0.23	0.23

表 6（续）

单位为毫米

d	D	B 和 C	$r_{s\ max}$		$r_{1s\ max}$	
			径向	轴向	径向	轴向
1.397	4.762	2.779	0.23	0.3	0.23	0.3
1.984	6.35	2.38	0.23	0.3	0.23	0.3
1.984	6.35	3.571	0.23	0.3	0.23	0.3
2.38	4.762	1.588	0.2	0.2	0.2	0.2
2.38	4.762	2.38	0.2	0.3	0.2	0.3
2.38	7.938	2.779	0.3	0.61	0.25	0.25
2.38	7.938	3.571	0.3	0.61	0.25	0.25
3.175	6.35	2.38	0.23	0.3	0.23	0.3
3.175	6.35	2.779	0.23	0.3	0.23	0.3
3.175	7.938	2.779	0.25	0.46	0.25	0.46
3.175	7.938	3.571	0.25	0.46	0.25	0.46
3.175	9.525	2.779	0.3	0.61	0.25	0.25
3.175	9.525	3.571	0.3	0.61	0.25	0.25
3.175	9.525	3.967	0.56	0.99	0.3	0.3
3.175	12.7	4.366	0.56	0.99	0.3	0.3
3.967	7.938	2.779	0.23	0.3	0.23	0.3
3.967	7.938	3.175	0.23	0.3	0.23	0.3
4.762	7.938	2.779	0.23	0.3	0.23	0.3
4.762	7.938	3.175	0.23	0.3	0.23	0.3
4.762	9.525	3.175	0.25	0.46	0.25	0.46
4.762	9.525	3.175	0.25	0.46	0.25	0.46
4.762	12.7	3.967	0.56	0.99	0.3	0.3
4.762	12.7	4.978	0.56	0.99	0.3	0.3
5.555	7.938	2.779	0.23	0.3	0.23	0.3
6.35	9.525	3.175	0.2	0.3	0.2	0.3
6.35	9.525	3.175	0.2	0.3	0.2	0.3
6.35	12.7	3.175	0.3	0.61	0.25	0.25
6.35	12.7	4.762	0.3	0.61	0.25	0.25
6.35	15.875	4.978	0.56	0.99	0.3	0.3
6.35	19.05	5.558	0.71	0.99	0.51	0.51
6.35	19.05	7.142	0.71	0.99	0.51	0.51
7.938	12.7	3.967	0.3	0.61	0.25	0.25
9.525	15.875	3.967	0.51	0.79	0.3	0.3
9.525	15.875	4.978	0.51	0.79	0.3	0.3
9.525	22.225	5.558	0.71	0.99	0.51	0.51
9.525	22.225	7.142	0.71	0.99	0.51	0.51

9 径向游隙

径向接触沟型球轴承的径向游隙见表 7。

表 7 径向接触沟型球轴承的径向游隙

单位为微米

d/mm		2 组		N 组		3 组	
>	≤	min	max	min	max	min	max
0.6[a]	10	0	6	4	11	10	20

[a] 包括该尺寸。

10 内径和外径的分组

当轴和外壳要求选配时,仪器用精密轴承可按下述规定分为特定的尺寸组:

a) 确定尺寸的方法:

——外径:实测的最大直径;

——内径:实测的最小直径。

b) 除非经协商确定外,每一基本尺寸分为两个相同范围的组。

c) 鉴于难于确定制造厂和用户间计量的关系,分组仅作为选配时的参考,而不应作为边缘情况下绝对尺寸的分段。

d) 除非与制造厂有特殊的协议,否则制造厂提供的将是随机的和非确定的尺寸组。

11 力矩测试条件

11.1 通则

球轴承力矩可规定为"旋转力矩"和"启动力矩",其定义分别规定在 GB/T 6930—2002 的 06.01.02 和 06.01.01。

力矩的标准单位为微牛米(μN·m),它的多倍次单位亦可使用。

除另有规定外,轴承的轴线应处于铅垂位置。

11.2 测试条件

11.2.1 环境条件

测试应在可控制清洁度的环境中和无振动的底座上进行,温度保持在 20 ℃~25 ℃,相对湿度应保持在 55%以下。

11.2.2 轴承测试预备条件

测试前轴承应退磁,并在经适当过滤的清洁矿物溶剂中清洗。轴承应采用规定数量和品质的润滑剂进行润滑,并缓慢旋转,使润滑剂均匀分布。

11.2.3 测试载荷

轴向载荷(见 3.6)规定如下:

a) 轴承外径≤8 mm(0.312 5 in):0.75 N。

b) 轴承外径>8 mm(0.312 5 in):按协议,取 1.5 N 或 4 N。

11.2.4 测试范围

测试应确保无装填槽球轴承在正反两个旋转方向上和两个加载方向上均在规定的力矩极限内进行;对于角接触球轴承和其他只能承受单一方向轴向载荷的轴承,仅在承受载荷的法线方向上规定。

11.2.4.1 旋转力矩

测试时,旋转的轴承套圈的旋转角度不应小于 720°。

11.2.4.2 启动力矩

测试应规定最少启动次数,每次启动应规定行程的最小弧度。

11.2.4.3 重复测试的规定

按规定测试未能通过的轴承应退磁、清洗、润滑,再测试。第二次测试还未能通过的轴承应退磁、清洗、润滑,再次进行测试。所有未能通过第三次测试的轴承视为不合格。

11.3 在不同类型测试设备上测试结果的相互关系

由于没有两个轴承的平均力矩值(见 3.5)和最大力矩值(见 3.4)是完全相同的,而且,由于不同类型的测试设备力矩峰值的范围和放大程度不同,不同类型的测试设备之间所测量结果的关系是难以确定的。因此,除非由制造厂和用户协商在不同测试设备上的测试结果的相互关系已经确定并达成共识,否则力矩值的规定应以具体类型和设计的测试设备为基础。

12 轴承屈服比极限

为控制旋转件相对其支承件的精确位置,应规定轴承的屈服比极限。轴承屈服比极限取决于对轴承接触角和(或)预载荷的特定控制。

接触角由轴承径向游隙的大小、内部设计和施加的轴向预载荷确定,并在很大程度上决定了轴向和径向屈服比的大小。规定了接触角公差,常用的径向游隙标准就不再适用。

形成轴向预载荷的方法是,由轴承外部调节系统加载或采用施加了轴向预载荷的组配轴承,给一个轴承施加轴向载荷,压向另一个轴承。使用组配轴承时,当相应的套圈组合在一起,就会在该对轴承内形成所需要的轴向载荷。在这种情况下,组配轴承的宽度公差可能会超出单个套圈宽度的正常公差。

由于应用领域有许多特殊要求,而且由于对轴向预载荷和接触角的控制会影响使用寿命和限制力矩,因此,只有在供需双方协商一致后,才能确定其技术要求。

附 录 A
（资料性附录）
英制单位信息

表 A.1～表 A.7 给出了本标准规范性要素所对应的英制单位（非国际单位）的信息。

表 A.1 英制系列轴承外形尺寸

单位为英寸

d	D	B 和 C	$r_{s\ min}$[a]	$r_{1s\ min}$[a]	凸缘轴承		适用的轴承类型
					D_1	C_1	
0.025	0.1	0.031 2	0.003	0.003	—	—	开式
0.04	0.125	0.046 9	0.003	0.003	—	—	开式
0.046 9	0.156 2	0.062 5	0.003	0.003	0.203	0.013	开式
0.046 9	0.156 2	0.093 7	0.003	0.003	0.203	0.031	闭式
0.055	0.187 5	0.078 1	0.003	0.003	0.234	0.023	开式
0.055	0.187 5	0.109 4	0.003	0.003	0.234	0.031	闭式
0.078 1	0.25	0.093 7	0.003	0.003	0.296	0.023	开式
0.078 1	0.25	0.140 6	0.003	0.003	0.296	0.031	闭式
0.093 7	0.187 5	0.062 5	0.003	0.003	0.234	0.018	开式
0.093 7	0.187 5	0.093 7	0.003	0.003	0.234	0.031	闭式
0.093 7	0.312 5	0.109 4	0.005	0.003	0.359	0.023	开式
0.093 7	0.312 5	0.140 6	0.005	0.003	0.359	0.031	闭式
0.125	0.25	0.093 7	0.003	0.003	0.296	0.023	开式
0.125	0.25	0.109 4	0.003	0.003	0.296	0.031	闭式
0.125	0.312 5	0.109 4	0.003	0.003	0.359	0.023	开式
0.125	0.312 5	0.140 6	0.003	0.003	0.359	0.031	闭式
0.125	0.375	0.109 4	0.005	0.003	0.422	0.023	开式
0.125	0.375	0.140 6	0.005	0.003	0.422	0.031	闭式
0.125	0.375	0.156 2	0.012	0.006	0.44	0.03	开式，闭式
0.125	0.5	0.171 9	0.012	0.006	—	—	开式，闭式
0.156 2	0.312 5	0.109 4	0.003	0.003	0.359	0.023	开式
0.156 2	0.312 5	0.125	0.003	0.003	0.359	0.036	闭式
0.187 5	0.312 5	0.109 4	0.003	0.003	0.359	0.023	开式
0.187 5	0.312 5	0.125	0.003	0.003	0.359	0.036	闭式
0.187 5	0.375	0.125	0.003	0.003	0.422	0.023	开式
0.187 5	0.375	0.125	0.003	0.003	0.422	0.031	闭式
0.187 5	0.5	0.156 2	0.012	0.006	—	—	开式
0.187 5	0.5	0.196	0.012	0.006	0.565	0.042	开式[b]，闭式
0.218 7	0.312 5	0.109 4	0.003	0.003	—	—	开式
0.25	0.375	0.125	0.003	0.003	0.422	0.023	开式
0.25	0.375	0.125	0.003	0.003	0.422	0.036	闭式
0.25	0.5	0.125	0.005	0.003	0.547	0.023	开式
0.25	0.5	0.187 5	0.005	0.003	0.547	0.045	闭式
0.25	0.625	0.196	0.012	0.006	0.69	0.042	开式，闭式
0.25	0.75	0.218 8	0.016	0.008	—	—	开式

表 A.1（续）

单位为英寸

d	D	B 和 C	$r_{s\ min}$[a]	$r_{1s\ min}$[a]	凸缘轴承		适用的轴承类型
					D_1	C_1	
0.25	0.75	0.281 2	0.016	0.008	—	—	闭式
0.312 5	0.5	0.156 2	0.005	0.003	0.547	0.031	开式,闭式
0.375	0.625	0.156 2	0.01	0.005	0.69	0.042	开式
0.375	0.625	0.196	0.01	0.005	0.69	0.042	闭式
0.375	0.875	0.218 8	0.016	0.008	—	—	开式
0.375	0.875	0.281 2	0.016	0.008	0.969	0.062	开式[b],闭式

[a] 最大倒角尺寸见表 A.6。

[b] 仅适于带凸缘的开式轴承。

表 A.2　5A 级公差—内圈

单位为 0.000 1 英寸

d/in		Δ_{dmp}		Δ_{ds}		V_{dsp}	V_{dmp}	Δ_{Bs}[b]		V_{Bs}	K_{ia}	S_{dr}[c]	S_{ia}
>	≤	上极限偏差	下极限偏差	上极限偏差	下极限偏差	max	max	上极限偏差	下极限偏差	max	max	max	max
0.024[a]	0.394	0	−2	0	−2	1.2	1.2	0	−10	2	1.5	3	3

[a] 包括该尺寸。

[b] 配对或组配安装的轴承内圈的总宽度公差为 0 in～−0.007 9 in 乘以安装的轴承数。

[c] 内圈基准端面对内孔垂直度（S_d）为：

$$S_d = S_{dr} \times d_1/2(B - 2.4r_{s\ max})$$

S_{dr}按表 A.2 的规定，d_1 为内圈端面平均直径。

表 A.3　5A 级公差—外圈

单位为 0.000 1 英寸

D in		Δ_{Dmp}		Δ_{Ds}				V_{Dsp} 和 V_{Dmp}		Δ_{Cs}[b]		V_{Cs}	K_{ea}	S_D	S_{ea}	S_{ea1}	Δ_{C1s}		V_{C1s}	Δ_{D1s}	
				开式		闭式		开式	闭式												
>	≤	上极限偏差	下极限偏差	上极限偏差	下极限偏差	上极限偏差	下极限偏差	max	max	上极限偏差	下极限偏差	max	max	max	max	max	上极限偏差	下极限偏差	max	上极限偏差	下极限偏差
0.079[a]	0.709	0	−2	0	−2	+0.4	−2.4	1.2	2	0	−10	2	2	3.1	3.1	4	0	−20	2	0	−10
0.709	1.181	0	−2.4	0	−2.4	+0.4	−3	1.2	2	0	−10	2	2.4	3.1	3.1	4	0	−20	2	0	−10

[a] 包括该尺寸。

[b] 配对或组配安装的轴承外圈的总宽度公差为 0 in～−0.007 9 in 乘以安装的轴承数。

表 A.4　4A 级公差—内圈

单位为 0.000 1 英寸

d/in		Δ_{dmp}		Δ_{ds}		V_{dp}	V_{dmp}	Δ_{Bs}[b]		V_{Bs}	K_{ia}	S_{d1}[c]	S_{ia}
>	≤	上极限偏差	下极限偏差	上极限偏差	下极限偏差	max	max	上极限偏差	下极限偏差	max	max	max	max
0.024[a]	0.394	0	−2	0	−2	1	1	0	−10	1	1	1.2	1.2

[a] 包括该尺寸。

[b] 配对或组配安装的轴承内圈的总宽度公差为 0 in～−0.007 9 in 乘以安装的轴承数。

[c] 内圈基准端面对内孔垂直度(S_d)为：

$$S_d = S_{dr} \times d_1/2(B - 2.4r_{s\,max})$$

S_{dr}按表 A.4 的规定，d_1 为内圈端面平均直径。

表 A.5　4A 级公差——外圈

单位为 0.000 1 英寸

D in		Δ_{Dmp}		Δ_{Ds}				V_{Dsp}和V_{Dmp}		Δ_{Cs}[b]		V_{Cs}	K_{ea}	S_D	S_{ea}	S_{ea1}	Δ_{C1s}		V_{C1s}	Δ_{D1s}	
				开式		闭式		开式	闭式												
>	≤	上极限偏差	下极限偏差	上极限偏差	下极限偏差	上极限偏差	下极限偏差	max	max	上极限偏差	下极限偏差	max	max	max	max	max	上极限偏差	下极限偏差	max	上极限偏差	下极限偏差
0.079[a]	0.709	0	−2	0	−5	+0.4	−2.4	1	2	0	−10	1	1.4	1.6	2	3.1	0	−20	2	0	−10
0.709	1.181	0	−2	0	−2	+0.4	−2.4	1	2	0	−10	1	1.6	1.6	2	3.1	0	−20	2	0	−10

[a] 包括该尺寸。

[b] 配对或组配安装的轴承外圈的总宽度公差为 0 in～−0.007 9 in 乘以安装的轴承数。

表 A.6　最大倒角尺寸

单位为英寸

d	D	B 和 C	$r_{s\,max}$		$r_{1s\,max}$	
			径向	轴向	径向	轴向
0.025	0.1	0.031 2	0.007	0.007	0.007	0.007
0.04	0.125	0.046 9	0.007	0.007	0.007	0.007
0.046 9	0.156 2	0.062 5	0.009	0.009	0.007	0.007
0.046 9	0.156 2	0.093 7	0.009	0.012	0.009	0.012
0.055	0.187 5	0.078 1	0.009	0.009	0.009	0.009
0.055	0.187 5	0.109 4	0.009	0.012	0.009	0.012
0.078 1	0.25	0.093 7	0.009	0.012	0.009	0.012
0.078 1	0.25	0.140 6	0.009	0.012	0.009	0.012
0.093 7	0.187 5	0.062 5	0.008	0.008	0.008	0.008
0.093 7	0.187 5	0.093 7	0.008	0.012	0.008	0.012

表 A.6（续）

单位为英寸

d	D	B 和 C	$r_{s\ max}$		$r_{1s\ max}$	
			径向	轴向	径向	轴向
0.093 7	0.312 5	0.109 4	0.012	0.024	0.01	0.01
0.093 7	0.312 5	0.140 6	0.012	0.024	0.01	0.01
0.125	0.25	0.093 7	0.009	0.012	0.009	0.012
0.125	0.25	0.109 4	0.009	0.012	0.009	0.012
0.125	0.312 5	0.109 4	0.01	0.018	0.01	0.018
0.125	0.312 5	0.140 6	0.01	0.018	0.01	0.018
0.125	0.375	0.109 4	0.012	0.024	0.01	0.01
0.125	0.375	0.140 6	0.012	0.024	0.01	0.01
0.125	0.375	0.156 2	0.022	0.039	0.012	0.012
0.125	0.5	0.171 9	0.022	0.039	0.012	0.012
0.156 2	0.312 5	0.109 4	0.009	0.012	0.009	0.012
0.156 2	0.312 5	0.125	0.009	0.012	0.009	0.012
0.187 5	0.312 5	0.109 4	0.009	0.012	0.009	0.012
0.187 5	0.312 5	0.125	0.009	0.012	0.009	0.012
0.187 5	0.375	0.125	0.01	0.018	0.01	0.018
0.187 5	0.375	0.125	0.01	0.018	0.01	0.018
0.187 5	0.5	0.156 2	0.022	0.039	0.012	0.018
0.187 5	0.5	0.196	0.022	0.039	0.012	0.012
0.218 7	0.312 5	0.109 4	0.009	0.012	0.009	0.012
0.25	0.375	0.125	0.008	0.012	0.008	0.012
0.25	0.375	0.125	0.008	0.012	0.008	0.012
0.25	0.5	0.125	0.012	0.024	0.01	0.01
0.25	0.5	0.187 5	0.012	0.024	0.01	0.01
0.25	0.625	0.196	0.022	0.039	0.012	0.012
0.25	0.75	0.218 8	0.028	0.039	0.02	0.02
0.25	0.75	0.281 2	0.028	0.039	0.02	0.02
0.312 5	0.5	0.156 2	0.012	0.024	0.01	0.01
0.375	0.625	0.156 2	0.02	0.031	0.012	0.012
0.375	0.625	0.196	0.02	0.031	0.012	0.012
0.375	0.875	0.218 8	0.028	0.039	0.02	0.02
0.375	0.875	0.281 2	0.028	0.039	0.02	0.02

表 A.7　径向游隙

单位为 0.000 1 英寸

d/in		2 组		N 组		3 组	
>	≤	min	max	min	max	min	max
0.024[a]	0.394	0	2.5	1.5	4.5	4	8

[a] 包括该尺寸。

ICS 77.140.65
H 49

中华人民共和国国家标准

GB/T 5953.3—2012

冷镦钢丝
第3部分：非调质型冷镦钢丝

Steel wire for cold heading—
Part 3: Non-quenched and tempered steel wire for cold heading

2012-11-05 发布　　2013-05-01 实施

中华人民共和国国家质量监督检验检疫总局
中国国家标准化管理委员会　发布

前　言

本标准按照 GB/T 1.1—2009 给出的规则起草。

GB/T 5953《冷镦钢丝》分为三个部分：

——第 1 部分：热处理型冷镦钢丝；

——第 2 部分：非热处理型冷镦钢丝；

——第 3 部分：非调质型冷镦钢丝。

本部分为 GB/T 5953 的第 3 部分。

本部分由中国钢铁工业协会提出。

本部分由全国钢标准化技术委员会(SAC/TC 183)归口。

本部分主要起草单位：马钢(集团)控股有限公司、冶金工业标准信息研究院、贵州省理化测试分析研究中心。

本部分主要起草人：于同仁、孙维、李家华、宋强、汪开忠、朱红斌、王玲君、任翠英、方拓野。

冷镦钢丝
第3部分：非调质型冷镦钢丝

1 范围

GB/T 5953的本部分规定了非调质型冷镦钢丝(以下简称钢丝)的代号、订货内容、尺寸、外形、重量及允许偏差、技术要求、试验方法、检验规则、包装、标志和质量证明书。

本部分适用于制造螺栓、螺钉和螺柱等紧固件及其他冷成型零件用非调质钢钢丝。

2 规范性引用文件

下列文件对于本文件的应用是必不可少的。凡是注日期的引用文件，仅注日期的版本适用于本文件。凡是不注日期的引用文件，其最新版本(包括所有的修改单)适用于本文件。

GB/T 222 钢的成品化学成分允许偏差

GB/T 223.5 钢铁 酸溶硅和全硅含量的测定 还原型硅酸盐分光光度法

GB/T 223.9 钢铁及合金 铝含量的测定 铬天青S分光光度法

GB/T 223.10 钢铁及合金化学分析方法 铜铁试剂分离-铬天青S光度法测定铝量

GB/T 223.11 钢铁及合金 铬含量的测定 可视滴定或电位滴定法

GB/T 223.12 钢铁及合金化学分析方法 碳酸钠分离-二苯碳酰二肼光度法测定铬量

GB/T 223.13 钢铁及合金化学分析方法 硫酸亚铁铵滴定法测定钒含量

GB/T 223.14 钢铁及合金化学分析方法 钽试剂萃取光度法测定钒含量

GB/T 223.16 钢铁及合金化学分析方法 变色酸光度法测定钛量

GB/T 223.18 钢铁及合金化学分析方法 硫代硫酸钠分离-碘量法测定铜量

GB/T 223.19 钢铁及合金化学分析方法 新亚铜灵-三氯甲烷萃取光度法测定铜量

GB/T 223.23 钢铁及合金 镍含量的测定 丁二酮肟分光光度法

GB/T 223.24 钢铁及合金化学分析方法 萃取分离-丁二酮肟分光光度法测定镍量

GB/T 223.37 钢铁及合金化学分析方法 蒸馏分离-靛酚蓝光度法测定氮量

GB/T 223.40 钢铁及合金 铌含量的测定 氯磺酚S分光光度法

GB/T 223.53 钢铁及合金化学分析方法 火焰原子吸收分光光度法测定铜量

GB/T 223.54 钢铁及合金化学分析方法 火焰原子吸收分光光度法测定镍量

GB/T 223.58 钢铁及合金化学分析方法 亚砷酸钠-亚硝酸钠滴定法测定锰量

GB/T 223.59 钢铁及合金 磷含量的测定 铋磷钼蓝分光光度法和锑磷钼蓝光度法

GB/T 223.60 钢铁及合金化学分析方法 高氯酸脱水重量法测定硅含量

GB/T 223.61 钢铁及合金化学分析方法 磷钼酸铵容量法测定磷量

GB/T 223.62 钢铁及合金化学分析方法 乙酸丁酯萃取光度法测定磷量

GB/T 223.63 钢铁及合金化学分析方法 高碘酸钠(钾)光度法测定锰量

GB/T 223.67 钢铁及合金 硫含量的测定 次甲基蓝分光光度法

GB/T 223.68 钢铁及合金化学分析方法 管式炉内燃烧后碘酸钾滴定法测定硫含量

GB/T 223.69 钢铁及合金 碳含量的测定 管式炉内燃烧后气体容量法

GB/T 223.71 钢铁及合金化学分析方法 管式炉内燃烧后重量法测定碳含量

GB/T 223.72 钢铁及合金化学分析方法 氧化铝色层分离-硫酸钡重量法测定硫量
GB/T 223.74 钢铁及合金化学分析方法 非化合碳含量的测定
GB/T 223.75 钢铁及合金化学分析方法 甲醇蒸馏-姜黄素光度法测定硼量
GB/T 223.76 钢铁及合金化学分析方法 火焰原子吸收光谱法测定钒量
GB/T 223.78 钢铁及合金化学分析方法 姜黄素直接光度法测定硼含量
GB/T 224 钢的脱碳层深度测定法
GB/T 228.1 金属材料 室温拉伸试验方法 第1部分:室温试验方法
GB/T 230.1 金属洛氏硬度试验方法
GB/T 342—1997 冷拉圆钢丝、方钢丝、六角钢丝尺寸、外形、重量及允许偏差
GB/T 905 冷拉圆钢、方钢、六角钢尺寸、外形、重量及允许偏差
GB/T 2103 钢丝验收、包装、标志及质量证明书的一般规定
GB/T 4336 碳素钢和中低碳钢 火花源原子发射光谱分析方法(常规法)
GB/T 6394 金属平均晶粒度测定方法
GB/T 10561 钢中非金属夹杂物含量的测定标准评级图显微检验法
GB/T 13298 金属显微组织试验方法
GB/T 13299 钢的显微组织评定方法
GB/T 20066 钢和铁 化学成分测定用试样的取样和制样方法
GB/T 20123 钢铁 总碳硫含量的测定 高频感应红外吸收法
YB/T 081 冶金技术标准的数值修约与检测数据的判定原则
YB/T 5293 金属材料 顶锻试验方法

3 产品代号

按钢丝生产工艺流程非调质型钢丝状态为:拉拔;代号为:HD(hard drawing 的首字母)。

4 订货内容

按本部分订货的合同或订单应包括下列内容:

a) 本标准号;
b) 产品名称;
c) 钢的牌号及成分要求;
d) 尺寸与外形;
e) 重量(或数量);
f) 交货状态;
g) 其他要求。

5 尺寸、外形、重量及允许偏差

5.1 尺寸

5.1.1 钢丝的公称直径为 4.00 mm～19.00 mm。
5.1.2 钢丝直径允许偏差应符合 GB/T 342—1997 表 3 中 10 级的规定。
5.1.3 钢丝的不圆度应不大于直径公差之半。

5.2 外形

5.2.1 钢丝可以盘卷状交货，也可以直条状交货。

5.2.2 钢丝通常以盘卷状交货，盘卷应规整，不得散乱、扭曲或成“∞”字形。

5.2.3 钢丝以直条状交货，通常长度为 2.0 m～6.0 m，其平直度应不大于 2.0 mm/m。

5.3 重量

5.3.1 每盘钢丝应由一根钢丝组成，中间不允许焊接，最小盘重应不小于 200 kg 。

5.3.2 经双方商定，并在合同中注明，可提供额定盘重的钢丝，盘重允许偏差为±15%。

5.3.3 钢丝按实际重量交货。

6 技术要求

6.1 牌号及化学成分

6.1.1 钢丝用钢的牌号及化学成分(熔炼分析)应符合合同注明的相关标准。

6.1.2 钢丝成品化学成分允许偏差应符合 GB/T 222 的规定。

6.2 交货状态

6.2.1 钢丝交货状态为冷拔。

6.2.2 钢丝一般以盘卷状交货，根据需方要求并在合同中注明，也可以直条状交货。

6.3 力学性能

钢丝力学性能应符合表 1 的规定。

表 1 钢丝力学性能

序号	性能等级	力学性能，不小于				
		R_m/MPa	$R_{P0.2}$/MPa	断后伸长率 A/%	断面收缩率 Z/%	洛氏硬度/HRC
1	MFT8	810	640	12	52	22
2	MFT9	900	720	10	48	28
3	MFT10	1 040	940	9	48	32

6.4 顶锻

钢丝试样经冷顶锻至试样原高度的 1/2，表面不得有裂缝或裂口。

6.5 表面质量

6.5.1 钢丝表面应光滑，不得有裂纹、折叠、拉毛、发纹和锈蚀。但允许有深度不超过直径公差之半的个别凹坑、划伤和拉痕存在。

6.5.2 钢丝表面涂层要求由供需双方协议确定。

6.6 非金属夹杂物

根据需方要求，经供需双方协议，并在合同中注明，钢丝可进行非金属夹杂物检验，合格级别由供需双方协商确定。

7 试验方法

钢丝的检验项目、取样数量、取样部位及试验方法应符合表 2 的规定。对取样数量及部位有其他要求，可由供需双方协议确定。

表 2 检验项目、取样数量、取样部位和试验方法

序号	检验项目	取样数量	取样部位	试验方法
1	化学成分	1 盘(支)/批	GB/T 20066	GB/T 223、 GB/T 4336、 GB/T 20123
2	拉伸试验	3 盘(支)/批	3 盘(支)一端	GB/T 228.1
3	顶锻试验	3 盘(支)/批	3 盘(支)一端	YB/T 5293
4	洛氏硬度	3 盘(支)/批	3 盘(支)一端	GB/T 230.1
5	非金属夹杂物	2 盘(支)/批	不同根盘条	GB/T 10561
6	晶粒度	3 盘(支)/批	3 盘(支)一端	GB/T 6394
7	脱碳层	3 盘(支)/批	3 盘(支)一端	GB/T 224
8	尺寸	逐盘(支)	整盘(支)	适宜精度的量具
9	表面质量	逐盘(支)	整盘(支)	目测

注 1：化学成分仲裁分析采用 GB/T 223 规定的分析方法。

注 2：订货数量少于 3 盘时，逐盘取样。

8 检验规则

8.1 钢丝质量检查与验收由供方质量管理部门进行。

8.2 钢丝应按批检查和验收，每批由同一炉号、同一尺寸、同一交货状态的钢丝组成。

8.3 钢丝的检查、验收执行 GB/T 2103 的规定。

8.4 力学性能试验结果不合格，可按 GB/T 2103 的规定进行复验。

8.5 数值修约应符合 YB/T 081 的有关规定。

9 包装、标志和质量证明书

需方无特殊要求时，由供方从 GB/T 2103 中选择合适的包装方式。钢丝的标志和质量证明书应符合 GB/T 2103 的规定。

ICS 31.060.20
L 11

中华人民共和国国家标准

GB/T 5969—2012/IEC 60384-9-1:2005
代替 GB/T 5969—1996

电子设备用固定电容器 第9-1部分:空白详细规范 2类瓷介固定电容器 评定水平 EZ

**Fixed capacitors for use in electronic equipment—
Part 9-1: Blank detail specification—
Fixed capacitor of ceramic dielectric, Class 2—
Assessment level EZ**

(IEC 60384-9-1:2005, IDT)

2012-11-05 发布　　2013-02-15 实施

中华人民共和国国家质量监督检验检疫总局
中国国家标准化管理委员会　发布

前　言

《电子设备用固定电容器》系列国家标准分为如下若干部分:

——第1部分:总规范(GB/T 2693—2001/IEC 60384-1:1999);

——第2部分:分规范　金属化聚乙烯对苯二甲酸酯膜介质直流固定电容器(GB/T 7332—2011/IEC 60384-2:2005);

——第2-1部分:空白详细规范　金属化聚乙烯对苯二甲酸酯膜介质直流固定电容器　评定水平E和EZ(GB/T 7333—2012/IEC 60384-2-1:2005);

——第3部分:分规范　表面安装 MnO_2 固体电解质钽固定电容器(IEC 60384-3:2007);

——第3-1部分:空白详细规范　表面安装 MnO_2 固体电解质钽固定电容器　评定水平EZ(IEC 60384-3-1:2007);

——第4部分:分规范　固体和非固体电解质铝电解电容器(GB/T 5993—2003/IEC 60384-4:1998,第1号修改单:2000);

——第4-1部分:空白详细规范　非固体电解质铝电解电容器　评定水平EZ(GB/T 5994—2003/IEC 60384-4:2000);

——第4-2部分:空白详细规范　固体(MnO_2)电解质铝电解电容器　评定水平EZ(IEC 60384-4-2:2007);

——第6部分:分规范　金属化聚丙烯薄膜介质直流固定电容器(IEC 60384-6:2005);

——第6-1部分:空白详细规范　金属化聚丙烯薄膜介质直流固定电容器　评定水平E(IEC 60384-6-1:2005);

——第7部分:分规范　金属箔式聚苯乙烯膜介质直流固定电容器(GB/T 10185—2012);

——第7-1部分:空白详细规范　金属箔式聚苯乙烯膜介质直流固定电容器　评定水平E(GB/T 10186—2012);

——第8部分:分规范　1类瓷介固定电容器(GB/T 5966—2011/IEC 60384-8:2005);

——第8-1部分:空白详细规范　1类瓷介固定电容器　评定水平EZ(GB/T 5967—2011/IEC 60384-8-1:2005);

——第9部分:分规范　2类瓷介固定电容器(GB/T 5968—2011/IEC 60384-9:2005);

——第9-1部分:空白详细规范　2类瓷介固定电容器　评定水平EZ(GB/T 5969—2011/IEC 60384-9-1:2005);

——第11部分:分规范　金属箔式聚乙烯对苯二甲酸乙二醇酯膜介质直流固定电容器(IEC 60384-11:2008);

——第11-1部分:空白详细规范　金属箔式聚乙烯对苯二甲酸乙二醇酯膜介质直流固定电容器　评定水平EZ(IEC 60384-11-1:2008);

——第12部分:分规范　金属箔式聚碳酸酯膜介质直流固定电容器(GB/T 10679—1995/IEC 60384-12:1988);

——第12-1部分:空白详细规范　金属箔式聚碳酸酯膜介质直流固定电容器　评定水平E(GB/T 10680—1995/IEC 60384-12-1:1988);

——第13部分:分规范　金属箔式聚丙烯膜介质直流固定电容器(IEC 60384-13:2006);

——第13-1部分:空白详细规范　金属箔式聚丙烯膜介质直流固定电容器　评定水平E和EZ(IEC 60384-13-1:2006);

——第 14 部分:分规范　抑制电源电磁干扰用固定电容器(GB/T 14472—1998/IEC 60384-14:1993,第 1 号修改单:1995);

——第 14-1 部分:空白详细规范　抑制电源电磁干扰用固定电容器　评定水平 D(GB/T 14473—1998/IEC 60384-14-1:1993);

——第 15 部分:分规范　非固体或固体电解质钽固定电容器(GB/T 7213—2003/IEC 60384-15:1982,第 1 号修改单:1987,第 2 号修改单:1992);

——第 15-1 部分:空白详细规范　固体电解质钽箔固定电容器　评定水平 E(GB/T 12794—1991/IEC 60384-15-1:1984);

——第 15-2 部分:空白详细规范　固体电解质烧结钽固定电容器　评定水平 E(GB/T 12795—1991/IEC 60384-15-2:1984);

——第 15-3 部分:空白详细规范　固体电解质和多孔阳极钽钽固定电容器　评定水平 E(GB/T 7214—2003/IEC 60384-15-3:1984);

——第 16 部分:分规范　金属化聚丙烯薄膜介质直流固定电容器(GB/T 10190—2010/IEC 60384-16:2005);

——第 16-1 部分:空白详细规范　金属化聚丙烯薄膜介质直流固定电容器　评定水平 E 和 EZ(GB/T 10191—2011/IEC 60384-16-1:2005);

——第 17 部分:分规范　金属化聚丙烯薄膜介质交流和脉冲固定电容器(IEC 60384-17:2005);

——第 17-1 部分:空白详细规范　金属化聚丙烯薄膜介质交流和脉冲固定电容器　评定水平 E 和 EZ(IEC 60384-17-1:2005);

——第 18 部分:分规范　表面安装固体和非固体电解质铝电解固定电容器(GB/T 17206—1998/IEC 60384-18:1993,第 1 号修改单:1998);

——第 18-1 部分:空白详细规范　表面安装固体(MnO_2)电解质铝固定电容器　评定水平 EZ(GB/T 17207—2012/IEC 60384-18-1:2007);

——第 18-2 部分:空白详细规范　非固体电解质表面安装铝电解质固定电容器　评定水平 E(GB/T 17208—1998/IEC 60384-18-2:1993);

——第 19 部分:分规范　金属化聚乙烯对苯二甲酸酯膜介质表面安装直流固定电容器(IEC 60384-19:2006);

——第 19-1 部分:空白详细规范　金属化聚乙烯对苯二甲酸酯膜介质表面安装直流固定电容器　评定水平 E(IEC 60384-19-1:2006);

——第 21 部分:分规范　表面安装 1 类多层瓷介固定电容器(GB/T 21041—2007/IEC 60384-21:2004);

——第 21-1 部分:空白详细规范　表面安装 1 类多层瓷介固定电容器(GB/T 21038—2007/IEC 60384-21-1:2004);

——第 22 部分:分规范　表面安装多层 2 类多层瓷介固定电容器(GB/T 21042—2007/IEC 60384-22:2004);

——第 22-1 部分:空白详细规范　表面安装 2 类多层瓷介固定电容器(GB/T 21040—2007/IEC 60384-22-1:2004)。

本部分为电子设备用固定电容器系列国家标准的第 9-1 部分。

本部分按 GB/T 1.1—2009 和 GB/T 20000.2—2009 给出的规则起草。

本部分是对 GB/T 5969—1996 进行的第一次修订,与相比 GB/T 5969—1996 相比,主要差异如下:

——由评定水平 E 变更为评定水平 EZ。

本标准使用翻译法等同采用 IEC 60384-9-1:2005《电子设备用固定电容器　第 9-1 部分:空白详细

规范　2类瓷介固定电容器　评定水平 EZ》。

为了便于使用，对 IEC 60384-9-1:2005 进行了一些编辑性修改。

本部分由中华人民共和国工业和信息化部提出。

本部分由全国电子设备用阻容元件标准化技术委员会(SAC/TC 165)归口。

本部分起草单位：国营第七一五厂。

本部分主要起草人：李悝、李红卫。

本部分所代替标准的历次版本发布情况为：

——GB 5969—1986；

——GB/T 5969—1996。

电子设备用固定电容器
第9-1部分：空白详细规范
2类瓷介固定电容器
评定水平EZ

空白详细规范

空白详细规范是分规范的一种补充性文件，它包括对详细规范的格式、编排和最少内容的要求。不遵守这些要求的详细规范，认为是不符合电子元件质量评定体系要求的规范。

制定详细规范时，应考虑分规范中1.4的内容。

首页括号内数字标注的位置上应填写下列相应内容：

详细规范的识别

(1) 授权起草本详细规范的组织：IEC或国家标准机构。

(2) IEC或国家标准的详细规范编号、发布日期以及国家体制需要的全部内容。

(3) IEC或国家标准的总规范编号及其版本号。

(4) IEC或国家标准的空白详细规范编号。

电容器的识别

(5) 该类型电容器的简述。

(6) 典型结构的简述(适用时)。

注：当电容器不是设计用于印制电路板时，在详细规范的这个位置上应该明确地加以说明。

(7) 影响互换性的主要尺寸的外形图，和/或引用的国家或国际的外形方面的文件。这种图形也可以在详细规范附录中给出。

(8) 应用或涉及的应用组别和/或评定水平。

注：详细规范中采用的一个或几个评定水平，应从分规范中3.5.4中选取。这意味着只要试验组的划分不变，几个评定水平可以共用一个空白详细规范。

(9) 重要特性的参考数据，以便在各种类型电容器之间进行比较。

<table>
<tr><td>(1)</td><td>GB/T 5969—2012
IEC 60384-9-1:2005
QC 300701-×××
(2)</td></tr>
<tr><td rowspan="2">电子元器件质量评定水平按：

(3)</td><td>GB/T 5969
IEC 60384-9-1
(4)</td></tr>
<tr><td rowspan="2">2类瓷介固定电容器 (5)</td></tr>
<tr><td rowspan="3">外形图(见表1)
(...角投影图)

(7)

(在规定尺寸范围内允许用其他形状)</td></tr>
<tr><td>(6)</td></tr>
<tr><td>评定水平:EZ (8)</td></tr>
</table>

按本详细规范鉴定合格的元件有效数据在 IEC QC 001005 中给出。

(9)

1 一般数据

1.1 推荐的安装方法

（见 GB/T 5968—2011 中 1.4.2）。

1.2 尺寸

表 1 外形尺寸代码和尺寸

外形尺寸代码	尺寸 mm						
	Φ	L	H	d	……		
当没有规定外形尺寸代码时，表 1 可以省略，其尺寸应在表 2 中给出，然后将表 2 改为表 1。 尺寸应给出最大尺寸或标称尺寸及允许偏差。							

1.3 额定值和特性

标称电容量范围（见表 2）；
标称电容量允许偏差；
额定电压；
气候类别；
额定温度；
损耗角正切；
绝缘电阻；
电容量温度特性。

表 2 额定电压、电容量与外形尺寸的关系

额定电压					
标称电容量 （pF 和/或 nF）	允许偏差 %	外形尺寸	外形尺寸	外形尺寸	外形尺寸

表 3 电容量温度特性

温度范围	允许电容量变化	
	不施加电压	施加额定电压
−…℃/+…℃	+…%/−…%	+…%/−…%

1.4 规范性引用文件

下列文件对于本文件的应用是必不可少的。凡是注日期的引用文件，仅注日期的版本适用于本文件。凡是不注日期的引用文件，其最新版本(包括所有的修改)适用于本文件。

GB/T 5968—2011 电子设备用固定电容器 第 9 部分：分规范 2 类瓷介固定电容器(IEC 60384-9:2005,IDT)

IEC 60410:1973 计数抽样检验方法和程序(Sampling plans and procedures for inspection by attributes)

1.5 标志

电容器上的标志和包装上的标志应符合 GB/T 5968—2011 中 1.6 的要求。

应在详细规范中详细地规定电容器和包装上的标志细节。

1.6 订货资料

订购本部分所包括的电容器的订货单，应用一般文字或代码形式至少应包括下列内容：

a) 标称电容量；

b) 标称电容量允许偏差；

c) 额定电压；

d) 电容量温度特性；

e) 详细规范的编号及版本号，以及品种代码。

1.7 放行批证明记录

要求/不要求。

1.8 附加内容(不检验)

1.9 对总规范和(或)分规范的规定而言，增加和提高的严酷等级和要求

注：在必要时，才规定增加或提高要求。

表 4 其他特性

此表用于对分规范中规定特性的增加或严酷等级的提高

2 检验要求

2.1 程序

2.1.1 鉴定批准程序应符合 GB/T 5968—2011 中 3.4 的规定。

2.1.2 质量一致性试验一览表(表 5)应包括抽样、周期、严酷等级和要求。GB/T 5968—2012 中 3.5.1 包括了检验批的构成。

表 5 质量一致性试验一览表

条款号和试验项目[a]	D 或 ND	试验条件[a]	样品数和允许不合格品数[b] IL	n	c	性能要求[a]
A 组检验(逐批) A0 分组	ND		100%[c]			
4.3.1 电容量		频率:…kHz 测量电压:…V				在允许偏差范围内
4.3.2 损耗角正切		频率和测量电压与 4.3.1 相同				按 4.3.2.3
4.3.3 绝缘电阻(试验 A)		方法:				按 4.3.3.2
4.3.4 耐电压(试验 A)		方法:				无击穿或飞弧
A1 分组 4.2 外观检查	ND		S-4	[d]	0	按 4.2 标志清晰并按本部分 1.5 规定
A2 分组 4.2 尺寸(规检的)[e]	ND		S-3	[d]	0	按本部分表 1 规定
B 组检验(逐批) B1 分组 4.7 可焊性	D	方法:…	S-3	[d]	0	适用时,良好镀锡应表现为焊料自由流动并与引线湿润或焊料应在…s 内流合
4.15 标志耐溶剂性(适用时)		溶剂:… 溶剂温度:… 方法 1 擦拭材料:脱脂棉 恢复:…				标志清晰
B2 分组[g] 4.4 电容量温度特性	ND	专门预处理:按 4.1 电容量	S-2	[d]	0	$\Delta C/C$ 按 4.4.3
条款号和试验项目[a]	**D 或 ND**	**试验条件[a]**	**样品数和允许不合格品数[b] p**	**n**	**c**	**性能要求[a]**
C 组检验(周期) C1A 分组 C1 分组样品的一部分	D		6	9	0[f]	
4.2 尺寸(详细的)						按本部分表 1 的规定
4.5 引出端强度		外观检查				无可见损伤
4.6.2 初始测量		电容量				
4.6 耐焊接热		专门预处理:按 4.1 方法:__				
4.6.4 最后测量		外观检查 电容量				无可见损伤 标志清晰 $\Delta C/C$ 按 4.6.4
4.16 元件耐溶剂性(如果适用)		溶剂:__ 溶剂温度:__ 方法 2 恢复:24±2 h				

表 5（续）

条款号和试验项目[a]	D 或 ND	试验条件[a]	样品数和允许不合格品数[b]			性能要求[a]
			p	n	c	
C1B 分组 C1 分组样品的另一部分	D		6	18	0[f]	
4.8　温度快速变化		专门预处理：按 4.1				
4.8.2　初始测量		电容量 T_A：下限类别温度 T_B：上限类别温度 5 次循环 持续时间：$t_1=30$ min 恢复：24 h±2 h 外观检查				 无可见损伤
4.9　振动		安装方法：见本部分 1.1 频率范围__ Hz～__ Hz 振幅 0.75 mm 或加速度 100 m/s²（严酷度取较小者） 总持续时间：6 h				
4.9.2　中间检查		外观检查				无可见损伤
4.10　碰撞（或冲击，见 4.11）		安装方法：见本部分 1.1 加速度：__ m/s² 脉冲持续时间：__ ms				
4.11　冲击（或碰撞，见 4.10）		安装方法：见本部分 1.1 加速度：__ m/s² 脉冲持续时间：__ ms				
4.10.3　最后检查、测量 或 4.11.3		外观检查 电容量				无可见损伤 标志清晰 ΔC/C 按 4.11.3
C1 分组 C1A 和 C1B 分组样品的总和	D		6	27	0[f]	
4.12　气候顺序		专门预处理：按 4.1				
4.12.1.1　初始测量		电容量				
4.12.2　干热		温度：上限类别温度 持续时间：16 h				
4.12.3　循环湿热，试验 Db，第一个循环						
4.12.4　寒冷		温度：下限类别温度 持续时间：2 h 外观检查				 无可见损伤
4.12.5　低气压（如果详细规范有要求）		气压：8 kPa				
4.12.5.3　中间测量		外观检查				无击穿或飞弧
4.12.6　循环湿热，试验 Db，其余循环		恢复：24 h±2 h				
4.12.6.3　最后检查和测量		外观检查 电容量 损耗角正切 绝缘电阻				无可见损伤 标志清晰 ΔC/C 按 4.12.6.3 按 4.12.6.3 按 4.12.6.3

表 5（续）

条款号和试验项目[a]	D或ND	试验条件[a]	样品数和允许不合格品数[b]			性能要求[a]
			p	*n*	*c*	
C2 分组	D		6	15	0[f]	
4.13 稳态湿热		专门预处理:按 4.1				
4.13.2 初始测量		电容量				
		恢复:24 h±2 h				
4.13.5 最后测量		外观检查				无可见损伤 标志清晰
		电容量				$\Delta C/C$ 按 4.13.5
		损耗角正切				按 4.13.5
		绝缘电阻				按 4.13.5
C3 分组	D		3	21	0[f]	
4.14 耐久性		专门预处理:按 4.1 电压:__ V 持续时间:__ h				
4.14.2 初始测量		电容量				
		恢复:24 h±2 h				
4.14.5 最后测量		外观检查				无可见损伤 标志清晰
		电容量				$\Delta C/C$ 按 4.14.5
		损耗角正切				按 4.14.5
		绝缘电阻				按 4.14.5
C4 分组	ND		12	9	0[f]	
4.4 电容量温度特性		专门预处理:按 4.1 电容量				$\Delta C/C$ 按 4.4.3

[a] 试验项目和性能要求的条款号是引自分规范 GB/T 5968—2011 和本部分的第 1 章。

[b] 在本表中：*p*—周期(月)；*n*—样本大小；*c*—接受标准(允许不合格品数)；D—破坏性的；ND—非破坏性的；*IL*—检查水平。

[c] 为了按照每百万不合格产品数(10^{-6})来监控最后的质量水平，抽样复验要 100%进行试验。抽样水平应由制造厂决定。计算 10^{-6} 数值时，任何一个参数不合格都应当算作一个不合格项。当样本中有一项或多项不合格时，这批产品就应当被拒收。

[d] 检查水平和 AQL(合格质量水平)选自 IEC 60410 计数检查抽样方案和程序。

[e] 如果制造厂在尺寸测量和其他设备上安装了 SPC 进行尺寸控制，则该检验可以用生产检测代替。

[f] 如果 C 组试验有一个项目不合格，允许用一组新的样品重新进行该分组试验。在重新试验期间不影响产品的放行。

[g] 如果介质材料的每一生产批已进行过相应的试验，则本检验组可以省略。

ICS 19.120
A 28

中华人民共和国国家标准

GB/T 6003.1—2012
代替 GB/T 6003.1—1997

试验筛　技术要求和检验
第1部分:金属丝编织网试验筛

Test sieves—Technical requirements and testing—
Part 1:Test sieves of metal wire cloth

(ISO 3310-1:2000,MOD)

2012-09-03 发布　　　　2013-03-01 实施

中华人民共和国国家质量监督检验检疫总局
中国国家标准化管理委员会　发布

前　言

GB/T 6003《试验筛　技术要求和检验》包括以下3个部分：

——第1部分：金属丝编织网试验筛；

——第2部分：金属穿孔板试验筛；

——第3部分：电成型薄板试验筛。

本部分为GB/T 6003的第1部分。

本部分按照GB/T 1.1—2009给出的规则起草。

本部分代替GB/T 6003.1—1997《金属丝编织网试验筛》。与GB/T 6003.1—1997相比，主要技术变化如下：

——修改了标准的标题；

——增加了筛网合格文件(见5.3)；

——修改了技术要求和试验方法，引入标准偏差σ，提高了网孔测量的精密度，保证检测数据的可靠性；

——将网孔尺寸公差修改为网孔尺寸偏差。

本部分使用重新起草法修改采用ISO 3310-1:2000《试验筛　技术要求和检验　第1部分：金属丝编织网试验筛》和技术勘误表Cor 1:2004(英文版)。

本部分与ISO 3310-1:2000存在技术性差异，这些差异涉及的条款已通过在其外侧页边空白位置的垂直单线(|)进行了标示。技术性差异及其原因如下：

——关于规范性引用文件，本标准做了具有技术性差异的调整，以适应我国的技术条件，调整的情况集中反映在第2章"规范性引用文件"中，具体调整如下：

- 用修改采用国际标准的GB/T 5329《试验筛与筛分试验　术语》代替ISO 9045:1990；
- 用修改采用国际标准的GB/T 6005《试验筛　金属丝编织网、穿孔板和电成型薄板　筛孔的基本尺寸》代替ISO 565:1990；

——增加了试验筛标记的规定(见4.3)；

——增加了推荐使用的材料(见5.1.2.4)；

——修改了界定术语和定义的引用标准(见第3章)；

——修改了筛网合格文件(见5.3)；

为便于使用，本部分还做了下列编辑性修改：

纳入国际标准修正案或技术勘误的内容，在改动过的条款的外侧页边空白位置的垂直双线(‖)进行了标示。

本部分由全国颗粒表征与分检及筛网标准化技术委员会(SAC/TC 168)提出并归口。

本部分起草单位：中机生产力促进中心、新乡市巴山精密滤材有限公司、河南新乡新航丝网滤器有限公司。

本部分主要起草人：余方、刘鹤青、宋如轩、陈衍油。

本部分所代替标准的历次版本发布情况为：

——GB/T 6003—1985；

——GB/T 6003.1—1997。

试验筛　技术要求和检验
第1部分：金属丝编织网试验筛

1　范围

GB/T 6003的本部分规定了金属丝编织网试验筛的技术要求和试验方法。

本部分适用于GB/T 6005中筛孔尺寸从20 μm到125 mm的试验筛。

2　规范性引用文件

下列文件对于本文件的应用是必不可少的。凡是注日期的引用文件，仅注日期的版本适用于本文件。凡是不注日期的引用文件，其最新版本（包括所有的修改单）适用于本文件。

GB/T 5329　试验筛与筛分试验　术语（ISO 2395：1990，MOD）

GB/T 6005—2008　试验筛　金属丝编织网、穿孔板和电成型薄板　筛孔的基本尺寸（ISO 565：1990，MOD）

ISO 2591-1：1988　筛分试验　第1部分：用于金属丝编织网及金属穿孔板的筛分试验方法（Test sieving—Part 1：Methods using test sieves of woven wire cloth and perforated metal plate）

3　术语和定义

GB/T 5329界定的术语和定义适用于本文件。

4　标记

4.1　标记方法

金属丝编织网试验筛的标记由筛框尺寸、网孔的基本尺寸和金属丝直径的优选尺寸和标准号组成，即：

筛框尺寸—网孔的基本尺寸/金属丝直径的优选尺寸　标准编号；单位均为mm。

4.2　单位

筛孔尺寸大于或等于1 mm的，用mm表示；筛孔尺寸小于1 mm的，用μm表示。

4.3　标记示例

筛框尺寸为ϕ200×50 mm，网孔基本尺寸为90 mm，金属丝直径为6.3 mm的金属丝编织网试验筛的标记为：

ϕ200×50—90/6.3　GB/T 6003.1—2012

筛框尺寸为ϕ200×50 mm，网孔基本尺寸为900 μm，金属丝直径为500 μm的金属丝编织网试验筛的标记为：

ϕ200×50—0.9/0.5　GB/T 6003.1—2012

5 金属丝编织网

5.1 技术要求

网孔尺寸偏差和金属丝直径按表1和表2的规定。

5.1.1 网孔尺寸偏差和标准偏差

5.1.1.1 在表1和表2中所给出的网孔公差 X、Y、σ_0，要求在经线和纬线方向上的网孔中心线上(见图1)对网孔尺寸进行测量。

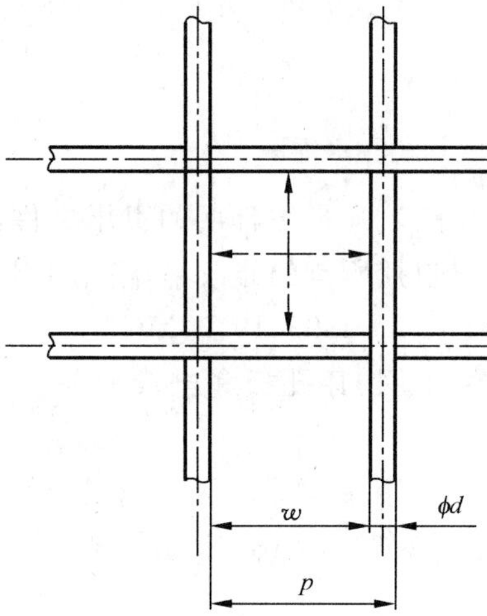

说明：

w——网孔尺寸；

d——丝径；

p——孔距($w+d$)。

图1 网孔尺寸

表1 网孔尺寸偏差和金属丝直径选择

单位为毫米

网孔基本尺寸 w[a]			网孔尺寸偏差			金属丝直径 d		
主要尺寸	补充尺寸		任意网孔极限偏差	网孔尺寸平均偏差	最大标准偏差	优选尺寸	允许选择范围	
R20/3	R20	R40/3	$+X$	$\pm Y$	σ_0	d_{nom}	d_{max}	d_{min}
(1)	(2)	(3)	(4)	(5)	(6)	(7)	(8)	(9)
125	125	125	4.51	3.66	b	8	9.2	6.8
	112		4.15	3.29		8	9.2	6.8
		106	3.99	3.12		6.3	7.2	5.4
	100		3.82	2.94		6.3	7.2	5.4
90	90	90	3.53	2.66		6.3	7.2	5.4
	80		3.24	2.37		6.3	7.2	5.4
		75	3.09	2.22		6.3	7.2	5.4

表 1（续）

单位为毫米

网孔基本尺寸 w^a			网孔尺寸偏差			金属丝直径 d		
主要尺寸	补充尺寸		任意网孔极限偏差	网孔尺寸平均偏差	最大标准偏差	优选尺寸	允许选择范围	
R20/3	R20	R40/3	$+X$	$\pm Y$	σ_0	d_{nom}	d_{max}	d_{min}
(1)	(2)	(3)	(4)	(5)	(6)	(7)	(8)	(9)
	71		2.97	2.1		5.6	6.4	4.8
63	63	63	2.71	1.87		5.6	6.4	4.8
	56		2.49	1.67	[b]	5	5.8	4.3
		53	2.39	1.58		5	5.8	4.3
	50		2.29	1.49		5	5.8	4.3
45	45	45	2.12	1.35	1.000	4.5	5.2	3.8
	40		1.94	1.2	1.000	4.5	5.2	3.8
		37.5	1.85	1.13	1.000	4.5	5.2	3.8
	35.5		1.78	1.07	1.000	4	4.6	3.4
31.5	31.5	31.5	1.63	0.95	1.000	4	4.6	3.4
	28		1.5	0.85	1.000	3.55	4.1	3
		26.5	1.44	0.8	1.000	3.55	4.1	3
	25		1.38	0.76	1.000	3.55	4.1	3
22.4	22.4	22.4	1.27	0.68	0.920	3.55	4.1	3
	20		1.17	0.61	0.780	3.15	3.6	2.7
		19	1.13	0.58	0.729	3.15	3.6	2.7
	18		1.08	0.55	0.690	3.15	3.6	2.7
16	16	16	0.99	0.49	0.610	3.15	3.6	2.7
	14		0.9	0.43	0.530	2.8	3.2	2.4
		13.2	0.86	0.41	0.506	2.8	3.2	2.4
	12.5		0.83	0.39	0.480	2.5	2.9	2.1
11.2	11.2	11.2	0.77	0.35	0.430	2.5	2.9	2.1
	10		0.71	0.31	0.385	2.5	2.9	2.1
		9.5	0.68	0.3	0.372	2.24	2.6	1.9
	9		0.65	0.28	0.350	2.24	2.6	1.9
8	8	8	0.6	0.25	0.315	2	2.3	1.7
	7.1		0.55	0.22	0.280	1.8	2.1	1.5
		6.7	0.53	0.21	0.269	1.8	2.1	1.5
	6.3		0.51	0.2	0.255	1.8	2.1	1.5
5.6	5.6	5.6	0.47	0.18	0.235	1.6	1.9	1.3
	5		0.43	0.16	0.210	1.6	1.9	1.3
		4.75	0.41	0.15	0.199	1.6	1.9	1.3

表 1（续）

单位为毫米

网孔基本尺寸 w[a]			网孔尺寸偏差			金属丝直径 d		
主要尺寸	补充尺寸		任意网孔极限偏差	网孔尺寸平均偏差	最大标准偏差	优选尺寸	允许选择范围	
R20/3	R20	R40/3	$+X$	$\pm Y$	σ_0	d_{nom}	d_{max}	d_{min}
(1)	(2)	(3)	(4)	(5)	(6)	(7)	(8)	(9)
	4.5		0.4	0.14	0.190	1.4	1.7	1.2
4	4	4	0.37	0.13	0.175	1.4	1.7	1.2
	3.55		0.34	0.11	0.155	1.25	1.5	1.06
		3.35	0.32	0.11	0.151	1.25	1.5	1.06
	3.15		0.31	0.1	0.145	1.25	1.5	1.06
2.8	2.8	2.8	0.29	0.09	0.130	1.12	1.3	0.95
	2.5		0.26	0.08	0.117	1	1.15	0.85
		2.36	0.25	0.08	0.114	1	1.15	0.85
	2.24		0.24	0.07	0.110	0.9	1.04	0.77
2	2	2	0.23	0.07	0.105	0.9	1.04	0.77
	1.8		0.21	0.06	0.092	0.8	0.92	0.68
		1.7	0.2	0.06	0.087	0.8	0.92	0.68
	1.6		0.19	0.05	0.082	0.8	0.92	0.68
1.4	1.4	1.4	0.18	0.05	0.076	0.71	0.82	0.6
	1.25		0.16	0.04	0.069	0.63	0.72	0.54
		1.18	0.16	0.04	0.067	0.63	0.72	0.54
	1.12		0.15	0.04	0.064	0.56	0.64	0.48
1	1	1	0.14	0.03	0.059	0.56	0.64	0.48

注：所有网孔尺寸只适用于平纹编织。

[a] 符合 GB/T 6005—2008 中表 1 的规定。

[b] 测量网孔数量较少时，参数 σ_0 的计算不具有任何物理意义。

表 2　网孔尺寸偏差和金属丝直径选择

单位为微米

网孔基本尺寸 w[a]			网孔尺寸偏差			金属丝直径 d		
主要尺寸	补充尺寸		任意网孔极限偏差	网孔尺寸平均偏差	最大标准偏差	优选尺寸	允许选择范围	
R20/3	R20	R40/3	$+X$	$\pm Y$	σ_0	d_{nom}	d_{max}	d_{min}
(1)	(2)	(3)	(4)	(5)	(6)	(7)	(8)	(9)
	900		131	31	54.2	500	580	430
		850	127	29	52.2	500	580	430

表 2（续）

单位为微米

网孔基本尺寸 w^a			网孔尺寸偏差			金属丝直径 d		
主要尺寸	补充尺寸		任意网孔极限偏差	网孔尺寸平均偏差	最大标准偏差	优选尺寸	允许选择范围	
R20/3	R20	R40/3	$+X$	$\pm Y$	σ_0	d_{nom}	d_{max}	d_{min}
(1)	(2)	(3)	(4)	(5)	(6)	(7)	(8)	(9)
	800		122	28	50.2	450	520	380
710	710	710	112	25	45.8	450	520	380
	630		104	22	42	400	460	340
		600	101	21	40.5	400	460	340
	560		96	20	38.7	355	410	300
500	500	500	89	18	35.9	315	360	270
	450		84	16	33.2	280	320	240
		425	81	16	32.2	280	320	240
	400		78	15	30.9	250	290	210
355	355	355	72	13	28.2	224	260	190
	315		67	12	26.1	200	230	170
		300	65	12	25.4	200	230	170
	280		62	11	24.2	180	210	150
250	250	250	58	9.9	22.4	160	190	130
	224		54	9	20.8	160	190	130
		212	52	8.7	20	140	170	120
	200		50	8.3	19.4	140	170	120
180	180	180	47	7.6	18	125	150	106
	160		44	6.9	16.8	112	130	95
		150	43	6.6	16.3	100	115	85
	140		41	6.3	15.6	100	115	85
125	125	125	38	5.8	14.4	90	104	77
	112		36	5.4	13.6	80	92	68
		106	35	5.2	13.2	71	82	60
	100		34	5	12.8	71	82	60
90	90	90	32	4.6	12	63	72	54
	80		30	4.3	11.3	56	64	48
		75	29	4.1	10.9	50	58	43
	71		28	4	10.5	50	58	43
63	63	63	26	3.7	9.9	45	52	38

表 2（续）

单位为微米

网孔基本尺寸 w[a]			网孔尺寸偏差			金属丝直径 d		
主要尺寸	补充尺寸		任意网孔极限偏差	网孔尺寸平均偏差	最大标准偏差	优选尺寸	允许选择范围	
R20/3	R20	R40/3	$+X$	$\pm Y$	σ_0	d_{nom}	d_{max}	d_{min}
(1)	(2)	(3)	(4)	(5)	(6)	(7)	(8)	(9)
	56		25	3.5	9.3	40	46	34
		53	24	3.4	9	36	41	31
	50		23	3.3	8.7	36	41	31
45	45	45	22	3.1	8.3	32	37	27
	40		21	3	7.9	32	37	27
		38	20	2.9	7.7	30	35	24
R10	36		20	2.8	7.5	30	35	24
32			19	2.7	6.8	28	33	23
25			16	2.5	6.1	25	29	21
20			14	2.3	5.7	20	23	17
注：所有网孔尺寸适用于平纹编织；45 μm 及以下的网孔尺寸也可用于斜纹编织。								
[a] 符合 GB/T 6005—2008 中表 2 的规定。								

5.1.1.2　网孔尺寸超出基本尺寸不得大于 X：

$$X=\frac{2w^{0.75}}{3}+4w^{0.25} \qquad (1)$$

式中，X 和 w 的单位为 μm。

5.1.1.3　网孔平均尺寸 $\bar{w}$ 对基本尺寸的偏差范围不得超出 $\pm Y$：

$$Y=\frac{w^{0.98}}{27}+1.6 \qquad (2)$$

式中，Y 和 w 的单位为 μm。

5.1.1.4　在经线、纬线方向给出了最大网孔尺寸的标准偏差范围不得超出表 1 和表 2 中第(6)列给出的值 σ_0。

通过所有试验筛网孔 N，获得标准偏差，按式(3)计算：

$$\sigma=\sqrt{\frac{1}{N}\sum_{i=1}^{N}(w_i-w)^2} \qquad (3)$$

通过对网孔数 n 的测量得到标准偏差 s，列于表 4，按式(4)计算：

$$s=\sqrt{\frac{1}{n-1}\sum_{i=1}^{n}(w_i-\bar{w})^2} \qquad (4)$$

预测的标准偏差值 σ_s，按式(5)计算：

$$\sigma_s=K\times s \qquad (5)$$

K 值可以通过表 4 中的第(3)列和第(5)列查得。

用于合格和检验的 K 值也可以按式(6)计算：

$$K=1.2+\frac{2.5}{\sqrt{2n}} \qquad (6)$$

作为校准的 K 值可以按式(7)计算：

$$K=1.2+\frac{3.0}{\sqrt{2n}} \qquad \cdots\cdots(7)$$

注：附录 A 中给出了标准偏差的示例。

5.1.2 金属丝

5.1.2.1 表 1 和表 2 中给出的金属丝直径适用于试验筛用的金属丝编织网。

5.1.2.2 应优先采用表 1 和表 2 第 7 列中给出的金属丝直径。

金属丝的公称直径在表 1 和表 2 中的第(8)列 d_{max} 和第(9)列 d_{min} 之间取值，表 1 和表 2 中的第(7)列中允许选用的丝径偏差为±15%。

5.1.2.3 试验筛上的经丝和纬丝的丝径应为相同的规格，但允许有较小的尺寸差异。

5.1.2.4 推荐使用的材料：奥氏体不锈钢、锡青铜、黄铜。

5.2 试验方法

5.2.1 一般要求

筛网上任意网孔接受检测时都应该符合 5.1 中的要求。

——对于不多于 20 个网孔的筛网，应检查所有的网孔(见图 2)；

——对于超过 20 个网孔的试验筛，应按下列三个步骤进行检测。

在 5.2.3 和 5.2.4 所述的方法中，测量网孔尺寸应选用适宜的检测设备，其检测精度达到 1 μm，或达到所测网孔基本尺寸的网孔平均偏差 Y 的 1/4，取二者的较大值。

5.2.2 金属丝编织网总体外观的检查

贴靠在一个均匀的照明背景上观察丝网，如果在网的均匀外观上发现明显的缺陷，如：编织缺陷，皱褶和杂质，此筛网判为不合格。

5.2.3 网孔尺寸极限偏差 X 的检查

对所有网孔的外观进行检查，检查出过大尺寸的网孔，按网孔基本尺寸表 3 所列出的放大倍数的光学计量仪器测量，如发现任意一个过大尺寸网孔超出最大允许偏差 X，此筛网判为不合格。

表 3 最佳放大倍数

网孔基本尺寸	5 mm～500 μm	500 μm～250 μm	250 μm～20 μm
放大倍数	5～20	20～50	50～500

5.2.4 网孔尺寸 $\bar{w}$ 的平均偏差 ±Y 时、标准偏差 σ_0 和金属丝直径 d 的测量

图 2 和图 4 给出了在一个尺寸为 200 mm 的试验筛上测量每个网孔的位置。

如果某个筛网符合 5.2.2 和 5.2.3 的条件，按下面测量方法对平均网孔尺寸进行测量。

在直径为 200 mm 的试验筛上测量到的最小网孔数应满足表 4 中的规定，对于直径大于或小于 200 mm 的试验筛，应按照筛分面积的比例修改表 4 中的数值。

测量平均网孔尺寸时应按平行与纬丝和经丝两个方向上测量，被测的网孔应位于筛网的整个直径上(见图 3 和图 4)。

在筛网整个直径上，可以任意选择检测点，每个检测点至少要连续测 10 个网孔尺寸。

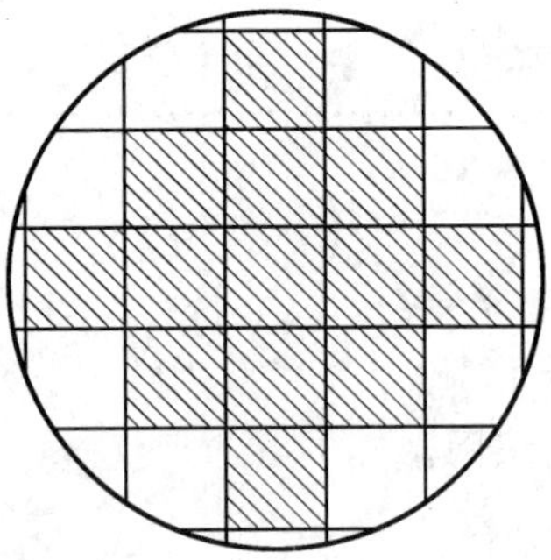

图 2 全部孔，最多可测量 20 个孔

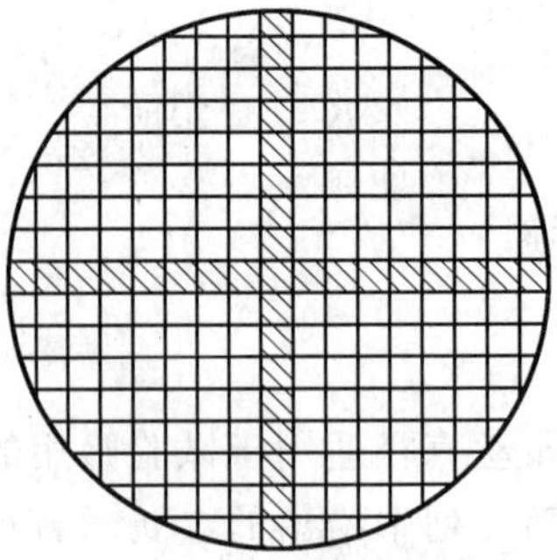

网孔以不规则间隔分布在所有的直径上，测量纬向和经向尺寸，每个网孔只测一个方向

图 3 十字交叉抽查的例子

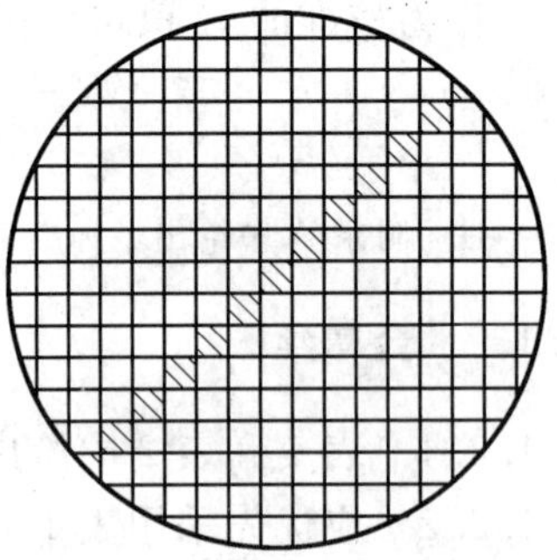

网孔以不规则的间隔分布在所有的直径线上，任意一个网孔都要测量纬向和经向两个方向尺寸

图 4 对角线抽查的例子

如果金属丝网采用斜纹编织（网孔≤45 μm）。则应该按图 5 所示，在网孔的中间部位测量，测量方向与金属丝轴线垂直。

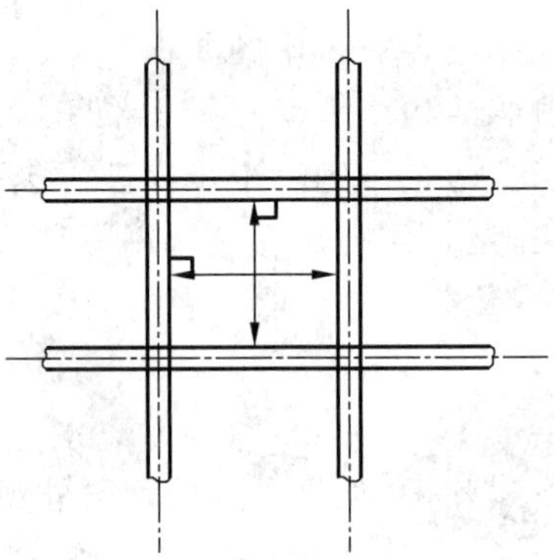

图 5 斜纹编织的结构

在合格证（5.3.2.1）、检验证（5.3.2.2）和校准证（5.3.2.3）中，如果所有的网孔都被测量，比较 σ 和 σ_0；如果不是所有的网孔都被测量，比较 σ_s 和 σ_0。

如果平均网孔尺寸 $\bar{w}$，标准偏差 σ_s 和丝径 d，不符合表 1 和表 2 的第(5)、(6)、(8)、(9)列所给的值，则该筛网不合格。

5.3 筛网合格文件

5.3.1 试验筛记录卡

制造商应在每片筛网上提供一个确认按 5.2 检测的记录卡（见附录 B），随后这张卡片可记录阶段测试和性能检查。

5.3.2 证书

所有的证书中都应该显示制造商的试验筛的名称或标识、序列号（批号）及日期。

5.3.2.1 合格证

如果没有特殊的要求，制造商应提供一个合格证明，内容包括已按 5.2 进行检测，且符合本部分要求，也可与试验筛记录卡一起出具（见附录 B）。

5.3.2.2 检验证

按用户特殊要求，制造商还应提供试验筛检验证明书，内容应包括分别在纬向和经向上测量的平均网孔尺寸，见表4第(2)列。

5.3.2.3 校准证

按用户特殊要求，制造商应提供筛网的校准证，应包括测量得到的网孔个数和丝径[见表4第(4)列]、平均网孔尺寸、标准偏差和在纬向和经向上测量平均丝径，编织方式应说明是平纹或斜纹编织。

表4 在200 mm的圆筛网上整个直径上按经向和纬向分别测量的最小网孔数

网孔基本尺寸	合格证和检验证		校准证	
w[a]	网孔个数	系数 K[b]	网孔个数	系数 K[c]
(1)	(2)	(3)	(4)	(5)
125 mm～25 mm	所有网孔(直径超过200 mm的大试验筛中最多25个)		所有网孔(直径超过200 mm的大试验筛中最多50个)	
22.4 mm～4 mm	2×15	1.66	2×30	1.59
3.55 mm～2.24 mm	2×20	1.60	2×40	1.54
2 mm～1.6 mm	2×25	1.55	2×50	1.50
1.4 mm～1 mm	2×40	1.48	2×80	1.44
900 μm～800 μm	2×40	1.48	2×80	1.44
710 μm～560 μm	2×50	1.45	2×100	1.41
500 μm～400 μm	2×60	1.43	2×120	1.39
355 μm～200 μm	2×80	1.40	2×160	1.37
180 μm～90 μm	2×100	1.38	2×200	1.35
80 μm～45 μm	2×100	1.38	2×250	1.33
40 μm～20 μm	2×100	1.38	2×300	1.32

[a] 网孔基本尺寸应符合GB/T 6005—2008中表1和表2的规定。

[b] 式(6)中的K值用于标准偏差估值σ_s的计算和提高标准偏差的精度：合格和检测证中标准偏差的精确度达99%。

[c] 式(7)中的K值用于标准偏差估值σ_s的计算和提高标准偏差的精度：校准证中标准偏差的精确度达99.73%(见附录A)。

6 试验筛筛框

应尽可能选用直径为200 mm的圆筛框，在非常细的试验筛和所筛物料非常少的情况下，可选更小的圆框。对于较大的网孔尺寸，可选300 mm的圆筛框或方筛框。网孔尺寸大于25 mm，且所筛物料量大的试验筛，可选更大的筛框。试验筛框的形状和尺寸对于筛分操作的结果没有影响，其要求见ISO 2591-1:1988的规定。

直径为200 mm的试验筛公差按照表5的规定。

表 5 直径为 200 mm 的试验筛公差

单位为毫米

试验筛框基本尺寸		有效的筛分表面的直径或长度		近似深度
D_1	D_2	min	max	H_1
$200^{0}_{+0.6}$	$200^{-0.1}_{-0.7}$	185	200	50 或 25
注：D_1 和 D_2 的公差也可以用于其他的公称尺寸，如 100 mm、300 mm 和 400 mm 等。				

7 试验筛的结构

相同规格(型式)的试验筛相互之间配合尺寸要适当。组合后置于筛机中筛分时，能整体同步运行，能防止物料溅出。筛框与筛面接缝连接应能防止物料泄漏(见图 6)。筛框表面应平整光亮能防止物料粘附。

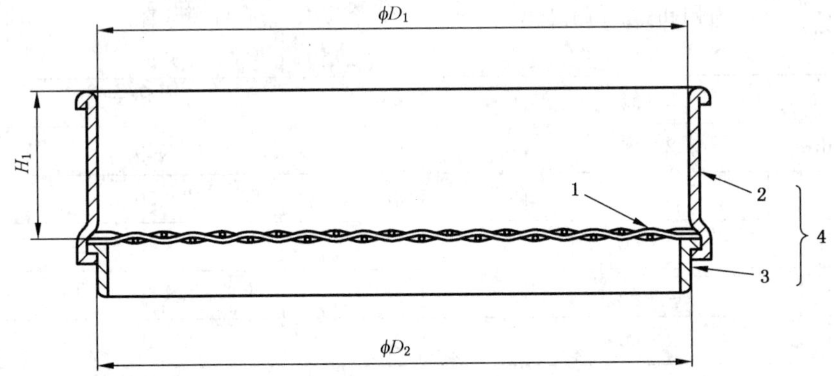

说明：

1——金属丝网；

2——主体部分；

3——基座；

4——2 和 3 组成筛框。

图 6 试验筛示意图

8 试验筛的标志

筛网应有固定清晰的铭牌，铭牌应有如下内容：

a) 网孔的基本尺寸；

b) 执行的标准；

c) 金属丝和筛框的材料；

d) 制造企业名称及标识；

e) 制造筛网的批号。

附　录　A
（资料性附录）
平均网孔尺寸标准偏差的确认

A.1　标准偏差应按 5.1.1.4 中式(3)至式(7)计算，下面给出说明的两个示例。

a)　合格和检验试验

示例 1：合格和检验试验示例见表 A.1，$n=25$（公称网孔尺寸 $w=2.0$ mm）。

表 A.1　合格和检验试验

w_i	n_i	$n_i \times w_i$	$(w_i-\bar{w})$	$(w_i-\bar{w})^2$	$n_i(w_i-\bar{w})^2$
1.812	0	0.000	−0.132	0.017	0.00
1.859	3	5.577	−0.085	0.007	0.021
1.906	5	9.530	−0.038	0.001	0.007
1.953	11	21.483	0.009	0.000	0.001
2.000	6	12.000	0.056	0.003	0.019
2.047	0	0.000	0.103	0.011	0.000
2.094	0	0.000	0.150	0.023	0.000
2.141	0	0.000	0.197	0.039	0.000
2.188	0	0.000	0.244	0.060	0.000
合计	25	48.59			0.049

$$\bar{w}=\frac{\sum_{i=1}^{n} n_i \times w_i}{n}=\frac{48.590}{25}=1.944\ \text{mm}$$

$$s=\sqrt{\frac{1}{n-1}\sum_{i=1}^{n}(w_i-\bar{w})^2}=\sqrt{\frac{1}{24}\times 0.049}=0.045\ \text{mm}$$

在合格和检测试验中，s 的值被 K〔式(6)〕乘，使标准偏差的精确度可以达到 99%。

$$\sigma_s = K \times s$$

$$\sigma_s = 1.55 \times 0.045 = 0.070\ \text{mm}$$

标准偏差 $\sigma_s=0.070$ 需要和表 1 第(6)列所给的值 $\sigma_0=0.105$ 比较。

当 $\sigma_s \leqslant \sigma_0$ 时，试验筛判定为合格。

b)　校准试验

示例 2：校准试验见表 A.2，$n=50$（公称网孔尺寸 $w=2.0$ mm）。

表 A.2　校准试验

w_i	n_i	$n_i \times w_i$	$(w_i-\bar{w})$	$(w_i-\bar{w})^2$	$n_i(w_i-\bar{w})^2$
1.812	0	0.000	−0.187	0.035	0
1.859	2	3.718	−0.140	0.020	0.039
1.906	4	7.624	−0.093	0.009	0.035

表 A.2（续）

w_i	n_i	$n_i \times w_i$	$(w_i - \bar{w})$	$(w_i - \bar{w})^2$	$n_i(w_i - \bar{w})^2$
1.953	9	17.577	−0.046	0.002	0.019
2.000	20	40.000	0.001	0.000	0.000
2.047	10	20.470	0.048	0.002	0.023
2.094	3	6.282	0.095	0.009	0.027
2.141	2	4.282	0.142	0.020	0.040
2.188	0	0.000	0.189	0.036	0.000
合计	50	99.953			0.183

$$\bar{w} = \frac{\sum_{i=1}^{n} n_i \times w_i}{n} = \frac{99.953}{50} = 1.999 \text{ mm}$$

$$s = \sqrt{\frac{1}{n-1}\sum_{i=1}^{n}(w_i - \bar{w})^2} = \sqrt{\frac{1}{49} \times 0.183} = 0.061 \text{ mm}$$

在校准试验中，s 的值被 K〔式(7)〕乘，使标准偏差的精确度可以达到 99.73%。

$$\sigma_s = K \times s$$

$$\sigma_s = 1.50 \times 0.061 = 0.092 \text{ mm}$$

标准偏差 $\sigma_s = 0.092$ 需要和表 1 第(6)列所给的值 $\sigma_0 = 0.105$ 比较。

当 $\sigma_s \leqslant \sigma_0$ 时，试验筛判定为合格。

附　录　B
（资料性附录）
金属丝网试验筛记录卡

B.1　金属丝试验筛的检查记录卡样张见表B.1。

表 B.1　金属丝网试验的记录卡

<table>
<tr><td colspan="3">标准:GB/T 6003.1—2012</td><td colspan="4">试验筛记录卡</td><td>日期:201×-04-09</td></tr>
<tr><td colspan="3">试验筛系列号:1234567</td><td colspan="2" rowspan="2">网孔基本尺寸 w</td><td colspan="2">mm:</td><td rowspan="4">证书
1. 合格证
2. 检验证
3. 校准证
标记(1,2或3)</td></tr>
<tr><td colspan="3">证书编号:</td><td colspan="2">μm:250</td></tr>
<tr><td rowspan="2">日期</td><td rowspan="2">使用时间</td><td rowspan="2">目测</td><td colspan="2">平均网孔尺寸偏差±Y</td><td colspan="2">最大标准偏差 σ_0</td></tr>
<tr><td>经向
（纵向）</td><td>纬向
（横向）</td><td>经向
（纵向）</td><td>纬向
（横向）</td></tr>
<tr><td>201×-04-09</td><td>新</td><td>是</td><td>在±Y范围内</td><td>在±Y范围内</td><td>$\leqslant\sigma_0$</td><td>$\leqslant\sigma_0$</td><td>1</td></tr>
<tr><td colspan="8">注：使用者需保证使用的筛网和筛分机械按具体的环境已验讫，并能经受频繁的使用。</td></tr>
</table>

B.2　试验筛的检查说明

本部分规定的尺寸和公差适用于新的试验筛。如果继续使用的话将导致磨损的出现，所以重复使用前需要用肉眼检查是否有磨损或蒙蔽。筛网如频繁使用还必须定期检查，一种方法是根据5.2描述的程序对筛网的网孔复查，如果用户没有类似的定期检查，可向制造商/厂家或专家求助；另外也可以通过筛分一些已知标准物料来检查试验筛的性能，通过对筛上物或筛下物的质量百分比的比较来进行检测。

B.3　标样物料

已知标准物料可以是下列的一种：

a)　选用的物料，颗粒尺寸应一致；

b)　筛分后，检查试验筛的筛上物或筛下物。

ISO 2591-1:1988 中 6.2 有进一步的说明。

参 考 文 献

［1］ EN 10204:1991 Metallic Products—Types of inspection documents

ICS 19.120
A 28

中华人民共和国国家标准

GB/T 6003.2—2012
代替 GB/T 6003.2—1997

试验筛　技术要求和检验
第2部分：金属穿孔板试验筛

Test sieves—Technical requirements and testing—
Part 2: Test sieves of metal wire cloth

(ISO 3310-2:1999, MOD)

2012-12-31 发布　　　　2013-10-01 实施

中华人民共和国国家质量监督检验检疫总局
中国国家标准化管理委员会　发布

前　言

GB/T 6003《试验筛　技术要求和检验》分为3个部分：

——第1部分：金属丝编织网试验筛；

——第2部分：金属穿孔板试验筛；

——第3部分：电成型薄板试验筛。

本部分为GB/T 6003的第2部分。

本部分按照GB/T 1.1—2009给出的规则起草。

本部分代替GB/T 6003.2—1997《金属穿孔板试验筛》。与GB/T 6003.2—1997相比，主要技术内容变化如下：

——修改了标准名称；

——增加了引言；

——修改了表2中的板厚参数；

——增加了筛孔4 mm及以上的筛板应留有未穿孔边缘且各孔必须完整；

——修改了5.1.3中允许最大倒圆圆弧半径r_{max}计算公式；

——增加了对检测设备精度的要求(见第5章)；

——增加了筛网合格文件(见5.3)；

——规定了筛框直径的公差(见第6章)；

——在试验筛的标志中增加了制造筛板的批号(见第8章)。

本部分使用重新起草法修改采用ISO 3310-2:1999《试验筛　技术要求和检验　第2部分：金属穿孔板试验筛》(英文版)。

本部分与ISO 3310-2:1999存在技术性差异，这些差异涉及的条款已通过在其外侧页边空白位置的垂直单线(|)进行了标示。技术差异及其原因如下：

——关于规范性引用文件，本部分做了具有技术性差异的调整，以适应我国的技术条件，调整的情况集中反映在第2章“规范性引用文件”中，具体调整如下：

- 用修改采用GB/T 5329《试验筛与筛分试验　术语》代替ISO 2395:1990；
- 用修改采用GB/T 6005《试验筛　金属丝编织网、穿孔板和电成型薄板　筛孔的基本尺寸》代替ISO 565:1990；

——修改了标准的引言；

——修改了术语和定义(见第3章)；

——增加了产品标记(见第4章)。

为便于使用，本部分还做了下列编辑性修改：

——删除了附录A。

本部分由全国颗粒表征与分检及筛网标准化技术委员会(SAC/TC 168)提出并归口。

本部分起草单位：中机生产力促进中心、新乡市巴山精密滤材有限公司、河南新乡新航丝网滤器有限公司。

本部分主要起草人：余方、刘鹤青、宋如轩、陈衍油。

本部分所代替标准的历次版本发布情况为：

——GB /T 6003—1985；

——GB /T 6003.2—1997。

引　言

本部分规定的尺寸和极限偏差适用于新的试验筛。如果继续使用的话将导致磨损的出现，因此再次使用前，需要用目测检查是否有磨损或堵塞。筛网如频繁地使用还必须定期检查，一种方法是根据5.2的程序对筛网的网孔复查，如果用户没有类似的定期检查，可向制造商或专家求助。另一种方法是借助筛分一些已知性能的筛料来检查筛网的性能，通过对可预计残渣数量的比较来进行检测。

筛料可以是下列的一种：

a) 选用的筛料各颗粒尺寸一致；

b) 筛分后，在检查过程中保留在试验筛盘上的筛上物。

按GB/T 6003.1—2012附录B的要求。

试验筛　技术要求和检验
第2部分：金属穿孔板试验筛

1　范围

本部分规定了金属穿孔板试验筛的技术要求和试验方法。

本部分适用于GB/T 6005中筛孔尺寸从1 mm～125 mm的圆孔试验筛；和GB/T 6005中的筛孔尺寸从4 mm～125 mm的方孔试验筛。

2　规范性引用文件

下列文件对于本文件的应用是必不可少的。凡是注日期的引用文件，仅注日期的版本适用于本文件。凡是不注日期的引用文件，其最新版本（包括所有的修改单）适用于本文件。

GB/T 5329　试验筛与筛分试验　术语（ISO 2395:1990，MOD）

GB/T 6005　试验筛　金属丝编织网、穿孔板和电成型薄板　筛孔的基本尺寸（ISO 565:1990，MOD）

ISO 2591-1:1988　筛分试验　第1部分：用于金属丝编织网及金属穿孔板的筛分试验方法

3　术语和定义

GB/T 5329界定的术语和定义适用于本文件。

4　标记

4.1　标记方法

金属丝编织网试验筛的标记由筛框尺寸、穿孔板筛孔的基本尺寸（见表1）、筛孔形状和标准号组成，单位均为毫米，即：

筛框尺寸/穿孔板筛孔的基本尺寸　筛孔形状　标准编号。

其中，筛孔形状，圆孔用R表示，方孔用S表示。

4.2　标记示例

筛框尺寸为ϕ200 mm×50 mm，筛孔基本尺寸为16 mm的圆孔试验筛的标记为：

ϕ200×50/16R　GB/T 6003.2—2012

筛框尺寸为ϕ200 mm×50 mm，筛孔基本尺寸为16 mm的方孔试验筛的标记为：

ϕ200×50/16S GB/T 6003.2—2012

5　金属穿孔板

5.1　技术要求

5.1.1　筛孔尺寸及极限偏差和孔距及极限尺寸按表1的规定。

表 1 筛孔尺寸及极限偏差和孔距及极限尺寸

单位为毫米

筛孔基本尺寸 w			筛孔尺寸偏差 ±	孔距 P		
主要尺寸 R20/3	补充尺寸			优选尺寸	允许选择范围	
	R20	R40/3				
(1)	(2)	(3)	(4)	(5)	(6)	(7)
125	125	125	1	160	184	143
	112		0.95	140	161	126
		106	0.9	132	152	119
	100		0.85	125	144	113
90	90	90	0.8	112	129	101
	80		0.7	100	115	90
		75	0.7	95	109	85
	71		0.65	90	103	81
63	63	63	0.6	80	92	72
	56		0.55	71	82	63.5
		53	0.55	67	77	60
	50		0.55	63	72.5	56.5
45	45	45	0.5	56	64.5	50.5
	40		0.45	50	57.5	45
		37.5	0.45	47.5	54.6	42.5
	35.5		0.4	45	51.7	40.5
31.5	31.5	31.5	0.4	40	46	36
	28		0.35	35.5	40.8	31.8
		26.5	0.35	33.5	38.5	30
	25		0.35	31.5	36	28.5
22.4	22.4	22.4	0.3	28	32.2	25.5
	20		0.3	25	29	22.5
		19	0.29	23.6	27.1	21.3
	18		0.28	22.4	25.8	20.2
16	16	16	0.27	20	23	18
	14		0.26	18	20.7	16
		13.2	0.25	17	19.5	15.1
	12.5		0.24	16	18.4	14.3
11.2	11.2	11.2	0.23	14	16.1	12.6
	10		0.21	12.6	14.5	11.3
		9.5	0.21	12.1	13.8	10.2

表 1（续）

单位为毫米

筛孔基本尺寸 w			筛孔尺寸偏差 ±	孔距 P		
主要尺寸 R20/3	补充尺寸			优选尺寸	允许选择范围	
	R20	R40/3				
(1)	(2)	(3)	(4)	(5)	(6)	(7)
	9		0.2	11.6	13.3	9.8
8	8	8	0.19	10.4	12	9.2
	7.1		0.18	9.4	10.8	8
		6.7	0.17	8.9	10.2	7.5
	6.3		0.17	8.5	9.8	7.2
5.6	5.6	5.6	0.15	7.7	8.9	6.6
	5		0.14	6.9	7.9	5.9
		4.75	0.14	6.6	7.6	5.6
	4.5		0.14	6.3	7.2	5.3
4	4	4	0.13	5.8	6.7	4.9
	3.55		0.12	5.2	6	4.4
		3.35	0.11	5	5.7	4.2
	3.15		0.11	4.7	5.3	3.9
2.8	2.8	2.8	0.11	4.35	5	3.6
	2.5		0.11	3.9	4.5	3.3
		2.36	0.11	3.75	4.3	3.2
	2.24		0.1	3.6	4.1	3.1
2	2	2	0.09	3.3	3.8	2.8
	1.8		0.08	3.1	3.6	2.7
		1.7	0.08	3	3.4	2.5
	1.6		0.08	2.75	3.2	2.3
1.4	1.4	1.4	0.08	2.6	3	2.2
	1.25		0.08	2.45	2.9	2.1
		1.18	0.07	2.4	2.7	2
	1.12		0.07	2.22	2.5	1.8
1	1	1	0.07	2	2.3	1.7

注 1：按 GB/T 6005 的规定，方孔的基本尺寸不得小于 4 mm。

注 2：公称孔距应在表 1 允许选择范围内取值，允许选择的范围是由筛孔基本尺寸和公称孔距计算得到的值的±15%左右。

5.1.2　板厚按表 2 的规定。

表 2　板厚及极限尺寸

单位为毫米

筛孔基本尺寸 w	板厚		
	优选板厚	允许选择的范围	
		max	min
(1)	(2)	(3)	(4)
$125 \geqslant w \geqslant 50$	3	3.5	2
$45 \geqslant w \geqslant 16$	2	2.5	1.5
$14 \geqslant w \geqslant 8$	1.5	2	1
$7.1 \geqslant w \geqslant 1.7$	1	1.5	0.8
$1.6 \geqslant w \geqslant 1$	0.6	1	0.5

5.1.3　金属穿孔筛板上的方孔和圆孔应按直线或交错线布置(见图 1)。筛孔 4 mm 及以上的筛板应留有未穿孔边缘。各孔必须完整,见图 2。这个边缘受筛孔的尺寸、孔距和制造商生产的不同宽度的未穿孔边的影响。

方孔的角可以倒圆,允许最大倒圆圆弧半径可按式(1)计算:

$$r_{max}=0.15w \quad \cdots\cdots(1)$$

式中:

r_{max}——最大倒角圆弧半径,单位为毫米(mm);

w ——筛孔的公称尺寸,单位为毫米(mm)。

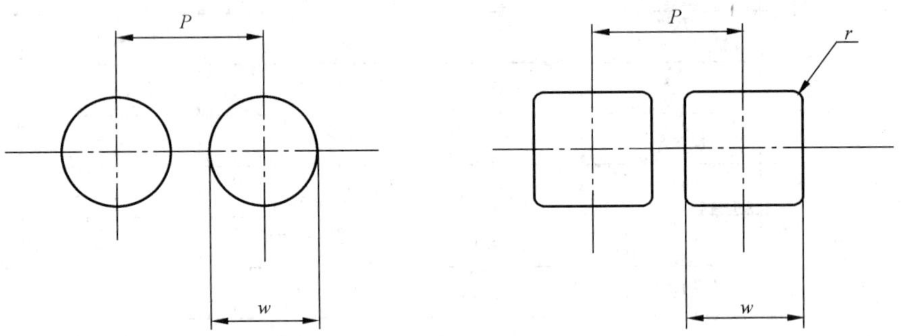

a)　圆孔　　　　b)　方孔

图 1　方孔和圆孔的布置示例

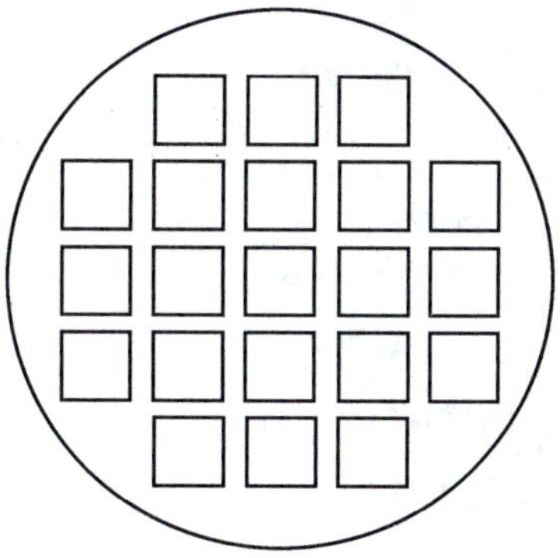

图 2　测量 21 个孔的筛板上孔的布置示例

5.1.4　筛板的材料采用钢板时，边缘处有时会使用黄铜，用户在要求其他材料时需做特殊的说明。如：不锈钢。

5.2　试验方法

5.2.1　一般要求

金属穿孔板上的每个筛孔都应能够接受检验，并符合 5.1 中表 1 第 4 列的规定。

测量网孔尺寸应选用合适的检测设备使精度达到 20 μm 或 1/4 的公差(表 1 第 4 列)，取两者之间的较大值。

5.2.2　外观检查

贴靠在均匀的照明背景上观察金属穿孔板，如果在筛孔的外观上发现明显的缺陷(缺陷长度≥4 mm 时)，则此试验筛判为不合格。

5.2.3　筛孔和孔距尺寸的检查

方法 1：按表 3 规定，在方孔的中间宽度方向和圆孔的直径方向上测量孔的尺寸。

方法 2：对于圆孔和方孔，应在穿孔板上选定的任一区域测量其尺寸和孔距，沿着不同方向的两条直线，每条至少 150 mm 长，每个方向上至少有 8 个筛孔。

如果任一筛孔超过了尺寸公差，此试验筛则为不合格。

如果在穿孔板上的筛孔未达到在一个或两个方向上检查所要求的筛孔的最小数目，则检查试验筛上所有的筛孔。

表 3　直径 200 mm 试验筛上测量的最少孔数

孔基本尺寸 w mm	检验	校准
(1)	(2)	(3)
125～25	所有筛孔(直径超过 200 mm 的大试验筛中最多 25 个)	所有筛孔(直径超过 200 mm 的大试验筛中最多 50 个)
22.4～4	2×15	2×30
3.55～2.24	2×20	2×40
2～1.6	2×25	2×50
1.4～1	2×40	2×80

5.3 筛网合格文件

5.3.1 概述

证书应能显示制造商的名称或标识、批号及日期。

5.3.2 合格证

如果没有特殊的要求，制造商应提供一个合格证明，内容包括已按 5.2 进行检测，且符合本部分要求。

5.3.3 检验证

按用户特殊要求，制造商还应提供试验筛的检验证书，内容应该包括测量的平均网孔尺寸(见表 3 第 2 列)。

5.3.4 校准证

按用户特殊要求，制造商应提供批量筛网的校准证，结果应包括测量得到筛孔数目，平均筛孔尺寸，板厚和孔距(见表 3 第 3 列)。

6 试验筛筛框

6.1 推荐选用直径为 200 mm 的圆筛框。200 mm 的圆筛框的极限尺寸见表 4。

6.2 筛孔尺寸大于 25 mm，且所筛物料量大的试验筛，可用更大的筛框，试验筛筛框的尺寸和形状对筛分操作的结果没有影响，见 ISO 2591-1:1988 的规定。

表 4 筛框直径为 200 mm 试验筛的极限尺寸

单位为毫米

试验筛框公称尺寸		有效的筛分表面的直径或长度		深度 ≈
D_1	D_2	min	max	H_1
$200^{0}_{+0.6}$	$200^{-0.1}_{-0.7}$	185	200	50
注：筛框直径也可选如 100 mm、300 mm 和 400 mm 等，且 D_1 和 D_2 的极限偏差可参照选用。				

7 试验筛的结构

7.1 防止物料在盖子和接料盘之间的连接处产生堵塞，应将连接处充填以防止物料堵塞。

7.2 筛框的边缘应平整光滑，并且要能方便地与筛框基本尺寸相同的其他筛、盖、接料盘等套叠在一起使用。

7.3 筛框和筛网之间的结构应防止筛料卡住(见图 3)。

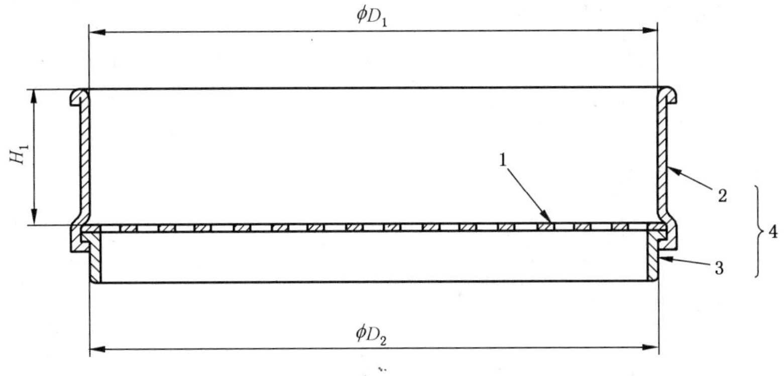

说明：
1——金属穿孔板；
2——主体部分；
3——基座。
2 和 3 组成筛框。

图 3　试验筛的示意图

8　试验筛的标志

筛网应有固定清晰的标牌，标牌应有如下内容：
a)　产品标记；
b)　金属丝和筛框的材料；
c)　制造企业名称及标识；
d)　制造筛板的批号。

ICS 27.020
J 90

中华人民共和国国家标准

GB/T 6072.4—2012/ISO 3046-4:2009
代替 GB/T 6072.4—2000

往复式内燃机 性能 第4部分:调速

Reciprocating internal combustion engines—Performance—Part 4:Speed governing

(ISO 3046-4:2009,IDT)

2012-09-03 发布　　2013-01-01 实施

中华人民共和国国家质量监督检验检疫总局
中国国家标准化管理委员会　发布

前　言

GB/T 6072《往复式内燃机　性能》由以下各部分组成：

——第1部分：功率、燃料消耗和机油消耗的标定及试验方法　通用发动机的附加要求；

——第3部分：试验测量；

——第4部分：调速；

——第5部分：扭转振动；

——第6部分：超速保护。

本部分是GB/T 6072的第4部分。

本部分按照GB/T 1.1—2009给出的规则起草。

本部分代替GB/T 6072.4—2000。与GB/T 6072.4—2000相比，主要内容变化如下：

——删除了规范性引用文件，增加了参考文献；

——将术语、定义、符号、脚标整合为一章，并对内容进行了重新编辑；

——增加、删除或修改了部分术语和定义。

本部分使用翻译法等同采用ISO 3046-4:2009《往复式内燃机　性能　第4部分：调速》（英文版）。

本部分做了下列编辑性修改：

——订正了表1脚注的内容；

——补充了公式编号；

——参考文献改用与国际标准有对应关系的我国标准表示。

本部分由中国机械工业联合会提出。

本部分由全国内燃机标准化技术委员会（SAC/TC 177）归口。

本部分起草单位：玉柴机器股份有限公司、潍柴动力股份有限公司、上海内燃机研究所、雪龙集团有限公司。

本部分主要起草人：陆寿域、王建平、陈云清、计维斌、邓斌、胡惠祥、乔亮亮、郭华、莫宗华、陈民忠。

本部分所代替标准的历次版本发布情况为：

——GB/T 6072.4—2000。

往复式内燃机　性能　第4部分:调速

1　范围

GB/T 6072的本部分规定了往复式内燃机调速系统要求和参数的分级,以及典型发动机转速的术语和定义。特殊用途发动机可提出附加要求。

GB/T 6072的本部分适用于陆用、铁路牵引和船用往复式内燃机,但不包括驱动筑路机械、土方机械、农业和工业用拖拉机、道路车辆和航空用发动机,也不包括自调式发动机和仅要求限制最高转速或最大供油量的发动机。

GB/T 6072的本部分规定了压燃式发动机(柴油机)的要求,对火花点燃式发动机和双燃料发动机可提出特殊要求。

注1:往复式内燃机交流发电机组调速系统的性能和参数参见GB/T 2820.2和GB/T 2820.5。

注2:与超速保护装置有关的典型发动机转速的术语和定义参见GB/T 6072.6。

2　术语、定义、符号和脚标

下列术语、定义、符号和脚标适用于本文件。

注:有关超速装置的术语和定义参见GB/T 6072.6。

2.1　调速系统

2.1.1

发动机调速器　engine speed governor

在发动机特定工况下,通过实际转速与整定转速的比对,对输入发动机的燃料量进行修正,以调节发动机的实际转速,使其趋近整定转速的装置。

注1:参见GB/T 6809.7—2009中3.1.1。

注2:调速器可按以下分类:

a) 按转速感应和输出信号放大(参见GB/T 6809.7—2009,3.3.1);

b) 按动态特性(传递函数)(参见GB/T 6809.7—2009,3.6.2);

c) 按与发动机用途相关的功能(参见GB/T 6809.7—2009,3.3.3)。

2.1.2

转速整定装置　speed-setting device

根据用途或所需调节的类别,可调节调速器设定点的装置。

注:改写GB/T 6809.7—2009,定义3.1.2。

2.1.3

扭矩校正　torque control

在转速低于发动机标定转速下,对从燃料喷射系统获得的最大自然供油量曲线所作的修正。

注:改写GB/T 6809.7—2009,定义3.5.3。

2.2　调速参数

2.2.1

标定调速率　declared speed droop

$\delta n_{st,r}$

标定空载转速与标定功率时标定转速的差值。用固定整定转速时标定转速的百分数表示。用式(1)计算：

$$\delta n_{st,r}=\frac{n_{i,r}-n_r}{n_r}\times 100 \qquad (1)$$

式中：

n_r ——标定转速；

$n_{i,r}$ ——标定空载转速。

注：参见表1、图4和图5。

2.2.2

并联运行的负载分配　load sharing in parallel operation

ΔP

单台发动机承担的功率比例与所有发动机承担的总标定功率之差，用百分数表示，按式(2)计算：

$$\Delta P=\left[\frac{P_a}{P_r}-\frac{\sum P_a}{\sum P_r}\right]\times 100 \qquad (2)$$

式中：

P_a ——单台发动机的实际输出功率；

P_r ——单台发动机的标定功率。

2.2.3

最大作用力　maximum force

在任意规定行程位置时，调速器输出端的作用力最大值。

[GB/T 6809.7—2009，定义3.4.1]

2.2.4

最大扭矩　maximum torque

在任意规定行程位置时，调速器输出轴的扭矩最大值。

[GB/T 6809.7—2009，定义3.4.2]

2.2.5

转速整定范围　range of speed setting

Δn_s

由转速整定装置决定的最低可调空载转速与最高可调空载转速之差。

注：参见2.3.7和2.3.10。

2.2.6

转速整定变化率　rate of change of speed setting

在转速整定范围内可以使整定转速改变的速率，用标定转速的百分数表示，用式(3)计算。

$$V_n=\frac{n_{i,max}-n_{i,min}}{n_r t}\times 100 \qquad (3)$$

式中：

n_i ——空载转速；

n_r ——标定转速；

t ——时间。

注1：参见GB/T 2820.2—2009，第3章。

注2：对船用主机，转速整定变化率按具体用途、制造厂和(或)客户要求而定(例如对操纵和常规加速/减速均有不同的转速整定变化率)。

2.2.7

调速器输入信号　speed governor input signal

用以度量发动机瞬时转速而输入调速器的信号。

注：改写GB/T 6809.7—2009，定义3.2.1。

2.2.8

调速器输出信号　speed governor output signal

用以调节供油量而由调速器输出的信号。

注：改写 GB/T 6809.7—2009,定义 3.2.2。

2.2.9

稳态转速波动率　steady state speed band

β_n

在恒定功率下,转速围绕其平均值波动的包络线宽度 Δn,用标定转速 n_r 的百分数表示,用式(4)计算:

$$\beta_n = \frac{\Delta n}{n_r} \times 100 \qquad \cdots\cdots(4)$$

注 1：参见图 6。

注 2：往复式内燃机在整个运行范围内的稳态转速波动率的运行限值,取决于功率输出和发动机与从动机的连接与否,并且还与往复式内燃机的标定转速有关。

可以区分为下列几种情况:

a)　发动机与从动机械连接:

1)　$n<0.5n_r$;

2)　$n\geqslant0.5n_r$ 和 $P\geqslant0.25P_r$;

3)　$n\geqslant0.5n_r$ 和 $P<0.25P_r$。

b)　发动机不与从动机械连接,并按最低可调空载转速运转。

图 1～图 3 所示曲线系根据经验绘制而成。也可按式(5)用百分率表示:

$$\beta_n = cn_r^{-m} \qquad \cdots\cdots(5)$$

式中 c 和 m 在 a)、b)规定情况下的值列于表 1 中。

注 3：c 和 m 的值取决于系统的转动惯量、调速器的能力和发动机在整个转速范围内的功率输出。因此,仅对最终用户有用。

2.2.10

工作能力　work capacity

将调速器输出轴或拉杆推至有效全行程时,调速器所提供的最大有用功。

2.3　发动机稳态转速

2.3.1

标定空载转速　declared no load speed

高怠速　high idling speed

$n_{i,r}$

当转速整定在标定转速时的发动机空载稳定转速。

2.3.2

标定转速　declared speed

n_r

发动机发出标定功率时的转速。

[GB/T 1883.1—2005,定义 11.1.2]

2.3.3

接合转速　engaging speed

n_c

从动机械与发动机连接时的发动机转速。

2.3.4

发动机转速　engine speed

n

规定时间内曲轴旋转的转数。

[GB/T 1883.1—2005,定义 11.1]

2.3.5

快怠速　fast idling speed

$n_{i,f}$

提高的最低可调空载转速。

注：该转速常常用于发动机的冷起动和预热时。采用手动或自动调整可达到。

[GB/T 6809.7—2009,定义 3.6.1.13]

2.3.6

着火转速　firing speed

n_{sf}

利用与燃料供给系统分开的外部能源,将发动机从静止状态加速到可以自行运转的发动机转速。

[GB/T 1883.1—2005,定义 11.1.5]

注：着火转速(和起动转速)取决于发动机起动时的温度和工作条件及所采用的起动系统。

2.3.7

超载转速时的最高可调空载转速　highest adjustable no-load speed based on overload speed

$n_{i,ov}$

将转速整定在超载转速时的发动机最高空载稳定转速。

注：对发电机组,此转速可由调速器的转速整定装置选定(参见 GB/T 2820.2)。

2.3.8

怠速　idling speed

发动机空载时的稳态转速。

注：改写 GB/T 1883.1—2005,定义 11.1.4。

2.3.9

最低可调转速　lowest adjustable speed

$n_{p,min}$

当发动机与从动机连接并按螺旋桨曲线或另行规定的功率曲线运行时,可由转速整定装置选定的发动机最低稳定转速。

2.3.10

最低可调空载转速　lowest adjustable no-load speed

低怠速　low idling speed

$n_{i,min}$

当转速整定在最低可调转速时的发动机最低空载稳定转速。

注 1：对发电机组,此转速由调速器的转速整定装置选定(参见 GB/T 2820.5)。

注 2：改写 GB/T 6809.7—2009,定义 3.6.1.8。

2.3.11

最低满载持续转速　lowest continuous full-load speed

$n_{f,l}$

发动机在满载(油量操纵杆置于额定功率)时的最低允许稳定转速。

2.3.12

部分功率最低持续转速 lowest continuous at partial power

$n_{p,l}$

发动机按螺旋桨曲线或另行规定的功率曲线运行时的最低允许持续稳定转速。

2.3.13

空载转速 no-load speed

n_i

最大扭矩转速 speed at maximum torque

n_{tq}

发动机在最大供油量位置时(包括可能有附加扭矩校正油量)按最大扭矩运行的转速。

2.3.14

部分功率转速时的空载转速 no-load speed based on speed at partial power

$n_{i,p}$

将发动机转速整定在部分功率转速 n_p 时的空载稳定转速。

2.3.15

超载转速 overload speed

n_{ov}

发动机发出由制造厂标定的超载功率时的转速。

2.3.16

部分功率转速 speed at partial power

n_p

发动机在标定转速与最低可调转速之间的稳定转速。

2.3.17

起动转速 starting speed

n_s

当燃料齿条置于止点位置时,用起动系统使发动机(和与其机械连接的辅助设备一起)能加速达到的最高转速。

注 1:起动转速(和着火转速)取决于发动机起动时的环境温度和运行条件及起动装置的类型。

注 2:起动转速会受辅助装置功率要求的影响,因而会比着火转速高。

2.4 动态转速特性

2.4.1

上冲转速 overshoot speed

$n_{d,max}$

当功率从大到小或转速从低到高变化时出现的最高瞬时转速。

注:改写 GB/T 6809.7—2009,定义 3.6.2.2。

2.4.2

加载时转速回复时间 speed recovery time on load increase

$t_{n,in}$

减载时转速回复时间 speed recovery time on load decrease

$t_{n,de}$

在规定负载变化后,转速偏离稳态转速波动率到再次持久进入新转速下规定的稳态转速波动率之间的时间间隔。

2.4.3

加载时(－)或减载时(＋)瞬态转速差(按初始转速计) transient speed difference(from initial speed) on load increase(－) or on load decrease(＋)

δn_{dyn}

在随负载改变的调速过程中,下冲转速(或上冲转速)与初始转速的瞬时转速差。

注:瞬态转速差用初始转速的百分比表示,加载时为负值,减载时为正值,分别用式(6)和式(7)计算:

$$\delta n_{\mathrm{dyn}}^{-} = \frac{n_{\mathrm{d,min}} - n_{\mathrm{i,p}}}{n_{\mathrm{p}}} \times 100 \qquad \cdots\cdots (6)$$

$$\delta n_{\mathrm{dyn}}^{+} = \frac{n_{\mathrm{d,max}} - n_{\mathrm{i,p}}}{n_{\mathrm{p}}} \times 100 \qquad \cdots\cdots (7)$$

2.4.4

下冲转速 undershoot speed

$n_{\mathrm{d,min}}$

当功率从小到大或转速从高到低变化时出现的最低瞬时转速。

注:改写 GB/T 6809.7—2009,定义 3.6.2.1。

2.5 符号和脚标

2.5.1 符号

下列符号适用于本文件。

c ——计算稳态转速波动率的常数

m ——计算稳态转速波动率的指数常数

P_{a} ——单台发动机的实际输出功率

P_{r} ——单台发动机的标定(额定)输出功率

Δn ——恒定功率时转速在平均值上下波动的包络线宽度

$\sum P_{\mathrm{a}}$——并联运行时全部发动机实际输出的功率总和

$\sum P_{\mathrm{r}}$——并联运行时全部发动机的标定(额定)功率总和

2.5.2 脚标

下列脚标适用于本文件。

a ——实际的

c ——联机的

de ——减少

dyn ——动态

f ——满载

i ——空载(怠速)

in ——增加

l ——最低

n ——转速

ov ——超载

p ——部分负载

r ——标定(额定)

s ——起动

sf ——着火

st ——静态偏差(调速率)

tq ——扭矩

3 调速系统的分级

3.1 调速系统应按下列特性或品质进行分级和评定:

a) 输出信号的转速敏感性和放大作用;

b) 动态特性(传递功能);

c) 与发动机用途相关的功能。

另外,应明确所用转速整定装置的类型。

3.2 压燃式发动机调速系统示例见图 4 和图 5。往复式发动机恒速运行的示例参见 GB/T 2820.2—2009 中图 1。

4 动态转速特性

动态转速特性(见图 6)取决于:

a) 往复式内燃机是否装有涡轮增压系统;

b) 往复式内燃机在标定功率时的制动平均有效压力(P_{me});

c) 调速器特性;

d) 从动机械的工作特性;

e) 往复式内燃机和从动机械的转动惯量;

f) 往复式内燃机与从动机械之间的连接。

由于发动机制造厂不知道从动机械的工作特性,本部分无法提出发动机瞬态特性的技术要求或评价数值。

5 其他规则和附加要求

下面规定了除第 6 章~第 8 章所述外的附加要求。

——对必须符合船级社规范的船舶和海上设施用发动机,应遵守船级社的附加要求。客户在订货前应指明该船级社。

——对不定级发动机,这些附加要求在所有情况下均应由制造厂与客户共同商定。

如需满足其他有关当局,例如检测或立法机构规定的特殊要求,客户在订货前应指明该主管部门。

任何进一步的附加要求应经制造厂与客户共同商定。

6 调速系统的技术要求

客户或发动机制造厂应根据第 8 章要求,规定调速系统的运行限值和精度要求。通常由发动机制造厂选择调速系统来满足这些要求。

转速整定范围 Δn_s 应视发动机用途(见图 4 和图 5)由发动机制造厂与客户共同商定。

全部发动机在单根轴上并联运行时,发动机的负载分配取决于调速率和所装调速器整定装置的精度。利用自动负载分配装置可降低限定值。当调节调速器和转速整定装置时,发动机在最低可调转速时的最小功率和在标定转速时的标定功率的限定值都较小。为使负载分配时保持限定值,调速率应在表 1 规定限值范围内。

7 调速系统的试验

调速系统应在验收或必要时进行试验，也可按合同商定由发动机与从动机联机运行时进行试验（参见 GB/T 6072.1）。试验时应检验并记录各项限值。

8 调速系统的性能分级和稳态限值

调速系统的动态特性取决于用途和从动机械，GB/T 6072 的本部分只规定了稳态限值（见表 1）。发电机组的限值参见 GB/T 2820.2—2009 的第 16 章。

调速精度要求按下列 4 种性能等级进行确定：

——M1：在发动机宽广转速范围内要求调速精度较低（见图 1）；

——M2：在发动机宽广转速范围内要求调速精度一般（见图 2）；

——M3：在发动机宽广转速范围内要求调速精度较高（见图 3）；

——M4：调速精度要求由制造厂与客户共同商定。

客户应选用能满足要求的最低性能等级。

注： 调速器工作特性精度会受调速器热漂移和往复式内燃机负载变化的影响。因此，假定所有测量均在稳定温度和稳定负载下进行。

发动机制造厂应指明在表 1 规定的限值范围内发动机从起动到可控所需的正常时间。

如根据发动机用途无需规定该时间或需缩短该时间，则该时间和所需采取的技术措施应由发动机制造厂与客户共同商定。

表 1 运行限值

参数	符号	单位	性能等级下的运行限值						
			M1		M2		M3		M4
标定调速率[a]（见 2.2.1）	$\delta n_{st,r}$	%	≤15		≤10		≤5		AMC[b]
稳态转速波动率（见 2.2.9）	β_n	%	见图 1		见图 2		见图 3		AMC[b]
发动机与从动机械连接时的稳态波动率	—	—	c	m	c	m	c	m	AMC[b]
$n<0.5n_r$	—	—	48	0.440	70	0.545	48	0.530	AMC[b]
$n\geqslant 0.5n_r$ 和 $P\geqslant 0.25P_r$[c]	—	—	39	0.455	49	0.540	40	0.550	AMC[b]
$n\geqslant 0.5n_r$ 和 $P<0.25P_r$[c]	—	—	48	0.440	70	0.545	48	0.530	AMC[b]
发动机不与从动机械连接并以空载最低可调转速运行时的稳态转速波动率	—	—	68	0.460	104	0.550	63	0.530	AMC[b]
转速整定变化率（见 2.2.6）	V_n	%/s	AMC[b]		AMC[b]		AMC[b]		AMC[b]
并联运行的负载分配（几台发动机驱动一根轴[b]）（见 2.2.2）	ΔP	%	≤10		≤10		≤10		AMC[b]
对用轴驱动发电机组的动力装置，瞬态转速变化率和负载分配（与发电机组并联工作时）应由制造厂和客户商定。									

[a] 某些用途无标定调速率（即无差控制）。

[b] 由制造厂与客户商定。

[c] 由于技术条件关系（例如各发动机功率输出各不相同，而转速控制特性无法完全适应并联运行），可由制造厂与客户协商规定较大的 ΔP 值。但在这种情况下，不得超过小发动机在相应工况下允许输出的功率。

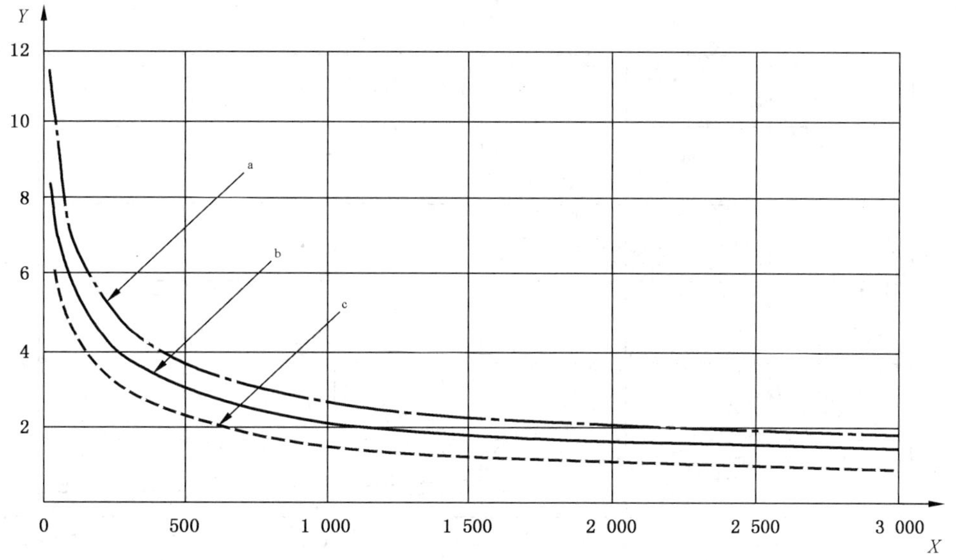

标号说明：

X——标定转速，$n_r(\text{min}^{-1})$；

Y——稳态转速波动率，β_n(%)。

[a] 发动机不与从动机械连接。

[b] $n<0.5n_r$，或 $n\geqslant 0.5n_r$ 和 $P<0.25P_r$。

[c] $n\geqslant 0.5n_r$ 和 $P\geqslant 0.25P_r$。

图 1 性能等级 M1 的运行限值

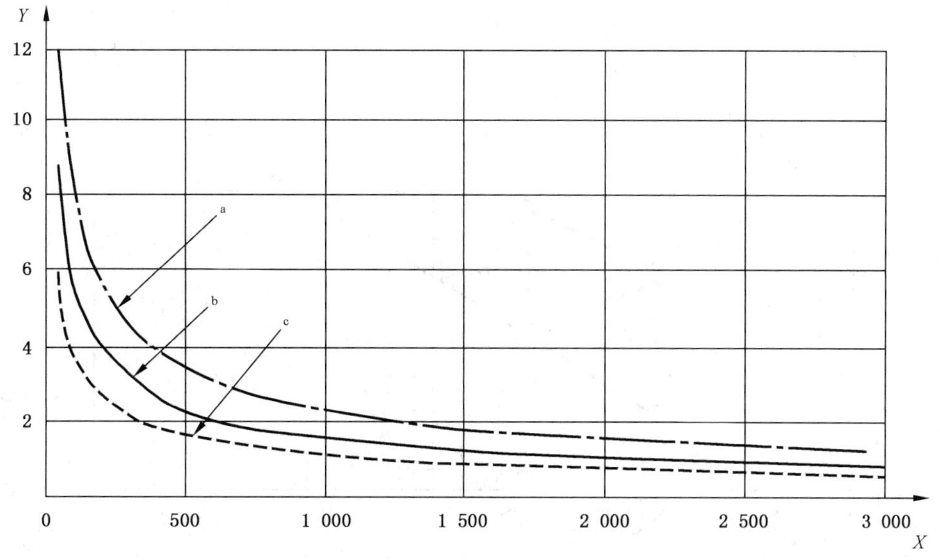

标号说明：

X——标定转速，$n_r(\text{min}^{-1})$；

Y——稳态转速波动率，β_n(%)。

[a] 发动机不与从动机械连接。

[b] $n<0.5n_r$，或 $n\geqslant 0.5n_r$ 和 $P<0.25P_r$。

[c] $n\geqslant 0.5n_r$ 和 $P\geqslant 0.25P_r$。

图 2 性能等级 M2 的运行限值

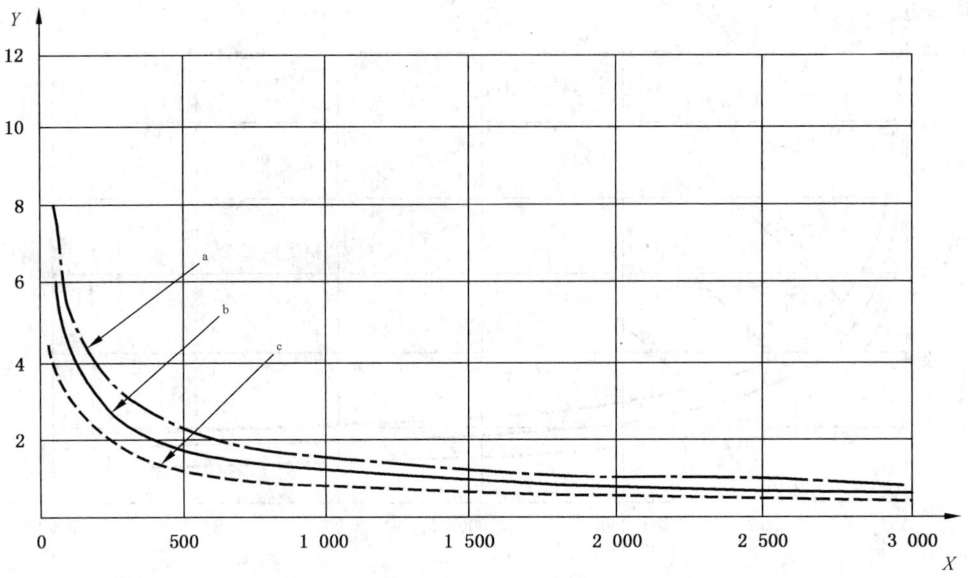

标号说明：

X——标定转速，n_r（min^{-1}）；

Y——稳态转速波动率，β_n（%）。

[a] 发动机不与从动机械连接。

[b] $n<0.5n_r$，或 $n\geqslant 0.5n_r$ 和 $P<0.25P_r$。

[c] $n\geqslant 0.5n_r$ 和 $P\geqslant 0.25P_r$。

图 3 性能等级 M3 的运行限值

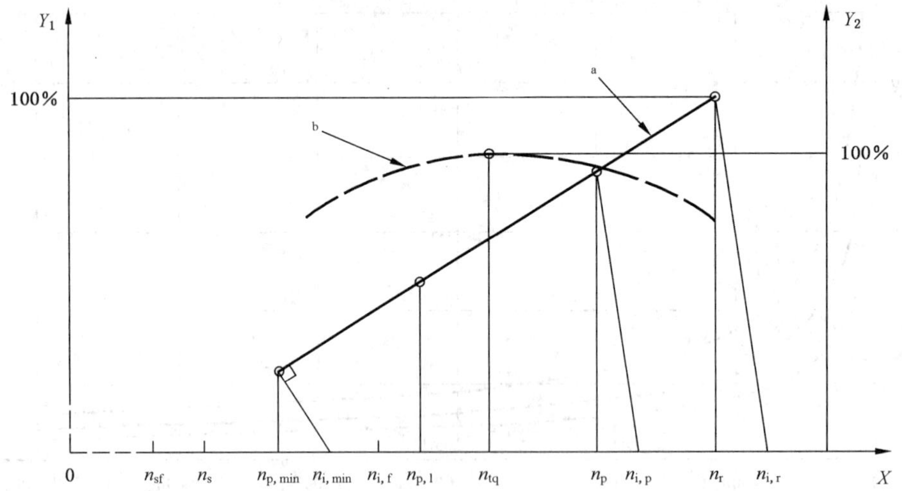

标号说明：

X ——发动机转速，n（min^{-1}）；

Y_1 ——发动机功率；

Y_2 ——发动机扭矩。

[a] 发动机功率曲线。

[b] 发动机扭矩曲线。

图 4 操纵杆在规定位置时的压燃式发动机

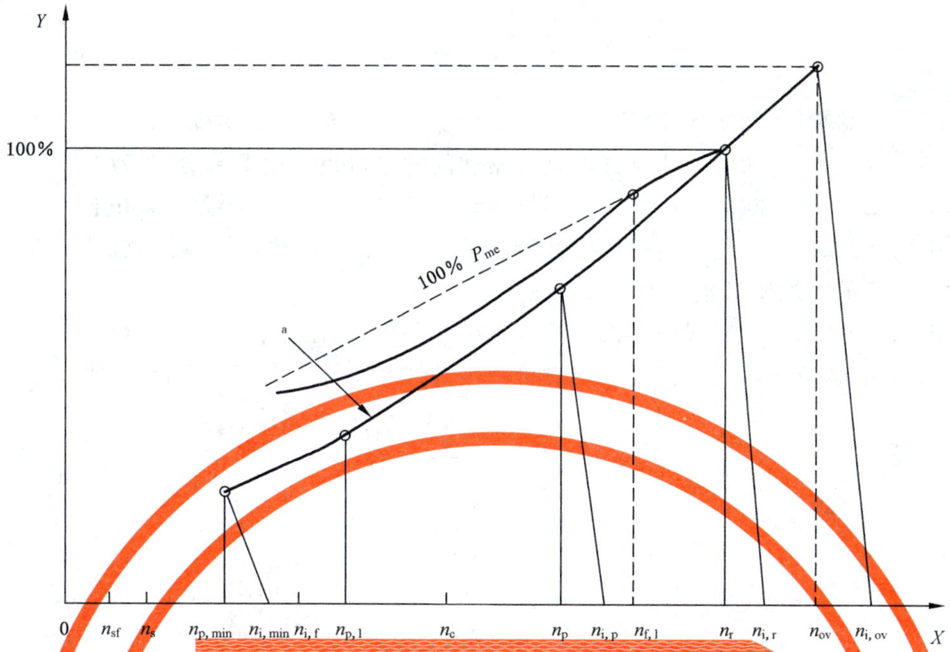

标号说明：

X——发动机转速，n(min^{-1})；

Y——发动机功率。

[a] 标称螺旋桨曲线。

图 5 使用固定螺距螺旋桨的压燃式发动机

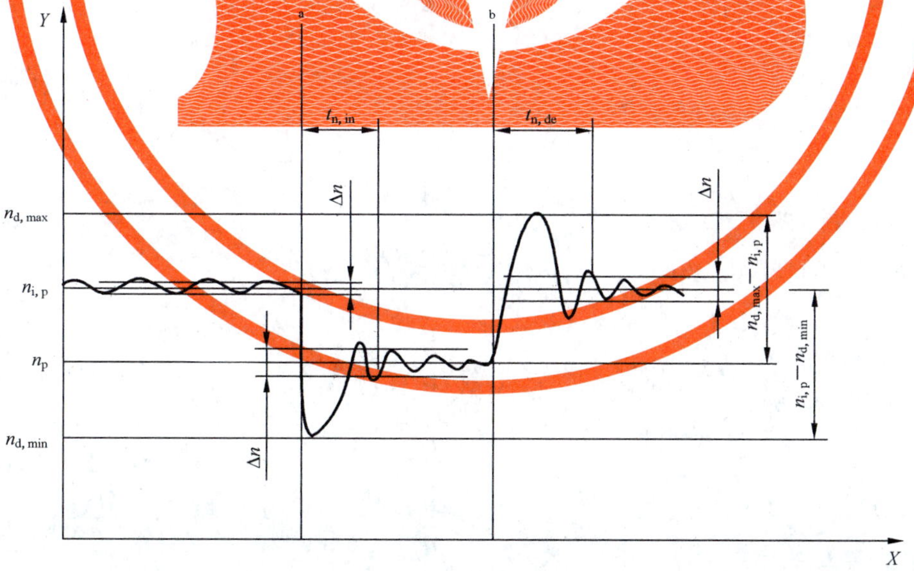

标号说明：

X——时间，t(min)；

Y——发动机转速，n(min^{-1})。

[a] 功率增加。

[b] 功率减小。

图 6 动态转速特性

参 考 文 献

[1] GB/T 1883.1—2005 往复式内燃机 词汇 第1部分:发动机设计和运行术语

[2] GB/T 2820.2—2009 往复式内燃机驱动的发电机组 第2部分:发动机

[3] GB/T 2820.5—2009 往复式内燃机驱动的发电机组 第5部分:发电机组

[4] GB/T 6072.1 往复式内燃机 性能 第1部分:功率、燃料消耗和机油消耗的标定及试验方法 通用发动机的附加要求

[5] GB/T 6072.6 往复式内燃机 性能 第6部分:超速保护

[6] GB/T 6809.7—2009 往复式内燃机 零部件和系统术语 第7部分:调节系统

ICS 17.160
J 04

中华人民共和国国家标准

GB/T 6075.1—2012/ISO 10816-1:1995
代替 GB/T 6075.1—1999

机械振动 在非旋转部件上测量评价机器的振动 第1部分:总则

Mechanical vibration—Evaluation of machine vibration by measurements on non-rotating parts—Part 1:General guidelines

(ISO 10816-1:1995,IDT)

2012-11-05 发布 2013-03-01 实施

中华人民共和国国家质量监督检验检疫总局
中国国家标准化管理委员会 发布

前　言

GB/T 6075《机械振动　在非旋转部件上测量评价机器的振动》分为以下七个部分：

——第1部分：总则；

——第2部分：功率50 MW以上，额定转速1 500 r/min、1 800 r/min、3 000 r/min、3 600 r/min陆地安装的汽轮机和发电机；

——第3部分：额定功率大于15 kW额定转速范围在120 r/min至15 000 r/min之间的在现场测量的工业机器；

——第4部分：具有滑动轴承的燃气轮机组；

——第5部分：水力发电厂和泵站机组；

——第6部分：功率超过100 kW的往复式机器；

——第7部分：工业应用的旋转动力泵，包括旋转轴测量。

本部分是GB/T 6075的第1部分。

本部分按照GB/T 1.1—2009和GB/T 20000.2—2009给出的规则起草。

本部分代替GB/T 6075.1—1999《在非旋转部件上测量和评价机器的机械振动　第1部分：总则》。本部分与GB/T 6075.1—1999相比，主要修改内容如下：

——修改了标准名称，由原来的"在非旋转部件上测量和评价机器的机械振动　第1部分：总则"改为"机械振动　在非旋转部件上测量评价机器的振动　第1部分：总则"；

——修改了上一版中多处的"振动幅值"的译文，统一改为"振动量值"；

——将原标准"区域边界的暂定值在附录B中给出。"修改为"对于没有明确归类的机器类型见附录B。"(见5.3.1)；

——将原标准中附录B"专用机组暂定宽带振动准则"改为"设置区域边界值的资料性指南"。增加了表B.1　振动速度均方根区域边界A/B、B/C和C/D的典型范围。

本部分使用翻译法等同采用ISO 10816-1:1995《机械振动　在非旋转部件上测量评价机器的振动　第1部分：总则》和修正件ISO 10816-1:1995/Amd 1:2009(英文版)。

与本部分中规范性引用的国际文件有一致性对应关系的我国文件如下：

——GB/T 11348.1—1999　旋转机械转轴径向振动的测量和评定　第1部分：总则(idt, ISO 7919-1:1996)

本部分由全国机械振动、冲击与状态监测标准化技术委员会(SAC/TC 53)提出并归口。

本部分起草单位：郑州机械研究所、东南大学、北京北重汽轮电机有限责任公司、南阳防爆集团股份有限公司、湖北省电力公司电力试验研究院。

本部分主要起草人：韩国明、王义翠、傅行军、安胜利、王泽威、黄海舟。

本部分所代替标准的历次版本发布情况为：

——GB/T 6075—1985，GB/T 6075.1—1999。

引　　言

GB/T 6075的本部分是基础技术文件。它规定了在整机的非旋转(或非往复)部件如轴承座上进行测量时,测量和评价机器振动的总则。有关具体类型的机器所推荐的测量和评价准则,在GB/T 6075的其他部分给出。

对于许多机器,在非旋转部件上测量足以描述无故障工作的运行状况。但对于像包含有挠性转子的一些机器,仅在非旋转部件上测量不是非常合适。在这种情况下,有必要在旋转和非旋转两种部件上测量,或者仅在旋转部件上测量来监测机器。对于此类机器,本部分表述的总则由ISO 7919-1给出的轴振动总则来补充。如果两个标准的方法都可使用,那么通常应使用限制更严格的一个。

振动测量能用于多种目的,包括日常运行监测、验收测试、诊断和分析研究。本部分仅提供关于运行监测和验收测试的总则。

本部分规定了三种基本测量参数(位移、速度、加速度),并给出了它们的限值。遵照本部分附录的准则,在大多数情况下能确保机器满意工作。

机械振动　在非旋转部件上测量评价机器的振动　第1部分:总则

1　范围

GB/T 6075的本部分规定了在整机的非旋转或非往复部件上测量评价机器振动的通用条件及方法。以振动量值和振动变化两个方面表述的评价准则与运行监测和验收测试有关。评价准则的提出首先考虑机器安全可靠的长期运行,同时也考虑对相关设备的有害影响减至最少。本部分也规定了运行限值。

本部分的评价准则仅与机器本身产生的振动有关,而与外部传递给它的振动无关。

本部分不考虑扭转振动。

2　规范性引用文件

下列文件对于本文件的应用是必不可少的。凡是注日期的引用文件,仅注日期的版本适用于本文件。凡是不注日期的引用文件,其最新版本(包括所有的修改单)适用于本文件。

ISO 7919-1　非往复机械的振动　在旋转轴上测量和评价准则　第1部分:总则(Mechanical vibration of non-reciprocating machines—Measurements on rotating shafts and evaluation criteria—Part 1: General guidelines)

3　测量

本章描述为评价机器振动所推荐的测量方法和运行工况。允许按第5章的准则和规定评价振动。

3.1　测量参数

3.1.1　频率范围

振动测量应是宽带,以便充分覆盖机器频谱。

频率范围应依据所考虑的机器类型确定(例如评价使用滚动轴承的机器完整性所需要的频率范围宜比评价仅使用滑动轴承的机器具有更高的频率)。

各具体类型机器的测量仪器频率指南将在ISO 10816的相关部分给出。

注1:以前振动烈度与10 Hz～1 000 Hz范围宽带振动的速度[mm/s(均方根值)]有关。但是,对于不同类型的机器可用不同的频率范围和测量量。

3.1.2　测量量

为达到本部分的目的,可使用以下的测量量:

a)　振动位移,以微米(μm)为单位;

b)　振动速度,以毫米每秒(mm/s)为单位;

c)　振动加速度,以米每二次方秒(m/s^2)为单位。

这些量的应用及限制在第5章论述。

一般说来，振动的宽带加速度、速度和位移之间，峰值(O—P)、峰—峰值(P—P)、均方根值和平均值之间没有简单的关系式。附录A简要论述了理由。当振动波形的谐波分量已知时，附录A规定了以上这些量的确切关系式。

为了避免混淆，保证解读正确，必须在所有时候都应明确区分测量单位[例如，μm(峰—峰值)、mm/s(均方根值)]。

3.1.3 振动量值

使用满足第4章要求的仪器所做测量的结果称作指定测量位置和方向上的振动量值。

当评价旋转机器的宽带振动时，根据经验通常考虑振动速度的均方根值，因为该值与振动能量有关。其他的量如位移、加速度和代替均方根的峰值也可以选用。在这种情况下需要另外的准则，它们与以均方根值为基础的准则未必有简单的联系。

3.1.4 振动烈度

通常在各个测量位置的两个或三个测量方向上进行测量以得到一组不同的振动量值。在规定的机器支承和运行工况下，所测的宽带最大量值定义为振动烈度。

对于大多数类型的机器，振动烈度的值表征了该机器的振动状态。但是对有些机器这种方法是不适当的，而应在若干测点上对测量位置分别进行振动烈度评价。

3.2 测量位置

应该在轴承、轴承支座或者其他有明显动力响应并能表示机器整体振动特性的结构部件上进行测量。图1～图5表示了典型的测量位置。

为确定每一测量位置上的振动特性，有必要在三个相互垂直的方向上进行测量。图1～图5所示位置的全部测量一般仅是对验收测试的要求。对运行监测通常在一个或二个径向方向上测量(即在水平——横向和/或垂直方向上)。这些测量可由轴向振动测量补充。显然，在推力轴承位置上轴向振动极其明显，它直接传递轴向动力。

对于具体类型的机器，详细的建议在ISO 10816其他部分给出。

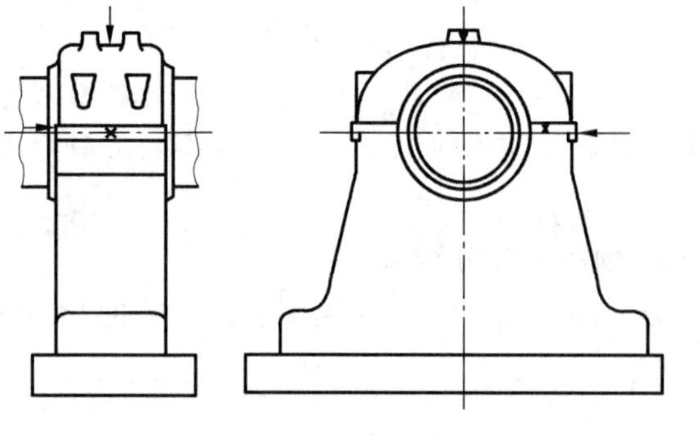

图1 支座轴承测量点

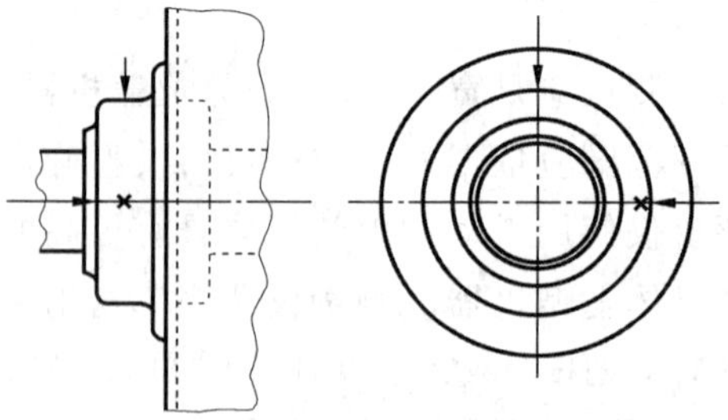

图2 端盖轴承测量点

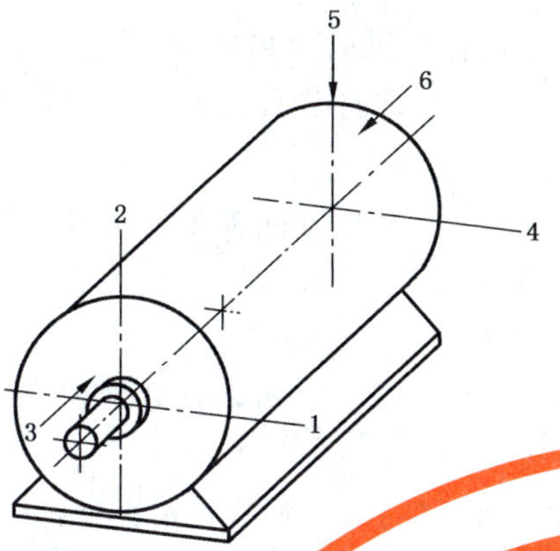

图 3　小型电机测量点

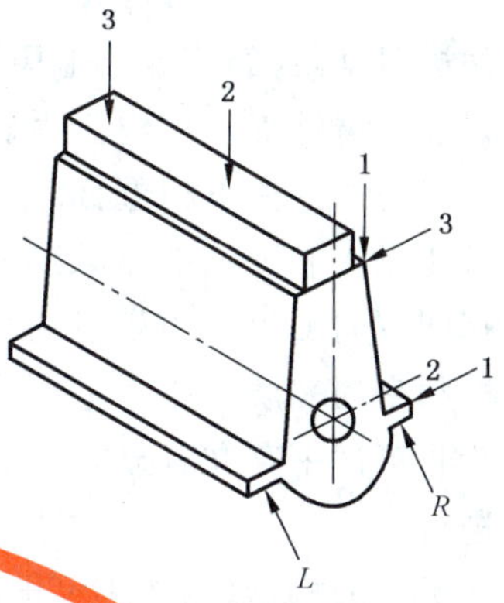

图 4　往复式机器测量点

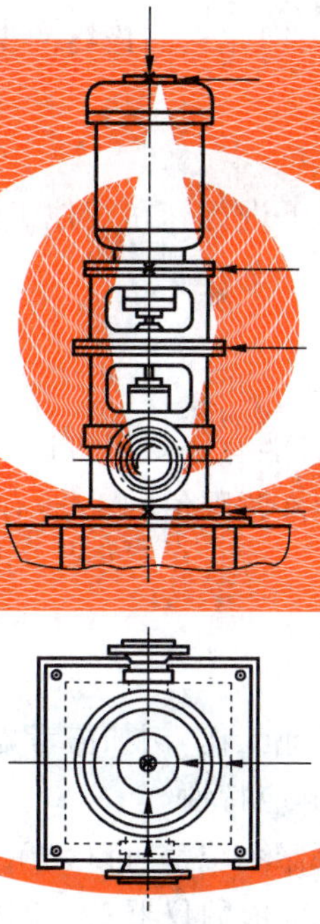

图 5　立式机组测量点

3.3　验收测试的机器支承结构

3.3.1　现场测试

当验收测试在现场进行时，支承结构应该是提供给该机器的支承结构。在这种情况下进行测试，重要的是确保机器的所有主要部件和结构安装好。

应该注意，在不同基础或基础底层上的同类型机器，只有基础具有相似的动态特性时才能进行有效的振动比较。

3.3.2 试验台测试

对于多种机器,因为经济或其他原因,验收测试在试验台上进行。试验台可能具有与现场测试不同的支承结构特性。这种支承结构会明显影响所测的振动,应保证整个试验装置的固有频率同机器的旋转频率或任何显著的谐振不相重合。

如果在机座或在靠近轴承支承或定子座的基架上,在水平方向和垂直方向测量的振动量值不超过在该轴承的相同方向测得振动量值的50%,则试验装置通常符合这些要求。另外,试验装置不应引起任何主要共振频率的实质变化。

如果在验收测试中存在有显著的支承共振并且不能消除,那么振动验收测试就必须在现场已安装好的机器上进行。

对于有些类型的机器(例如小型电机),可在弹性系统支承下验收测试。在这种情况下,支承系统上机器所有的刚体模态频率应该小于机器最低有效激振频率的一半。通过将机器安装在弹性支承基盘上或者自由悬挂在软弹簧上就能够实现适宜的支承条件。

3.4 运行监测的机器支承结构

运行监测是在现场已安装好的机器上(即在它们最终的支承结构上)进行。

3.5 机器运行工况

振动测量应该在规定的正常运行工况下进行。在其他工况下可以采取另外的振动测量,但不适合用第5章进行评价。

3.6 环境振动评价

如果所测振动量值超过推荐的限值,可能有必要停机进行环境振动测量,以保证其对所观察的振动不构成明显影响。如果环境振动量值大于推荐限值的1/3,有可能时应采取措施减少环境振动值。

4 仪器

所用仪器在其使用的环境中应能满意地工作,例如需考虑到温度、湿度等。应该特别注意保证振动传感器安装正确,并且不影响机器的振动响应特性。

目前普遍用来监测宽带振动的两种仪器系统都可以采用,即:

a) 有均方根检测电路并且显示均方根值的仪器;

b) 既有均方根又有平均值的检测电路,但刻度是读峰—峰值或峰值的仪器。该刻度以均方根值、平均值、峰—峰值和峰值之间假定的正弦关系式为基础。

如果振动评价以多个测量量(即位移、速度、加速度)为基础,那么所用仪器应能表明全部相关量的特征。

要求测量系统应有指示仪器的在线校准措施,另外要具有合适的数据输出接口,允许作进一步分析。

5 评价准则

5.1 概述

本章规定了评价机器振动的一般原理和准则。本评价准则关系到运行监测和验收测试,并且仅适用于机器本身产生的振动，不适用于从外部传递的振动。对于一定类型的机器，本部分表述的准则由ISO 7919-1对转轴振动给出的准则来补充。如果两个标准的方法都可使用，通常应使用限制更严格的一个。

对于不同级别和类型的机器的具体准则在ISO 10816的相关部分制定时给出。

5.2 准则

两个评价准则用于评价各类机器的振动烈度。一个准则考虑所测得的宽带振动量值；另一个考虑振动量值的变化，不论它们是增加还是减少。

5.3 准则Ⅰ：振动量值

这一准则关系到确定绝对振动量值的限值，它应与轴承可接受的动载荷及传入支承结构和底座可接受的振动相符合。在每一轴承或支座上观察到的最大振动量值，对照由国际经验建立的四个评价区域进行评价。所测振动的最大量值定义为振动烈度(见3.1.4)。

5.3.1 评价区域

定义以下典型评价区域，以便对给定的机器进行定性的振动评价，并提供可操作的指南。不同的分类和若干评价区域适用于具体类型的机器，它们在ISO 10816的其他部分中规定。对于没有明确归类的机器类型见附录B。

区域A：新交付使用的机器的振动通常落在该区域。

区域B：振动量值在该区域的机器，通常认为可不受限制地长期运行。

区域C：通常认为振动量值在该区域的机器，不适宜于长期持续运行。一般该机器可在这种状态下运行有限时间，直到有采取补救措施的合适时机为止。

区域D：振动量值在该区域通常被认为振动剧烈，足以引起机器损坏。

这些区域限值不作为验收规范，验收规范应由机器制造厂商与用户协商确定。然而这些值提供了指南，以避免严重的缺陷及不切合实际的要求。在某些情况下，会涉及到特定的机器的具体特性，可能要求使用不同的区域限值(高些或低些)。在这种情况下，通常需要解释理由，并且特别应确认机器以较高的振动值运行，不会被损坏。

5.3.2 评价区域界限

特定机器的振动取决于其体积、振动体和安装系统的特性及设计用途。因此，对不同类型的机器规定振动测量范围时，需要考虑到各种用途和有关条件。对几乎所有机器，不考虑所用轴承的类型。在结构件(如轴承座)上测量宽带振动速度均方根值，一般能充分地描述旋转轴组件无故障运行的工作状况。

在大多数情况下振动速度足以表征在机器运转速度较宽范围内振动的烈度。但只使用单一速度值，不考虑频率，会导致不可接受的大振动位移值。特别对于低运转速度的机器，当基频分量占主导时更是如此。同样，恒定速度准则对于高速运行的机器，或由机器组件产生的高频振动，可能会导致不可接受的加速度。因此，以速度为基础的验收准则将采取图6的通用形式。图中指出了上、下频率限值 f_u 和 f_l，并表明在小于规定的频率 f_x 和大于规定的频率 f_y 的区间，允许的振动速度是振动频率的函数(见附录C)。振动频率在 f_x 和 f_y 之间，可使用恒定速度准则。在附录B中所列的均方根速度值就参照了这一恒定速度区。对于具体类型的机器，验收准则的精确性质和 f_l、f_u、f_x 和 f_y 值将在ISO 10816的其他部分给出。

对于许多机器，宽带振动主要是由单一频率分量(通常为轴旋转频率)构成。在这种情况下，由图6可得到相应频率下的允许振动速度。

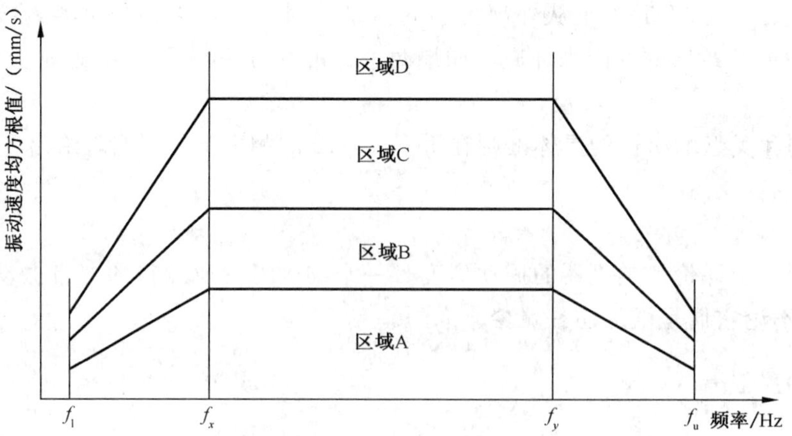

图 6　振动速度验收准则的通用形式

凡是图 6 中转折点 f_x 和 f_y 以外有显著振动能量处，对不太通用的机器，可能有若干不同的方法。举例如下：

a) 当小于 f_x 有显著振动能量时，除了常用的宽带速度，可测量宽带位移。同样，当大于 f_y 有显著振动能量时，可测量宽带加速度。允许的振动位移和加速度应该同相应于图 6 中的倾斜部分的速度一致。

b) 在整个频谱内每一显著分量的速度、位移或加速度可使用频率分析仪来确定。对于那些频率小于 f_x 或大于 f_y 的分量，在使用与图 6 相一致的适当加权系数后，用式(A.2)就能得到等效宽带速度。然后将该值相对于 f_x 和 f_y 之间的恒定速度进行评价。应该注意，除了宽带振动基本是由单一频率分量组成的情况外，直接把频谱分量与图 6 曲线比较会导致错误的结果。

c) 包含整个频谱的复合宽带测量可使用含有与图 6 形状相符的加权网络的仪器来进行。然后将该值相对于 f_x 和 f_y 之间的恒定速度进行评价。

具体类型机器的评价准则将在 ISO 10816 其余部分给出。附录 C 提供了补充指南。对于一定类型的机器，有必要进一步规定超出图 6 所描述的准则(例如见 5.6.3)。

5.4　准则Ⅱ：振动量值的变化

本准则提供了用振动量值偏离预先建立的参考值的变化进行评定。即使未达到准则Ⅰ的区域 C，宽带振动量值显著增加或减少时，也需采取措施。这些变化或为瞬时的或者随时间而发展，并且可能指示已经发生损坏，或者是即将失效或其他不正常的警告。准则Ⅱ是以稳态运行工况下宽带振动量值的变化为基础来规定的。

在应用准则Ⅱ时，被比较的振动测量应在同样传感器位置和方向上，并在大致相同的机器运行工况下进行。应该对偏离正常振动量值的显著变化加以研究，以避免危险情况发生。

用于监测目的的宽带振动变化的评定准则在 ISO 10816 其他部分给出。但是应该注意，某些变化只有监测离散频率分量(见 5.6.1)才会发现。

5.5　运行限值

为了长期运行，通常对一些类型的机器设定运行振动限值。这些限值采用**报警值**和**停机值**形式。

报警值：警告已经达到规定的振动值或已经发生显著变化，需要采取补救措施。一般来说，如果发生报警情况，机器可继续运行一段时间，同时应进行研究以确定振动变化原因并制定出补救措施。

停机值：规定一个振动量值，超过该值机器继续运行可能会引起损坏。如果超过停机值应采取紧急措施减少振动或停机。

不同的运行限值反映出动载荷和支承刚度的差异，可相对于不同的测量位置和方向规定。

相应地，对具体类型的机器规定报警和停机准则的指南，在ISO 10816其他部分中给出。

5.5.1 报警值设定

对于不同机器，报警值可能上、下变化很大。对于特定机器的测量位置和方向，所选的值通常依据经验确定的基线值来设定。

推荐报警值应该比基线高出某个量，其大小等于区域B上限值的某个比例数。如果基线低，那么报警值可能低于区域C。具体类型机器的指南在ISO 10816其他部分中给出。

如果没有建立基线，例如对一台新机器，则初始报警值设定应该以其他类似机器的经验为基础，或者以同意的验收值为基准。经过一段时间后，建立起稳态基线值，相应地调整报警值。

如果稳态基线值变化(例如机器大修之后)，相应地应修改报警值。机器上的轴承不同，报警值的设定可以不同，它反映了动载荷和轴承支承刚度上的差异。

5.5.2 停机值设定

停机值一般与机器的机械完整性有关，并取决于能使机器经受住异常载荷而要求的具体设计性能。因而，对所有同样设计的机器的停机值一般是相同的，并且通常与用于设定报警值的稳态基线值值没有关系。

但是，对于不同设计的机器会有差异，并且不可能给出绝对的停机值指南。一般说来，停机值应在区域C或区域D内。

5.6 其他因素

5.6.1 振动频率和矢量

在本部分中所考虑的评价限于宽带振动，未涉及到频率分量或相位。在大多数情况下，这对于以验收测试和运行监测是合适的。但在有些情况下，一定类型机器的振动评定要使用矢量信息。

矢量变化信息对检测和确定机器动态变化特别有用。在有些情况下，用宽带振动测量不能检测出这些变化。这证明于附录D中。

对矢量变化准则的规定超出了本部分的范围。

5.6.2 机器的振动灵敏度

特定机器上所测的振动对稳态运行工况的变化可能是灵敏的。在大多数情况下这并不重要。在有些情况下，尽管在一定稳态工况下测量该特定机器的振动量值是令人满意的，但是如果这些工况变化，则会变得不令人满意。

如在机器振动灵敏度方面有争议，制造厂与用户之间应该就任何测试方法或理论评定的必要性及范围达成协议。

5.6.3 关于滚动轴承的专门技术

继续研究和发展除宽带振动测量以外的其他方法以评价滚动轴承状态。这在附录E中进一步讨论。对这些补充方法的评价准则的规定超出了本部分的范围。

附 录 A
(资料性附录)
振动波形关系

多年来已认识到使用均方根速度测量以表征各种类型机器的宽范围的振动响应特性是很成功的，并且仍然在这样使用。对于简单的交变波形，它们由一些离散的量值和相位的谐波分量组成，并且不包含显著的随机振动或冲击分量。通过傅里叶分析，用严格确定的数学关系式，可以说明各种基本的量(如位移、速度、加速度、峰值、均方根值、平均值等)。以下概括几个有用的关系式。

由所测的作为时间函数的振动速度记录，速度均方根值可由式(A.1)计算：

$$V_{r.m.s}=\sqrt{\frac{1}{T}\int_{0}^{T}V^{2}(t)\mathrm{d}t} \qquad \cdots\cdots(A.1)$$

式中：

$V(t)$ ——与时间有关的振动速度；

$V_{r.m.s}$ ——相应的速度均方根值；

T ——采样时间，它比组成 $V(t)$的任何主频率分量的周期长。

对于不同频率($f_1,f_2\cdots f_n$)的加速度、速度和/位移的量值(分别为 $a_j,v_j,S_j;j=1,2\cdots n$)，可由记录的谱分析确定。

如果振动的峰—峰位移值($S_1,S_2,\cdots,S_n$，以微米为单位)、速度均方根值($v_1,v_2,\cdots,v_n$，以毫米每秒为单位)、加速度均方根值($a_1,a_2,\cdots,a_n$，以米每二次方秒为单位)、频率($f_1,f_2,\cdots f_n$，以赫兹为单位)已知，则表征运动的有关速度均方根值由式(A.2)给出：

$$V_{r.m.s}=\pi\times10^{-3}\sqrt{\frac{1}{2}\left[(s_1f_1)^2+(s_2f_2)^2+\cdots+(s_nf_n)^2\right]}=\sqrt{v_1^2+v_2^2+\cdots+v_n^2}$$

$$=\frac{10^3}{2\pi}\sqrt{\left(\frac{a_1}{f_1}\right)^2+\left(\frac{a_2}{f_2}\right)^2+\cdots+\left(\frac{a_n}{f_n}\right)^2} \qquad \cdots\cdots(A.2)$$

如果振动仅由两个显著的给出均方根值的拍的频率分量组成，即 V_{min}和 V_{max}，那么拍频的均方根值 $V_{r.m.s.}$可近似由式(A.3)计算：

$$V_{r.m.s}=\sqrt{\frac{1}{2}(V_{max}^2+V_{min}^2)} \qquad \cdots\cdots(A.3)$$

仅对单一频率谐波分量进行振动加速度、速度或位移值的变换，使用如图 A.1 就能完成。如果已知单一频率分量的振动速度，那么峰—峰位移可由式(A.4)计算：

$$S_i=\frac{450V_i}{f_i} \qquad \cdots\cdots(A.4)$$

式中：

S_i ——峰—峰位移值，单位为微米(μm)；

V_i ——频率为 f_i 的分量的振动速度均方根，单位为毫米每秒(mm/s)；

f_i ——频率，单位为赫兹(Hz)。

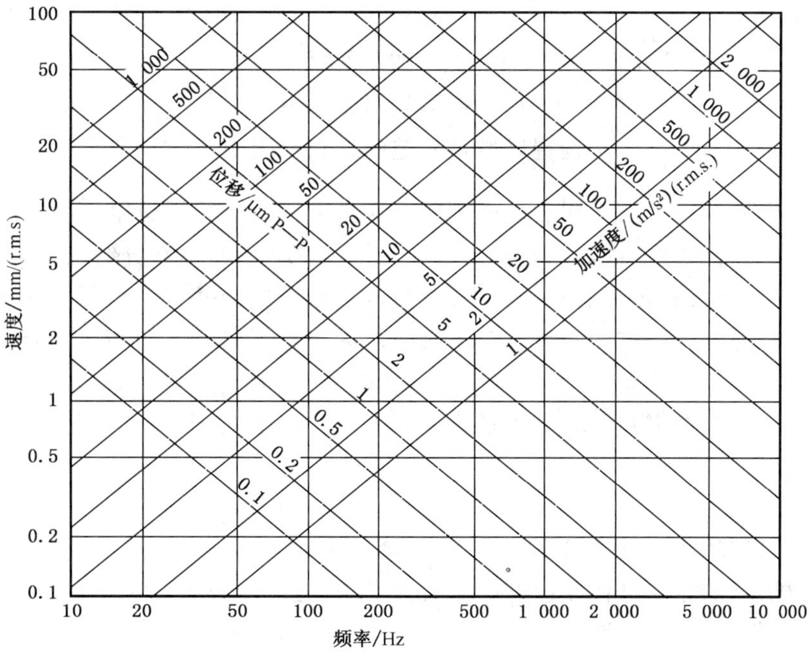

图 A.1 对于单一频率谐波分量加速度、速度和位移之间的关系

附　录　B
（资料性附录）
设置区域边界值的资料性指南

本部分是一个基础文件，提出了在非旋转部件上测量和评价机器机械振动的通用方法，并未确定具体的评价准则。对许多普通类型机器的评价准则在 ISO 10816 的其他部分给出。

对上述各个具体部分没有包含的机器类型的评价准则，一般应基于类似设计的机器的成功运行经验给出，并应得到供货方和采购方的同意。应当考虑的因素包括测量的位置和方向、频率范围、支承的柔性和运行状态。

对既没有合适的经验、在 ISO 10816 中还未包含的机器类型，表 B.1 分别给出了区域 A/B、B/C 和 C/D 区域边界典型值的范围。

一般这些区域边界值：

a)　对小型机器（如功率 15kW 以下的电动机）趋向位于区域的较小端；

b)　对较大型机器（如原动机在测量方向是柔性支承）趋向位于区域的较大端。

这些值有利于为供方和客户之间的讨论和协商提供基础，以避免整体方案的缺陷或不切实际的要求。

应用表 B.1 的给定值时应当小心，如果有与特定机器有关的具体特征，它可能要求用不同的值。

表 B.1　均方根振动速度区域边界 A/B、B/C 和 C/D 的典型范围

	典型区域边界值的范围 均方根振动速度 mm/s			
0.28				0.28
0.45				0.45
0.71				0.71
1.12				1.12
1.8	区域边界 A/B 0.71～4.5			1.8
2.8				2.8
4.5		区域边界 B/C 1.8～9.3		4.5
7.1				7.1
9.3			区域边界 C/D 4.5～14.7	9.3
11.2				11.2
14.7				14.7
18				18
28				28
45				45

注 1：本表仅适用于 ISO 10816 的各个具体部分还没有包括的机器和过去还没有可用的满意的经验的机器。

注 2：验收准则应当供方和客户协商同意。

注 3：选择的值应当考虑测量的位置和支承的柔性/弹性。

附　录　C
（资料性附录）
对准则规定的通用指南

在图 6 中所示的速度准则可用以下一般方程表述：

$$V_{\mathrm{r.m.s}}=V_{\mathrm{A}}\cdot G.(f_z/f_x)^k(f_y/f_{\mathrm{w}})^m \qquad \cdots\cdots(\mathrm{C.1})$$

式中：

$V_{\mathrm{r.m.s}}$ ——允许的均方根速度，单位为毫米每秒(mm/s)；

V_{A} ——恒定的均方根速度，单位为毫米每秒(mm/s)，对于区域 A 适用于 f_x 和 f_y 之间；

G ——区域边界系数(例如区域 A 的界限可通过设 $G=1$ 得到，区域 B 的界限可通过设 $G=2.56$，区域 C 的界限可通过设 $G=6.4$)；这一系数可以是机器转速或任何其他相关机器运行参数(例如载荷、压力、流量)的函数；

f_x 和 f_y ——规定的频率，单位为赫兹(Hz)；在其间应用了恒定速度准则(见 5.3.2)；

$f\leqslant f_y$ 时　　$f_{\mathrm{W}}=f_y$

$f>f_y$ 时　　$f_{\mathrm{W}}=f$

$f<f_x$ 时　　$f_z=f$

$f\geqslant f_x$ 时　　$f_z=f_x$

f ——频率，单位为赫兹(Hz)，相对于 f 确定 $V_{\mathrm{r.m.s.}}$；

k 和 m ——对于给定类型的机器所规定的常数。

对于专门分组的机器，可规定单一均方根速度值代替图 6 所示的典型曲线。

注：图 6 所示频率 f_{u} 和 f_{l} 是宽带测量的上、下频率界限。

附 录 D
（资料性附录）
振动变化的矢量分析

引言

评价准则依据宽带振动的正常稳态运行值和这些稳态值所发生的任何变化加以规定。后者具有局限性，因为有些变化只有通过单个频率分量的矢量分析才可识别。除了同步振动分量以外的这一技术的仍处于发展阶段，目前在本部分不能规定准则。

D.1 概述

在机器上所测的宽带稳态振动信号在本质上是复杂的，并且由许多不同的频率分量组成。每一分量是由其频率、幅值和相对于已知基准的相位规定的。传统的振动监测设备测量综合的复合信号的量值，不区分单个频率分量。但是，现代诊断设备能够分析复合信号，这样就能够识别每一频率分量的幅值和相位。这对于振动工程师有很大价值，因为它便利了对非正常振动状况可能发生的原因进行诊断。

单个频率分量的变化也许很显著，但宽带振动中未必反映出同样程度。因此以宽带振动量值变化为基础的准则需要补充相位测量。

D.2 矢量变化的重要性

图 D.1 是极座标图，它以矢量形式来显示复杂振动信号某一频率分量的幅值和相位。

矢量$|\vec{A}_1|$描述了初始稳态振动状况，即在这一状况下，振动幅值是 3 mm/s（均方根值），相位角是 40°。矢量$|\vec{A}_2|$描述了机器发生变化后的稳态振动状况，即振动幅值是 2.5 mm/s（均方根值），相位角是 180°。因此，虽然振动幅值从 3 mm/s～2.5 mm/s，减少了 0.5 mm/s（均方根值），但是矢量$|\vec{A}_2-\vec{A}_1|$表示了振动的真实变化，其幅值为 5.2 mm/s（均方根值）。振动矢量变化比仅用振动幅值变化大 10 倍以上。

D.3 监测矢量变化

D.2 所给例子清楚地说明识别振动信号矢量变化的重要性。但是必须认识到，一般说来宽带振动信号是由许多单个频率分量组成的，每一频率分量可显示一矢量变化。而且对某一特别频率分量不可接受的变化，对于另一不同频率分量来说，可能会在可接受的限值之内。因此，目前不可能对单个频率分量的矢量变化规定出与本部分内容一致的准则，本部分主要目的是用于非振动专家进行宽带振动的正常运行监测。

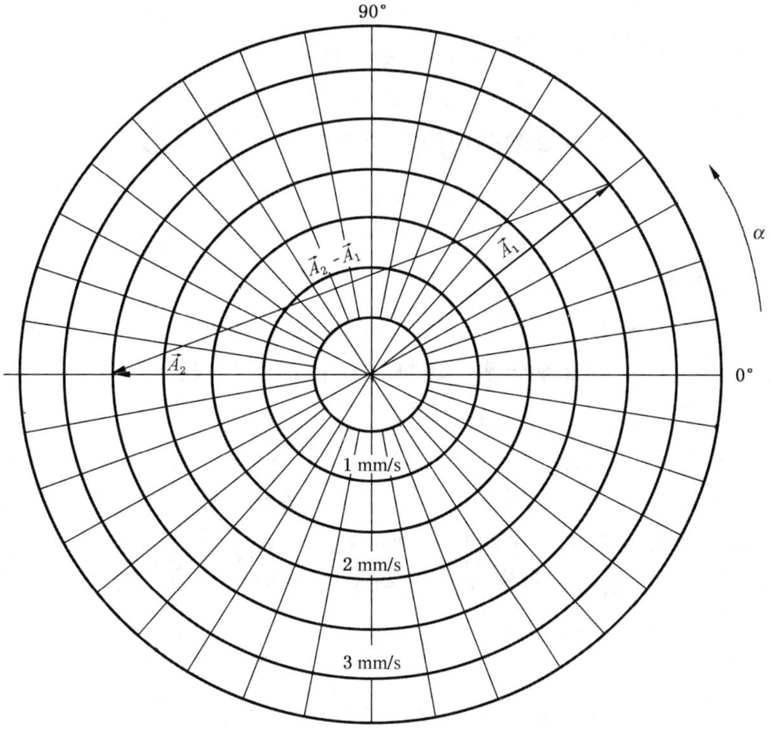

初始稳态矢量：　　$|\vec{A}_1|=3$ mm/s(均方根值)，$\alpha=40°$

变化后的稳态矢量：$|\vec{A}_2|=2.5$ mm/s(均方根值)，$\alpha=180°$

振动量值变化：　　$|\vec{A}_2|-|\vec{A}_1|=-0.5$ mm/s(均方根值)

矢量变化：　　　　$|\vec{A}_2-\vec{A}_1|=5.2$ mm/s(均方根值)

图 D.1　对于离散频率分量矢量变化和量值变化的比较

附 录 E
（资料性附录）
检测使用滚动轴承问题的专门测量和分析技术

引言

在滚动轴承座上作宽带测量通常能提供足够的轴承工作状态的信息。但是这种单一技术不是在所有环境下都是成功的。特别是在测量频率范围内轴承或轴承座有明显的共振作用，或者是由其他振源如齿轮啮合产生的振动信号传递到轴承时，评价可能会产生误差。

因此发展了可供选择的测量设备和各种分析方法，在有些情况下，它们对于识别使用滚动轴承的问题更适用。这些仪器或技术未被证明在所有情况下都是成功的。例如不是所有类型的轴承故障能由任何一种技术识别。虽然一种特殊技术对于识别一种机器的主轴承问题非常满意，而它对于其他设备可能完全不适用。在所有情况下，振动特性和形式主要取决于轴承的具体类型和结构、仪器甚至信号处理。应了解所有这些情况才能客观地评价轴承。

选择具体应用的合适技术要求具有该技术和所应用的机器这两方面的专业知识。

E.1 至 E.4 简要叙述了一些有效的测量设备和分析技术，在所选的应用中已获得一些成功。但还没有合适的评价准则的充足资料，因此现阶段不能将它们编入本部分。

E.1 原始数据分析（综合振动测量）

为了诊断滚动轴承的故障，对原始振动信号宽带加速度均方根的测量提出简单可选择的要求。

这些可选的要求是：

a) 加速度峰值的测量；

b) 加速度峰值对加速度均方根的比率（波峰因数）的测量；

c) 加速度均方根值和峰值的乘积的计算。

E.2 频率分析

复合振动信号的单个频率分量能用多种滤波装置或由谱分析识别。如果对于特定的轴承有足够多的有效数据，就能够计算出多种故障的特征频率，并能与振动信号的频率分量比较。这样不仅能判断轴承的运行情况，而且能识别故障的性质。

在高背景振动存在的情况下，为了清晰地识别出同轴承有关的频谱，可使用相干平均、自适应噪声删除或谱减量法的处理技术。波形包络的谱分析技术是由检波和平滑高通滤波振动信号（或高频范围内的带通滤波）后产生的。这样，低频背景振动被抑制，并且显著降低了再现小脉冲的灵敏度。

谱分析方法的一种有用变化是考虑轴承基本特征频率的边带（和与差频率）而不是基本特征频率本身。倒频谱分析（定义为功率谱对数的功率谱）虽然主要用于检测齿轮啮合故障，也可用来识别边带效应。

E.3 冲击脉冲技术

许多商用仪器是有效的，它们依据的事实是滚动轴承故障产生短的脉冲（通常称为冲击脉冲）。

冲击脉冲的锐度包含有很高的频率分量。用仪器检测高频分量并使用专门技术处理，可得到与轴承状态有关的值。

一种可选择的技术是原始冲击脉冲包络的谱分析。

E.4 可供选择的技术

振动测量以外的几种有效技术可用来诊断使用滚动轴承的故障，包括声学噪声分析、热成像和磨屑分析(铁粉记录法)。但是，没有一种技术能保证在所有情况下或应用在一些实例中都会成功。

参 考 文 献

[1] ISO 2041,Mechanical vibration,shock and condition monitoring—Vocabulary (GB/T 2298)

[2] ISO 2954, Mechanical vibration of rotating and reciprocating machinery—Requirements for instruments for measuring vibration severity (GB/T 13824)

[3] ISO 7919-2,Mechanical vibration—Evaluation of machine vibration by measurements on rotating shafts—Part 2: Land-based steam turbines and generators in excess of 50 MW with normal operating speeds of 1 500 r/min,1 800 r/min,3 000 r/min and 3 600 r/min (GB/T 11348.2,MOD)

[4] ISO 7919-3,Mechanical vibration—Evaluation of machine vibration by measurements on rotating shafts—Part 3: Coupled industrial machines (GB/T 11348.3,IDT)

[5] ISO 7919-4,Mechanical vibration—Evaluation of machine vibration by measurements on rotating shafts—Part 4: Gas turbine sets with fluid-film bearings (GB/T 11348.4,IDT)

[6] ISO 7919-5,Mechanical vibration—Evaluation of machine vibration by measurements on rotating shafts—Part 5:Machine sets in hydraulic power generating and pumping plants (GB/T 11348.5, IDT)

[7] ISO 10437,Petroleum,petrochemical and natural gas industries—Steam turbines—Special-purpose applications

[8] ISO 13709,Centrifugal pumps for petroleum,petrochemical and natural gas industries

[9] ISO 22266-1, Mechanical vibration—Torsional vibration of rotating machinery—Part 1: Land-based steam and gas turbine generator sets in excess of 50 MW

[10] VDI 3836,Messung und Beurteilung mechanischer Schwingungen von Schraubenverdichtern und Rootsgebläsen;Ergänzung von DIN ISO 10816-3 (Measurement and evaluation of mechanical vibration of screw-type compressors and Root compressors; Addition to DIN ISO 10816-3). Bilingual

[11] VDI 3838,Messung und Beurteilung mechanischer Schwingungen von Hubkolbenmotoren und-kompressoren mit Leistungen über 100 kW; Ergänzung von DIN ISO 10816-6 (Measurement and evaluation of mechanical vibration of reciprocating piston engines and piston compressors with power ratings above 100 kW; Addition to DIN ISO 10816-6). Bilingual

[12] API 611,General-Purpose Steam Turbines for Petroleum,Chemical,and Gas Industry Services

[13] API 616,Gas Turbines for Petroleum,Chemical,and Gas Industry Services

[14] API 617, Axial and Centrifugal Compressors and Expander-compressors for Petroleum, Chemical and Gas Industry Services

[15] API 618,Reciprocating Compressors for Petroleum,Chemical,and Gas Industry Services

[16] API 619, Rotary-type Positive-displacement Compressors for Petroleum, Petrochemical, and Natural Gas Industries

ICS 17.160
J 04

中华人民共和国国家标准

GB/T 6075.2—2012/ISO 10816-2:2009
代替 GB/T 6075.2—2007

机械振动 在非旋转部件上测量评价机器的振动 第2部分:功率50 MW以上,额定转速1 500 r/min、1 800 r/min、3 000 r/min、3 600 r/min陆地安装的汽轮机和发电机

Mechanical vibration—Evaluation of machine vibration by measurements on non-rotating parts—Part 2:Land-based steam turbines and generators in excess of 50 MW with normal operating speeds of 1 500 r/min,1 800 r/min,3 000 r/min and 3 600 r/min

(ISO 10816-2:2009,IDT)

2012-11-05 发布　　2013-03-01 实施

中华人民共和国国家质量监督检验检疫总局
中国国家标准化管理委员会　发布

前　言

GB/T 6075《机械振动　在非旋转部件上测量评价机器的振动》分为以下 7 个部分：

——第 1 部分：总则；

——第 2 部分：功率 50 MW 以上，额定转速 1 500 r/min、1 800 r/min、3 000 r/min、3 600 r/min 陆地安装的汽轮机和发电机；

——第 3 部分：额定功率大于 15 kW 额定转速范围在 120 r/min 至 15 000 r/min 之间的在现场测量的工业机器；

——第 4 部分：具有滑动轴承的燃气轮机组；

——第 5 部分：水力发电厂和泵站机组；

——第 6 部分：功率超过 100 kW 的往复式机器；

——第 7 部分：工业应用的旋转动力泵，包括旋转轴测量。

本部分是 GB/T 6075 的第 2 部分。

本部分按照 GB/T 1.1—2009 和 GB/T 20000.2—2009 给出的规则起草。

本部分代替 GB/T 6075.2—2007《在非旋转部件上测量和评价机器的机械振动　第 2 部分：50 MW 以上，额定转速 1 500 r/min、1 800 r/min、3 000 r/min、3 600 r/min 陆地安装的汽轮机和发电机》。本部分与 GB/T 6075.2—2007 相比，主要修改内容如下：

——修改了标准名称，由原来的"在非旋转部件上测量和评价机器的机械振动　第 2 部分：50 MW 以上，额定转速 1 500 r/min、1 800 r/min、3 000 r/min、3 600 r/min 陆地安装的汽轮机和发电机"改为"机械振动　在非旋转部件上测量评价机器的振动　第 2 部分：功率 50 MW 以上，额定转速 1 500 r/min、1 800 r/min、3 000 r/min、3 600 r/min 陆地安装的汽轮机和发电机"；

——增加了关于在低转速下使用恒定振动速度准则的警告（见附录 C）；

——修改了要求使用不同的区域边界值的例子（见 4.2.2.4）；

——当新机器没有建立有效的基线数据时，推荐其稳态运行额定工作转速下的报警值不宜超过区域边界 B/C（见 4.2.3.2）；

——增加了停机值设定一节中有关第二次报警的内容（见 4.2.3.3）；

——增加了非稳态工况（瞬态运行）期间的振动量值一节中"停机放大因子"的概念，在稳态工况建立之前，它会自动地提升"报警值"和"停机值"（见 4.2.4）。关于"停机放大因子"的使用，4.2.4.4 中做了更详细的介绍；

——重新修改了升速、降速和超速期间的振动量值一节。并删去了上一版中的图 2（见 4.2.4.3）。

——修改了上一版中多处的"振动幅值"的翻译，将其改为"振动量值"。

本部分使用翻译法等同采用 ISO 10816-2:2009《机械振动　在非旋转部件上测量评价机器的振动　第 2 部分：功率 50 MW 以上，额定转速 1 500 r/min、1 800 r/min、3 000 r/min、3 600 r/min 陆地安装的汽轮机和发电机》。

与本部分中规范性引用的国际文件有一致性对应关系的我国文件如下：

——GB/T 11348.2—2012　机械振动　在旋转轴上测量评价机器的振动　第 2 部分：功率大于 50 MW，额定工作转速 1 500 r/min、1 800 r/min、3 000 r/min、3 600 r/min 陆地安装的汽轮机和发电机（ISO 7919-2:1995，MOD）。

本部分由全国机械振动、冲击与状态监测标准化技术委员会（SAC/TC 53）提出并归口。

本部分起草单位：郑州机械研究所、西安热工研究院有限公司、上海发电设备成套设计研究院、哈尔滨大电机研究所、河南电力试验研究院、东方电气集团东方电机有限公司、上海电站设备公司上海发电机厂。

本部分主要起草人：韩国明、黄润华、张学延、孙庆、钟苏、罗剑斌、陈昌林、胡建波、王义翠。

本部分所代替标准的历次版本发布情况为：

——GB/T 6075.2—2002，GB/T 6075.2—2007。

引　言

GB/T 6075.1是GB/T 6075的基本技术文件，它规定了在非旋转部件上测量评价不同类型机器振动的一般要求。GB/T 6075的本部分给出对在大型汽轮机和发电机轴承箱体或支撑座上测量的振动烈度评价的具体规定。在这些位置上测量能相当好地表征振动状态。在以往经验的基础上提出的评价准则，可作为评价此类机器振动状态的指南。

在稳态工况下运行时，规定了评价机器振动的两个准则。第一个准则考虑的是测得的振动量值；第二个准则是这些振动量值的变化。另外，对瞬态运行工况规定了不同的准则。然而，非旋转部件上的振动不是评价机器振动烈度的唯一基础。对于大型汽轮机和发电机，也通常依据在旋转轴上测量评价振动；对旋转轴振动测量和评价的要求见GB/T 11348.1和GB/T 11348.2。

本部分中提出的评价方法是基于宽带测量。然而，由于技术进步，窄带测量或频谱分析的使用越来越普遍，特别是应用于振动评价、状态监测和诊断。关于这些测量评价的准则已超出本部分的范围，它们在机器振动状态监测的标准ISO 13373(所有部分)中详细论述。

机械振动　在非旋转部件上测量评价机器的振动　第2部分：功率50 MW以上，额定转速1 500 r/min、1 800 r/min、3 000 r/min、3 600 r/min陆地安装的汽轮机和发电机

1　范围

GB/T 6075的本部分规定了机器现场振动烈度的评价，适用于所有主轴承箱体或轴承座在轴的径向（即横向）和推力轴承的轴向测量的宽带振动。它们包括：

——正常稳态运行工况下的振动；

——瞬态变化（包括升速或降速、初始加负荷和负荷变化）时其他（非稳态）工况期间的振动；

——在正常稳态运行期间发生的振动变化。

本部分适用于额定转速1 500 r/min、1 800 r/min、3 000 r/min或3 600 r/min，输出功率大于50 MW的陆地安装的汽轮机和发电机，也适用于直接与燃气轮机联接的汽轮机和（或）发电机（例如联合循环应用）。在这些情况下，本部分的准则仅适用于汽轮机和发电机（包括同步离合器）。ISO 7919-4和ISO 10816-4适用于燃气轮机振动的评价。

本部分的这些评价准则不适用于在发电机定子铁芯和外壳上的2倍频的电磁激励振动。

本部分所规定的数值不准备作为评价振动烈度的唯一依据。对于大型汽轮机和发电机，通常也用旋转轴的振动来评价。对这些振动测量的要求见GB/T 11348.1和GB/T 11348.2。

2　规范性引用文件

下列文件对于本部分的应用是必不可少的。凡是注日期的引用文件，仅注日期的版本适用于本部分。凡是不注日期的引用文件，其最新版本（包括所有的修改单）适用于本文件。

GB/T 6075.1—2012　机械振动　在非旋转部件上测量评价机器的振动　第1部分：总则（ISO 10816-1:1995，IDT）

ISO 7919-2　机械振动　在旋转轴上测量评价机器的振动　第2部分：功率大于50 MW，额定转速1 500 r/min、1 800 r/min、3 000 r/min、3 600 r/min陆地安装的汽轮机和发电机（Mechanical vibration—Evaluation of machine vibration by measurements on rotating shafts—Part 2: Land-based steam turbines and generators in excess of 50 MW with normal operating speeds of 1 500 r/min, 1 800 r/min, 3 000 r/min and 3 600 r/min）

3　测量方法

测量方法和使用的仪器应符合GB/T 6075.1中的一般要求并说明如下。

用于监测，测量系统应能测量频率范围从10 Hz至少到500 Hz的宽带振动。然而，如果仪器也用于诊断可能需要更宽的频率范围和（或）谱分析。例如相应于发电机转子和（或）低压转子的第一临界转速的频率低于10 Hz的时候，测量系统的线性范围的下限应当相应降低。在特殊场合，显著的低频振动

可能传至机器(例如在地震区),可能有必要过滤掉仪器的低频响应和(或)提供适当的时间延迟。如果对比不同机器的测量结果,宜保证使用相同的频率范围。

振动测量的位置应对机器动态力有足够的灵敏度。宜保证测量设备不受外部振源(如空气噪声和结构诱导噪声)的过分影响。典型地,要求在每个主轴承上两个相互垂直的径向进行测量,如图1所示。传感器可以放置在轴承盖或轴承座上任何角度位置,但一般选择垂直方向和水平方向。

如果已经知道在轴承盖或轴承座上用单个径向传感器能提供机器振动量值足够的信息,可用单个传感器代替更常用的相互垂直的一对传感器。然而,当用测量平面上单个传感器评价振动时应仔细观察,因为它可能不在提供该平面上振动最大的理想近似值的方位。

对于连续运行监测,通常不进行汽轮机和发电机径向承载主轴承的轴向振动测量。轴向振动测量主要在定期振动检查期间或者诊断时使用。然而,在本标准中仅规定在评价推力轴承轴向振动时,其振动烈度可以用径向振动相同的准则(见表A.1)。没有轴向约束的其他轴承,对轴向振动的评价很少有严格的要求。

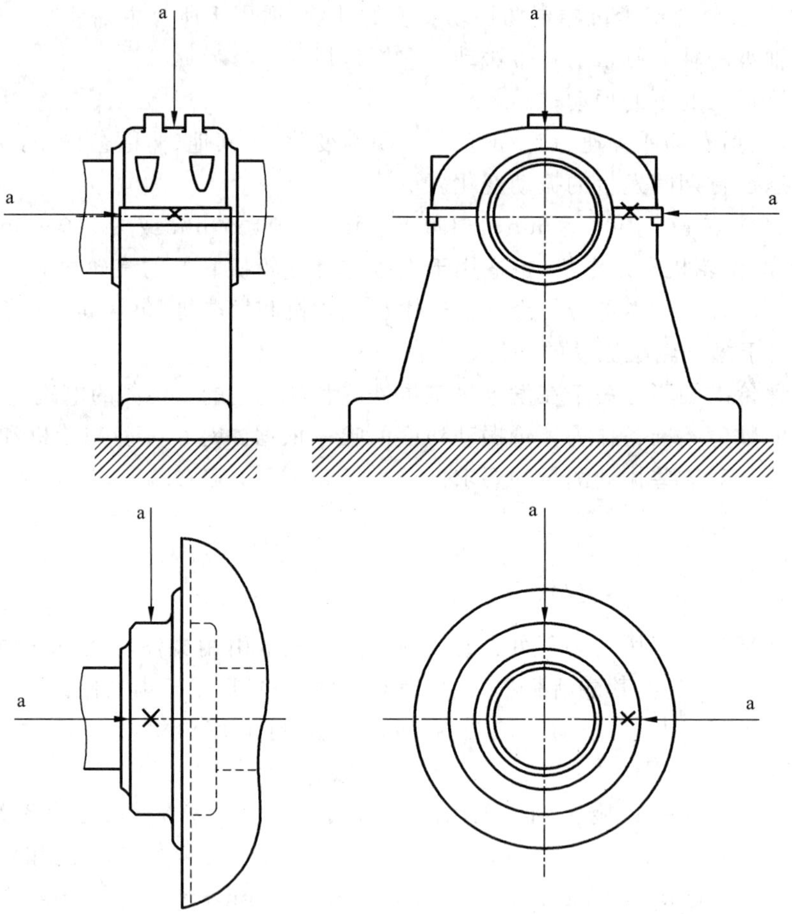

a ——测量方向。

注:本部分的评价准则适用于所有主轴承径向振动测量和推力轴承轴向振动测量。

图1 轴承盖或轴承座上典型测点和方向

宜了解环境对测量系统特性的影响,包括:

a) 温度变化;

b) 磁场;

c) 空气噪声和结构诱导噪声;

d) 电源变化;

e) 电缆阻抗;

f) 传感器电缆长度;

g) 传感器方位;

h) 传感器连接刚度。

宜特别注意,确保传感器安装正确,而且安装方案不降低测量的精确度(见 ISO 2954 和 ISO 5348)。

4 评价准则

4.1 概述

GB/T 6075.1 提供了评价不同类型机器的振动烈度的两个准则的一般描述。第一个准则考虑观测到的宽带振动的量值,第二个准则考虑量值的变化,而不论量值增加或是减少。

测得的最大振动量值称为振动烈度。这些值是根据这类机械的经验数据提出的,如果满足它们,可望得到可接受的运行。

注:这些值是基于以前的国际和国内经验,当初起草 ISO 7919(所有部分)和 GB/T 6075(所有部分)时进行调查的结果以及专家们提供的反馈。

提供的这些准则适用于在规定的额定转速和负荷范围内的稳态运行工况,包括发电机电负荷正常的缓慢变化。也提供了在发生瞬态变化时其他非稳态工况下的替代的准则。这些振动准则提供的目标是保证避免过大的缺陷或不切实际的要求,可以作为规定验收规范的基础(见 4.2.2.3)。

该准则仅涉及汽轮机和(或)发电机产生的振动,不涉及由机组外界传递的振动。如果怀疑受到明显的传递振动影响(无论是稳态的或间断的),则宜在机组停机状态测量其量值。如果被传振动的量值不能接受,则宜采取措施纠正。

应注意,机器的振动状态通常根据非旋转部件及旋转轴上的测量进行综合评价。

4.2 准则Ⅰ:振动量值

4.2.1 总则

这个准则是关于确定绝对振动量值的,该量值与轴承的许用动载荷以及传至支承结构和基础的许用振动量值的要求一致。

4.2.2 正常稳态运行工况下额定转速时的振动量值

4.2.2.1 概述

在每个轴承盖或轴承座处测量到的最大振动量值,按照由经验建立的四个评价区域进行评价。

4.2.2.2 评价区域

下列评价区域可用于评价给定机器在正常稳态工况额定工作转速时的振动,并提供可能的操作指南。

区域 A:新投产的机器,振动通常在此区域内。

区域 B:振动在此区域内的机器,通常认为可以不受限制地长期运行。

区域 C:通常认为振动在此区域内的机器,不适宜长期连续运行。该机器可在这种状态下运行有限时间,直到有合适时机采取补救措施为止。

区域 D:振动在该区域通常被认为振动剧烈,足以引起机器损坏。

注:对瞬态运行的指南见 4.2.4。

4.2.2.3 验收准则

验收准则均应在机器安装前经供方和买方协商一致。这些评价区域为新机或大修过的机器规定验收准则提供基础。

注：新机器验收准则历来规定在 A 区或 B 区内，但通常不超过区域边界 A/B 值的 1.25 倍。

4.2.2.4 评价区域边界

区域边界值在表 A.1 中给出。这些边界值适用于在稳态工况额定工作转速下，所有轴承的径向振动测量和推力轴承的轴向振动测量。区域边界值是根据制造厂和用户提供的有代表性的数据制定的，数据中不可避免存在较大的分散性。然而，表 A.1 中仍然对这些值做出规定，以保证避免过大的缺陷或不切实际的要求。

在其他的测量位置和瞬态工况时允许较大的振动，见 4.2.4。

在大多数情况下，表 A.1 中给出的值与保证允许传至轴承的支承结构和基础的动载荷是协调一致的。然而，在某些情况下，可能有特殊性能或与特殊类型机器关联的可用经验，可能要求使用不同的区域边界值（较小或较大），例如：

a) 机器振动可能受它的安装系统以及与转子之间耦合装置的影响。对于柔性轴承支承的转子，当测量方向上轴相对振动小时，表明传给支承结构的动态力也小，因此，较大的轴承振动是允许的。基于类似的成功运行经验，适当提高表 A.1 中给出的区域边界值是可以接受的。

b) 对于载荷相对较轻的轴承（例如励磁机转子的固定轴承和同步离合器轴承）或其他更柔性的轴承，可能需要基于机器详细设计的其他准则。

c) 对于一些 1 500 r/min、1 800 r/min 的大型汽轮机可以用较小的区域边界值。

注 1：对于同一旋转轴线上的不同轴承的测量可以取不同的区域边界值。

一般来说，当采用较大的区域边界值时，可能需要技术论证，证实以较大振动运行不损害机器的可靠性。例如，可以根据机器详细的性能或类似结构设计和支承的机器成功的运行经验。

注 2：本部分对安装在刚性基础和柔性基础上的汽轮机和发电机未提出不同的区域边界值。这与针对同类机器轴振动测量的标准 ISO 7919-2 一致。但是，如果进一步分析这些机器的调查数据表明采取不同的边界值是有保证的话，则将来修订 GB/T 6075.2 和 GB/T 11348.2 时，可望针对支承的柔度给出不同的准则。

评价机器振动烈度常用的测量参数是振动速度。表 A.1 给出了基于宽带的均方根（r.m.s）速度测量的各区域边界值。然而，在某些情况下，习惯于用具有振动速度峰值读数而不是均方根值读数的仪器测量振动。如果振动主要是一个频率分量（例如通常汽轮机和发电机振动是其工作频率占主导），则峰值和均方根值之间存在简单的关系，而且表 A.1 的边界值可用峰值乘以$\sqrt{2}$表示，以评价峰值振动烈度。也可以将测的振动峰值除以$\sqrt{2}$，按照表 A.1 的均方根准则评价。

注 3：如果是用峰-峰值的测量仪器，则要求不同的因子。

4.2.3 稳态运行的限值

4.2.3.1 概述

为了长期稳态运行，通常的做法是规定运行的振动限值。这些限值采用报警值和停机值的形式。

报警值：振动已经达到规定的限值或者振动值发生显著变化，可能有必要采取补救措施时，进行报警。一般来说，如果发生报警，可继续运行一段时间，同时进行研究（例如考查负荷、转速或其他运行参数的影响）以识别振动变化的原因和确定补救措施。

停机值：规定一个振动量值，振动超过此值继续运行可能引起机器损坏。如果超过停机值，应立即采取措施降低振动或停机。

不同的运行限值反映出动载荷和支承刚度的差异，对于不同的测量位置和方向，可以规定不同的运行限值。

4.2.3.2 报警值的设定

对每台机器报警值可以不同。推荐选择的报警值通常是相对于基线值来设定，而基线值是根据具体机器的测量位置和方向的经验来确定。

推荐设定的报警值应高出基线某个量，高出的量等于区域边界B/C值的25%。报警值通常不宜超过区域边界B/C的1.25倍。如果基线值低，报警值可能小于区域边界B/C值（见附录B的例子）。

在没有建立基线的情况下（例如新机），初始的报警值应根据其他类似机器的经验，或者相对于已同意的验收值来设定。在没有这样有效数据的情况下，稳态运行额定转速时报警值不宜超过区域边界B/C。在运行一段时间之后，建立起稳态基线值并对报警值的设定作相应的调整。

振动信号非稳态和不重复的场合，要求用某些平均方法。

如果稳态基线发生变化（例如机器大修后），报警值的设定宜相应地修改。对于机器上不同的测量位置，报警值设定可以不同，以反映动载荷和支承刚度的差异。

设定报警值的例子在附录B中给出。

4.2.3.3 停机值的设定

停机值通常与机器的完整性有关，并且取决于提出的使机器能承受异常动载荷的各设计特性。因此，具有类似设计的所有机器一般采用相同的停机值，而且通常与设定报警值的稳态基线值没有关系。

不同设计的机器停机值可能不同，并且不可能对绝对的停机值给出更精确的指南。一般停机值在区域C或D内，但推荐停机值应不超过区域边界C/D值的1.25倍。依据具体机器的经验，可以取不同的限值。

汽轮机和发电机通常是受自动控制系统控制的，如果超过停机振动值，自动控制系统会使机器停机。为了避免虚假信号引起的不必要的停机，实际上通常采用多个传感器控制逻辑，并在触发机器自动停机的任何自控动作之前，规定一个时间延迟。因此，如果收到振动停机信号，而且至少被两个独立的传感器确认超过了规定的有限延迟时间才可以触发停机。典型的延迟时间是1 s～3 s。为了慎重，可以在报警值和停机值之间插入第二次报警，以警示操作人员正在接近停机值，使他们可以采取任何校正措施（例如降低负荷或制造商建议的其他措施），避免满负荷停机。

4.2.4 非稳态工况（瞬态运行）期间的振动量值

4.2.4.1 概述

附录A规定了汽轮机和/或发电机在规定的稳态运行工况下长期运行的振动值。在额定转速下运行工况正在变化，汽轮机或发电机逐渐达到热平衡的过程中，以及升速或降速时，可以允许较大的振动值。这些较大的值可能超过4.2.3中规定的报警值和停机值。在这种情况下，可以引入“停机放大因子”，在稳态工况建立之前（见4.2.4.4），它会自动地提升“报警值”和“停机值”。

对于非稳态工况下运行的汽轮机和发电机，这些瞬态变化一般与热的变化（例如在初始负荷和负荷改变期间，由于蒸汽温度或转子电流的变化引起的）、凝汽器真空的影响和转速变化（例如启动、停机）有关。

与稳态振动一样，在具体场合采用的任何验收准则应该由机器制造厂家和用户协商一致。然而，本章的规定将保证避免过大的缺陷和不切实际的要求。

4.2.4.2 额定转速瞬态运行期间的振动量值

额定转速瞬态运行，包括空载、带初始负荷或快速加负荷或功率因数变化的运行工况，以及其他相对短期的任何运行工况。对于这些瞬态工况，振动量值不超过区域边界C/D值，一般认为是可以接受的。停机值和报警值宜相应调整。

4.2.4.3 升速、降速和超速期间的振动量值

汽轮机和发电机在升速前应当充分地盘车和(或)低速旋转,以保证不出现临时弯曲或弓形,避免可能产生反常的激励。此后,如果汽轮机/发电机装有轴振动传感器(见 ISO 7919-2),可以进行慢转轴位移测量,以评价低速时的偏摆量大小(该测量不受最低共振转速的影响),此时稳定的轴承油膜已经建立,而且离心作用可以忽略。检验在该转速下测量的轴位移与其他的参考参数是否在以前建立的满意的经验值范围内。这些检验是评价轴线状态是否满意的基础,例如是否出现轴弯曲或者在联轴器之间是否有平行不对中或者夹角不对中("曲柄效应")。此外,在升速期间,建议在到达临界(共振)转速之前评估轴承的振动,并且与以前满意运转时相同状态下得到的典型振动矢量进行比较。如果观察到任何显著的差别,建议在继续下去之前采取进一步措施(例如维持转速或减速直至振动稳定,或者回到以前的值,进行更详细的研究或检查运行参数)。

如果没有盘车或测量慢转轴位移的规定,则遵照供方的替代建议。

升速期间可能需要保持在特定转速暖机(例如为了温度匹配)。如果这样的话,应注意确保在暖机转速和任意临界(共振)转速之间有足够的裕量,因为共振时会出现很大的振幅。

升速、降速和超速期间振动限值的规定可以变化很大,这取决于具体机器的结构特性或者特定的运行要求。例如,对于起动次数较少、带基本负荷的机组,可允许有较大的振动限值,而对于需经常规则地切换操作运行、并需要在规定的时间内达到规定输出功率的机组,可采用较小的振动限值。此外,在升速和降速期间通过共振转速时,振动量值将受到阻尼和转速变化率的强烈影响(见 ISO 10814 有关机器不平衡灵敏度的资料)。

适用于升速、降速和超速时的报警值与正常稳态运行工况下所采用的报警值不同。它们通常应当相对特定机器由升速、降速或超速时的经验确定的值设定。建议起动、停机或超速期间的报警值应设定在这些值之上某个量,高出的量等于额定转速下区域边界 B/C 值的 25%。

当没有可靠的有效数据时,升速、降速或超速期间的报警值不宜超过区域边界 C/D。

用不同的方法设定升速和降速时的停机值。例如如果升速期间振动过大,可能降低转速比触发停机保护更合适。反之,降速期间很少触发高振动停机保护,因为那样做没有改变已采取的措施(即降速)。可是,如果汽轮机或发电机有自动控制系统,它可能需要规定升速或降速期间的停机值。这种情况下,停机值应当与报警值采用的相似的比例增加。

注:升速和降速期间,由于动力放大效应,当通过临界(共振)转速时通常发生最大的振动。在其他转速下,一般振动较小。

在较低转速下使用恒定速度准则可能有缺陷,因为虽然传递给轴承(座)的动态力是可接受的,但是相应的振动位移使连接到轴承座上的附属装置(例如油管)令人担心。这种情况下,可能有必要随转速降低相应改变报警值和停机值。特别建议,在转速低于 20% 的额定转速时,上述报警值和停机值不再适用(参见附录 C)。

4.2.4.4 "停机放大因子"的使用

某些情况下,如果超过停机值,装有控制系统的汽轮机/发电机会自动停机。在瞬态工况下运行,允许有较大的振动值,为了避免不必要的停机,可以引入"停机放大因子",它会自动地提升稳态的报警值和停机值,以反映 4.2.4.2 和 4.2.4.3 中给的修订值。

"停机放大因子"通常适用于以下情况:转子升速或降速过程中;在达到额定转速之后带负荷过程中;以及任何突然的、大负荷变化之后,热状态稳定的短期内。基于已有经验,上述每一种运行工况,可以设定不同的"停机放大因子"。实际的"停机放大因子"值对不同的机器是不同的,而且应当根据以前满意的运行经验而定。

4.3 准则Ⅱ:在额定转速稳态运行工况下振动量值的变化

本准则提供了对振动量值变化的评价,此变化是指偏离以前建立的特定稳态工况下的参考值。轴承振动量值可能明显地增大或减小,甚至在未达到准则Ⅰ的区域C时,就要求采取某种措施。这种变化可以是瞬时的或者随时间逐渐发展的,它可能表明已产生损坏,或是即将失效或是某些其他异常的警告。准则Ⅱ是在额定转速稳态工况下发生的轴承振动量值变化的基础上规定的,包括像负荷这样的变量有小的变化,但不包括负荷大而快的变化,此变化在4.2.4.2论述。

注意:这一准则应用于带有同步离合器的机器时宜小心,此时由于轴向膨胀的正常变化,振动可能会发生阶跃变化。

该准则的参考值是基于以前具体运行工况下测量得到的典型的、可重复的正常振动值。如果振动量值变化很大(达到区域B/C边界值的25%),应采取措施查明变化的原因。不管这种变化引起振动量值增大或减小,都要采取这样的措施。宜在考虑振动的最大值和机器在新工况是否已经稳定之后再决定采取什么行动。尤其是,如果振动变化率很大,即使还没有超过以上规定的振动限值,也宜采取行动。

在应用准则Ⅱ时,传感器位置和方位必须相同,同一机器运行工况才能进行比较。

应当了解,基于振动变化的准则有其应用的局限性。因为量值和变化率的明显变化可能发生在个别的频率分量,但这些重要特征在宽带振动信号中未必能反映出来(见GB/T 6075.1)。例如转子中裂纹的扩展可能引起旋转频率多倍频振动分量的渐进变化,但它们的量值可能比旋转频率分量的幅值小,所以仅查看宽带振动的变化难以识别裂纹扩展的效应。因此,虽然监测宽带振动的变化能给出潜在问题的某些指示,可能有必要在某些应用中,使用能测定单个频率分量振动矢量变化趋势的测量和分析设备。这种设备可能比通常用的监测装置更复杂,它们的应用需要专门知识。对于这种测量规定详细准则已超出本部分的范围(见4.5)。

4.4 补充的方法和准则

本部分中给出的振动测量与评价可以由轴振动测量补充和替代(见ISO 7919-2)。没有简单办法将轴承座振动转换为轴的相对振动,反之亦然。转轴绝对振动测量和相对振动测量之间的差异和轴承座振动有关,但它在数值上一般并不等于轴承座振动。这是由于在工作转速下轴承油膜与支承结构的相对动柔度、传感器安装位置的差异以及相位角不同等因素的影响。因此,当本部分和ISO 7919-2的准则都用于机器振动的评价时,应分别进行转轴振动和轴承座振动测量。如果应用不同的准则导致不同的振动烈度评价,一般应采用更严格的准则,除非有与此相反的有效经验。有的特殊情况下阶跃变化并不反常,例如有同步离合器的机器可能经历无关紧要的、突然的振动阶跃变化。

4.5 基于振动矢量信息的评价

在本部分中考虑的评价仅限于宽带振动而未涉及频率分量或相位。在大多数情况下,这样做对验收试验和运行监测就足够了。然而,对于长期状态监测和诊断,使用振动矢量信息对发现和确定机器动态变化特别有用。在某些情况下,这种变化只用宽带振动测量可能检测不到(例如,参见GB/T 6075.1—2012,附录D)。

与相位和频率有关的振动信息越来越多地用于状态监测和诊断。然而,规定这种准则已超出了本部分的现有范围。这些在ISO 13373(所有部分)对机器振动状态监测的规定中详细处理。

附 录 A
（规范性附录）
评价区域边界

表A.1中给的值适用于额定转速、稳态运行工况下所有轴承径向振动和推力轴承轴向振动的测量。图1表明典型的测量位置。给出的这些值可以保证避免重大的缺陷或不切实际的要求。在某些情况下，一些特别的机器可能需要使用不同的区域边界值（见4.2.2.4）。在其他的测量位置和瞬态工况下可以允许较大的振动（见4.2.4）。

注：过去，规定验收准则在A区或B区，但通常不超过A/B区域边界的1.25倍（见4.2.2.3）。

表A.1 大型汽轮机和发电机轴承箱或轴承座振动速度区域边界的推荐值

区域边界	轴转速/(r/min)	
	1 500或1 800	3 000或3 600
	区域边界振动速度均方根值/(mm/s)	
A/B	2.8	3.8
B/C	5.3	7.5
C/D	8.5	11.8

附 录 B
(资料性附录)
报警设定和停机设定的例子

某台 3 000 r/min 的大型汽轮发电机组是没有轴承振动先验知识的新机，一般将运行报警值设定在区域 B 内，具体数值通常由用户和机器制造厂家共同商定。对于本例，假定对每个轴承，最初设定报警值在区域边界 B/C 上，相应于速度均方根值 7.5 mm/s(见表 A.1)。

在机器运行一段时间，正常振动特性已经建立之后，可以考虑改变报警值的设定以反映在每个轴承的典型稳态基线值。使用 4.2.3.2 中的方法，以此为基础，每个轴承的报警值可设定为具体机器的经验得到的典型稳态基线值与区域边界 B/C 值的 25%之和。例如，如果某个具体轴承的典型稳态基线值为 4.0 mm/s，可采用新的报警值设定为 5.9 mm/s(即 4.0 mm/s＋0.25×7.5 mm/s)，它位于区域 B 内。另一个轴承的典型稳态基线值为 5.8 mm/s，则它的新报警值为 7.7 mm/s，这与初始设定的报警值差异不大，因此，报警值(7.5 mm/s)可保持不变。

对于每个轴承，根据准则Ⅰ，停机值宜定为均方根值 11.8 mm/s。这是基于停机值是相应于机器能承受的最大振动，是一个固定值。

如 4.2.4 所述，瞬态运行期间上述振动限值可以增大。

附 录 C
（资料性附录）
在低转速下使用振动速度准则的警告

本附录阐明在本部分中提出的速度准则不适用于低频率的原因。为了监测较低速的振动，可能需要按照其他准则（如恒定位移准则）评价，需要更专业的仪器，这些已经超出了本部分的范围。还可选择，考虑监测轴振动（见 ISO 7919-2）。

用在非旋转部件上测得的振动速度作为表征机器振动烈度的基础的原理，已经由现场经验（例如在1930年代，T. C. Rathbone 的开拓性工作，见文献[11]）和基础力学的认识中得到。基于此，已经采用许多年的、在10 Hz～1 000 Hz 频率范围内具有同一的均方根（r. m. s.）速度，通常认为是相等的烈度。这样做的独特优点是如果振动速度用作评价参数，而不论振动频率或机器运行速度，则同一评价准则可以适用。反之，如果位移或加速度用于评价，该评价准则将随频率变化，因为振动位移与速度之间的关系是与频率成反比，加速度与速度之间的关系是与频率成正比。

在低频和高频不宜使用恒定速度准则，在那里位移和加速度的影响分量变得重要。对低频，如图 C.1 所示，对于恒定振动速度 4.5 mm/s，由 3 600 r/min 降速时，基频振动位移分量（如由于不平衡引起的）是如何随转速变化的。

图 C.1 是个简单的数学关系，显示出恒定速度在不同转速下位移是如何变换的。可是，当转速降低时，恒定速度准则能导致轴承座位移渐进的增加。在这种情况下，虽然传递给轴承座的动态力可以接受，在低速时振动位移可能涉及轴承座上安装的附属设备（如油管）。

图 C.1 不要与正常的升速或降速响应曲线混淆，响应曲线通过共振速度（临界转速）离开，当转速降低时，通常振动速度降低。实际上，如果在额定转速下振动速度是可接受的，通常在较低转速下振动速度降低，而且相应的振动位移在较低的转速能够接受。从而，如果在升速期间在低转速下记录到明显的振动速度，即使它们低于本部分所规定的值，尤其是它们严重超出该特定机器在相同转速下正常经历的范围时，必须采取措施查明较高振动值的原因，并且确定继续在较高转速运行是否安全。

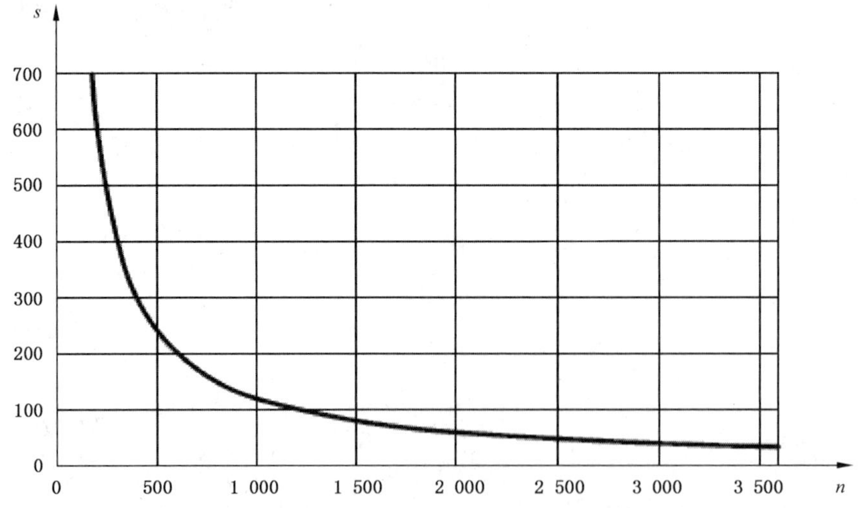

说明：

n ——转速，r/min；

s ——峰-峰振动位移，μm。

图 C.1 恒定均方根速度 4.5 mm/s 的基频振动位移分量随转速的变化

参 考 文 献

[1] ISO 2041, Mechanical vibration, shock and condition monitoring—Vocabulary (GB/T 2298)

[2] ISO 2954, Mechanical vibration of rotating and reciprocating machinery—Requirements for instruments for measuring vibration severity (GB/T 13824)

[3] ISO 5348, Mechanical vibration and shock—Mechanical mounting of accelerometers (GB/T 14412)

[4] ISO 7919-1, Mechanical vibration of non-reciprocating machines—Measurements on rotating shafts and evaluation criteria—Part 1: General guidelines (GB/T 11348.1)

[5] ISO 7919-3, Mechanical vibration—Evaluation of machine vibration by measurements on rotating shafts—Part 3: Coupled industrial machines (GB/T 11348.3)

[6] ISO 7919-4, Mechanical vibration—Evaluation of machine vibration by measurements on rotating shafts—Part 4: Gas turbine sets with fluid-film bearings (GB/T 11348.4)

[7] ISO 7919-5, Mechanical vibration—Evaluation of machine vibration by measurements on rotating shafts—Part 5: Machine sets in hydraulic power generating and pumping plants (GB/T 11348.5)

[8] ISO 10814, Mechanical vibration—Susceptibility and sensitivity of machines to unbalance (GB/T 19874)

[9] ISO 13373-1, Condition monitoring and diagnostics of machines—Vibration condition monitoring—Part 1: General procedures (GB/T 19873.1)

[10] ISO 13373-2, Condition monitoring and diagnostics of machines—Vibration condition monitoring—Part 2: Processing, analysis and presentation of vibration data (GB/T 19873.2)

[11] RATHBONE, T. C., Vibration tolerances, Power Plant Engineering, 1939

ICS 59.060.10
W 10

中华人民共和国国家标准

GB/T 6097—2012
代替 GB/T 6097—2006

棉纤维试验取样方法

Sampling method for testing of cotton fibers

2012-11-14 发布　　2013-09-01 实施

中华人民共和国国家质量监督检验检疫总局
中国国家标准化管理委员会　发布

前　言

本标准按照 GB/T 1.1—2009 给出的规则起草。

本标准代替 GB/T 6097—2006《棉纤维试验取样方法》，与 GB/T 6097—2006 相比，修订的主要内容如下：

——增加了抽样原则；

——批样的抽样改为直接引用现行产品标准 GB 1103 的描述；

——增加了棉花交易时异性纤维检验的规定，与 GB 1103 保持一致；

——增加了供手扯长度检验的试验样品数量；

——增加了逐包检验试样的抽样方法和数量。

请注意本文件的某些内容涉及专利。本文件的发布机构不承担识别这些专利的责任。

本标准由中国纤维检验局提出并归口。

本标准起草单位：陕西省纤维检验局、四川省纤维检验局。

本标准主要起草人：仲学宪、杨新莉、贠秀琴、李小恩、熊伟、苏丽亚、李丹。

本标准所代替标准的历次版本发布情况为：

——GB/T 6097—1985、GB/T 6097—2006。

棉纤维试验取样方法

1 范围

本标准规定了棉纤维试验用批样、实验室样品、试验样品、试验棉条、试验试样的抽取或制备方法。

本标准适用于棉纤维的试验取样。

2 规范性引用文件

下列文件对于本文件的应用是必不可少的。凡是注日期的引用文件,仅注日期的版本适用于本文件。凡是不注日期的引用文件,其最新版本(包括所有的修改单)适用于本文件。

GB 1103.1 棉花 第1部分:锯齿加工细绒棉

GB 1103.2 棉花 第2部分:皮辊加工细绒棉

GB 1103.3 棉花 天然彩色细绒棉

GB 19635 棉花 长绒棉

3 术语和定义

下列术语和定义适用于本文件。

3.1

批样 lot sample

按规定从一批棉花中抽取的一个或多个棉样,作为实验室样品的来源。

3.2

实验室样品 laboratory sample

按规定取自按批检验批样的棉样,作为试验样品的来源。

3.3

试验样品 test sample

按规定取自实验室样品的棉样,作为试验试样的来源。

3.4

试验棉条 test sliver

试验样品经纤维引伸器牵伸、并合而成的供试验用的条子。

3.5

试验试样 test specimen

取自逐包检验样品、试验样品或试验棉条用以试验的棉样。

4 原理

从一批棉花中取出批样,从批样中取出实验室样品,从实验室样品中取出试验样品,从试验样品中取出一个或一个以上的试验试样的全部或部分步骤组合的取样方法。其每一步都在减少棉纤维的数量,而又尽可能地保持着被试验棉纤维的代表性。

5 仪器与工具

5.1 纤维混合器及其附件。
5.2 纤维引伸器:适用于手扯长度为 15 mm～50 mm 的纤维。
5.3 天平:称量范围 0～200 g,分度值 0.01 g。
5.4 工具:纤维专用尺、镊子、黑绒板、大挑针、取样方框、小毛刷。

6 取样

6.1 抽样原则

抽样应具有代表性。

6.2 批样

6.2.1 抽样按照 GB 1103.1、GB 1103.2、GB 1103.3 和 GB 19635 执行。
6.2.2 棉花交易时,要求对批量交易成包皮棉异性纤维进行定量或定性检验的,可由交易有关方面协商确定具体的抽样方法和抽样数量。

6.3 实验室样品

6.3.1 取样数量

6.3.1.1 实验室样品每份约为 200 g～250 g,对于包含较小试验试样的试验,只需要较小的量。
6.3.1.2 成包皮棉(含成包前检验)取实验室样品份数,根据批样中所抽取的包数(即成块样品个数)确定,10 包及以下取 1 份,11 包～30 包取 2 份,31 包～50 包取 3 份,50 包以上取 4 份。
6.3.1.3 科学试验及其他方面特殊需要的取样,则根据试验目的、要求,并要考虑到代表来样的特性,确定取样的比例和方法。

6.3.2 取样方法

6.3.2.1 将批样中的每包 300 g 样品的个数,大致均衡地分成相应的实验室样品份数组。
6.3.2.2 根据每批棉纤维应取实验室样品的份数,在每一份数组中,从各个 300 g 棉样中多部位随机抽取至少 100 丛,每丛 2 g～2.5 g,形成一份,组成实验室样品。

6.4 试验样品

6.4.1 取样数量

6.4.1.1 从实验室样品中均匀地抽取锯齿棉 10 g 或皮辊棉 10 g 和 5 g 各一份,供检测原棉疵点用。
6.4.1.2 从实验室样品中均匀地抽取 10 g 或 30 g,供气流仪检测棉纤维成熟度或马克隆值用。
6.4.1.3 从实验室样品中均匀地抽取 16 小束(共 80 mg 左右),供强力试验仪检测棉纤维断裂比强度用。
6.4.1.4 从实验室样品中均匀地抽取 8 g～15 g,供检测棉纤维含糖用。
6.4.1.5 从实验室样品中均匀地抽取 20 g～30 g,供检测棉纤维手扯长度用。
6.4.1.6 从实验室样品中均匀地抽取 5 g 左右或(45±5)g,供光电长度或自动光电长度仪检测棉纤维长度用。
6.4.1.7 从实验室样品中均匀地抽取 200 mg 左右,供梳片式长度分析仪检测棉纤维长度和线密度用。

6.4.1.8 从实验室样品中均匀地抽取 30 g～200 g(通常可取 100 g 左右),供检测棉纤维长度(跨距长度)和长度整齐度用。

6.4.1.9 从实验室样品中均匀地抽取 7 g 左右,通过纤维混合器制备试验样品。

6.4.1.10 也可从实验室样品中均匀地抽取 2 g～2.5 g,通过纤维引伸器制备试验棉条。供中腔胞壁对比法、偏光仪法、显微镜法检测棉纤维成熟度,罗拉分析仪检测棉纤维长度、短纤维率,中段称重法检测棉纤维线密度及长度等指标用。

6.4.2 取样方法

6.4.2.1 将取得的 200 g～250 g 实验室样品,稍加撕松混匀,平铺在工作台上,使之成为厚薄均匀、面积约为 0.25 m^2 的棉层,分别从上下两面各 16 个分布大致均匀的部位,随机抽取可测各项目的试验样品。

6.4.2.2 若采用图 1 所示的一对取样方框,其面积为 0.5 m×0.5 m,并用波浪形的铁丝分隔成 16 个部位,把实验室样品夹在取样方框中逐部位抽取(上下两面共抽取 32 丛),取样就更均匀。

单位为米

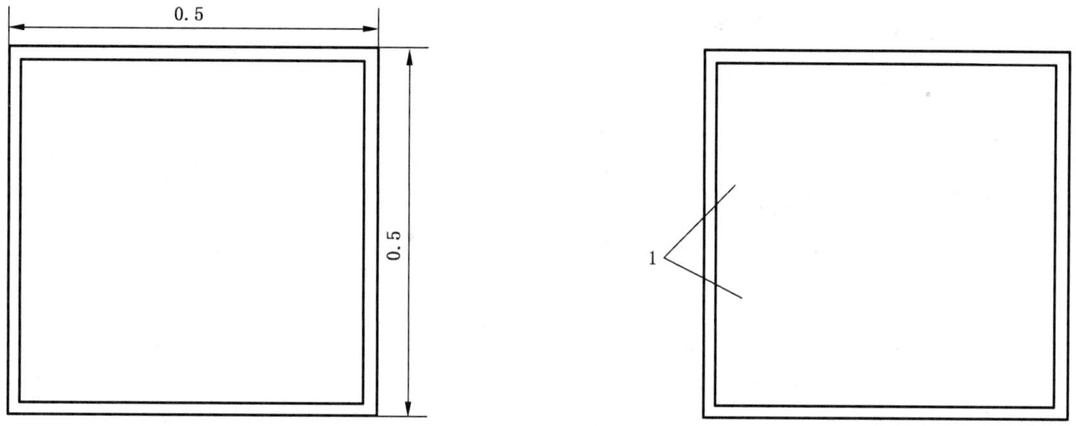

1——棉花。

图 1 试验样品取样方框

6.4.3 试验样品的制备

6.4.3.1 用纤维引伸器制备试验棉条

6.4.3.1.1 纤维引伸器调整

准确调整罗拉中心距指针在毫米刻度尺上指示的读数。

调整弹簧施于给棉罗拉的压力为 1 176 cN,施于输出罗拉的压力为 1 961 cN。

纤维引伸器给棉罗拉至输出罗拉的罗拉中心距,根据棉纤维的手扯长度按表 1 的规定调整。

表 1 纤维引伸器罗拉中心距调整规定

单位为毫米

手扯长度	罗拉中心距
27 及以下	手扯长度+6
28～31	手扯长度+8
32 及以上	手扯长度+10

6.4.3.1.2 制备步骤

将 2 g～2.5 g 的试验样品撕松混匀，并拣去危害性杂物，然后分成二等份，分别通过纤维引伸器不少于 5 次(若棉条较厚，可沿不揭层的纵向分为两个小条喂入，并注意横向混合)。引伸后，将每根棉条横向分为两个半根，丢弃每根的一半，把其余两个半根合并成一根棉条，再通过纤维引伸器不少于 5 次。用镊子轻轻拣出危害性杂物和疵点，注意避免带出纤维，能松开的索丝、棉结要进行松解，再经纤维引伸器 5 次，最后制成一根纤维平直光洁的试验棉条。每次喂入棉条引伸时，应注意调换棉条前进的方向。图 2 所示即为试验棉条的制备过程。

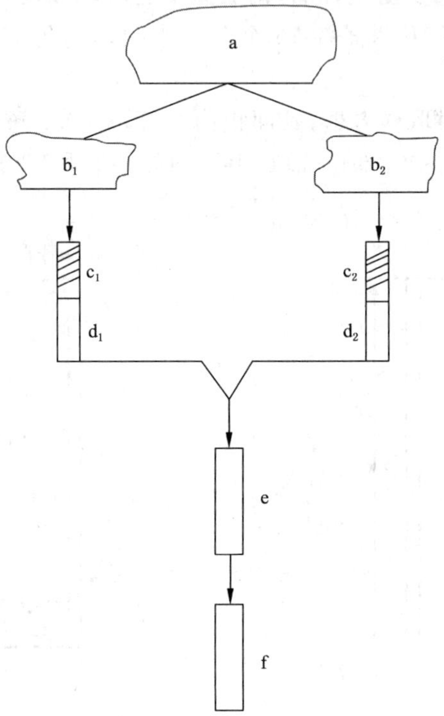

a ——试验样品，2 g～2.5 g；
b_1，b_2——分成两等份的试验样品，每份为 1 g～1.25 g；
c_1，c_2——通过第一次引伸(不少于 5 次)后丢弃的半根棉条；
d_1，d_2——通过第二次引伸(不少于 5 次)后保留的半根棉条；
e ——通过第二次引伸(不少于 5 次)的试验棉条；
f ——通过第三次引伸(5 次)制备好的试验棉条。

图 2 试验棉条制备过程示例

6.4.3.2 用纤维混合器制备试验样品

6.4.3.2.1 纤维混合器的调整

纤维混合器给棉板到锡林的隔距 1 mm～2 mm。

6.4.3.2.2 制备步骤

6.4.3.2.2.1 将 7 g 左右的试验样品扯成薄片，拣去危害性杂物，喂入纤维混合器。纤维由给棉罗拉与给棉板夹持，经锡林针布分流、开松并沉积在锡林针布的针间，一层层重叠卷绕，起到并合作用。然后用大挑针把纤维层挑出一个头，剥下，形成一块大棉条。将这棉条上下面翻身，重新喂入纤维混合器。

如此重复 3 次～4 次，制备成混合均匀的试验样品。

6.4.3.2.2.2 也可从制备好的试验样品中，用横向拔平取样法抽取 2 g～2.5 g，再经纤维引伸器引伸 4 次～5 次，制备成试验棉条。

6.5 试验试样

试验试样抽样分按批检验抽样和逐包检验抽样。

6.5.1 按批检验抽样

6.5.1.1 取样数量

根据检测项目方法标准中对试验试样个数及重量的规定取样。

6.5.1.2 取样方法

6.5.1.2.1 对不需要把纤维排在限制器绒板上的试验，可按 6.4.2.1 或 6.4.2.2 的方法从实验室样品中直接取样，也可从经纤维混合器制备的试验样品中，用横向拔平取样法取试验试样样品。

6.5.1.2.2 对需要把纤维排在限制器绒板上的试验，可从试验棉条中取试验试样样品。

6.5.1.2.3 采用横向拔平取样法(优先采用)，双手在靠近自由端相隔 2 cm～3 cm 处握持并拉断试验棉条，丢掉较短的一段。把留下的一段端部夹入一手虎口，头端放在手背一侧，用另一手捏住伸在前面的少量纤维，拔出并丢掉，经多次整理，使头端拔平齐。再拔取若干次得到需要数量的试验试样样品。注意在拔出纤维时应带出纤维。

6.5.1.2.4 采用纵向取样法，用手或压板按住试验棉条，另一手用镊子沿着不揭层的纵向先拔弃试验棉条边缘部分，然后再取出一细条需要数量的试验试样样品。

6.5.2 逐包检验抽样

6.5.2.1 从 125 g 样品中均匀地抽取 2 个棉样供颜色级检测用，样品表面应完全盖满仪器的测试窗口。

6.5.2.2 从 125 g 样品中均匀地抽取 10 g±0.5 g，供马克隆值试验用。

6.5.2.3 从 125 g 样品中均匀地抽取两个试样，每个试样 10 g～15 g，供大容量快速棉纤维长度、长度整齐度和断裂比强度等试验用。

6.5.2.4 抽取时应避开样品切断面，随机从批样中的不同部位抽取有代表性的试样。

6.5.3 试样制备

抽取的试验试样样品，根据有关试验方法标准的要求制备成试验试样。

ICS 59.060.10
B 32

中华人民共和国国家标准

GB/T 6102.2—2012
代替 GB/T 6102.2—2009

原棉回潮率试验方法 电阻法

**Test method for moisture regain in raw cotton—
Electrical resistance meter**

2012-11-14 发布

2013-09-01 实施

中华人民共和国国家质量监督检验检疫总局
中国国家标准化管理委员会 发布

前　言

本标准按照 GB/T 1.1—2009 给出的规则起草。

本标准代替 GB/T 6102.2—2009《原棉回潮率试验方法　电测器法》。

本标准与 GB/T 6102.2—2009 相比，修订的主要内容如下：

——将具体的仪器测量归类为原理测量，将“电测器测定原棉回潮率的方法”修改为“电阻法原理测定原棉回潮率的方法”。

——增加了规范性引用文件“GB 6975 棉花包装”。

——修改了规范性引用文件“GB 1103”为“GB 1103.1”，并增加了规范性引用文件“GB 1103.2”。

——修改了规范性引用文件“GB/T 8170 数值修约规则与极限数值的表示和判定”。

——将本标准适用范围修改为“回潮率为 3%～13%的原棉”。

——明确了电阻法原理测量棉花回潮率的定义，将“负相关”明确为“呈非线性负相关”，将“试样的质量”这一试验条件放入“检测方式及要求”中，增加了“进行温度补偿”这一步骤。

——将测量电压由“DC(90±1)V”改为“测量电压：小于 100 V(直流)。最大允许误差：小于 50 V(直流)，小于额定值的±4%；50 V～100 V(直流)，小于额定值的±1.5%”。

——将“试验样品”修改为“检测方式及要求”，并明确了“电测器检测：取样数量和方法按 GB 1103.1、GB 1103.2 和 GB 19635 的规定执行。在线装置检测：适用于 GB 6975 规定的锯齿棉Ⅰ型包成包过程中不开包定点检测，测量深度应在 1 cm～5 cm。插入装置检测：适用于锯齿棉Ⅰ型包成包后不开包定点检测，测试点应距棉包外层向内 10 cm～15 cm 处”。

——将“试验结果”改为“检测结果”，并明确了“电测器检测：按 GB 1103.1、GB 1103.2 和 GB 19635 规定的取样数量，逐样检测，记录检验结果，再计算批样回潮率算术平均值，作为检测结果。在线装置检测：逐包出具回潮率检验结果。插入装置检测：逐包检测的，逐包出具回潮率检验结果；按批检测的，按 GB 1103.1、GB 1103.2 和 GB 19635 规定的取样数量，逐包检测，记录检验结果，再计算批样回潮率算术平均值，作为检测结果”。

——将不同仪器的具体技术要求放入了附录中。

——将“试验步骤”修改为“检测步骤”，并将检测步骤放入附录中。

请注意本文件的某些内容可能涉及专利。本文件的发布机构不承担识别这些专利的责任。

本标准由中国纤维检验局提出并归口。

本标准起草单位：中国纤维检验局、中国棉花协会、中国棉纺织行业协会、北京中棉机械成套设备有限公司、陕西华斯特仪器有限公司、苏州市光华电测技术研究所、郑州棉麻加工技术研究所。

本标准主要起草人：徐水波、熊宗伟、韩金、杨照良、韩刚、叶戬春、张友信、阮旭良、沈洁强、丁民建。

本标准所代替标准的历次版本发布情况为：

——GB/T 6102.2—1985、GB/T 6102.2—2009。

原棉回潮率试验方法　电阻法

1　范围

本标准规定了采用电阻法原理测定原棉回潮率的方法。

本标准适用于回潮率为3%～13%的原棉。

2　规范性引用文件

下列文件对于本文件的应用是必不可少的。凡是注日期的引用文件，仅注日期的版本适用于本文件。凡是不注日期的引用文件，其最新版本（包括所有的修改单）适用于本文件。

GB 1103.1　棉花　第1部分：锯齿加工细绒棉

GB 1103.2　棉花　第2部分：皮辊加工细绒棉

GB 6975　棉花包装

GB/T 8170　数值修约规则与极限数值的表示和判定

GB 19635　棉花　长绒棉

3　术语和定义

下列术语和定义适用于本文件。

3.1

含湿质量　moisture weight

原棉含有水分时的质量。

3.2

干燥质量　dry weight

原棉经一定方法除去水分后的质量。

3.3

回潮率　moisture regain

试样的含湿质量与干燥质量的差值对干燥质量的百分数。

4　原理

根据不同回潮率的棉纤维具有不同电阻值的特性，在试样密度和测试电压等试验条件一定的情况下，棉花的电阻与其回潮率呈非线性负相关，测量通过棉纤维试样的电流大小，同时进行温度补偿，间接地得出原棉的回潮率。

5　仪器技术要求

5.1　测量电压：小于100 V（直流）。最大允许误差：小于50 V（直流），小于额定值的±4%；50 V～100 V（直流），小于额定值的±1.5%。

5.2 测量范围：回潮率 3.0%～13.0%。

5.3 测量允差（回潮率）：用标准电阻箱校验时，应满足表 1 要求。

表 1 测量允差

回潮率范围/%	测量允差/%
3.0～6.0	±0.2
6.1～11.0	±0.1
11.1～13.0	±0.2

5.4 取样检测的电测器应具有细绒棉（锯齿棉、皮辊棉）、长绒棉和环境湿度因素对回潮率测试结果的修正功能。

5.5 温度修正范围：－30 ℃～＋50 ℃。

5.6 不同仪器的具体技术要求见附录 A、附录 B、附录 C。

6 环境要求

温度：－30 ℃～＋50 ℃；相对湿度：20%～90%。

7 检测方式及要求

7.1 电测器检测：取样数量和方法按 GB 1103.1、GB 1103.2 和 GB 19635 的规定执行。

7.2 在线装置检测：适用于 GB 6975 规定的锯齿棉Ⅰ型包成包过程中不开包定点检测，测量深度应在 1 cm～5 cm。

7.3 插入装置检测：适用于 GB 6975 规定的锯齿棉Ⅰ型包成包后不开包定点检测，测试点应在距棉包外层向内 10 cm～15 cm 处。

8 检测步骤

检测步骤见附录 A、附录 B、附录 C。

9 检测结果

9.1 电测器检测：按 GB 1103.1、GB 1103.2 和 GB 19635 规定的取样数量，逐样检测，记录检验结果，再计算批样回潮率算术平均值，作为检测结果。

9.2 在线装置检测：逐包出具回潮率检验结果。

9.3 插入装置检测：逐包检测的，逐包出具回潮率检验结果；按批检测的，按 GB 1103.1、GB 1103.2 和 GB 19635 规定的取样数量，逐包检测，记录检验结果，再计算批样回潮率算术平均值，作为检测结果。

9.4 检测结果按照 GB/T 8170 修约至小数点后一位。

10 检测报告

按照不同检测仪器的要求出具回潮率检测报告。报告内容包括：回潮率或平均回潮率、试验试样份数、样品来源、样品编号、棉花类型、轧工方式、检验依据、仪器型式、检测日期、检测环境温湿度等。

附 录 A
（规范性附录）
电测器检测技术要求与检测步骤

A.1 技术要求

A.1.1 极板面积：(235×100)mm^2。

A.1.2 极板压力：(735±30)N。

A.1.3 试样质量：(50±5)g。

A.1.4 环境适应性

工作环境温度在－30 ℃～＋50 ℃。

试样回潮率在5.0%以下时，环境相对湿度应≤30%；

试样回潮率在5.0%～7.0%时，环境相对湿度应≤65%；

试样回潮率在7.0%～13.0%时，环境相对湿度应≤85%。

A.2 检测步骤

A.2.1 仪器校验：按照仪器计量检定规程校验。

A.2.2 取样：取样数量和方法按GB 1103.1、GB 1103.2和GB 19635的规定或有关各方协商的办法执行。

A.2.3 样品处理：现场检验时，可边扦样边测试。实验室测试的样品，应将取得的样品连同盛样容器置于试验环境下进行温度平衡，以使与环境的温度差异在±2 ℃以内。自取得样品时起，回潮率的测试应在24 h内一次试验完毕。

A.2.4 仪器调整：按照仪器使用说明书，检查仪器各项功能，使其处于正常状态。

A.2.5 测试：依据棉花的轧工方式及品种（细绒棉或长绒棉），选择相应的测试挡位。每个试验样品中取出一份(50±5)g的试验试样，放在仪器玻璃板上迅速撕松，均匀地推入两极板间，盖好玻璃盖板，操纵手柄加压，使压力达到(735±30)N，进入测试状态，完成测试。

A.2.6 记录回潮率数值，保留一位小数。

A.2.7 释放压力，取出试验试样。

A.2.8 每次抽取试验试样至测试完毕，时间不得超过1 min。

A.2.9 平均回潮率按式(A.1)计算。

$$\bar{R}=\frac{\sum_{i=1}^{n}R_i}{n} \qquad \cdots\cdots\cdots (A.1)$$

式中：

$\bar{R}$ ——平均回潮率，%；

R_i ——第i个试验试样的回潮率，%；

n ——试验试样份数。

附　录　B
（规范性附录）
在线装置检测技术要求与检测步骤

B.1　技术要求

B.1.1　规格：(260×105)mm 或者(260×124)mm 的切刀传感器。

B.1.2　检测密度：400 T 打包机下至点的压缩密度。

B.2　检测步骤

B.2.1　仪器校验：按照仪器计量检定规程校验。

B.2.2　打包机成包过程中达到检测密度后自动采集回潮率数据。

B.2.3　采集的回潮率数据通过无线发射到接收机上。

B.2.4　接收机将数据传输给棉包条码信息管理系统。

B.2.5　每一个棉包只能采集一个回潮率数据，接收机只能储存一个回潮率数据。

附　录　C
（规范性附录）
插入装置检测技术要求与检测步骤

C.1　技术要求

C.1.1　规格：手持式探头两个，其中直径不大于 ϕ8 mm 电极一对，电极长度不大于 50 mm。

C.1.2　检测密度：Ⅰ型棉包的自身密度。

C.2　检测步骤

C.2.1　仪器校验：按照仪器计量检定规程校验。

C.2.2　准备：将仪器置于检测环境中进行温湿度平衡；用仪器自带探头连线将两只探头与主机连接。

C.2.3　检测：按照仪器使用说明书的具体要求，在棉包包头中间位置距棉包外层向内 10 cm～15 cm 处进行探测，记录回潮率数值，保留一位小数。

C.2.4　测试结束后，拔出检测探头，放入探头保护装置中收好。

ICS 25.100.20
J 41

中华人民共和国国家标准

GB/T 6119—2012
代替 GB/T 6119.1—1996,GB/T 6119.2—1996

三面刃铣刀

Side and face milling cutter

(ISO 2587:1972,Side and face milling cutters with plain bore and key drive—Metric series,MOD)

2012-03-09 发布　　2012-07-01 实施

中华人民共和国国家质量监督检验检疫总局
中国国家标准化管理委员会　发布

前　言

本标准按照 GB/T 1.1—2009 给出的规则起草。

本标准代替 GB/T 6119.1—1996《三面刃铣刀　型式和尺寸》和 GB/T 6119.2—1996《三面刃铣刀　技术条件》。

本标准与 GB/T 6119.1 和 GB/T 6119.2 相比主要变化如下：

——将原标准的两个部分合并为一个标准；

——取消了 GB/T 6119.2—1996 中的“第 6 章　性能试验”；

——将原标准的“附录 A(参考件)”修改为“附录 A(规范性附录)”。

本标准使用重新起草法修改采用 ISO 2587:1972《带直孔和平键传动的三面刃铣刀　米制系列》(英文版)。

本标准与 ISO 2587:1972 相比有下列编辑性的修改和技术差异，这些差异涉及的条款已通过在其外侧页边空白处位置的垂直单线(|)进行了标示：

——“本国际标准”一词改为“本标准”；

——用小数点“.”代替作为小数点的逗号“,”；

——删除了国际标准的前言；

——修改了规范性引用文件；

——修改了国际标准的中文标准名称；

——取消了原文中“国际标准第 1 条适用范围中的外径系列取自 ISO 523 铣刀外径的推荐系列”，原 ISO 523 标准现已作废；

——增加了“4.2　标记示例”；

——增加了“位置公差、外观和表面粗糙度、材料和硬度、标志和包装”等项目技术要求；

——增加了“附录 A(规范性附录)三面刃铣刀圆跳动的检测方法”。

本标准由中国机械工业联合会提出。

本标准由全国刀具标准化技术委员会(SAC/TC 91)归口。

本标准负责起草单位：温岭市温西工量刃具科技服务中心有限公司、成都工具研究所有限公司。

本标准主要起草人：陈卫平、林新源、刘玉玲。

本标准所代替标准的历次版本发布情况为：

——GB/T 1117—1985；

——GB/T 1118—1985；

——GB/T 6119.1—1996；

——GB/T 6119.2—1996。

三 面 刃 铣 刀

1 范围

本标准规定了直齿和错齿三面刃铣刀的型式和尺寸、位置公差、外观和表面粗糙度、材料和硬度、标志和包装等基本要求。

本标准适用于直径为 50 mm～200 mm 的直齿和错齿三面刃铣刀。

2 规范性引用文件

下列文件对于本文件的应用是必不可少的。凡是注日期的引用文件，仅注日期的版本适用于本文件。凡是不注日期的引用文件，其最新版本(包括所有的修改单)适用于本文件。

GB/T 6132 铣刀和铣刀刀杆的互换尺寸(GB/T 6132—2006,ISO 240:1994,IDT)

3 符号

d ——三面刃铣刀外圆直径；

D ——三面刃铣刀内孔直径；

d_1——三面刃铣刀轴台直径；

L ——三面刃铣刀厚度。

4 型式和尺寸

4.1 三面刃铣刀的型式和尺寸按图 1、图 2 和表 1 的规定。键槽尺寸按 GB/T 6132 的规定。

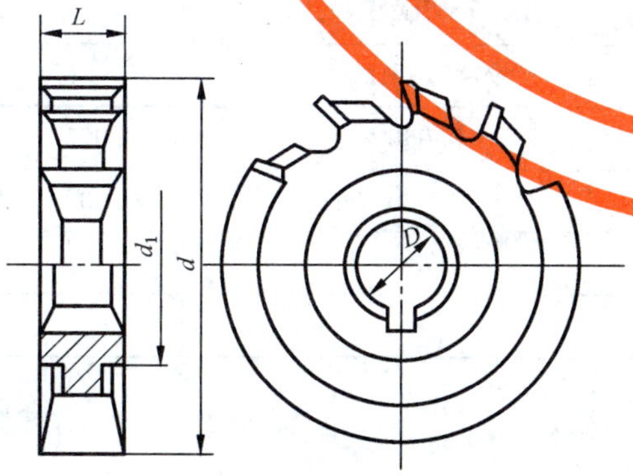

图 1 直齿三面刃铣刀

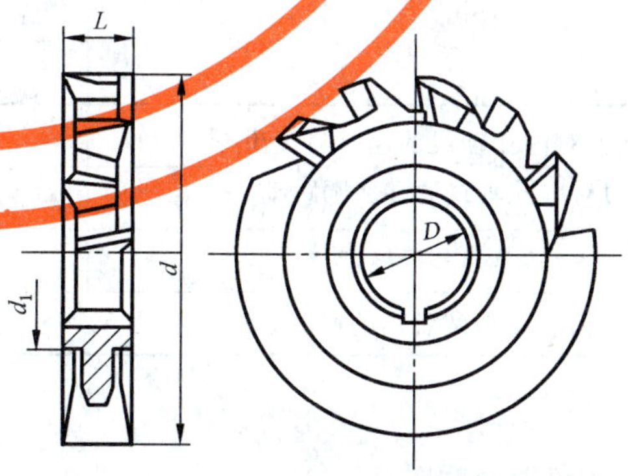

图 2 错齿三面刃铣刀

表 1

单位为毫米

<table>
<tr><th rowspan="2">d
js16</th><th rowspan="2">D
H7</th><th rowspan="2">d_1
min</th><th colspan="16">L
k11</th></tr>
<tr><th>4</th><th>5</th><th>6</th><th>8</th><th>10</th><th>12</th><th>14</th><th>16</th><th>18</th><th>20</th><th>22</th><th>25</th><th>28</th><th>32</th><th>36</th><th>40</th></tr>
<tr><td>50</td><td>16</td><td>27</td><td>×</td><td>×</td><td>×</td><td>×</td><td>×</td><td>—</td><td>—</td><td>—</td><td rowspan="2">—</td><td rowspan="2">—</td><td rowspan="3">—</td><td rowspan="3">—</td><td rowspan="4">—</td><td rowspan="5">—</td><td rowspan="6">—</td><td rowspan="6">—</td></tr>
<tr><td>63</td><td>22</td><td>34</td><td>×</td><td>×</td><td>×</td><td>×</td><td>×</td><td>×</td><td>×</td><td>×</td></tr>
<tr><td>80</td><td>27</td><td>41</td><td rowspan="5">—</td><td>×</td><td>×</td><td>×</td><td>×</td><td>×</td><td>×</td><td>×</td><td>×</td><td>×</td></tr>
<tr><td>100</td><td rowspan="2">32</td><td rowspan="2">47</td><td rowspan="4">—</td><td>×</td><td>×</td><td>×</td><td>×</td><td>×</td><td>×</td><td>×</td><td>×</td><td>×</td><td>×</td></tr>
<tr><td>125</td><td rowspan="3">—</td><td>×</td><td>×</td><td>×</td><td>×</td><td>×</td><td>×</td><td>×</td><td>×</td><td>×</td><td>×</td></tr>
<tr><td>160</td><td rowspan="2">40</td><td rowspan="2">55</td><td rowspan="2">—</td><td>×</td><td>×</td><td>×</td><td>×</td><td>×</td><td>×</td><td>×</td><td>×</td><td>×</td><td>×</td></tr>
<tr><td>200</td><td>—</td><td>×</td><td>×</td><td>×</td><td>×</td><td>×</td><td>×</td><td>×</td><td>×</td><td>×</td><td>×</td><td>×</td></tr>
<tr><td colspan="19">注：×表示有此规格。</td></tr>
</table>

4.2 标记示例

示例 1：外圆直径 d=63 mm，厚度 L=12 mm 的直齿三面刃铣刀标记为：

直齿三面刃铣刀 63×12 GB/T 6119—2012

示例 2：外圆直径 d=63 mm，厚度 L=12 mm 的错齿三面刃铣刀标记为：

错齿三面刃铣刀 63×12 GB/T 6119—2012

5 位置公差

位置公差按表 2。

表 2

单位为毫米

<table>
<tr><th colspan="2" rowspan="2">项　　目</th><th colspan="3">公　差</th></tr>
<tr><th>d≤80</th><th>80<d≤125</th><th>d>125</th></tr>
<tr><td rowspan="2">圆周刃对内孔轴线的径向圆跳动
端刃对内孔轴线的端面圆跳动</td><td>一转</td><td>0.050</td><td>0.060</td><td>0.070</td></tr>
<tr><td>相邻齿</td><td>0.025</td><td>0.030</td><td>0.035</td></tr>
<tr><td colspan="2">外径锥度</td><td colspan="3">0.030</td></tr>
<tr><td colspan="5">三面刃铣刀圆跳动的检测方法按附录 A。</td></tr>
</table>

6 外观和表面粗糙度

6.1 三面刃铣刀表面不应有裂纹，切削刃应锋利，不应有崩刃、钝口以及磨削烧伤等影响使用性能的缺陷。

6.2 三面刃铣刀的表面粗糙度的最大允许值按以下规定：

——前面和后面：Rz 6.3 μm；

——内孔表面：Ra 1.25 μm；

——端刃后面和两支承面：Ra 1.25 μm。

7 材料和硬度

三面刃铣刀采用 W6Mo5Cr4V2 或同等性能的高速钢（代号 HSS）制造，其硬度为63 HRC～66 HRC。

8 标志和包装

8.1 标志

8.1.1 产品上应标志：

a) 制造厂或销售商的商标；

b) 三面刃铣刀的外圆直径和厚度；

c) 高速钢代号。

8.1.2 包装盒上应标志：

a) 制造厂或销售商的名称、地址和商标；

b) 产品的标记；

c) 件数；

d) 高速钢的牌号或代号；

e) 制造年月。

8.2 包装

三面刃铣刀在包装前应经防锈处理。包装应牢固，并能防止在运输过程中的损伤。

附　录　A
（规范性附录）
三面刃铣刀圆跳动的检测方法

三面刃铣刀圆跳动的检测方法按表 A.1。

表 A.1

项目	检测方法	检测方法示意图	检测器具
圆周刃对内孔轴线的径向圆跳动	将三面刃铣刀装在带凸台的芯轴上，置于跳动检查仪两顶尖之间。指示表测头垂直接触在圆周刃上（厚度 L 的中间）。旋转芯轴一周，读取指示表指针的最大值与最小值之差即为一转圆周刃的径向圆跳动值；取指示表相邻齿读数差绝对值的最大值为相邻齿的圆周刃的径向圆跳动值	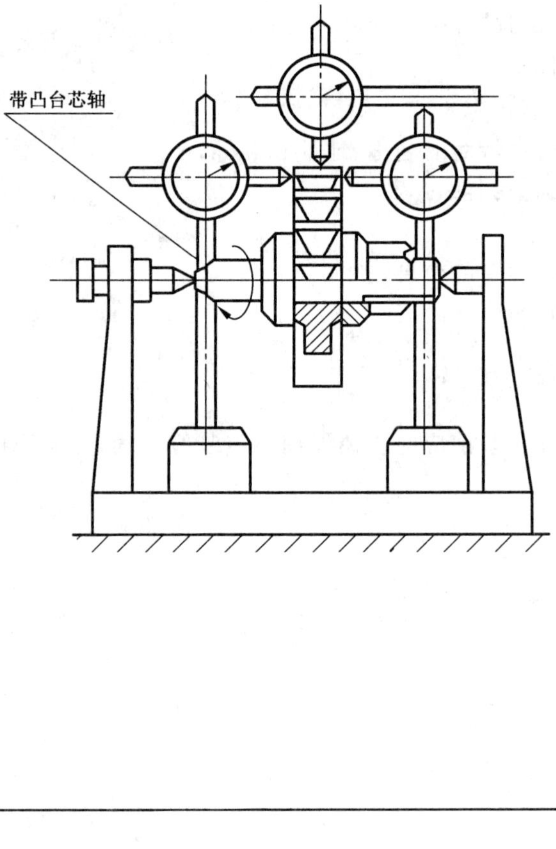	分度值为 0.01 mm 的指示表或分度值为 0.002 mm 的杠杆指示表、磁力表架、带凸台芯轴、跳动检查仪、铸铁平板
端刃对内孔轴线的端面圆跳动	将三面刃铣刀装在带凸台的芯轴上，置于跳动检查仪两顶尖之间。指示表测头垂直接触在靠近外圆直径处的端刃上（距外圆直径 2 mm～3 mm）。旋转芯轴一周，指示表指针读数的最大值与最小值之差为一转端面圆跳动值，取两端面中最大的圆跳动值为所需一转端面圆跳动；取指示表相邻齿读数差绝对值的最大值为相邻齿的端面圆跳动值		

ICS 25.100.20
J 41

中华人民共和国国家标准

GB/T 6120—2012
代替 GB/T 6120—1996
GB/T 6121—1996

锯片铣刀

Metal slitting saw

(ISO 2296:2011, Metal slitting saws with fine and coarse teeth—Metric series, MOD)

2012-03-09 发布　　2012-07-01 实施

中华人民共和国国家质量监督检验检疫总局
中国国家标准化管理委员会　发布

前　言

本标准按照 GB/T 1.1—2009 给出的规则起草。

本标准代替 GB/T 6120—1996《锯片铣刀　型式和尺寸》和 GB/T 6121—1996《锯片铣刀　技术条件》。

本标准与 GB/T 6120—1996 和 GB/T 6121—1996 相比主要变化如下：

——修改了范围；

——修改了规范性引用文件；

——修改了 GB/T 6120—1996 表 1、表 2、表 3 的注；

——4.1 中内孔应制出键槽时的 d 范围由 $d \geqslant 125$ mm 改为 $d \geqslant 110$ mm；

——修改了 GB/T 6121—1996 表 4 的注；

——删除了性能试验。

本标准使用重新起草法修改采用 ISO 2296:2011《金属用细齿和粗齿锯片铣刀　米制系列》(英文版)。

本标准与 ISO 2296:2011 相比有下列编辑性的修改和技术差异，这些差异涉及的条款已通过在其外侧页边空白处位置的垂直单线(|)进行了标示：

——删除了国际标准的前言，增加了我国标准前言；

——修改了范围；

——本国际标准改为本标准；

——规范性引用文件中的国际标准用我国国家标准替代；

——增加了符号说明；

——将粗齿锯片铣刀的型式尺寸改为中齿锯片铣刀，增加了新的粗齿锯片铣刀的型式尺寸；

——内孔应制出键槽时的 d 范围由 $d \geqslant 125$ mm 改为 $d \geqslant 110$ mm；

——增加了标记示例；

——增加了技术条件；

——修改了附录 A 锯片铣刀齿数的确定方法；

——增加了附录 B 锯片铣刀圆跳动的检测方法。

本标准由中国机械工业联合会提出。

本标准由全国刀具标准化技术委员会(SAC/TC 91)归口。

本标准负责起草单位：成都工具研究所有限公司、温岭市温西工量刃具科技服务中心有限公司。

本标准主要起草人：曾宇环、林新源。

本标准所代替标准的历次版本发布情况为：

——GB/T 1120—1985，GB/T 1121—1985，GB/T 6120—1985，GB/T 6120—1996，GB/T 6121—1985，GB/T 6121—1996。

锯 片 铣 刀

1 范围

本标准规定了细齿、中齿和粗齿锯片铣刀的型式和尺寸、材料和硬度、外观和表面粗糙度、标志和包装等基本要求。

本标准适用于直径 20 mm～315 mm 的金属切削用锯片铣刀。

2 规范性引用文件

下列文件对于本文件的应用是必不可少的。凡是注日期的引用文件，仅注日期的版本适用于本文件。凡是不注日期的引用文件，其最新版本(包括所有的修改单)适用于本文件。

GB/T 6132 铣刀和铣刀刀杆的互换尺寸(GB/T 6132—2006，ISO 240:1994，IDT)

3 符号

d ——锯片铣刀外圆直径；

D ——锯片铣刀内孔直径；

d_1——锯片铣刀轴台直径；

L ——锯片铣刀厚度。

4 型式和尺寸

4.1 锯片铣刀的型式和尺寸按图 1 和表 1、表 2、表 3 的规定。$d \geqslant 110$ mm，且 $L \geqslant 3$ mm 时，内孔应制出键槽，键槽的尺寸按 GB/T 6132 的规定。锯片铣刀齿数的确定方法参见附录 A。

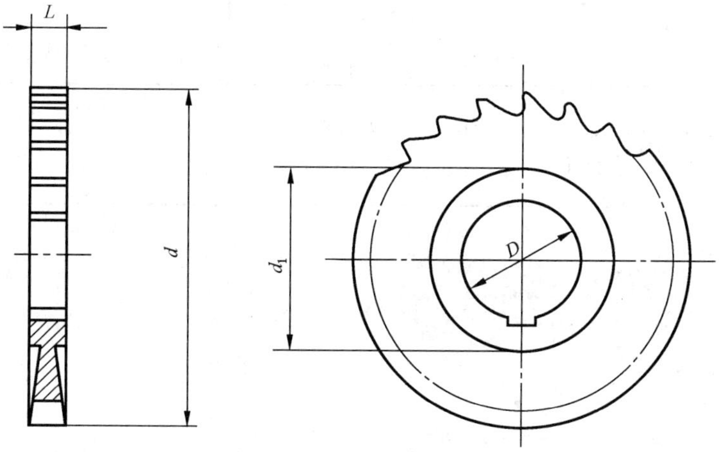

图 1

表 1 粗齿锯片铣刀

单位为毫米

<table>
<tr><td>d
js16</td><td>50</td><td>63</td><td>80</td><td>100</td><td>125</td><td>160</td><td>200</td><td>250</td><td>315</td></tr>
<tr><td>D
H7</td><td>13</td><td>16</td><td>22</td><td colspan="2">22(27)</td><td colspan="3">32</td><td>40</td></tr>
<tr><td>d_1
min</td><td colspan="2">—</td><td>34</td><td colspan="2">34(40)</td><td>47</td><td colspan="2">63</td><td>80</td></tr>
<tr><td>L
js11</td><td colspan="9">齿数(参考)</td></tr>
<tr><td>0.80</td><td rowspan="3">24</td><td rowspan="2">32</td><td>40</td><td rowspan="3">40</td><td>—</td><td rowspan="2">—</td><td rowspan="3">—</td><td rowspan="4">—</td><td rowspan="5">—</td></tr>
<tr><td>1.00</td><td rowspan="3">32</td><td>48</td></tr>
<tr><td>1.20</td><td rowspan="3">24</td><td rowspan="3">40</td><td rowspan="2">48</td></tr>
<tr><td>1.60</td><td rowspan="3">20</td><td rowspan="3">32</td><td rowspan="3">48</td></tr>
<tr><td>2.00</td><td rowspan="3">24</td><td rowspan="3">40</td><td>64</td></tr>
<tr><td>2.50</td><td rowspan="3">20</td><td rowspan="3">32</td><td rowspan="3">48</td><td rowspan="2">64</td></tr>
<tr><td>3.00</td><td rowspan="3">16</td><td rowspan="3">24</td><td rowspan="3">40</td></tr>
<tr><td>4.00</td><td rowspan="3">20</td><td rowspan="3">32</td><td rowspan="3">48</td></tr>
<tr><td>5.00</td><td rowspan="2">16</td><td rowspan="2">24</td><td rowspan="2">40</td></tr>
<tr><td>6.00</td><td>—</td><td>20</td><td>32</td></tr>
<tr><td colspan="10">括号内的尺寸尽量不采用,如要采用,则在标记中注明尺寸 D。
$d \geqslant 80$mm,且 $L<3$ mm 时,允许不做支承台 d_1。</td></tr>
</table>

表 2　中齿锯片铣刀

单位为毫米

d js16	32	40	50	63	80	100	125	160	200	250	315
D H7	8	10(13)	13	16	22	22(27)		32			40
d_1 min	—				34	34(40)		47	63		80
L js11	齿数(参考)										
0.30	40	48	64	64	—	—	—	—	—	—	—
0.40			48								
0.50		40									
0.60	32			48	64						
0.80			40			64					
1.00		32			48		80				
1.20	24			40			64	80			
1.60			32			48			80		
2.00		24			40			64		100	
2.50	20			32			48			80	100
3.00			24			40			64		
4.00	—	20			32			48			80
5.00		—		24			40			64	
6.00			—			32			48		

括号内的尺寸尽量不采用，如要采用，则在标记中注明尺寸 D。
$d \geqslant 80$ mm，且 $L < 3$ mm 时，允许不做支承台 d_1。

表 3　细齿锯片铣刀

单位为毫米

<table>
<tr><td>d
js16</td><td>20</td><td>25</td><td>32</td><td>40</td><td>50</td><td>63</td><td>80</td><td>100</td><td>125</td><td>160</td><td>200</td><td>250</td><td>315</td></tr>
<tr><td>D
H7</td><td>5</td><td colspan="2">8</td><td>10
(13)</td><td>13</td><td>16</td><td>22</td><td colspan="2">22(27)</td><td colspan="3">32</td><td>40</td></tr>
<tr><td>d₁
min</td><td colspan="6">—</td><td>34</td><td colspan="2">34(40)</td><td>47</td><td colspan="2">63</td><td>80</td></tr>
<tr><td>L
js11</td><td colspan="13">齿数(参考)</td></tr>
<tr><td>0.20</td><td>80</td><td rowspan="3">80</td><td rowspan="2">100</td><td>128</td><td>—</td><td rowspan="2">—</td><td rowspan="4">—</td><td rowspan="5">—</td><td rowspan="6">—</td><td rowspan="8">—</td><td rowspan="9">—</td><td rowspan="10">—</td><td rowspan="11">—</td></tr>
<tr><td>0.25</td><td rowspan="3">64</td><td rowspan="3">100</td><td rowspan="2">128</td></tr>
<tr><td>0.30</td><td rowspan="3">80</td><td rowspan="3">128</td></tr>
<tr><td>0.40</td><td rowspan="3">64</td><td rowspan="3">100</td></tr>
<tr><td>0.50</td><td rowspan="3">48</td><td rowspan="3">80</td><td rowspan="3">128</td></tr>
<tr><td>0.60</td><td rowspan="3">64</td><td rowspan="3">100</td><td>160</td></tr>
<tr><td>0.80</td><td rowspan="3">48</td><td rowspan="3">80</td><td rowspan="3">128</td><td rowspan="2">160</td></tr>
<tr><td>1.00</td><td rowspan="3">40</td><td rowspan="3">64</td><td rowspan="3">100</td></tr>
<tr><td>1.20</td><td rowspan="3">48</td><td rowspan="3">80</td><td rowspan="3">128</td><td rowspan="2">160</td></tr>
<tr><td>1.60</td><td rowspan="3">40</td><td rowspan="3">64</td><td rowspan="3">100</td><td rowspan="3">160</td></tr>
<tr><td>2.00</td><td>32</td><td rowspan="3">48</td><td rowspan="3">80</td><td rowspan="3">128</td><td>200</td></tr>
<tr><td>2.50</td><td rowspan="5">—</td><td rowspan="2">40</td><td rowspan="3">64</td><td rowspan="3">100</td><td rowspan="3">160</td><td rowspan="2">200</td></tr>
<tr><td>3.00</td><td rowspan="4">—</td><td rowspan="3">48</td><td rowspan="3">80</td><td rowspan="3">128</td></tr>
<tr><td>4.00</td><td rowspan="3">—</td><td>40</td><td rowspan="3">64</td><td rowspan="3">100</td><td rowspan="3">160</td></tr>
<tr><td>5.00</td><td rowspan="2">—</td><td rowspan="2">48</td><td rowspan="2">80</td><td rowspan="2">128</td></tr>
<tr><td>6.00</td><td>—</td><td>64</td><td>100</td></tr>
<tr><td colspan="14">括号内的尺寸尽量不采用，如要采用，则在标记中注明尺寸 D。
d≥80 mm，且 L<3 mm 时，允许不做支承台 d₁。</td></tr>
</table>

4.2 标记示例

示例1：d=125 mm，L=6 mm的粗齿锯片铣刀的标记为：

粗齿锯片铣刀 125×6 GB/T 6120—2012

示例2：d=125 mm，L=6 mm的中齿锯片铣刀的标记为：

中齿锯片铣刀 125×6 GB/T 6120—2012

示例3：d=125 mm，L=6 mm的细齿锯片铣刀的标记为：

细齿锯片铣刀 125×6 GB/T 6120—2012

示例4：d=125 mm，L=6 mm，D=27 mm的中齿锯片铣刀的标记为：

中齿锯片铣刀 125×6×27 GB/T 6120—2012

5 位置公差

位置公差见表4。

表4 位置公差

单位为毫米

外圆直径 d	圆周刃对内孔轴线的径向圆跳动		侧隙面对内孔轴线的端面圆跳动				
	一转	相邻	L=0.2～0.5	L=0.6～1.0	L=1.2～2.0	L=2.5～4.0	L=5.0～6.0
20～32	0.04	0.02	0.10	0.08	0.06	0.05	—
40～50	0.06	0.04	0.12	0.10	0.08	0.06	0.05
60～80	0.08	0.05	0.16	0.12	0.10	0.08	0.06
100～125	0.10	0.06	—	0.16	0.12	0.10	0.08
150～200	0.12	0.07	—	—	0.20	0.16	0.12
250～315	0.16	0.09	—	—	0.25	0.20	0.16
锯片铣刀圆跳动的检测方法参见附录B。							

6 材料和硬度

锯片铣刀用W6Mo5Cr4V2或同等性能的其他高速钢(代号HSS)制造，其硬度为：

——L≤1 mm时，62 HRC～65 HRC；

——L>1 mm时，63 HRC～66 HRC。

7 外观和表面粗糙度

7.1 锯片铣刀表面不应有裂纹，切削刃应锋利，不应有崩刃、钝口以及磨削烧伤等影响使用性能的缺陷。

7.2 锯片铣刀表面粗糙度的上限值按下列规定：

——前面和后面：Rz6.3 μm；

——细齿锯片前面：Rz10 μm；

——内孔表面：Ra1.25 μm；

——两侧隙面：$Ra1.25\ \mu m$；

——两支承端面：$Ra1.25\ \mu m$。

8 标志和包装

8.1 标志

8.1.1 锯片铣刀上应标志：

a) 制造厂或销售商的商标；

b) 锯片铣刀的外圆直径和厚度；

c) 齿数及高速钢代号。

8.1.2 包装盒上应标志：

a) 制造厂或销售商的名称、地址和商标；

b) 锯片铣刀的标记；

c) 高速钢的牌号或代号；

d) 齿数；

e) 件数；

f) 制造年月。

8.2 包装

锯片铣刀在包装前应经防锈处理。包装应牢固，防止运输过程中损伤。

附 录 A
（资料性附录）
锯片铣刀齿数的确定方法

A.1 确定齿数的示图

根据外圆直径和厚度确定齿数的示图按图A.1。

A.2 使用示例

当外圆直径 d=80 mm，厚度 L=1.2 mm 时，通过80和1.2两条线的交点顺着倾斜线的方向求得齿数：细齿100，中齿48，粗齿32。

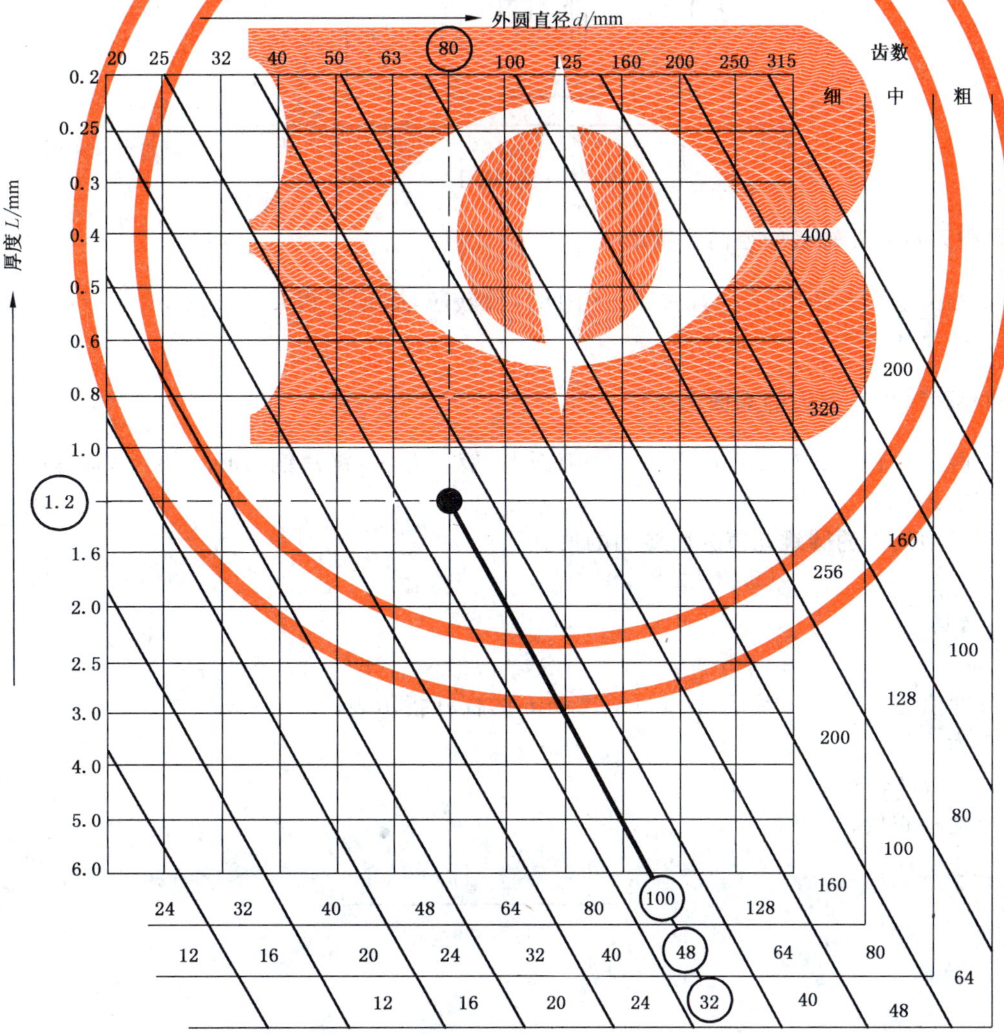

图 A.1

附 录 B
（资料性附录）
锯片铣刀圆跳动的检测方法

B.1 检测方法

检测示意图按图 B.1。

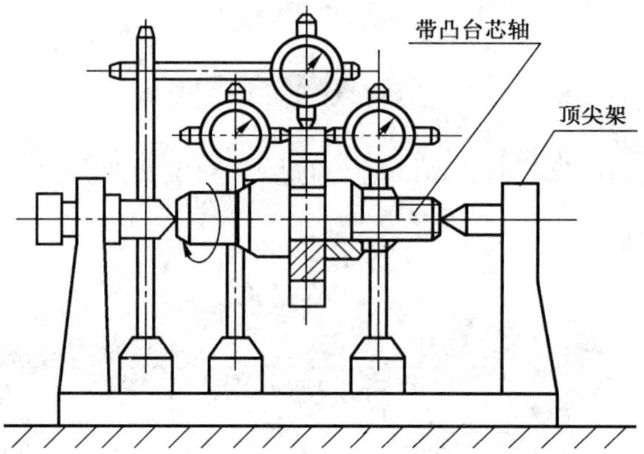

图 B.1

B.1.1 圆周刃对内孔轴线的径向圆跳动

指示表触头垂直在圆周刃上（厚度 L 的中间），旋转芯轴，锯片铣刀转一周，读取指示表指针最大值与最小值之差及最大相邻齿差值。

B.1.2 侧隙面对内孔轴线的端面圆跳动

指示表触头垂直触靠在靠近齿根部的侧隙面上，旋转芯轴，锯片铣刀转一周，读取指示表指针最大值与最小值之差。

两侧隙面中较大的圆跳动值为所要测的值。

B.2 使用器具

a） 分度值为 0.01 mm 指示表或 0.002 mm 的杠杆指示表；
b） 磁力表架；
c） 带凸台芯轴；
d） 跳动检查仪；
e） 铸铁平板。

ICS 33.160.01
M 72

中华人民共和国国家标准

GB/T 6278—2012
代替 GB/T 6278—1986

声系统设备　概述　模拟节目信号

Sound system equipment—General—Simulated programme signal

2012-12-31 发布　　2013-06-01 实施

中华人民共和国国家质量监督检验检疫总局
中国国家标准化管理委员会　发布

前　言

本标准按照 GB/T 1.1—2009 给出的规则起草。

本标准与 IEC 60268-1:1985《声系统设备　第 1 部分:概述》中第 7 章模拟节目信号的内容等同。

本标准代替 GB/T 6278—1986《模拟节目信号》。

本标准与 GB/T 6278—1986 相比主要变化如下:

——本标准删除了 GB/T 6278—1986 中“引言”,增加了“前言”。

——本标准增加“范围”和“规范性引用文件”。

——根据 IEC 60268-1:1985 中第 7 章的内容删除了 GB/T 6278—1986 中图 2b),即用白噪声源获得模拟节目信号的滤波器电路图。

本标准由中华人民共和国工业和信息化部提出。

本标准由全国音频、视频及多媒体系统与设备标准化技术委员会(SAC/TC 242)归口。

本标准起草单位:南京大学声学研究所。

本标准主要起草人:沈勇。

本标准所代替标准的历次版本发布情况为:

——GB/T 6278—1986。

声系统设备　概述　模拟节目信号

1　范围

本标准规定了模拟节目信号的信号特征。

本标准适用于各类声系统及其设备和电声器件特性的测量和标定。

2　规范性引用文件

下列文件对于本文件的应用是必不可少的。凡是注日期的引用文件，仅注日期的版本适用于本文件。凡是不注日期的引用文件，其最新版本(包括所有的修改单)适用于本文件。

GB/T 3241—2010　电声学　倍频程和分数倍频程滤波器

3　信号特征

本模拟节目信号是未经限幅的稳态计权高斯噪声。这种信号的平均功率谱密度特性与含多种语言和音乐节目信号的各类节目源的平均功率谱密度的平均特性很相似。当用 GB/T 3241—2010 所规定的 1/3 oct 滤波器测量时，计权功率谱应符合表 1 和图 1 规定。

这种信号可以用粉红噪声通过图 2 所示的滤波器电路获得。

如果适合，当用窄带信号测量时，应用表 1 和图 1 所规定的各频段的相对功率级进行。(有关如何使用这个信号尤其对放大器和扬声器的测量和表征它们的特征正在研究中。)

注：应该注意，在整个频段测得的信号功率级比用 1/3 oct 测得的零分贝功率级高约 12.5 dB。

表 1　模拟节目信号的功率谱

频　率 Hz	相对功率级 dB	容差极限 dB		频　率 Hz	相对功率级 dB	容差极限 dB	
		+	−			+	−
20	−13.5	3.0	3.0	125	−0.5	0.6	0.6
25	−10.2	2.0	2.0	160	−0.2	0.5	0.5
31.5	−7.4	1.0	1.0	200	−0.1	0.5	0.5
40	−5.2	1.0	1.0	250	0	0.5	0.5
50	−3.5	1.0	1.0	315	0	0.5	0.5
63	−2.3	1.0	1.0	400	0	0.5	0.5
80	−1.4	1.0	1.0	500	0	0.5	0.5
100	−0.9	0.8	0.8	630	0	0.5	0.5

表 1（续）

频　率 Hz	相对功率级 dB	容差极限 dB		频　率 Hz	相对功率级 dB	容差极限 dB	
		+	−			+	−
800	0	0.5	0.5	5 000	−5.1	1.0	1.0
1 000	−0.1	0.6	0.6	6 300	−7.0	1.0	1.0
1 250	−0.3	0.7	0.7	8 000	−9.4	1.0	1.0
1 600	−0.6	0.8	0.8	10 000	−11.9	1.0	1.0
2 000	−1.0	1.0	1.0	12 500	−14.8	1.5	1.5
2 500	−1.6	1.0	1.0	16 000	−18.2	2.0	2.0
3 150	−2.5	1.0	1.0	20 000	−21.6	3.0	3.0
4 000	−3.7	1.0	1.0				

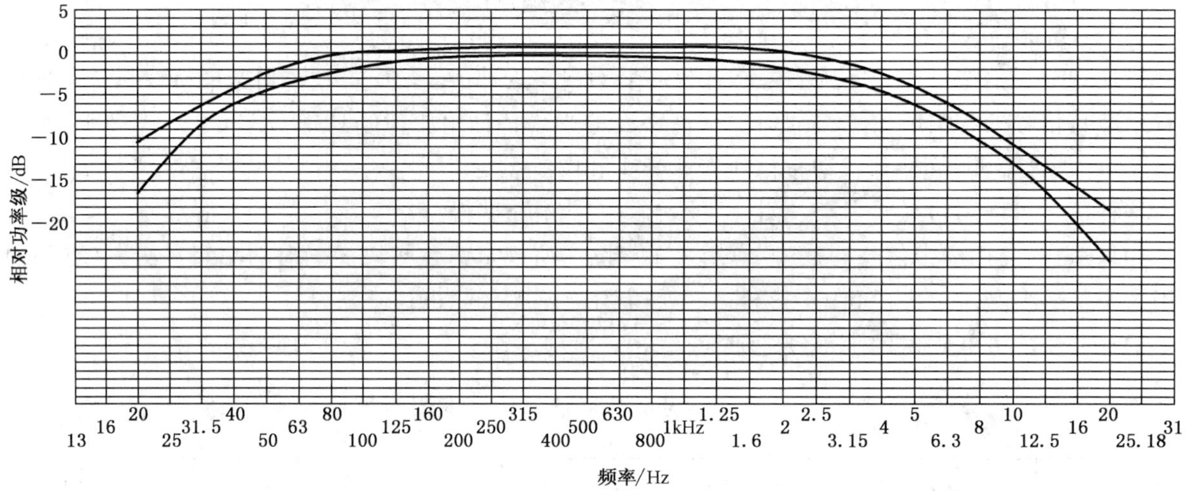

图 1　模拟节目信号的功率谱

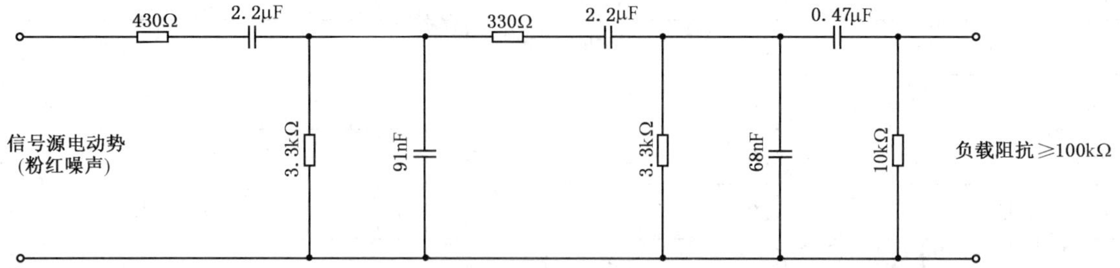

注 1：信号源的输出阻抗应包含在第一个电阻器(430 Ω)数值内，考虑到负载的影响，需调节 10 kΩ 电阻值。

注 2：电容器损耗角正切值 tanδ 不大于 0.005。

图 2　模拟节目信号用滤波电路(用于粉红噪声源)

ICS 71.100.40
G 72

中华人民共和国国家标准

GB/T 6366—2012
代替 GB/T 6366—1992

表面活性剂　无机硫酸盐含量的测定　滴定法

Surface active agents—Determination of mineral sulfate content—Titrimetric method

(ISO 6844:1983,MOD)

2012-12-31 发布　　2013-08-01 实施

中华人民共和国国家质量监督检验检疫总局
中国国家标准化管理委员会　发布

前 言

本标准按照 GB/T 1.1—2009 给出的规则起草。

本标准代替 GB/T 6366—1992《表面活性剂 无机硫酸盐含量的测定 滴定法》，与 GB/T 6366—1992 相比，主要变化如下：

——增加了前言；

——提高了采标程度为修改采用；

——增加了“采样”(见第 6 章)；

——增加了“精密度”(见 8.2)；

——增加了“试验报告”(见第 9 章)；

——增加了资料性附录 A。

本标准使用重新起草法修改采用国际标准 ISO 6844:1983《表面活性剂 无机硫酸盐含量的测定 滴定法》。

本标准与 ISO 6844:1983 相比在结构上有较多调整，附录 A 中列出了本标准与 ISO 6844:1983 的章条编号对照一览表。

本标准与 ISO 6844:1983 的技术性差异及其原因如下：

——关于规范性引用文件，本标准作了具有技术性差异的调整，以适应我国的技术条件，调整的情况集中反映在第 2 章“规范性引用文件”中，具体调整如下：

- 用等同采用国际标准的 GB/T 6372—2006 代替了 ISO 607(见第 6 章)；
- 增加引用了 GB/T 601—2002 和 HG/T 3470—2000(见 4.7)；
- 增加引用了 GB/T 626—2006(见 4.3)；
- 增加引用了 GB/T 629—1997(见 4.4)；
- 增加引用了 GB/T 686—2008(见 4.2)；
- 增加引用了 GB/T 6682—2008(见 4.1)；
- 删除 ISO 385-2、ISO 648、ISO 835-2、ISO 1042。

——增加表 3，为了确保试验结果的准确性和可重复性，对颜色深的样品溶液吸取量加以规定。

——增加式(2)，经过试验验证对颜色深的样品采用式(2)更适宜。

——试验报告表述有差异，更适合我国化工行业的常用表述方式。

本标准由中国石油和化学工业联合会提出。

本标准由全国化学标准化技术委员会(特种)界面活性剂分技术委员会(SAC/TC 63/SC 8)归口。

本标准起草单位：绍兴国泰助剂厂、浙江皇马化工集团有限公司。

本标准主要起草人：邵国标、庄永斌、赵兴军。

本标准所代替标准的历次版本发布情况为：

——GB/T 6366—1986、GB/T 6366—1992。

表面活性剂　无机硫酸盐含量的测定 滴定法

1　范围

本标准规定了表面活性剂中无机硫酸盐含量的测定方法。

本标准适用于含有硫酸钠、硫酸铵、烷醇胺、硫酸盐的阴离子表面活性剂。

本标准不适用于含有在试验条件下会生成微溶铅盐的其他化合物，如磷酸盐或多量氯化物的产品，也不适用于会妨碍调节 pH 的含有多量弱酸盐（例如：肥皂或丁二酸单酯磺酸盐）的产品。

2　规范性引用文件

下列文件对于本文件的应用是必不可少的。凡是注日期的引用文件，仅注日期的版本适用于本文件。凡是不注日期的引用文件，其最新版本（包括所有的修改单）适用于本文件。

GB/T 601—2002　化学试剂　标准滴定溶液的制备

GB/T 626—2006　化学试剂　硝酸

GB/T 629—1997　化学试剂　氢氧化钠(ISO 6353-2:1983,MOD)

GB/T 686—2008　化学试剂　丙酮

GB/T 6372—2006　表面活性剂和洗涤剂　样品分样法(ISO 607:1980,IDT)

GB/T 6682—2008　分析实验室用水规格和试验方法(ISO 3696:1987,MOD)

HG/T 3470—2000　化学试剂　硝酸铅

3　原理

本滴定法以双硫腙作指示剂，用硝酸铅标准溶液滴定试样的缓冲丙酮溶液。

4　试剂和材料

4.1　试验用水

符合 GB/T 6682—2008 中规定的三级水要求。

4.2　丙酮

符合 GB/T 686—2008 的技术要求。

4.3　硝酸

符合 GB/T 626—2006 的技术要求。1 mol 硝酸溶解于 1 L 水中，备用。

4.4　氢氧化钠溶液

符合 GB/T 629—1997 的技术要求。40 g 氢氧化钠溶解于 1 L 水中，备用。

4.5 1,5-二苯基硫巴腙(双硫腙)($C_6H_5 \cdot NH \cdot NHCSH{:}NC_6H_5$)溶液

0.5 g/L 丙酮溶液,双硫腙丙酮溶液配制后应贮存在棕色瓶中,3～5 天后应重新配制。

4.6 二氯乙酸铵缓冲溶液

加 67 mL 二氯乙酸至约 250 mL 水中用 pH 计或精密试纸,以 18%(质量分数)氨溶液小心中和(约 80 mL)至 pH=7。待冷却后,再加入 33 mL 二氯乙酸并用水稀释到 600 mL,此时溶液 pH 为 1.5～1.6。该溶液在 70%～85%(体积分数)丙酮介质中 pH 应为 3.9～4.3。

4.7 硝酸铅

符合 HG/T 3470—2000 的技术要求。$c[Pb(NO_3)_2]=0.010\ 0$ mol/L,按照 GB/T 601—2002 配制和标定。

5 仪器

5.1 烧杯

容量为 50 mL。

5.2 容量瓶

容量为 50 mL、100 mL。

5.3 锥形瓶

容量为 250 mL。

5.4 单刻度移液管

容量为 5 mL、10 mL、15 mL、20 mL。

5.5 刻度移液管

容量为 1 mL、2 mL。

5.6 棕色酸式滴定管

容量为 10 mL、25 mL。

5.7 量筒

容量为 25 mL、100 mL。

6 采样

按 GB/T 6372—2006 的规定采样、制备和储存试样。

7 测定

对于无色及颜色较浅的表面活性剂,根据预计的硫酸钠含量称取表 1 中规定的试样量(精确至 0.001 g)于烧杯中。

表 1 测定试样称取量

试样中预计的硫酸钠含量/%	试样质量/g
<0.5	10～14
0.5～6	5
>6	<5
注：若试样的硫酸钠含量大于6%时，称取的试样质量中应含0.1 g～0.3 g硫酸钠。	

用约50 mL温水(不超过50 ℃)溶解试样，移入100 mL容量瓶中，用水稀释至刻度摇匀，备用。按照表2中列出的预计硫酸钠含量用移液管分别移取相应的体积。

表 2 预计硫酸钠含量移取相应的液体体积量

预计的硫酸钠含量/%	吸取体积/mL
>3	5
1.5～3	10
0.5～1.5	15
<0.5	20

对颜色较深的表面活性剂，根据预计的硫酸钠含量，称取表3中规定的试样(精确至0.001 g)按上述溶解试样方法稀释至500 mL摇匀，然后用移液管移取相应的体积。

表 3 颜色较深的样品的溶液吸取体积量

预计的硫酸钠含量/%	试样质量/g	吸取体积/mL
≤10	3	20
>10	<3	20
注：若试样硫酸钠含量大于10%时，称取的试样质量中应含0.2 g～0.3 g硫酸钠。		

将按表2(或表3)规定吸取的试样移入锥形瓶中，加水至20 mL。加1 mL双硫腙溶液。若溶液呈现绿色，逐滴加入氢氧化钠溶液至红色出现，再逐滴加入硝酸溶液至绿色出现，然后加入2 mL二氯乙酸铵缓冲溶液和80 mL丙酮。加入丙酮后立即用硝酸铅标准溶液滴定，直至溶液的绿色消失，转变为暗红色，并稳定持续15 s，即为终点。

8 分析结果的表述

8.1 计算方法

对于无色及颜色较浅的表面活性剂，以硫酸钠表示的无机硫酸盐质量分数 w_1 按式(1)计算：

$$w_1 = \frac{V_1 \times c \times 0.142 \times 10^4}{m_0 \times V_0} \qquad \cdots\cdots(1)$$

对于颜色较深的表面活性剂，以硫酸钠表示的无机硫酸盐质量分数 w_2 按式(2)计算：

$$w_2 = \frac{V_1 \times c \times 0.142 \times 5 \times 10^4}{m_0 \times V_0} \quad \cdots\cdots (2)$$

式中：

V_1 ——滴定耗用的硝酸铅溶液体积，单位为毫升(mL)；

c ——硝酸铅标准溶液的实际浓度，单位为摩尔每升(mol/L)；

0.142——与1.00 mL硝酸铅标准溶液{$c[Pb(NO_3)_2]=1.000$ mol/L}相当的，以克表示的硫酸钠的质量；

m_0 ——试样的质量，单位为克(g)；

V_0 ——测定时移取的体积，单位为毫升(mL)。

8.2 精密度

在不同实验室比较分析了无机硫酸钠含量(质量分数)分别约为0.15%和1.15%的两个十二烷基醚硫酸铵样品，所得统计结果见表4。

表4 精密度

无机硫酸钠含量的平均值	0.16%	1.10%
重复性标准差 s_r	0.02	0.04
再现性标准差 s_R	0.04	0.16

9 试验报告

试验报告包括以下内容：

——完全鉴别样品所需的全部资料；

——本标准所引用的标准及方法；

——测量的介质；

——结果及表示单位；

——测定时所注意的异常现象；

——本标准未规定或任选的所有操作。

附 录 A
（资料性附录）
本标准与 ISO 6844:1983 相比的结构变化情况

本标准与 ISO 6844:1983 相比在结构上有较多调整，具体章条编号对照情况见表 A.1。

表 A.1 本标准与 ISO 6844:1983 的章条编号对照情况

本标准章条编号	对应的 ISO 章条编号
1	1、2
2	3
3	4
4.1	5 的悬置段
4.2	5.1
4.3	5.2
4.4	5.3
4.5	5.6
4.6	5.5
4.7	5.4
5	6
6	7
7	8
8.1	9.1
8.2	9.2
9	10

ICS 71.100.40
G 72

中华人民共和国国家标准

GB/T 6367—2012
代替 GB/T 6367—1997

表面活性剂　已知钙硬度水的制备

Surface active agents—Preparation of water with known calcium hardness

(ISO 2174:1990,MOD)

2012-12-31 发布　　2013-08-01 实施

中华人民共和国国家质量监督检验检疫总局
中国国家标准化管理委员会　发布

前　言

本标准按照GB/T 1.1—2009给出的规则起草。

本标准代替GB/T 6367—1997《表面活性剂　已知钙硬度水的制备》，与GB/T 6367—1997相比，主要变化如下：

——删除ISO前言；

——采标程度改为修改采用；

——增加了“分析天平”(见6.6)；

——增加了资料性附录A。

本标准使用重新起草法修改采用了ISO 2174:1990《表面活性剂　已知钙硬度水的制备》。

本标准与ISO 2174:1990相比在结构上有较多调整，附录A中列出了本标准与ISO 2174:1990的章条编号对照表。

本标准与ISO 2174:1990的技术性差异及其原因为：关于规范性引用文件，本标准作了具有技术性差异的调整，以适应我国的技术条件，调整的情况集中反映在第2章“规范性引用文件”中，具体调整如下：

——用修改采用国际标准的GB/T 6682—2008代替了ISO 3696:1987(见5.1)；

——增加引用了GB/T 601—2002(见5.4)；

——增加引用了GB/T 631—2007(见5.3)；

——删除了ISO 385-1:1984、ISO 648:1977、ISO 1042:1983、ISO 1773:1976。

本标准由中国石油和化学工业联合会提出。

本标准由全国化学标准化技术委员会(特种)界面活性剂分技术委员会(SAC/TC 63/SC 8)归口。

本标准起草单位：浙江飞剑化工有限公司、绍兴梦豪针纺有限公司。

本标准主要起草人：阮建伟、何建兰。

本标准所代替标准的历次版本发布情况为：

——GB/T 6367—1986、GB/T 6367—1990、GB/T 6367—1997。

表面活性剂　已知钙硬度水的制备

警告：氰化钾是剧毒物品，遵照有毒物品的安全操作规定，可采用次氯酸钠和过氧化氢分解破坏。

1　范围

本标准规定了已知钙硬度水的制备方法。

本标准适用于测试表面活性剂和含表面活性剂产品时所用的已知钙硬度水的制备。

在许多表面活性剂硬水试验中，钙硬度和镁硬度没有本质上的区别，因此通常这些测试能在已知钙硬度的氯化钙溶液中进行。

2　规范性引用文件

下列文件对于本文件的应用是必不可少的。凡是注日期的引用文件，仅注日期的版本适用于本文件。凡是不注日期的引用文件，其最新版本（包括所有的修改单）适用于本文件。

GB/T 601—2002　化学试剂　标准滴定溶液的制备

GB/T 631—2007　化学试剂　氨水

GB/T 6682—2008　分析实验室用水规格和试验方法（ISO 3696:1987,MOD）

3　定义与术语

下列术语和定义适用于本文件。

3.1

水的硬度　water hardness

指水中由于钙盐和镁盐的存在（在特殊情况下，锶盐或钡盐的存在）所具有的性质。

3.2

水硬度的测量单位　the unit of measurement of water hardness

是毫摩尔每升(mmol/L)，mmol/L 钙硬度相当于每升 40.08 mg 钙离子。水硬度的其他测量单位及其相互之间的换算关系，参见附录 B。

注：水的硬度最初是通过测量其破坏由肥皂形成的泡沫的能力来评价的，这种性质主要由于钙和镁的存在，但是其他金属盐，如铁、铝和锰盐，尽管在天然水中含量很少，也有同样的作用。

4　原理

将适量的氯化钙溶于水中制成储液，以酸性媒介黑 11 和甲基红的混合物为指示剂，用乙二胺四乙酸二钠盐通过络合滴定法测定储液中的钙的含量。将适当体积的储液稀释，可制备所需硬度的稀溶液。

5　试剂与材料

5.1　试验用水

符合 GB/T 6682—2008 中规定的三级水要求。

5.2 氯化钙二水合物($CaCl_2 \cdot 2H_2O$)

若没有二水合物,可用等量的其他水合物或无水盐。

5.3 氨溶液

符合 GB/T 631—2007 的技术要求。取 57 mL 氨水(ρ_{20}=0.88 g/mL)和 1 g 氰化钾用水稀释至 100 mL。

5.4 乙二胺四乙酸二钠盐(Na_2EDTA)标准滴定溶液

$c(Na_2EDTA)$=0.05 mol/L,按 GB/T 601—2002 规定进行配制与标定。

5.5 混合指示剂

5.5.1 EDTA 二钠镁($MgNa_2EDTA$)六水合物的制备

称取 18.6 g 乙二胺四乙酸二钠二水合物(精确至 0.01 g)将其溶于 75 mL 热水中。

称取 12.3 g 硫酸镁七水合物(精确至 0.01 g)将其溶于 25 mL 热水中,再将该溶液缓慢加入上述乙二胺四乙酸二钠溶液中,充分混合两溶液,加盖使之冷却过夜,倾去上层清液,将残留物用冷水洗涤三次,每次将洗涤液倾掉。

过滤后用水再次洗涤布氏漏斗的结晶物,将结晶物置于干燥器中减压干燥或在 85 ℃烘箱中干燥,备用。

5.5.2 混合指示剂的制备

称取 200 mg 酸性媒介黑 11(染料索引号 C.1.14645)、36 mg 甲基红以及 50 g 氯化铵,置于研钵中混合研磨,再加入 150 g 氯化铵和 10 g EDTA 二钠镁盐,继续研磨,直到混合均匀,将混合指示剂贮于磨口棕色玻璃瓶中。

注 1:由于酸性媒介黑 11 溶液不稳定,故以干粉形式制备贮存混合指示剂,使用时与氯化铵混全研磨,并与镁离子反应。

注 2:加 EDTA 二钠镁盐,能使指示剂与钙离子反应,而加甲基红能使滴定终点颜色变化明显。

6 仪器

6.1 容量瓶

容量为 250 mL、1 000 mL。

6.2 单刻度移液管

容量为 25 mL、50 mL。

6.3 磨口棕色玻璃瓶

容量为 5 000 mL。

6.4 锥形瓶

容量为 250 mL。

6.5 酸式滴定管

容量为 50 mL，A 级。

6.6 分析天平

7 操作步骤

7.1 储液的制备

称取了 220.5 g 氯化钙二水合物溶于水中，稀释至 5 000 mL，贮于瓶中。此溶液每升约含 300 mmol 钙离子，通过稀释此溶液可制备所需钙硬度水。

7.2 储液钙含量的测定

用移管液吸取 50 mL 氯化钙储液，移入 250 mL 容量瓶中，用水稀释至刻度。用移液管吸取上述溶液 25 mL，移入锥形瓶中，加入约 100 mL 水、4 mL 氨溶液和 0.3 g 混合指示剂，将混合物加热至约 40 ℃，用 Na_2EDTA 标准滴定溶液滴定至溶液颜色由红变绿即为终点。

7.3 结果的表示

储液钙含量 c_0，按式(1)计算：

$$c_0=\frac{c\times V\times 250}{25}\times\frac{1\,000}{50}=\frac{c\times V}{5}\times 10^3 \qquad (1)$$

式中：

c_0——储液钙含量[$c(Ca^{2+})$]，单位为毫摩尔每升(mmol/L)；

c——Na_2EDTA 标准滴定溶液的实际浓度，单位为摩尔每升(mol/L)；

V——耗用 Na_2EDTA 标准滴定溶液的体积，单位为毫升(mL)。

7.4 已知钙硬度水的制备

制备一定体积已知钙硬度水，按式(2)计算所需储液体积 V_0：

$$V_0=\frac{V_1\times c_1}{c_0} \qquad (2)$$

式中：

V_1——需制备的硬水的体积；

c_1——需制备的硬水的硬度；

c_0——储液钙硬度。

选择 V_1 的体积，使之与容量瓶的容量相当，并要求 V_0 大于 10 mL 和小于 5 mL。用滴定管移取经计算的储液体积 V_0，量准至 0.1 mL，置于容量为 V_1 的容量瓶中，用水稀释至刻度。

附 录 A
（资料性附录）
本标准与 ISO 2174:1990 相比的结构变化情况

本标准与 ISO 2174:1990 相比在结构上有较多调整，具体章条编号对照情况见表 A.1。

表 A.1 本标准与 ISO 2174:1990 的章条编号对照情况

本标准章条编号	对应的 ISO 2174:1990 章条编号
3.1、3.2	3
5.1	5 的悬置段
5.2	5.1
5.3	5.2
5.4	5.3
5.5	5.4
7.2、7.3	7.2
7.4	7.3

附　录　B
（资料性附录）
用于表示水硬度的单位

单位名称	定义	符号	换算因子						
			Ca^{2+}		CaO	mg/kg	$CaCO_3$		
			mmol/L	meq/L	°d		°e	°a	°f
毫摩尔每升	1 L 水中毫摩尔钙离子（Ca^{2+}）	mmol/L	1	2.000	5.600	100	7.020	5.850 0	10.00
毫克当量每升	1 L 水中 20.04 钙离子（Ca^{2+}）	meq/L	0.500	1	2.800	50	3.510	2.925 0	5.00
德国硬度	1 L 水中 10 mg 氧化钙（CaO）	°d	0.178	0.357	1	17.8	1.250	1.044 0	1.78
毫克每千克	1 kg 水中 1 mg 碳酸钙（$CaCO_3$）	mg/kg	0.010	0.020	0.056	1	0.070	0.058 5	0.10
英国硬度	1 加仑（英）水中 1 格令碳酸钙（$CaCO_3$）	°e	0.142	0.285	0.798	14.3	1	0.829 0	1.43
美国硬度	1 加仑（美）水中 1 格令碳酸钙（$CaCO_3$）	°a	0.171	0.342	0.958	17.1	1.200	1	1.71
法国硬度		°f	0.100	0.200	0.560	10.0	0.702	0.585 0	1

ICS 71.100.40
G 72

中华人民共和国国家标准

GB/T 6370—2012
代替 GB/T 6370—1996

表面活性剂　阴离子表面活性剂　水中溶解度的测定

Surface active agents—Anionic surface active agents—Determination of solubility in water

(ISO 6839:1982, Anionic surface active agents—Determination of solubility in water, MOD)

2012-12-31 发布　　2013-08-01 实施

中华人民共和国国家质量监督检验检疫总局
中国国家标准化管理委员会　发布

前　言

本标准按照 GB/T 1.1—2009 给出的规则起草。

本标准代替 GB/T 6370—1996《表面活性剂　阴离子表面活性剂　水中溶解度的测定》，与 GB/T 6370—1996 相比，主要变化如下：

——删除了 ISO 前言；

——采标程度改为修改采用；

——增加了“术语和定义”(见第 3 章)；

——增加了资料性附录 A。

本标准使用重新起草法修改采用 ISO 6839：1982《阴离子表面活性剂　水中溶解度的测定》。

本标准与 ISO 6839：1982 相比在结构上有较多调整，附录 A 中列出了本标准与 ISO 6839：1982 的章条编号对照一览表。

本标准与 ISO 6839：1982 的技术性差异及其原因如下：

——关于规范性引用文件，本标准作了具有技术性差异的调整，以适应我国的技术条件，调整的情况集中反映在第 2 章“规范性引用文件”中，具体调整如下：
- 用等同采用国际标准的 GB/T 6372—2006 代替了 ISO 607(见第 4 章)；
- 增加引用了 GB/T 6682—2008(见 5.2)。

——增加术语和定义，对本标准所涉及的术语和定义加以解释，为了让标准使用者更好地理解含义。

本标准由中国石油和化学工业联合会提出。

本标准由全国化学标准化技术委员会(特种)界面活性剂分技术委员会(SAC/TC 63/SC8)归口。

本标准起草单位：浙江皇马科技股份有限公司。

本标准主要起草人：唐福伟、金一丰、王胜利、王月芬。

本标准所代替标准的历次版本发布情况为：

——GB/T 6370—1986、GB/T 6370—1996。

表面活性剂 阴离子表面活性剂 水中溶解度的测定

1 范围

本标准规定了一种表示阴离子表面活性剂在水中溶解度与呈函数关系曲线的方法，从而求得它在给定温度下的溶解度。

本标准适用于纯表面活性剂，也适用于工业产品和液体阴离子表面活性剂复配制品，只要这些产品溶液清澈透明，色泽不太深。

用纯产品得到的溶解度曲线可以用来测定克拉夫待(Krafft)温度。

2 规范性引用文件

下列文件对于本文件的应用是必不可少的。凡是注日期的引用文件，仅注日期的版本适用于本文件。凡是不注日期的引用文件，其最新版本(包括所有的修改单)适用于本文件。

GB/T 6372—2006 表面活性剂和洗涤剂 样品分样法(ISO 607:1980,IDT)

GB/T 6682—2008 分析实验室用水规格和试验方法(ISO 3696:1987,MOD)

3 术语和定义

下列术语和定义适用于本文件。

3.1

水中溶解度 solubility in water

一定温度下，表面活性剂在水中以质量百分比表示的最大溶解程度。

3.2

克拉夫特(Krafft)温度 Krafft temperature

离子型表面活性剂的溶解度陡增的温度(实际上是在一个窄的温度范围内)。在此温度时，其溶解度等于临界胶束浓度。

3.3

溶解度极限温度 limiting temperature of solubility

当相同浓度的两份溶液在水浴中达到平衡时，清液仍清，浊液仍浊或者溶液很慢地由浊变清，或由清变浊时水浴的温度。

3.4

溶解度曲线 curve of solubility

根据设定的浓度范围，称取不同量的试样，分别测定其溶解度极限温度，并绘制以浓度和相应溶解度极限温度为函数关系的曲线。

4 采样

按 GB/T 6372—2006 的规定采样、制备和储存试样。

5 试验方法

5.1 原理

对已知浓度的阴离子表面活性剂溶液进行试验温度范围的预测定，加热时溶液由浊变清，冷却时由清变浊，将相同浓度的两份溶液，一份溶液较冷显浊。另一份溶液较热显清，置于水浴中。该水浴温度控制在预测定时确立的温度范围内。记下在温度平衡时两份溶液的外观。

重复试验，在预测定的温度范围内改变水浴温度，直至清液仍清，浊液仍浊或溶液很慢地由浊变清，或清变浊。

由表面活性剂的浓度和溶解度的极限温度，绘制溶解度曲线。

5.2 试剂

试验用水，符合 GB/T 6682—2008 中规定的三级水要求。

5.3 仪器

5.3.1 试管

采用硼硅酸盐玻璃制成，直径 20 mm，长 200 mm。

5.3.2 精密温度计

分度为 0.1 ℃。

5.3.3 恒温水浴

−5 ℃～90 ℃，能控制在±0.1 ℃，并带有透明池。

5.4 试样的制备

称取试样，其量相当于待测表面活性剂的某一浓度[浓度通常为 1%～50%(质量分数)]，精确至 0.01 g，配成约 100 mL 溶液。

若溶液含有杂质，可将其加热至高于变浊温度后过滤。该过程不应引起表面活性剂浓度的任何变化。

5.5 测定步骤

5.5.1 预测定

将试样溶液直接加热，使溶液变清，取约 10 mL 该溶液，倒入试管中，并缓慢冷却至溶液变浊，然后再缓慢升温，同时用温度计搅拌溶液，待溶液一变清，立即记下此刻温度(t_1)。再缓慢冷却，同时用温度计搅拌溶液，待溶液一变浊，立即记下此刻温度(t_2)。

t_1 与 t_2 之间即为预测定温度范围，一般在 10 ℃左右。

5.5.2 溶解度极限温度的测定

将恒温水浴的温度设定在温度范围内，保持恒温，精确到±0.1 ℃。

将试样溶液充满两个试管塞上管塞，分别加热或冷却，使其中一个试管中的溶液变清，另一个试管中溶液变浊。然后将两个试管放入恒温水浴中。

当两份溶液的温度和水浴温度相同时，记下两份溶液是清还是浊。

若两溶液均清，则降低水浴温度几度；若两溶液均浊，则稍升温。重复上述试验，调整水浴温度直到溶液的外观变化（由浊变清，或由清变浊）非常缓慢，浊液仍保持浊。采用的最长观测时间可为 2 h～3 h。

记下上述情况发生时温度，精确至 0.1 ℃，即为溶液度极限温度。若溶液外观保持不变，则取刚低于两份溶液均保持浊时的温度。

5.5.3 绘制溶解度曲线

根据设定的浓度范围，称取不同量的试样，分别测定其溶解度极限温度。绘制以浓度和相应溶解度极限温度为函数关系的溶解度曲线。

由此曲线可以推断表面活性剂在给定温度下的溶解度。若需要可测定其克拉夫特温度。

5.6 结果的表示

5.6.1 计算方法

在给定温度下，阴离子表面活性剂在水浴中溶解度以质量分数表示。

5.6.2 精密度

对三个不同的表面活性剂样品，在八个实验室中进行对比分析，提供的数据给出于表 1 中：

表 1 三个产品不同浓度样品在八个不同实验室中的测定结果及偏差

表面活性剂	浓度（质量分数） %	观测的溶解度极限温度的平均值 ℃	再现性的标准偏差 ℃
月桂酸钠 （纯度 96.4%）	2.5	24	2
	5	27.7	1.7
	10	31.7	2
	20	38.6	1.6
	30	42.7	1.6
月桂基硫酸钠 （纯度 99%）	2.5	14	1.2
	5	15.3	1.6
	10	17	1.2
	20	19.8	1.3
	30	22.1	1.4
烷烃磺酸钠 （纯度 98%）	40	13.5	1.5
	41	17.7	1
	42	23	2.5
	43	34.7	3
	45	57.7	3.5

5.7 试验报告

试验报告应包括以下内容：

a) 鉴别样品所需的全部资料和处理试样的细节(或视需要,溶液过滤前被加热到的温度);
b) 所用的方法(参考本标准);
c) 所得结果和所用的表示方法:
   1) 测试某一浓度时,溶液变浊的温度(t_1);
   2) 测试某一浓度时,溶液变清的温度(t_2);
   3) 测试某一浓度时,溶解度的极限温度。
d) 根据需要,作溶解度曲线(或克拉夫特温度);
e) 本标准中未规定的或任选的任何操作细节,以及会影响结果的任何情况。

附 录 A
（资料性附录）
本标准与 ISO 6839:1982 相比的结构变化情况

本标准与 ISO 6839:1982 相比在结构上有较多调整，具体章条编号对照情况见表 A.1。

表 A.1 本标准与 ISO 6839:1982 的章条编号对照情况

本标准章条编号	对应的 ISO 6839:1982 章条编号
—	0
3	—
4	6
5.1	3
5.2	4
5.3	5
5.4	7.1
5.5.1	7.2
5.5.2	7.3
5.5.3	7.4
5.6	8

ICS 03.120.30
A 41

中华人民共和国国家标准

GB/T 6379.3—2012/ISO 5725-3:1994

测量方法与结果的准确度(正确度与精密度) 第3部分:标准测量方法精密度的中间度量

Accuracy(trueness and precision) of measurement methods and results—Part 3:Intermediate measures of the precision of a standard measurement method

(ISO 5725-3:1994,IDT)

2012-11-05 发布　　2013-02-15 实施

中华人民共和国国家质量监督检验检疫总局
中国国家标准化管理委员会　发布

前　言

GB/T 6379《测量方法与结果的准确度(正确度与精密度)》分为以下几个部分,其预期结构及对应的国际标准为:

——第1部分:总则与定义(ISO 5725-1:1994,IDT)

——第2部分:确定标准测量方法的重复性和再现性的基本方法(ISO 5725-2:1994,IDT)

——第3部分:标准测量方法精密度的中间度量(ISO 5725-3:1994,IDT)

——第4部分:确定标准测量方法正确度的基本方法(ISO 5725-4:1994,IDT)

——第5部分:确定标准测量方法精密度的可替代方法 (ISO 5725-5:1998,IDT)

——第6部分:准确度值的实际应用(ISO 5725-6:1994,IDT)

本部分为GB/T 6379的第3部分。

本部分按照GB/T 1.1—2009给出的规则起草。

本部分等同采用国际标准ISO 5725-3:1994《测量方法与结果的准确度(正确度与精密度) 第3部分:标准测量方法精密度的中间度量》及ISO于2001-10-15发布的对1994版ISO 5725-3的技术修改单。对ISO 5725-3:1994的错误作了如下的修改和更正:

——修改了9.4中关于根据完全套设计试验,对重复性标准差、再现性标准差及中间精密度标准差估计的不准确叙述。

——将附录D的表D.5中$s_{I(T)}$在第6水平的值由9.545×10^{-3}更正为8.020×10^{-3}。

GB/T 6379第1部分至第6部分作为一个整体代替GB/T 6379—1986和GB/T 11792—1989。标准中将原精密度概念加以扩展,增加了正确度概念,统称为准确度;除重复性条件和再现性条件外,增加了中间精密度条件。

本部分由全国统计方法应用标准化技术委员会(SAC/TC 21)提出并归口。

本部分起草单位:中国标准化研究院、中国科学院数学与系统科学研究院、深圳市华测检测有限公司、海南省产品质量监督检验所、无锡市产品质量监督检验所、广州出入境检验检疫局。

本部分主要起草人:于振凡、冯士雍、丁文兴、朱平、黄艳、陈华英、吴建国、李成明。

本部分于2012年首次发布。

引　言

0.1　GB/T 6379 用两个术语“正确度”与“精密度”来描述一种测量方法的准确度。正确度指大量测试结果的(算术)平均值与真值或接受参照值之间的一致程度;而精密度指测试结果之间的一致程度。

0.2　GB/T 6379.1 中对上述诸量给出了一般性考虑，在本部分中不再重复。必须强调指出，GB/T 6379.1 应与 GB/T 6379 所有其他部分(包括本部分)结合起来读,因为 GB/T 6379.1 给出了基本定义和总则。

0.3　很多不同的因素(除假定相同的样品之间的差异外)都能够引起测量方法的结果变异,这些因素包括:

a)　操作员;

b)　使用的设备;

c)　设备的校准;

d)　环境(温度、湿度、空气污染等);

e)　试剂的批;

f)　不同测量的时间间隔。

由不同操作员所做的测量和在不同设备上进行的测量通常要比在短时间内由同一个操作员使用相同的设备进行测量产生的变异大。

0.4　精密度的两个条件,即重复性条件和再现性条件是必需的,并且在许多实际情况下,对描述测量方法的变异是有用的。在重复性条件下,0.3 中所列的因素 a)～f)皆保持不变,不产生变异,而在再现性条件下,这些条件都是变化的,能引起测试结果的变异。因此,重复性条件和再现性条件是精密度条件的两个极端情形。前者描述测试结果最小变异,而后者描述测试结果最大变异。在这两种极端条件之间的中间条件也是存在的,即因素 a)～f)之中的一个或多个发生变化,它们可用于某些特定的环境。

精密度通常用标准差表示。

0.5　本部分主要讨论一种测量方法的中间精密度的度量。由于这些度量的值处于该测量方法两种极端精密度度量值(重复性标准差和再现性标准差)之间,故称中间精密度。

为了说明这些中间精密度度量的必要性,考虑当前一个与生产车间有关的实验室的运作,在这个实验室内实行三班倒的工作制,测量由不同的操作员在不同的设备上进行。因而操作员和设备是能引起测试结果变异的部分因素。在评定测量方法的精密度时必须予以考虑。

0.6　本部分定义的中间精密度度量首先应用于下面情形:为了在实验室内部对测量方法进行改进、标准化和控制,要进行中间精密度的估计;在一个特殊设计的实验室间研究中也需要进行中间精密度的估计。但是,由于 1.3 和 9.1 所述的原因,对这些度量的解释和应用应当谨慎。

0.7　最有可能影响测量方法精密度的四个因素是:

a)　时间:连续性测量的时间间隔是大还是小。

b)　校准:在连续的几组测量之间同一设备是否经过重新校准。

c)　操作员:连续的测量是否由同一个操作员完成。

d)　设备:在测量中是否使用同一设备(或同一批试剂)。

0.8　下面,先引进 M 个因素不同的中间精密度条件($M=1,2,3$ 或 4),以便考虑实验室内测量条件(时间、校准、操作员和设备)的变化。

a)　$M=1$:四个因素中只有一个不同;

b)　$M=2$:四个因素中有两个不同;

c) $M=3$:四个因素中有三个不同;

d) $M=4$:所有四个因素都不同。

不同的中间精密度条件产生不同的中间精密度标准差,记作 $s_{I(\cdot)}$,所对应的特定条件在圆括号里明确标出,例如,$s_{I(TO)}$ 表示不同时间、不同操作员的中间精密度标准差。

0.9 对于中间精密度条件下的测量,0.7 中所列出因素中有一个或多个不同,在重复性条件下,那些因素被假定为常量。

在重复性条件下所得测试结果的标准差,一般要小于在中间精密度条件下所得测试结果的标准差。一般情况下,在化学分析中,中间精密度条件下的标准差会是重复性条件下标准差的 2~3 倍。当然,它不应大于再现性标准差。

例如,在一个确定铜矿石中铜含量的共有 35 个实验室参与的协同试验中,发现不论使用电解比重测定法还是用 $Na_2S_2O_3$ 滴定方法,在一个因素不同(时间不同但操作员和设备相同)的中间精密度条件下,所得标准差比重复性条件下标准差大 1.5 倍。

测量方法与结果的准确度(正确度与精密度)第3部分:标准测量方法精密度的中间度量

1 范围

1.1 本部分规定了由于实验室内观测条件(时间、校准、操作员和设备)变化而产生的四种中间精密度度量。这些中间度量可以在一个确定的实验室内试验中产生,也可以通过实验室间试验产生。此外,GB/T 6379 本部分:

a) 讨论中间精密度度量定义的含义;

b) 为在实际工作中对中间精密度度量估计的解释和应用提供指南;

c) 没有为估计中间精密度度量的误差提供任何度量;

d) 不涉及如何确定测量方法本身的正确度,但讨论了正确度与测量条件之间的关系。

1.2 本部分适用于所涉及的测量方法特指对连续量进行测量,并且每次测量只取一个值作为测量结果,尽管这个值可能是一组观测值的计算结果。

1.3 确定这些中间精密度度量的本质在于,用数量表示测量方法在规定条件下,重复测试结果的能力。

1.4 本部分所述的统计方法基于如下的前提:可以联合"相似"的测量条件中的信息,以获得对中间精密度度量更为准确的信息。只要所称的"相似"确实"相似",这个前提即是有效的。但通过实验室间研究来估计中间精密度度量时,这个前提很难得到满足。例如,为使联合不同实验室的信息有意义,需要通过控制所有参与试验的实验室的"时间"影响(效应)或"操作员"影响(效应),使它们"相似",就非常困难。因此,在使用中间精密度实验室间研究所得的结果时要加以小心。实验室内研究也依赖于上述前提,但此时由于分析者对一个因素的实际影响了解更多,也知道该如何对它进行控制,因而这个前提更易于实现。

1.5 除本部分所述的技术外,还有另外一些估计和证实一个实验室内中间精密度度量的技术,例如控制图(见 GB/T 6379.6)。本部分并未声明提供了在某一特定实验室内对中间精密度度量进行估计的唯一方法。

注:本部分涉及试验设计,例如套设计的知识。附录 B 和附录 C 中给出了相关的基础知识。

2 规范性引用文件

下列文件对于本文件的应用是必不可少的。凡是注日期的引用文件,仅注日期的版本适用于本文件。凡是不注日期的引用文件,其最新版本(包括所有的修改单)适用于本文件。

GB/T 3358.1—2009 统计学词汇及符号 第1部分:一般统计术语与用于概率的术语(ISO 3534-1:2006,IDT)

GB/T 6379.1—2004 测量方法与结果的准确度(正确度与精密度) 第1部分:总则与定义(ISO 5725-1:1994,IDT)

GB/T 6379.2—2004 测量方法与结果的准确度(正确度与精密度) 第2部分:确定标准测量方法重复性和再现性的基本方法(ISO 5725-2:1994,IDT)

ISO 3534-1:1993 统计学 词汇和符号 第1部分:概率和一般统计术语

ISO 指南 33:1989 有证标准物料的使用

ISO 指南 35:1989 标准物料的定值 总则和统计原理

3 术语和定义

GB/T 6379.1 和 ISO 3534-1 界定的以及下列术语和定义适用于本文件。

GB/T 6379 使用的符号在附录 A 中给出。

4 一般要求

为保证测量方法的一致性,应使用标准化的测量方法。构成一个特定实验室内试验或实验室间试验一部分的所有测量都应按标准方法进行。

5 重要因素

5.1 实验室内测量条件的四个因素(时间、校准、操作者和设备)被认为是产生测量结果变异的主要原因(见表 1)。

表 1 四个重要因素及其状态

因素	实验室内的测量条件	
	状态 1(相同)	状态 2(不同)
时间	在相同时间进行的测量	在不同时间进行的测量
校准	两次测量之间不进行校准	两次测量之间进行校准
操作员	相同的操作员	不同的操作员
设备	未经重新校准的相同设备	不同的设备

5.2 "同时间测量"包括那些在尽可能短的时间内进行的测量,其目的是使试验条件(例如不能保证恒定的环境条件)的变化最小。"不同时间测量"是指那些在较长的时间间隔内进行的测量,可能由于环境条件的变化而对测量发生影响。

5.3 "校准"在此处不是指由测量方法所规定的作为获取测试结果程序中的一个组成部分的校准,而是指在一个实验室内部不同组测量之间的每隔一定时间所进行的校准过程。

5.4 对于某些操作,"操作员"事实上可能指一组操作员,每一操作员执行测量程序的某一规定部分。在此情况,"操作员"是指这一组操作员,这一组操作员中出现的任何人员或所分配任务的变更都应看作是不同的"操作员"。

5.5 "设备"事实上往往是指成套的设备。而成套设备中任何重要部件的任何变化都将被视为不同的"设备"。至于什么是重要部件,可照常识判断。温度计的变更将被视作不同的重要部件;而用一个稍微不同的容器来代替水槽将被视为无关紧要。使用不同批次的试剂应被视作重要部件变化,这将被认为是使用了不同的"设备";如果这一变化发生在某次校准之后,则被看作为一次重新校准。

5.6 在重复性条件下,所有的四个因素都处于表 1 中的状态 1。对于中间精密度条件,一个或者多个因素处于表 1 中的状态 2,称为"M 个因素不同的精密度条件",其中 M 为处于状态 2 的因素个数。在再现性条件下,测量结果由不同的实验室获得,因此不仅四个因素都处于状态 2,且由于不同实验室在实验室管理与维持、操作员的总体训练水平、测试结果的稳定性和核查等方面的不同,还会有额外的影响。

5.7 对 M 个因素不同的中间精密度条件,有必要指明哪些因素处于表 1 中的状态 2,且用相应的下标表示。例如:

——时间不同的中间精密度标准差，$S_{I(T)}$；
——校准不同的中间精密度标准差，$S_{I(C)}$；
——操作员不同的中间精密度标准差，$S_{I(O)}$；
——时间与操作员不同的中间精密度标准差，$S_{I(TO)}$；
——时间、操作员与设备不同的中间精密度标准差，$S_{I(TOE)}$；
其他情形也用类似的表示方法。

6 统计模型

6.1 基本模型

为估计测量方法的准确度(正确度和精密度)，假定每个测试结果 y 是以下 3 个分量的和：

$$y = m + B + e \quad \cdots\cdots (1)$$

其中，对给定的受试物料：
m ——总平均值(期望)；
B ——重复性条件下偏倚的实验室分量；
e ——重复性条件下每次测量产生的随机误差。
以下分别讨论模型中的每一分量以及基本模型的推广。

6.2 总平均值 m

6.2.1 总平均值 m 是所有测试结果总的平均值。在一项协同研究(见 GB/T 6379.2)中获得的 m 值仅依赖于“真值”和测量方法，而不依赖于获得这些测试结果的实验室、设备、操作员和时间因素。一种特定的受试物料的总平均值称为“测试水平”；例如一种化学品的不同纯度的样品或不同物料(例如不同型号的钢材)对应着不同的水平。

在许多情形，受试特性的真值 μ 的概念是适用的，例如，一种正在滴定溶液的真实浓度。水平 m 并不总是与真值 μ 相等；差值 $m-\mu$ 称为“测量方法的偏倚”。

在某些情况下，测试水平完全取决于所用的测量方法，此时一个独立的真值概念不再适用。例如，钢材的维氏(Vicker)硬度和焦炭的米库姆 (Micum) 转鼓指数就属于这类情况。通常用 δ 表示偏倚(真值不存在时，$\delta=0$)，总平均值 m 即可表示为：

$$m = \mu + \delta \quad \cdots\cdots (2)$$

注：对偏倚项 δ 的讨论及关于正确度试验的描述在 GB/T 6379.4 中给出。

6.2.2 在检查用相同测量方法获得的测试结果间的差异时，测量方法的偏倚不会对其产生影响，因此可以忽略，除非它依赖于测试水平。当把测试结果和一个合同中的规定值或标准值进行比较，而合同中的规定值或标准值指的是真值 μ 而不是测试水平 m 时，以及比较由不同测量方法得到的测试结果时，必须考虑测量方法的偏倚。

6.3 分量 B

6.3.1 分量 B 代表由于种种原因造成的关于 m 的实验室偏倚，它与在每一次测试中都会发生的随机误差 e 无关。在一个实验室内重复性条件下，B 被看作一个常数并被称作“偏倚的实验室分量”。

6.3.2 然而，当常规使用某种测量方法时，实验室偏倚 B 的数值中，显然包含多种效应，比如说，由操作员、所使用的设备、设备的校准，以及环境(温度、湿度、空气质量等等)的变化所产生的效应。这样，式(1)的统计模型可以改写为：

$$y = m + B_0 + B_{(1)} + B_{(2)} + \cdots + e \quad \cdots\cdots (3)$$

或

$$y=\mu+\delta+B_0+B_{(1)}+B_{(2)}+\cdots+e \qquad (4)$$

其中 B 由 B_0,$B_{(1)}$,$B_{(2)}$ 等分量构成,由多种中间精密度因素说明。

在实际中,研究目标及测量方法的灵敏度决定了模型的复杂程度。在许多情况下,模型的简化形式就已足够。

6.4 分量 $\boldsymbol{B}_0$,$\boldsymbol{B}_{(1)}$,$\boldsymbol{B}_{(2)}$ 等

6.4.1 这些分量在重复性条件下都为常量,是测试结果偏倚的一部分。在中间精密度条件下,B_0 是保持相同(表 1 中的状态 1)的诸因素的固定效应;而 $B_{(1)}$,$B_{(2)}$ 等为变化的(表 1 中的状态 2)诸因素的随机效应。它们并不增加偏倚,但增加中间精密度标准差,使之比重复性标准差要大。

6.4.2 操作员效应是由于不同操作员之间的差异产生的,包括测量方法操作中(譬如阅读标尺刻度)的个人习惯。部分此类差异应通过对测量方法的标准化,特别是提供清楚准确的技术说明予以消除。即使同一操作员得到的测试结果,偏倚的这一分量也不总是常数(例如偏倚的大小会随着操作员当日的精神或体力状况不同而变化),而且这部分偏倚不能完全校正。应通过使用表述清楚的操作手册和培训来减少这种偏倚。在这种条件下,由操作员不同引起的效应可看作是随机的。

6.4.3 设备效应是由于不同设备之间的差异产生的,它包括由于设备安装位置的不同,特别是由于指针或记录仪等的波动产生的效应。某些这类效应能通过精确的校准来消除。因设备间系统原因产生的差异应通过校准来纠正,标准测量方法中应该包括这种校准程序,如更换一批试剂即可按上述方式处理。在执行这一程序时,需要一个接受参照值,这方面应参考 ISO 指南 33 和 ISO 指南 35。已经过标准物料校准的设备带来的剩余效应将认为是随机效应。

6.4.4 时间效应是由于不同时间的环境差异(例如室温、湿度等的变化)产生的。应通过对环境条件的标准化尽可能将这种效应降到最低。

6.4.5 一个操作员的技术或疲劳度产生的效应可以看作为操作员与时间的交互效应。一套设备的性能可能会在刚开始使用时和使用许多小时后有差异,这是设备与时间的交互效应的一个例子。当操作员人数很少而设备的数量更少时,这些因素产生的效应可看作为固定(非随机)效应。

6.4.6 GB/T 6379.2 中给出的方法的前提是假定偏倚的实验室分量是近似服从正态分布的。但实际上对大多数分布,只要是单峰的,方法都可用。B 的方差称作"实验室间方差",表示为:

$$Var(B)=\sigma_L^2 \qquad (5)$$

然而,这一方差仍包括由于操作员、设备、时间及环境变化而产生的效应。在一个由不同操作员、在不同测量时间及不同的环境等条件下进行的精密度试验中,利用套设计,可以计算中间精密度方差。$Var(B)$看作由实验室、操作员、试验日期、环境等独立方差分量组成:

$$Var(B)=Var(B_0)+Var(B_{(1)})+Var(B_{(2)})+\cdots \qquad (6)$$

上述方差记为:

$$\begin{aligned} Var(B_0)&=\sigma_{(0)}^2\\ Var(B_{(1)})&=\sigma_{(1)}^2\\ Var(B_{(2)})&=\sigma_{(2)}^2\\ &\cdots\cdots \end{aligned} \qquad (7)$$

在实际中,$Var(B)$用 S_L^2 进行估计,类似的中间精密度估计可以通过适当设计的试验得到。

6.5 误差项 e

6.5.1 误差项表示每一测试结果中都包含的随机误差。在本部分给出的方法中始终假定此误差变量近似服从正态分布。但是实际上,只要分布是单峰的即可。

6.5.2 在一单个实验室内,误差方差称作为试验室内方差,表示为:

$$Var(e)=\sigma_W^2 \qquad \cdots\cdots(8)$$

6.5.3 由于诸如实验室间操作员技术上的差异,可以预计不同实验室的 σ_W^2 值会有所不同。但在本部分中,假定通过合理的测量方法的标准化,不同实验室的实验室内方差之间的差异很小,有理由对所有使用标准测量方法的实验室确定一个实验室内方差的公共值。这个公共值以各实验室内方差的平均值作为估计值,称作"重复性方差",表示为:

$$\sigma_r^2=\overline{Var(e)} \qquad \cdots\cdots(9)$$

该平均值是对离群实验室以外的所有参与准确度试验的实验室求得的。

7 测量条件的选择

7.1 在用一个测量方法进行测量时,在一个实验室内,可想象有许多测量条件,例如:

a) 重复性条件(四因素均为常量);

b) 一个因素不同的几种中间精密度条件;

c) 两个因素不同的几种中间精密度条件;

d) 三个因素不同的几种中间精密度条件;

e) 四个因素都不同的中间精密度条件。

在测量方法标准中,尽管总应给出重复性标准差,但不必(尽管可行)给出所有可能精密度度量。在一般的商业实践中,对中间精密度测量,应说明通常会遇到的测量条件。在详细说明与之相应的特定测量条件的同时,只明确一个适当的中间精密度度量就已足够。应该仔细地说明可能改变的测量条件因素。特别对于时间不同的中间精密度,应明确连续测量间的实际平均时间间隔。

7.2 我们假定,一个标准化测量方法的偏倚已经尽可能小,且测量方法本身固有的偏倚也已通过技术手段进行过处理。因此,本部分只讨论源于测量条件的偏倚。

7.3 重复性条件中测量条件诸因素(时间、校准、操作员和设备)的任何变化(即由表1中的状态1变到状态2)都会增大测试结果的变异。然而,多个测试结果平均值的期望的偏倚会比重复性条件下的偏倚小。因此不用单个测试结果,而用多个测试结果的平均值作为最终报告的测试结果,即能克服中间精密度条件下标准差的增大。

7.4 大多数实验室的一些实际考虑,例如所要求的最终上报结果的精密度(标准差)及进行测量的费用,将决定测量方法标准化中所考虑的测量条件改变的因素个数和因素的选择。

8 中间精密度度量的实验室内研究和分析

8.1 最简单的方法

估计一个实验室内中间精密度标准差的最简单的方法是:抽取一个样本(或对于破坏性的测试,抽取一组假定为完全相同,也即同一的样本),对其进行次数为 n 的重复测量,在不同次测量之间因素发生改变。建议测量次数 n 至少应为15。对实验室而言,此要求可能不能满足,且与其他方法比较,这种估计实验室内中间精密度的方法的效率也不高。然而,它的分析过程很简单,这种方法对于通过连续多日对同一样本进行连续测量来研究不同时间的中间精密度,或研究不同校准对测量的影响是有用的。

为检测数据中潜在的离群值,推荐使用 $y_k-\overline{y}$ 对测量数 k 的图,其中 y_k 是 n 个重复测试结果中第 k 个测试结果,而 $\overline{y}$ 是这 n 个重复测试结果的平均值。更正规的检测离群值的方法包括GB/T 6379.2—2004中7.3.4给出的格拉布斯(Grubbs)检验。

M 个因素不同时,中间精密度标准差的估计值由下式给出:

$$s_{I(\cdot)}=\sqrt{\frac{1}{n-1}\sum_{k=1}^{n}(y_k-\overline{y})^2} \qquad \cdots\cdots(10)$$

表示中间精密度条件的符号应该标在下标的括号内。

8.2 可供选择的方法

8.2.1 另一种可供选择的方法要考虑 t 组测量，每组测量包括 n 个重复测试结果。例如，在一个实验室内，一组共 t 种物料，每一种经过测量后，改变中间精密度因素，对 t 种物料进行重新测量，重复这种程序直到每一种物料得到 n 个测试结果。每组中的 n 个测试结果应由同一个样本上测量得到(对破坏性测试，由同一组假定为同一的样本得到)。所测试的物料不必是同一的，唯一要求是 t 种物料都在同一测试水平的区间内，对每一种物料，只要 M 个因素不同的中间精密度标准差的一个值属于该区间就可认为此物料属于该测试水平区间。建议 $t(n-1)$ 的值至少为 15。

示例：一个操作员对 t 种物料中的每一种进行单个测量后，由第二个操作员重复这一过程，接着可能由第三个操作员进行测量，如此继续，此后就可以计算中间精密度的估计 $s_{\mathrm{I(O)}}$。

8.2.2 为检测数据中潜在的离群值，推荐使用 $y_{jk}-\overline{y}_j$ 对物料数 j 的图，其中 y_{jk} 是对第 j 种物料的第 k 个测试结果，$\overline{y}_j$ 是第 j 种物料的 n 个测试结果的平均值。更正规的检测离群值的方法包括 GB/T 6379.2—2004 中 7.3.4 给出的格拉布斯(Grubbs)检验。这种检验既可以对每组结果单独检验，又可以把所有 tn 个结果作为整体进行检验。

M 个因素不同的中间精密度标准差的估计由下式出：

$$s_{\mathrm{I}(\cdot)}=\sqrt{\frac{1}{t(n-1)}\sum_{j=1}^{t}\sum_{k=1}^{n}(y_{jk}-\overline{y}_j)^2} \qquad (11)$$

对 $n=2$(即每种物料有 2 个测试结果)，上述公式简化为：

$$s_{\mathrm{I}(\cdot)}=\sqrt{\frac{1}{2t}\sum_{j=1}^{t}(y_{j1}-y_{j2})^2} \qquad (12)$$

8.3 测量条件对最终报告结果的影响

8.3.1 对时间、校准、操作员和设备诸因素的不同组合，$\overline{y}$ 的期望值各不相同，即使四因素中只有一个改变也是如此。这限制了对平均值的使用。在化学分析或物理测试中，$\overline{y}$ 被当作最终结果报告；对于商业原材料，这个最终报告的结果经常被用作对原材料的质量评估，并且在很大程度上影响产品的价格。

例：在煤的国际贸易中，交易量一次常超过 70 000 t，其中灰份的含量仅由 1 g 左右的测试量测定。若在合同中规定含灰量每相差 1%，每吨煤的价格相差 1.5 美元，那么在化学天平上灰的质量每相差 1 mg，相应的灰成分就差 0.1%，或者每吨煤的价格相差 0.15 美元。这批交易的总价将相差 10 500 (0.1×1.5×70 000)美元以上。

8.3.2 因此，最终报告的化学分析和物理测试的结果应当足够精确、高度可靠，尤其要是通用的和可再现的。对商业要求而言，一个只在一定的操作员、设备和时间条件下才能得到保证的最终报告结果是不够好的。

9 中间精密度度量的实验室间研究和分析

9.1 基本假定

由实验室间研究获得中间精密度估计依赖于如下假定：任何特定因素在所有实验室间的效应是相同的。例如，一个实验室更换操作员与另一个实验室更换操作员有相同的效应；而由时间因素引起的变化对各实验室都是相同的。如果此假定不成立，精密度中间度量的概念以及以下各节给出的中间精密度度量的估计技术就没有意义。必须密切注意离群值(不是必须剔除的离群值)，因为这有助于检查是否偏离了可以将所有实验室获得信息联合的假定。一个检测潜在离群值的有效技术是把测量结果看作多种因素水平或研究中涉及的各个实验室的函数,并以图形形式来描述。

9.2 最简单的方法

将 q 个水平的物料发送到 p 个实验室,每个实验室对 q 个水平中的每个水平进行 n 次测量,在每个水平内的 n 次测量间改变中间精密度条件。用 GB/T 6379.2 所述的同样方法进行分析,所不同的只是此时得到的是中间精密度标准差而不是重复性标准差的估计。

9.3 套设计试验

估计中间精密度的另一种方法是进行更精密复杂的试验。可能的方法有完全套设计试验和错层套设计试验(套设计定义参见 GB/T 3358.3)。使用套设计的优点是,可以通过一次实验室间试验,在同一时间,不仅获得重复性标准差和再现性标准差的估计,也同时能获得一个或者多个中间精密度标准差的估计。然而在使用套设计试验时,有些必须加以特别注意的地方,这将在 9.8 中加以解释。

9.4 完全套设计试验

图 1 是某一特定测试水平下完全套设计试验的示意图。

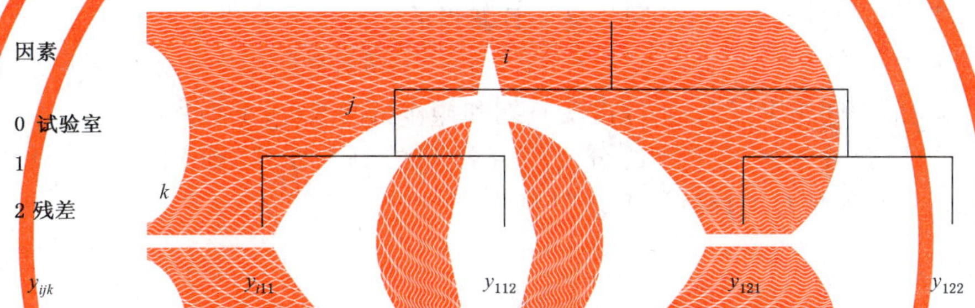

a) 三因素完全套设计试验

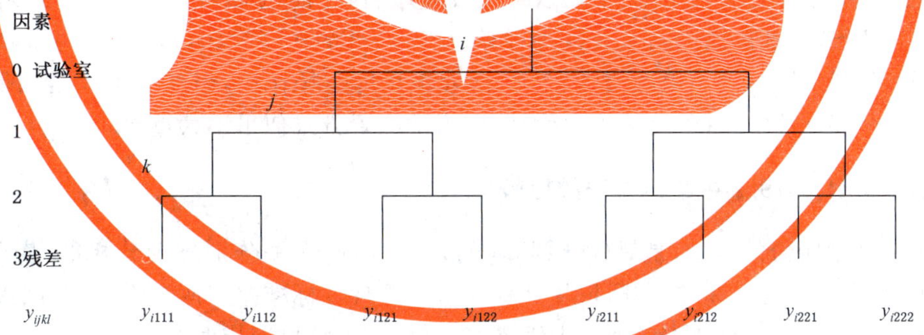

b) 四因素完全套设计试验

图 1 三因素和四因素完全套设计试验的示意图

根据几个实验室协同进行的三因素完全套设计试验,通过对 σ_r,$\sigma_{(1)}$ 及 $\sigma_{(0)}$ 的估计,可以获得重复性标准差 s_r、一个中间精密度标准差 $S_{I(1)}$ 和再现性标准差 S_R 的估计。类似地,根据四因素完全套设计试验,可以同时获得重复性标准差 S_r、两个中间精密度标准差 $S_{I(1)}$、$S_{I(2)}$ 和再现性标准差 S_R 的估计。

图 1a)中三因素完全套设计试验,数据 y 的下标 i、j 和 k,分别代表(举例说)实验室、试验日期和重复性条件下的一次重复。

图 1b)中四因素完全套设计试验,数据 y 的下标 i、j、k 和 l,分别代表(举例说)实验室、试验日期、操作员和重复性条件下的一次重复。

n 个因素完全套设计试验结果的分析是对测试的每一水平,分别采用统计中的"方差分析(ANOVA)"法进行的,附录 B 对此有详细说明。

9.5 错层套设计试验

图 2 是某一特定测试水平下错层套设计试验的示意图。

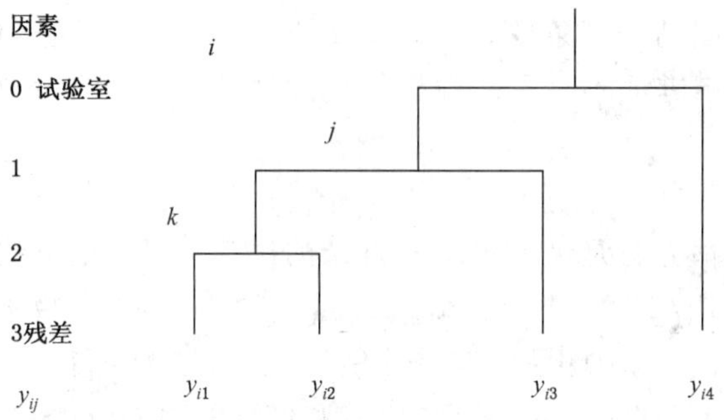

图 2 四因素错层套设计试验的示意图

三因素错层套设计试验要求每一个实验室 i 得到 3 个测试结果。测试结果 y_{i1} 和 y_{i2} 应在重复性条件下得到；y_{i3} 应在 M 个因素不同的中间精密度条件下得到($M=1,2,3$)。例如，在时间不同的中间精密度条件下的 y_{i3}，是在与得到 y_{i1} 和 y_{i2} 不同的另一日获得的。

在一个四因素错层套设计试验中，y_{i4} 应在 M 个因素不同的中间精密度条件下得到($M \geqslant 2$)。例如，在时间-操作员不同的中间精密度条件(即改变日期和操作员的条件)下得到的。

对 n 个因素错层套设计实验结果的分析是对测试的每一水平，分别采用统计中的“方差分析(ANOVA)”法进行的，附录 C 对此有详细说明。

9.6 套设计中因素的配置

套设计中因素应按如下方式安排：主要以系统效应影响的因素应放在最高层，主要以随机效应影响的因素应放在最低层，最低层的因素被看作为残差，由高到低的次序为(0,1,…)。例如，在图 1b) 及图 2 中的四因素设计试验中，因素 0 可能是实验室，因素 1 可能是操作员，因素 2 可能是测量日期，因素 3 则为重复。在完全套设计中，由于设计的对称性，因素的配置方式似乎不太重要。

9.7 套设计与 GB/T 6379.2 中给出方法的比较

GB/T 6379.2 中所给的方法，是对(测试物料的)每一测试水平分别进行分析的，实际上是两因素的完全套设计，最终获得两个标准差，即重复性标准差和再现性标准差。两个因素中，因素 0 是实验室，因素 1 是重复。如果在这一设计中增加一个因素：在一个实验室里安排两个操作员，每个操作员在重复性条件下测得两个结果，那么除了重复性标准差和再现性标准差外，还可以确定操作员不同的中间精密度标准差。如果每个实验室只用一个操作员，但是在不同的日子进行测试，就可以通过这个三因素完全套设计试验得到时间不同的中间精密度标准差。如果试验再增加一个因素，每一实验室安排两个操作员，每个操作员做两次测量并且试验在不同的工作日完全重复一次，这样安排的试验能确定重复性标准差、再现性标准差、操作员不同中间精密度标准差、时间不同中间精密度标准差以及时间-操作员不同中间精密度标准差。

9.8 完全套设计与错层套设计的比较

一个 n 因素完全套设计试验对每一实验室要求有 2^{n-1} 个测试结果，对实验室可能是一个过分的要求，这是要采用错层套设计的主要原因。尽管错层套设计的分析稍为复杂，且由于所需测试结果的数量少，标准差估计的不确定度较大，但它可以用较少的测试结果获得同样数量的标准差。

附 录 A
（规范性附录）
GB/T 6379 所用的符号与缩略语

a 关系式 $s=a+bm$ 中的截距

A 用来计算估计值的不确定度的系数

b 关系式 $s=a+bm$ 中的斜率

B 表示一个实验室测试结果与总平均值的偏差分量(偏倚的实验室分量)

B_0 表示在中间精密度条件下所有因素皆保持不变时 B 的分量

$B_{(1)}, B_{(2)}, \cdots$ 表示在中间精密度条件下,因素发生改变时 B 的分量

c 关系式 $\lg s=c+d\lg m$ 中的截距

C, C', C'' 检验统计量

$C_{crit}, C'_{crit}, C''_{crit}$ 用于统计检验的临界值

CD_P 概率 P 的临界差

CR_P 概率 P 的临界极差

d 关系式 $\lg s=c+d\lg m$ 中的斜率

e 发生在每次测试结果中随机误差分量

f 临界极差系数

$F_p(\nu_1, \nu_2)$ 自由度为 ν_1 和 ν_2 的 F 分布的 p 分位数

G 格拉布斯检验统计量

h 曼得尔实验室间一致性检验统计量

k 曼得尔实验室内一致性检验统计量

LCL 控制下限(行动限或警戒限)

m 测试特性的总平均值;水平

M 在中间精密度条件中考虑的因素数

N 交互作用数

n 一个实验室在一个水平(即一个单元中)上的测试结果数

p 参加实验室间试验的实验室数

P 概率

q 在实验室间试验中测试特性的水平数

r 重复性限

R 再现性限

RM 标准物料

s 标准差的估计值

$\hat{s}$ 标准差的预测值

T 总和

t 测试目标个数或组数

UCL 控制上限(行动限或警戒限)

W 加权回归中的权数

w 一组测试结果的极差

x 用于格拉布斯检验的数据

y 测试结果

$\bar{y}$ 测试结果的算术平均值

$\bar{\bar{y}}$ 测试结果的总平均值

α 显著性水平

β 第二类错误概率

γ 再现性标准差与重复性标准差的比值($\frac{\sigma_R}{\sigma_r}$)

Δ 实验室偏倚

$\hat{\Delta}$ Δ 的估计值

δ 测量方法偏倚

$\hat{\delta}$ δ 的估计值

λ 两个实验室偏倚或两个测量方法偏倚之间的可检出的差

μ 测试特性的真值或接受参照值

ν 自由度

ρ 方法 A 和方法 B 的重复性标准差之间的可检出的比

σ 标准差的真值

τ 表示从上次校准始由时间变化引起的测试结果变异的分量

ϕ 方法 A 和方法 B 的实验室间均方的平方根可检出的比

$\chi_p^2(\nu)$ 自由度为 ν 的 χ^2 分布的 p 分位数

用作下标的符号：

C 校准-不同

E 设备-不同

i 实验室标识

I( ) 精密度的中间度量;括号内表示中间情形类型

j 水平的标识(GB/T 6379.2);测试或因素的标识(GB/T 6379.3)

k 实验室 i，水平为 j 的测试结果的标识

L 实验室间

m 可检出偏倚的标识

M 试样间

O 操作员-不同

r 重复性

R 再现性

T 时间-不同

W 实验室内

1,2,3,… 测试结果按获得顺序的编号

(1),(2),(3),… 测试结果按数值大小递增顺序的编号

附　录　B
（规范性附录）
完全套设计试验的方差分析

本附录中所述的方差分析必须对实验室间试验的每一测试水平分别进行。为简单起见，表明测试水平的下标没有标在测试数据上。应注意的是在本部分中，下标 j 用于表示因素 1（因素 0 代表实验室）；而在 GB/T 6379 的其他部分，j 代表测试水平。

应用 GB/T 6379.2—2004 中 7.3 描述的方法来检查数据的一致性和离群值。用本附录中所述的设计，当一个实验室的某些测试结果缺失时，对数据的准确分析将会非常复杂。如果来自某一实验室的某些测试结果被确定是岐离值或离群值，并且应在分析时予以剔除，那么，建议所有来自这一实验室的（相应水平的）数据都应在分析时予以剔除。

B.1　三因素完全套设计试验

试验中得到的数据记作 y_{ijk}，均值和极差为：

$$\bar{\bar{y}}_{ij}=\frac{1}{2}(y_{ij1}+y_{ij2})\qquad \bar{y}_i=\frac{1}{2}(\bar{y}_{i1}+\bar{y}_{i2})\qquad \bar{\bar{y}}=\frac{1}{p}\sum_i\bar{y}_i$$

$$w_{ij(1)}=|y_{ij1}-y_{ij2}|\qquad w_{i(2)}=|\bar{y}_{i1}-\bar{y}_{i2}|$$

这里 p 为参与实验室间试验的实验室个数。

总平方和 SST 可以分解为：

$$\mathrm{SST}=\sum_i\sum_j\sum_k(y_{ijk}-\bar{\bar{y}})^2=\mathrm{SS0}+\mathrm{SS1}+\mathrm{SSe}$$

其中

$$\mathrm{SS0}=\sum_i\sum_j\sum_k(\bar{y}_i-\bar{\bar{y}})^2=4\sum_i(\bar{y}_i-\bar{\bar{y}})^2=4\sum_i(\bar{y}_i)^2-4p(\bar{\bar{y}})^2$$

$$\mathrm{SS1}=\sum_i\sum_j\sum_k(\bar{y}_{ij}-\bar{y}_i)^2=2\sum_i\sum_j(\bar{y}_{ij}-\bar{y}_i)^2=\sum_i w_{i(2)}^2$$

$$\mathrm{SSe}=\sum_i\sum_j\sum_k(y_{ijk}-\bar{y}_{ij})^2=\frac{1}{2}\sum_i\sum_j w_{ij(1)}^2$$

因为平方和 SS0，SS1，SSe 的自由度分别为 $p-1$，p 和 $2p$，设计的方差分析表如表 B.1 所示。

表 B.1　三因素完全套设计试验的方差分析表

来源	平方和	自由度	均方	均方的期望
0	SS0	$p-1$	MS0＝ SS0/($p-1$)	$\sigma_r^2+2\sigma_{(1)}^2+4\sigma_{(0)}^2$
1	SS1	p	MS1＝ SS1/p	$\sigma_r^2+2\sigma_{(1)}^2$
残差	SSe	$2p$	MSe＝ SSe/($2p$)	σ_r^2
总和	SST	$4p-1$		

$\sigma_{(0)}^2$，$\sigma_{(1)}^2$，σ_r^2 的无偏估计值分别为 $s_{(0)}^2$，$s_{(1)}^2$ 和 s_r^2，这些估计值可由均方 MS0，MS1，MSe 按以下公式计算得到：

$$s_{(0)}^2=\frac{1}{4}(\mathrm{MS0}-\mathrm{MS1})$$

$s_{(1)}^2 = \frac{1}{2}(\mathrm{MS1} - \mathrm{MSe})$

$s_r^2 = \mathrm{MSe}$

重复性方差、一个因素不同的中间精密度方差、再现性方差的估计值分别为：

s_r^2

$s_{I(1)}^2 = s_r^2 + s_{(1)}^2$

$s_R^2 = s_r^2 + s_{(1)}^2 + s_{(0)}^2$

B.2 四因素完全套设计试验

试验中所得数据记为 y_{ijkl}，均值和极差分别为：

$\bar{y}_{ijk} = \frac{1}{2}(y_{ijk1} + y_{ijk2})$　　　$w_{ijk(1)} = |y_{ijk1} - y_{ijk2}|$

$\bar{y}_{ij} = \frac{1}{2}(\bar{y}_{ij1} + \bar{y}_{ij2})$　　　$w_{ij(2)} = |\bar{y}_{ij1} - \bar{y}_{ij2}|$

$\bar{y}_i = \frac{1}{2}(\bar{y}_{i1} + \bar{y}_{i2})$　　　$w_{i(3)} = |\bar{y}_{i1} - \bar{y}_{i2}|$

$\bar{\bar{y}} = \frac{1}{p}\sum_i \bar{y}_i$

其中 p 为参与实验室间试验的实验室个数。

总平方和 SST 可以分解为：

$$\mathrm{SST} = \sum_i \sum_j \sum_k \sum_l (y_{ijkl} - \bar{\bar{y}})^2 = \mathrm{SS0} + \mathrm{SS1} + \mathrm{SS2} + \mathrm{SSe}$$

其中

$$\mathrm{SS0} = \sum_i \sum_j \sum_k \sum_l (\bar{y}_i - \bar{\bar{y}})^2 = 8\sum_i (\bar{y}_i)^2 - 8p(\bar{\bar{y}})^2$$

$$\mathrm{SS1} = \sum_i \sum_j \sum_k \sum_l (\bar{y}_{ij} - \bar{y}_i)^2 = 4\sum_i \sum_j (\bar{y}_{ij} - \bar{y}_i)^2 = 2\sum_i w_{i(3)}^2$$

$$\mathrm{SS2} = \sum_i \sum_j \sum_k \sum_l (\bar{y}_{ijk} - \bar{y}_{ij})^2 = 2\sum_i \sum_j \sum_k (\bar{y}_{ijk} - \bar{y}_{ij})^2 = \sum_i \sum_j w_{ij(2)}^2$$

$$\mathrm{SSe} = \sum_i \sum_j \sum_k \sum_l (y_{ijkl} - \bar{y}_{ijk})^2 = \frac{1}{2}\sum_i \sum_j \sum_k w_{ijk(1)}^2$$

因为平方和 SS0，SS1，SS2，SSe 的自由度分别为 $p-1$，p，$2p$ 和 $4p$。设计的方差分析表如表 B.2 所示：

表 B.2 四因素完全套设计试验的方差分析表

来源	平方和	自由度	均方	均方的期望
0	SS0	$p-1$	$\mathrm{MS0} = \mathrm{SS0}/(p-1)$	$\sigma_r^2 + 2\sigma_{(2)}^2 + 4\sigma_{(1)}^2 + 8\sigma_{(0)}^2$，
1	SS1	p	$\mathrm{MS1} = \mathrm{SS1}/p$	$\sigma_r^2 + 2\sigma_{(2)}^2 + 4\sigma_{(1)}^2$
2	SS2	$2p$	$\mathrm{MS2} = \mathrm{SS2}/(2p)$	$\sigma_r^2 + 2\sigma_{(2)}^2$
残差	SSe	$4p$	$\mathrm{MSe} = \mathrm{SSe}/(4p)$	σ_r^2
总和	SST	$8p-1$		

$\sigma_{(0)}^2$，$\sigma_{(1)}^2$，$\sigma_{(2)}^2$，σ_r^2 的无偏估计值分别为 $s_{(0)}^2$，$s_{(1)}^2$，$s_{(2)}^2$ 和 s_r^2，这些估计值可以由均方 MS0，MS1，MS2 和 MSe 按以下公式计算得到：

$s_{(0)}^2 = \frac{1}{8}(\mathrm{MS0} - \mathrm{MS1})$

$$s_{(1)}^2 = \frac{1}{4}(\text{MS1} - \text{MS2})$$

$$s_{(2)}^2 = \frac{1}{2}(\text{MS2} - \text{MSe})$$

$$s_r^2 = \text{MSe}$$

重复性方差、一个因素不同的中间精密度方差、两个因素不同的中间精密度方差及再现性方差的估计值分别为：

$$s_r^2$$

$$s_{\text{I}(1)}^2 = s_r^2 + s_{(2)}^2$$

$$s_{\text{I}(2)}^2 = s_r^2 + s_{(2)}^2 + s_{(1)}^2$$

$$s_R^2 = s_r^2 + s_{(2)}^2 + s_{(1)}^2 + s_{(0)}^2$$

附 录 C
（规范性附录）
错层套设计试验的方差分析

本附录中所述的方差分析必须是对实验室间试验的每一测试水平分别进行的。为简单起见，表明测试水平的下标没有标在测试数据上。应注意的是在本部分，下标 j 用于表示一个实验室内的重复；而在 GB/T 6379 其他部分，j 代表测试水平。

应用 GB/T 6379.2—2004 中 7.3 描述的方法来检查数据的一致性和离群值。用本附录中所述的设计，当一个实验室的某些测试结果缺失时，对数据的准确分析将会非常复杂。如果来自某一实验室的某些测试结果被确定是歧离值或离群值，并且应在分析时予以剔除，那么，建议所有来自这一实验室的（相应水平的）数据都应在分析时予以剔除。

C.1 三因素错层套设计试验

试验中在实验室 i 得到的数据记作 $y_{ij}(j=1,2,3)$，均值和极差分别为：

$$\bar{y}_{i(1)}=\frac{1}{2}(y_{i1}+y_{i2}) \qquad w_{i(1)}=|y_{i1}-y_{i2}|$$

$$\bar{y}_{i(2)}=\frac{1}{3}(y_{i1}+y_{i2}+y_{i3}) \qquad w_{i(2)}=|\bar{y}_{i(1)}-y_{i3}|$$

$$\bar{\bar{y}}=\frac{1}{p}\sum_{i}\bar{y}_{i(2)}$$

其中 p 为参与实验室间试验的实验室个数。

总平方和 SST 可以分解为：

$$\mathrm{SST}=\sum_{i}\sum_{j}(y_{ij}-\bar{\bar{y}})^2=\mathrm{SS0}+\mathrm{SS1}+\mathrm{SSe}$$

其中

$$\mathrm{SS0}=3\sum_{i}(\bar{y}_{i(2)})^2-3p(\bar{\bar{y}})^2$$

$$\mathrm{SS1}=\frac{2}{3}\sum_{i}w_{i(2)}^2$$

$$\mathrm{SSe}=\frac{1}{2}\sum_{i}w_{i(1)}^2$$

因为平方和 SS0，SS1，SSe 的自由度分别为 $p-1$，p 和 p，设计的方差分析表如表 C.1 所示。

表 C.1 三因素错层套设计试验的方差分析表

来源	平方和	自由度	均方	均方的期望
0	SS0	$p-1$	SS0/$(p-1)$	$\sigma_r^2+\frac{5}{3}\sigma_{(1)}^2+3\sigma_{(0)}^2$,
1	SS1	p	SS1/p	$\sigma_r^2+\frac{4}{3}\sigma_{(1)}^2$
残差	SSe	p	SSe/p	σ_r^2
总和	SST	$3p-1$		

$\sigma_{(0)}^2$，$\sigma_{(1)}^2$，σ_r^2 的无偏估计值分别为 $s_{(0)}^2$，$s_{(1)}^2$ 和 s_r^2，这些估计值可由均方 MS0，MS1 和 MSe 按以下公式计算得到：

$$s_{(0)}^2 = \frac{1}{3}\text{MS0} - \frac{5}{12}\text{MS1} + \frac{1}{12}\text{MSe}$$

$$s_{(1)}^2 = \frac{3}{4}\text{MS1} - \frac{3}{4}\text{MSe}$$

$$s_r^2 = \text{MSe}$$

重复性方差、一个因素不同的中间精密度方差及再现性方差的估计值分别为：

$$s_r^2$$

$$s_{\text{I}(1)}^2 = s_r^2 + s_{(1)}^2$$

$$s_R^2 = s_r^2 + s_{(1)}^2 + s_{(0)}^2$$

C.2 四因素错层套设计试验

试验中在实验室 i 得到的数据记作 y_{ij}（$j=1,2,3,4$），均值和极差分别为：

$$\bar{y}_{i(1)} = \frac{1}{2}(y_{i1} + y_{i2}) \qquad w_{i(1)} = |y_{i1} - y_{i2}|$$

$$\bar{y}_{i(2)} = \frac{1}{3}(y_{i1} + y_{i2} + y_{i3}) \qquad w_{i(2)} = |\bar{y}_{i(1)} - y_{i3}|$$

$$\bar{y}_{i(3)} = \frac{1}{4}(y_{i1} + y_{i2} + y_{i3} + y_{i4}) \qquad w_{i(3)} = |\bar{y}_{i(2)} - y_{i4}|$$

$$\bar{\bar{y}} = \frac{1}{p}\sum_i \bar{y}_{i(3)}$$

其中 p 为参与实验室间试验的实验室个数。设计的方差分析表如表 C.2 所示。

表 C.2 四因素错层套设计试验的方差分析表

来源	平方和	自由度	均方	均方的期望
0	$4\sum_i (\bar{y}_{i(3)})^2 - 4p(\bar{\bar{y}})^2$	$p-1$	SS0/($p-1$)	$\sigma_r^2 + \frac{3}{2}\sigma_{(2)}^2 + \frac{5}{2}\sigma_{(1)}^2 + 4\sigma_{(0)}^2$
1	$\frac{3}{4}\sum_i w_{i(3)}^2$	p	SS1/p	$\sigma_r^2 + \frac{7}{6}\sigma_{(2)}^2 + \frac{3}{2}\sigma_{(1)}^2$
2	$\frac{2}{3}\sum_i w_{i(2)}^2$	p	SS2/p	$\sigma_r^2 + \frac{4}{3}\sigma_{(2)}^2$
残差	$\frac{1}{2}\sum_i w_{i(1)}^2$	p	SSe/p	σ_r^2
总和	$\sum_i \sum_j (y_{ij} - \bar{\bar{y}})^2$	$4p-1$		

C.3 五因素错层套设计试验

试验中在实验室 i 得到的数据记作 y_{ij}（$j=1,2,3,4,5$），均值和极差分别为：

$$\bar{y}_{i(1)}=\frac{1}{2}(y_{i1}+y_{i2}) \qquad w_{i(1)}=|y_{i1}-y_{i2}|$$

$$\bar{y}_{i(2)}=\frac{1}{3}(y_{i1}+y_{i2}+y_{i3}) \qquad w_{i(2)}=|\bar{y}_{i(1)}-y_{i3}|$$

$$\bar{y}_{i(3)}=\frac{1}{4}(y_{i1}+y_{i2}+y_{i3}+y_{i4}) \qquad w_{i(3)}=|\bar{y}_{i(2)}-y_{i4}|$$

$$\bar{y}_{i(4)}=\frac{1}{5}(y_{i1}+y_{i2}+y_{i3}+y_{i4}+y_{i5}) \qquad w_{i(4)}=|\bar{y}_{i(3)}-y_{i5}|$$

$$\bar{\bar{y}}=\frac{1}{p}\sum_i \bar{y}_{i(4)}$$

其中 p 为参与实验室间协同试验的实验室个数。设计的方差分析表如表 C.3 所示。

表 C.3　五因素错层套设计试验的方差分析表

来源	平方和	自由度	均方	均方的期望
0	$5\sum_i(\bar{y}_{i(4)})^2-5p(\bar{\bar{y}})^2$	$p-1$	$SS0/(p-1)$	$\sigma_r^2+\frac{7}{5}\sigma_{(3)}^2+\frac{11}{5}\sigma_{(2)}^2+\frac{17}{5}\sigma_{(1)}^2+5\sigma_{(0)}^2$
1	$\frac{4}{5}\sum_i w_{i(4)}^2$	p	$SS1/p$	$\sigma_r^2+\frac{11}{10}\sigma_{(3)}^2+\frac{13}{10}\sigma_{(2)}^2+\frac{8}{5}\sigma_{(1)}^2$
2	$\frac{3}{4}\sum_i w_{i(3)}^2$	p	$SS2/p$	$\sigma_r^2+\frac{7}{6}\sigma_{(3)}^2+\frac{3}{2}\sigma_{(2)}^2$
3	$\frac{2}{3}\sum_i w_{i(2)}^2$	p	$SS3/p$	$\sigma_r^2+\frac{4}{3}\sigma_{(3)}^2$
残差	$\frac{1}{2}\sum_i w_{i(1)}^2$	p	SSe/p	σ_r^2
总和	$\sum_i\sum_j(y_{ij}-\bar{\bar{y}})^2$	$5p-1$		

C.4　六因素错层套设计试验

试验中在实验室 i 得到的数据记作 $y_{ij}(j=1,2,3,4,5,6)$，均值和极差分别为：

$$\bar{y}_{i(1)}=\frac{1}{2}(y_{i1}+y_{i2}) \qquad w_{i(1)}=|y_{i1}-y_{i2}|$$

$$\bar{y}_{i(2)}=\frac{1}{3}(y_{i1}+y_{i2}+y_{i3}) \qquad w_{i(2)}=|\bar{y}_{i(1)}-y_{i3}|$$

$$\bar{y}_{i(3)}=\frac{1}{4}(y_{i1}+y_{i2}+y_{i3}+y_{i4}) \qquad w_{i(3)}=|\bar{y}_{i(2)}-y_{i4}|$$

$$\bar{y}_{i(4)}=\frac{1}{5}(y_{i1}+y_{i2}+y_{i3}+y_{i4}+y_{i5}) \qquad w_{i(4)}=|\bar{y}_{i(3)}-y_{i5}|$$

$$\bar{y}_{i(5)}=\frac{1}{6}(y_{i1}+y_{i2}+y_{i3}+y_{i4}+y_{i5}+y_{i6}) \qquad w_{i(5)}=|\bar{y}_{i(4)}-y_{i6}|$$

$$\bar{\bar{y}}=\frac{1}{p}\sum_i \bar{y}_{i(5)}$$

其中 p 为参与实验室间协同试验的实验室个数。设计的方差分析表如表 C.4 所示。

表 C.4　六因素错层套设计试验的方差分析表

来源	平方和	自由度	均方	均方的期望
0	$6\sum_i(\bar{y}_{i(4)})^2-6p(\bar{\bar{y}})^2$	$p-1$	SS0/($p-1$)	$\sigma_r^2+\frac{4}{3}\sigma_{(4)}^2+2\sigma_{(3)}^2+3\sigma_{(2)}^2+\frac{13}{3}\sigma_{(1)}^2+6\sigma_{(0)}^2$
1	$\frac{5}{6}\sum_i w_{i(5)}^2$	p	SS1/p	$\sigma_r^2+\frac{16}{15}\sigma_{(4)}^2+\frac{6}{5}\sigma_{(3)}^2+\frac{7}{5}\sigma_{(2)}^2+\frac{5}{3}\sigma_{(1)}^2$
2	$\frac{4}{5}\sum_i w_{i(4)}^2$	p	SS2/p	$\sigma_r^2+\frac{11}{10}\sigma_{(4)}^2+\frac{13}{10}\sigma_{(3)}^2+\frac{8}{5}\sigma_{(2)}^2$
3	$\frac{3}{4}\sum_i w_{i(3)}^2$	p	SS3/p	$\sigma_r^2+\frac{7}{6}\sigma_{(4)}^2+\frac{3}{2}\sigma_{(3)}^2$
4	$\frac{2}{3}\sum_i w_{i(2)}^2$	p	SS4/p	$\sigma_r^2+\frac{4}{3}\sigma_{(4)}^2$
残差	$\frac{1}{2}\sum_i w_{i(1)}^2$	p	SSe/p	σ_r^2
总和	$\sum_i\sum_j(y_{ij}-\bar{\bar{y}})^2$	$5p-1$		

附 录 D
(资料性附录)
中间精密度试验统计分析实例

D.1 例1:在一个确定的实验室内、某一特定测试水平下得到"时间-操作员"不同的中间精密度标准差 $s_{I(TO)}$

D.1.1 背景

a) 测量方法:用真空发射光谱测定法测定钢铁中碳成分的含量,测试结果用质量百分比表示。

b) 资料来源:某钢铁厂1984年11月的常规报告。

c) 试验设计:从待测物料中随机选取的一个样本,在一个确定的实验室内,由两个分析员在前后连续的两天每天由一人对样本进行测试,按此程序,在一个月内得到29对这样的数据(见表D.1)。

表 D.1 原始数据:碳含量 %(m/m)

样本号 j	第一天 y_{j1}	第二天 y_{j2}	极差 w_j	样本号 j	第一天 y_{j1}	第二天 y_{j2}	极差 w_j
1	0.130	0.127	0.003	16	0.149	0.144	0.005
2	0.140	0.132	0.008	17	0.044	0.044	0.000
3	0.078	0.080	0.002	18	0.127	0.122	0.005
4	0.110	0.113	0.003	19	0.050	0.048	0.002
5	0.126	0.128	0.002	20	0.042	0.146	0.104
6	0.036	0.032	0.004	21	0.150	0.145	0.005
7	0.050	0.047	0.003	22	0.135	0.133	0.002
8	0.143	0.140	0.003	23	0.044	0.045	0.001
9	0.091	0.089	0.002	24	0.100	0.161	0.061
10	0.040	0.030	0.010	25	0.132	0.131	0.001
11	0.110	0.113	0.003	26	0.047	0.045	0.002
12	0.142	0.145	0.003	27	0.168	0.165	0.003
13	0.143	0.150	0.007	28	0.092	0.088	0.004
14	0.169	0.165	0.004	29	0.041	0.043	0.002
15	0.169	0.173	0.004				

D.1.2 分析

数据 y_{j1},y_{j2} 和 $w_j=|y_{j1}-y_{j2}|$ 如表D.1所示。用8.2给出的方法进行分析。

图D.1为数据散点图[每天测试结果对测试结果均值的偏离($y_{jk}-\bar{y}_j$)对应样本号 j]。从这个散点图或利应用科克伦检验都可以查出排序在20和24位的样本是离群值。这两个样本两天的测试结果间存在着很大差异,主要原因可能是记录数据时的误差。计算时间不同、操作员不同的中间精密度标准差 $s_{I(TO)}$ 时,要剔除这两个样本的测试值。按公式(12)计算为:

$$s_{I(TO)}=\sqrt{\frac{1}{2\times 27}\sum_{j=1}^{27}w_j^2}=2.87\times 10^{-3}$$

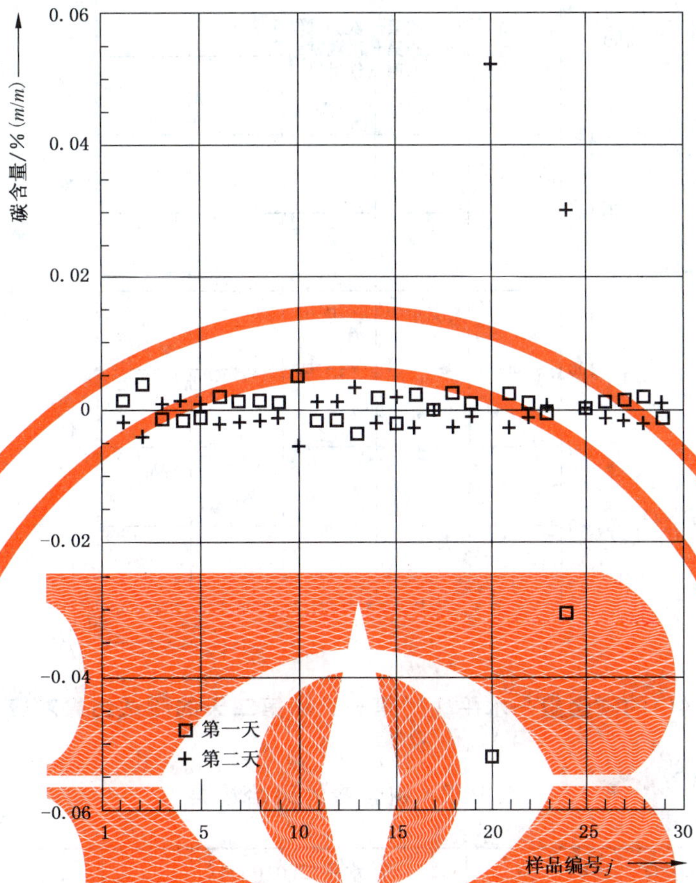

图 D.1 钢中的碳含量—每天测试结果对两天测试结果均值的偏离对应样本号

D.2 例 2 用实验室间试验得到时间不同的中间精密度标准差

D.2.1 背景

a) 测量方法:用试验说明中介绍的原子吸收光谱测定法测定钢中钒含量,测试结果用质量百分数表示。

b) 资料来源:ISO/TC 17,钢/SC 1,化学成分的测定方法和 1985 年 5 月进行的试验。

c) 试验设计:20 个实验室参与的三因素错层套设计试验中,每个实验室第一天报告两个在重复性条件下得到的测试结果,第二天在该试验所包含的 6 个水平中的每一水平下再得到并报告一个测试结果。每一实验室内的所有测量都由同一操作员、使用同一测量设备完成。

D.2.2 分析

所有 6 个水平的数据都已在表 D.2 中给出,但仅给出了其中水平 1 的方差分析。

图 D.2 给出了数据散点图(第一天和第二天的测试结果对实验室编号 i)。本图中可以看出编号 20 的实验室是离群实验室。该实验室第二天的测试结果与第一天测试结果的均值之间有一个较大的差异,这个差异与其他实验室的测试结果差异相比较是非常大的。在计算精密度度量时,剔除该实验室的测试结果。

根据附录 C 的 C.1,计算 $w_{i(1)}$,$w_{i(2)}$ 和 $\bar{y}_{i(2)}$,并在表 D.3 中给出计算结果。

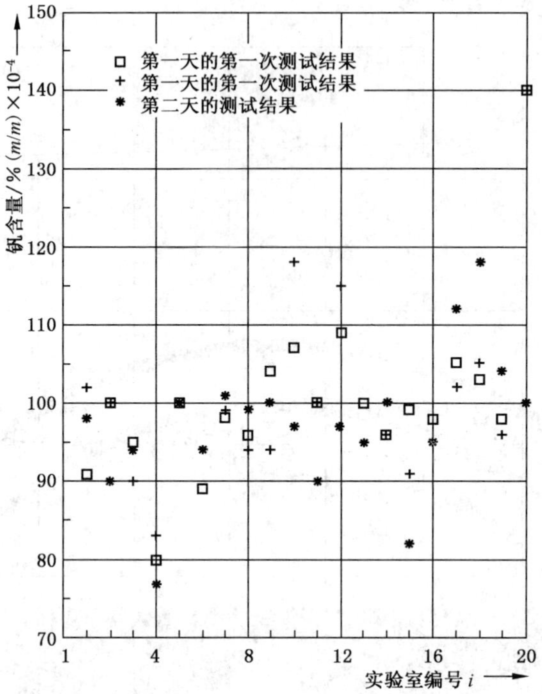

图 D.2 钢中的碳含量—水平 1 时第一天和第二天的测试结果对应实验室号

表 D.2 钒含量的原始数据

%(m/m)

实验室号 i	水平 1(0.01%)			水平 2(0.04%)			水平 3(0.1%)		
	第一天		第二天	第一天		第二天	第一天		第二天
	y_{i1}	y_{i2}	y_{i3}	y_{i1}	y_{i2}	y_{i3}	y_{i1}	y_{i2}	y_{i3}
1	0.009 1	0.010 2	0.009 8	0.038 2	0.038 8	0.038 5	0.101	0.103	0.102
2	0.010 0	0.010 0	0.009 0	0.041 0	0.041 0	0.039 0	0.111	0.111	0.108
3	0.009 5	0.009 0	0.009 4	0.039 0	0.038 0	0.037 0	0.108	0.110	0.107
4	0.008 0	0.008 3	0.007 7	0.037 4	0.036 1	0.038 2	0.109	0.106	0.104
5	0.010 0	0.010 0	0.010 0	0.035 0	0.037 0	0.037 0	0.103	0.103	0.110
6	0.008 9	0.009 4	0.009 4	0.036 8	0.036 8	0.037 7	0.106	0.106	0.108
7	0.009 8	0.009 9	0.010 1	0.037 6	0.038 0	0.038 4	0.107	0.105	0.108
8	0.009 6	0.009 4	0.009 9	0.037 9	0.036 6	0.037 9	0.108	0.107	0.108
9	0.010 4	0.009 4	0.010 0	0.036 5	0.037 0	0.036 7	0.104	0.106	0.105
10	0.010 7	0.011 8	0.009 7	0.037 0	0.037 5	0.038 0	0.105	0.110	0.105
11	0.010 0	0.010 0	0.009 0	0.038 0	0.038 0	0.037 5	0.102	0.102	0.102
12	0.010 9	0.011 5	0.009 7	0.039 0	0.039 0	0.039 0	0.101	0.108	0.105
13	0.010 0	0.009 5	0.009 5	0.037 5	0.037 5	0.037 5	0.103	0.104	0.108
14	0.009 6	0.009 6	0.010 0	0.037 4	0.037 4	0.038 9	0.104	0.106	0.110
15	0.009 9	0.009 1	0.008 2	0.038 1	0.037 5	0.039 2	0.109	0.106	0.107
16	0.009 8	0.010 0	0.009 5	0.037 3	0.037 7	0.039 7	0.105	0.105	0.104
17	0.010 5	0.010 2	0.011 2	0.038 9	0.038 2	0.037 3	0.107	0.108	0.104
18	0.010 3	0.010 5	0.011 8	0.038 2	0.038 0	0.037 4	0.103	0.104	0.103
19	0.009 8	0.009 6	0.010 4	0.038 3	0.037 5	0.036 6	0.110	0.109	0.104
20	0.014 0	0.014 0	0.010 0	0.037 0	0.040 8	0.036 9	0.104	0.106	0.107

表 D.2（续）

%(m/m)

实验室号 i	水平 4(0.2%)			水平 5(0.5%)			水平 6(0.75%)		
	第一天		第二天	第一天		第二天	第一天		第二天
	y_{i1}	y_{i2}	y_{i3}	y_{i1}	y_{i2}	y_{i3}	y_{i1}	y_{i2}	y_{i3}
1	0.214	0.211	0.210	0.514	0.510	0.513	0.755	0.753	0.751
2	0.220	0.220	0.215	0.520	0.540	0.540	0.800	0.755	0.750
3	0.213	0.215	0.215	0.500	0.514	0.504	0.738	0.730	0.724
4	0.214	0.222	0.201	0.519	0.518	0.518	0.744	0.742	0.732
5	0.210	0.210	0.205	0.495	0.500	0.512	0.743	0.753	0.750
6	0.232	0.240	0.221	0.526	0.532	0.513	0.733	0.740	0.746
7	0.215	0.215	0.216	0.521	0.519	0.526	0.754	0.756	0.756
8	0.193	0.195	0.210	0.507	0.493	0.511	0.732	0.729	0.732
9	0.211	0.205	0.213	0.509	0.515	0.515	0.734	0.738	0.747
10	0.210	0.220	0.225	0.520	0.520	0.525	0.760	0.760	0.765
11	0.213	0.211	0.214	0.513	0.516	0.514	0.746	0.748	0.746
12	0.208	0.215	0.210	0.509	0.528	0.510	0.758	0.748	0.750
13	0.212	0.222	0.215	0.510	0.520	0.505	0.735	0.755	0.750
14	0.218	0.218	0.212	0.520	0.528	0.522	0.740	0.735	0.742
15	0.214	0.210	0.211	0.510	0.510	0.515	0.749	0.729	0.744
16	0.215	0.212	0.218	0.519	0.517	0.531	0.754	0.751	0.759
17	0.214	0.210	0.209	0.517	0.515	0.514	0.735	0.728	0.741
18	0.224	0.218	0.217	0.515	0.514	0.517	0.788	0.798	0.787
19	0.217	0.215	0.215	0.530	0.525	0.520	0.755	0.745	0.740
20	0.214	0.214	0.203	0.518	0.518	0.481	0.730	0.737	0.658

表 D.3　$w_{i(1)}$，$w_{i(2)}$ 和 $\bar{y}_{i(2)}$ 的值

实验室号 i	$w_{i(1)}$	$w_{i(2)}$	$\bar{y}_{i(2)}$
1	0.001 1	0.000 15	0.009 700
2	0.000 0	0.001 00	0.009 667
3	0.000 5	0.000 15	0.009 300
4	0.000 3	0.000 45	0.008 000
5	0.000 0	0.000 00	0.010 000
6	0.000 5	0.000 25	0.009 233
7	0.000 1	0.000 25	0.009 933
8	0.000 2	0.000 40	0.009 633
9	0.001 0	0.000 10	0.009 933
10	0.001 1	0.001 55	0.010 733
11	0.000 0	0.001 00	0.009 667
12	0.000 6	0.001 50	0.010 700
13	0.000 5	0.000 25	0.009 667
14	0.000 0	0.000 40	0.009 733
15	0.000 8	0.001 30	0.009 067
16	0.000 2	0.000 40	0.009 767
17	0.000 3	0.000 85	0.010 633
18	0.000 2	0.001 40	0.010 867
19	0.000 2	0.000 70	0.009 933

$w_{i(1)}$，$w_{i(2)}$ 和 $\bar{y}_{i(2)}$ 的平方和以及平均值 $\bar{\bar{y}}$ 的计算结果为：

$$\sum_i w_{i(1)}^2 = 5.52 \times 10^{-6}$$

$$\sum_i w_{i(2)}^2 = 12.44 \times 10^{-6}$$

$$\sum_i (\bar{y}_{i(2)})^2 = 1\ 832.16 \times 10^{-6}$$

$$\bar{\bar{y}} = \frac{1}{19}\sum_i \bar{y}_{i(2)} = 0.009\ 798\ 25$$

利用上述结果可求得平方和 SS0，SS1 和 SSe，表 D.4 为相应的方差分析表。

分别得到不同实验室间方差的无偏估计 $s_{(0)}^2$、同一实验室、不同日期的方差的无偏估计 $s_{(1)}^2$ 以及重复性方差的无偏估计 s_r^2 为：

$$s_{(0)}^2 = 0.278 \times 10^{-6}$$

$$s_{(1)}^2 = 0.218 \times 10^{-6}$$

$$s_r^2 = 0.145 \times 10^{-6}$$

再现性标准差 s_R，时间不同的中间精密度标准差 $s_{\mathrm{I(T)}}$ 以及重复性标准差 s_r 分别为：

$$s_R = \sqrt{s_r^2 + s_{(1)}^2 + s_{(0)}^2} = 0.801 \times 10^{-3}$$

$$s_{\mathrm{I(T)}} = \sqrt{s_r^2 + s_{(1)}^2} = 0.603 \times 10^{-3}$$

$$s_r = \sqrt{s_r^2} = 0.381 \times 10^{-3}$$

表 D.5 为 6 个测试水平下钢中钒含量标准差的估计值的计算结果；图 D.3 为计算结果的图示。

表 D.4　钢中的钒含量的方差分析表

数据来源	平方和	自由度	均方	均方的期望
0(实验室)	24.16×10^{-6}	18	1.342×10^{-6}	$\sigma_r^2 + \frac{5}{3}\sigma_{(1)}^2 + 3\sigma_{(0)}^2$,
1(天)	8.29×10^{-6}	19	0.436×10^{-6}	$\sigma_r^2 + \frac{4}{3}\sigma_{(1)}^2$
残差	2.76×10^{-6}	19	0.145×10^{-6}	σ_r^2
总和	35.21×10^{-6}	56		

表 D.5　6 个测试水平下钢中钒含量标准差估计 s_r、$s_{\mathrm{I(T)}}$ 和 s_R 的值

水平	离群实验室号	算术平均值/%	s_r/%	$s_{\mathrm{I(T)}}$/%	s_R/%
1	20	0.009 8	0.381×10^{-3}	0.603×10^{-3}	0.801×10^{-3}
2	2	0.037 8	0.820×10^{-3}	0.902×10^{-3}	0.954×10^{-3}
3	—	0.105 9	1.739×10^{-3}	2.305×10^{-3}	2.650×10^{-3}
4	6 和 8	0.213 8	3.524×10^{-3}	4.710×10^{-3}	4.826×10^{-3}
5	20	0.516 4	6.237×10^{-3}	6.436×10^{-3}	9.412×10^{-3}
6	20	0.748 4	9.545×10^{-3}	8.020×10^{-3} [1)]	15.962×10^{-3}

1)　在 ISO 5725-3:1994 中，表 D.5 第 6 水平的 $s_{\mathrm{I(T)}}$ 值误为 9.545×10^{-3}，现更正为 8.020×10^{-3}(%)。

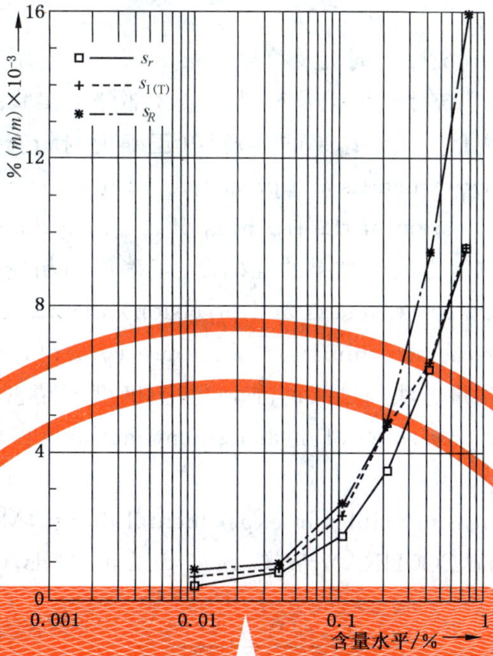

图 D.3 钢中的钒含量——重复性标准差 s_r、时间不同的中间精密度标准差 $s_{I(T)}$ 和再现性标准差 s_R 与钒成分含量水平的关系

参 考 文 献

[1] GB/T 3358.2—2009 统计学词汇及符号 第2部分 应用统计.

[2] GB/T 3358.3—2009 统计学词汇及符号 第3部分 实验设计.

[3] ISO 5725-4:1994 测量方法与结果的准确度(正确度与精密度) 第4部分:确定标准测量方法正确度的基本方法 Accuracy (trueness and precision) of measurement methods and results—Part 4:Basic methods for the determination of the trueness of a standard and measurement method.

[4] ISO 5725-5:1998 测量方法与结果的准确度(正确度与精密度) 第5部分:确定标准测量方法正确度的可替代方法 Accuracy (trueness and precision) of measurement methods and results—Part 5:Alternative methods for the determination of the precision of a standard measurement method.

[5] ISO 5725-6:1994 测量方法与结果的准确度(正确度与精密度) 第6部分:准确度值的实际应用 Accuracy (trueness and precision) of measurement methods results—Part 6:Use in practice of accuracy values.

[6] WINER,B. J. Statistical principles in experimental design,McGraw-Hill,1962.

[7] SNEDECOR,G. W. and COCHRAN,W. G. Statistical methods,Iowa University press. 1967.

ICS 59.140.20
Y 46

中华人民共和国国家标准

GB/T 6440—2012
代替 GB/T 6440—1986

山 羊 板 皮

Raw goat skin

2012-12-31 发布　　2013-02-01 实施

中华人民共和国国家质量监督检验检疫总局
中国国家标准化管理委员会　发布

前　言

本标准按照 GB/T 1.1—2009 给出的规则起草。

本标准代替 GB/T 6440—1986《山羊板皮》。

本标准与 GB/T 6440—1986 相比，主要差异如下：

——增加了“规范性引用文件”、“安全卫生要求”、“验收规则”和“运输”等内容；

——对“范围”、“术语和定义”、“检验方法”和“包装、标记、贮存”等内容进行了修改。

本标准由中华人民共和国商务部提出并归口。

本标准起草单位：中国食品土畜进出口商会、中华人民共和国河北出入境检验检疫局。

本标准主要起草人：郑新民、张全祥、田泓、范炜、刘力军、孙静、林珊珊。

本标准所代替标准的历次版本发布情况：

——GB/T 6440—1986。

山 羊 板 皮

1 范围

本标准规定了山羊板皮的相关术语和定义、安全卫生要求、加工要求、品质要求、检验方法、验收规则及包装、贮存和运输要求。

本标准适用于国产山羊板皮。

2 规范性引用标准

下列文件对于本文件的应用是必不可少的。凡是注日期的引用文件，仅注日期的版本适用于本文件。凡是不注日期的引用文件，其最新版本(包括所有的修改单)适用于本文件。

GB/T 2828.1—2003 计数抽样检验程序 第1部分：按接受质量限(AQL)检索的逐批检验抽样计划

GB 16548—2006 病害动物和病害动物产品生物安全处理规程

GB/T 16569—1996 畜禽产品消毒规范

OIE 陆生动物诊断试验和疫苗手册(Manual of diagnostic tests and vaccines for terrestrial animals)

3 术语和定义

下列术语和定义适用于本文件。

3.1

A类不合格品 unacceptable product A

单位产品在主要部位出现较严重或较明显疔伤、痘伤、疥癣板、伤痕、老公羊皮、陈板、烟熏板、冻糠板、淤血板、漏裆板、灼伤板、撑板、残缺等，板质明显瘦弱。

3.2

B类不合格品 unacceptable product B

单位产品在主要部位不易明显看出的上述已愈外观伤残及轻微冻糠板、回水板、撑板、淤血板、描刀及皮板边缘部位的残缺。

注：山羊板皮主要伤痕及主要特征参见附录A。

4 安全卫生要求

4.1 山羊板皮应产自安全非疫区，符合动物兽医卫生要求。

4.2 炭疽菌检测应参照《陆生动物诊断试验和疫苗手册》的检验要求进行实验室检验。

4.3 不符合兽医卫生要求或检验出炭疽阳性的山羊板皮按照GB 16548—2006和GB/T 16569—1996的要求进行无害化处理。

5 加工要求

5.1 宰剥季节

最佳季节为秋季，冬、春和夏季次之。应宰剥适当，皮形完整，晾晒平展，毛被、板面洁净。

5.2 加工要求

5.2.1 淡干板

割去嘴唇、耳根、尾骨、角、蹄，除净肉屑、脂肪、粪污的鲜皮，按产区路分[1)]标准形状展平晾晒干。晾晒时应防止曝晒及防冻，防止边缘部位卷曲折叠，确保皮张整洁，避免受闷掉毛等现象的出现。

5.2.2 盐干板

把已加工修整好的鲜皮，毛被向下、板面向上平铺在硬化地面上，头、腿及边缘部位展平，再向皮板上均匀地撒上一层细盐，也可采用转鼓滚盐的方法。待皮腌透后再晾晒干。

5.2.3 盐湿板

操作方法与盐干板基本一致。将腌制的鲜皮50张或100张皮板向上，最上1张毛向上码放在木托或塑托上。

5.3 山羊板皮皮型

山羊板皮皮型参考图参见附录C。

6 品质要求

6.1 山羊板皮品质分级要求

山羊板皮品质分级要求见表1。

表1 山羊板皮品质分级表

等 级	项目				
	品 质 质 量	四川路、汉口路、济宁路、云贵路		华北路	等级比差/%
		面积/m^2	重量/kg	面积 /m^2	
特等	板质良好，在重要部位允许带0.2 cm^2(如绿豆粒大小)伤痕一处；或板质尚好，重要部位没有任何伤残或缺点，可在接近两肋的边缘部分带有小的(0.2 cm^2)伤痕一处。正季节皮，毛疏密适中，光泽好	0.44(4平方市尺)以上	0.6以上；云贵路无要求	0.5(4.5平方市尺)以上	120
一等	板质良好，在重要部位允许带0.2 cm^2(如绿豆粒大小)伤痕一处；或板质尚好，重要部位没有任何伤残或缺点，可在接近两肋的边缘部分带有小的(0.2 cm^2)伤痕一处。正季节皮，毛疏密适度，光泽较好	0.23(2.1平方市尺)以上	四川路、汉口路为0.325以上；济宁路0.3以上；云贵路无要求	0.33(3平方市尺)以上	100

1) 有关路分的分类，参见附录B。

表 1（续）

等级	项目				
	品质质量	四川路、汉口路、济宁路、云贵路		华北路	等级比差/%
		面积/m^2	重量/kg	面积/m^2	
二等	板质较弱，或具有一等皮板质的轻烟熏板、轻冻板、轻疥癣板、撑板、回水板、死羊淤血板、老公羊皮，都可带伤残不超过全皮面积的 0.3%；或具有一等皮板质，可带伤残不超过全皮面积的 1%；或有聚集型疥、痘总面积不超过全皮面积的 10%，制革价值不低于 80%	四川路、云贵路为 0.23（2.1 平方市尺）以上；汉口路、济宁路为 0.19（1.7 平方市尺）以上	0.3 以上；云贵路无要求	0.28（2.5 平方市尺）以上	80
三等	板质瘦弱，允许带集中伤残不超过全皮面积的 5 %；或具有二等皮板质的冻板、陈板、疥癣板、烟熏板、回水板，都允许带集中伤残不超过全皮面积的 10%；或具有一等皮板质，允许带伤残不超过全皮面积的 25%，制革价值不低于 60%	四川路、云贵路为 0.23（2.1 平方市尺）以上；汉口路、济宁路为 0.19（1.7 平方市尺）以上	0.25 以上；云贵路无要求	0.22（2 平方市尺）以上	50
等外	不具备等内皮品质				30 以下

6.2 其他要求

6.2.1 四川路、汉口路要求全头全腿。

6.2.2 对钉撑过大的板皮要酌情降等。

6.2.3 下列情况不按伤残、缺陷处理。

——颈部有疮疤者；

——颈部有绳索伤痕者；

——幼龄公羊颈部略显厚硬者；

——寒冷地区冬季生产的鲜皮，经速冻和一次解冻晾干而质量未受影响者。

6.3 伤残或缺陷边缘规定范围

伤残或缺陷边缘规定范围见表 2。

表 2 伤残或缺陷边缘规定范围

全皮面积/m^2	边缘规定范围/cm
0.23～0.27（2.1 平方市尺～2.4 平方市尺）	5(1.5 市寸)
0.28～0.35（2.52 平方市尺～3.15 平方市尺）	6(1.8 市寸)
0.36～0.43（3.24 平方市尺～3.87 平方市尺）	7(2.1 市寸)
0.44 以上(4 平方市尺以上)	8(2.4 市寸)
臀部	5(1.5 市寸)

7 品质比差

品质比差[2)]参见附录B和附录D。

8 检验方法

8.1 工具和条件

8.1.1 工具

——检验台；
——钢板尺或卷尺，精确到0.1 cm；
——量尺板；
——磅秤，精确到0.1 kg；
——厚度计，精确到0.01 mm。

8.1.2 条件

验收场地自然光线适宜，避免阳光直射或光线太暗的场地，宜选择能看清视距的检验台，以感观进行检验。

8.2 操作

将皮板向上平放在检验台上，头颈部向上，按照山羊板皮检验程序及主次部位（参见附录E），先看皮板，再由下至上验看主要部位，由左至右验看两肋及次要部位，再验毛被，结合伤残，综合评定，测量面积，衡称重量，核对数量。皮张应平展干燥，洁净。

8.2.1 皮板

检验皮型加工是否完整、洁净、皮板纤维粗细、光泽油润程度，根据皮板颜色确定季节，双手持皮抖弹几次，测试其弹性、厚薄、均匀程度以及重量与面积是否相适应。而后，视力集中于皮的主要部位，由下转向次要部位（参见附录E）。检验全皮之伤残，同时检验皮的伤残部位、处数、面积及其影响程度。对可疑伤残，用左手持皮腹部边缘提起，右手将可疑处毛分开，对准光源透看伤残程度。

8.2.2 毛被

检验毛被结合手摸验看疏密、毛绒长短、粗细、颜色、毛的光泽及洁净程度等。

8.3 面积测量

8.3.1 量皮方法

皮板向上，皮形端正，长度从颈部中间至尾根测量，宽度取上肢与下肢之间的腹背部正中间部位测量（采取互抵法）。

8.3.2 面积计算

面积按式(1)计算。

2） 以百分比形式表示的产品质量性状的差异。

$$S = A \times B \quad \cdots\cdots (1)$$

式中：

S——面积，单位为平方米(m^2)；

A——长度，单位为米(m)；

B——宽度，单位为米(m)。

8.4 称重

用衡器称出重量，单位为千克(kg)。重量按每百张皮平均重量计。

8.5 数量检验

将品质检验的拆包件，逐张进行数量核对，实际数量应与包装码单及外包装的数量相符。

9 验收规则

山羊板皮在收购时应按产区、路分、季节、等级、规格及加工要求逐张进行验收。

9.1 验收结果判断

根据皮板弹性按其品质特征和皮形结合毛的颜色、长短、疏密等按表1确定山羊板皮品质。

9.2 批量检验

9.2.1 抽样

按照GB/T 2828.1—2003正常检查一次抽样方案。

9.2.1.1 抽检水平

按照GB/T 2828.1—2003规定，采用一般检查水平Ⅱ，合格质量水平AQL应符合以下规定：

——A类不合格品：AQL=1.0；

——B类不合格品：AQL=4.0。

9.2.1.2 抽样数量

根据包装情况及各等级档次所需抽样数量进行抽样，以抽样张数为准见表3。

表3 抽样表

批量，N/件(张)	抽验数	A类不合格品 AQL=1.0		B类不合格品 AQL=4.0	
		合格 Ac	不合格 Re	合格 Ac	不合格 Re
1～90	13	0	1	1	2
91～150	20	0	1	2	3
151～280	32	1	2	3	4
281～500	50	1	2	5	6
501～1 200	80	2	3	7	8
1 201～3 200	125	3	4	10	11
3 201～10 000	200	5	6	14	15
10 001～35 000	315	7	8	21	22

9.2.2 检验批

以同一合同在同一条件下加工的同一品种的各等级规格为同一检验批。

9.2.3 检验结果的判定

9.2.3.1 判定合格，应符合以下规定：

——当A类、B类不合格张数同时小于等于Ac，则判定为全批合格；

——当A类、B类不合格张数同时大于等于Re，则判断为全批不合格；

——当A类不合格张数大于等于Re，不管B类不合格品张数是否超出Re，应判断为全批不合格；

——当B类不合格品数大于等于Re，A类不合格品数小于Ac，两类不合格品数相加，如小于两类不合格品Re总数，则判定为全批合格，如大于或等于两类不合格Re总数，则判定全批不合格。

9.2.3.2 面积判定：面积按百张应符合等级规格平均要求。

9.2.3.3 重量判定：重量按百张应符合等级规格平均重量。

9.2.3.4 数量判定：抽检包装件张数与实际数量不符，评定为数量不符。

10 包装、标记

10.1 包装

10.1.1 一般采取绳捆方法，既同路分又同等级的皮(100、50或30张)打一捆。打捆时每捆上下两张应皮板朝外，而后用绳按井字形捆紧。

10.1.2 机扎包法，麻布或塑编布，铁腰扎紧，包装整洁无破损，每包数量由贸易双方自定。

10.2 标记

10.2.1 山羊板皮分等级以后，应加盖等级、路分标记。颜色以红色为宜，不应使用有腐蚀、易褪色的染料。

10.2.2 出口货物外包装应加贴标识，标明产地、品名、等级、规格、数量、重量、产地、包(盘、捆)号、非食用动物产品注册号、批次号，并根据合同要求标明唛头。

11 贮存

11.1 库房条件

山羊板皮经加工整理、分级前和分级后，应与未加工的山羊板皮分仓库储存，专库专用，定期消毒，保持库内清洁、通风、干燥、阴凉、设有防鼠板及必要的杀虫药剂。

11.2 存放方法

货物存放应离地面30 cm以上，墙距、垛距50 cm以上。不同品种、规格应分别放置。

11.3 入库前的检查

山羊板皮入库前应进行严格检查，对潮湿带虫及多余附着物的皮张必须挑出，经晾晒、加工、整理、除虫等处理，符合要求后方能入库。

11.4 储存中的要求

储存期间应经常检查，如发现库房湿度大、温度过高、垛内发热及生虫等现象，应立即采取通风、倒垛、晾晒及灭虫等措施。

12 运输

运输途中应防止日晒雨淋，勿与其他货物混装，避免被污染、腐败变质。

附　录　A
（资料性附录）
山羊板皮主要伤痕及主要特征

A.1　疔伤：有红、白疔之分，面积似绿豆粒大小。红疔指伤处带痂皮，板面透明发红，甚至溃烂成洞白疔指伤处痂皮已脱落，板面透明发亮显暗白色。

A.2　痘伤：板面上呈现大小不一的鼓泡，泡内有淡黄色的粉末，对应的皮表处凹陷或带小疙瘩。

A.3　疥癣板：被毛枯燥粘乱，皮表处带痂皮，板面粗糙，光泽暗淡，真皮层受到一定程度的损坏。

A.4　伤痕：各种创伤愈合以后留下的痕迹。

A.5　老公羊皮：皮板厚，僵硬，张幅较大，颈部尤为突出，厚薄不匀，板面发粗，骚膻味大，被毛粗长，光泽差。

A.6　陈板皮：被毛枯燥光泽差，板面干枯发黄，弹性差。主要指经过长期存放的板皮。

A.7　烟熏板皮：板面呈黄肉色，油性差，常带烟熏味。

A.8　冻糠板皮：皮板显厚或局部皮板略显厚、发糠，呈浅乳白色，无油性。

A.9　淤血板皮：板面呈暗红色，枯燥、无光泽，弹性差。

A.10　漏裆皮：宰剥不当，伤及皮的主要部位，皮张上存在较大面积的空洞。

A.11　灼伤板皮：晾晒时经过太阳曝晒，皮纤维胶化，变硬。

A.12　撑板皮：晾晒时，皮上钉板，撑开过度，皮纤维受损，影响皮革质量。

A.13　描刀：在板面上深度不超过皮板厚度三分之一的剥皮刀伤痕迹。

A.14　回水板皮：干皮水湿以后又重新晾晒的干板。板面发暗无光，被毛常带水绺。

A.15　霉烂皮：晾晒不干或存放不当受潮，皮板出现大面积霉烂空洞，失去制革价值。

附 录 B
（资料性附录）
地区品质比差

B.1 地区品质比差

四川路和华北路分别定为100%。四川路与汉口路、云贵路、济宁路对比，四川路与华北路不做对比。

B.2 四川路

四川省：100%。

贵州省：黔东南州、黔南州、铜仁地区和金沙、清镇、开阳、修文、息烽县，符合四川路质量的为100%。

湖北省：恩施地区符合四川路质量的为95%。

B.3 汉口路

河南省：周口、商丘地区为95%，其他地区为90%。

江苏省：南通地区为95%，其他地区为90%。

湖北省：宜昌地区和松兹县为95%，其他地区为90%。

山东省：90%。

河北省：90%。

安徽省：阳和宿县地区为95%，其他地区为90%。

湖南省：怀化、常德、邵阳、益阳地区和湘西自治州为90%，其他地区为85%。

陕西省：90%。

浙江省：温州地区为85%，其他地区为90%。

江西省：85%。

福建省：85%。

广东省、广西壮族自治区：为85%。

B.4 济宁路

济宁路：为85%，包括山东省、河南省、安徽省、江苏省生产的青山羊皮。

B.5 云贵路

云贵路：为80%，包括云南省、贵州省和四川省的甘孜、阿坝、凉山自治州及乐山、宜宾、雅安地区的部分县。

B.6 华北路

陕西省：延安、榆林地区为100%，其他地区为95%。

河南省：100%。

河北省：张家口、承德地区为95%，其他地区为100%。

北京市、天津市：100%。

山东省：100%。

山西省：雁北地区天镇、广灵、灵丘、阳高、浑源、大同市为95%，其他地区为100%。

内蒙古自治区：巴彦淖尔盟、伊克昭盟、阿拉善盟、海渤弯市、包头市、呼和浩特市和乌兰察布盟南部为100%，其他盟、市为95%。

宁夏回族自治区：银川、吴忠为100%，其他地区为95%。

甘肃省：张掖、武威、庆阳、酒泉地区为100%，其他地区为95%。

青海省：95%。

新疆维吾尔自治区：100%。

西藏自治区：90%。

辽宁省、吉林省、黑龙江省：95%。

注：附录B的内容仅供参考。

附　录　C
（资料性附录）
山羊板皮皮型参考图

各路山羊板皮皮型参考图参见图 C.1～图 C.5。

图 C.1　四川路

图 C.2　汉口路

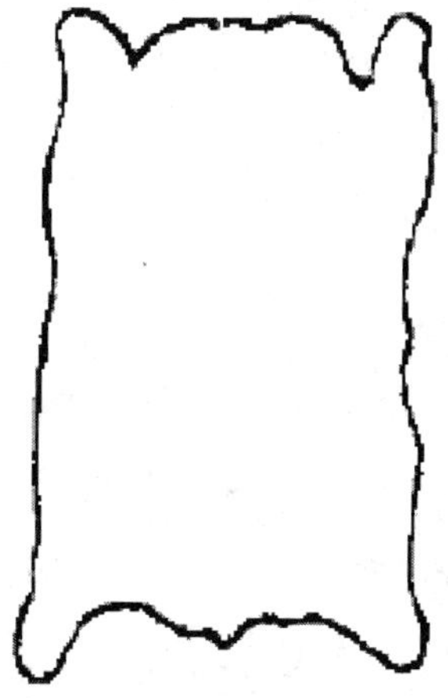

图 C.3　华北路

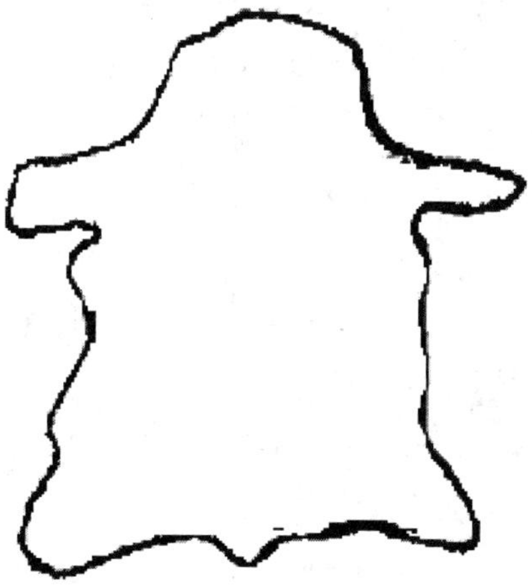

图 C.4　云贵路

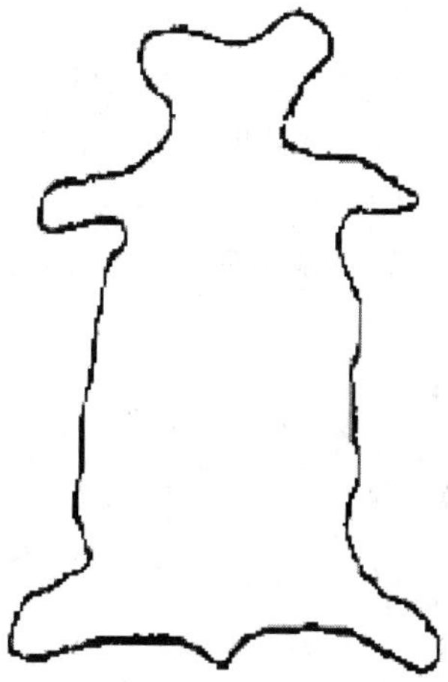

图 C.5　济宁路

附　录　D
（资料性附录）
重量分档和颜色搭配比差

D.1　重量分档

山羊板皮按重量分档为：23 kg～32 kg、36 kg～45kg、48 kg～59 kg、61 kg～70 kg、77 kg以上。

D.2　颜色搭配比差

四川路：以10%白色、其余黑杂，定价为100%。每加减10%白色，价格加减1%。

汉口路：以80%白色、其余黑花，定价为100%。每加减10%白色，价格加减1%。

济宁路：以70%青色、10%白色、其余杂色，定价为100%。每加减10%白色，价格加减1%。

华北路：以90%黑花、其余白色，定价为100%。每加减10%白色，价格加减2%。此价格以重量为77 kg的山羊板皮为准（三等以64 kg为准），山羊板皮重量每加减2 kg，价格加减1%，至91 kg止。

桂林路：以80%白色、其余花杂，定价为100%。每加减10%白色，价格加减1%。

新疆路：以70%黑杂、其余白色，定价为100%。每加减10%白色，价格加减2%。

四川路、汉口路、济宁路和桂林路的三等山羊板皮，重量在77 kg以上（含77 kg）的按本档质量头等价格的65%计算价格；重量在77 kg以下的，按48 kg～59 kg头等价格的51%计算。

D.3　重量在20 kg以下的山羊板皮，以23 kg～32 kg的山羊板皮价格的70%左右为参考。

注1：单独收购广东、广西的山羊板皮时执行桂林路，混合收购山羊板皮时执行汉口路；单独收购新疆的山羊板皮时执行新疆路，混合收购山羊板皮时执行华北路。

注2：附录D的内容仅供参考。

附　录　E
（资料性附录）
山羊板皮检验验收程序图和主次部位图

山羊板皮检验验收程序图和主次部位图参见图 E.1 和图 E.2。

图 E.1　山羊板皮检验验收程序图

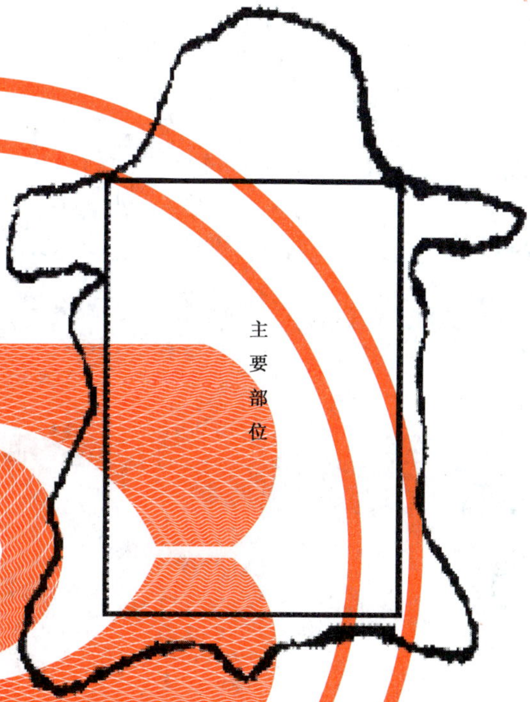

图 E.2　山羊板皮主次部位图

ICS 79.040
B 69

中华人民共和国国家标准

GB/T 6491—2012
代替 GB/T 6491—1999

锯材干燥质量

Drying quality of sawn timber

2012-12-31 发布 2013-06-01 实施

中华人民共和国国家质量监督检验检疫总局
中国国家标准化管理委员会 发布

前　言

本标准按照 GB/T 1.1—2009 给出的规则起草。

本标准代替 GB/T 6491—1999《锯材干燥质量》。

本标准与 GB/T 6491—1999 相比，主要变化如下：

——增加了地热地板含水率指标；

——质量指标中增加了残余应力值和皱缩深度值；

——应力测试增加了切片法。

本标准由国家林业局提出。

本标准由全国木材标准化技术委员会(SAC/TC 41)归口。

本标准起草单位：内蒙古农业大学。

本标准主要起草人：王喜明、薛振华、于建芳。

本标准所代替标准的历次版本发布情况为：

——GB/T 6491—1986；

——GB/T 6491—1999。

锯材干燥质量

1 范围

本标准规定了干燥锯材的含水率、干燥锯材的质量等级、干燥锯材质量指标及其检测规则。

本标准适用于各种用途的干燥锯材。

2 规范性引用文件

下列文件对于本文件的应用是必不可少的。凡是注日期的引用文件，仅注日期的版本适用于本文件。凡是不注日期的引用文件，其最新版本(包括所有的修改单)适用于本文件。

GB/T 153 针叶树锯材

GB/T 1931 木材含水率测定方法

GB/T 1935 木材顺纹抗压强度试验方法

GB/T 1936.1 木材抗弯强度试验方法

GB/T 1936.2 木材抗弯弹性模量测定方法

GB/T 1937 木材顺纹抗剪强度试验方法

GB/T 1938 木材顺纹抗拉强度试验方法

GB/T 1939 木材横纹抗压试验方法

GB/T 1940 木材冲击韧性试验方法

GB/T 1941 木材硬度试验方法

GB/T 1942 木材抗劈力试验方法

GB/T 1943 木材横纹抗压弹性模量测定方法

GB/T 4817 阔叶树锯材

GB/T 4823 锯材缺陷

GB/T 15035 木材干燥术语

LY/T 1068 锯材窑干工艺规程

3 干燥锯材的含水率

3.1 干燥锯材含水率即锯材经过干燥后的最终含水率，按用途和地区考虑确定。以用途为主，地区为辅。

3.2 不同用途干燥锯材含水率见表1。

表 1 不同用途的干燥锯材含水率

%

干燥锯材用途	平均	范围	干燥锯材用途	平均	范围
电气器具及机械装置	6	5～10	家具制造		
木桶	6	5～8	胶拼部件	8	6～11
鞋楦	6	4～9	其他部件	10	8～14
鞋跟	6	4～9	指接材	10	8～13
铅笔板	6	3～9	船舶制造	11	9～15
精密仪器	7	5～10	农业机械零件	11	9～14
钟表壳	7	5～10	农具	12	9～15
文具制造	7	5～10	火车制造		
采暖室内用材	7	5～10	客车室内	10	8～12
机械制造木模	7	5～10	客车木梁	14	12～16
飞机制造	7	5～10	货车	12	10～15
乐器制造	7	5～10	汽车制造		
体育用品	8	6～11	客车	10	8～13
枪炮用材	8	6～12	载重货车	12	10～15
玩具制造	8	6～11	实木地板块		
室内装饰用材	8	6～12	室内	10	8～13
工艺制造用材	8	6～12	室外	17	15～20
纺织器材			地热地板	5	4～7
梭子	7	5～10	普通包装箱	14	11～18
纱管	8	6～11	电缆盘	14	12～18
织机木构件	10	8～13	室外建筑用材	14	12～17
细木工板	9	7～12	弯曲加工用锯材	15	15～20
缝纫机台板	9	7～12	军工包装箱		
精制卫生筷	10	8～12	箱壁	11	9～14
乐器包装箱	10	8～13	框架滑枕	14	11～18
运动场馆用具	10	8～13	铺装道路用材	20	18～30
建筑门窗	10	8～13	远程运输锯材	20	16～22
火柴	10	8～13			

3.3 干燥锯材含水率应比使用地区的木材平衡含水率低2%～3%。各省(区)、直辖市木材平衡含水率值见附录A,各地区木材平衡含水率和干燥锯材最终含水率见附录B。

4 干燥锯材的干燥质量等级

干燥锯材的干燥质量规定为四个等级:

一级:指获得一级干燥质量指标的锯材,基本保持锯材固有的力学强度。适用于仪器、模型、乐器、航空、纺织、精密机械制造、鞋楦、鞋跟、工艺品、钟表壳等生产。

二级：指获得二级干燥质量指标的干燥锯材，允许部分力学强度有所降低（抗剪强度及冲击韧性降低不超过5%）。适用于家具、建筑门窗、车辆、船舶、农业机械、军工、实木地板、细木工板、缝纫机台板、室内装饰、卫生筷、指接材、纺织木构件、文体用品等生产。

三级：指获得三级干燥质量指标的干燥锯材，允许力学强度有一定程度的降低，适用于室外建筑用材、普通包装箱、电缆盘等生产。

四级：指气干或室干至运输含水率（20%）的锯材，完全保持木材的力学强度和天然色泽。适用于远程运输锯材、出口锯材等。

5 干燥锯材的干燥质量指标

5.1 干燥锯材的干燥质量指标，包括平均最终含水率、干燥均匀度（即木堆或干燥室内各测点最终含水率与平均最终含水率的容许偏差）、厚度上的含水率偏差、残余应力和可见干燥缺陷（弯曲、开裂、皱缩深度等）。

5.2 各项含水率和应力值见表2。

表2 含水率和应力值

干燥质量等级	平均最终含水率 %	干燥均匀度 %	厚度上的含水率偏差 % 厚度 mm：20以下	21～40	41～60	61～90	残余应力值 % 叉齿	切片
一级	6～8	±3	2.0	2.5	3.5	4.0	不超过2.5	不超过0.16
二级	8～12	±4	2.5	3.5	4.5	5.0	不超过3.5	不超过0.22
三级	12～15	±5	3.0	4.0	5.5	6.0	不检查	不检查
四级	20	+2.5/−4.0	不检查				不检查	不检查

注1：对于我国东南地区，一、二、三级干燥锯材的平均最终含水率指标可放宽1%～2%。

注2：我国东南地区概念指附录B中无圆圈阿拉伯数字为13%及14%的地区。

5.3 可见干燥缺陷质量指标见表3。

表3 可见干燥缺陷质量指标

干燥质量等级	弯曲 % 针叶树材：顺弯	横弯	翘弯	扭曲	阔叶树材：顺弯	横弯	翘弯	扭曲	开裂 内裂	纵裂 % 针叶树材	阔叶树材	皱缩深度 mm
一级	1.0	0.3	1.0	1.0	1.0	0.5	2.0	1.0	不许有	2	4	不许有
二级	2.0	0.5	2.0	2.0	2.0	1.0	4.0	2.0	不许有	4	6	不许有
三级	3.0	2.0	5.0	3.0	3.0	2.0	6.0	3.0	不许有	6	10	2
四级	1.0	0.3	0.5	1.0	1.0	0.5	2.0	1.0	不许有	2	4	2

6 检验规则

6.1 含水率的检验

6.1.1 除分层含水率外，本标准提及的含水率均指干燥锯材断面上的平均含水率。

6.1.2 含水率试验板的要求

6.1.2.1 同室干燥一批锯材的平均最终含水率、干燥均匀度、厚度上含水率偏差及残余应力值等干燥质量指标，采用含水率试验板（整块被干锯材）进行测定。含水率试验板从干燥前的同一批被干锯材中选取，要求没有材质缺陷，含水率要有代表性。

6.1.2.2 用轨道车装卸的干燥室，锯材长度≥3 m，采用1个木堆、9块含水率试验板进行测定。9块含水率试验板的位置见图1。位于木堆上、下部位的含水率试验板，分别放在自堆顶向下或自堆底向上的第3或4层。位于木堆边部的含水率试验板，分别放在自木堆左、右两边向里的第2块。位于中部的含水率试验板，放在木堆的中部。如干燥室的长度可容纳3个木堆或以上，可增测1～2个木堆。测定木堆在干燥室的放置为前后（单轨室）或对角线位置（双轨室）。统计干燥质量指标则包括全部测定木堆。

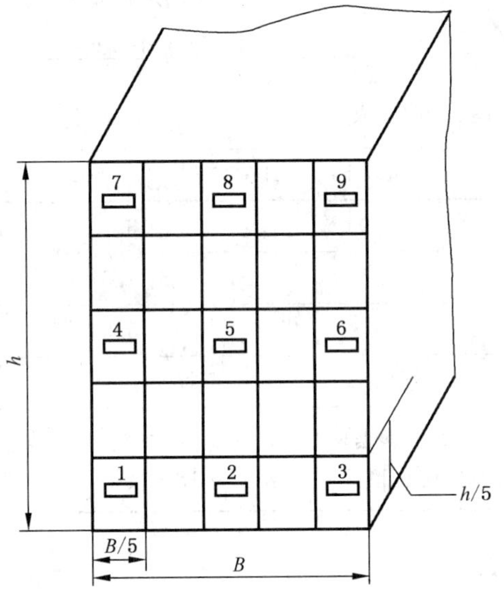

说明：

B ——木堆宽度；

h ——木堆高度。

图1 试验板放置位置

6.1.2.3 用叉车装卸的干燥室，锯材长度>2 m的按6.1.2.2规定执行，锯材长度≤2 m的，每堆选取1块进行测定，含水率试验板选自小堆中部。

6.1.2.4 含水率试验板按图2所示锯解，每块含水率试验板取得最终含水率试片3块，分层含水率试片及应力试片各1块。

单位为毫米

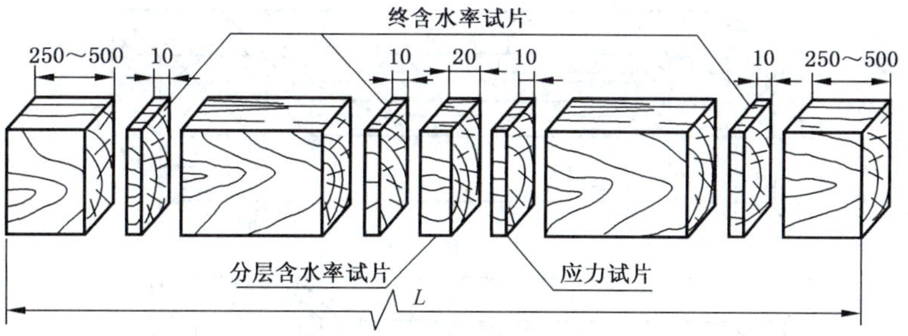

图 2 试验板的锯解

6.1.2.5 采用电测法辅助测定时，检测同一批干燥锯材的平均最终含水率及用均方差计算的干燥均匀度，检测含水率试验板上标明最终含水率试片部位的中部，每块含水率试验板取 3 个测点。

如果测出的平均最终含水率及干燥均匀度超过等级规定的指标，重新选取试验板再次检测。

6.1.3 含水率的测定方法

6.1.3.1 干燥锯材的各项含水率指标，采用称重法和电测法进行测定。以称重法为准，电测法为辅。含水率测定按照 GB/T 1931 规定执行，用称重法计算含水率的基本公式见式(1)：

$$MC=(W_c-W_0)/W_0\times 100\% \qquad \cdots\cdots(1)$$

式中：

MC ——试片的含水率；

W_c ——试片的初始质量，单位为克(g)；

W_0 ——试片的绝干质量，单位为克(g)。

6.1.3.2 干燥锯材的平均最终含水率，用含水率试验板的平均最终含水率来检查。含水率试验板的平均最终含水率($\overline{MC_z}$)按式(2)计算：

$$\overline{MC_z}=\left(\sum_{i=1}^{n}W_i-\sum_{i=1}^{n}W_{0i}\right)/\sum_{i=1}^{n}W_{0i}\times 100\% \qquad \cdots\cdots(2)$$

式中：

W_i ——第 i 片试片的当时质量，单位为克(g)；

W_{0i}——第 i 片试片的绝干质量，单位为克(g)；

n ——试片数量。

6.1.3.3 干燥均匀度(ΔMC_z)可用均方差来检查。均方差(σ)按式(3)计算，精确至 0.1%：

$$\sigma=\sqrt{\left[\sum_{i=1}^{n}(MC_{zi}-\overline{MC_z})^2\right]/(n-1)} \qquad \cdots\cdots(3)$$

当$\pm 2\sigma$大于干燥均匀度(ΔMC_z)时(见表 2)，锯材必须进行平衡处理或再干。平衡处理的概念见 GB/T 15035。

6.1.3.4 厚度上含水率偏差(ΔMC_h)用分层含水率试片测定。分层含水率试片的锯解方法见图 3。锯材厚度(S)小于 50 mm 时按图 3 中 a)锯解，厚度等于或大于 50 mm 时按图 3 中 b)锯解。厚度上含水率偏差(ΔMC_h)按式(4)计算：

$$\Delta MC_h=MC_s-MC_b \qquad \cdots\cdots(4)$$

式中：

MC_s ——心层含水率；

MC_b ——表层含水率。

单位为毫米

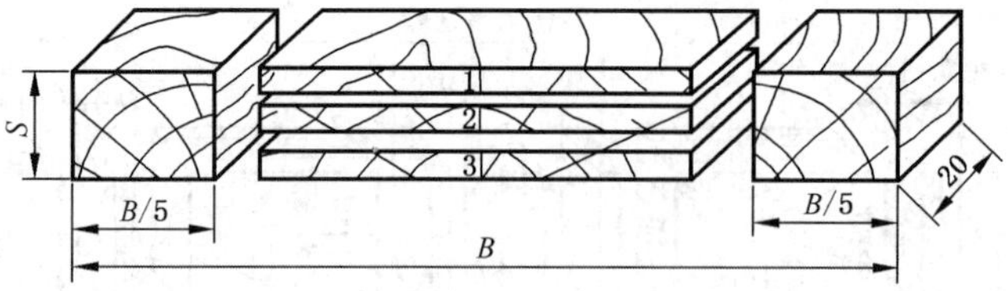

a)

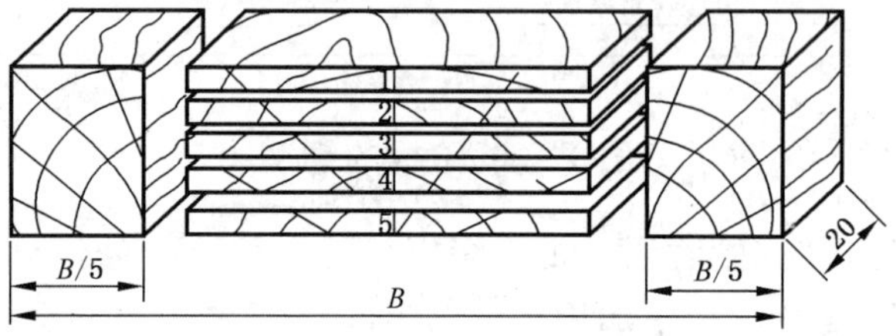

b)

说明：
B ——板材宽度；
S ——板材厚度。

图 3　分层含水率试片的锯解

6.1.3.5　干燥质量合格率的厚度上含水率偏差平均值，用厚度上含水率偏差的算术平均值($\overline{\Delta MC_h}$)来计算。

6.1.3.6　表层含水率(MC_b)按图 3 中 a)的分层含水率试片 1 和 3($S<50$ mm)或图 3 中 b)的分层含水率试片 1 和 5($S\geqslant50$ mm)的含水率平均值确定。

心层含水率(MS_s)按图 3 的分层含水率试片 2($S<50$ mm)或 3($S\geqslant50$ mm)的含水率确定。

6.1.3.7　最终含水率和分层含水率值等测定数据，可按附录 C 进行统计与计算。

6.1.3.8　一批同室被干锯材的最初含水率和最终含水率，按 LY/T 1068 的规定进行检测。

检测条件：

a)　采用称重法时，用 5～6 块含水率检验板（一般长 1 m）进行测定。其中 3～4 块为含水率较高的弦切板，放在木堆干燥较慢的部位，用作调节干燥基准的含水率依据。另 2 块中的 1 块为含水率较低的弦切板，1 块为含水率较高的径切板，分别放在木堆干燥较快和较慢的部位，用作平衡处理的含水率依据。含水率检验板均放在木堆便于取出的部位。

b)　采用电测法时，至少用 4 块含水率试材插入探针（电极）进行测定。含水率试材选用整块被干锯材，选择条件和在木堆中的位置与 6.1.2.2 和 6.1.2.3 同，但不要求方便取出。测点离材端应不小于 0.5 m；如材长不足 1 m 时，测点可在材长中部。干燥室装配自动控制系统，用探针测定干燥过程中的锯材含水率时，应定期（3 个月）用称重法进行对比测试，检验电测法的精度和可靠性，必要时进行校正或更换。

6.2　残余应力的检验

6.2.1　应力试片的制备

6.2.1.1　锯材宽度 $B<200$ mm 时，应力试片按图 2 锯解；锯材宽度 $B\geqslant200$ mm 时，应力试片可按锯材宽度的一半($B/2$)锯解，见图 4。应力试片的齿根取在板材宽度的边部，齿尖取在宽度的中部。至于含水率试片和分层含水率试片，必要时也可如图 4 所示按宽度的一半($B/2$)锯解。

单位为毫米

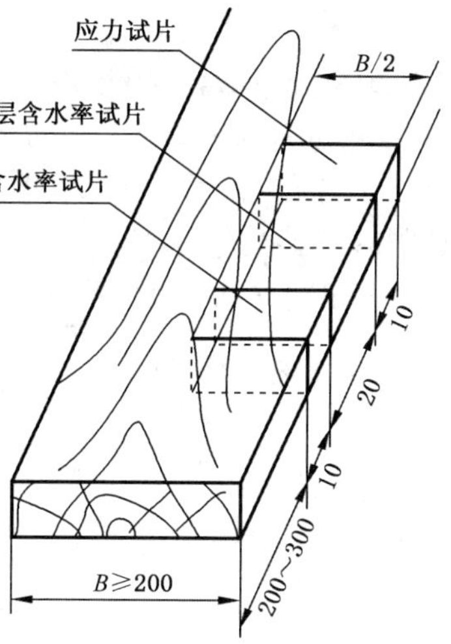

图 4　应力试片的锯解

6.2.1.2　应力试片锯解后，放入烘箱内在 103 ℃±2 ℃温度下烘干 2 h～3 h，取出放在干燥器中冷却，或在室温下放置 24 h。

6.2.2　残余应力的测定方法

6.2.2.1　叉齿法。按图 5 所示划线，用游标卡尺(精度为 0.1 mm、量程为 10 mm～200 mm)测量每块试片的 S 及 L 尺寸，再将试片锯出叉齿，在室温空气流通处放置 24 h，使叉齿内外层的含水率分布均匀后，测量 S_1 尺寸，均精确至 0.1 mm。图 5 中 a)用于 $S<50$ mm，图 5 中 b)用于 $S\geqslant 50$ mm。

单位为毫米

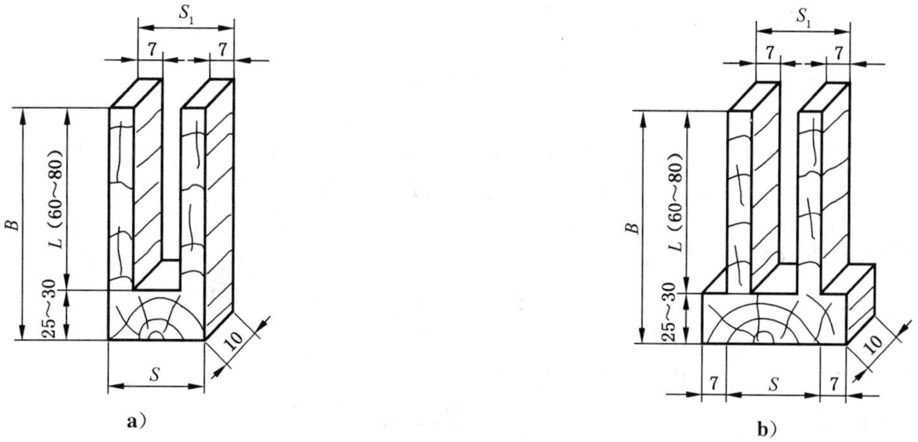

说明：
B——板材宽度；
S——板材厚度。

图 5　叉齿的锯解

叉齿法残余应力指标即叉齿相对变形(Y)按式(5)计算：

$$Y=(S-S_1)/(2L)\times 100\% \qquad (5)$$

式中：
S——试片在锯制前的齿宽，单位为毫米(mm)；

S_1——试片在变形后的齿宽，单位为毫米（mm）；

L——齿的长度，单位为毫米（mm）。

6.2.2.2 切片法。按图 6 所示把应力试片分奇数层划线定位，切片的厚度为 7 mm。用游标卡尺（精度为 0.1 mm、量程为 10 mm～200 mm）测量每块试片的长度 L 。然后对称劈开，在室温空气流通处放置 24 h，使试片含水率分布均匀后，测量试片变形的挠度 f，均精确至 0.01 mm。

切片法残余应力指标即切片相对变形（Y）按式（6）计算：

$$Y = f/L \times 100\% \qquad \cdots\cdots(6)$$

式中：

f——试片变形后的挠度，单位为毫米（mm）；

L——试片长度，单位为毫米（mm）。

单位为毫米

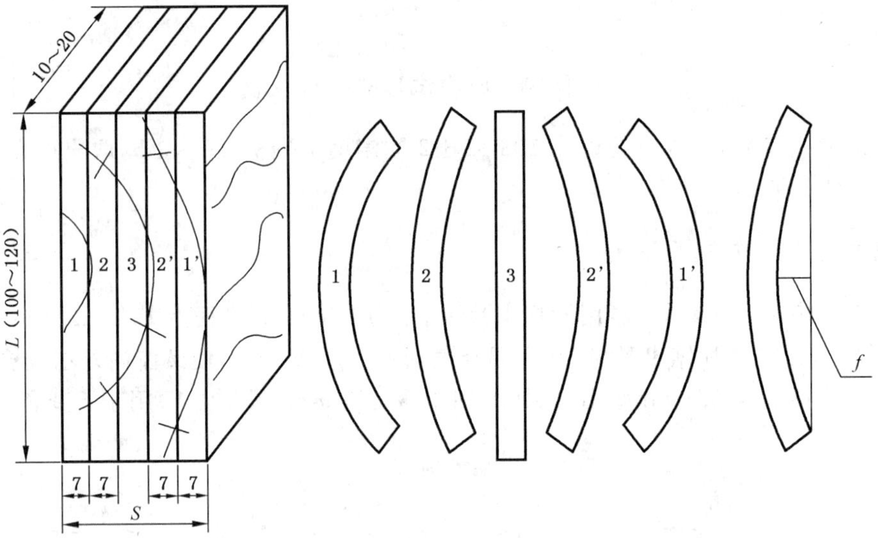

图 6 切片的锯解

6.2.2.3 干燥质量合格率的平均残余应力值，用残余应力值的算术平均值（$\overline{Y}$）来计算。

6.2.2.4 残余应力值的测定数据，可按附录 C 进行统计与计算。

6.3 可见干燥缺陷的检验

6.3.1 检验方法

6.3.1.1 干燥锯材的可见干燥缺陷质量指标按 GB/T 4823 规定检验。

6.3.1.2 检验时采用可见缺陷试验板或干燥后普检的方法进行。

6.3.2 检测试验板的选取与摆放

6.3.2.1 可见缺陷试验板干燥前选自同一批被干锯材，要求没有弯曲、裂纹等缺陷，数量为 100 块，并编号、记录，分散堆放在木堆中，记明部位，并在端部标明记号。干后取出，逐一检测、记录。

6.3.2.2 干后普检是在干后卸堆时普遍检查干燥锯材，将有干燥缺陷的锯材挑出，逐一检测、记录，并计算超过等级规定和达到开裂计算起点的有缺陷锯材。

6.3.3 干燥缺陷的认定

6.3.3.1 锯材干燥前发生的弯曲与裂纹，干燥前应予检测、编号与记录，干燥后再行检测与对比，干燥质量只计扩大部分或不计(干前已超标)。这种锯材干燥时应正确堆积,以矫正弯曲;涂头或藏头堆积以防裂纹扩大。

6.3.3.2 对于在干燥过程中发生的端裂,经过热湿处理裂纹闭合,锯解检查时才被发现(经常在锯材端部100 mm左右处),不应定为内裂。

6.3.4 计算方法

6.3.4.1 翘曲包括顺弯、横弯及翘弯,均检量其最大弯曲拱高与内曲面水平长度之比,以百分率表示,按式(7)计算:

$$WP = h/l \times 100\% \qquad (7)$$

式中:

WP ——翘曲度(或翘曲率);

h ——最大弯曲拱高,单位为毫米(mm);

l ——内曲面长(宽)度,单位为毫米(mm)。

6.3.4.2 扭曲是检量板材偏离平面的最大高度与试验板长度(检尺长)之比,以百分率表示,按式(8)计算:

$$TW = h/l \times 100\% \qquad (8)$$

式中:

TW ——扭曲度(或扭曲率);

h ——最大偏离高度,单位为毫米(mm);

l ——试验板长度(检尺长),单位为毫米(mm)。

6.3.4.3 开裂是指因干燥不当使木材表面纤维沿纵向分离形成的纵裂和在木材内部形成的内裂(蜂窝裂)等。纵裂宽度的计算起点为2 mm,不足起点的不计。自起点以上,检量裂纹全长。在材长上数根裂纹彼此相隔不足3 mm的可连贯起来按整根裂纹计算,相隔3 mm以上的分别检量,以其中最严重的一根裂纹为准。内裂不论宽度大小,均予计算。

6.3.4.4 干燥锯材裂纹的检算,一般沿材长方向检量裂纹长度与锯材长度之比,以百分率表示,按式(9)计算:

$$LS = l/L \times 100\% \qquad (9)$$

式中:

LS ——纵裂度(纵裂长度比率);

l ——纵裂长度,单位为毫米(mm);

L ——锯材长度,单位为毫米(mm)。

6.3.4.5 皱缩深度是指将皱缩板材的端头截去少许,截断处横断面的最大厚度与最小厚度之差,按式(10)计算:

$$H = A_1 - A_0 \qquad (10)$$

式中:

H ——皱缩深度,单位为毫米(mm);

A_1 ——板材横断面最大厚度,单位为毫米(mm);

A_0 ——板材横断面最小厚度,单位为毫米(mm)。

6.3.4.6 可见干燥缺陷质量指标,可按附录D进行统计与计算。

6.4 干燥锯材力学强度的检测

按照GB/T 1935、GB/T 1936.1、GB/T 1936.2、GB/T 1937、GB/T 1938、GB/T 1939、GB/T 1940、GB/T 1941、GB/T 1942、GB/T 1943测定。

6.5 含水率检测要求

6.5.1 锯材干好卸出后，一般应在干材仓库存放 2 d～7 d，以平衡木材的含水率。各项含水率指标，以平衡后的测定值为准。必要时也可在干燥过程结束时进行测定。

6.5.2 干材仓库应有空气温度、湿度调节设施，保持木材的最终含水率不变。

6.6 特殊锯材干燥质量要求

6.6.1 特殊材种

6.6.1.1 对于难干阔叶树厚材(栎属、锥属、椆属、青冈属等)，硬阔叶树小径木，以及应力木、髓心材、迎风背材、水线材、斜纹理材等特殊材种，开裂质量指标允许放宽，由供需双方商定。

6.6.1.2 对于易皱缩并带有内裂的锯材，包括杨木、桉木、栎木等，内裂缺陷允许放宽，由供需双方商定。

6.6.1.3 短毛料干燥如易发生严重端裂，宜用长板干燥，干后截成毛料，以保证干燥质量。

6.6.2 其他

6.6.2.1 锯材上的节子干燥后开裂或脱落，属于锯材的材质缺陷，不计入干燥质量指标。

6.6.2.2 难干易裂硬阔叶树锯材，从生材开始进行常规室干难以保证干燥质量时，宜采取先将锯材低温预干(≤40 ℃)至 20%～25%含水率、再常规室干至最终含水率的措施，以保证干燥质量。

6.7 干燥质量合格率

6.7.1 按四项干燥质量指标(平均最终含水率、干燥均匀度、厚度上含水率偏差的平均值及残余应力的平均值)和七项可见干燥缺陷指标(顺弯、横弯、翘曲、扭曲、纵裂、内裂、皱缩深度)均达标的可见缺陷试验板材积与 100 块总材积之比的百分率或七项可见干燥缺陷指标达标的干燥锯材材积与干燥室容量之比的百分率确定。

6.7.2 干燥质量合格率不应低于 95%。要求四项含水率及应力指标(按平均值)全部达到等级规定，七项缺陷指标(其中有一项均予计算)超标的可见缺陷试验板或干燥锯材的材积与 100 块总材积或干燥室容量之比的百分率不超过 5%。

6.8 干燥锯材降等率

6.8.1 根据 GB/T 153 和 GB/T 4817 不同等级锯材有关缺陷(弯曲、裂纹)允许限度的规定，以及 5.3 相应的缺陷指标和等级，对照检查可见干燥缺陷质量指标。

6.8.2 分项计算超标的可见缺陷试验板或干燥锯材的材积与 100 块总材积或干燥室容量之比的百分率，求出总的降等率。如一块可见缺陷试验板或干燥锯材兼有几项超标指标，则以超标最大的指标分项计算。

6.9 干燥锯材的验收

6.9.1 每批同室被干燥锯材于干燥结束后均应对干燥质量进行检查和验收，以保证干燥锯材的质量。

6.9.2 干燥锯材的验收是以干燥质量指标为标准，以锯材的树种、规格、用途和技术要求，以及其他特殊情况为条件进行，或由供需双方具体商定。

附 录 A
（规范性附录）
各省（区）、直辖市木材平衡含水率值

表 A.1 各省（区）、直辖市木材平衡含水率值

省市名称	平衡含水率 %			省市名称	平衡含水率 %		
	最大	最小	平均		最大	最小	平均
黑龙江	14.9	12.5	13.6	湖 北	16.8	12.9	15.0
吉 林	14.5	11.3	13.1	湖 南	17	15.0	16.0
辽 宁	14.5	10.1	12.2	广 东	17.8	14.6	15.9
新 疆	13.0	7.5	10.0	海南(海口)	19.8	16.0	17.6
青 海	13.5	7.2	10.2	广 西	16.8	14.0	15.5
甘 肃	13.9	8.2	11.1	四 川	17.3	9.2	14.3
宁 夏	12.2	9.7	10.6	贵 州	18.4	14.4	16.3
陕 西	15.9	10.6	12.8	云 南	18.3	9.4	14.3
内蒙古	14.7	7.7	11.1	西 藏	13.4	8.6	10.6
山 西	13.5	9.9	11.4	北 京	11.4	10.8	11.6
河 北	14.0	10.1	11.5	天 津	13.0	12.1	12.6
山 东	14.8	10.1	12.9	上 海	17.3	13.6	15.6
江 苏	17.0	13.5	15.3	重 庆	18.2	13.6	15.8
安 徽	16.5	13.3	14.9	台湾(台北)	18.0	14.7	16.4
浙 江	17.0	14.4	16.0	香 港	暂缺	暂缺	暂缺
江 西	17.0	14.2	15.6	澳 门	暂缺	暂缺	暂缺
福 建	17.4	13.7	15.7	全 国			13.4
河 南	15.2	11.3	13.2				
根据 1951～1970 年气象资料查。							

附 录 B
（规范性附录）
各地区木材平衡含水率和干燥锯材最终含水率

注：自朱政贤，1985。

图 B.1 各地区木材平衡含水率和干燥锯材最终含水率

附 录 C
（资料性附录）
最终含水率、分层含水率及残余应力值实验数据统计表

表 C.1 最终含水率、分层含水率及残余应力值实验数据统计表

最终含水率 %						分层含水率 %				残余应力值 %								
										叉齿法					切片法			
材堆或室高度方向	材堆或室宽度方向	材堆或室长度方向				试片编号	心层 MC_S	表层 MC_b	偏差 ΔMC_h	试片编号	齿的长度 L mm	锯制前的齿宽 S mm	变形后的齿宽 S_1 mm	叉齿应力值 Y	试片编号	试片长度 L mm	试片变形后的挠度 f mm	切片应力值 Y
		前部	中部	后部	平均													
上层	左	( )	( )	( )	( )	1				1					1			
	中	( )	( )	( )	( )	2				2					2			
	右	( )	( )	( )	( )	3				3					3			
中层	左	( )	( )	( )	( )	4				4					4			
	中	( )	( )	( )	( )	5				5					5			
	右	( )	( )	( )	( )	6				6					6			
下层	左	( )	( )	( )	( )	7				7					7			
	中	( )	( )	( )	( )	8				8					8			
	右	( )	( )	( )	( )	9				9					9			
平均最终含水率						厚度上含水率偏差平均值				平均应力值 $\overline{Y}$					平均应力值 $\overline{Y}$			
均方差																		
注：括弧内填写试片（材）的编号。																		

附 录 D
（资料性附录）
可见干燥缺陷质量指标数据统计表

表 D.1 可见干燥缺陷质量指标数据统计表

企业名称：____________________干燥室编号： 干燥室容量： m^3 木材 缺陷超标总材积： m^3 木材

锯材树种： 锯材规格：长 mm×宽 mm×厚 mm 干燥时间：自 年 月 日 时 分

至 年 月 日 时 分

试验板编号	弯曲												开裂						皱缩深度		
	顺弯			横弯			翘曲			扭曲			纵裂			内裂					
	拱高 h mm	曲面长 l mm	翘曲度 WP %	拱高 h mm	曲面长 L mm	翘曲度 WP %	拱高 h mm	曲面长 L mm	翘曲度 WP %	偏离高度 h mm	材长 l mm	扭曲度 TW %	裂长 l mm	材长 l mm	纵裂度 LS %	裂长 l mm	裂宽 l mm	数量条	断面最大厚度 A_1 mm	断面最小厚度 A_0 mm	皱缩深度 H mm
1																					
2																					
3																					
4																					
超标材积	m^3 锯材			m^3 锯材			m^3 锯材			m^3 锯材			m^3 锯材			m^3 锯材			m^3 锯材		
注：超过等级规定指标的材积按发生可见干燥缺陷锯材的整块材积计算。																					

参 考 文 献

[1] 王喜明.木材皱缩[M].北京:中国林业出版社.2003.

[2] 蔡英春,陈广元,艾沐野,等.关于提高称重法木材含水率测算精度的探讨[J].北京林业大学学报.2005,27:64-67.

ICS 27.160
K 83

中华人民共和国国家标准

GB/T 6495.10—2012/IEC 60904-10:1998

光伏器件
第10部分:线性特性测量方法

Photovoltaic devices—Part 10:Methods of linearity measurement

(IEC 60904-10:1998,IDT)

2012-12-31发布 2013-06-01实施

中华人民共和国国家质量监督检验检疫总局
中国国家标准化管理委员会 发布

前　言

GB/T 6495《光伏器件》由以下部分组成：

——第 1 部分：光伏电流-电压特性的测量；

——第 2 部分：标准太阳电池的要求；

——第 3 部分：地面用光伏器件的测量原理以及标准光谱辐照度数据；

——第 4 部分：晶体硅光伏器件的 *I-V* 实测特性的温度和辐照度修正方法；

——第 5 部分：用开路电压法确定光伏(PV)器件的等效电池温度(ECT)；

——第 7 部分：光伏器件测量过程中引起的光谱失配误差的计算；

——第 8 部分：光伏器件光谱响应的测量；

——第 9 部分：太阳模拟器性能要求；

——第 10 部分：线性特性测量方法。

本部分为 GB/T 6495 的第 10 部分。

本部分按照 GB/T 1.1—2009 给出的规则起草。

本部分采用翻译法等同采用 IEC 60904-10:1998《光伏器件　第 10 部分：线性特性测量方法》。

与本部分规范性引用的国际文件有一致性对应关系的我国文件如下：

——GB/T 9535—1998　地面用晶体硅光伏(PV)组件　设计鉴定和定型(eqv IEC 61215:1993)

本部分由中华人民共和国工业和信息化部提出。

本部分由全国太阳光伏能源系统标准化技术委员会(SAC/TC 90)归口。

本部分起草单位：上海交大泰阳绿色能源有限公司、中国电子科技集团公司第十八研究所。

本部分主要起草人：于化丛、郭增良、薛世德。

引 言

IEC 60904 由 9 部分组成，其中 8 部分被等同采用为 GB/T 6495，对应关系见本部分的前言。IEC 60904-6:1994 被等同采用为 SJ/T 11209—1999《光伏器件 第 6 部分：标准太阳电池组件的要求》。

IEC 60904 没有第 4 部分，GB/T 6495 的第 4 部分为等同采用 IEC 60891:1987 制定的 GB/T 6495.4—1996《晶体硅光伏器件的 *I-V* 实测特性的温度和辐照度修正方法》。

光伏器件
第10部分：线性特性测量方法

1 范围

GB/T 6495的本部分规定了以测试参数来确定光伏器件的任意参数的线性特性程序，主要供校准实验室、组件生产厂家和系统设计者使用。

通过采用线性方程可以实现对光伏组件和系统特性的评价，也可实现从一组温度、辐照度条件下的特性推算出另一组条件下的特性（见GB/T 6495.4和GB/T 18210）。本部分制定了确保线性方程得到满意结果的线性特性要求和测试方法。这些要求限定了可以应用该线性方程的温度及辐照度的变化范围。

本部分描述的测量方法适用于所有的光伏器件，且可以推广应用于在同样技术下的样品或可比较器件上。其应在线性器件所需的全部测试和修正程序之前使用。本部分所用的方法与GB/T 6495.4中确定的线性函数类似，此线性（直线）函数是采用最小二乘拟合计算法拟合一组数据点得到的。来自这一函数的数据变化也可以计算出来，并将线性度的偏差用允许的变化百分比来表示。

当满足下述所关注的温度与辐照度范围条件时，才考虑一个光伏器件的线性特性。典型的最小温度范围在25 ℃～60 ℃，最小辐照度范围在700 W·m^{-2}～1 000 W·m^{-2}。

a) 对于相对于辐照度变化的短路电流曲线，归一化斜率标准偏差（σ_S/m）小于0.02；

b) 对于相对于辐照度对数变化的开路电压曲线，归一化斜率标准偏差（σ_S/m）小于0.05；

c) 对于相对于温度变化的开路电压和短路电流曲线，归一化斜率标准偏差（σ_S/m）小于0.1；

d) 在特定电压下的一定波长范围的相对光谱响应变化小于5%。

注1：许多IEC光伏标准要求光谱失配修正，进行光谱响应测量。因此，相对于温度和辐照度的光谱响应的线性特性是很重要的。这对一些新技术如光化学电池有重要意义。

注2：因为一些器件如非晶硅太阳电池的相对光谱响应随电压变化较大，所以确定在偏置电压下的线性特性是很重要的。电压值的选择由最终用法决定。如果所关注的方面是最大功率状况，可以选取V_{max}；如果是为了校正，（采用）零偏置电压更为合适。

注3：应注意一些器件的相对光谱响应是随温度和辐照度变化的。这些效应中的一些如a)和c)项那样的变化，可以按短路电流非线性考虑，而另一些却不可以。d)项情况下，需要按（短路电流）非线性考虑。

对这些和其他性能参数，确定它们的线性特性的通用程序在第4章～第6章中。

2 规范性引用文件

下列文件对于本文件的应用是必不可少的。凡是注日期的引用文件，仅注日期的版本适用于本文件。凡是不注日期的引用文件，其最新版本（包括所有修改单）适用于本文件。

GB/T 6495.2—1996 光伏器件 第2部分：标准太阳电池的要求（idt IEC 60904-2:1989）

GB/T 6495.3—1996 光伏器件 第3部分：地面用光伏器件的测量原理及标准光谱辐照度数据（idt IEC 60904-3:1989）

GB/T 6495.4—1996 晶体硅光伏器件的*I-V*实测特性的温度和辐照度修正方法（idt IEC 60891:1987）

GB/T 6495.7—2006 光伏器件 第7部分：光伏器件测量过程中引起的光谱失配误差的计算

(IEC 60904-7:1998,IDT)

GB/T 6495.8—2002 光伏器件 第8部分:光伏器件光谱响应的测量(IEC 60904-8:1998,IDT)

GB/T 6495.9—2006 光伏器件 第9部分:太阳模拟器性能要求(IEC 60904-9:1995,IDT)

GB/T 18210—2000 晶体硅光伏(PV)方阵 *I-V* 特性的现场测量(IEC 61829:1995,IDT)

GB/T 18911—2002 地面用薄膜光伏组件 设计鉴定和定型(IEC 61646:1996,IDT)

SJ/T 11209—1999 光伏器件 第6部分:标准太阳电池组件的要求(IEC 60904-6:1994,IDT)

IEC 61215:1993 地面用晶体硅光伏(PV)组件 设计鉴定和定型(Crystalline silicon terrestrial photovoltaic (PV) modules—Design qualification and type approval)

3 仪器

3.1 测试仪器

用以下仪器控制和测量测试环境:

a) 一个测试用的光源(自然光或与 GB/T 6495.9 要求一致的B级或优于B级的太阳模拟器)。

b) 任意的可在所关注的范围内改变辐照度的仪器,且不影响相对光谱辐射度分布和空间均匀性,如减光网或中性滤光镜。

注:用于改变辐照度的设备和程序需经过辐射计验证。相对光谱辐射度分布的改变影响标准电池的短路电流变化不超过0.5%(见 GB/T 6495.7 和 GB/T 6495.8)。公认减光网是应用于大面积光照最好的手段。

c) 一个已知短路电流与辐照度特性的关系的标准电池,这一关系需依照 IEC 相关标准利用绝对辐射计校准。

d) 在一定范围内改变被试样品温度所需的仪器。

e) 一种可控制被测样品和标准电池温度的方法,或移动的遮光物。

f) 一个合适的用来摆放被测样品和标准电池的固定架,使之在同一平面且与辐照光线垂直。

g) 一种监测被测样品和标准电池温度的方法,其精确度在±1 ℃,可重复性在±0.5 ℃。

3.2 被测样品的仪器

为了完成各性能参数的线性测定,可能需要一个或一个以上的下述仪器:

a) 用于测量被测样品和标准电池电流的设备,其准确度在±0.2%。

b) 用于测量被测样品和标准电池电压的设备,其准确度在±0.2%。

c) 用于依照 GB/T 6495.7 测量被测样品(或一个等同于被测样品)相对光谱响应的设备,其准确度在±2%。

注:GB/T 6495.7 提供了在测试光伏器件过程中引入的光谱失配误差的计算,GB/T 6495.8 为光谱响应测量提供指导。

4 电流和电压线性测量程序

可采用以下两个程序来进行短路电流和开路电压与辐照度和温度的线性关系测试。

4.1 在自然光下的测试程序

4.1.1 在自然光下的测量应当满足下列条件:

——整个辐照度至少达到测量范围的上限;

——当标准电池测量时因短暂波动(云、雾、烟)引起的辐照度变化小于整个辐照度的±2%;

——风速小于 2 m·s^{-1}。

4.1.2 将标准电池与被测样品放置于同一平面，使平面与太阳光线垂直，角度误差小于±1°，并连接必要的测试仪器。

注：以下项目测量时尽量在同一天的几个小时内，以减少光谱变化的影响。否则，需要光谱的修正。

4.1.3 如果被测样品和标准电池设置了温度控制，则调整在期望水平上。如果没有使用温度控制，则要遮蔽被测样品，并让它周围大气温度稳定在±1 ℃内。在程序开始前标准电池的平衡温度同样应稳定在±1 ℃内。

4.1.4 移开遮挡物（如果使用）并立刻同时读取测试参数 X，测试被测样品性能参数 Y，及标准电池的温度和短路电流。

4.1.5 根据 GB/T 6495.4，通过测到的标准电池的电流（I_{sc}）和其在 STC 下的校准值（I_{rc}）计算辐照度（G_0），再采用下列公式根据标准电池给定的温度修正系数（α_{rc}）和温度（T_m）对辐照度（G_0）进行修正：

$$G_0 = \frac{1\,000 \times I_{sc}}{I_{rc}} \times [1 - \alpha_{rc}(T_m - 25)]$$

4.1.6 如果变化的参量是辐照度，在不影响空间均匀性及光谱辐射分布的条件下，按比例系数 K_i 减小被测样品的辐照度，可以采用以下方法：

a) 校准的均匀减光网。在进行操作时标准电池应保持不被减光网遮盖，确保随时测得辐照度。此时，K_i 是减光网的校准参数（光透射率）。

b) 非校准的均匀减光网法。在测试时，标准电池也应被减光网遮盖。此时，K_i 是标准电池短路电流（I_{sc}）与其校准值（I_{rc}）的比值。

c) 控制入射角法。标准电池也应与被测样品有一样的反射性能，且与被测样品放于同一平面，误差小于±1°。在此情况下，K_i 是标准电池短路电流（I_{sc}）与其校准值（I_{rc}）的比值。

注：减光网的最大网孔应小于标准电池和被测样品的最小尺寸的 1%，否则由于放置位置将产生误差。

4.1.7 计算被测样品的辐照度水平（G_i），用下面的公式：

$$G_i = K_i \times G_0$$

其中 G_0 是用 4.1.5 确定的方法测量的。

4.1.8 如果变化的参量是温度，可以采用调节控制器或交替曝光和遮盖被测样品的方法，来获得或保持期望的温度。重复 4.1.4 的数据采集程序，让被测样品自然升温。

4.1.9 在数据采集过程中，确保被测样品和标准电池温度的稳定，保持温度变化小于±1 ℃；通过标准电池测量的辐照度保持变化在±2%内。

4.1.10 重复步骤 4.1.4～4.1.9，在测量范围内所选的测试参量应至少包含 4 个近似等值增量。且在每个测试条件下至少测三次。

4.2 在太阳模拟器下的测试程序

注：发散灯如氙灯不能用于直接带隙电池的测量。当温度变化导致带隙变化时，它可以通过该灯光谱的各种发散射线光谱并引起大的性能漂移。这种影响需通过光谱失配修正或运用合适的遮光器降低到最小。

4.2.1 将被测样品与标准电池放置在模拟器的同一平面，且该平面法线与光束中心线平行，夹角小于±2°。连接其他需要的测试设备。

4.2.2 如果被测样品和标准电池安装有温度控制器，将其设置到期望值。如没有安装温度控制器，则允许被测样品和标准电池稳定在室温，并小于±1 ℃。

4.2.3 通过测到的标准电池的电流（I_{sc}）和其在 STC 下的校准值（I_{sc}），设置光谱辐照度在测试平面达到所测量范围的上限。

4.2.4 进行测试并同时读取测试参数（X_i）、被测样品装置参数（Y_i）和以及标准电池的温度和短路电流。

4.2.5 根据 GB/T 6495.4，通过测到的标准电池的电流（I_{sc}）和其在 STC 下的校准值（I_{rc}）计算辐照度

(G_0),再采用下列公式根据标准电池给定的温度修正系数(α_{rc})和温度(T_m)对辐照度(G_0)进行修正:

$$G_0 = \frac{1\,000 \times I_{sc}}{I_{rc}} \times [1 - \alpha_{rc}(T_m - 25)]$$

4.2.6 如果变化的参量是辐照度,在不影响空间均匀性及光谱辐射分布的条件下,按比例系数 K_i 减小被测样品的辐照度,可以采用以下方法:

a) 增加测试平台与光源之间的距离。标准电池与被测样品在同一平台,K_i 是标准电池的短路电流(I_{sc})与其校准值(I_{rc})的比值。

b) 运用光学透镜。在此情况下,K_i 是标准电池的短路电流(I_{sc})与其校准值(I_{rc})的比值。注意确保透镜对在被测样品和标准电池光谱响应的波长范围内的相对光谱辐照度没有明显的改变。

c) 控制入射角法。光源与被测样品间的距离应该足够大,限定在倾斜面内辐照度变化小于或等于 0.5%。辐射光应是平行光,标准电池也应与被测样品有一样的反射性能,且与被测样品放于同一平面。在此情况下,K_i 是标准电池短路电流(I_{sc})与其校准值(I_{rc})的比值。

d) 校准的均匀减光网法。在进行操作时标准电池应保持不被减光网遮挡,确保随时测得辐照度。此时,K_i 是减光网的校准参数(光透射率)。

e) 非校准的均匀减光网法。在测试时,标准电池也被减光网遮挡。此时,K_i 是标准电池短路电流(I_{sc})与其校准值(I_{rc})的比值。

注:减光网的最大网孔应小于标准电池和被测样品的最小尺寸的 1%,否则由于放置位置将产生误差。

4.2.7 计算被测样品的辐照度(G_i)进行计算。

$$G_i = K_i \times G_0$$

其中 G_0 是用 4.1.5 确定的方法测量的。

4.2.8 如果变化的参量是温度,则通过适当的方法调整(见 GB/T 9535—1998 的 10.4 和 GB/T 18911)。

4.2.9 在数据采集过程中,确保被测样品和标准电池温度的稳定,保持温度变化小于±1 ℃。

4.2.10 重复步骤 4.2.4～4.2.9,在测量范围内所选的测试参量应至少包含 4 个近似等值增量。且在每个测试条件下至少测三次。

5 光谱响应线性特性测试程序

光伏器件的相对光谱响应是利用其光谱响应范围的一系列不同波长的窄带光源照射,测量其短路电流密度和在每一个波长下的辐照度而测得的。进行相对光谱响应测量按 GB/T 6495.7。

5.1 特别考虑事项

5.1.1 前提条件

——在测量非晶硅光伏器件的光谱响应以前,被测器件应按光老炼测试程序(见 GB/T 18911)进行老炼处理(如果适用);

——其他种类的光伏器件也应根据其相应标准满足其不同的前提条件。

5.1.2 本程序适用于测量整个被测样品。否则应采用结构和材料相同的小样品。

注:太阳电池的光谱响应变化与其封装有关。因此,如果不能测试整个样品组件的光谱响应,那么可以通过测试同样封装方式的太阳电池得到。

5.1.3 电压影响相对光谱响应,需给出以下定义,它们将在报告结果时使用:

——带负载光谱响应($S_{v\lambda}$):在特定负载电压及单位辐照度($A \cdot W^{-1}$)下,电流密度与波长的函数关系。

——带负载相对光谱响应($K_1 \cdot S_{v\lambda}$):带负载光谱响应与单位波长的最大光谱响应的归一化:

$$K_1 \times S_{v\lambda} = \frac{S_{v\lambda}}{S_{v\lambda\max}}$$

光谱响应测量应在加电压条件下进行，该电压应满足光谱响应数据的使用要求。该电压值应随光谱响应的数据一同给出。

5.2 一般程序

5.2.1 设定被测样品的偏置电压达到希望值，并保持电压的波动幅度在 V_{oc} 的±3%以内。

5.2.2 设置被测样品温度于一个测试值，并保持温度变化在±1 ℃内。

5.2.3 光谱响应测量应在白色偏置光下进行，其光谱与GB/T 6495.3标准中的AM1.5的相对光谱分布接近。设置白色背景光源的辐照度为测试值，并保持其变化幅度小于±1%。

5.2.4 在规定的波长区间内测量相对光谱响应。在此条件下(见GB/T 6495.7和GB/T 6495.8)，至少测量对应该波长值的相对光谱响应三次。

5.2.5 取一新的辐照度值并重复步骤5.2.3～5.2.4。在关注的范围内所选的测试参量应至少包含4个近似等值增量。

5.2.6 取一个新的温度值并重复步骤5.2.2～5.2.5。在关注的范围内所选的测试参量应至少包含4个近似等值增量。

5.2.7 如果需要，这一程序可在其测试电压下重复进行。

6 线性特性计算

除测试的参数外，在测试过程中，要确保其他任何可变参数保持恒定。温度或辐照度变化较小，可以运用GB/T 6495.4在规定的条件下进行分析修正。此方法随着线性关系的建立及更多精确修正系数的确定，需要不断重复、更新。

6.1 线性特性斜率的计算

对如开路电压与温度或短路电流与辐照度的特性关系，计算其线性关系采用以下方法。

6.1.1 采用最小二乘法计算测试参数的平均值和得到最佳直线拟合的特性。

步骤1：计算 X 和 Y 数据点的平均值：

$$\overline{X} = \frac{\sum_{i=1}^{n} X_i}{n}, \overline{Y} = \frac{\sum_{i=1}^{n} Y_i}{n}$$

其中 n 是测量次数。

步骤2：计算最佳拟合直线的斜率 m：

$$m = \frac{\sum_{i=1}^{n} (X_i - \overline{X}) \cdot Y_i}{\sum_{i=1}^{n} (X_i - \overline{X})^2}$$

步骤3：由此可以给出最佳拟合直线也称为回归线：

$$\overline{Y} - Y_i = m \times (\overline{X} - X_i)$$

6.1.2 根据独立数据点相对最佳拟合直线的差计算直线斜率的变化。

步骤1：计算 ΔY_i，即在 X_i 位置的数据点与最佳拟合直线的差：

$$\Delta Y_i = (Y_i - \overline{Y}) - m \times (X_i - \overline{X})$$

步骤2：计算 ΔX_i，即数据点 X_i 与平均值 $\overline{X}$ 的差：

$$\Delta X_i = (X_i - \overline{X})$$

步骤3：根据差分计算全部斜率标准偏差 σ_S：

$$\sigma_S = \sqrt{\frac{\sum (\Delta Y_i)^2}{(n-2)\sum (\Delta X_i)^2}}$$

6.1.3 根据最佳拟合直线的斜率 m 和斜率标准偏差 σ_S 可得归一化斜率标准偏差：

$$归一化斜率标准差 = \sigma_S / m$$

6.2 光谱响应线性特性的测量

在固定的偏置电压下，相对于温度（或辐照度）条件下的被测样品的相对光谱响应线性特性的计算采用以下方法。

6.2.1 对于每个波长计算相对光谱响应的平均值 $\overline{S}_{r\lambda}$，在此计算中，分立相对光谱响应值 $S_{r\lambda i}$ 是相对于下列条件的相对光谱响应的各个数据点：

a) 固定温度下的辐照度；或

b) 固定辐照度下的温度。

参量 n 是每个条件下的数据点的各自数量：

$$\overline{S}_{r\lambda} = \frac{\sum_{i=1}^{n} S_{r\lambda i}}{n}$$

6.2.2 计算 $\Delta S_{r\lambda i}$，即在固定温度（或辐照度）下给定波长间隔，每个 $S_{r\lambda i}$ 数据点与平均值 $\overline{S}_{r\lambda}$ 的差：

$$\Delta S_{r\lambda i} = (S_{r\lambda i} - \overline{S}_{r\lambda})$$

6.2.3 计算在固定温度（或辐照度）下给定波长间隔的标准偏差 σ_λ：

$$\sigma_\lambda = \sqrt{\frac{\sum (\Delta S_{r\lambda i})^2}{(n-2)}}$$

6.2.4 用波长间隔的标准偏差 σ_λ 和在指定的偏置电压和固定温度（或辐照度）下的波长相对光谱响应平均值 $\overline{S}_{r\lambda}$，计算相对光谱响应的变化百分比：

$$变化百分比 = 100 \times \sigma_S / \overline{S}_{r\lambda}$$

6.2.5 对于每个波长间隔重复步骤6.2.1～6.2.4。

a) 对于每一个固定温度（辐照度作为变量）；

b) 对于每一个固定辐照度（温度作为变量）。

6.2.6 对于其他偏置电压，重复步骤6.2.1～6.2.5。

6.3 线性特性要求

当一个光伏器件按线性特性应用时，应给出温度、辐照度、电压或其他必要条件的应用范围。界定非线性（变化）的条件是：

a) 对于相对于辐照度变化的短路电流曲线，归一化斜率标准偏差（σ_S/m）小于0.02。

b) 对于相对于辐照度对数变化的开路电压曲线，归一化斜率标准偏差（σ_S/m）小于0.05。

c) 对于相对于温度变化的开路电压和短路电流曲线，归一化斜率标准偏差（σ_S/m）小于0.1。

d) 在特定电压下的一定波长范围的相对光谱响应变化小于5%。

ICS 59.060.10
B 32

中华人民共和国国家标准

GB/T 6499—2012
代替 GB/T 6499—2007

原棉含杂率试验方法

Test method for percentage of trash content in raw cotton

2012-11-14 发布　　2013-09-01 实施

中华人民共和国国家质量监督检验检疫总局
中国国家标准化管理委员会　发布

前言

本标准按照 GB/T 1.1—2009 给出的规则起草。

本标准代替 GB/T 6499—2007《原棉含杂率试验方法》,与 GB/T 6499—2007 相比,修订的主要内容如下:

——修改了对所用计量仪器测量范围及准确度的不规范描述;

——修改了抽样方法和抽样数量。

请注意本文件的某些内容可能涉及专利。本文件的发布机构不承担识别这些专利的责任。

本标准由中国纤维检验局提出并归口。

本标准由陕西省纤维检验局、陕西华斯特仪器有限公司负责起草。

本标准主要起草人:仲学宪、韩刚、贠秀琴、张秀和、丁民建。

本标准所代替标准的历次版本发布情况为:

——GB/T 6499—1992、GB/T 6499—2007。

原棉含杂率试验方法

1 范围

本标准规定了用原棉杂质分析机测定原棉含杂率的试验方法。

本标准适用于原棉含杂率的测定。

2 规范性引用文件

下列文件对于本文件的应用是必不可少的。凡是注日期的引用文件，仅注日期的版本适用于本文件。凡是不注日期的引用文件，其最新版本（包括所有的修改单）适用于本文件。

GB 1103.1 棉花 第1部分：锯齿加工细绒棉

GB 1103.2 棉花 第2部分：皮辊加工细绒棉

GB 1103.3 棉花 天然彩色细绒棉

GB/T 6097 棉纤维试验取样方法

GB/T 8170 数值修约规则与极限数值的表示和判定

GB 19635 棉花 长绒棉

3 术语和定义

下列术语和定义适用于本文件。

3.1

杂质 trash

原棉中含有的非棉纤维性物质及其着生的纤维，如沙土、枝叶、铃壳、虫屎、虫尸、棉籽、籽棉、破籽、不孕籽、带纤维籽屑、软籽表皮等。

3.2

含杂率 percentage of trash

原棉在规定试样中，杂质质量对其试样质量的百分率。

4 原理

原棉杂质分析机是根据机械空气动力学原理设计的。经刺辊锯齿分梳松散后的纤维及粘附杂质，在机械和气流的作用下，由于形状不同、比重不同、作用其上的力也不同，使纤维和杂质分离。

5 仪器和设备

5.1 原棉杂质分析机：技术参数按照附录A、附录B执行。

5.2 天平：准确度等级Ⅱ级，量程≥100 g，分度值0.01 g。

5.3 台秤或案秤：准确度等级Ⅲ级，量程200 g，分度值1 g。

5.4 其他工具：棕刷、镊子。

6 仪器调整

按照仪器使用说明书将仪器调整至正常状态。

7 抽样

7.1 抽样方法和数量按 GB 1103.1、GB 1103.2、GB 1103.3、GB 19635 和 GB/T 6097 的规定执行。
7.2 从 600 g 实验室样品中，采用四分法，抽取两个 100 g 的试验试样和一个 100 g 的备用试验试样。

8 试验步骤

8.1 开机前，先开照明灯并将风扇活门全部开启。开机空转 1 min～2 min，然后停机清洁杂质箱、净棉箱、给棉台和刺辊。
8.2 用电子秤或案秤称取实验室样品，称准至 1 g。用天平称取试验试样，称准至 0.1 g，记录质量。
8.3 将试验试样撕松，陆续平整均匀地铺于给棉台上。遇有棉籽、籽棉及其他粗大杂质应随时拣出，并在原棉含杂率试验报告单上记录。
8.4 开机运转正常后，用两手把试验试样均匀喂入给棉罗拉与给棉台之间，直到整个试验试样分析完毕，使尘笼或集棉网上的棉纤维全部落入净棉箱内，取出第一次分析后的全部净棉。
8.5 将第一次分析的净棉取出，纵向平铺于给棉台上，再分析一次。
8.6 关机收集杂质盘内的杂质。注意收集杂质箱四周壁上、横档上、给棉台上的全部细小杂质。如杂质盘内落有小棉团、索丝、游离纤维，应将附在表面的杂质抖落后拣出。
8.7 将收集的杂质与拣出的粗大杂质分别称量，用天平称准至 0.01 g，分别记录质量。
8.8 从称量试验试样质量到称杂质质量这段时间内，室内温湿度应保持相对稳定，并能满足仪器正常运转。
8.9 重复 8.1～8.8 的步骤，再分析测试 1 个或 2 个试验试样。

9 试验结果计算

9.1 试验试样含杂率按式(1)计算：

$$Z=\frac{m_f+m_c}{m_s}\times 100 \qquad \cdots\cdots(1)$$

式中：

Z ——含杂率，%；

m_s——试验试样质量，单位为克(g)；

m_f——分析出的杂质质量，单位为克(g)；

m_c——拣出的粗大杂质质量，单位为克(g)。

9.2 以各试验试样的算术平均值作为该批棉花的含杂率。
9.3 按 GB/T 8170 将含杂率计算结果修约至一位小数。

10 精密度

10.1 重复性

10.1.1 用本标准的试验方法，对同一实验室样品，在相同条件下(同一实验室、同一操作者、同一设备和在短时间间隔内)所完成的两个单次试验，含杂率结果之间差值的绝对值，在95%的概率水平下，应小于重复性 r_1 值。小于2.5%的低含杂 r_1 值等于0.18%；大于或等于2.5%的高含杂 r_1 值等于0.29%。注意单次试验是指对同一实验室样品应用标准测试方法所进行的一次完整的试验。

10.1.2　用本标准的试验方法，对同一实验室样品，在相同条件下(同一实验室、同一操作者、同一设备和在短时间间隔内)所完成的两个试验试样的试验，含杂率结果之间差值的绝对值，在95%的概率水平下，应小于重复性 r_2 值。小于2.5%的低含杂 r_2 值等于0.24%；大于或等于2.5%的高含杂 r_2 值等于0.39%。

10.1.3　如果同一实验室内，对同一实验室样品，在重复值条件下试验的三个试验试样，试验结果的极差大于0.29%(低含杂)或0.47%(高含杂)则应增试一次。用格拉布斯法对试验试样的试验结果进行异常值检验，以剔除异常值后的所有结果的算术平均值作为最终试验结果。

10.2　再现性

10.2.1　用本标准的试验方法，对同一实验室样品，在不同条件下(不同实验室、不同的操作者和不同的设备)各完成一个单次试验，所得含杂率结果之间差值的绝对值，在95%的概率水平下，应小于再现值 R_1 值。小于2.5%的低含杂 R_1 值等于0.44%。

10.2.2　用本标准的试验方法，对同一实验室样品，在不同条件下(不同实验室、不同的操作者和不同的设备)各完成单个试验试样的试验，含杂率结果之间差值的绝对值，在95%的概率水平下，应小于再现值 R_2 值。小于2.5%的低含杂 R_2 值等于0.47%。

11　试验报告

试验报告应包括试验试样的含杂率，并写明样品来源(批号)、品级、实验室样品编号、试验日期等。试验报告单如下：

原棉含杂率试验报告单

样品来源(批号)________________　　批量________________

实验室样品编号________________　　轧花方式、颜色级/品级________________

仪器型号、编号________________　　试验日期________________

试验次数	试验试样质量/g	分析杂质质量/g	拣出杂质质量/g	含杂率/%	备注
1					
2					
3					
4					
平均含杂率/%					

复核____________　　　　试验____________

附 录 A
（规范性附录）
Y101 型原棉杂质分析机工艺规格

A.1 各部转速如表 A.1 所示。

表 A.1 各部转速

部　件	转速(慢速)/(r/min)	转速(快速)/(r/min)
刺辊	890±30	1 910±65
给棉罗拉	0.9±0.03	2.4±0.08
尘笼	85±3	135±4
风扇	1 500±50	1 885±65
电动机	1 410	1 410

A.2 各部隔距如表 A.2 所示。

表 A.2 各部隔距

部　件	隔距(慢速)		隔距(快速)	
	mm	in	mm	in
给棉罗拉到给棉台	0.13	0.005	0.13	0.005
给棉台到刺辊	$0.18^{+0.05}_{-0.00}$	$0.007^{+0.002}_{-0.000}$	$0.18^{+0.03}_{-0.00}$	$0.007^{+0.001}_{-0.000}$
除尘刀(导入端)到刺辊	$0.56^{+0.05}_{-0.03}$	$0.022^{+0.002}_{-0.001}$	$0.56^{+0.03}_{-0.01}$	$0.022^{+0.001}_{-0.000}$
流线板(导入端)到刺辊	$0.18^{+0.05}_{-0.03}$	$0.007^{+0.002}_{-0.001}$	$0.18^{+0.03}_{-0.01}$	$0.007^{+0.001}_{-0.000}$
剥棉刀(导入端)到刺辊	$0.13^{+0.03}_{-0.00}$	$0.005^{+0.001}_{-0.000}$	$0.13^{+0.03}_{-0.00}$	$0.005^{+0.001}_{-0.000}$
刺辊到尘笼	5.60～8.70	0.219～0.344	5.60～8.70	0.219～0.344
输棉板(上顶端)到尘笼	1.60	0.063	1.60	0.063
隔离板到尘笼	6.40	0.250	4.0	0.156
隔离板到杂质箱后壁	6.40	0.250	6.40	0.250

A.3 挡风板缺口上缘到尘笼中心竖直线的夹角约 20°。

附 录 B
（规范性附录）
YG042型原棉杂质分析机工艺规格

B.1 各部转速如表B.1所示。

表B.1 各部转速

部 件	转速/(r/min)
刺辊	950±50
给棉罗拉	1.9±0.03
电动机	1 410

B.2 各部隔距如表B.2所示。

表B.2 各部隔距

部件	隔 距	
	mm	in
给棉台到刺辊	0.178～0.229	$0.007^{+0.003}_{-0.000}$
除尘刀(导入端)到刺辊	0.50～0.6	$0.019^{+0.002}_{-0.000}$
流线板(导入端)到刺辊	0.178	$0.007^{+0.000}_{-0.000}$
上气流调节板调节间隙	0.20～0.40	$0.012^{+0.004}_{-0.004}$

ICS 35.040
A 24

中华人民共和国国家标准

GB/T 6512—2012
代替 GB/T 6512—1998

运输方式代码

Codes for modes of transport

(UN/CEFACT Rec. 19, MOD)

2012-12-31 发布　　2013-06-01 实施

中华人民共和国国家质量监督检验检疫总局
中国国家标准化管理委员会　发布

前 言

本标准按照GB/T 1.1—2009给出的规则起草。

本标准代替GB/T 6512—1998。与GB/T 6512—1998相比，主要变化如下：

——在第2章中增加了部分术语；

——把第3章“代码结构”和第4章“代码表”改为第3章“代码表结构和表示”，并对代码表中的部分名称和说明作了修改；

——删除了第5章和附录A。

本标准使用重新起草法修改采用联合国贸易便利化与电子业务中心（UN/CEFACT）2001年发布的第19号推荐书《运输方式代码》。

本标准与UN/CEFACT第19号推荐书的技术性差异如下：

——删除了UN/CEFACT第19号推荐书中的有关说明性内容；

——将UN/CEFACT第19号推荐书中的“附件2　运输方式代码表”调整为本标准的第3章；

——对章条号作了调整。

本标准由全国电子业务标准化技术委员会（SAC/TC 83）提出并归口。

本标准起草单位：中国标准化研究院、青岛港（集团）有限公司、中国物品编码中心。

本标准主要起草人：张荫芬、胡涵景、江洲、王凌云、李文文、佟文会、张蕾、李颖。

本标准所替代的历次版本发布情况为：

—GB/T 6512—1986、GB/T 6512—1998。

运输方式代码

1 范围

本标准规定了标识运输方式的代码。

本标准适用于国际贸易单证、报文中使用的运输方式代码，也适用于行政、运输、商业等领域中有关运输方式的标识。

2 术语和定义

下列术语和定义适用于本文件。

2.1

代码 code

表示特定事物或概念的一个或一组字符。

注：这些字符可以是阿拉伯数字、拉丁字母或便于人和机器识别与处理的其他符号。

[GB/T 10113—2003,定义 2.2.5]

2.2

代码表 code list

编码对象集和代码元素集的映射关系列表。

[GB/T 10113—2003,定义 2.2.8]

2.3

单证 document

一种数据载体及其所记录的数据，通常具有永久性并可为人或机器读取。

[GB/T 14392—2009,定义 3.13]

2.4

货物 goods

从托运人一方接收的全部物资。

2.5

运输方式 mode of transport

用于货物或人员运输的方式。

[GB/T 18804—2010,定义 3.2]

3 代码表结构和表示

运输方式代码表见表 1。代码表由下列 4 列组成：

——变更标志：

井号(#)表示代码名称有变更；

竖线(|)表示代码说明变更；

——代码：用 1 位数字表示，由 0～9 组成；

——名称：运输方式名称；
——说明：运输方式说明。

表 1 运输方式代码表

变更标志	代码	名称	说明
#|	0	运输方式未定 transport mode not specified	尚未指定运输方式 **注**：本代码可用于相关单证签发时方式未知或尚未获取这方面信息的情况。
|	1	海上运输 maritime transport	通过海洋运输货物和(或)人员
|	2	铁路运输 rail transport	通过铁路运输货物和(或)人员
|	3	公路运输 road transport	通过公路运输货物和(或)人员
|	4	航空运输 air transport	通过航空运输货物和(或)人员
|	5	邮件运输 mail transport	通过邮件运输货物的方式 **注**：尽管邮件运输事实上并非真正的运输方式，还是针对现实的原因制定了这一代码。在许多国家，通过邮件进出口商品的货值相当可观，但相关的进口商或出口商却无法确定邮件运输的方式。
|	6	多式联运 multimodel transport	通过多式联运进行货物和(或)人员运输的方式 **注**：尽管多式联运事实上并非真正的运输方式，还是针对现实的原因制定了这一代码。在一宗运输合同的基础上，从运输经营人接管货物的地点到指定交付的地点至少通过两种不同方式运输货物的情况下，可使用这一代码(在此类合同中所确定要履行单一运输方式中进行交接货物的操作，则不应将其认定为多式联运)。
|	7	固定设施运输 fixed transport installation	通过固定设施运输货物 **注**：固定设施运输用于不间断运输的方式，如管道运输、架空索道及输电线路。
|	8	内河运输 inland water transport	通过内河运输货物和(或)人员
#|	9	以上未列明的运输方式 transport mode not applicable	以上未列明的运输方式

参 考 文 献

[1] GB/T 10113—2003 分类与编码通用术语

[2] GB/T 14392—2009 国际贸易单证样式

[3] GB/T 18804—2010 运输工具类型代码

ICS 75.040
E 21

中华人民共和国国家标准

GB/T 6532—2012
代替 GB/T 6532—1986

原油中盐含量的测定　电位滴定法

Test method for salt in crude oils(Potentiometric method)

2012-12-31 发布　　2013-07-01 实施

中华人民共和国国家质量监督检验检疫总局
中国国家标准化管理委员会 发布

前　言

本标准按照 GB/T 1.1—2009 给出的规则起草。

本标准代替 GB/T 6532—1986《原油及其产品的盐含量测定法》，与 GB/T 6532—1986 相比，除编辑性修改外主要技术变化如下：

——标准名称由“原油及其产品的盐含量测定法”修改为“原油中盐含量的测定 电位滴定法”；

——测定范围由“0.002%～0.02%”修改为“0.000 5%～0.15%”(见第 1 章)；

——增加了规范性引用文件(见第 2 章)；

——在“方法概述”中将“容量法”改为“电位滴定法”(见第 3 章，1986 年版的第 1 章)；

——试样称样量由“80 g±0.5 g”修改为“40 g±0.1 g”；试样加热温度由“60 ℃±5 ℃”修改为“65 ℃±5 ℃”；溶解原油的试剂由“甲苯”修改为“二甲苯”(见 7.1.1，1986 年版的 6.1)；

——修改了方法精密度(见第 9 章，1986 年版的第 8 章)；

——增加了“质量保证和控制”(见第 10 章)；

——增加了“试验报告”(见第 11 章)；

——增加了“混合器的均化效率”(见附录 A)。

本标准使用重新起草法修改采用 ASTM D6470-99(2010)《原油中盐含量的测定　电位滴定法》。

本标准与 ASTM D6470-99(2010)的技术性差异及其原因如下：

——关于规范性引用文件，本标准做了具有技术性差异的调整，以适应我国的技术条件，调整的情况集中反映在第 2 章“规范性引用文件”中，具体调整如下：

- 用 GB/T 601 代替了 ASTM E200(见 5.1.5 的注 1)；
- 用等效采用国际标准的 GB/T 4756 代替了 ASTM D4057(见 6.1)；
- 用修改采用国际标准的 GB/T 6682 代替了 ASTM D1193(见 4.2)；
- 用修改采用国际标准的 GB/T 8929 代替了 ASTM D4006(见 8.1 的注)；
- 用修改采用国际标准的 GB/T 11146 代替了 ASTM D4928(见 A.1)；
- 用等同采用国际标准的 SY/T 5317 代替了 ASTM D4177(见 6.1)；
- 用等同采用国际标准的 SY/T 7552 代替了 ASTM D4377(见 A.1)。

本标准做了下列编辑性修改：

——删除了 ASTM D6470-99(2010)的第 4 章“意义与用途”；

——删除了 ASTM D6470-99(2010)的第 13 章“关键词”。

本标准由全国石油天然气标准化技术委员会(SAC/TC 355)提出并归口

本标准起草单位：中国石油化工股份有限公司石油化工科学研究院、大庆油田工程有限公司、中国石油塔里木油田质量检测中心、中国石油天然气管道科技研究中心。

本标准起草人：何沛、范登利、姚淑华、乔锦玲、张双凤。

本标准所代替标准的历次版本发布情况为：

——GB/T 6532—1986。

原油中盐含量的测定　电位滴定法

警告：使用本标准的人员应有正规实验室工作的实践经验。本标准并未指出所有可能的安全问题。使用者有责任采取适当的安全和健康措施，并保证符合国家有关法规规定的条件。

1　范围

本标准规定了采用电位滴定法测定原油中盐含量的方法。

本标准适用于测定盐含量(质量分数)范围为0.000 5%～0.15%的原油，以及渣油和燃料油等重质石油产品。本标准亦适用于判断用过的汽轮机油和船用燃料油被海水污染的情况。

2　规范性引用文件

下列文件对于本文件的应用是必不可少的。凡是注日期的引用文件，仅注日期的版本适用于本文件。凡是不注日期的引用文件，其最新版本(包括所有的修改单)适用于本文件。

GB/T 601　化学试剂　标准滴定溶液的制备

GB/T 4756　石油液体手工取样法(GB/T 4756—1998,eqv ISO 3170:1988)

GB/T 6682　分析实验用水规格和试验方法(GB/T 6682—2008,ISO 3696:1987,MOD)

GB/T 8929　原油水含量的测定　蒸馏法(GB/T 8929—2006,ISO 9029:1990,MOD)

GB/T 11146　原油水含量测定　卡尔·费休库仑滴定法(GB/T 11146—2009,ISO 10337:1997,MOD)

SY/T 5317　石油液体管线自动取样法(SY/T 5317—2006,ISO 3171:1988,IDT)

SY/T 7552　原油　水的测定　卡尔·费休电位滴定法(SY/T 7552—2005,ISO 10336:1997,IDT)

3　方法概述

样品混合均匀后，称取一定量的试样，并将其溶解于65 ℃的二甲苯中。用乙醇、丙酮和水在指定的抽提装置中进行抽提。抽提液脱除硫化物后，用电位滴定法测定其中的总卤化物含量，然后折合成氯化钠的含量。

4　仪器及试剂

4.1　仪器

4.1.1　抽提装置见图1。主要由以下部分组成：

a)　蒸馏烧瓶，体积为500 mL；

b)　回流冷凝管；

c)　滴液漏斗；

d)　加热管，内置对流管；

e)　加热丝；

f)　可变电阻器；

g)　锥形瓶。

单位为毫米

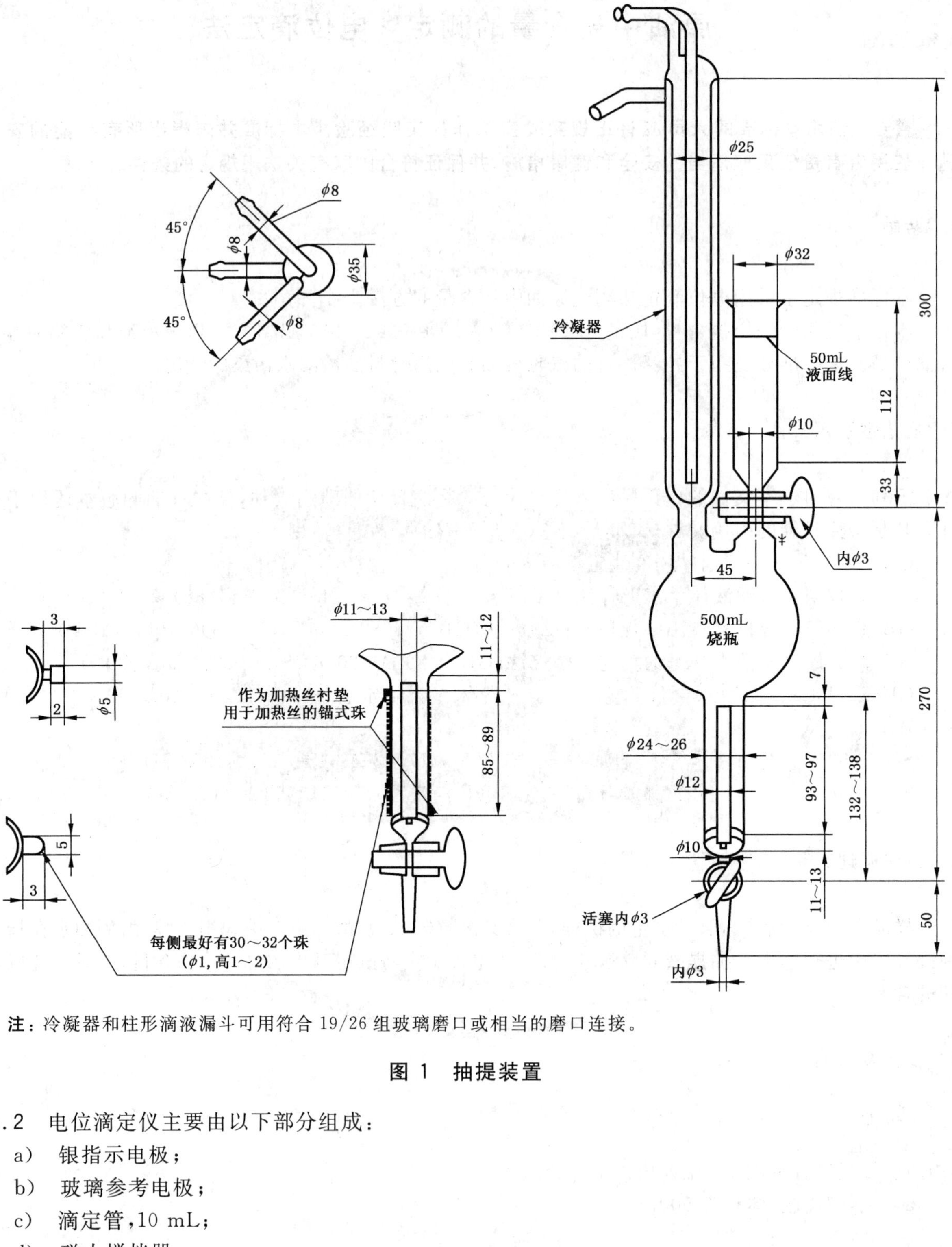

注：冷凝器和柱形滴液漏斗可用符合19/26组玻璃磨口或相当的磨口连接。

图1 抽提装置

4.1.2 电位滴定仪主要由以下部分组成：

a) 银指示电极；

b) 玻璃参考电极；

c) 滴定管，10 mL；

d) 磁力搅拌器。

4.1.3 恒温水浴：可控温至65 ℃±5 ℃。

4.1.4 移液管。

4.1.5 烧杯。

4.1.6 取样管，长约600 mm、直径约5 mm玻璃管，且中部带有100 mL球状物。

4.1.7 高速搅拌器,其转速不低于3 000 r/min。

4.1.8 电子天平,感量0.000 1 g。

4.1.9 电子天平,感量0.01 g。

4.1.10 电子天平,感量0.1 g。

4.2 试剂

4.2.1 丙酮,分析纯。

警告:易燃。

4.2.2 无水乙醇(或异丙醇),分析纯。

警告:易燃。

4.2.3 硝酸,分析纯。

警告:强腐蚀性。

4.2.4 盐酸,分析纯。

警告:强腐蚀性。

4.2.5 硝酸银,分析纯。

警告:危害健康,避免接触。

4.2.6 氯化钠,基准试剂。

4.2.7 二甲苯,分析纯。

警告:有毒,避免吸入。

4.2.8 乙酸铅试纸,制备方法见5.1.8。

4.2.9 丙三醇,分析纯。

4.2.10 荧光素(荧光黄和荧光红),分析纯。

4.2.11 淀粉,分析纯。

4.2.12 硝酸钡,分析纯。

警告:危害健康,避免接触。

4.2.13 水,符合GB/T 6682三级水的技术要求。

5 准备工作

5.1 试剂的准备

5.1.1 0.1 mol/L盐酸溶液:将9 mL浓盐酸加入到1 000 mL水中。

5.1.2 5 mol/L硝酸溶液:边搅拌边小心地将325 mL浓硝酸倒入1 000 mL水中。

5.1.3 0.5%淀粉指示剂:于烧杯中称取0.5 g可溶性淀粉,加入10 mL水搅拌,然后边搅拌边加入90 mL水。将烧杯置于电炉上加热至微沸2 min后,冷却静置,使用时取上层清液。试验时需要使用新配制的0.5%淀粉指示剂。

5.1.4 0.5%荧光素指示剂:称取0.5 g荧光素(荧光黄和荧光红),溶于无水乙醇中,并用无水乙醇稀释至100 mL。

5.1.5 0.1 mol/L硝酸银标准溶液:称取17.5 g硝酸银,溶于1 000 mL水中,摇匀。溶液贮存于棕色磨口容量瓶中。标定时称取于500 ℃~600 ℃灼烧至恒重的基准试剂氯化钠0.1 g(准确至0.000 2 g),溶于70 mL水中,再加入0.5%淀粉指示剂5 mL,用0.1 mol/L硝酸银溶液滴定,接近终点时加入3滴0.5%荧光素指示剂,继续滴定至溶液由黄色变为粉红色。

硝酸银标准溶液的浓度以c计,数值以摩尔每升(mol/L)表示,按式(1)计算:

$$c=\frac{m\times 1\,000}{V_b M} \qquad \cdots\cdots(1)$$

式中：

m ——氯化钠的质量，单位为克(g)；

V_b——消耗的硝酸银溶液的体积，单位为毫升(mL)；

M——氯化钠的摩尔质量，单位为克每摩尔(g/mol)。

注1：可采用其他标准方法标定硝酸银标准溶液，见GB/T 601。

注2：可使用有标准物质证书的标准物质。

5.1.6 0.01 mol/L 硝酸银标准溶液：用移液管移取 0.1 mol/L 硝酸银标准溶液 100 mL，用水稀释至 1 000 mL。使用前配制。

5.1.7 1 mmol/L 氯化钠溶液：称取 59 mg±1 mg 氯化钠，用水溶解，并稀释至 1 000 mL。

5.1.8 乙酸铅试纸的制备：向烧杯中加入 12.5 mL 冰乙酸、40 mL 丙三醇(甘油)及 100 mL 去离子水，混合均匀后再加入 25 g 乙酸铅。待乙酸铅全部溶解后，用去离子水稀释至 250 mL。将定量滤纸剪成 1 cm×5 cm 的纸条，置于上述溶液中浸泡 20 min 后取出，用干滤纸将纸条上的水分吸至近干，贮存于具塞磨口瓶中，密封待用。

注：可使用市售的乙酸铅试纸。

5.2 仪器的准备

5.2.1 抽提装置的准备

将抽提装置放于通风橱内，按照产品安装要求进行安装。

5.2.2 电位滴定仪的准备

5.2.2.1 玻璃参考电极的准备：使用前，先用水清洗电极，再用 0.1 mol/L 盐酸浸泡 10 min，最后用水清洗。使用完毕，将电极浸泡在水中。

5.2.2.2 银指示电极的准备：使用前用抛光砂纸打磨银电极，直至电极表面干净光亮，最后用水清洗。

6 取样

6.1 取样方法

按照 GB/T 4756 或 SY/T 5317 取样。

6.2 样品的均化

6.2.1 在室温(15 ℃～25 ℃)或更低温度下，对样品进行混合，混合前需记录样品温度。对于在室温下为固体的原油样品，需对样品进行加热，加热温度应高于样品倾点 3 ℃。

6.2.2 根据容器中原油的体积选择搅拌器类型。同时，按附录A对其混合效率进行考察。当原油样品的种类、体积及盛装样品的容器形状或混合条件(如混合速度和混合时间)有任何变化时，均需按附录A方法重新考察混合效率。

6.2.3 对于体积为 50 mL～500 mL 盛装样品的容器，混合样品时，需使用密闭的高速剪切搅拌器(转速为 3 000 r/min)进行搅拌。混合时间、混合速度以及搅拌头离底部的高度均应符合附录A的要求。

6.2.4 样品混合均匀后，立即记录样品的温度。样品混合前后温度差不能大于 10 ℃。

6.2.5 样品混合均匀后，立即称取试样。对于含快速沉降杂质的原油，均化后使用取样管采样，取样管尖部应接近容器底部，吸取样品后，立刻将试样转移至抽提装置内。

7 试验步骤

7.1 抽提无机盐

7.1.1 将抽提装置和恒温水浴放置于通风橱内，并打开排风开关。准确称取 40 g±0.1 g 试样于

250 mL 烧杯中。在恒温水浴中将试样和二甲苯均加热至 65 ℃±5 ℃。然后将 40 mL±1 mL 热二甲苯缓慢地倒入试样烧杯中，并且不断地搅拌使原油试样与二甲苯完全溶解。将该混合溶液经加料漏斗定量地转移至抽提烧瓶中，然后用 30 mL±1 mL、65 ℃左右的热二甲苯分两次洗涤烧杯和加料漏斗，并将其也转移至抽提烧瓶中。

7.1.2 立即量取 25 mL±1 mL 无水乙醇(或异丙醇)和 15 mL±1 mL 丙酮清洗烧杯，并将溶液通过加料漏斗转移至抽提烧瓶。

7.1.3 打开抽提装置的加热开关，全速加热直至溶液开始沸腾；然后降低加热功率，使溶液适度沸腾，但要确保溶液不会冲出烧瓶，进入冷凝管。为防止溶液爆沸、玻璃瓶炸裂而产生危险，整个加热过程需将通风橱橱窗放下。

7.1.4 将混合物剧烈煮沸 2 min 后停止加热，待沸腾停止，立即加入 125 mL±1 mL 蒸馏水。重新进行加热，使溶液沸腾、回流 15 min。

7.1.5 关闭加热器，使混合物冷却分层 5 min～10min。放出下层溶液于 250 mL 锥形瓶中，同时用定性滤纸过滤。

7.2 脱除硫化氢

在通风橱内用移液管移取 50 mL 抽提液至烧杯中，再加入 5 mol/L 硝酸溶液 5 mL，用表面皿盖住烧杯。在通风橱内加热烧杯，使烧杯中的溶液沸腾。用乙酸铅试纸检验蒸气中的硫化氢。待硫化氢脱除后(试纸不变色)，再继续煮沸 5 min。待溶液冷却后，转移至滴定池中，并用水清洗烧杯，同时，将清洗液也转移至滴定池中。

7.3 盐含量的测定

7.3.1 准确移取 1 mmol/L 氯化钠溶液 10 mL 至滴定池内，加入适量丙酮，使溶液总体积达到约 150 mL。再加入 0.5 g 硝酸钡晶体。

注：向空白和样品溶液中加入等量的氯化钠溶液，可保证低盐含量的样品也能获得滴定终点。

7.3.2 将滴定池置于滴定仪的搅拌台上，开启搅拌器，搅拌使硝酸钡晶体溶解，并将溶液混合均匀。

7.3.3 用 0.01 mol/L 硝酸银溶液充满滴定管。将电极插入到溶液中，滴管头部低于液面约 25 mm。

7.3.4 使用自动电位滴定仪进行滴定。滴定结束后，仪器将显示出 50 mL 抽提液中氯离子所消耗的硝酸银标准溶液的体积。

7.4 空白溶液的测定

用移液管移取 1 mmol/L 氯化钠溶液 10 mL 至滴定池中，再加入 50 mL 水、5 mol/L 硝酸 5 mL 和 0.5 g 硝酸钡晶体，加入丙酮使溶液的总体积达到 150 mL～170 mL。搅拌使硝酸钡晶体溶解，然后滴定空白溶液。

8 结果计算

8.1 计算

盐含量测定结果以氯化钠的质量分数 w 计，数值以%表示，按式(2)计算：

$$w=\frac{c(V-V_0)\times 58.44}{mP\times 10^3}\times 100 \qquad \cdots\cdots (2)$$

式中：

c ——标准硝酸银溶液的浓度，单位为摩尔每升(mol/L)；

V ——滴定试样所消耗的硝酸银标准溶液体积，单位为毫升(mL)；

V_0 ——滴定空白试样所消耗的硝酸银标准溶液体积，单位为毫升(mL)；
m ——试样的质量，单位为克(g)；
P ——抽提比，如果使用无水乙醇，则 $P=50/158$；如果使用异丙醇，则 $P=50/152$；
58.44 ——氯化钠的摩尔质量，单位为克每摩尔(g/mol)。

注：如果试样中水含量(按照 GB/T 8929 方法测定)小于 5%，使用乙醇进行抽提，则抽提液体积可认为是 158 mL；使用异丙醇，则抽提液的体积可认为 152 mL。因此，P 值为 50/158 或 50/152。然而，如果试样中水含量大于 5%，则水含量也应加入到 P 值的计算中。

8.2 结果表示

取重复测定两个结果的算术平均值作为试样的盐含量，结果保留两位有效数字。

9 精密度

9.1 重复性

同一操作者，在同一实验室，使用同一台仪器，对同一试样进行测定，所得两个重复测定结果之间差值不应超过按式(3)计算所得值(95%置信水平)：

$$r=0.0243\ X^{0.612} \qquad (3)$$

式中：

X——两次试验结果的算术平均值，%。

9.2 再现性

不同操作者，在不同实验室，使用不同仪器，对同一试样进行测定，所得两个单一和独立的结果之差不应超过按式(4)计算所得值(95%置信水平)：

$$R=0.0477\ X^{0.612} \qquad (4)$$

式中：

X——两次试验结果的算术平均值，%。

10 质量保证和控制

10.1 通过分析一种受控的质量控制样品保证仪器的性能和试验步骤的准确。

10.2 各检测机构应制定质量控制和质量评价方法，并能确保试验结果的可靠性。

11 试验报告

试验报告至少应给出以下几个方面的内容：

a) 识别被试验的样品所需的全部资料；
b) 使用的标准(包括发布年号)；
c) 试验结果；
d) 与规定的分析步骤的差异；
e) 在试验中观察到的异常现象；
f) 试验日期。

附　录　A
（规范性附录）
混合器的均化效率

A.1　搅拌器在使用前应考察其混合效率，过程如下：在500 mL盛装样品的容器内，将一定量的水加入到含水量较少的原油中，搅拌均匀后，对混合均匀的样品采用GB/T 11146或SY/T 7552测定其水含量。本方法使用500 mL容器进行考察，在实验室内，如果使用其他形状或材质的样品容器，样品也要进行类似的考察，以确定其混合效率。

A.2　称量500 mL样品容器的质量，准确至0.01 g。用水含量（质量分数）小于0.10 %的原油，装至容器约80%处。将搅拌器插入到容器中，搅拌器头部距离容器底部约5 mm。用80%功率搅拌2 min，使样品混合均匀。然后采用GB/T 11146或SY/T 7552立即测定其水含量。

A.3　称量原油和样品容器的质量，准确至0.01 g。记录原油的温度，准确至1 ℃。按A.2的步骤，将搅拌器插入到原油中。用移液管移取15 mL水至样品容器中，用80%功率搅拌2 min，使样品和水混合均匀后立即记录混合溶液的温度，混合前后温度差不应超过10 ℃，否则，水有可能损失，样品也可能不稳定。混合后取接近液面的原油样品立即测定其水含量。

A.4　取A.3中已混合均匀的原油样品放置15 min和30 min，再分别测定其水含量。

A.5　以上三部分原油（A.3和A.4），其相互之间的水含量（质量分数）绝对差值应在0.10%以内；且加入水后的原油，其水含量理论值与测定值的绝对差值应小于0.10%。如果不能满足此要求，需重新考察混合效率。通过改变搅拌功率、混合时间、搅拌器的高度或同时改变以上三种条件来改善混合效率。条件确定后，混合器即可用于今后的测试中。

A.6　更换原油后，需重新考察混合器均化效率。定期用水含量（质量分数）范围为4%～5%的原油考察均化条件。

A.7　室温下黏度太高或太低的原油，可能无法获得稳定的油包水的乳状液，需进行特殊处理，以获得稳定的油包水的乳状液。

注：对于在15 min和30 min内不能获得稳定的水乳状液的原油，可将其在室温下冷却，以改善乳状液的稳定性，或重新考察乳状液的稳定时间，在稳定时间内进行实验。

ICS 75.040
E 21

中华人民共和国国家标准

GB/T 6533—2012
代替 GB/T 6533—1986

原油中水和沉淀物的测定　离心法

Test method for water and sediment in crude oil by the centrifuge method

2012-12-31 发布　　2013-07-01 实施

中华人民共和国国家质量监督检验检疫总局
中国国家标准化管理委员会　发布

前　言

本标准按照 GB/T 1.1—2009 给出的规则起草。

本标准代替 GB/T 6533—1986《原油水和沉淀物测定法(离心法)》,与 GB/T 6533—1986 相比,主要技术变化如下:

——将“水分测定必须使用 GB/T 260……”修改为“水分测定应采用 GB/T 8929”(见第 1 章,1986 年版的首段);

——增加了“规范性引用文件”(见第 2 章);

——增加了相对离心力的计算公式(见 4.1.6);

——增加了对离心管刻度进行校验的内容(见 4.2);

——增加了“对于高黏稠或高蜡原油,需要将温度控制在 71 ℃±3 ℃以使原油中的蜡结晶溶解。”(见 4.3,1986 年版的 2.1.3);

——增加了对黏稠原油试样加入离心管的方法(见 7.2);

——增加了“质量保证和控制”(见第 10 章);

——增加了“试验报告”(见第 11 章);

——将图 A.1 的标题“甲苯在水中的溶解度”修改为“水在甲苯中的溶解度”。

本标准使用重新起草法修改采用 ASTM D4007-08《离心法测定原油中的水和沉淀物(实验室法)》。

本标准与 ASTM D4007-08 的技术性差异及其原因如下:

——关于规范性引用文件,本标准做了具有技术性差异的调整,以适应我国的技术条件,调整的情况集中反映在第 2 章“规范性引用文件”中,具体调整如下:

- 用等效采用国际标准的 GB/T 4756 代替了 ASTM D4057(见第 6 章);
- 用等效采用国际标准的 GB/T 6531 代替了 ASTM D473(见第 1 章);
- 用修改采用国际标准的 GB/T 8929 代替了 ASTM D4006(见第 1 章);
- 用等同采用国际标准的 SY/T 5317 代替了 ASTM D4177(见第 6 章)。

本标准做了下列编辑性修改:

——删除了 ASTM D4007-08 的资料性附录 X1。

本标准由全国石油天然气标准化技术委员会(SAC/TC 355)提出并归口。

本标准起草单位:中国石油化工股份有限公司石油化工科学研究院、舟山出入境检验检疫局、大庆油田工程有限公司、中国石油天然气股份有限公司管道分公司管道科技研究中心。

本标准主要起草人:顾洁、贺新安、魏宇彤、赵中福、刘雯、刘吉良。

本标准所代替标准的历次版本发布情况为:

——GB/T 6533—1986。

原油中水和沉淀物的测定　离心法

警告：使用本标准的人员应有正规实验室工作的实践经验。本标准并未指出所有可能的安全问题。使用者有责任采取适当的安全和健康措施，并保证符合国家有关法规规定的条件。

1　范围

本标准规定了采用离心分离方法测定原油中水和沉淀物含量的方法。

本标准适用于原油。

本标准测定的原油中水含量一般低于实际的水含量。当测定精度要求较高时，沉淀物测定应采用GB/T 6531，水分测定应采用GB/T 8929。

2　规范性引用文件

下列文件对于本文件的应用是必不可少的。凡是注日期的引用文件，仅注日期的版本适用于本文件。凡是不注日期的引用文件，其最新版本(包括所有的修改单)适用于本文件。

GB/T 4756　石油液体手工取样法(GB/T 4756—1998，eqv ISO 3170：1988)

GB/T 6531　原油和燃料油中沉淀物测定法(抽提法)(GB/T 6531—1986(91)，eqv ISO 3735：1983)

GB/T 8929　原油水含量的测定　蒸馏法(GB/T 8929—2006，ISO 9029：1990，MOD)

SY/T 5317　石油液体管线自动取样法(SY/T 5317—2006，ISO 3171：1988，IDT)

3　方法概要

将等体积的原油和经水饱和的甲苯装入锥形离心管中，经离心分离后，读出在管底部的水和沉淀物的体积。

4　仪器

4.1　离心机

4.1.1　离心机可转动两个或两个以上装满试样的长约203 mm的锥形离心管，可控制转速，使离心管末端的相对离心力(rcf)至少为600(见4.1.6)。

4.1.2　旋转头、离心杯和离心环包括缓冲垫都应有良好的结构，以能经受动力源发出的最大离心力。离心时，离心杯底部垫圈和上部垫片应牢固地支持着离心管。离心机应由一个足够牢固的金属防护罩围起来，以免离心管破裂时发生危险。

4.1.3　离心机应具加热功能，并可稳定控制温度以避免不安全情况发生。在整个离心期间温度控制在60 ℃±3 ℃。离心机的温控能将温度控制在所要求的范围之内，并且在易燃的环境之内要注意安全操作。

4.1.4　离心机、电动机和加热器都应符合有关实验室的安全规定。

4.1.5　离心机转速 x 按式(1)计算：

$$x = 1\ 335\sqrt{\frac{\text{rcf}}{d}} \quad \cdots\cdots(1)$$

式中：

rcf——相对离心力；

d ——在转动情况下，相对两管尖端之间旋转直径，单位为毫米(mm)。

4.1.6 按式(2)通过离心机转速 x 计算出相对离心力：

$$\mathrm{rcf}=d\left(\frac{x}{1\ 335}\right)^{2} \quad \cdots\cdots(2)$$

式中：

d——在转动情况下，相对两管尖端之间旋转直径，单位为毫米(mm)。

4.2 离心管

每个锥形管长度为 203 mm，尺寸符合图 1 要求，离心管应经充分退火。刻度数字如图 1 所示，应清晰明显，离心管口可用塞子盖紧。刻度允许公差和各标记间最小刻度列于表 1 中，可用新煮沸过的 20 ℃的蒸馏水来校正，以弯月面的下缘读取体积数。离心管使用之前，其刻度的准确性要进行体积校验。校验包括至 0.25 mL 刻度的每个刻度(如图 2 所示)，还包括 0.5 mL、1.0 mL、2.0 mL、50.0 mL 和 100 mL 的刻度。如果离心管刻度的误差超过表 1 所示的允许范围，离心管就不能使用。

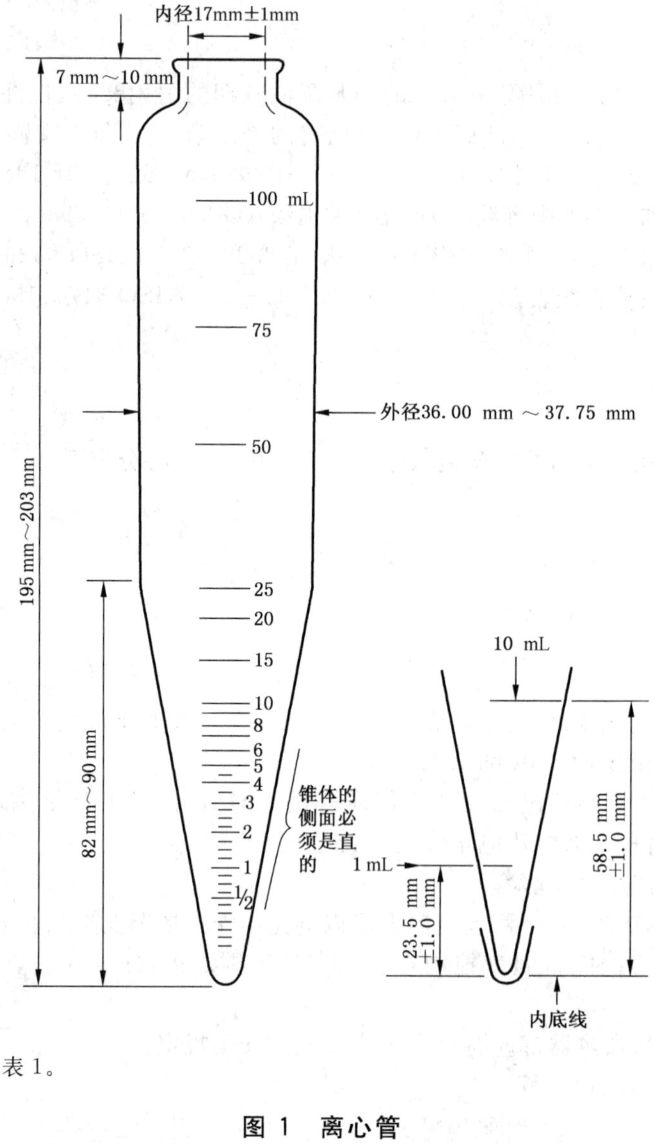

注：体积的允许误差见表 1。

图 1 离心管

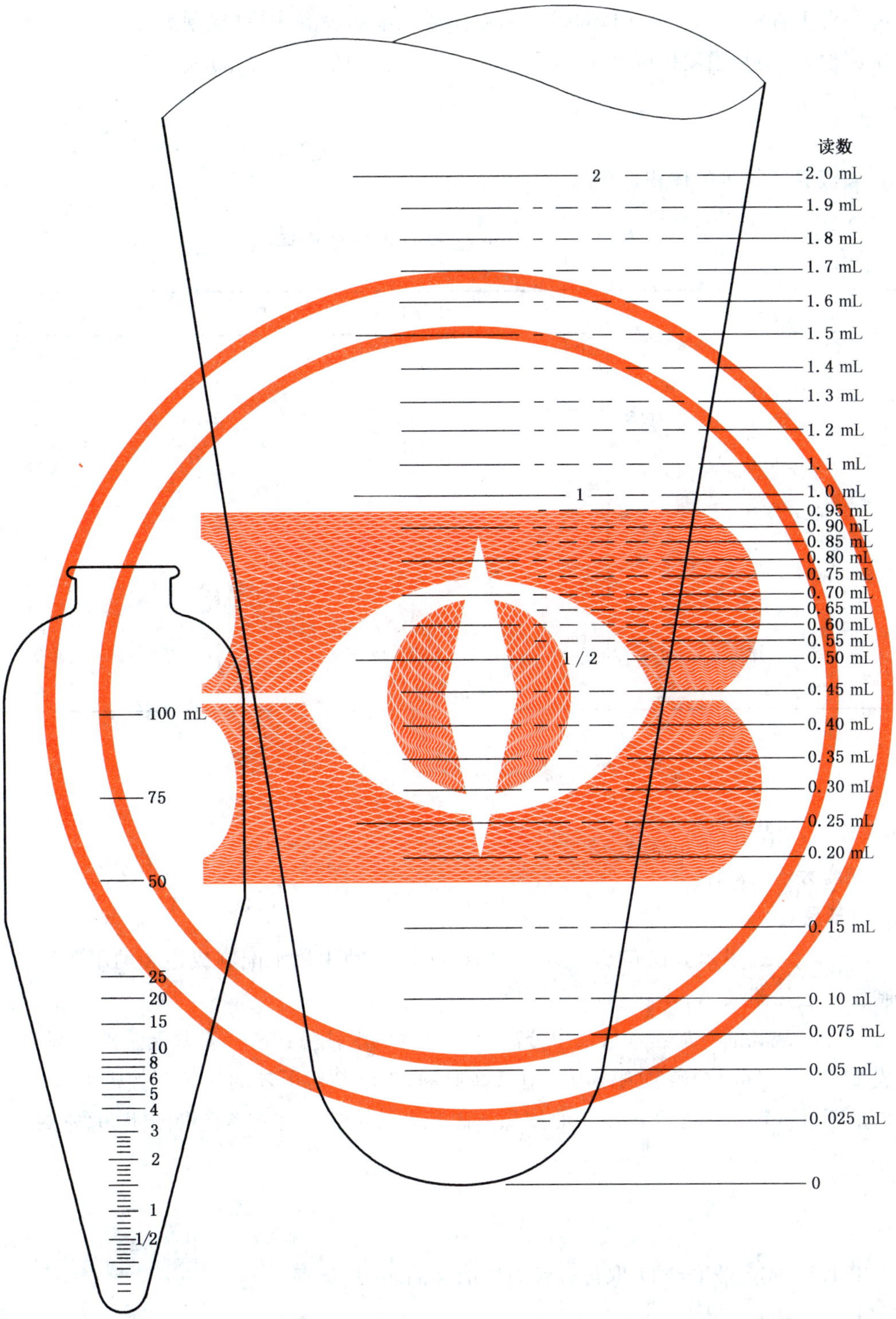

图 2 离心试管的读数方法

4.3 恒温浴

能把离心管垂直浸入到 100 mL 刻线处的液体浴或金属块浴，并可控制温度 60 ℃±3 ℃。对于高黏稠或高蜡原油，需要将温度控制在 71 ℃±3 ℃以使原油中的蜡结晶溶解。

4.4 移液管

50 mL 移液管或等量的体积适配器。

表 1 203 mm 型离心管的允许误差

单位为毫升

范　围	细分刻度	允许误差
0～0.1	0.05	±0.02
>0.1～0.3	0.05	±0.03
>0.3～0.5	0.05	±0.05
>0.5～1.0	0.1	±0.05
>1.0～2.0	0.1	±0.10
>2.0～3.0	0.2	±0.10
>3.0～5.0	0.5	±0.20
>5.0～10	1	±0.50
>10～25	5	±1.00
>25～100	25	±1.00

5 试剂

5.1 甲苯：纯度大于 99.5%。

警告：甲苯易燃，有毒。

5.2 水饱和甲苯溶液：甲苯应在 60 ℃±3 ℃恒温浴（见 4.3）中用水配制成饱和的甲苯溶液，但不能有悬浮水。制备方法按附录 A。

5.3 破乳剂溶液：破乳剂可加速水从油中分离出来并避免水粘附在离心管壁上。破乳剂溶液推荐使用甲苯配制成 25%（质量分数）破乳剂溶液。对某些原油，破乳剂对甲苯的比例可按需要改变。使用破乳剂溶液的数量不计入测定的水和沉淀物的体积。破乳剂溶液应贮存在深色瓶子里，并密封。

6 取样

按 GB/T 4756 或 SY/T 5317 取得有代表性的样品，密封保存。

7 试验步骤

7.1 把试样直接从容器中加到两支离心管的 50 mL 刻线处。使用移液管或等量的体积适配器在两支离心管中各加入 50 mL 已在 60 ℃±3 ℃或 71 ℃±3 ℃恒温浴中被水饱和的甲苯溶液（见 5.2）。以弯月面的上缘读取 50 mL 和 100 mL 体积数。用移液管或自动滴定管向每支离心管中加入 0.2 mL 破乳剂溶液(见5.3)。用塞子塞紧,并颠倒10次,保证试样和甲苯溶液混合均匀。

7.2 如果遇到非常黏稠的原油,试样和溶剂混合会比较困难,可先在离心管中加入溶剂,再加试样,这样便于混合。但应小心,试样不能超过100 mL刻线。

7.3 轻轻地松开塞子,把离心管放在60 ℃±3 ℃恒温浴中,浸没至100 mL刻线处,至少停留15 min,塞紧塞子上下颠倒10次,保证试样和甲苯溶液混合均匀。

注:60 ℃下甲苯蒸气压约为40 ℃时的两倍,管中压力较大,开盖时应注意。

7.4 将离心管放入离心机内相对的离心杯中,以保持平衡(如果放入的离心管不能保持平衡,则在相对的离心杯中加入等量的水,以保持平衡)。重新塞紧塞子,按式(1)或式(2)计算出当最小相对离心力为600条件下的离心机转速,离心机在此条件下旋转10 min。

7.5 停止转动后,立即读出并记录每支管底部水和沉淀物的体积。水和沉淀物为0.1 mL~1 mL时读准至0.05 mL;1 mL以上读准至0.1 mL;小于0.1 mL,估计读至0.025 mL(参照图2)。不搅动离心管,再放于离心机原来的位置上,以相同的转速旋转10 min,读取读数,直至水和沉淀物的体积连续两次读数保持不变。

7.6 在整个离心试验过程中,试样的温度应保持在60 ℃±3 ℃。

7.7 为避免离心管在离心杯中破裂,应小心地使离心管置于底部垫圈上,管的任何部分都不应与离心杯的边缘接触。

8 计算

8.1 记录每个离心管内水和沉淀物的最终体积。如果两个读数之间的差值大于离心管上的一个分度(见表1)或水和沉淀物的最终体积不大于0.1 mL,且两个读数之间的差值大于0.025 mL时,试验结果均不可采用,应重新测定。

8.2 将两个可采用的读数总和作为试样的水和沉淀物的体积分数(%),按表2所示报告试验结果。

表2 结果的表示

管1读数 mL	管2读数 mL	水和沉淀物的总和(体积分数) %
无可见水和沉淀物	无可见水和沉淀物	无
无可见水和沉淀物	0.025	0.025
0.025	0.025	0.05
0.025	0.05	0.075
0.05	0.05	0.10
0.05	0.075	0.125
0.075	0.075	0.15
0.075	0.10	0.175
0.10	0.10	0.20
0.10	0.15	0.25

9 精密度

9.1 重复性

同一操作者，使用同一仪器，对同一个试样进行测定，所得两个重复测定结果之差，不应超过下列数值(95%置信水平)：

——测定结果在0.0%～0.3%之间时，见图3；

——测定结果在0.3%～1.0%之间时，不大于0.12%。

9.2 再现性

不同的操作者，在不同的实验室，对同一个试样进行测定，所得两个单一和独立的结果之差，不应超过下列数值(95%置信水平)：

——测定结果在0.0%～0.3%之间时，见图3；

——测定结果在0.3%～1.0%之间时，不大于0.28%。

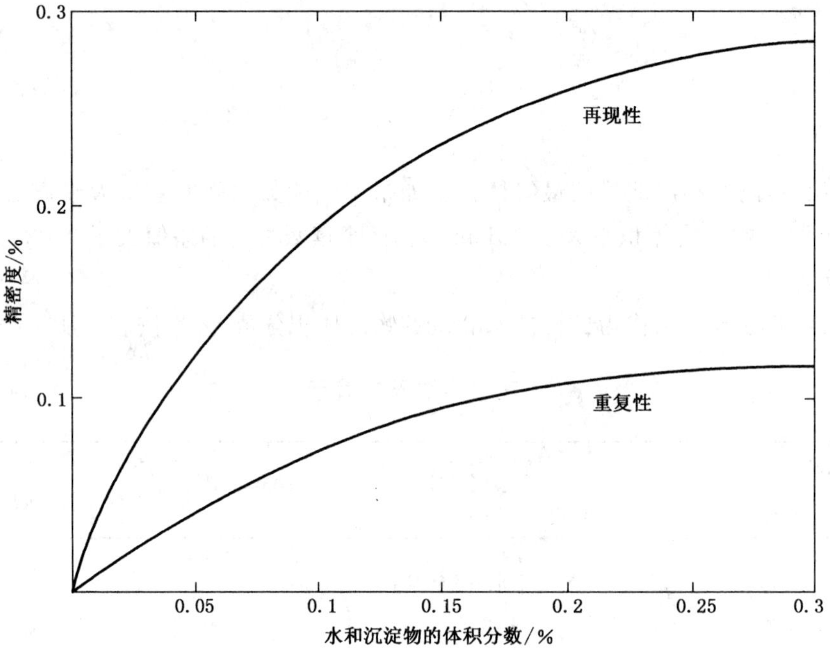

图3 水和沉淀物的精密度

10 质量保证和控制

10.1 通过分析一种受控的质控样品保证仪器的性能和试验步骤的准确。

10.2 各检测机构应制定质量控制和质量评价方法，并能确保试验结果的可靠性。

11 试验报告

试验报告至少应给出以下几个方面的内容：

a) 识别被试验的样品所需的全部资料；
b) 使用的标准(包括发布年号)；
c) 试验结果；
d) 与规定的分析步骤的差异；
e) 在试验中观察到的异常现象；
f) 试验日期。

附 录 A
（规范性附录）
水饱和甲苯溶液的配制方法

A.1 范围

本方法用作配制原油中水和沉淀物测定法（离心法）所用水饱和甲苯溶液。

A.2 意义

图 A.1 表明水在甲苯中的溶解度。水溶解在甲苯中的百分含量随温度升高而增加，在 21 ℃约为 0.03%，而在 70 ℃为 0.17%。由于一般供应的甲苯相对来说是“无水的”，如果直接使用，可能会溶解存在于原油试样中部分甚至全部的水，这将明显降低原油中水和沉淀物的测定值。为使离心法能准确地测定原油中水和沉淀物，甲苯应在离心试验的温度下预先进行饱和。

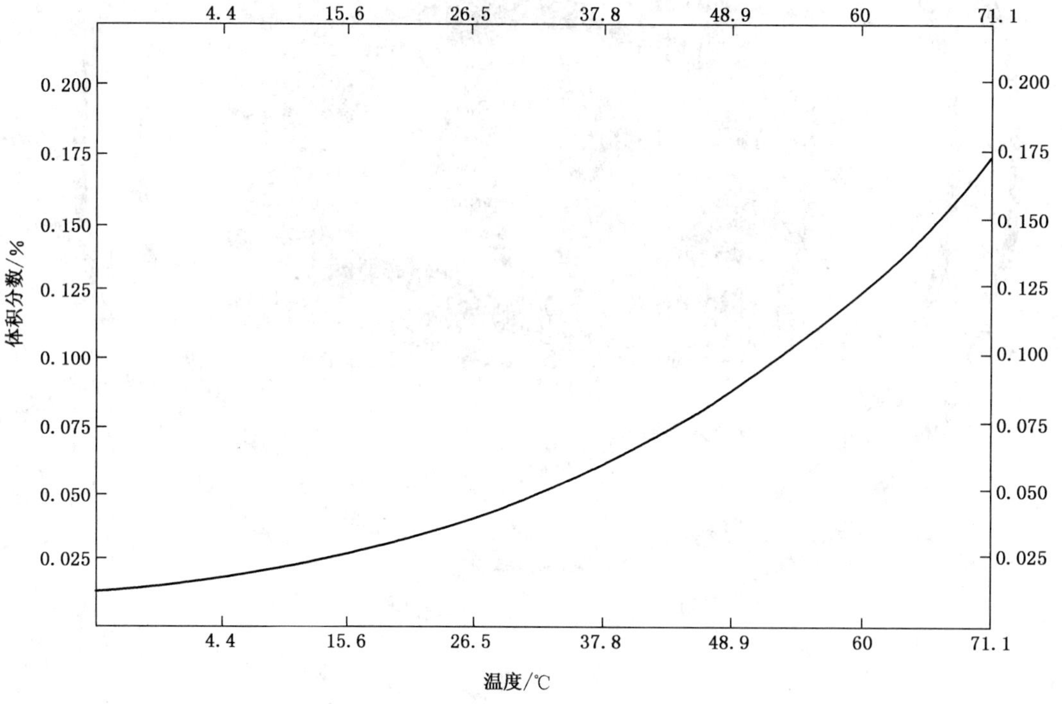

图 A.1 水在甲苯中的溶解度

A.3 试剂

A.3.1 甲苯：纯度大于 99.5%。

A.3.2 蒸馏水或自来水。

A.4 仪器

A.4.1 液体恒温浴:至少能浸入 1 L 容器,温度能控制在 60 ℃±3 ℃(见 4.3)。

A.4.2 具塞玻璃瓶:1 L。

A.5 试验步骤

A.5.1 将恒温浴的温度调节至离心实验时所需的温度,并将恒温浴的温度维持在±3 ℃。

A.5.2 将 700 mL～800 mL 甲苯装入具塞玻璃瓶中,加入足够量的水(至少 2 mL,但不得超过 25 mL),维持瓶中有明水存在。塞紧塞子,用力摇动 30 s。

A.5.3 松开瓶塞,将玻璃瓶置于恒温浴中,恒温 30 min,取出瓶子,塞紧塞子,小心摇动 30 s。

A.5.4 重复 A.5.3 试验步骤 3 次。

注:甲苯在 60 ℃的蒸气压约为 38 ℃时的两倍。

A.5.5 将装有水和甲苯的瓶子,在恒温浴中放置 48 h,以保证甲苯和游离水之间完全平衡并在要求的温度下完全饱和。如果在 48 h 平衡以前需要使用该水饱和甲苯溶液,则应将甲苯溶液注入离心管中,在相同的离心机中,以离心试验所要求的离心力和温度下离心,然后小心地从离心管中吸出甲苯,但不要搅动沉在管底部的游离水。

A.5.6 用水饱和甲苯取决于时间和温度,建议将水饱和甲苯溶液总是贮存在试验温度下,以便任何时间试验都可以得到水饱和甲苯溶液。